Walter Burley's Commentaries on Aristotle's *Parva Naturalia*

Medieval and Early Modern Philosophy and Science

VOLUME 42

The titles published in this series are listed at *brill.com/memps*

Walter Burley's Commentaries on Aristotle's *Parva Naturalia*

A Critical Edition

Edited by

Marek Gensler
Monika Mansfeld

With the collaboration of

Michiel Streijger

BRILL

LEIDEN | BOSTON

Cover illustration: De la sensation et des sensible, Recueil de traités.—Catalogne 1350–1400, folio 152v, Bibliothèque nationale de France

Library of Congress Cataloging-in-Publication Data

Names: Burlaeus, Gualterus, 1275-1345?, author. | Gensler, Marek, editor. | Mansfeld, Monika, editor.
Title: Walter Burley's commentaries on Aristotle's Parva naturalia : a critical edition / edited by Marek Gensler, Monika Mansfeld ; with the collaboration of Michiel Streijger.
Other titles: History of science and medicine library. Medieval and early modern philosophy and science ; 42.
Description: Boston : Brill, 2024. | Series: Medieval and early modern philosophy and science, 2468-6808 ; 42 | Includes bibliographical references and index. | Text in Latin; introduction and notes in English.
Identifiers: LCCN 2024045843 (print) | LCCN 2024045844 (ebook) | ISBN 9789004449008 (hardback) | ISBN 9789004704299 (ebook)
Subjects: LCSH: Aristotle. Parva naturalia–Commentaries. | Philosophy, Medieval.
Classification: LCC B444 .B87 2024 (print) | LCC B444 (ebook) | DDC 185–dc23/eng/20241011
LC record available at https://lccn.loc.gov/2024045843
LC ebook record available at https://lccn.loc.gov/2024045844

Typeface for the Latin, Greek, and Cyrillic scripts: "Brill". See and download: brill.com/brill-typeface.

ISSN 2468-6808
ISBN 978-90-04-44900-8 (hardback)
ISBN 978-90-04-70429-9 (e-book)
DOI 10.1163/9789004704299

This book is printed on acid-free paper and produced in a sustainable manner.

Contents

Acknowledgements

The edition of Walter Burley's commentaries on Aristotle's *Parva naturalia* was completed thanks to generous financial support of the Polish National Science Center (grant Opus UMO-2016/23/B/HS1/00430). In the initial phase of manuscript transcription, the editors were assisted by Dr. Robert Podkoński and Dr. Joanna Papiernik, to whom they extend their expressions of deep gratitude. In the work on the edition, the editors received valuable information from the late Prof. Pieter De Leemans, whose enthusiasm for the project was vital for its success. The editors would like to thank Prof. Monika Michałowska, Prof. Cecilia Trifogli, and Prof. Paul Bakker for their rich feedback to both the edition and the introduction. Special thanks are due to Dr. Michiel Streijger, who meticulously corrected the edition. Last but not least, we would like to thank the two anonymous reviewers for the series *Medieval and Early Modern Philosophy and Science* for their advice and suggestions at various stages of project realization. The completion of the project would not be possible without the help of Marcella Mulder, who has deserved our most cordial thanks. Simona Casadio, Alessandra Giliberto, and Sanne Hadfy-Kovács, who guided us through the publication process, cannot be omitted in our gratitude either.

Abbreviations

A	Oxford, All Souls College Library, Ms. 86
B	London, British Library, Add. Ms. 18 630
E	Erfurt, Universitätsbibliothek, Dep. Erf., CA Q. 312
L_1	London, Lambeth Palace Library, Ms. 70
L_2	London, Lambeth Palace Library, Ms. 74
M_1	Oxford, Magdalen College Library, Ms. 80
M_2	Oxford, Magdalen College Library, Ms. 146
O	Oxford, Oriel College Library, Ms. 12
V	Città del Vaticano, Biblioteca Apostolica Vaticana, Ms. Vat. lat. 2151

add.	addidit	om.	omittit
cap.	caput	p.	pagina/paginae
cf.	confer	r	recto
com.	commentum	tr.	tractatus
corr.	correxit	sen.	sententia
doctr.	doctrina	superscr.	superscripsit
exp.	expunxit	tr.	tractatus
f.	folium/folia	qu.	quaestio
hom.	homoioteleuton	v.	versus
in marg.	in margine	v	verso
inv.	invertit	vol.	volumen
iter.	iteravit	‹ ›	addendum
l.	lectio	› ‹	omittendum
lib.	liber	|	initium folii
loc. vac.	locus vacuus	(?)	lectio incerta
n.	numerus	(!)	sic!

Introduction

Walter Burley, nicknamed *doctor planus et perspicuus*, is not a front row figure in medieval philosophy. Yet, he did not earn his nickname for nothing. He was respected as a scholar who was able to express the views of his epoch in a clear and penetrating way, which made the teaching of Aristotle accessible to his pupils and readers. His commentaries retrace the curriculum at the Arts Faculty in Oxford at the beginning of the fourteenth century and are by and large results of his classes held during his long regency there (1301–1307). The catalogue of his commentaries comprises not only texts from the list of obligatory readings, such as *Categories*, *Physics*, or *De anima*, but also supplementary readings. To the latter group belong the commentaries on the *Parva naturalia*.

Burley's commentaries on Aristotle's *Parva naturalia* do not constitute a unitary work. Even though they seem to have been planned to cover the material of the whole set, the execution of the plan differs so much in particular commentaries that it is impossible to treat them as one, let alone as a complete work. Some of them are extensive expositions with questions (*De somno et vigilia*, *De longitudine et brevitate vitae*), some lack questions but are nevertheless well developed (*De sensu et sensato*, *De motu animalium*), but we can also find one (*De memoria et reminiscentia*), which is barely a sketch of a commentary. The commentaries lack internal references, which makes it impossible to state in which order they were written. For these reasons, it makes more sense to speak of each of the five works separately, still bearing in mind the fact that they are a collection of texts sharing a similar area of interest: the fascinating borderland between physiology and psychology. This area is explored by Burley from the side of psychology, since the *Parva naturalia* followed the *De anima* in the order of Aristotle's works and also in the university curriculum.[1]

The scope of problems addressed in the commentaries reflects that which can be found in the treatises of Aristotle, yet filtered through the interests of Burley himself and his predecessors, whose footsteps he frequently followed very closely, although mostly silently. The library of Merton College, where these works were probably composed, was very well provided not only with old and new Latin translations of Aristotle, but also with Ancient, Arabic, and earlier Medieval works on the topic, of which Burley made extensive use. From the point of view of a modern reader, this represents a clear benefit, since the commentaries can be treated as reflections on the *communis opinio doctorum*

1 This may be inferred from a remark found in his *De sensu et sensato* commentary. [Cf. Gualterus Burlaeus, *Commentarium in De sensu et sensato*, ed. M. Mansfeld, p. 77.]

 | DOI:10.1163/9789004704299_002

of the times. The range of topics which received special treatment then is wide: from the discussion of various theories of vision, through extensive debates concerning the factors influencing the duration of life, to the explanation of the mechanism of casting spells. All of them are treated in the same scholarly manner becoming of a *doctor planus et perspicuus*.[2]

The Latin Commentary Tradition on the *Parva naturalia* before Walter Burley

The Latin commentary tradition on Aristotle's treatises on physiology and psychology, later called *Parva naturalia* by Giles of Rome,[3] did not start with the first translation of these works, the so-called old translation (*translatio vetus*) directly from Greek,[4] at the turn of the thirteenth century. It took two generations for the Latin masters to get interested in the texts; actually, less than a half of them had any traceable reception by the 1260s.[5] Still more time passed before even those treatises which had been read and commented were introduced to the university curricula.[6] The first author known to have commented on the *translatio vetus* of four treatises from the *Parva naturalia* set, namely *De sensu et sensato*, *De memoria et reminiscentia*, *De somno et vigilia*, and *De longitudine et brevitate vitae* (usually mislabelled as *De morte et vita*), was Adam of Bockenfield (also known as Buckfield, Bouchermefort, Bockfeld), who wrote expositions on these works between the 1230s and the late 1240s.[7] These four

2 Cf. M. Gensler, R. Podkoński, "O edycji komentarzy Waltera Burleya do *Parva naturalia*," *Przegląd Tomistyczny* 22 (2016), 89–106.

3 Cf. K. White, E.M. Macierowski, "Translator's Introduction," in: St. Thomas Aquinas, *Commentaries on Aristotle's 'On Sense and What Is Sensed' and 'On Memory and Recollection,'* Washington 2005, 3.

4 G. Galle, "The Dating and Earliest Reception of the Translatio vetus of Aristotle's *De sensu*," *Medioevo* 33 (2008), 1–90.

5 Cf. P. De Leemans, "*Parva naturalia*, Commentaries on Aristotle's," in: H. Lagerlund (ed.), *Encyclopedia of Medieval Philosophy*, Dordrecht 2011, 917–918.

6 D.A. Callus, "Introduction of Aristotelian Learning to Oxford," in: *Proceedings of the British Academy*, vol. XXIX, London 1943, 4.

7 There might have been some earlier attempts to comment on at least some of the treatises from the *Parva naturalia* set. According to an entry from the 17th-century catalogue of the Cathedral Library in Beauvais, there was a manuscript containing, among others, glosses on *De somno et vigilia* and *De morte et vita* (again, presumably *De longitudine et brevitate vitae*) by Alfred of Sareshel. This copy, however, did not survive and, if there are some other manuscripts still extant, they have not been discovered yet. Cf. H. Omont, "Recherches sur la bibliothèque de l'église cathédrale de Beauvais," *Mémoires de l'Institut national de France* 40 (1916), 48, n. 143. Cf. Callus, *Introduction*, 10–11.

expositions, which later became the standard for commentators, are preserved in several versions. The authenticity of some of them has recently been questioned.[8] Another early witness is an anonymous commentary of Oxford origin preserved in an Erfurt manuscript;[9] in the catalogue of Amplonius Rating de Bercka it was ascribed to Walter Burley.[10] According to R. Wood, this is the oldest surviving Latin commentary on the *Parva naturalia*.[11] Wood's opinion, however, seems questionable: G. Galle argues that it is an abbreviation of the first version of Bockenfield's commentary,[12] but it may well be an anonymous polemical commentary written in reply to it. It must have also been composed in the middle of the thirteenth century.

The next recorded attempt at commenting on the *Parva naturalia* is the so-called *Oxford Gloss*, which is a collection of anonymous commentaries by Oxford masters.[13] The name *Oxford Gloss* was coined by C. Burnett.[14] It is a corpus of scholarly glosses on the *translatio vetus* of Aristotle's works in natural philosophy, beginning with the *Physics*, that were compiled in Oxford schools. Most of the manuscripts containing the text also include notes on the *Parva naturalia*.[15] It is not a uniform text but rather a series of notes, copied, enriched, and elaborated on by a number of different students, who probably attended classes of more than one master, which resulted in a diverse glossatory tradi-

8 For instance, the manuscripts containing Bockenfield's commentaries on *De sensu et sensato* are usually divided into two or three distinct redactions. Cf. C.H. Lohr, "Medieval Latin Aristotle Commentaries Authors A–F," *Traditio* 23 (1967), 321; O. Weijers, *Le travail intellectuel à la Faculté des arts de Paris: textes et maîtres (ca. 1200–1500)*. I: *Répertoire des noms commençant par A–B*, Brepols 1994, 27; G. Galle, "Edition and Discussion of the Oxford Gloss on *De sensu* 1," *Archives d'histoire doctrinale et littéraire du Moyen Age* 75 (2008), 204–208. Adam's commentary on *De somno et vigilia* is edited in the Vivès edition of Aquinas: *Doctoris angelici divi Thomae Aquinatis opera omnia*, vol. XXIV, ed. S.E. Fretté, Paris 1875, 293–310; the text is available online: http://www.corpusthomisticum.org/xsm.html.

9 Erfurt, Universitätsbibliothek, Dep. Erf., CA Q. 312, ff. 69va–73vb.

10 *Mittelalterliche Bibliothekskataloge Deutschlands und der Schweiz*, vol. II, ed. P. Lehmann, München 1928, 37.

11 Cf. R. Wood, "Introduction," in: Richard Rufus of Cornwall, *In Physicam Aristotelis*, ed. R. Wood, Oxford–New York 2003, 33–41, and especially 33–34.

12 Galle, *Edition and Discussion*, 206.

13 S. Donati, "*Physica I, 1*: l'interpretazione dei commentatori inglesi nella Translatio vetus e la loro recezione del commento di Averroè," *Medioevo* 21 (1995), 75–225; Ead., "Il commento alla Fisica di Adamo di Bocfeld e un commento anonimo della sua scuola," *Documenti e studi sulla tradizione filosofica medievale* 9 (1998), 111–178.

14 C. Burnett, "The Introduction of Aristotle's Natural Philosophy in Great Britain: A Preliminary Survey of the Manuscript Evidence," in: J. Marenbon (ed.), *Aristotle in Britain during the Middle Ages*, Turnhout 1996, 21–50.

15 Galle, *Edition and Discussion*, 198.

tion. This is why Burnett called it the *glossa ordinaria* alluding to the Biblical glosses of the twelfth century. According to R. French, the common gloss on Aristotelian physical works was produced in the second half of the thirteenth century.[16] About the same time, Albert the Great undertook to render the whole Aristotelian corpus intelligible to the Latin scholars by the method of paraphrase. His project included all treatises from the 'standard' *Parva naturalia* set: *De morte et vita, De sensu et sensato* together with *De memoria et reminiscentia*,[17] which was treated by him as the second part of the same work, *De somno et vigilia* together with *De insomniis* and *De divinatione per somnium.* Albert added to it paraphrases of other works by Aristotle on similar topics, such as *De iuventute et senectute, De spiritu et respiratione*, and *De motu animalium*—the oldest surviving Latin commentary on that work.[18]

In the second half of the thirteenth century, one can see some growth of interest in the *Parva naturalia*, which are commented on according to the fashion most popular in the period. The most frequently used commentary form was probably the literal exposition, which became more and more elaborate and detailed over time.[19] To this group belong the commentaries on *De longitudine et brevitate vitae* by Peter of Spain[20] and Peter of Ireland.[21] A variety

16 R. French, "Teaching Aristotle in the Medieval English Universities: *De plantis* and the physical *Glossa ordinaria*," *Physis. Rivista internazionale di storia della scienza* 34, 1–2 (1997), 225–296, and Id., *Adam of Buckfield and the Early Universities*, Ph.D. dissertation, University of London (Queen Mary and Westfield College), 1998.

17 Available in a modern critical edition: *De nutrimento et nutrito. De sensu et sensato cuius secundus liber est De memoria et reminiscentia*, ed. S. Donati, Münster 2017.

18 P. De Leemans, "Medieval Latin Commentaries on Aristotle's *De motu animalium*: A Contribution to the *Corpus commentariorum medii aevi in Aristotelem Latinorum*," *Recherches de théologie et philosophie médiévales* 67.2 (2000), 272–360, esp. 275–276. Critical editions of all these works are being prepared within the *Editio Coloniensis* project of the *Albertus Magnus Institut*, tomus VII pars II. Cf. *Conspectus der Editio Coloniensis* (URL: https://institutionen.erzbistum-koeln.de/albertus-magnus-institut/editio_coloniensis/werkausgabe). Until now, Albert's commentaries on *Parva naturalia* were available only in Borgnet's editions: *Alberti Magni opera omnia*, vol. IX, ed. A. Borgnet, Paris 1890.

19 Cf. M. Dunne, "Thirteenth and Fourteenth-Century Commentaries on the *De Longitudine et Brevitate Vitae*," *Early Science and Medicine* 8.4 (2003), 320–336.

20 Petrus Hispanus, *Translatio vetus Libri 'De longitudine et brevitate vitae' (vocatus 'De morte et vita' in corpore vetustiori) cum expositione Petri Hispani*, in: *Pedro Hispano Obras Filosoficas*, vol. III, ed. P.M. Alonso, Madrid 1952, 402–490.

21 Petrus de Ybernia, *Expositio et Quaestiones in Aristotelis Librum 'De Longitudine et Brevitate vitae,'* ed. M. Dunne, in: M. Dunne, *Magistri Petri de Ybernia Expositio et Quaestiones in Aristotelis Librum 'De Longitudine et Brevitate vitae' (ex cod. Vat. lat. 825, ff. 92^r–102^r)*, Louvain–Paris 1993, 66–155.

in the exposition genre were the so-called *sententiae*, more problem-focused analyses popularized by Thomas Aquinas and Peter of Auvergne, who continued Thomas's commentary work. The former was the author of *sententiae* on *De sensu et sensato* and *De memoria et reminiscentia*,[22] the latter to all the remaining ones, including *De longitudine et brevitate vitae*, *De morte et vita*, and *De respiratione et inspiratione*,[23] which were quite popular among masters of his times. Their popularity, however, paled in comparison with his *sententiae* on *De motu animalium*. That commentary became the standard interpretation influencing almost all later commentators on this treatise.[24]

The masters of the late thirteenth and the early fourteenth century added yet another literary genre to the commentary tradition on the *Parva naturalia*: questions (*quaestiones*), which soon became more popular than literal expositions and paraphrases. This way of expounding Aristotelian thought became especially widespread in Oxford.[25] The first known questions-commentaries written there were the ones by Geoffrey of Aspall on *De sensu et sensato*,[26] *De longitudine et brevitate vitae*, *De somno et vigilia*[27] in the early 1260s.[28] Simon of Faversham composed questions to almost the whole set of *Parva naturalia* at the turn of the thirteenth and the fourteenth century.[29] The first questions-

22 Thomas de Aquino, *Sententia libri 'De sensu et sensato' cuius secundus tractatus est 'De memoria et reminiscentia,'* ed. Commissio Leonina, in: *Sancti Thomae de Aquino Opera omnia iussu Leonis XIII P.M. edita*, vol. XLV.2, Roma–Paris 1985.

23 P. De Leemans, "Peter of Auvergne on Aristotle's *De motu animalium* and the ms Oxford, Merton College 275," *Archives d'histoire doctrinale et littéraire du Moyen Âge* 71 (2004), 132.

24 De Leemans, *Medieval Latin Commentaries*, 298–299.

25 Callus, *Introduction*, 45.

26 Petrus de Alvernia, *Quaestiones in librum 'De sensu et sensato,'* ed. K. White, in: K. White, *Two Studies Related to St. Thomas Aquinas' Commentary on Aristotle's 'De sensu et Sensato,' together with an Edition of Peter of Auvergne's 'Quaestiones super Parva Naturalia,'* (URL: https://www.ruor.uottawa.ca/handle/10393/5519, 176). Monika Mansfeld and Monika Michałowska prepare a critical edition of Aspall's *De sensu et sensato* commentary within a grant project financed by the Polish National Science Center (2023/51/B/HS1/00308).

27 S. Ebbesen, "Geoffrey of Aspall. Quaestiones super librum De somno et vigilia. An Edition," *Cahiers de l'Institut du Moyen-Âge Grec et Latin* 83 (2014), 257–341.

28 C.H. Lohr, *Latin Aristotle Commenaries I.1. Medieval Authors A–L*, Firenze 2013, 127–128. For the list of questions of *De somno* et *De sensu* commentaries, see: S. Ebbesen, Ch. Thomsen Thörnqvist, V. Decaix (eds), "Questions on *De sensu et sensato, De memoria et reminiscentia* and *De somno et vigilia*. A Catalogue," *Bulletin de philosophie médiévale* 57 (2015), 66, 96.

29 Cf. S. Ebbesen, "Simon of Faversham. Quaestiones super librum *De somno et vigilia*. An Edition," *Cahiers de l'Institut du Moyen-Âge Grec et Latin* 82 (2013), 90–145; cf. M.S. Christensen, "Simon of Faversham. Quaestiones super *De motu animalium*. A Partial Edition and Doctrinal Study," *Cahiers de l'Institut du Moyen-Âge Grec et Latin* 84 (2015), 93–128.

commentaries on the *Parva naturalia* appeared in Paris about a decade later than in Oxford, when Peter of Auvergne, known for his earlier *sententiae* on the set, composed questions on *De memoria et reminiscentia*,[30] *De sensu et sensato* and *De somno et vigilia*.[31] James of Douai tried yet another popular form of mixed commentary, comprising questions with a literal exposition, the example of which is his commentary on *De somno et vigilia* written in the 1270s.[32] Another important Parisian author, active in the late thirteenth and early fourteenth century, was Radulphus Brito, who wrote questions on at least two *Parva naturalia* treatises: *De memoria et reminiscentia* and *De somno et vigilia*.[33] He was followed by some anonymous authors who produced questions similar both in form and in their doctrinal solutions.[34]

At the end of the thirteenth century, when the *Parva naturalia* were already well established in the curricula, *abbreviationes*, also called *extracta* or *summae*, gained favour of the students. Since they aimed at grasping the author's main ideas and discovering the meaning of his doctrine with all its implications, they were a useful tool for beginners, providing an easy way of getting to know the philosophical textbooks. In Oxford, we find a set of such summaries covering Aristotle's works on natural philosophy, which includes the *Parva naturalia*. It was ascribed to Simon of Faversham but evidence for his authorship is questionable.[35] Their style resembles Grosseteste's abbreviation of the *Ethics*.[36]

It was followed by a number of anonymous questions originating in the same academic environment. Some of them have been critically edited, cf. S. Ebbesen, "Anonymus Orielensis 33 on *De memoria*. An Edition," *Cahiers de l'Institut du Moyen-Âge Grec et Latin* 85 (2015), 128–161.

30 D. Bloch, "Peter of Auvergne on Memory. An Edition of the Quaestiones super *De memoria et reminiscentia*," *Cahiers de l'Institut du Moyen-Âge Grec et Latin* 78 (2008), 51–110.

31 For more information and the lists of questions, see Ebbesen, Thomsen Thörnqvist and Decaix (eds), "Questions," 70–72.

32 Cf. S. Ebbesen, "James of Douai on Dreaming," *Cahiers de l'Institut du Moyen-Âge Grec et Latin* 84 (2015), 22–92.

33 Cf. S. Ebbesen, "Radulphus Brito on Memory and Dreams," *Cahiers de l'Institut du Moyen-Âge Grec et Latin* 85 (2016), 11–86.

34 Some of them have already been critically edited, cf. S. Ebbesen, "Anonymus Vaticani 3061 and Anonymus Vaticani 2170 on Aristotle's Parva Naturalia. An Edition of Selected Questions," *Cahiers de l'Institut du Moyen-Âge Grec et Latin* 86 (2017), 217–312; S. Ebbesen, "Anonymus Parisini 16160 on Memory. An Edition," *Cahiers de l'Institut du Moyen-Âge Grec et Latin* 85 (2018), 162–217.

35 For more information about this commentary and its critical edition see: M. Mansfeld, "Anonymous Oxonian Dubitationes on Aristotle's *De sensu et sensato* (Prague, Metropolitan Chapter, Ms. M. 80, ff. 131vb–132vb)," *Argument* 12/2 (2022), 329–348.

36 Callus, *Introduction*, 49–52.

As can be seen from this brief survey, Walter Burley, setting to work on his commentaries on the *Parva naturalia*, had already some tradition to look at.[37] Thanks to the rich resources of the library of Merton College, he was able to benefit from the fruit of his predecessors' work and produced a comprehensive, although somewhat eclectic, commentary, which set a standard for later commentators.[38]

The Author

Walter Burley was born in the village of Burley (today a part of greater Leeds) in Yorkshire in 1275.[39] Except for the information that he attended some lectures of John Duns Scotus,[40] nothing is known about his life before 1301, when he had already been a graduate in Philosophy at Oxford University. As a Master of Arts, Burley became a fellow of Merton College and was a Regent Master in the Faculty of Arts until 1306 or 1307. His earliest works (questions to book III of *De anima*, probably the only surviving work from his time as a student, early versions of commentaries on the *Ars vetus*, *Posterior analytics*, *De sophisticis elenchis*, logical treatises, commentaries on *De generatione et corruptione*, *Parva naturalia*, and the early version of a commentary on *Physics*) come from that period.[41] Before 1310, Burley went to Paris to study theology.[42] There he was a student of Thomas Wylton, whom he had met earlier in Merton College.[43] While studying theology he continued his interest in logic and natural philosophy demonstrating a growing intellectual maturity. His most important works of the period are the first version of his *De puritate artis logicae* and three treatises on accidental change, known as *Tractatus primus*, *Tractatus secundus*,

---

37 For more information on the reception of Aristotelian psychology and physiology in the Latin West see: M. Gensler, M. Mansfeld, M. Michałowska, "The Development of Aristotelian Psychology and Physiology in Medieval Europe Between 1200 and 1420: Introduction," in: M. Gensler, M. Mansfeld, M. Michałowska (eds.), *The Embodied Soul. Aristotelian Psychology and Physiology in Medieval Europe between 1200 and 1420*, Cham 2022, 1–15.

38 Cf. M. Gensler, "Relacja między zabobonami a wiedzą naukową w komentarzach Waltera Burleya do *Parva naturalia* Arystotelesa," *Przegląd Tomistyczny* 23 (2017), 183–196.

39 Cf. M. Vittorini, "Life and Works," in: A.D. Conti (ed.), *A Companion to Walter Burley*, Leiden–Boston 2013, 20–21.

40 M. Vittorini has found that information in Burley's *Physics* commentary, Ibid., 23.

41 Cf. M. Gensler, "Walter Burley," in: H. Lagerlund (ed.), *Encyclopedia of Medieval Philosophy*, Dordrecht 2011 (URL: https://doi.org/10.1007/978--1--4020--9729--4_519).

42 Cf. Vittorini, "Life and Works," 22–23.

43 Cf. Vittorini, "Life and Works," 36.

and *De formis*, as well as the questions on *Physics*. Ironically, his main theological work, the commentary on the *Sentences*, is now lost. Still as a student of theology, before 1319, he disputed *de quolibet* in Toulouse on his favourite topic of the first and last instant of change (*De primo et ultimo instanti*).[44]

In 1324 Burley received the title of Master of Theology (he had already been a priest since 1321) and remained in Paris as a professor and fellow of the Collège de Sorbonne for three more years. In late 1326 he started a diplomatic career: over a period of almost twenty years he served as an envoy for the king of England, Edward III. He visited the papal curia in Avignon several times, and travelled to Germany and Italy. His diplomatic and ecclesiastical career was supported by Richard de Bury, later bishop of Durham and Chancellor of England. At the bishop's court, Burley joined a group of learned men, some of whom (John Maudit, Thomas Bradwardine) he had known from Oxford. The intellectual atmosphere inspired him to return to philosophy: he completed the final versions of his commentaries on Aristotle's *Physics* (started in Paris) and the *Ars vetus*, as well as a new treatise *De universalibus*. He also revised his *De puritate artis logicae* to respond to Ockham's arguments from the *Summa logicae*. A little later, at the request of Richard Bentworth, the bishop of London, he composed commentaries on Aristotle's *Ethics* (completed 1338) and *Politics* (completed 1343, his final work). His last reported academic achievement is the *Quaestio de actione contrariorum*, which he discussed in Bologna in 1341.[45] The date of his death is unknown: the last piece of information about Burley comes from 1344 but he may have lived until the Black Death reached England in 1348.

Burley soon acquired popularity: his works were read, copied, and distributed around all of Latin Europe. Interestingly, apart from the logical works, which were his main title to fame, his most popular ones were small treatises both in logic and natural philosophy aimed at a wider audience, such as *De definitione* and *De potentiis animae*.[46] Burley's growing popularity as *doctor planus et perspicuus* resulted also in misattributions of numerous works of lighter character, such as *notulae* on natural philosophy and two large popular books: *De vita et moribus philosophorum* and *Auctoritates philosophiae sive Flores parvi*.[47]

44 Cf. Gensler, "Walter Burley."

45 Cf. Vittorini, "Life and Work," 44–45.

46 For more information on these texts see: M. Mansfeld, "The World of Senses," 229–251. M. Mansfeld, "The World of Senses. On the Process of Cognition in Walter Burley," in: M. Gensler, M. Mansfeld, M. Michałowska (eds.), *The Embodied Soul. Aristotelian Psychology and Physiology in Medieval Europe between 1200 and 1420*, Cham 2022, 229–251.

47 Cf. M. Gensler, *Kłopotliwa zmiana, czyli Waltera Burleya zmagania ze zmiennością rzeczy*, Łódź 2007, 63–64.

The Works

Burley's authorship of the commentaries on Aristotle's *Parva naturalia* has never been questioned. It is confirmed in the colophons of almost all commentaries in most manuscripts that contain them, as can be seen in the following examples:

- *De sensu et sensato*, Città del Vaticano, Biblioteca Apostolica Vaticana, Ms. Vat. lat. 2151, f. 256ra: "Explicit tractatus libri *De sensu et sensato* datus a magistro Waltero Burleye."
- *De somno et vigilia*, London, Lambeth Palace, Ms. 74, f. 174ra: "Et hic finis est libri qui dicitur *Liber de somno et vigilia* secundum magistrum Walterum de Buorley."
- *De longitudine et brevitate vitae*, Oxford, Magdalen College Library, Ms. 146, f. 122vb: "Explicit expositio super libro *De longitudine et brevitate vitae* secundum magistrum Walterum de Burley."
- *De memoria et reminiscentia*, Oxford, Magdalen College Library, Ms. 146, f. 117va: "Explicit expositio super libro *De memoria et reminiscentia* secundum magistrum Walterum Burley."
- *De motu animalium*, Città del Vaticano, Biblioteca Apostolica Vaticana, Ms. Vat. lat. 2151, f. 224rb: "Explicit sententia Magistri Walteri Burle super librum Aristotelis qui intitulatur *De motu animalium*."

Identifying the circumstances under which Burley's commentaries on the *Parva naturalia* were composed is not easy, since they are not dated and there are no internal references between them or references to them in any other of his works. The only hint is a reference to *De anima* in the beginning of his commentary on *De sensu et sensato*,[48] which proves that Burley knew the traditional order of Aristotle's works; he seems to accept it silently and follow it. It is also likely that two short treatises *De sensibus* and *De potentiis animae* were composed around the same time, since they summarize the material from *De anima*, *De sensu et sensato*, *De somno et vigilia*, and *De memoria et reminiscentia*.[49] Most probably, the summaries were written after Burley had commented on the appropriate source texts. Another piece of information, which provides a clue concerning the origin of the commentaries, is the use of English place names; in one example, Burley gives them in his commentary on *De somno et*

48 Gualterus Burlaeus, *Commentarium in De sensu et sensato Aristotelis*, cap. 1: "Haec est pars executiva huius libri, in qua Philosophus prosequitur principale propositum probando aliqua prius determinata in libro *De anima* de sensu et sentire."

49 Cf. For more information on these texts see: M. Mansfeld, "The World of Senses," 229–251.

vigilia. He writes there about the distance between London and another place. It can be surmised that composing his commentaries in another country, say France, he would have used place names more suitable for his public there. Still another important fact can be found in the colophons of most manuscripts, which title Burley as *magister* thus strongly suggesting that he was a Master of Arts at the time of composition of those texts.

These three pieces of information can be juxtaposed with a conjectural argument derived from Burley's biography. His regency at the Faculty of Arts lasted from 1301 until 1306 or 1307. The length of his regency makes it likely that he had enough time to devote to both obligatory and elective texts in that period. Oxford University statutes listed selections from the *Parva naturalia* as elective readings and Burley could make his selection as wide as possible choosing all treatises of the older set (*De sensu et sensato, De somno et vigilia, De longitudine et brevitate vitae, De memoria et reminiscentia*) and adding *De motu animalium* to them. Consequently, because the commentary on *De anima* III and the *De potentiis animae* have been identified as belonging to Burley's earliest works,[50] the same seems to be true about the rest.

Manuscripts

There are nine manuscripts which contain copies of at least one commentary from Burley's *Parva naturalia* set. Although several modern catalogues[51] give information about some other copies of these commentaries, inspection of the codices they mention has shown that the texts they contain are misattributed. This is the case of Ms. 24 from the Cathedral Library in Pamplona, which contains a 15th-century question-commentary by John Versor instead of Burley's commentaries.[52] The same applies to Erfurt, Universitätsbibliothek, Dep. Erf., CA Q. 312 (Ms. E from our edition), where some anonymous 13th-century Oxford commentaries on *De sensu et sensato, De memoria et reminiscentia, De somno et vigilia*, and *De longitudine et brevitate vitae* have been falsely ascribed to Burley, probably because they were believed to form a set with his commentary on *De motu animalium* they immediately precede in the codex. Those misattributions

50 Cf. M.J. Kitchel, "Walter Burley's Doctrine of the Soul: Another View," *Mediaeval Studies* 39 (1977), 388.

51 Cf. S. Ebbesen, C. Thomsen Thörnqvist, V. Decaix (eds), "Questions," 109. Cf. C.H. Lohr, "Medieval Latin Aristotle Commentaries Authors G–I," *Traditio* 24 (1968), 183–184.

52 Cf. M. Mansfeld, "Descriptio codicis 24, qui in Bibliotheca Cathedrali Pamplonensis asservatur," *Studia Antyczne i Mediewistyczne* 16.51 (2018), 97–114.

have persuaded the editors to verify (and sometimes append) the information provided by catalogues.

Oxford, All Souls College Library, Ms. 86 (*A*)[53]

Engand, Oxford, saec. XV. Vellum, in 2°, 400 mm × 290 mm, written in double columns of approx. 70 lines each by one scribe (probably custom-made copy) in a clear *anglicana formata*. Fols. ii + 257. The first flyleaf left blank; there is a table of contents on f. ii^{v}: *Item tabula multum utilis super omnes libros huius voluminis*. F. 256^{v} blank, on f. 257^{v} there is an inscription: *Burley me exposuit quod S.*

The manuscript contains:

1. Gualterus Burlaeus, *Expositio in Physicam Aristotelis* (incompl.), f. 1ra–199ra: "Carissimis amicis suis et dominis magistris et scolaribus Parisius in philosophia studentibus Walterus de Burley Anglicus vestris universitatis allumpnus salutem et si quis desiderabilius est salute ... x ... et virtutem resistivam mobilis non esset aliqua proporcio. Et hic finitur exposicio super totum librum Phisicorum. Et deo qui dedit intelligere sit gracia infinita. Amen. Explicit exposicio super octo libros Phisicorum per Burley et sequitur exposicio eiusdem super libros De generacione et corrupcione etc."
2. Gualterus Burlaeus, *Expositio in De generatione et corruptione Aristotelis*, f. 199rb–212ra: "De generacione autem vel corupcione. In prohemio huius libri proponit Philosophus suam intencionem ... x ... nam quod est corruptum non redit idem in numero. Et in hoc terminatur liber De generacione. Explicit exposicio Walteri Burley super libros De generacione et corrupcione et sequitur exposicio eiusdem super libros De sompno et vigilia."
3. Gualterus Burlaeus, *Commentarium in De somno et vigilia Aristotelis*, f. 212ra–222va: "De sompno et vigilia consideranda sunt. Intencio Philosophi in hoc libro qui intitulatur De sompno et vigilia est determinare de corporibus animatis ... x ... et ex alia parte mores et condiciones sompnantis, set hoc est difficile, ideo fatui et malencolici non sunt boni interpretatores sompniorum, ideo etc. Et hic finis est libri qui dicitur liber De sompno et vigilia per magistrum Walterum de Burley."
4. Gualterus Burlaeus, *Expositio in De caelo et mundo Aristotelis*, f. 222vb–249rb: "In hoc libro qui dicitur De celo et mundo sunt quedam communia scienda et postea est procedendum ad specialia ... x ... quam

53 Cf. A.G. Watson (ed.), *A Descriptive Catalogue of the Medieval Manuscripts of All Souls College Oxford*, Oxford 1997, 181–183.

corpus resistens tunc corpus resistens dividitur et sit motus deorsum. Explicit exposicio W. Burley super octavo libro Phisicorum (!) cuius omni propicietur deus."

5. ANONYMUS, *Index locorum*, f. 249ra–256rb.

London, British Library, Add. Ms. 18 630 (B)[54]

England, Oxford, saec. XV. Vellum and paper, in 4°, 215 mm × 140 mm, written in one column by several scribes. Fols. ii + 139; f. 7–9 partially torn away. On the second flyleaf there is a list of works contained in the volume: … *continentur tot tractatus in primis [Elen]chorum secundum doctorem subtilem, tractatus de iuventute et senectute secundum Albertum, Tractatus de sensibus secundum Burle, Tractatus de pluralitate formarum, Tractatus de anima cum omnibus eius potentiis adquisitus per sanam doctrinam Magistri Thome de Aquino, Questiones de sensu et sensato secundum Burlee, Tractatus de principiis nature secundum Burle, Bonus tractatus de potentiis anime secundum Burle, Tractatus de longitudine et brevitate vite secundum Burle, Tractatus de materia et forma, Tres libri de anima cum questionibus secundum Burle, Tractatus de somno et vigilia cum questionibus secundum Burle, Tractatus Metheororum, metri dc consolatione philosophie, Tractatus de naturis inferiorum et superiorum.*

The manuscript contains:

1. ANONYMUS, *Quaestiones in librum Elenchorum Aristotelis*, f. 2^{r}–20^{v}: "Queritur utrum syllogismus sit genus ad dialecticum et demonstrativum. Videtur quod sic … x … unde oportet quod sicut unum ut dictum de aliquo quod aliud accipitur ut dictum de eodem et tunc accipitur simpliciter et aliter non. Expliciunt Questiones super librum Elenchorum. Amen. In omni opere memento. Ffinis alleluia."
2. [ALBERTUS MAGNUS], *Commentarium in De iuventute et senectute Aristotelis* (incompl.), f. 21^{r}–26^{v}: "Iam explevimus omnia que de passionibus anime et operibus videbant esse dicenda sive essent anime propria sive eciam essent communia anime et corpori … x … sufficienter formatur alterum et ideo oportet quodlibet salvari et ad hoc quod nutrimentum in ipso formetur."
3. ANONYMUS, *Notabilia quaedam de natura mundi*, f. 27^{r}–27^{v}: "In suo composito sit quod illud incipiat vel desiniat esse ad incepcionem vel desicionem partis sue substancialis vel accidentalis … x … secunde partis conclusionis sit factum et per consequens ipsa una (?) etc. Deo gracias."

54 Cf. E.A. Bond (ed.), *Catalogue of Additions to the Manuscripts in the British Museum in the Years 1848–1853*, London 1868, 123.

4. ANONYMUS [GUALTERUS BURLAEUS?], *Notabilia De generatione et corruptione Aristotelis*, f. 28^{r}–29^{v}: "Hic sunt notabilia Philosophi De generacione et corrupcione secundum Burley. Primo persuadet quod nec generacio est nec esse potest, quia non generacio … x … quod augmentacio non fiat adveniente incorporeo."
5. ANONYMUS, *Tractatus de pluralitate formarum*, f. 30^{r}–41^{v}: "Quum sanctificatum est honorare sive diligere veritatem pre ceteris omnibus ut dicit Philosophus primo Ethicorum et primo incipiendum de potenciis anime … x … secundo actu divisa ita quod quodlibet per aliquam talem formam constitutam sit hoc aliquid sed hoc facit forma ultimata et non aliud etc. Explicit tractatus de pluralitate formarum."
6. ANONYMUS, *Tractatus de anima* [THOMAS DE AQUINO, *Summa Theologiae 1^{a}*, qu. 75–79], f. 41^{v}–44^{v}: "Primo considerandum est de homine qui ex spirituali et corporali natura componitur ad distinguendum de anima et de natura eius oportet discere quod anima est principium vite … x … inquantum aliquid scit se esse inquinatum etc. Amen dico vobis. Explicit tractatus de anima cum omnibus eius potenciis aquisitus per doctrinam magistri Thome de Aquino."
7. ANONYMUS, *Notabilia quaedam de anima*, f. 44^{v}: "Moveri per se aliquando sumitur secundum quod opponitur … x … secundum obiectum Commenator quarto Physicorum (?) commento 99°."
8. GUALTERUS BURLAEUS, *Commentarium in Meteora Aristotelis*, f. 45^{r}–53^{v}: "De primis igitur causis etc. In isto libro Metheorum dat Aristoteles completam philosophie totius naturalis ordinacionem et in prohemio tria facit … x … et naturalem alicuius rei tunc scimus principium et motum etc. Explicit tractatus libri Metheororum Walteri Byllev quod (!)."
9. ANONYMUS, *Notabilia quaedam de Meteoris Aristotelis*, f. 53^{v}: "Disce vacans studio quasi vita non cariturus … x … sola superbia destruit omnia si comitetur."
10. GUALTERUS BURLAEUS, *Quaestiones in De sensu et sensato Aristotelis*, f. 54^{r}–67^{v}: "Quoniam autem determinatum est de anima, queritur utrum de sensu et sensato sit sciencia. Videtur quod de sensato non est sciencia nam de eo quod non apprehenditur ab intellectu … x … et ideo immutacio unius non impedit in immutacionem alterius. Explicunt questiones De sensu et sensato secundum Burle."
11. GUALTERUS BURLAEUS, *Tractatus de principiis naturae*, f. 68^{r}–74^{v}: "Sicut fructus est ultimum quod ab arbore expectatur sic ultimum quod expectatur in actibus humanis … x … et ideo in talibus dicitur quod est procedere in infinitum. Explicit Burlee de principiis nature AmeN."

12. Anonymus, *Quaestio quaedam de principio motus*, f. 74^{v}–75^{v}: "[Q]ueritur an natura sit principium motus in supracelestibus et communiter utrum sit principium ... x ... magis assimilatur uni quoad quasdam condiciones ut quoad nobilitatem."
13. [Gualterus Burlaeus], *De potentiis animae*, f. 76^{r}–84^{r}: "Ut dicit Philosophus secundo De anima potenciarum quibusdam animatis insunt omnes, quibusdam alique, quibusdam una sola. Potencie anime in genere sunt quattuor ... x ... in duo membra sicut et appetitus et sensitivus. Adam Lucas. Expliciunt noticie de potenciis anime Adam Lucali."
14. [Gualterus Burlaeus], *Commentarium in De longitudine et brevitate vitae Aristotelis* (incompl.), f. 84^{v}–90^{v}: "De eo quod est alia esse longe vite. Intencio Philosophi in hoc tractatu est determinare de causis longitudinis et brevitatis vite. Duo enim sunt cause ... x ... dictum est igitur de causis longitudinis et brevitatis vite secundum Aristotelem et fundamenta. Explicit tractatus Longitudinis et brevitatis vite anno domini anno M^{o} cccc^{o}."
15. Anonymus [Babin?], *Commentarium in De substantia orbis Averrois*, f. 91^{r}–94^{r}: "In hoc tractatu. De prohemio huius libelli dicendum est. Prohemium huius libelli continet duas partes. In prima parte communicat Commentator quedam declarata ab Aristotele ... x ... quia esset propter finem qui non posset adquiri. Explicit primus tractatus De substancia orbis. Babin (?)."
16. *Tabula quaestionum commentarii Burlaei in De anima Aristotelis*, f. 95^{v}: "Hee sunt questiones quas querit venerabilis magister de Burley super librum De anima. 1. Utrum omnis sciencia speculativa sit de numero bonorum ... x ... Utrum intellectus materialis secundum quod copulatur nobis possit intelligere substancias separatas a materia."
17. [Gualterus Burlaeus], *Commentarium in De anima Aristotelis* (incompl.), f. 96^{r}–139^{v}: "Sicut dicit Themistius in principio primi De anima animalia que sunt in aliquo genere perfectiora a nobis ... x ... adhuc sentiremus tangibile sed visibile per se indiget media ad hoc quod sentiretur."

Erfurt, Universitätsbibliothek, Dep. Erf., CA *Q. 312 (E)*[55]

England, Oxford; composed of two parts: f. 1–90 and f. 94–110 written somewhat before 1250 and f. 91–93 from the 14th century. Vellum, 185 mm × 145 mm, written in double columns by several scribes. F. 110 (ii + 110).

The manuscript contains:

1. [Richardus Rufus Cornubiensis?],[56] *Commentarium in Physicam Aristotelis,* f. 1ra–14ra: "Liber Phisicorum. Philosophia secundum definicionem vocis sic definitur: philosophia est amor sapiencie … x … et quod intelligencia creata informata per ipsum et movens intelligens ipsum est motor efficiens. Explicit sentencia libri Phisicorum cum questionibus formatis breviter."
2. [Richardus Rufus Cornubiensis], *Commentarium in De generatione et corruptione Aristotelis,* f. 14ra–19ra: "De generacione et corrupcione. De generacione autem et corrupcione. Intendit in hoc libro de generabili in communi et de generabili primo. Et quia omnis transmutacio in compositis est aliquo modo transmutacio primorum … x … ergo nec est posterius cum non distet per plura. Explicit liber de g."
3. [Richardus Rufus Cornubiensis], *Commentarium in De anima Aristotelis,* f. 19rb–28vb: "Bonorum honorabilium. Iste liber De anima dividitur in duas partes, in partem prohemialem et executivam … x … Vegetabilem igitur quidem animam. Determinato de virtutibus anime in se hic comparat ipsas virtutes ad invicem, scilicet vegetabilem et sensibilem etc. Explicit glosa super De anima anno 1323."
4. Thebit ben Corat, *De alchimia,* f. 29^{ra-rb}: "Argumenta Teboth contra alkymiam. Argumenta contra anchimistas et soluciones eorum. Species rerum sunt distincte et diverse proporciones miscibilium sunt quas quidem proporciones elementorum in mixto ars non cognoscit … x … dico quod consequencia non valet, quia proporcio metalli non est perfeccio eius sed habilitacio ad formam. Ad aliud oppositum (?) possumus per artem."
5. [Richardus Rufus Cornubiensis],[57] *Commentarium in Analytica posteriora Aristotelis,* f. 29va–32vb: "Omnis doctrina et omnis disciplina. Liber iste dividitur in duas partes in quarum prima determinat principale

---

55 Cf. R. Wood, "Introduction," 33–41.

56 This work is attributed to Richard Rufus of Cornwall by Rega Wood whereas James A. Weisheipl would see it as Walter Burley's work; cf. R. Wood, "Introduction," 35; cf. J.A. Weisheipl, "Repertorium Mertonense," *Mediaeval Studies* 31 (1969), 198.

57 Yet another work previosly ascribed to Burley, cf. G.E. Mohan, "Incipits of logical writings in Latin (xiii-xvth. cent.)," *Franciscan Studies* 12 (1952) 423.

intentum ... x ... item videtur quod oporteat ponere universale separatum, quia ponere ipsum esse unum est ponere ipsum non esse in multis, ergo separatum a mutis. Ipsam enim formam que universale in multis esse hoc est ipsam esse multiplicatam et multam. Hic est defectus sentencie priori."

6. ANONYMUS, *Commentarium in Meteora Aristotelis*, f. 33ra–42vb: "Stelle ordinant mundum in situali disposicione, in temporali distinccione, in elementari mixtorum complexione ... x ... ars nescit utrum metallum verum metallum sit vel non nisi per quasdam proprietates accidentales. Explicit sentencia libri Meteorum. Explicit sentencia libri Meteorum 1323."

7. ANONYMUS, *Commentarium in II–III De anima Aristotelis*, f. 43ra–60rb: "Questio de nocternalia. Q. De anima. Sed tunc sequitur questio de illis que videntur de nocte ... x ... Et notandum quod ista, si fuerint bene pertractata, multum conferunt ad doctrinam moralis philosophie. Et hec de dictis in capitulo de movente ad presens sufficiant."

8. ANONYMUS [GUALTERUS BURLAEUS?],[58] *Commentarium in De anima [De longitudine] Aristotelis*, f. 60va–60vb: "Questio est utrum aliqua sit corrupcio a natura. Et quod aliqua sit naturalis videtur ex dictis hic cum dicat inquirendum esse que sit causa corruptibilis in his que naturaliter corrumpuntur ... x ... ad quod dicendum quod posset esse elementum et tamen incorruptibile secundum Aristotelem sed non posset elementum nec elementatum et habere naturaliter motum circularem. Explicit commentum subtilium questionum De anima a magistro Waltero Burley pronunciatum."

9. ANONYMUS, *Commentarium in De anima Aristotelis*, f. 61ra–68ra: "Sentencia cum questionibus super De anima. Postquam destruxit opiniones considerancium de anima penes motum tantum intendit destruere opiniones considerantium de ea penes motum et numerum ... x ... Auditum autem. Ut sibi ipsi intimet quod ab aliis concepit et incidentaliter docet iuxta hoc ad quid exigat linguam, scilicet ad hoc ut alii significet quod apud ipsum est. Deo gracias."

10. ANONYMUS, *Commentarium in De memoria et reminiscentia Aristotelis*, f. 68ra–69va: "De memoria et reminiscencia. Cum non solum sufficiat ad hoc ut complete habeatur sciencia de anima prout est possibile in hac vita determinare de anima secundum se ... x ... et propter hoc sunt pueri bene

58 The explicit is a much later addition (probably from the fourteenth or fifteenth century) and the sole information of Burley's authorship of this commentary. For these reasons, we decided to treat it as doubtful.

reminiscentes dum sic se habent usque ad senium sive ad longam etatem. Deo gracias. Post epilogat predeterminata de memoria et reminiscencia et patet. Deo gracias. De memoria et reminiscencia finis."

11. ANONYMUS, *Commentarium in De sensu et sensato Aristotelis*, f. 69va–73vb: "De sensu et sensato. Cum in libro De anima determinatum sit de sensu et sensato sive sensibili inquantum habent ordinem ad invicem in agendo et paciendo ... x ... unde inter ea quorum consideracio subalternatur consideracioni libri De anima restat nunc primo considerare De memoria et memorari. Deo gracias. De sensu et sensato finis."

12. ANONYMUS, *Commentarium in De somno et vigilia Aristotelis*, f. 73vb–77rb: "De somno et vigilia. Cum inter libros qui subalternantur libro De anima complevit Aristoteles tractatum De sensu et sensato ... x ... licet previsio futurorum sive divinacio vel causa per somnia que accidencia sunt possit dici ab eventu. Deo gracias. De somno et vigilia finis."

13. ANONYMUS, *Commentarium in De longitudine et brevitate vitae Aristotelis*, f. 77rb–78ra: "Liber De morte et vita. Cum in omnibus libris libro De anima subalternatis determinet Aristoteles aut de propriis operacionibus animalium cuiusmodi sunt sensus, memoria et reminiscencia, somnus et vigilia, de quibus complete determinatum est, aut de operacionibus communibus animalibus ... x ... Post epilogat dicens non multas alias esse diferencias sive parum aliam diferenciam a dictis diferenciis inter animalia et arbores quoad longitudinem vite. Deo gracias. Expliciunt notule super librum De anima et super libros ei subalternatos compositos ab Aristotele, licet plures ei subalternentur quos ipse Aristoteles composuit quos adhuc penes nos non habemus. Notulas autem super librum De diferencia spiritus et anime et librum De vegetabilibus qui possent trahi ad subalternacionem libri De anima, quia ipsos non composuit Aristoteles, reservamus ordinandas post notulas ultimi capituli libri Metheorum, quod quidem capitulum nec composuit Aristoteles. Hoc autem facimus reservantes locum dignum et debitum libris Aristotelis libro De anima subalternatis a nobis adhuc non habitis, Deo tamen placente habituris, quorum librorum unus tractat De anelitu seu expiracione et inspiracione, alter De iuventute et senectute, alter De motu cordis, alter vocatur Liber problematicus et tractat de difficilibus questionibus, alter De nutrimento animalium, alter De motibus animalis."

14. GUALTERUS BURLAEUS, *Commentarium in De motu animalium Aristotelis*, f. 78rb–81ra: "Tractatus De motu animalium datus a Burley. Secundum Philosophum tercio Physicorum considerare volentem de natura necesse est considerare de motu ... x ... quia tamen idem homo potest diversimode disponi in diversis corporibus, propter hoc contingit quod fiat motus in

eo uno tempore non in alio. Postea recapitulat et patet. Explicit sentencia libri De motibus animalium."

15. [RICHARDUS RUFUS CORNUBIENSIS],[59] *De causa individuationis*, f. 81va–86ra: "Liceat parumper disserere de quibusdam verbis ipsius Philosophi Avenrois dicentis quod intelligencie separate non possunt intelligere … x … De formis accidentalibus patet satis quomodo et qua causa individuantur. Sicut enim et nascuntur ex formis substancialibus sic et sic earum individuacio ex individuacione dictarum formarum substancialium. Domine silencium iube. Explicit liber de causa individuacionis."
16. ANONYMUS, *De ente et essentia*, f. 85va–86rb: "Questio de ente et essencia. Dubium est quomodo unum numeri et entis differant … x … unde unum nihil reale addit super ens nisi conceptum."
17. ANONYMUS, *Quaestiones super 1 De caelo Aristotelis*, f. 87ra–90va: "Questiones De celo et mundo. Summa cognicionis nature etc. Dubitatur si sciencia naturalis non transcendit corpora et eorum passiones et principia ergo sciencie naturalis non est considerare de motore primo … x … non ergo quiescit et non movetur ad suum locum sine prohibente, immo ista equalitas est prohibens ne moveatur. Expliciunt questiones super De celo et mundo."
18. ANONYMUS, *Quaestiones super De bona fortuna 1*, f. 91ra–92va: "Questio super libro De casu et fortuna. Questiones de bona fortuna. Queritur an aliquid possit fieri a casu vel fortuna. Et communis hominum opinio multa fieri a casu et veritas eciam quam Boethius et Aristoteles intendunt circa casum et fortunam confirmat illud idem … x … nec natura nec alia causa a deo determinavit ante definivit quid istorum eveniet."
19. ANONYMUS, *Quaestiones naturales*, f. 92va–93vb: "Questio est, cum in via essendi sic in via nature et in via cognoscendi sive racionis in resolvendo sit minimum, utrum minimum in via essendi respondet minimo in via cognoscendi … x … et talis forma naturalis bene potest separari; talis autem est anima."
20. ANONYMUS, *Sententia super Barbarismum Prisciani*, f. 94ra–107rb: "Priscianus de Barbarismo. Intencio arcium liberalium consistit in duobus, scilicet in sapiencia et eloquencia … x … tempus secundum longum, speciem secundum latum, accentum secundum profundum voci accidere. Explicit sentencia super Barbarismum Prisciani."

---

59 This text was described as Walter Burley's *De ideis* by J. Hammese and S. Szyller, cf. J. Hamesse, S. Szyller (ed.), *Repertorium initiorum manuscriptorum latinorum medii aevi*, vol. 2: D–O, Louvain-la-Neuve 2009, 653.

Between folios 101vb and 102ra, ten folios, old folios 195–204, have been cut out; the text is not continuous.

21. [RICHARDUS RUFUS CORNUBIENSIS],[60] *Speculum animae*, f. 107va–110rb: "Speculum anime. Anima quodammodo est omnia. Verbum Philosophi est et abbreviatum, non autem omnibus satis manifestum ... x ... vir dei: pax dei inter me et te, et in pace quiescam et tibi silencium, nescio an in perpetuum. Ora tamen pro me, nulla hora desiste etc. Explicit speculum anime theologie inventum et secundum Aristotelis sensum maxime intellectum in quo nos omnes christiani et christi fideles debemus assentire et nullatenus ab isto resistere etc."
22. ANONYMUS, *Praecepta varia medica*, f. 110va: "Poscio contra tercianam ... x ... fiat pulvis vel poscio et utatur inde paciens mane et sera."
23. ANONYMUS, *De temperantia* et *De patientia*, f. 110vb: "De temperancia. Legitur—Valerius L. 4—De Xenocrate philosopho quod cum formosa mulier ... x ... De paciencia legitur L 3 ..."

London, Lambeth Palace Library, Ms. 70 (L_1)[61]

England, Oxford, saec. XIV. Vellum, 330 mm × 230 mm, written in double columns of 60 lines in a legible but strongly abbreviated script. There is an old list of contents on the flyleaf, headed: *Contentum istius libri*. Some lines at the end are erased. *Item Burley de motu animalium. Tract. de planetis et eorum virtute. Item B. sup. libros posteriorum. Item B. super 8 libros topicorum. Item Okham super lib. elencorum*. F. 84^{v}, 108 blank. On f. 305vb there is a note concerning the owner of the manuscript: *Liber monasterii cive prioratus lanthome iuxta gloucestriam emptus per fratrem Ricardum Calne eiusdem loci canonicum et scolarem anno domini milesimo quadringentesimo terciodecimo et qui eum a predicta domo absque licencia prioris et eiusdem loci conventus alienaverunt anathema sit fiat fiat amen.*

The manuscript contains:

1. GUALTERUS BURLAEUS, *Expositio in Isagogen Porphyrii*, f. 1ra–8ra: "Exposicio Burley super librum Porphirii. Quia de dictis in logica intendo quoddam compendium compilare, videnda sunt tria: primo circa logicam in

60 Also ascribed to Walter Burley by Hammese and Szyller, cf. J. Hamesse, S. Szyller (ed.), *Repertorium initiorum manuscriptorum latinorum medii aevi*, vol. 1: A–C, Louvain-la-Neuve 2007, 150. The text was critically edited by M. Etchemendy and R. Wood: "*Speculum animae*: Richard Rufus on Perception and Cognition," *Franciscan Studies* 69/1 (2012), 53–115.

61 Cf. R. Hanna (ed.), *A Descriptive Catalogue of the Western Medieval Manuscripts of St John's College Oxford*, Oxford 2002, 111–113.

communi, deinde descendendum est … x … ab illis quibus accidit sed secundum magis et minus. Et in hoc finitur brevis sentencia huius libri etc. Explicit exposicio Magistri Walteri de Burley super librum Porphirii."

2. Anonymus, *Nota de disponitionibus terminorum*, f. 8ra: "Nota quod tres sunt disposiciones termini seu adiectiones seu condiciones, scilicet ponens … x … per se superius de per se inferiori in recto."

3. Gualterus Burlaeus, *Expositio in Praedicamenta Aristotelis*, f. 8rb–35ra: "Burley super librum Predicamentorum. Circa librum Predicamentorum sciendum est quod subiectum contentum totius sciencie tradite in libro Predicamentorum est ens dicibile … x … habet species et differentias et isti modi sunt alii a quolibet modo predicto, ut patet intuenti etc. Explicit exposicio Magistri Walteri de Burley super librum Predicamentorum."

4. Gualterus Burlaeus, *Expositio vetus in Librum sex principiorum*, f. 35rb–43rb: "Burley super Librum sex principiorum. Forma est composicioni contingens. Iste liber intitulatur De sex principiis, cum tamen sit de sex predicamentis … x … secundum quid respectiva; ista satis patent ex primo De generacione. Et in hoc finitur Liber sex principiorum. Explicit exposicio Burley super Librum sex principiorum que dicitur exposicio vetus."

5. Anonymus, *Nota de dictionibus*, f. 43rb: "Nota quod hec dictio in ista proposicione homo non est animal dicitur negacio … x … de omnibus aliis dictionibus civitatis (?) vel officialibus."

6. Gualterus Burlaeus, *Expositio nova in Librum sex principiorum*, f. 43va–55va: "Incipit alia exposicio Burley super Librum sex principiorum que communiter dicitur exposicio nova. Forma est composicioni contingens etc. Quamvis Aristoteles in libro Predicamentorum … x … et cum aer generatur ex igne, est generacio respectiva; ista satis patent ex primo De generacione. Explicit exposicio Burley super Librum sex principiorum."

7. Anonymus, *Nota de terminis*, f. 55va: "Et nota quod differens et [*lectio illegibilis*] important relacionem que requirit extrema existere in actu … x … et antecedens non ponit."

8. Gualterus Burlaeus, *Expositio in Peri hermeneias Aristotelis*, f. 55vb–84rb: "Incipit exposicio Burley super librum Peryarmenias. Primum oportet constituere quid sit nomen libri Peryarmeneias quem ad presens intendimus exponere … x … enunciant predicata contraria de eodem subiecto. Completa est hec exposicio libri Peryermeneias 4 die mensis Augusti anno domini M° tricentesimo tricesimo, anno etatis ipsius exponentis sexagesimo secundo."

9. Gualterus Burlaeus, *Tractatus de puritate artis logicae*, f. 85ra–109vb: "Incipit tractatus de puritate artis logice. Suppositis significatis terminorum incomplexorum in hoc tractatu intendo perscrutari de quibusdam proprietatibus terminorum ... x ... et sciendum quod eodem modo est similitudo hic sicut in simplicibus categoricis de inesse. Explicit tractatus de puritate artis logice Magistri Walteri Burley Anglici, Optimi logici, Ffamosi naturalis philosophi et subtilis theologi. Utpote qui in universitate Oxononiensi quam multis annis rexit in artibus et tandem Parisius in theologica facultate."

10. Gualterus Burlaeus, *Tractatus de universalibus*, f. 110ra–113vb: "Universalia Burley. Circa universalia sunt dubitaciones non pauce. Prima est utrum universalia existunt in rerum natura vel non ... x ... conceptum compositum representantem chimeram, ergo etc. Explicit tractatusus (!) de universalibus secundum Burley et sequitur tractatus eiusdem de relativis cum aliis."

11. Gualterus Burlaeus, *Tractatus de relativis*, f. 114ra–115rb: "Burley De relativis. Circa relativa est sciendum quod relativum est duplex in genere, scilicet relativum grammaticale et relativum logicum seu reale seu methaphysicum ... x ... eiusdem de se est necessarium. Explicit tractatus Burley de relativis cum tractatu de abstractis. Et sequitur tractatus eiusdem de divisione entis cum tractatu de toto et parte et alio tractatu de finito et infinito."

12. Gualterus Burlaeus, *Tractatus de divisione entis*, 115va–116ra: "Burley de divisione entis. Circa divisionem entis per se in decem predicamenta est sciendum quod secundum quosdam ens per se ... x ... corrupto subiecto nec figura nisi manente subiecto, igitur etc. Explicit tractatus de divisione entis cum tractatu de toto et parte."

13. Gualterus Burlaeus, *Tractatus de toto et parte*, f. 116ra–116va: "Iam videndum est de toto et parte. Intelligendum quod pars et totum multipliciter accipiuntur. Pars enim quandoque ... x ... corrupto subiecto nec figura nisi manente subiecto, igitur etc. Explicit tractatus de divisione entis cum tractatu de toto et parte."

14. Gualterus Burlaeus, *Tractatus de finito et infinito*, f. 116va–116vb: "Et sequitur tractatus de finito et infinito. Circa finitum et infinitum est sciendum quod finitum et infinitum quantitati congruunt ... x ... iste terminus infinita potest teneri cathegorematice vel cincatagorematice (!) etc. Explicit tractatus Burley de divisione entis et tractatus de toto et parte cum tractatu de finito et infinito."

15. Gualterus Burlaeus, *Tractatus de sensibus*, f. 116vb–117vb: "Et sequitur tractatus de sensibus cum tractatu de duobus primis principiis et tract-

atu de tribus in toto universo per se agentibus. Nota quod in homine sunt quinque sensus interiores sicut exteriores … x … illas qualitates et est contra experimentum etc. Explicit tractatus Burley de sensibus."

16. Gualterus Burlaeus, *Tractatus de duobus primis principiis*, f. 116ra–117ra: "Et sequitur tractatus eiusdem de duobus primis principiis. Notandum quod cum sunt duo principia prima substancie secundum rem … x … vult Aristoteles in veteri Metaphysica ubi disputat contra Platonem. Explicit tractatus Burley de duobus primis principiis."
17. Gualterus Burlaeus, *Tractatus de tribus in toto universo per se agentibus*, f. 117ra–117va: "Et sequitur tractatus eiusdem de tribus in toto universo per se agentibus. Intelligendum est quod in universo tria sunt agencia … x … per operaciones artis applicantis artificialiter partes domus ad invicem, igitur etc. Explicit tractatus Burley de sensibus et tractatus eiusdem de duobus primis principiis cum tractatu de tribus in toto universo per se agentibus."
18. Gualterus Burlaeus, *Tractatus de qualitatibus*, f. 117va–118rb: "Et sequitur tractatus de qualitatibus cum tractatu de divisione potencie in activam et passivam et tractatu de diffinicione sive de modo diffiniendi. Sciendum quod quattuor sunt species qualitatis, scilicet habitus et dispositio naturalis, potentia et impotentia … x … ex timore iracundia ex aliquo displicibili et ita de aliis. Explicit tractatus Burley de qualitatibus."
19. Gualterus Burlaeus, *Tractatus de divisione potentiae in potentiam activam et passivam*, f. 118rb: "Et sequitur tractatus eiusdem de divisione potentie in potentiam activam et potentiam passivam. Sciendum est quod duplex est potentia, scilicet activa et passiva … x … vel statim agit pro libito sicut placet. Explicit tractatus Burley de divisione potencie in activam et passivam."
20. Gualterus Burlaeus, *Tractatus de definitione*, f. 118rb–118vb: "Sequitur tractatus eiusdem de diffinicione. Sciendum quod duplex est modus diffiniendi, scilicet composicionis et divisionis … x … non ponitur suum subiectum, sed loco illius ponitur eius diffinicio etc. Explicit tractatus Burley de qualitatibus cum tractatu de divisione potencie in activam et passivam et tractatu de diffinicione sive de modo diffiniendi."
21. Gualterus Burlaeus, *Tractatus de potentiis animae*, f. 119ra–124rb: "Burley de potenciis anime. Ut dicit Aristoteles in secundo De anima, potencie autem anime quibusdam animatis … x … potentia motiva dividitur in duo membra sicut appetitus sensitivus. Explicit tractatus Magistri Walteri Burley de potenciis anime."
22. Anonymus, *Notabilia de humoribus, elementis etc.*, f. 124^{v}.

23. Gualterus Burlaeus, *Tractatus de formis*, f. 125ra–134vb: "Burley de formis. Notandum quod materia prima est materia remotissima respectu cuiuscumque compositi ex ea … x … que intellectio non est directe cognita ab intellectu. Explicit tractatus Burley de formis."
24. Gualterus Burlaeus, *Commentarium in librum Elenchorum Aristotelis*, f. 134vb–144ra: "Et sequitur tractatus super librum Elenchorum. Modi arguendi sunt duo, ut ait Philosophus primo Elenchrum (!) … x … videat et sunt apta nata videre sunt seca (!). Explicit liber Elenchorum W. Burley et sequitur liber De motu animalium."
25. Gualterus Burlaeus, *Commentarium in De motu animalium Aristotelis*, f. 144rb–147vb: "De motu autem eo qui est animalium etc. Secundum philosophum tertio Phisicorum volentem considerare … x … postea recapitulat, ut patet in littera. Finitur liber. Explicit liber De motu animalium W. Burley."
26. Anonymus [Gualterus Burlaeus?], *Tractatus de planetis et eorum virtute*, f. 147vb–148va: "Et incipit tractatus de planetis et eorum virtute. Sciendum si quis nascatur in aliqua hora diei in qua dominatur … x … quod, si fecerit prima digna a bono domino, suscipiet scilicet vitam eternam. Amen. Explicit tractatus de planetis et eorum virtute."
27. Gualterus Burlaeus, *Commentarium in Anaytica Posteriora Aristotelis*, f. 149ra–169vb: "Incipit expositio Magistri Walteri Burley super primum librum Posteriorum. Secundum Philosophum in moralibus in quibuscumque actibus nostris accidit rectitudo … x … statim cognoscitur quod sic est de omnibus singularibus sicut est de uno singulari. Explicit exposicio magistri Walteri Burley super secundum librum Posteriorum. Deo gracias."
28. Gualterus Burlaeus, *Commentarium in Topica Aristotelis*, f. 170ra–268va: "Incipit exposicio Walteri Burley super octo libros Topicorum. Liber primus Topicorum Aristotelis. Ut de dicendis in hoc opere distinccionum cognitio habeatur … x … sed pocius immediate et hoc pocius determinari habet in fine Posteriorum. Expliciunt notule octavi libri Topicorum Aristotelis."
29. Guillelmus de Ockham, *Commentarium in librum Elenchorum Aristotelis*, f. 268vb–305va: "Circa librum Elencorum primo videndum est an noticia sillogismorum sophisticarum sit vera scientia … x … dictis tam quantum ad librum Topicorum quam ad librum Elenchorum. Explicit apparatus fratris Willhelmi Okham super libros Elenchorum."
30. [Gualterus Burlaeus], *Tractatus de sensibus* (incompl.), f. 306ra–307va: "In homine sunt quinque sensus interiores sicud exteriores, videlicet sensus communis, immaginativa sive fantastica … x … tam scripture quam vocis et communem similiter simpliciter."

London, Lambeth Palace Library, Ms. 74 (L_2)[62]

England, Oxford, saec. XIV, late (1391). Vellum, 330 mm × 250 mm, written in various hands in double columns of 49 lines in a clear hand. Fols. i + 197. The first quire is written in a rather smaller script. On the flyleaf is an old title: *In isto vol. continentur isti libri hic expositi per mag. Walt. Burley*. The flyleaf is from a fourteenth-century Civil Law manuscript in double columns (*Item ne quis iniquum lucrum aut dampnum* …); f. 1^{r} blank.

The manuscript contains:

1. ANONYMUS, *Commentarium in De substantia orbis Averrois*, f. 1va–8rb: "[P]rohemium huius libri continuacionem (!) duas partes. In prima parte Comentator ponit quedam declarata ab Aristotele … x … cum habitudine ad motorem primum etc. etc. et sic est finis istius libri. Explicit tractatus De substancia orbis et sic."
2. ANONYMUS [GUALTERUS BURLAEUS?], *Tractatus de planetis et eorum virtute*, f. 8va–8vb: "Incipit de planetis et eorum virtute; legite que secuntur. Sciendum si quis nascatur in aliqua hora … x … a bono deo suscipiet scilicet vitam eternam. Amen."
3. [GUALTERUS BURLAEUS], *Commentarium in De generatione et corruptione Aristotelis*, f. 9ra–30ra: "De generacione autem et corruptione et cetera. In prohemio huius libri proponit Philosophus suam intencionem … x … quod corruptum non redit idem numero. Et hoc finitur iste liber etc. Explicit tractatus super librum De generacione et corrupcione secundum dominum. Ffinito libro sit laus et gloria Christo. Amen."
4. [GUALTERUS BURLAEUS], *Commentarium in De motu animalium Aristotelis* (incompl.), f. 30rb–32vb: "De motu autem eo qui est animalium etc. Secundum Philosophum tertio Phisicorum volentem considerare de natura … x … rarefactionem quia non potest coniungi cum immobili."
5. GUALTERUS BURLAEUS, *Expositio in De anima Aristotelis*, f. 33ra–109vb: "Bonorum honorabilium noticiam opinantes. Sicut dicit Themistius secundo huius libri que sunt perfecciora … x … saporum qui faciunt alimentum dulce vel amarum etc. etc. Explicit exposicio super libros De anima secundum M. Walterum de Burley."
   Tabula quaestionum praecedentis commentarii, f. 109vb–110ra: "Iste sunt questiones quas recitat W.B. super libros De anima … x … separatas a materia. Iste liber est de adquisicione."

62 Cf. Hanna (ed.), *A Descriptive Catalogue of the Western Medieval Manuscripts of St John's College Oxford*, 120–121.

6. [Gualterus Burlaeus], *Commentarium in De caelo Aristotelis*, f. 110rb–151vb: "De natura sciencia fere plurima videtur etc. Primo in hoc libro sunt quedam communia scienda … x … postea recapitulat, ut patet in littera etc. Maria Muder. Et in hoc terminatur liber quartus Celi et mundi. Deo gracias. Ffinito libro sit laus et gloria Christo. Finitum librum scripsi sine manibus ipsum."
7. [Gualterus Burlaeus], *Commentarium in De longitudine et brevitate vitae Aristotelis*, f. 152ra–158ra: "De eo autem quidem hoc esse longe etc. Intencio in hoc tractatu est determinare de causis longitudinis … x … longitudinis vite in aliis et aliis viventibus etc. Explicit exposicio super textum etc."
8. Gualterus Burlaeus, *Commentarium in De somno et vigilia Aristotelis*, f. 158ra–174ra: "De sompno et vigilia considerandum quidem sunt. Intencio Philosophi in hoc libro qui intitulatur … x … interpretatores sompniorum, ideo etc. Explicit liber De sompno et vigilia secundum magistrum Walterum de Burley et finitus est anno domini M° ccc° xc°. Nomen scriptoris tu qui cognoscere queris L tibi sit primum E medium Oque sit ymum."
9. Gualterus Burlaeus, *Commentarium in De sensu et sensato Aristotelis*, f. 175ra–184vb: "Quoniam autem de anima etc. Sciencia autem de anima in tres partes distinguitur … x … igitur impossibile est eundem sensum simul immutari a contrariis. Explicit tractatus libri De sensu et sensato datus a magistro Waltero Burleye. Filius est natus matris sine semine patris. Quem sine matre pater genuit sine patreque mater."
10. [Gualterus Burlaeus], *Commentarium in De memoria et reminiscentia Aristotelis*, f. 185ra–189vb: "De memoria et memorari. In prohemio huius libri qui durat ibi usque primum quidem … x … et propter hoc de facili amittit eas. Et in hoc terminatur iste libellus etc. Explicit libellus De memoria et reminiscentia."
11. Gualterus Burlaeus, *Tractatus de potentiis animae*, f. 190ra–197vb: "Ut dicit Philosophus secundo De anima potentiarum anime quibusdam animatis insunt omnes … x … sicut et appetitus sensitivus. Deo laus. Explicit tractatus Burley de potenciis anime. Iste liber erat scriptus anno domini M° ccc° xci°."

Oxford, Magdalen College Library, Ms. 80 (M_1)[63]

England, Oxford, saec. XV^1. Parchment. Fols. iii + 256 (numbered 1–233 but including 160, 160*, and 160**, as well as the rear pastedown), 290×195 mm. In double columns, written in mixed anglicana/secretary of a university anglicana.

The manuscript contains:

1. [Petrus Thomae], *De ente* (incompl.), f. 1ra–36vb: "Sicut dicit Philosophus primo Phisicorum capitulo primo primum est secundum naturam comunia discere. [...] Ad primum sic proceditur et videtur quod conceptus entis sit cognoscibilis ... x ... aliquorum si quodlibet istorum ab isto 3°. abstrahatur manet causa."
2. Petrus Thomae, *Formalitates*, f. 37ra–63rb: "Ad evidenciam distinccionis predicamentorum sic intendo procedere: primo enim premittam neccesaria ... x ... sicut in realitate generis et differencie respectu speciei et in materia et forma respectu compositi et finis. Expliciunt Formalitates fratris Petri Thome."
3. Gualterus Burlaeus, *Commentarium in De memoria et reminiscentia Aristotelis*, f. 63va–67vb: "De memoria autem et memorari etc. In prohemio huius libri quod durat usque ibi primum quid hec est pars executiva in qua Philosophus exequitur ... x ... in eis quapropter figuratur in aspectu earum et propter hoc de difficili amittit eas. Explicit exposicio Magistri Walteri Burley De memoria et reminiscencia."
4. Alexander [Bonini de Alexandria?], *Sentenentia super III De anima Aristotelis*, f. 68ra–160^{*rb}: "Interrogasti me honoret te deus illustrissime fili Philippo de Melduno de optimo quod est in nobis [...] Ubi non est sciencia anime non est bonum, Proverbiorum 19. Augustinus De trinitate quarto, capitulo primo: Scienciam terrestrium ... x ... aliquid alteri et hoc modo animalia multas habent operaciones et virtutes ad bene esse determinatas. Explicit sententia Allexandri super tertio De anima."
5. Johannes Duns Scotus, *Quaestiones in II–III De anima Aristotelis*, f. 161ra–177rb: "Queritur utrum sensus tactus sit unus vel plures. Videtur quod unus, quia si esset ... x ... species obiecti est racio sibi intelligendi per

---

63 Cf. R. Hanna (ed.), *A Descriptive Catalogue of the Western Medieval Manuscripts of Magdalen College, Oxford*, 455–459. The editors thank the Librarian of Magdalen College, Daryl Green, for his kind permission to use the yet unpublished catalogue for the description of codices 80 and 146. The information has been supplemented by the description by K. Emery: Johannes Duns Scotus, *Quaestiones super secundum et tertium De anima*, eds. C. Bazán et al., St. Bonaventure, New York 2006, 13*–16*.

quam est in actu, ergo etc. Expliciunt questiones doctoris subtilis super secundum et tertium De anima. Magister Bentley."

6. Gualterus Burlaeus, *Commentarium in De motu animalium Aristotelis*, f. 177va–180va: "De motu autem eo qui est animalium. Secundum Philosophum tertio Phisicorum volentem considerare de natura neccesarium est considerare ... x ... in eo in uno tempore et non in alio. Postea recapitulat et patet finis. Explicit exposicio Magistri Walteri Burley super libro De motu animalium."
7. Gualterus Burlaeus, *Commentarium in De longitudine et brevitate vitae Aristotelis*, f. 180va–184vb: "De eo autem quod est causa rem longe vite etc. Intencio Philosophi in hoc tractatu est determinare de causis longitudinis et brevitatis ... x ... est causa secundum speciem longitudinis vite in aliis et aliis viventibus. Explicit sententia libri De longitudine et brevitate vite secundum magistrum Walterum Burley."
8. 'Scotulus', *Quaestionaria sententia super tres libros Meteororum Aristotelis*, f. 185ra–233vb: "Queritur utrum de impressionibus Metheororum sit sciencia tanquam de subiectis. Arguitur quod non ... [f. 222va] distarent circulo dato. Ad responsiones dicitur quod solute sunt ex precedentibus. Explicit questionaria sententia super tres libros Metheororum secundum Scotulum | [f. 222vb] Queritur circa quartum utrum putrefactio sit possibilis vel possibile sic fieri ... x ... ad generacionem alterius sicut putrefactio bovis est pepansis ad generacionem apum."

Oxford, Magdalen College Library, Ms. 146 (M_2)[64]

England, saec. XIV/XV–XV^1. Parchment. The whole wrinkled from damp, dirty and faded. Fols. IV (numbered fols. i–iii, 1) + 129 (numbered fols. 2–130) + ii. Part of the final leaf has been cut away and patched with contemporary parchment. 370 mm × 255 mm (270–280 mm × 170–185 mm). In double columns. Copied by seven scribes in anglicana formata and another academic script.

The manuscript contains:

1. Gualterus Burlaeus, *Expositio in Isagogen Porphyrii*, f. 2ra–11va: "Liber Burley super Prophirium. Quia de dictis in logica intendo quoddam compendium compilare, videnda sunt primo tria ... x ... Genera est prior quam species quam constituit. Et sic finitur liber Porphirii. Explicit Burleye super librum Porfirii."

---

64 Cf. Hanna (ed.), *A Descriptive Catalogue of the Western Medieval Manuscripts of Magdalen College, Oxford*, 1063–1071.

2. Gualterus Burlaeus, *Expositio in Praedicamenta Aristotelis*, f. 11vb–42vb: "Circa librum Predicamentorum est sciendum quod subiectum contentivum tocius sciencie … x … a quolibet modo predicto, ut patet intuenti. Et sic finitur iste tractatus. Explicit exposicio Magistri Walteri Burleye super librum Predicamentorum."
3. Gualterus Burlaeus, *De universalibus*, f. 43ra–46vb: "Circa universalia sunt dubitaciones non pauce. Prima est utrum universalia existant … x … facit conceptum compositum representantem chimeram etc. Et sic finitur tractatus de universalibus secundum Magistrum Walterum Burley. Expliciunt universalia Burlee."
4. Gualterus Burlaeus, *De definitione*, f. 46vb–47rb: "Sciendum quod duplex est modus diffiniendi, scilicet composicionis et divisionis, qui est … x … completissima accidentis non ponitur suum subiectum set loco illius ponitur eius diffinicio etc. Explicit tractatus Burleye de modo diffiniendi."
5. Gualterus Burlaeus, *Expositio in Liber sex principiorum*, f. 49ra–58va: "Forma est composicioni contingens. Iste liber intitulatur De sex principiis, cum tamen sit de sex … x … ista satis patent ex primo De generacione. Et sic finitur Liber sex principiorum etc. Explicit exposicio Magistri Walteri Burley super Librum sex principiorum."
6. [Gualterus Burlaeus], *Expositio in Peri hermeneias Aristotelis*, f. 58vb–82vb: "Primum oportet constituere quid sit nomen liber Peryarmenias quem ad presens intendimus breviter exponere … x … prior incipienda patet quod in ordine proposicionum incipiendum sit ab ista de necessario."
7. Gualterus Burlaeus, *Commentarium in De somno et vigilia Aristotelis*, f. 83ra–95ra: "De sompno et vigilia considerandum quid sunt. Intencio Philosophi in hoc libro qui intitulatur De sompno … x … set hoc est difficile. Ideo fatui et malencolici non sunt boni interpretatores sompniorum etc. Explicit exposicio super libro De sompno et vigilia secundum magistrum Walterum Burley etc."
8. Gualterus Burlaeus, *Commentarium in De sensu et sensato Aristotelis*, f. 95ra–104va: "Quoniam autem de anima etc. Sciencia de anima in tres partes distinguitur, nam una pars est de anima … x … motibus contrariis sed inpossibile est eundem sensum simul inmutari a contrariis etc. Explicit exposicio super libro De sensu et de sensato secundum magistrum Walterum Burlay etc."
9. Petrus de Alvernia, *Commentarium in De morte et vita Aristotelis*, f. 104va–106vb: "Est quidam omnibus. Postquam Philosophus determinat de infrigidacione et in animalibus habentibus pulmonem … x … et morte

dictum est etiam de aliis que convenienciam habent et proporcionem ad mortem et vitam formaliter. Explicit sentencia magistri Petri de Avernia super libro De morte et vita etc."

10. Gualterus Burlaeus, *De potentiis animae*, f. 107ra–112va: "[U]t dicit Philosophus secundo De anima potenciarum anime quibusdam animatis insunt omnes ... x ... possumus dicere quod potencia motiva dividitur in duo membra sicut appetitus sensitivus. Explicit tractatus de potenciis anime datus a Magistro Waltero Burleye."
11. Gualterus Burlaeus, *Commentarium in De memoria et reminiscentia Aristotelis*, f. 112va–117va: "Ac memoria et memorari etc. In prohemio huius libri quod durat ibi usque primum quid proponit ea Philosophus ... x ... quapropter figuratur in aspectu earum et propter hoc de difficili amittit eas. Explicit exposicio super libro De memoria et reminiscencia secundum Magistrum Walterum Burley."
12. Gualterus Burlaeus, *Commentarium in De longitudine et brevitate vitae Aristotelis*, f. 117va–124vb: "[D]e eo autem quod est hec esse longe etc. Intencio in hoc tractatu est determinare de causis ... x ... secundum speciem longitudinis vite in aliis et aliis viventibus etc. Explicit exposicio super libro De longitudine et brevitate vite secundum Magistrum Walterum de Burley etc."
13. [Gualterus Burlaeus], *Expositio in I–II De anima Aristotelis*, f. 125ra–130vb: "[B]onorum et honorabilium noticiam etc. Sicut dicit Themistius primo huius que sunt perfecta in aliquo genere ... x ... ut ante sompnus qui est actus prius vel similis actui primo et ante vigilia ..."

Added texts:

(a) A logic exercise, probably the public Oxford performance required for the MA degree, added in the blank column after the end of item 4, in mixed anglicana/secretary, saec. XV$^{2/4}$, f. 47rb: "Venerande magister clangor tube terribilis meis insonuit auribus ... Utrum sol in suo proprio ecentrico mol (?) universaliter et princeps planetarum ... x ... Huius quesiti sol clarissimi iubar bipharia lunaris ..."

(b) A second MA exercise, added on the remaining blank leaves at the quire end. Following the explicit, added saec. XV^{2} in mixed anglicana/secretary, a listing of the customary fours—humours, seasons, elements, the ages of man, f. 47va–48vb: "Ad universalium noticia iuvenibus est innotandum quia convicione testante boicio lucidius nichil esse ... x ... sub conceptibus accidencium. Set si supponant quesitive sive similiter ter significant primarie aggregata."

Oxford, Oriel College Library, Ms. 12 (O)[65]

England, Oxford, saec. xv. Vellum, 315 mm × 210 mm. Fols. 127 (iv + 123), written in double columns by several scribes in the mixture of anglicana and secretary script.

The manuscript contains:

1. Gualterus Burlaeus, *Expositio in De anima Aristotelis*, f. 2ra–69rb: "Bonorum honorabilium … x … non necessarios inquantum est discretivus saporum qui faciunt alimentum dulce vel amarum. Explicit exposicio super libros De anima secundum magistrum Walterum de Burley." *Tabula quaestionum eiusdem expositionis*, f. 69rb–69va: "Iste sunt questiones quas querit Burley super libros De anima. Utrum omnis sciencia speculativa sit de numero bonorum … x … possit intelligere substantias separatas a materia."
2. Gualterus Burlaeus, *Commentarium in De somno et vigilia Aristotelis*, f. 69va–86vb: "De somno et vigilia considerandum sunt quidam etc. Intencio Philosophi in hoc libro qui intitulatur De somno … x … et malencholici non sunt boni interpretatores sompniorum; ideo etc. Et hic ffinis est libri qui dicitur liber De somno et vigilia secundum magistrum Walterum de Burley."
3. Gualterus Burlaeus, *Commentarium in De sensu et sensato Aristotelis*, f. 86vb–97va: "Scientia de anima in tres partes distinguitur, nam una est de anima secundum se … x … ergo impossibile est eundem sensum simul immutari a contrariis. Explicit tractatus libri De sensu et sensato datus a magistro Waltero Burley etc."
4. Gualterus Burlaeus, *Tractatus de sensibus*, f. 97va–99ra: "In homine sunt quinque sensus interiores sicut exteriores, videlicet sensus communis, ymaginativa … x … et est contra experimentum; igitur etc. Et sic finitur tractatus de sensibus secundum Burley."
5. [Gualterus Burlaeus], *Expositio in De substantia orbis Averrois*, f. 99ra–109rb: "Prohemium huius libri continet duas partes. In prima parte Commentator ponit quedam declarata … x … in tertia parte declaratur de natura corporis celesti cum habitudine ad motorem primum. Explicit exposicio De substancia orbis."
6. Gualterus Burlaeus, *Commentarium in De longitudine et brevitate vitae*, f. 109rb–115ra: "De eo quod est alia longe vite esse. Intencio in hoc

65 Cf. H.O. Coxe (ed.), *Catalogus codicum mms. qui in collegiis aulisque Oxoniensibus hodie adservantur*, Oxford 1752, 4b–5a; cf. R.M. Thomson, *Catalogue of Medieval Manuscripts of Latin Commentaries on Aristotle in British Libraries*, vol. 1: Oxford, Turnhout 2011, 374–375.

tractatu est de causis longitudinis … x … aliis viventibus est alia et alia causa longitudinis viventibus. Explicit exposicio libri De longitudine et brevitate vite secundum Burley."

7. [Gualterus Burlaeus], *Commentarium in De motu animalium Aristotelis* (incompl.), f. 115ra–118vb: "De motu autem eo qui est animalium etc. Secundum Philosophum tertio Phisicorum volentem considerare … x … per virtutem existentem in contactu secundum rationem quidam."
8. [Gualterus Burlaeus], *Commentarium in De memoria et reminiscentia Aristotelis* (fragm.), f. 119ra–120vb: "Corelaria: primum est quod reminiscens habuit actum post tempus … x … senibus pueri et senes propter motum in eis non sunt bene."

Città del Vaticano, Bibliotheca Apostolica Vaticana, Ms. Vat. lat. 2151 (V)[66]

England, saec. XIV. Vellum, written in double columns by two scribes. 275 mm × 190 mm. Fols. iv + 256. On f. I^v: *In isto volumine continentur libri subscripti secundum exposicionem Buorley, videlicet iij libri de anima* […] *De sensu et sensato*; f. II^r–III^v, IV^v blank; f. IV^r contains a table of contents of the whole volume written in the sixteenth or seventeenth century.

The manuscript contains:

1. Gualterus Burlaeus, *Expositio in De anima Aristotelis*, f. 1^r–88^r: "Bonorum honorabilium noticiam opinantes. Sicud dicit Themistius primo huius que sunt … x … enumerat Philosophus inter sensus non necessarios in quantum est discretivus saporum qui faciunt alimentum dulce vel amarum. Explicit exposicio super libros De anima secundum magistrum Walterum de Burley." *Tabula quaestionum*: "Iste sunt questiones quas querit Burle super libros De anima."
2. Gualterus Burlaeus, *Commentarium in De somno et vigilia Aristotelis*, f. 88^v–108^v: "De sompno et vigilia considerandum eciam quidam etc. Intencio Philosophi in hoc libro qui intitulatur De sompno et vigilia est determinare de corporibus animatis secundum habitudinem quam habent ad sompnum et vigiliam … x … non sunt boni interpretatores sompniorum; ideo etc. Et hic finis est libri qui dicitur liber De sompno et vigilia secundum magistrum Walterum de Buorley."
3. Gualterus Burlaeus, *Tractatus de potentiis animae*, f. 109^r–117^r: "Ut dicit Philosophus secundo De anima potenciarum anime quibusdam animatis insunt omnes quibusdam vero alique quibusdam vero una sola

66 Cf. A. Maier (ed.), *Codices Vaticani Latini. Codices 2118–2192*, Città del Vaticano 1961, 79–85.

... x ... quod potentia motiva dividitur in duo membra sicut appetitus sensitivus. Et sic finitur tractatus de potenciis anime secundum Burley."

4. GUALTERUS BURLAEUS, *Tractatus de sensibus*, f. 117^r–119^r: "In homine sunt quinque sensus interiores sicut exteriores ... x ... causancium illas qualitates et est contra experimentum; igitur etc. Et sic finitur tractatus de sensibus secundum Burle."

5. GUALTERUS BURLAEUS, *Tractatus de universalibus*, f. 119^r–126^v: "Circa universalia sunt dubitationes non pauce ... x ... facit conceptum compositum representantem chimeram; igitur etc. De universalibus ista sufficiunt etc." *addente alia manu* "secundum Burle."

6. ANONYMUS,[67] *Tractatus alter de universalibus*, f. 127^r–131^r: "Nota quod est dare universalia ex parte rei secundum quinque genera, ut docet Lyncolnensis primo Posteriorum. Aliqua sunt universalia propria singularibus corruptibilibus non fundata in illis, et hoc tripliciter: vel quod sint raciones fundate in deo sine alterius intelligencia ... x ... et sic loquendo facile est videre quomodo non ponit[ur] in numerum cum suo singulari. Eligat ergo logicus verba, quia sentencia de universalibus est necessaria tam a plebeo quam a philosopho implicata etc."

7. GUALTERUS BURLAEUS, *Tractatus de formis*, f. 131^r–148^r: "Notandum quod materia prima est materia remotissima respectu cuiuscumque compositi ex ea ... x ... que intencio non est directe cognita ab intellectu. Explicit Borley de fformis."

8. GUALTERUS BURLAEUS, *Commentarium in De generatione et corruptione Aristotelis*, f. 149^r–171^r: "De generacione autem et corupcione etc. In prohemio huius libri proponit Philosophus suam intencionem dicens quod intendit in hoc libro determinare causas universales ... x ... sed substantia corumptibilis eadem specie, non eadem numero, nam quoddam corruptum non redit idem numero. Et in hoc finitur iste liber etc. Explicit tractatus super librum De generacione et corumpcione secundum dominum W. De Burley."

9. [GUALTERUS BURLAEUS], *Commentarium in De caelo et mundo Aristotelis*, f. 171^r–219^v: "De natura sciencia fere plurima videtur. Primo in hoc libro sunt quedam communia scienda et postea procedendum est ad magis specialia, quia, ut dicit Philosophus primo Phisicorum ... x ... tunc corpus resistens dividitur et fit motus deorsum. Postea recapitulat, ut patet in litera etc. Deo gracias. Et in hoc terminatur liber Celi et mundi."

---

67 This text was also attributed to Walter Burley by J. Hammese and S. Szyller, cf. Hamesse, Szyller (ed.), *Repertorium*, 728. See note 60 above.

10. [Gualterus Burlaeus], *Expositio in De substantia orbis Averrois*, f. 219^{v}–232^{r}: "Pprohemium huius libri continet duas partes. In prima parte Commentator ponit quedam declarata ab Aristotile de natura corporis celestis. In secunda ponit ea de quibus vult determinare in hoc libro … x … in tertia parte determinatur de natura corporis celestis cum habitudine ad motorem primum. Explicit exposicio De substancia orbis."
11. Gualterus Burlaeus, *Commentarium in De longitudine et brevitate vitae Aristotelis*, f. 232^{r}–239^{r}: "De eo quod est alia longe vite esse. Intencio in hoc tractatu est de causis longitudinis et brevitatis vite. Due enim sunt cause longitudinis et brevitatis vite: una intrinseca, alia extrinseca … x … ideo est alia et alia causa longitudinis secundum speciem in aliis et aliis viventibus. Explicit exposicio libri De longitudine et brevitate vite secundum Burle."
12. Gualterus Burlaeus, *Commentarium in De motu animalium Aristotelis*, f. 239^{r}–244^{r}: "De motu autem eo qui est animalium etc. Secundum philosophum tertio Phisicorum volentem considerare de natura necesse est considerare de motu. Et racio huius proposicionis est, nam natura diffinitur per motum … x … propter hoc contingit quod fiat motus in eo in uno tempore et non in alio. Postea recapitulat, ut patet. Explicit sentencia Magistri Walteri Burle super librum Aristotilis qui intitulatur De motu animalium."
13. Gualterus Burlaeus, *Commentarium in De sensu et sensato Aristotelis*, f. 244^{r}–256^{r}: "Sciencia de anima in tres partes distinguitur, nam una est de anima secundum se et de potenciis et partibus anime per comparacionem ad animam … x … igitur impossibile est eumdem sensum simul immutari a contrariis. Explicit tractatus libri De sensu et sensato datus a magistro Waltero Burleye."

Establishing Manuscript Tradition

De sensu et sensato

The text of the commentary has been preserved in four manuscripts:

L_2, f. 175ra–184vb;
M_2, f. 95ra–96vb, 101ra–103vb, 97ra–98vb, 104ra–104va;
O, f. 86vb–97va;
V, f. 244rb–256ra.

All of four witnesses contain the complete text of the work and present the same version of the text. One can observe certain regularities in the text variants, which makes it possible to identify two uneven groups: L_2OV and M_2. The L_2OV has a peculiar characteristic: there are not only alterations and errors common for the whole group but also ones, which characterize some pairs, namely L_2O and, to a lesser degree, L_2V and OV. There also seems to exist a special relation between L_2 and M_2. Apparently, L_2 must have been corrected with the help of a manuscript that was the source for M_2, but not M_2 itself. There are four places, in which the text of L_2 originally followed the version shared also by O and V but was corrected to the version shared by M_2, yet M_2 itself has a number of individual readings, which do not appear in L_2. This can be seen in the following examples of alterations within sentences.

L_2OV: Ista autem consideratio quae traditur in *Parvis libris* habet tres partes, quoniam tres sunt potentiae animae organicae penes quas diversificantur gradus in viventibus, scilicet **negativum**, sensitivum et motivum secundum locum.
M_2: Ista autem consideratio quae traditur in *Parvis libris* habet tres partes, quoniam tres sunt potentiae animae organicae penes quas diversificantur gradus in viventibus, scilicet **vegetativum**, sensitivum et motivum secundum locum.

L_2O: Descendendo specialiter ad dicta in libro *De sensu et sensato* est intelligendum quod in parte prooemiali probantur duae **quaestiones**.
M_2V: Descendendo specialiter ad dicta in libro *De sensu et sensato* est intelligendum quod in parte prooemiali probantur duae **conclusiones**.

L_2V: Et quando sanitas inducitur per artem, non tamquam per agens principale, sed tamquam per agens instrumentale.
OM_2: Et quando sanitas inducitur per artem, **inducitur per artem** non tamquam per agens principale, sed tamquam per agens instrumentale.

OV: Unde, sicut esca convertitur in diversas partes animalis sic eadem aqua convertitur in diversos sapores convenientes diversibus partibus aquae, quod non esset, si alia et alia pars aquae esset principium alterius et alterius saporis.
L_2: Unde, sicut **eadem** (*superscr.*) esca convertitur in diversas partes animalis sic eadem aqua convertitur in diversos sapores convenientes diversibus partibus aquae, quod non esset, si alia et alia pars aquae esset principium alterius et alterius saporis.

M_2: Unde, sicut **eadem** esca convertitur in diversas partes animalis sic eadem aqua convertitur in diversos sapores convenientes diversibus partibus aquae, quod non esset, si alia et alia pars aquae esset principium alterius et alterius saporis.

OV: **Quidem** etiam non odorant, nisi quando calefiunt, ut patet de sulphure et de multis aliis.
M_2: **Quaedam** etiam non odorant nisi quando calefiunt, ut patet de sulphure et multis aliis.
L_2: **Quaedam** (*corr. ex* **quidem**) etiam non odorant nisi quando calefiunt, ut patet de sulphure et de multis aliis.

OV: Ideo organum olfactus secundum quod actualiter immutatur ab obiecto debet esse calidum et siccum, quia sic **assimilantur** agenti.
M_2: Ideo organum olfactus secundum quod actualiter immutatur ab obiecto debet esse calidum et siccum, quia sic **assimilatur** agenti.
L_2: Ideo organum olfactus secundum quod actualiter immutatur ab obiecto debet esse calidum et siccum, quia sic **assimilatur** (*corr. ex* **assimilantur**) agenti.

M_2, which constitutes a separate group, is very diligently copied. Its scribe made very few mistakes (only one *homoioteleuton*) but, for some reasons, he seems to have incorporated within the text some marginal and interlinear glosses from his source without realizing that they do not belong to it and are redundant. This can be seen in the following example of alterations within sentences.

L_2OV: Ad istud respondet Albertus dicens quod vox magistri movet et magis imprimit quam littera scripta.
M_2: Ad istud respondet Albertus dicens quod vox magistri **magis** movet et magis imprimit quam littera scripta **visibilis in scripto.**

The diligence of the scribe of M_2 allowed the editor to correct *homoioteleuta* and other corrupt fragments of the remaining manuscripts (missing text is marked [...]), e.g.:

L_2OV: Sed locutioni accidit quod sit significativa rerum, ideo locutio non est causa disciplinae nisi per accidens, **[...]** quia auditus percipit illud quod est magis causa disciplinae, et si per accidens magis quam illud quod percipitur a visu.

M_2: Sed locutioni accidit quod sit significativa rerum, ideo locutio non est causa disciplinae nisi per accidens. **Et sic per accidens confert auditus magis ad intellectum quam visus**, quia auditus percipit illud quod magis est causa disciplinae, et si per accidens magis quam illud quod percipitur a visu.

Basing on this information the following *stemma codicum* is established:

De sensu et sensato

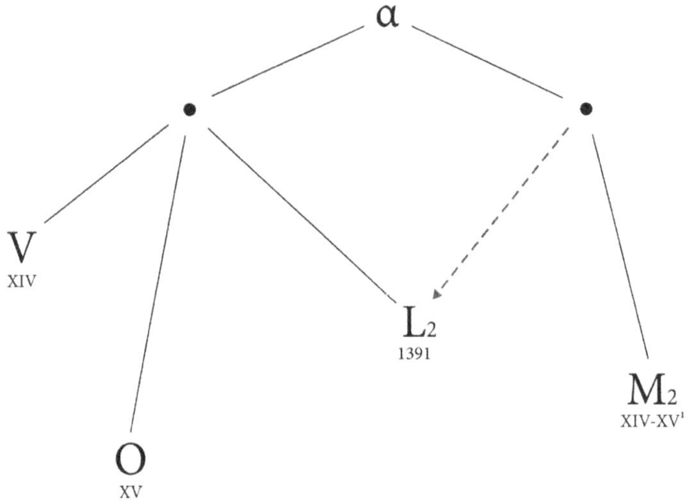

The selection of the base manuscript for the edition was made taking into account three criteria, which enabled the editor to choose the manuscript closest to the archetype. According to this methodology, the choice was to follow the manuscript with the text, which was least subject to editorial corrections by scribes and, thus, is closest to the original version penned by Walter Burley. Our base manuscript is, therefore, not the best manuscript from the philological point of view but it is truest to the original. Manuscript V is probably the oldest of the set. From a philological point of view, it also presents the least corrupt text and has the smallest number of interventions of the scribe, mostly self-corrections. For this reason, the edition follows V as closely as possible. Corrupted fragments and *homoioteleuta* are usually corrected with the help of remaining manuscripts of the same group L_2 and O. In cases in which V, L_2 and O do not give an acceptable text, M_2 has been used.

De somno et vigilia[68]

The text of the commentary has been preserved in five manuscripts:

L_2, f. 158ra–174ra;
A, f. 212ra–222va;
M_2, f. 83ra–95ra;
O, f. 69va–86vb;
V, f. 88va–108vb.

Except for M_2, which misses two folios in the middle of one quire (lost before the codex was bound and foliated), all of them contain the complete text of the work and present the same version of it. One can observe certain regularities in the text variants, which makes it possible to identify two groups: AOV and L_2M_2. The AOV group is further divided into V, which stands apart, and A and O. A and O share a peculiar characteristic: one can observe such a great degree of dependence of A on O that it can be argued that it is directly copied from it. A has all the errors and variants which are present in O and adds to it some of its own. As a result, A has been eliminated from the apparatus.

AOV: Et haec causa est absentia influxus virtutis a sensu communi ad exterius, et haec absentia **continet aliquam** trium praedictarum causarum [...].
L_2M_2: Et haec causa est absentia influxus virtutis a sensu communi ad exterius, et haec absentia **contingit aliqua** trium praedictarum causarum [...].

AOV: Secundum patet, quia nullus sensus particularis potest **percipere** diversitatem inter sensibilia diversorum sensuum [...].
L_2M_2: Secundum patet, quia nullus sensus particularis potest **cognoscere** diversitatem inter sensibilia diversorum sensuum [...].

AOL_2: Praeterea, somnus est immobilitatio, cuius igitur est immobilitatio, eius est somnus [...].
V: Praeterea, somnus est immobilitatio, cuius igitur **somnus** est immobilitatio, eius est somnus [...].

68 The commentary has already been published semi-critically: Cf. Ch. Thomsen-Thörnqvist (ed.), "Walter Burley's *Expositio* on Aristotle's Treatises on Sleep and Dreaming. An Edition," *Cahiers de L'Institut du Moyen-Âge Grec et Latin* 83 (2014), 379–515.

M_2: Praeterea, somnus est immobilitatio, cuius est immobilitatio, eius est somnus [...].

AOL_2V: Et quod simile **declarat** Albertus, nam duo sensus forma et subiecto different sicut duo homines.

M_2: Et quod simile **declinat** Albertus, nam duo sensus forma et subiecto different sicut duo homines.

This dependence of A on O can be seen in the following examples:

L_2M_2V: Quinta est: supposito quod somnus et vigilia insunt animalibus, utrum omni insit utrumque aut somnus inest alicui animali, ita quod non **vigilia, et vigilia alicui animali, ita quod non** somnus, aut sit aliquod animal, cui neutrum insit, et aliquod, cui utrumque insit.

AO: Quinta est: supposito quod somnus et vigilia insunt animalibus, utrum omni insit utrumque aut somnus inest alicui animali, ita quod non **[...]** somnus, aut sit aliquod animal, cui neutrum insit, et aliquod, cui utrumque insit.

A adds its own corrupt readings, which are even worse than O:

L_2M_2OV: Alio **modo** describit Commentator somnum sic [...].

A: Alio describit Commentator somnum sic [...].

L_2M_2OV: Prima est quod omne sentiens necesse est quandoque quiescere ab actu sentiendi.

A: Prima est quod **non** omne sentiens necesse est quandoque quiescere ab actu sentiendi.

There also seems to exist a special relation between L_2 and M_2. Apparently, L_2 must have been copied from the same manuscript source as M_2, but not from M_2 itself. Moreover, L_2 seems to have a number of readings shared with a manuscript that must have been the source for the AOV group. Because many of them can be identified as corrections, it is very likely that L_2 was corrected with the help of a manuscript closely related to that group. This can be seen in the following example:

AOV: Ad primam quaestionem arguo quod somnus non sit privatio vigiliae, quia **illud** quod habet causas positivas est positivum, et non sola privatio; sed somnus habet causas positivas, ut patet ex praecedentibus.

M_2: Ad primam quaestionem arguo quod somnus non sit privatio vigiliae. **Probatur** quia **idem** quod habet causas positivas est positivum, et non sola privatio, sed somnus habet causas positivas, ut patet ex praecedentibus.

L_2: Ad primam quaestionem arguo quod somnus non sit privatio vigilae. **Probo** quia **illud** (*corr. ex* **idem**) quod habet causas positivas est positivum, et non sola privatio, sed somnus habet causas positivas, ut patet ex praecedentibus.

Basing on this information the following *stemma codicum* is established:

De somno et vigilia

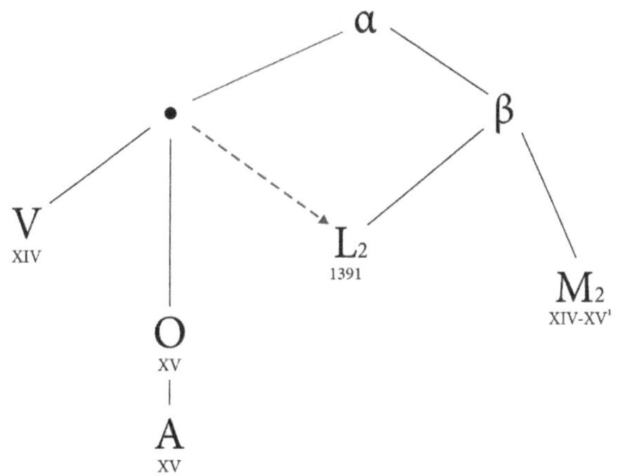

The selection of the base manuscript for the edition was made taking into account three criteria, which enabled the editor to choose the manuscript closest to the archetype: V. According to this methodology, the choice was to follow the manuscript with the text which was least subject to editorial corrections by scribes and, thus, is closest to the original version penned by Walter Burley. Our base manuscript is, therefore, not the best manuscript from the philological point of view but it is truest to the original. As in the case of *De sensu et sensato*, V is probably the oldest of the set. From a philological perspective, it also presents itself as the least corrupted version with the smallest number of interventions of the scribe, again mostly self-corrections. For this reason, the edition follows V very closely: corrupted fragments and *homoioteleuta* have been corrected where possible with the help of the remaining manuscripts of the AOV group. Where these manuscripts did not help to establish a correct text, manuscripts from the L_2M_2 group were used.

De longitudine et brevitate vitae

The text of the commentary has been preserved in six manuscripts:

B, f. 84^{v}–90^{v};
L_2, f. 152ra–158ra;
M_1, f. 180va–184vb;
M_2, f. 117va–122vb;
O, f. 109rb–115ra;
V, f. 232rb–239ra.

All of them, except B, which lacks the last question, contain complete text of the work and present the same version of the text. One can observe certain regularities in the text variants, which makes it possible to identify two groups: OV and $BL_2M_1M_2$. The $BL_2M_1M_2$ seems to be broken into two subgroups comprising BM_1 and L_2M_2, respectively. This division can be seen in the following examples:

OV is an independent group:

$BL_2M_1M_2$: Causa intenti est, quia de istis contingit dubitare, et de eo quod est per se manifestum non **inquiritur in scientia**.
OV: Causa intenti est, quia de istis contingit dubitare, et de eo quod est per se manifestum non.

$BL_2M_1M_2$: Dicit igitur quod **eadem** animalia eiusdem speciei sunt longioris vitae in calidis regionibus quam in frigidis […].
OV: Dicit igitur quod **calida** animalia eiusdem speciei sunt longioris vitae in calidis regionibus quam in frigidis […].

$BL_2M_1M_2$: Istam dubitationem solvit dicens quod aegrotantia secundum quasdam aegitudines sunt brevis vitae et aegrotantia secundum **quasdam** aegritudines possunt esse longae vitae.
OV: Istam dubitationem solvit dicens quod aegrotantia secundum quasdam aegitudines sunt brevis vitae et aegrotantia secundum **alias** aegritudines possunt esse longae vitae.

BM_1 is a semi-independent group within the $BL_2M_1M_2$ group sharing some common text variants:

OV: Commentator dicit hic ista verba quod in vegetabilibus est trina causa quae facit longitudinem vitae et est ut corrumpatur et crescat suis partibus, scilicet ut, **cum descinatur** aliquis ramus, possit generari alius [...].

BM_1: Commentator dicit hic ista verba quod in vegetabilibus est trina causa quae facit longitudinem vitae et est ut corrumpatur et crescat suis partibus, scilicet ut, **cum desiccatur** aliquis ramus, possit generari alius [...].

L_2M_2: Commentator dicit hic ista verba quod in vegetabilibus est trina causa quae facit longitudinem vitae et est ut corrumpatur et crescat suis partibus, scilicet ut **desiccatur** aliquis ramus, possit generari alius [...].

L_2M_2OV: [...] maior flamma consumit minorem non per se, sed per accidens, quia scilicet maior flamma cito consumit hoc alimentum, scilicet fumum, quod quidem alimentum maior flamma **non** consumeret in multo tempore.

BM_1: [...] maior flamma consumit minorem non per se, sed per accidens, quia scilicet maior flamma cito consumit hoc alimentum, scilicet fumum, quod quidem alimentum maior flamma consumeret in multo tempore.

L_2M_2 is another semi-independent group within the $BL_2M_1M_2$ group sharing some common text variants:

BM_1OV: Ad quaestionem est dicendum quod **ignis in sua sphaera est corruptibilis** [...].

L_2M_2: Ad quaestionem est dicendum quod **sic** [...].

BM_1OV: Complexio enim naturalis est in **proportione** naturali [...].

L_2M_2: Complexio enim naturalis est in **complexione** naturali [...].

Basing on this information the following *stemma codicum* is established:

De longitude et brevitate vitae

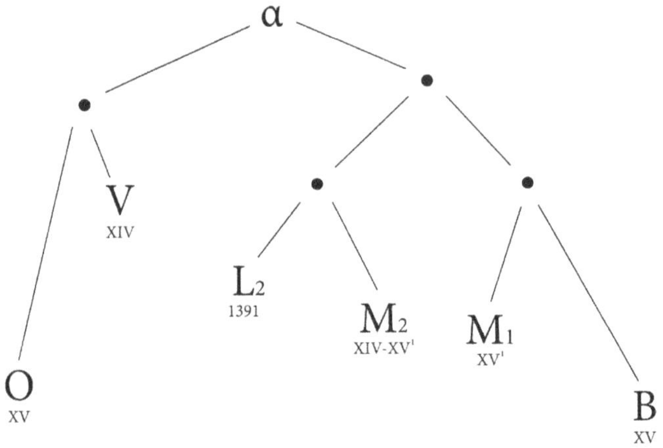

The selection of the base manuscript for the edition was made taking into account three criteria, which enabled the editor to choose the manuscript closest to the archetype: V. According to this methodology, the choice was to follow the manuscript with the text, which was least subject to editorial corrections by scribes and, thus, is closest to the original version penned by Walter Burley. Our base manuscript is, therefore, not the best manuscript from the philological point of view but it is truest to the original. As in the cases of *De sensu et sensato* and *De somno et vigilia* manuscript V is probably the oldest of the set. From the philological point of view, it also presents reasonably good quality text, in some aspects better, in some other ones somewhat worse than other manuscripts. For this reason, the edition follows V as closely as possible. Corrupt fragments and *homoioteleuta* have been usually corrected with the help of the other manuscripts of the OV group; where O and V did not help to establish a correct text, manuscripts from the $BL_2M_1M_2$ group have been used.

De memoria et reminiscentia

The text of the commentary has been preserved in four manuscripts:

L_2, f. 185ra–189vb;
M_1, f. 63va–67vb;
M_2, f. 112va–117va;
O, f. 119ra–120vb.

All of them, except O, which begins in the middle of the third chapter and ends in the midle of chapter 24, contain complete text of the work and all present the same version of the text. One may observe certain regularities in the text variants, which makes it possible to identify two groups: M_1 and L_2M_2O. The L_2M_2O is clearly broken into two subgroups comprising L_2M_2, which are very close, and O, respectively. This division can be seen in the following examples:

M_1 is an independent copy:

> M_1: memoria est ipsius sensus per se, ipsius intellectus per accidens, nam memoria est **per se phantasmatum et est per accidens intelligibilium**, quibus debetur phantasia per accidens.
>
> L_2M_2O: memoria est ipsius sensus per se **et** ipsius intellectus per accidens, nam memoria **per se est sensibilium**, quibus debetur phantasia per se et per **accidens intelligibilium quibus debetur phantasia per** accidens.

L_2M_2 is a semi-independent group within L_2M_2O sharing some text variants proper to it:

> M_1O: Unde breviter: sicut geometer in triangulo **singulari** quem describit considerat **et describit** naturam trianguli in communi [...].
>
> L_2M_2: Unde breviter: sicut geometer in triangulo **potest signare** quem describit considerat naturam trianguli in communi [...].

O is a semi-independent copy within the L_2M_2O group:

> $L_2M_1M_2$: pars sensitiva percipit tempus, sicut prius **probatum** est, nam pars sensitiva percipit motum et magnitudinem, et per consequens tempus; igitur ad partem sensitivam pertinet **memoria per se**. Unde, quia solum animalia **percipientia** tempus habent memoriam, **hoc** est signum quod memoria pertinet ad partem sensitivam.
>
> O: pars sensitiva percipit tempus, **quia percipitur motus etc.**, sicut prius **dictum** est, nam pars sensitiva percipit motum et magnitudinem, et per consequens tempus; **igitur etc.**; igitur ad partem sensitivam pertinet **etc.** Unde, quia solum animalia **quae percipiunt** tempus habent memoriam, **hic** est signum quod memoria pertinet ad partem sensitivam.

De memoria et reminiscentia

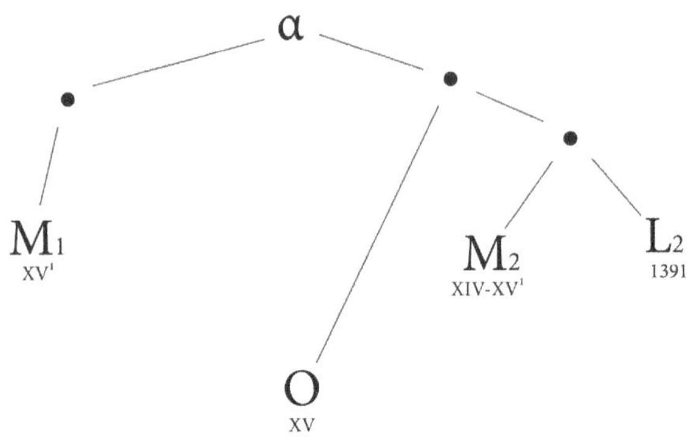

Unlike the remaining four commentaries, *De memoria et reminiscentia* does not offer any strong arguments for selection of one base manuscript for the edition. All of them present text that is corrupt to the degree that it is impossible for the editor to offer a consistent version on the basis of any. Consequently, the edition of this commentary is partly resultative, following M_1 through most of the text but switching to the other group, where it gives consistently better variant readings, or to one or another of them in places where they give divergent readings. In all those cases, the editor chose variant readings which make sense over the sensless ones. *Homoioteleuta* were treated in the same way.

De motu animalium[69]

The text of the commentary has been preserved in six manuscripts:

E, f. 78rb–81ra;
L_1, f. 144rb–147vb;
L_2, f. 30rb–32vb;
M_1, f. 177va–180va;
O, f. 115ra–118vb;
V, f. 239rb–244rb.

69 The commentary has already been published semi-critically: F. Scott, H. Shapiro (eds), "Walter Burley's Commentary on Aristotle's *De motu animalium*," *Traditio* 25 (1969), 171–190.

All of them, except L_2 and O, which are unfinished, contain complete text of the work and present the same version of it. One may observe certain regularities in the text variants, which makes it possible to identify two groups: OV and $EL_1L_2M_1$. The $EL_1L_2M_1$ seems to be broken into two subgroups comprising EM_1 and L_1L_2, respectively. This division can be seen in the following examples:

> EM_1: Qualiter motus **dependat** ab immobili declarat Philosophus per exemplum de muribus ambulantibus in terra vel in arena.
> L_1L_2: Qualiter motus **descendit** ab immobili declarat Philosophus per exemplum de muribus ambulantibus in terra vel in arena.
> OV: Qualiter motus **descendat** ab immobili declarat Philosophus per exemplum de muribus ambulantibus in terra vel in arena.

EM_1 is an semi-independent group within $EL_1L_2M_1$ having its own text variants:

> L_1L_2OV: Intelligendum tamen quod motus animalis consideratur tripliciter: uno modo in se et absolute, alio modo quantum ad differantias motus, tertio modo quantum ad organa mediantibus quibus motus **extenditur.**
> EM_1: Intelligendum tamen quod motus animalis consideratur tripliciter: uno modo in se et absolute, alio modo quantum ad differantias motus, tertio modo quantum ad organa mediantibus quibus motus **exercetur.**

> L_1L_2OV: Si consideratur de motu primo modo, sic de eo consideratur hic et in tertio *De anima*, sed differenter, quia in libro *De anima* determinatur de motu quantum ad principia quae originem habent ex parte [...] corporis et parum determinatur de ipso quantum ad animam.
> EM_1: Si consideratur de motu primo modo, sic de eo consideratur hic et in tertio *De anima*, sed differenter, quia in libro *De anima* determinatur de motu quantum ad principia quae originem habent ex parte **animae; in hoc autem libro determinatur de motu quantum ad principia quae originem habent ex parte** corporis et parum determinatur de ipso quantum ad animam.

L_1L_2 is a semi-independent group within $EL_1L_2M_1$ having its own text variants:

> EM_1OV: **Scilicet enim** duo principia motus, ut dictum, scilicet intellectus et appetitus.

L_1L_2: **Sunt enim** duo principia motus, ut dictum, scilicet intellectus et appetitus.

EM_1OV: Unde illa quae dicta sunt in universali in octavo *Physicorum* in hoc libello **applicantur** ad particularia.
L_1L_2: Unde illa quae dicta sunt in universali in octavo *Physicorum* in hoc libello **applicanda sunt** ad particularia.

OV is an independent group:

OV: Motus autem reperitur in tribus **praedicamentis** tantum secundum Philosophum quinto *Physicorum* [...].
$EL_1L_2M_1$: Motus autem reperitur in tribus **generibus** tantum secundum Philosophum quinto *Physicorum* [...].

OV: Propter hoc enim iuncturae sunt necessariae animali, ut **alia** parte quiescente **possit** alia moveri.
$EL_1L_2M_1$: Propter hoc enim iuncturae sunt necessariae animali, ut **una** parte quiescente **posset** alia moveri.

De motu animalium

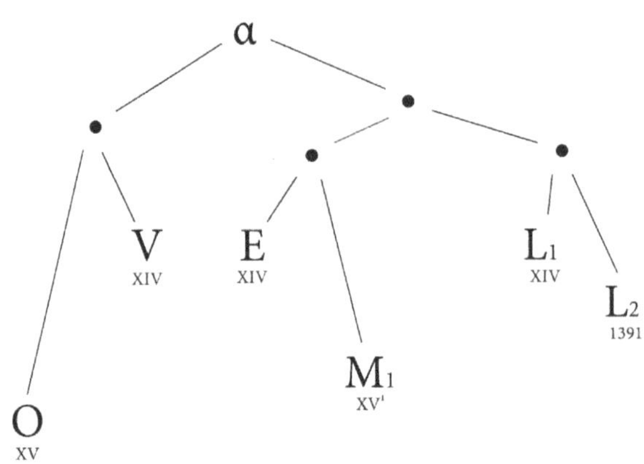

The selection of the base manuscript for the edition was made taking into account three criteria, which enabled the editor to choose the manuscript closest to the archetype: V. According to this methodology, the choice was to follow the manuscript with the text, which was least subject to editorial corrections by scribes and, thus, is closest to the original version penned by Walter Burley. Our base manuscript is, therefore, not the best manuscript from the philological point of view but it is truest to the original. As in the cases of *De sensu et sensato*, *De somno et vigilia*, and *De longitudine et brevitate vitae*, manuscript V is probably the oldest of the set. In philological terms, it also presents a reasonably good quality text, in some aspects better, in some other ones somewhat worse than L_1. This allowed the editor to follow V as closely as possible. Corrupted fragments and *homoioteleuta* have been corrected with the help of remaining manuscripts of the OV group; when O and V did not help to establish a correct text, $EL_1L_2M_1$ group have been used.

Quotations and Cross References[70]

Analysing texts of Burley's commentaries allows us to discover what were his source books and how often he refers to them. His principal source texts were Aristotle's treatises. In his times, these were available in two translations: the *translatio vetus* mostly by James of Venice, dating back to the end of the twelfth century, and the *translatio nova* by William of Moerbeke from the second half of the thirteenth century.[71] There are some doubts, however, as to the translation Burley used. The *lemmata* for his commentaries, which could serve to establish what source text he used, are usually very short. Where they are longer, they can be matched with various translations. For instance, in the six manuscripts which contain Burley's *De longitudine et brevitate vitae*, one can find lemmas following the translations of James of Venice (mostly in chapters 1 and 2) and William of Moerbeke (mostly in chapter 3). In the remaining chapters, the identification of the source is impossible due to the shortness of the text samples and the similarity of the translations. It makes matters worse that various manuscripts inconsistently use various translations; apparently those differing *lemmata* must have been sometimes altered by scribes. For instance, in the version of *De longitudine* commentary contained in L_2, the scribe uses the *translatio vetus* in the lemmas of chapter 2, the *translatio nova* in the lemmas of chapter 3, while for the remaining chapters he gives what looks like a blend of the two translations; in the version contained in M_2, the scribe uses the *translatio nova* for the first and third chapter, the *translatio vetus* for the second chapter, and the remaining chapters present blended versions.

70 This chapter is a revised version of the paper: M. Gensler, M. Mansfeld, "A Young Master and His Library: Walter Burley's Sources for Commenting the 'Parva naturalia'," in: *Die Bibliothek—The Library—La Bibliothèque. Denkräume and Wissensordnungen*, ed. A. Speer, L. Reuke, Berlin/Boston 2020, 238–249.

71 Cf. De Leemans, "*Parva naturalia*," 917–922.

De longitudine, 2, 465a 2–3:

MOERBEKE: *Sunt autem habentia differentiam hanc.*
VENETICUS: *Sunt autem et hanc habentia.*

L_2	O	V	B	M_1	M_2
Sunt autem et hanc habentia (= Venet.)	*Sunt autem* etc.	*Sunt autem* etc.	*Sunt autem et haec habentia* etc. (= Venet.)	*Sunt autem habentia* etc. (= Moerb.)	*Sunt autem et hanc habentia* etc. (= Venet.)

In various manuscripts containing *De somno et vigilia* commentary, lemmas are more or less consistent in their wording but it is sometimes difficult to find any significant similarity between them and any of the existing Aristotle translations. Where such similarity can be found, the text is sometimes closer to the *translatio vetus* and some other times to Moerbeke's revision of it.

Gualterus Burlaeus	**Anonymus saec. XII translator Aristotelis—translatio vetus (AL XV.1.1)**	**Guillelmus de Morbeka reuisor translationis Aristotelis—translatio nova (AL XV.2.1)**
De somno et vigilia considerandum sunt quidem	*De sompno autem et vigilia considerandum quid sint*	*De sompno autem et vigilia considerandum* EST *quid sint*
Propter quam vero causam accidit dormire	*Propter vero quam causam accidit dormire*	*Propter quam vero causam accidit dormire*
Quamquam itaque dubitat aliquis	*Quamquam utique dubitat aliquis*	*Quamquam utique* DUBITABIT *aliquis*

Citations within the commentaries are often only somewhat better guides: in many cases, Burley prefers to paraphrase Aristotle's text rather than to quote, which makes it difficult to precisely identify the source. The following examples, taken from Burley's commentary on *De sensu et sensato* show clearly that he usually followed Moerbeke's version.

Gualterus Burlaeus	**Anonymus saec. XII (sive 'Nicolaus') translator Aristotelis (AL XIII.1)**	**Guillelmus de Morbeka (AL XIII.1)**
cap. 1: *Sapientiores a nativitate privatorum utroque sensu sunt caeci mutis et surdis*	437a 16–18: *Quare sapientiores a nativitate privatis ab utrolibet sensu sunt ceci mutis et surdis*	437a 16–18: *Quare sapientiores a natiuitate priuatorum utroque sensu sunt ceci mutis et surdis.*
cap. 2: *Levia enim in tenebris nata sunt fulgere, non tamen lucem facere. Oculi autem vocatum nigrum et medium leve. Apparet autem hoc moto oculo, quia accidit quasi duo fieri unum; hoc autem celeritas motus facit, ut videatur aliud esse videns et visum, et non sit nisi celeriter moveatur et in tenebris hoc accidit. Leve enim in tenebris natum est fulgere, quemadmodum quaedam capita piscium et sepiae turpidum. Et lente moto oculo non accidit ut videatur simul unum et duo esse videns et visum. Illo autem modo ipse se ipsum videt oculus, quemadmodum et in refractione.*	437a 31–437b 9: *Levia enim in tenebris habent lucere, non vero lucem faciunt; oculi autem vocatum nigrum et medium leve apparet. Apparet autem hoc, moto oculo, cum accidit quasi duo fieri unum. Hoc autem celeritas facit motus; quare estimatur aliud esse videns et visum. Quare non fit nisi celeriter et in tenebris hoc accidit; leve enim in tenebris lucet, quemadmodum capita piscium quedam et sepie turbidum; et lente moto oculo non accidere, quare estimatur simul unum et duo esse visum et videns. Ille autem se ipsum videt oculus, quemadmodum et in refractione.*	437a 31–437b 9: *Leuia enim in tenebris nata sunt fulgere, non tamen lucem facere; oculi autem uocatum nigrum et medium, leue. Apparet autem hoc moto oculo, quia accidit quasi duo fieri unum. Hoc autem celeritas facit motus, ut uideatur aliud esse uidens et uisum, quare et non fit nisi celeriter. Et in tenebris hoc accidat: leue enim in tenebris natum est fulgere, quemadmodum quedam capita piscium et sepie turbidum. Et lente moto oculo, non accidit ut uideatur simul unum et duo esse uidens et uisum; illo autem modo ipse se ipsum uidet oculus, quemadmodum et in refractione.*

By contrast, quotations from Burley's commentary on *De somno* show the independence of his version from the two existing translations.

Gualterus Burlaeus	Anonymus saec. XII translator (AL XV.1.1)	Guillelmus de Morbeka (AL XV.2.1)
Omnia animalia pene participant somno	454b: *Alia igitur pene omnia que sompno communicant manifestum* [...]; *ideo que latebunt quedam multotiens utrum participent sompno vel non.*	454b: *Alia quidem igitur pene omnia sompno communicant,* [...] *ideo que latebunt* UTIQUE *quedam multotiens utrum partici*PANT *sompno vel non.*

As a result, it is hard to offer an unequivocal conclusion, beside stating a visible preference for William's of Moerbeke translations.

Already during his time in Oxford, Burley was fond of Averroes's commentaries and he used them as a kind of subsidiary authority. While analyzing the text of Aristotle Burley customarily makes use of the appropriate commentary by Averroes: in case of the *Parva naturalia* the available text was the *Epitome*, which had been translated into Latin relatively recently and was known from its *Vulgata* version.[72] In a literal commentary, Burley's commenting habit, repeated in most sections of his *Parva naturalia* commentaries, was to supplement his own opinions with those of the Commentator. For this reason, his commentary has an interesting structure: the first part of every section seems to be Burley's own and follows Aristotle's source text quite closely, giving explanations of concepts and paraphrases of more difficult fragments. The other part presents the exposition of the text following the authority of Averroes, whom Burley also frequently quotes *in extenso*. Those quotations are regularly marked by opening and closing phrases. Burley distinguishes between opening phrases for longer quotations, which usually start: *notanda sunt haec verba Commentatoris*, and shorter ones, which begin: *Commentator dicit hic*.[73] By contrast, the closing phrases: *Haec Commentator* and *Ista sunt verba Commentatoris*, are

72 Averroes, *Compendia librorum qui Parva naturalia vocantur*, ed. A.L. Shields, in: H.A. Wolfson, D. Baneth, F.H. Fobes (eds), *Corpus commentariorum Averrois in Aristotelem*, vol. VII, Cambridge (MA) 1949.

73 For instance, Gualterus Burlaeus, *Commentarium in De sensu et sensato Aristotelis*, cap. 2: "Notanda sunt haec tria dicta Commentatoris de istis virtutibus. Dicit enim Commentator quod omnes istae virtutes conveniunt in hoc quod actio earum non completur nisi per instrumentum et appropriatur gustui et tactui, quia non indigent medio, alii vero indigent. [...] Et signum eius quod necessarium est visui, ut lux proveniat ad ista retia, est quia, quando contingit homini percussio super palpebram, statim obscuratur oculus et

used indiscriminately.[74] Reading the commentaries one notices that when Burley supplements his opinions with those of Averroes, it does not necessarily mean that he agrees with them. On the contrary, Averroes's authority is sometimes at odds with opinions that were approved by Burley earlier in the text. What is even more interesting is that Burley does not seem to pay any attention to it. For instance, in his commentary on *De longitudine et brevitate vitae*, qu. 1:

---

extinguetur lux quae est in oculo, sicut extinguitur candela, et nihil videbit." The text continues for five pages of Averroes's edition.

Gualterus Burlaeus, *Commentarium in De sensu et sensato Aristotelis*, cap. 3: "Notanda sunt hic verba Commentatoris. Dicit enim quod elementa diversantur secundum multitudinem et paucitatem diaphaneitatis, verbi gratia aer et aqua. Diaphanum autem innatum est recipere lucem, et ex hoc fiunt colores diversi secundum fortitudinem et debilitatem lucis et paucitatem et multitudinem diaphaneitatis. Et hoc manifestum est ex diversis coloribus, quando lux Solis adiuvatur cum nubibus: illi enim colores fiunt ab albedine lucis et nigredine nubium, verbi gratia colores qui sunt in iride. Necessarium est igitur, ut color fiat ex admixtione lucis cum diaphano. Adhuc dicit: quia composita sunt ex quattuor elementis et diaphanum ex elementis est aqua et aer, et solus ignis est lucidus, cum fuerit mixtus, necesse est propter hoc, ut colores sint compositi ex istis duabus naturis, scilicet ex natura diaphani et natura luminosi, et quod diversitas istarum naturarum in qualitate et quantitate faceret diversitatem colorum." The text continues for six pages of Averroes's edition.

Gualterus Burlaeus, *Commentarium in De longitudine et brevitate vitae Aristotelis*, cap. 2: "Commentator dicit hic quod omne quod attribuitur animali de generatione et corruptione, cremento et diminutione, somno et vigilia, et universaliter de omni transmutatione non attribuitur nisi his quattuor qualitatibus, scilicet calido et frigido, humido et sicco, non quantitati nec qualitati, ut gravitati et levitati, albedini et nigredini, et hoc declaratum est in libro *De generatione et corruptione*. Longitudo igitur et brevitas vitae non attribuitur nisi his quattuor qualitatibus, verumtamen, ut dicit Philosophus, etsi elementa contraria sint causae corruptionis mixti naturalis, tamen res artificialis (ut domus) quae non componitur ex elementis non corrumpitur isto modo."

74 For instance, Gualterus Burlaeus, *Commentarium in De somno et vigilia Aristotelis*, qu. 1: "Item, dicit Commentator: somnus est sensus in potentia et vigilia sensus in actu. Et quod est in potentia, est privatio eius quod est in actu. Haec Commentator."

Gualterus Burlaeus, *Commentarium in De longitudine et brevitate vitae Aristotelis*, cap. 2: "Notanda sunt verba Commentatoris hic qui dicit quod qui habitant in regionibus calidis et humidis sunt longioris vitae. Et hoc accidit per accidens propter paucitatem putrefactionis. Et serpentes qui sunt in locis calidis et humidis sunt longioris vitae eis qui sunt in locis calidis et siccis aut frigidis et humidis. Et homines habitantes in insulis marinis sunt longioris vitae quam habitantes in agresti, et animalia marina quam agrestia, quia aqua marina est calida et humida. [...] Et videtur quod complexio quam narramus est proprium longitudinis vitae in qua non inveniuntur illae duae condiciones praedictae aut est ignota in arte medicinae aut difficile scitur. Et, si esset nota, iudicaret medicus longitudinem et brevitatem vitae. Et complexio media quam ponit Galenus videtur esse ista. Sed scire istam complexionem sensu est valde difficile. Magis videtur esse per

> Dico ergo quod habitantes in regione temperata sunt longissimae vitae, et post illos habitantes in regione frigida et sicca, et post illos habitantes in regione calida, sed habitantes in regione frigida et humida sunt brevissimae vitae.

At the end of chapter 4, he gives a corresponding quotation of the Commentator:

> Qui habitant in regionibus calidis et humidis sunt longioris vitae. Et hoc accidit per accidens propter paucitatem putrefactionis. Et serpentes qui sunt in locis calidis et humidis sunt longioris vitae eis qui sunt in locis calidis et siccis aut frigidis et humidis. Et homines habitantes in insulis marinis sunt longioris vitae quam habitantes in agresti, et animalia marina quam agrestia, quia aqua marina est calida et humida.

The other context in which Burley uses Averroes as an authority is when he engages in a more complex discussion of a particular problem: a doubt or a question. In those cases, he treats Averroes's opinions as mere arguments in

---

rationem quam per sensum. Et, quia ista proportio est ignota naturaliter, videmus quod multi graviter infirmi sunt et vivunt multum, et multi bonae consistentiae moriuntur iuvenes. Et diversitas hominum in vita est secundum diversitatem eorum in hac proportione complexionali in illis duobus, scilicet in abundantia calidi et humidi et in dominio virtutum activarum. Haec Commentator." The passage is three pages long altogether.

Gualterus Burlaeus, *Commentarium in De longitudine et brevitate vitae Aristotelis*, cap. 4: "Notanda sunt dicta Commentatoris super istam partem, cuius verba sunt haec: Dicamus quod declaratum est in quarto *Meteorum* quod generatio est, quando virtutes activae dominantur in generatione super passivas, et quod corruptio accidit e converso, quando scilicet virtutes passivae dominantur super activas. Et hoc fit ita, quando calor mensuratus cum frigore dat generato formam propriam naturalem, immo haec est illa forma, et humiditas mensurata cum siccitate recipit formam propriam. […] Corruptio autem accidit individuis duobus modis: aut naturaliter, quando calor naturalis consumit humiditatem naturalem quae est in illo individuo et dominatur in eo frigidum et siccum, aut accidentaliter, quando in eis generatur de superfluitate digestionis quod natura non potest digerere. Et sic accidunt eis infirmitates. Et in illis non dominantur virtutes activae super passivas, quoniam, quando virtutes activae naturaliter habent dominium in aliquo individuo super has, et non accidit magna causa extrinseca contraria ex rebus quae innatae sunt transmutare complexionem ex extrinseco, necesse est ut corruptio illius individui naturalis sit. […] Notum est quod contrarium vitae est mors. Et mors nihil aliud est quam frigiditas et siccitas. Et signum huius est quod qui multum coeunt parum vivunt, et castrati plus vivunt quam non castrati, et senes qui habent multam carnem plus vivunt, quoniam causa multitudinis carnis est caliditas et humiditas. Et propter paucitatem coitus vivit mulus plus quam equus et feminae plus quam masculi. Ista sunt verba Commentatoris, et sunt satis plana." The passage is five and a half pages long altogether.

discussion on a par with other authors, such as Avicenna. The way in which his opinions are presented is different then: Averroes is not quoted or paraphrased; instead we get summaries of particular opinions, ideas, or solutions, which are selected to suit Burley's needs concerning particular arguments for or against his opinion. In those cases, Burley makes use of a much longer list of Averroes's texts. He refers not only to Averroes's commentaries in the field of natural philosophy, like *De substantia orbis*, *De caelo et mundo*, *De morte et vita*, and *De anima* but also to the *Metaphysics*. This can be seen in the following examples:

1. *De substantia orbis*

   Gualterus Burlaeus, *Commentarium in De motu animalium Aristotelis*, cap. 2: "Dicendum est secundum quod dicit Commentator in fine libelli sui in *De substantia orbis*. Dicit enim quod generatio et corruptio et omnis motus est ab aliqua virtute quae est habitus. Quies autem quae est privatio motus fit per solam carentiam causarum motus et non per virtutem aliquam quae est habitus. Et ideo omne quod caret causis motus necesse est habere quietem quae est privatio motus. Unde dicit quod, licet in corpore finito non posset esse virtus infinita quae est habitus, nihil tamen prohibet esse in eo quietem infinitam, eo quod quies est privatio. Et declarat hoc per dictum Aristotelis secundo *Caeli et mundi* qui dicit quod, cum stellae carent causis motus quas habent corpora caelestia, de necessitate habent quietem infinitam, et tamen sunt corpora finita. Similiter dicit de terra quod habet quietem infinitam quae est privatio motus, eo quod caret in infinitum causa agente motum. Et dicit quod Aristoteles dixit quod quies terrae est fortior virtute movente caelum."

   Averroes, *De substantia orbis*, cap. 5: "Et ad hoc dicendum est quod generatio et corruptio, et omnis motus est a virtute, quae est habitus: et omne, quod caret causis motus, necesse est habere quietem, quae est eius privatio. Et non est impossibile existere in corpore finito, quod caret motu, quietem infinitam, licet corpus sit finitum, quies enim est privatio, et privatio non est potentia. Unde dicit Aristoteles quod, cum stellae carent causis motus, quas habent corpora caelestia, de necessitate habent quietem infinitam, quae est privatio motus. Et similiter dicit quod terra debet habere quietem infinitam, quae est privatio motus, quia caret agente motum in ea infinitum. Et ideo dicit quod quies, quae est in ea, contingit necessario ut fit fortior virtute caeli, qua movetur."

   Gualterus Burlaeus, *Commentarium in De longitudine et brevitate vitae Aristotelis*, qu. 3: "Unde Commentator in *De substantia orbis* distinguit duplicem potentiam, scilicet potentiam in tempore et potentiam quoad operationem."

Averroes, *De substantia orbis*, cap. 4: "Et, cum consyderauit etiam de causa aeternitatis coeli, declarauit in vltimo primi *De caelo et mundo*, in eo non existere potentiam omnino, et declarauit etiam de virtute, qua mouetur caelum localiter, scilicet anima appetitiua, ipsam non habere materiam, nisi materiam, quae est in potentia in loco tantum."

2. *De caelo et mundo*
Gualterus Burlaeus, *Commentarium in De longitudine et brevitate vitae Aristotelis*, cap. 2: "Et ideo, secundum quod ibidem dicit Commentator et etiam in principio *De caelo*, in omni mixto est unum per praedominium, quoniam, si mixerunt omnes qualitates elementares aequaliter, illud quiesceret, ubicumque poneretur, et ita non haberet motum naturalem in universo."

Averroes, *In de caelo*, I, com. 7: "[…] motus eorum erunt secundum naturam corporis simplicis dominantis. Impossibile est enim in corporibus compositis aliqua componi aequaliter […]. Et, si esset aliquod compositum aequaliter, contingeret, quod aliquod corpus non moveretur omnino, sed staret in unocumque loco."

Gualterus Burlaeus, *Commentarium in De motu animalium Aristotelis*, cap. 2: "Et declarat hoc per dictum Aristotelis secundo *Caeli et mundi*, qui dicit quod, cum stellae carent causis motus, quas habent corpora caelestia, de necessitate habent quietem infinitam, et tamen sunt corpora finita. Similiter dicit de terra quod habet quietem infinitam, quae est privatio motus, eo quod caret in infinitum causa agente motum. Et dicit quod Aristoteles dixit quod quies terrae est fortior virtute movente caelum. Et idem Commentator secundo *Caeli et mundi*."

Cf. Averroes, *In De caelo*, II, cap. 96, 162C–F. Burley paraphrases and shortens Averroes's much longer text.

3. *De morte et vita* (as other medieval authors, Burley uses a mistaken title *De morte et vita* for Averroes's epitome to *De longitudine et brevitate vitae*)
Gualterus Burlaeus, *Commentarium in De sensu et sensato Aristotelis*, prooemium: "Intelligendum est secundum Commentatorem in principio libri *De morte et vita* quod principia prima sanitatis et aegritudinis sunt quattuor qualitates primae, scilicet: calidum et frigidum, humidum et siccum."

Averroes, *Compendium libri Aristotelis De causis longitudinis et brevitatis vitae*: "Et quando istis utitur homo habens illa que habet in sua complexione illa duo predicta, secundum quod descriptum est in arte conservandi sanitatem, necessario prolongabitur sua vita et non accidet ei nisi mors naturalis, cuius causa est frigiditas et siccitas."

4. *De anima*
Gualterus Burlaeus, *Commentarium in De sensu et sensato Aristotelis*, cap. 1: "Intelligendum est secundum quod dicit Commentator secundo *De anima* quod omne animal indiget tactu qui est sensus nutrimenti, et tamen plantae non habent tactum, cum tamen indigeant nutrimento."

Averroes, *In De anima*, II, com. 32: "Sensibile enim impossibile est ut sit absque nutritivo. Nutritivum autem potest absque sensibili, et hoc est in plantis."

Gualterus Burlaeus, *Commentarium in De sensu et sensato Aristotelis*, cap. 1: "Dicit etiam Commentator ibidem quod nullum sensibile praeter sensibile tactus est in cibo secundum quod cibus, sed alia sensibilia solum faciunt ad delectationem et non ad necessitatem."

Averroes, *Compendium libri Aristotelis De sensu et sensato*: "Virtutes quidem sensibiles quedam sunt necessarie in esse animalis et quedam sunt propter melius; et omnes iste diversantur secundum fortitudinem et remissionem. Tactus quidem et gustus sunt necessarii; auditus vero et visus et olfactus sunt propter melius: per gustum enim distinguitur cibus conveniens a non convenienti; et per tactum distinguuntur ea que corrumpunt corpus ex extrinseco et ea que conservant corpus. Alii vero sensus non sunt innati distinguere talia; et ideo non sunt necessarii."

5. *Metaphysica*
Gualterus Burlaeus, *Commentarium in De longitudine et brevitate vitae Aristotelis*, qu. 2: "Ad quaestionem est dicendum quod ignis in sua sphaera est corruptibilis, quia per Commentatorem duodecimo *Metaphysicae* corruptibile et incorruptibile consequuntur totam speciem, ita quod, si unum individuum in aliqua specie sit corruptibile, oportet quod quodlibet aliud individuum in eadem specie sit corruptibile [...]."

Averroes, *In Metaphysicam*, XII, com. 35: "Omne enim compositum ex duobus oppositis, quorum alterum invenitur per se, de necessitate et reliquum."

Averroes, *In Metaphysicam*, X, com. 23: "Verum contrariorum quaedam secundum accidens quibusdam insunt, ut ea, quae nunc dicta sunt, ac alia multa: quaedam impossibile est, quorum est corruptibile et incorruptibile."

In addition to the obligatory authorities of the Philosopher and his Commentator, Burley refers to other authors as well. He does not do it in the same manner with respect to all of them. Therefore, when discussing those references, it is sensible to analyse two separate lists of them, distinguishing between explicit authorities, i.e., the ones that are quoted by their names, and implicit ones, which are never mentioned by either name or title of the work. Explicit sources seem to be numerous. Burley cites authors, who can be divided into four groups: Aristotle's predecessors (Plato, Heraclitus, Empedocles, Democritus, Anaxagoras, and others), ancient commentators of Aristotle (Alexander of Aphrodisias, Simplicius, Themistius, and others) and medical authorities (Galen), Islamic authors (Avicenna[75]), and, finally, Latin medieval authors (Albert the Great and Thomas Aquinas hidden under the name of *quidam expositor*). For the first group, he may have read Plato's *Timaeus* with Calcidius's commentary, but the citations he gives can be also found in Albert's and Aquinas's texts he knew.[76] As for the second group, it is likely that he had access to a recent translation of Alexander's commentary on *De sensu et sensato*, since he gives exact and well selected quotations from this work; some references may have been quoted after Aquinas or some other source. This can be seen in the following examples:

75 In all five commentaries, there are 15 references to Avicenna, taken from two sources: *The canon of medicine* and *Liber sextus de naturalibus*.

76 Gualterus Burlaeus, *Commentarium in De sensu et sensato Aristotelis*, cap. 2: "Ad istud respondet Plato in *Timaeo* quod lumen egrediens ab oculo, si inveniat lumen exterius in medio, salvatur per illud lumen, sicut per simile, si autem non inveniat lumen, tunc extinguitur propter dissimilitudinem. Et ideo non oportet quod oculus videat in tenebris, quia lumen extramissum in tenebris extinguitur."

Cf. Albertus Magnus, *In De sensu et sensato*, tr. 1, cap. 5, 9b: "Plato autem secundum quod in *Timaeo* scribitur, et Calcidius explanat, convenit cum Empedocle in hoc quod dixit igneum esse visum, et visionem fieri per emissionem radiorum: sed dixit non esse lumen oculi sufficiens ad omnium pyramidum impletionem quae ad omnia visibilia diriguntur et producuntur: sed emitti dicit unum simplicem radium ex lumine oculi, et illum conjungi lumini obvianti sibi in aere et misceri: et tunc auctum dixit posse disgregari in figuram pyramidalem, et tunc per adjutorium luminis exterioris ad totum hemisphaerium contuendum posse sufficere: et hanc causam dixit esse quare non videamus in tenebris, quia radius egrediens ab oculo exstinguitur et deficit quando non invenit alium radium sui generis, qui mixtus sibi adjuvet eum ad perficiendum visum."

Cf. Thomas de Aquino, *In De sensu et sensato*, tr. 1, l. 3, n. 10; n. 81199: "Deinde cum dicit dicere autem excludit positionem Platonis quam in *Timaeo* ponit dicens, quod, quando lumen egreditur ex oculo, si quidem inveniat in medio lumen, salvatur per ipsum, sicut per sibi simile, et ex hoc accidit visio. Si tamen non inveniat lumen, sed tenebras, propter dissimilitudinem tenebrarum ad lumen ab oculo egrediens extinguitur, et ideo oculus non videt."

Gualterus Burlaeus, *Commentarium in De sensu et sensato Aristotelis*, cap. 2: "Alii dicunt quod, quando oculus celeriter movetur, tunc nigrum oculi transfertur ad exteriorem locum in quem pupilla emittebat suum splendorem antequam iste splendor deficiat, et ideo pupilla ad alium locum velociter translata percipit splendorem suum quasi ab exteriori, ut sic videatur aliud esse videns et visum. Contra istam opinionem arguit Alexander sic: **quantumcumque motus localis sit velox, oportet quod hoc sit in tempore, sed emissio lucis ad praesentiam corporis lucidi et eius cessatio ad illius absentiam est in instanti, igitur non potest pupilla pervenire ad splendorem antequam ille deficiat.** Ad istud respondet Alexander dicens quod **pupilla est corpus divisibile, et ideo moto oculo alia pars pupillae proicit lumen suum ad partem anteriorem pupillae, et illa pars percipit lumen alterius partis pupillae.**"

Thomas de Aquino, *In De sensu et sensato*: "Sed, quando oculus celeriter movetur, illud nigrum oculi transfertur ad exteriorem locum, in quem pupilla emittebat suum splendorem, antequam ille splendor deficiat; et ideo pupilla ad alium locum velociter translata recipit splendorem suum quasi ab exteriori, ut sic videatur esse aliud videns et visum, quamvis sit idem subiecto: et ideo huiusmodi ibi apparitio fulgoris non fit nisi oculus celeriter moveatur: quia, si moveatur tarde, prius deficiet impressio fulgoris ab exteriori loco, ad quem fulgor perveniebat, quam pupilla illuc perveniat. Sed videtur quod nulla celeritas motus ad hoc sufficiat. **Quantumcumque enim motus localis sit velox, oportet tamen quod sit in tempore: emissio autem fulgoris ad praesentiam corporis fulgentis et eius cessatio ab ipsius absentia, utrumque fit in instanti: non ergo videtur possibile, quantumcumque oculus celeriter moveatur, quod prius perveniat pupilla ad exteriorem locum, quam cesset fulgor illuc perveniens ex pupilla in alio loco existente.** Sed ad hoc dicendum est secundum Alexandrum in commento: **pupilla corpus est quoddam et in partes divisibile: unde celeriter commoto oculo, cum aliqua pars pupillae ad alium locum pervenire inceperit, adhuc fulgor illuc pervenit ex residuo corpore pupillae, quod nondum attingit locum illum**; et inde est quod pupilla incipit videre fulgorem, quasi aliunde resplendentem. Et huius signum est quod huiusmodi fulgor non videtur defecisse, sed pertransit et subito disparet visio."

References not found in Aquinas or Albert:

Gualterus Burlaeus, *Commentarium in De sensu et sensato Aristotelis*, prooemium: "Et hoc est quod Alexander dicit hic quod medicus accipit principia sua a naturali sicut perspectiva accipit principia sua a geometria et gubernativa ab astrologia."

Gualterus Burlaeus, *Commentarium in De sensu et sensato Aristotelis*, cap. 1: "Hic dicit Alexander quod Philosophus coniunxit surdos et mutos simul, quia surdi a nativitate de necessitate sunt muti."

All other references in the first two groups are certainly indirect; Burley must have known them *via* Thomas Aquinas, Albert the Great, or another medieval text (possibly glosses to Albert, some compendium or a florilegium), because no source that would quote all of those authors has been identified yet.

As for the Islamic authors, there is no doubt that he had first-hand access to all or almost all quoted texts by Averroes, even though it can be seen that sometimes he cites him after another author. It is also certain that he had first-hand knowledge of Avicenna's *Liber sextus de naturalibus*, which he must have been using before, say, when commenting on Aristotle's *De anima*. With respect to the other cited text of Avicenna, the *Canon of Medicine*, it is likely that he did not have direct access to it, for all the references he gives can be found in other texts he used, e.g., in Simon's of Faversham questions on *De longitudine et brevitate vitae*. This can be seen in the following examples:

1. *Liber sextus de naturalibus*

   Gualterus Burlaeus, *Commentarium in De sensu et sensato Aristotelis*, cap. 2: "Similiter Avicenna sexto *Naturalium* dicit quod **gutta velociter mota videtur descendere ad modum lineae continuae, quia propter velocitatem motus, cum est in secundo situ, non videtur recedere a primo situ; et sic est de oculo.**"

   Avicenna Latinus, *Liber de Anima seu Sextus de Naturalibus I–II–III*: "Hoc etiam quod forma solis remanet in oculo multo tempore cum inspexeris solem et postea averteris te ab illo, significat tibi quod oculus recipit simulacrum. **Similiter imaginatio cadentis guttae videtur linea, et gutta quae movetur circulariter, circulus aliquis** [...]. **Impossibile est autem videri distensionem guttae motae in tempore, quin imaginetur res in duobus locis. Oportet ergo ut, de hoc quod gutta prius est sursum et postea iusum et distenditur in medio, et de hoc quod gutta est in uno extremo spatii in quo revolvitur et deinde in alio extremo eius et distenditur in medio, simulacrum huius sit imaginatum penes te. Hoc autem non fit in uno momento. Oportet ergo ut simulacrum eius quod praecessit sit certissime post ipsum et remanens post ipsum, et** [...] **eius quod sensimus posterius, et fiat ex illis distensio quasi sensata. Sed hoc fit propter hoc quod forma eius est impressa, quamvis gutta iam mota**

est a termino in quocumque posueris eam, et non remansit in illo termino suis duobus temporibus."

Gualterus Burlaeus, *Commentarium in De somno et vigilia Aristotelis*, qu. 1: "Item, dicit Avicenna: **somnus est quies virtutum animalium cum intensione virtutum naturalium, quies est privatio; igitur etc. Hoc tamen non est sic intelligendum quod somnus est pura negatio vigiliae, ita quod sit negatio extra genus (quia sic somnus inesset lapidi), sed somnus est negatio in genere et habet causas positivas."**

Avicenna Latinus, *Liber de Anima seu Sextus de Naturalibus* IV–V: "Dicemus ergo quod vigilia est dispositio in qua anima imperat sensibus et virtutibus moventibus exterius voluntate cui non est necesaitas. Somnus vero est privatio huius dispositionis: in quo anima ab exterioribus convertitur ad interiora. Sed hoc quod convertitur, necease est fieri aliquo istorum modorum, scilicet aut propter lassitudinem quae contingit ab exterioribus, aut propter sollicitudinem quae venit ex illis, aut quia ipsa instrumenta non sunt illi oboedientia."

2. *Canon medicinae*

Gualterus Burlaeus, *Commentarium in De longitudine et brevitate vitae Aristotelis*, qu. 1: "In animalibus in calidis regionibus fit multa evaporatio in modico tempore aperiendo poros et educendo humidum, et ideo habitantes in regionibus calidis non sunt longioris vitae loquendo de vita quae opponitur morti naturali, sunt tamen longioris vitae loquendo de vita quae opponitur morti accidentali. Ideo dicit Avicenna quod senium est in habitantibus in regionibus calidis infra triginta annos."

Simon de Faversham, *Quaestiones in De longitudine et brevitate vitae Aristotelis*, Oxford, Merton College, cod. 292, f. 397vb–398ra: "Et hoc intendebat forte Avicenna, quando dixit, quod in habitantibus in regionibus calidis senium inducitur infra xxxa annos, quia in talibus regionibus in parvo tempore fit multa evaporatio humidi radicalis per actionem calidi naturalis, ex qua causatur mors naturalis, ideo habitantes in regionibus calidis cito moriuntur morte naturali, etsi non accidentali."

Avicenna, *Canon medicinae*, lib. I, sen. 2, doctr. 2: "Et quum in eis maxima fuerit resolutio, et minuetur humiditas, cito adveniet senium, sicut in terra [nigrorum]. Illis nanque, qui ibi morantur advenit senium in annis xxx."

Explicit references to medieval Latin authors are a special case: apart from Albert the Great, their names do not appear in Burley's commentaries at all. Albert seems to be one of the most frequently cited authorities. References to him appear in three out of five of Burley's commentaries: *De somno et vigilia, De sensu et sensato*, and *De longitudine et brevitate vitae*. It is probably not a coincidence that those three are longer and much more elaborate than the other two, *De memoria et reminiscentia* and *De motu animalium*. Albert's knowledge contributes significantly to Burley's erudition there. This can be seen on the following examples:

> Gualterus Burlaeus, *Commentarium in De longitudine et brevitate vitae Aristotelis*, cap. 4: "Albertus dicit quod passeres masculi ut in pluribus non vivunt nisi duobus annis; tantum enim furorem habent in coitu et tantum et totiens mittunt respectu sui corporis quod multotiens, dum coeunt, cadunt mortui aut moriuntur passione detenti."
>
> Albertus Magnus, *De morte et vita*, tr. 2, cap. 8: "Ex hac autem causa, quod passeres masculi citius moriuntur quam foeminae: quia frequentius coeunt ad unam foeminae conceptionem. Et ideo masculi passeres non vivunt ultra duos annos."
>
> Gualterus Burlaeus, *Commentarium in De sensu et sensato Aristotelis*, prooemium: "Aliter tamen exponit Albertus istud: 'per sermonem', id est per definitionem, nam definitio est sermo; 'absque sermone'—ut per operationem vel rationem. Per definitionem patet quod sensus est totius coniuncti, quia, si definiatur quilibet sensus, definietur ut virtus in organo sita et operans, etc."
>
> Albertus Magnus, *In De sensu et sensato*: "Quod autem sensus per corpus inest animae, et ita communiter inest animae et corpori, manifestum est et per sermonem diffinitum sensus, et absque sermone diffinito per operationem ipsius et syllogismum. Si enim diffiniatur quilibet sensus, diffinitur ut virtus in organo sita et operans."

Aquinas is a border case in Burley's contemporary references; he is mentioned under the guise of *quidam expositor*. Walter quotes him in many places in his commentaries. His treatment of Thomas's text is interesting: whenever Burley accepts his opinion, he simply presents it as his own, forgetting to mention the source. By contrast, in the only case in which he prefers another solution he does not fail to mention that the opposite opinion has a distinct author, but for some reasons refrains from disclosing his name. This can be seen in the following examples:

> Gualterus Burlaeus, *Commentarium in De sensu et sensato Aristotelis*, cap. 2: "Sed statim occurrebat eis una difficultas, quoniam quinque sunt sensus et quattuor elementa, ideo difficile fuit eis cui possunt organum

quinti sensus applicare. Applicabant tamen organum quinti sensus uni corpori quod est subtilius aqua et grossius aere. Est enim inter aerem et aquam quoddam medium, scilicet vapor vel fumus, et huic attribuebant organum odoratus, quia odor sentitur secundum quandam fumalem evaporationem, et alios sensus attribuebant aliis elementis, ut tactum terrae, gustum aquae, auditum aeri et visum igni."

Thomas de Aquino, *In De sensu et sensato*: "Sed statim occurrebat eis una difficultas: sunt enim quinque sensus, et quatuor elementa; et ideo inquirebant cui possent organum quinti sensus applicare. Est autem inter aerem et aquam quoddam medium, aere quidem densius, aqua autem subtilius, quod dicitur fumus vel vapor, quae etiam quidam posuerunt esse primum principium: et huic attribuebant organum odoratus: quia odor secundum quamdam evaporationem fumalem sentitur: alios vero quatuor sensus attribuebant quatuor elementis; tactum autem terrae; gustum autem aquae, quia sapor sentitur per humidum; auditum autem aeri, visum igni."

Gualterus Burlaeus, *Commentarium in De sensu et sensato Aristotelis*, cap. 4: "Primo: quod, si sapores essent figurae, gustus certissime cognosceret figuras, sed hoc est falsum, quia visus certius cognoscit figuras."

Thomas de Aquino, *In De sensu et sensato*: "Quarum prima est, quod nullus sensus cognoscit figuras quasi propria sensibilia; et si essent alicui sensui propria maxime pertinerent ad visum."

Gualterus Burlaeus, *Commentarium in De sensu et sensato Aristotelis*, cap. 1: "[...] Nam, ut dicit quidam expositor hic: **surdus a nativitate sic se habet ad quodlibet idioma humani generis sicut ille qui numquam audivit aliquod determinatum idioma se habet ad illud idioma, sicut ille qui numquam audivit idioma Anglicum se habet ad illud idioma** [...]."

Thomas de Aquino, *In De sensu et sensato*: "Non enim potest addiscere formare sermones significativos, qui significant ad placitum. **Unde sic se habet ad locutionem totius humani generis, sicut ille, qui nunquam audivit aliquam linguam, ad imaginandum illam. Non est autem necessarium quod e converso omnis mutus sit surdus: potest enim contingere ex aliqua causa aliquem esse mutum, puta propter impedimentum linguae.**"

In cases of fully implicit (tacit) references, one can notice several instances of a practice used by Burley many times, also in other works. He seems to have compiled his commentaries from fragments of various length taken from works of his older colleagues. For the commentaries on the *Parva naturalia* his models are: Simon of Faversham's questions on *De somno et vigilia* and on *De longitudine et brevitate vitae*, Adam of Buckfield's commentary on *De memoria et reminiscentia* (formerly attributed to Thomas Aquinas), Aquinas's exposition on *De sensu et sensato*, and Peter of Auvergne's exposition on *De motu animalium*. To give an illustration of this practice: in the case of *De motu animalium*, about seventy percent of Burley's text is simply transcribed from Peter of Auvergne, another twenty percent is a more or less visible paraphrase of it, and the remaining ten percent may be treated as Burley's own original work.[77] The examples below show the degree of dependence of Burley's commentary on Auvergne's one:

> Gualterus Burlaeus, *Commentarium in De motu animalium Aristotelis*, cap. 1: "Intelligendum tamen quod **motus animalis consideratur tripliciter: uno modo in se et absolute, alio modo quantum ad differantias motus, tertio modo quantum ad organa** mediantibus quibus motus exercetur. **Si consideratur de motu primo modo, sic de eo consideratur hic et in tertio *De anima* sed differenter, quia in libro *De anima* determinatur de motu quantum ad principia quae originem habent ex parte animae, in hoc autem libro determinatur de motu quantum ad principia quae originem habent ex parte corporis et parum determinatur de ipso quantum ad animam. Si consideratur motus quantum ad suas differentias secundum proprias rationes ipsarum, sic determinatur de motu locali libro *De generatione animalium*. Si vero consideratur quantum ad organa et partes quibus exercetur motus, sic determinatur de ipso in libro *De progressu animalium*.**"
>
> Petrus de Alvernia, *Sententia super de motibus animalium*, Città del Vaticano, Biblioteca Apostolica Vaticana, Vat. lat. 2181, f. 1^{rb-va}: "Et est considerandum quod **motus potest tripliciter considerari: uno modo potest considerari in se et absolute, alio modo potest considerari ad differentias motus, tertio modo quantum ad organa. Si consideratur motus primo modo, sic consideratur de ipso hic et tertio *De anima*, sed differenter, quia libro *De anima* consideratur de motu ex parte a se determinanda**, quomodo anima est principium motus principaliter, **et parum determinatur ibi de ipso quantum ad corpus. Hic autem determinatur de ipso ex parte corporis principaliter**, declarando quod oportet in omni

77 The extraordinary dependence on Peter's *De motu animalium* commentary by Burley has been noticed by Pieter de Leemans. Cf. De Leemans, *Medieval Latin Commentaries*, 279–280, 290–292.

> motu animalis aliquam partem quiescere et alia moveri, et parum determinatur de ipso quantum ad animam. **Si consideratur motus quantum ad suas differentias secundum proprias rationes ipsarum, sic determinatum est de motu libro *De generatione animalium*. Si vero consideratur quantum ad organa et partes, quibus exercetur, sic determinatum est de ipso libro *De progressu animalium*.**"
>
> Gualterus Burlaeus, *Commentarium in De motu animalium Aristotelis*, cap. 5: "Similiter, **modica alteratione facta in corde vel circa cor ad caliditatem vel frigiditatem fit magna et multa diversitas in partibus exterioribus. Si enim cor alteretur ad frigiditatem, removetur calor et spiritus ab exterioribus ad interiora et remanent partes exteriores frigidae, et tunc fit pallor, et quandoque tremor et timor. Si autem cor alteretur ad caliditatem, tunc mittuntur calor et spiritus ad exteriora, et fit rubor.**"
>
> Petrus de Alvernia, *Sententia super de motibus animalium*, Città del Vaticano, Biblioteca Apostolica Vaticana, Vat. lat. 2181, f. 5^{rb-va}: "**Modica facta in corde vel circa cor ad caliditatem vel frigiditatem magna et multa fiet diversitas in partibus exterioribus**, quia partes exteriores vel alternantur ad ruborem vel pallorem vel tremorem vel timorem vel ad contraria istorum. **Si enim fiat alteratio circa cor ad frigiditatem, revocatur calor et spiritus ab exterioribus ad interiora et remanent partes exteriores in frigiditate, et tunc fit pallor et quandoque tremor et timor. Si autem fiat alteratio ad caliditatem, mittuntur spiritus et calor ad exteriora et fit rubor.**"

Burley's original contribution is manifested, e.g., by providing quotations from Avicenna absent in Peter of Auvergne and, rarely, short linking passages.

> Gualterus Burlaeus, *Commentarium in De motu animalium Aristotelis*, cap. 1: "Sed in hoc libro determinatur de motu animalis quantum ad causas et principia eius. Unde hic determinatur de motu facto per appetitum ex parte corporis et animae, et principaliter ex parte corporis."

It can be said that for Burley Peter's text (and to some degree also Aquinas's in *De sensu et sensato*, as well as Buckfield's in *De memoria et reminiscentia*)[78] serves as a kind of intellectual scaffolding on which he places arguments taken

78 Cf. J. Brumberg-Chaumont, D. Poirel, *Adam of Bockenfield and His Circle on Aristotle's* De Memoria et Reminiscentia, Oxford 2022.

from another source. Unlike Peter of Auvergne, Simon of Faversham is used in somewhat freer manner. In his *De motu animalium*, Burley simply follows the order of Peter's text sometimes adding something and sometimes (more often) eliminating something. In *De somno et vigilia* and *De longitudine et brevitate vitae*, Burley is using Simon's questions only for composing some of his own questions but not the expository parts. Even in Burley's questions, however, the source material is quoted *verbatim* in some parts only. In *De somno et vigilia* Burley uses twelve out of thirteen of Simon's questions but adds another eleven, most probably of his own invention.

Synopsis

De sensu et sensato

In his commentary on this text, Burley takes guidance from Thomas Aquinas. He closely follows the latter's commentary on *De sensu et sensato* often enriching his comments with references to Albert the Great. These two authorities are reinforced with that of Averroes, whose comments he adduces either in lengthy quotations or summaries. Apart from them, Burley occasionally cites, independently, Alexander of Aphrodisias and Avicenna's *Liber sextus de naturalibus*. Citations from other works of Aristotle are infrequent and mostly limited to *De anima*.

The commentary begins with a lengthy introduction devoted to the division of the science of the soul, which is a paraphrase of Aquinas's introduction, enumerating criteria that separate particular parts this science and justify the order of Aristotle's treatises devoted to animate beings, both those making up the *Parva naturalia* and the ones not included in the set. The commented text is divided into eight sections marked by lemmas (fewest of all Burley's *Parva naturalia* commentaries). Burley notes that the most general problem raised by Aristotle in the beginning of the treatise is what a sense is and in what way sensations appear as passions of animals. In this context, he discusses issues concerning the division of the senses into ones possessed by all animals (touch and taste) and ones possessed only by perfect animals. He also raises questions concerning particular senses, either in comparison (e.g., whether it is sight or hearing that is most helpful for the intellect) or individually (e.g., the nature of sight; the latter problem seems to have been of interest for Burley, for he includes discussions with Alexander of Aphrodisias and Avicenna).

The discussions concerning the senses are followed by ones referring to the objects of the senses. With respect to sight, special attention is given to colours, their nature, and division.[79] Taste and smell are discussed in comparison to one another as the latter is seen as related to the former. Burley discusses both their natures and their species adding to it some remarks concerning particular problems, such as whether non-breathing animals can smell, or whether an animal can be nourished by smell.

The general remarks concluding Aristotle's treatise are given less space but not less attention by Burley. He divides them into three groups of problems: (1) whether sensible qualities can be divided infinitely, (2) whether the senses are stimulated by their objects immediately or successively (in a temporal way), and (3) whether it is possible to have more than one sense perception in a given moment. To the first question, he replies that infinite division is possible no matter whether the object is divided into equal or unequal parts. To the second, he replies that since sense stimulation is a change that has the character of an alteration, it involves time. To the third question, he replies that diverse senses cannot have perceptions of diverse objects at the same time and that one sense can have only one perception at a given moment.

De somno et vigilia

In his commentary on this text—which encompasses three treatises: *De somno et vigilia, De insomniis*, and *De divinatione per somnium*—Burley mixes literal exposition with questions. The text is divided into twelve sections of uneven length marked by lemmas (seven for the first treatise, four for the second, and one for the third) and twenty three questions: fourteen concerning the first treatise, seven about the second and two with respect to the third one (there is no literal exposition of *De divinatione per somnium*). This is the longest and most complex of Burley's *Parva naturalia* commentaries. For some questions he found a model in Simon of Faversham's *Quaestiones de somno* (qq. 3, 4, 5, 8, 10, 11, 13, 14, 16, 17, 18, and 22), the remaining ones seem to be his own compositions. His other medieval Latin guide is Albert the Great. Burley frequently cites Averroes's *Compendium* and, occasionally, Avicenna's *Liber sextus de naturalibus*. Other authors are mentioned incidentally. References to Aristotle's works other than the source texts occur mostly in questions: Burley cites the *Physics, De anima*, and *De sensu de sensato*, but also works not belonging to natural philosophy, such as the *Categories* or the *Metaphysics*.

The commentary begins without a preface. In the opening sections, Burley presents divisions of the text, definitions of sleep, and then proceeds to inves-

79 For more information on the nature of colour perception see: M. Mansfeld, "The Middle Color: A History of a Problem in Thirteenth Century Oxford Commentaries on De sensu et sensato," *Analiza i Egzystencja* 54 (2021), 127–154.

tigate its causes, starting with the final cause, which is health. Burley discusses sleep and wake as mutually complementing passions of the sensitive soul, even though sleep implies rest for the external senses. Consequently, he rejects the possibility of sleep in plants and the possibility of existence of animals that do not sleep. These considerations are followed by four questions: (1) whether sleep is the privation of wake; (2) whether sleep and wake are passions of the entire composite of soul and body; (3) whether sleep and wake are found in plants; (4) whether sleep and wake are found in all animals. In the first question, he concedes that even though sleep has positive causes, it can be called a privation with respect to the activity of the external senses. In the second, he argues that sleep and wake are passions of the entire composite. In the third question, he explains that causes of sleep refer to the sensitive soul; hence sleep in the proper sense can refer only to animals. In the fourth question, he concedes that it possible by accident that an animal dies before it falls asleep; by nature, however, both sleep and wake are necessary elements of an animal's life cycle.

In the second part of the commentary, Burley discusses the behaviour of various senses (external and internal) during sleep and wake. In this part of the commentary, he raises four more questions: (5) whether sleep occurs earlier than wake in animals; (6) whether sleep is a passion of the common sense or some other particular sense; (7) whether sleep is a passion of the heart; (8) whether the heart (rather than the brain) first conceives of sensual perceptions. In the first question, Burley claims that wake is earlier than sleep, because sleep has the function of rest that comes after activity. In the second, he argues that sleep is a passion of the common sense, since it is the cessation of its operation that in turn causes the cessation of the operations of all other senses. In the third question, he discusses two opposing opinions: one claiming that sleep is a passion of the heart, the other arguing that sleep affects the brain. He concludes that sleep is principally a passion of the heart but that it involves the brain as well. In the fourth question, he distinguishes between two understandings of that which first conceives of sensual perceptions: in a general sense, this expression refers to all senses, and according to this sense it is the heart that first conceives of them; in a narrower sense, the brain first conceives of sensations originating in sight, hearing, and smell.

In the third part of the commentary, Burley returns to the problem of the causes of sleep analysing the thesis that wake is the final cause of sleep and that the heart is its material cause. With respect to the first thesis, he argues that because sensual activity, which takes place when an animal is awake, is the perfection of animal nature, sleep is a state that exists for the sake of wake, because it is necessary for an animal's health. With respect to the other thesis, he claims that since the heart (or something proportional to it in animals that have no heart) is the central organ of breathing, local motion, and sense perception—because it regulates the flow of *spiritus* and the balance between natural heat and humidity—the heart is the organ governing the sleep-wake cycle. The exposition of Aristotle's text is followed by three questions: (9) whether sleep is necessary for animals for the sake of their health; (10) whether a sleeper can perform actions belonging to the state of wake; (11) whether a sleeper performing actions belonging to the state of wake can remember them afterwards. In the first question, Burley explains the relations between sleep and health vis-à-vis sense perception and thinking. In the second, he explains that there are two types of actions belonging to the state of wake: local motion and sense perception; the former is possible for sleepers while the latter is not.[80] In the third question, he explains that sleepers can remember their dreams but not the actions belonging to the state of wake they performed while being asleep.

The fourth part of the commentary is devoted to the efficient cause of sleep. Burley argues that sleep is caused by an evaporation coming from digested food, which first ascends to the brain, where it cools down and descends obstructing the veins linking sense organs with the heart. By the way, he presents cases of excessive sleepiness. The exposition is followed by three questions: (12) whether vapour is the effective cause of sleep; (13) whether it is harmful for infants to drink wine or for their wet-nurses to drink wine; (14) whether the heart is the principle of blood. In the first question, Burley explains the physiological details of the process of sleep. In the second, he explains why wine, even though it is hot and humid (and thus nutritive) is harmful for infants: it is because of its strongly evaporative power. In the third question, he explains the functions of heart and liver in the production and circulation of blood.

The fifth part of the commentary is devoted to the issues discussed in *De insomniis*. The text of this part of the commentary is arranged somewhat differently than that of the previous parts: there is just one question after the first section of the exposition, four after the second section, and two after the third one. In the first section, Burley presents three conclusions: dreams are not passions of the external senses; dreams are not passions of the intellect; dreams are passions of the common sense and phantasy. The exposition is followed by the question whether a dream is a passion of the common sense or of some other internal sense. Burley explains that, since every dream is a phantasm, it is

80 For mor information on the motion in sleep see: M. Gensler, "Walter Burley on Voluntary and Involuntary Motion in Man," *Przegląd Tomistyczny* 28 (2022), 193–207.

a passion of the common sense and the phantastic power, which are the same with respect to their subject but differ with respect to their function.

In the second section, Burley discusses what a dream is and how it originates. He identifies dreams as *simulacra* present in the sense after the motion of perception stops comparing their nature to the motion of projectiles that is continued even after the force that caused it is no longer present; he also mentions examples taken from the observation of natural phenomena (waves on water, stains on mirrors appearing in the presence of menstruating women). He observes that a sleeper can be sometimes deceived by the dream *simulacra* and explains how this happens. The exposition is followed by four questions: (16) whether a sensible species remains in the sense organ when the sensible object is absent; (17) whether a projectile can move after the moving force ceases its operation; (18) whether a menstruating woman stains mirrors; (19) whether there is some deception with respect to the sense perception. In the first question, Burley explains that it is evident that sensible species remain in the internal senses, since they also remain in the external senses, albeit for a shorter time. In the second question, he explains that the continued motion of a projectile after the moving force ceases to act is possible thanks to the re-inclination (i.e., coordinated condensation and rarefaction) of the medium through which the projectile moves. In the third question, he gives a physiological explanation of the alleged mirror staining phenomenon. In the fourth question, he explains that the senses are not deceived by those sensations which are proper to their nature but can be deceived by those which are accidental, e.g., the perception of number.

In the third section, Burley continues the discussion of the problem of deception by the senses in the state of wake and sleep mentioning reasons why dreams are sometimes strongly distorted reflections of sense perceptions. The exposition is followed by two questions: (20) whether sense deception is more common in sleep or in wake; (21) whether the intellect's judgement is supressed in sleep. In the first question, he explains the reasons why sense deception is more common in sleep than in the wake. In the second, he admits that it is possible for the intellect to pronounce judgements in the state of sleep, arguing that these judgments are imperfect ones and explains why it is so.

The final part of the commentary is devoted to *De divinatione per somnium* and consists of two questions only: (22) whether divination through dreams is possible; (23) whether that which is prophesised in a dream must necessarily happen. In the first question, Burley argues that all people have dreams that can serve to predict the future, the cause of which is either in ourselves or in the heavenly bodies, but only the latter ones can be called prophetic. In the second question, he explains that dreams are sometimes signs (symptoms) and sometimes causes, and that even the latter ones do not necessarily produce results because of many possible intervening factors. He concludes that divination is very difficult because of the number of concurrent phenomena that must be taken into consideration.[81]

De longitudine et brevitate vitae

In his commentary on this text, Burley mixes literal exposition with questions: the text is divided into five sections of uneven length marked by lemmas and three questions: two in the second section and one in the last one. Apart from occasional references to Albert the Great, Burley seeks help from other medieval Latin authors. His main sources, however, are Aristotle (in addition to *De longitudine et brevitate vitae* he also cites *De morte et vita*, *De generatione et corruptione*, and other works), Averroes (he not only cites him but also transcribes long passages from his commentary), and Avicenna, whose *Canon of medicine* is quoted several times in the questions.

The work starts without a preface. After a brief presentation of the division of the text, Burley proceeds to discuss various factors that, according to Aristotle, are believed to influence the length of life. These factors include genus (plant or animal), species, mode of life (health or sickness). He then offers a general comment concerning the nature and types of corruption. The discussion is followed by the first two questions presented immediately one after another. The first one concerns the influence of climate on the length of life. In contrast to Aristotle, who claimed that people living in a hot climate live longer than those in a cold climate, Burley argues that a moderate climate is best for fostering life. He presents a complex distinction of climates based upon two criteria, hotness/coldness and dryness/humidity, which are both important for sustaining life. The second question concerns the problem of destruction on a non-biological level asking whether fire can be destroyed in its own sphere. Here his reply is in agreement with Aristotle: even in its own sphere fire is destroyed by something contrary to it because of the influence of the planets, some of which exercise a cooling power.

After the two questions, Burley continues the discussion of factors that may determine the length of life, discarding factors such as body size, the season of birth, being bloodless or bloodied, the place of living. The true cause of the length of life is found in the relation of natural heat and natural humidity proper for every living being. Creatures which have a better balance of heat

81 For more information concerning the physiology of divination see: M. Gensler, M. Mansfeld, "The Physiology of Divination in Walter Burley," *Przegląd Tomistyczny* 24 (2019), 429–443.

and humidity live longer. Burley notes that any action that distorts that balance adversely affects the length of life. This is why nourishment and place of living are important secondary causes here. For the same reason, terrestrial animals live longer than aquatic ones, whereas plants tend to live longer than animals. The final question discusses the problem whether a living creature could live infinitely if provided with sufficient nourishment. Burley argues that this is impossible, because even though nourishment provides humidity that is necessary for sustaining life, this humidity rarefies and weakens the natural humidity of a creature thus ultimately wasting it completely and bringing about death. The commentary is concluded with a brief argument for the claim that the cause of a lengthy life is the same for human beings, plants, and non-human animals.

De memoria et reminiscentia

Burley's commentary on this text has a peculiar structure, for it is actually a composite work: a commentary on Aristotle's treatise (first 24 lemmas) and a summary of Averroes's epitome of it (remaining six lemmas). At the same time, it is the least elaborate of Burley's *Parva naturalia* commentaries. Its sketchy character is especially visible in the second part, in which the summary is quickly replaced with a selection of quotations from Averroes, with some brief remarks on their position in the epitome, but the first part is a little more developed. What we see there is an attempt to merely organize the material from the source text. Unlike in his other *Parva naturalia* commentaries, Burley does not look for help to other medieval Latin authors and apart from a few isolated references to Albert the Great and one reference to Cicero, all remaining citations are from Aristotle and out of those, all but one come from *De memoria et reminiscentia* itself.

The division of the commentary is signalised only by the lemmas; Burley does not start his work with any introduction here. He begins by enumerating four issues Aristotle discusses with respect to memory (*memoria*)—what it is, what remembering is, what the cause of memory is, to which part of the soul it belongs—and with respect to recollecting (*reminiscentia*)—what it is and how it differs from memory. Then he explains the arrangement of the issues. He devotes some space to the discussion of Aristotle's claim that only animals that perceive time possess memory. This leads him to the next statement that memory belongs to the sensitive part of the soul, namely to phantasy. He recalls Aristotle's arguments for the claim that memory pertains to the intellect only *per accidens* and proceeds to the problem whether memory concerns an object or the passion caused by that object. The fragment devoted to the cause of memory is the only one in which Burley refers to Albert the Great.

The part devoted to recollecting also begins with the division of the text into two parts, discussing what recollecting is not and then what it is. Here Burley observes that someone may recover lost knowledge of something not only by recollecting it but also by finding it out (again) or through instruction (*per doctrinam*). When speaking of the cause of recollecting he repeats Aristotle's statement that recollecting is caused by the order of motions in the soul. He observes that recollecting in the proper sense occurs when we follow those motions from earlier to later ones; following the reverse order can be called recollecting only improperly. Then he discusses Aristotle's statement that it is easier to recollect memories that are well ordered. Speaking of the principle from which the process of recollecting proceeds, Burley invokes the advice given in the *Rhetoric* ascribed to Cicero that recollecting can start from any detail. His next objects of interest are the inability of and defects in recollecting and the problem of recollecting the magnitude of time. He concludes with some comments concerning the differences between memory and recollecting, and with some arguments for the thesis that recollecting is a corporeal passion.

De motu animalium

In his commentary on this text, Burley, like many other commentators of *De motu animalium*, follows closely Peter of Auvergne's *Sententia super de motibus animalium*. He trusts Peter to such an extent that he does not look for references to any other sources except Aristotle (almost exclusively the source text) apart from two isolated references: to Avicenna (once) and to Averroes's *De substantia orbis* (also once). It is, by all counts, the least original work of the set.

The text of the commentary is divided into eight sections marked with lemmas and starts without any preface. Burley begins with some general remarks concerning motion, its genera, and the way in which they are discussed in various works of Aristotle, gradually narrowing his interest down to the progressive motion of animals. He notes the appetitive cause of that motion and then discusses the statement that for something to move something else, it must be at rest. This leads him to the discussion of the function of joints in animals, in which one part is moving while the other is at rest. Then he notes and discusses the exceptional character of celestial motion, where the Earth's being at rest is not the cause of heavenly motion (here we find the sole reference to Averroes). Burley recalls the principle that for something to move something else the former needs to be at rest and then applies it to the motions of augmentation and alteration.

Returning to the issue of animal motion, Burley states that its causes can be found in the intellect (in the case of human animals) or appetite, both of which are responsible for choice. Unlike the prime mover, animals do not act in a uniform way and, as a consequence, their motions are not uniform either. Burley proceeds to explain the causal function of the practical intellect and appetite using examples of mobile artefacts, such as clocks and coaches. He notes that the intellect and appetite act through actions of the external senses and phantasy, which steer the body by changing its heat and coldness (in this context occurs the sole reference to Avicenna). He presents several arguments for Aristotle's view that the centre of those changes is the heart, which originates the actions of the body by means of spirit. Burley adds that involuntary motions require action of the heart and spirit too, but their causes are different.[82]

Editorial Principles

All extant copies of Burley's commentaries on the *Parva naturalia*, i.e., nine manuscripts, have been collated basing on passages from all five commentaries. Because the commentaries do not form a unified text, they are treated as five separate works. Each of these works has its own manuscript tradition that shows some degree of overlap with other ones. Of the nine manuscripts, only two include the whole collection. In none of them, however, all texts are complete. The distribution of texts in codices is presented in the table below.

Accordingly, a separate *stemma codicum* has been established for every commentary.

The text of the edition follows the base manuscripts as closely as possible while variant readings from the remaining manuscripts have been placed in the critical apparatus. In cases where the text of the base manuscript misses a fragment or is drastically corrupted, a reading from another manuscript is given in the main text. For better clarity, the critical apparatus has been simplified, eliminating transpositions which do not alter the sense, one word synonyms (especially in pronouns, such as *hic/iste/ille*, and connectors, such as *quia/quod/eo quod*, *et/vel*, and *ergo/igitur/ideo*), alternating nouns and pronouns (*scientia est haec/illa est scientia*), changes in pronoun gender where it

82 For more information on the concept of *spiritus* see: M. Gensler, M. Mansfeld, *The Mechanism for Sustaining Life in Walter Burley's Parva naturalia Commentaries, in: A Question of Life and Death. Living and Dying in Medieval Philosophy*, ed. J.-M. Counet, Turnhout 2022, 129–143; M. Mansfeld, M. Gensler, "Walter Burley on the "Spiritus" in the *Parva naturalia* Commentaries," *Przegląd Tomistyczny* 28 (2022), 177–192; M. Gensler, "The Concept of 'Spiritus' in Walter Burley's *Parva Naturalia* Commentaries," in: R. Hofmeister Pich, A.C. Storck, A.S. Colleton (eds.), *Homo-Natura-Mundus: Human Beings and Their Relationships*, Turnhout 2020, 805–816.

	De longitudine et brevitate vitae (6 Mss.)	*De somno et vigilia* (5 Mss.)	*De sensu et sensato* (4 Mss.)	*De memoria et reminiscentia* (4 Mss.)	*De motu animalium* (6 Mss.)
L_1	--------------	------------	-------------	--------------	144rb–147vb
L_2	152ra–158ra	158ra–174ra	175ra–184vb	185ra–189vb	30rb–(32vb)
B	84^{v}–(90^{v})	------------	-------------	--------------	--------------
M_1	180va–184vb	------------	-------------	63va–67vb	177va–180va
M_2	117va–122vb	83ra–95ra	95ra–96vb, 101ra–103vb, 97ra–98vb, 104ra–104va	112va–117va	--------------
O	109rb–115ra	69va–86vb	86vb–97va	(119ra)–(120)	115ra–(118vb)
A	--------------	212^{r}–222va	-------------	--------------	--------------
V	232rb–239ra	88^{v}–108vb	244rb–256ra	--------------	239rb–244rb
E	--------------	------------	-------------	--------------	78rb–81ra

does not bring about any difference in sense (*et hoc patet/et haec patet, una die/uno die*), repeated or missing prepositions in phrases, especially in examples (*in alia parte et alia/in alia parte et in alia*), alternating adjective and adverb forms, e.g. *puro/pure*, misspelled words, variations of spelling, and nonsense words resulting from scribe's errors, such as *ligue* instead of *lingue*. No self-corrections of the scribes have been included in the apparatus either; only the ultimate version is included. The editors' conjectures, including conjectural additions and omissions, are marked in the apparatus only.

Apart from the critical apparatus, the edition provides another one. It contains both the references announced by the author and all other ones, no matter whether the author acknowledges the reference or not. In both cases, we have identified direct and inaccurate quotations as well as paraphrases. Where possible, we refer to modern critical editions of the sources. In cases in which modern editions are unavailable, we have used databases, websites, early printed editions, or manuscripts. For the sake of convenience, we give *in extenso* quotations from early printed editions and manuscripts. In quotations from early printed editions, their spelling and punctuation are preserved. Apart from quotations coming from early printed sources, the spelling has been consistently classicized to facilitate reading, except for one common verb 'intelligo', for which we have preserved the medieval conjunction forms.

Divisions into paragraphs and punctuation have been introduced by the editors. We use the following rules for punctuation: (1) Commas are always used to separate temporal clauses (*quando, quousque, cum, et tunc*), causal clauses (*quia, quoniam, nam, quod, cum*), final clauses (*ut, cum*), before *si* in conditional clauses and to separate most of the adverbial clauses (*ubi, quapropter, et ideo, licet, quamvis, ita quod*). Commas are also used in most reported questions; occasionally they are preceded with a colon (*utrum, an*). (2) Commas are not used before relative clauses (*quis, quid, quae, quod, quomodo, qualis, quare*) and to separate multiple uses of conjuncts (*aut ... aut ..., vel ... vel ..., et ... et ...*). (3) Commas are always used to separate a clause that concludes an argument, e.g. *sed hoc non valet, sed non e converso, quod tamen est falsum/inconveniens, et hoc est manifestum, et sic de aliis*. (4) In syllogisms, commas are always used to separate premises, and conclusions are separated with a semicolon; in composite syllogistic arguments, arguments within premises are separated with commas, premises are separated with semicolons, and the conclusion is separated with a full stop. (5) Commas are always used after *similiter, item, praeterea* opening sentences or clauses and before phrases introducing examples. (6) Commas are used before *sed, sicut, tamen, nisi, tam ... quam ..., tantum ... quantum ..., inquantum*, when they open a clause but are not used when these words open a non-verbal phrase. (7) A colon is also used before enumerations.

The division of the text by means of lemmas, given by the author, has been retained and supplemented with numbers in order to facilitate navigation through the work. In a similar way, we number questions in the text sections in which they occur. Topics of questions have been treated as their titles and given in angle brackets preceded by numbers. Lemmas and questions are numbered independently with consecutive numbers for each sequences. In order to facilitate the coordination of arguments (*rationes*) and the replies to the arguments (*ad rationes*) within a question, individual arguments and replies to them have been numbered respectively.

Critical Edition of Walter Burley's *Commentaries on Aristotle's Parva Naturalia*

Commentarium in *De sensu et sensato* Aristotelis

ed. M. Mansfeld

⟨Prooemium⟩ | *Quoniam autem de anima* et cetera L_2 175ra

Scientia de anima in tres partes distinguitur. Nam una est de anima secundum se et de potentiis et partibus animae per comparationem ad animam. Sed alia pars est de anima et de potentiis animae per applicationem ad corpus et ad organa corporea. Tertia pars est de his quae sunt propria omnibus viventibus descendendo ad singulas species plantarum et animalium.

Prima pars traditur in libro *De anima*, quoniam in libro *De anima* considerantur ea quae sunt communia omnibus viventibus secundum quod animata sunt, non inquantum calida vel frigida, dura vel mollia, simplicia vel composita, sed solum inquantum sunt animata. Tertia pars traditur partim libro *De plantis* et partim libro *De animalibus* qui habet tres partes quarum una est *De partibus animalium* et alia *De historiis animalium* et tertia *De generatione animalium*. Sed media pars continet ea quae sunt communia corpori et animae. Omnes enim potentiae animae praeter potentiam intellectivam sunt potentiae organicae et de talibus potest esse duplex consideratio: una in comparatione ad animam, et illa traditur libro *De anima*; et alia in comparatione ad organum corporeum, et haec traditur in *Parvis libris*.

Ista autem consideratio quae traditur in *Parvis libris* habet tres partes, quoniam tres sunt potentiae animae organicae penes quas diversificantur gradus in viventibus, scilicet vegetativum, sensitivum | et motivum secundum locum. M_2 95rb Et secundum hoc consideratio tradita in *Parvis libris* habet tres partes. Una consideratio continet ea quae insunt universaliter omnibus

---

1 quoniam … cetera] *om.* OV 2 scientia] autem *add.* L_2 | una] pars *add.* M_2 3 et[2]] in O 5 corporea] determinando qualia (quaelibet M_2) viventia citius (cuiusmodi M_2) debent habere organa *add.* L_2M_2 7 de anima[2]] illo O 10 tertia] secunda O | partim] partem in M_2 11 libro[2]] *om.* O | qui] quae M_2 12 et[2]] *om.* M_2 16 traditur] in *add.* M_2O 19 habet] habent M_2 21 vegetativum] negativum L_2OV

---

1 quoniam … anima] Cf. ARISTOTELES, *De sensu et sensato*, prooemium, 436a 1 (ed. Leonina, AL XIII.2, 3a, 1). 2–14 scientia … animae[1]] Cf. THOMAS DE AQUINO, *In De sensu et sensato*, prooemium (ed. Leonina, 4a, 38–5a, 54). 14–18 omnes … libris] Cf. THOMAS DE AQUINO, *In De sensu et sensato*, prooemium (ed. Leonina, 5a, 68–5b, 83). 19–78.5 ista … nutribili] Cf. THOMAS DE AQUINO, *In De sensu et sensato*, prooemium (ed. Leonina, 5b, 83–96).

 | DOI:10.1163/9789004704299_003

viventibus secundum quod vivunt anima vegetativa vel nutritiva. Et haec consideratio traditur libro *De morte et vita* et similiter libro *De iuventute et senectute*, similiter libro *De respiratione et expiratione*, similiter libro *De* [O 87ra] *causis* | *longitudinis et brevitatis vitae*, similiter libro *De sanitate et aegritudine*, similiter in libro *De nutrimento et nutribili*.

[V 244va] Alia pars | continet ea quae insunt viventi secundum hoc quod motivum est motu locali. Et haec pars traditur libro *De motu animalium* et similiter libro *De progressu animalium*. Consideratio enim de motu locali est duplex, nam motus localis potest considerari ratione materiae vel ratione formae. Ratione materiae, ut puta quantum ad organa et partes mediantibus quibus exercetur motus, et sic consideratur de ipso in libro *De progressu animalium*, ubi etiam determinatur de partibus operativis ad motum. Si autem motus consideretur ratione formae et in se, sic de ipso consideratur libro *De motu animalium*, ibi enim consideratur de motu absolute et principiis motus et qualiter motus procedit ex illis principiis.

Tertia pars continet illa quae insunt cuilibet viventi secundum hoc quod sensitivum est. Et haec pars traditur libro *De sensu et sensato*, similiter [L_2 175rb] libro *De* | *memoria et reminiscentia* et libro *De somno et vigilia*. Et isti libri distinguuntur ab invicem, quoniam in libro *De sensu* considerantur ea quae pertinent ad actum sensus exterioris, ibi enim consideratur quae organa et qualiter disposita requiruntur ad exercendum actum exterioris sensus. Sed in *De memoria* determinatur de his quae pertinent ad actum sensus interioris et praecipue duorum sensuum interiorum, scilicet memoriae et reminiscentiae, quarum una inest omnibus animalibus perfectis, scilicet memoria, et alia, scilicet reminiscentia, inest solum hominibus. Sed libro *De somno et vigilia* considerantur ea quae diversificant actum sentiendi, cuiusmodi sunt somnus et vigilia. Est enim somnus ligamentum et immobilitatio sensuum omnium exteriorum, sed vigilia est eorundem solutio. Et sic patet quae est intentio Philosophi in *Parvis libris naturalibus*; et hoc in generali.

---

2 et[2]] *om.* M_2 3 similiter[1]] super L_2OV | de[1]] *om.* L_2V | similiter[2]] super L_2OV 4 longitudinis … vitae] *om.* O | similiter] super L_2OV 5 similiter in] super L_2OV | nutrimento] nutrito V 7 pars] *om.* M_2 | similiter] super L_2OV 9 formae] ut *add.* V 12 operativis] optimis M_2 opportunis V 13 consideretur] consideratur L_2 | et] suae M_2 17 similiter] super L_2OV 19 ab invicem] *om.* M_2 | sensu] et sensato *add.* M_2 21 requiruntur] requiritur L_2OV | exercendum] extensum L_2 exercensum V 22 in] libro *add.* M_2 | memoria] et reminiscentia *add.* M_2 | determinatur] declaratur O 23 praecipue] praecise M_2 | et[2]] vel M_2

6–8 alia … animalium] Cf. THOMAS DE AQUINO, *In De sensu et sensato*, prooemium (ed. Leonina, 6a, 97–101). 16–29 tertia … generali] Cf. THOMAS DE AQUINO, *In De sensu et sensato*, prooemium (ed. Leonina, 6a, 101–7a, 127).

Descendendo specialiter ad dicta in libro *De sensu et sensato* est intelligendum quod in parte prooemiali probantur duae conclusiones. Prima est quod ad physicum pertinet considerare de sanitate et aegritudine. Secunda est quod sensus, memoria, ira, desiderium, somnus et vigilia, iuventus, senectus, expiratio, inspiratio, mors et vita sunt passiones totius coniuncti.

Primo tamen narrat illa de quibus posterius est determinandum. Unde enumerat ipsa quorum quaedam insunt omni animali et quaedam insunt omni viventi et quaedam alicui et non omni. Sensus, memoria, ira, desiderium, et omnino appetitus, similiter gaudium et tristitia—ista fere inveniuntur in omnibus animalibus, ut dicit Philosophus. Et dicit 'fere', | quia O 87rb
memoria | non inest nisi animalibus perfectis. Unde libro *De animalibus* dicit V 244vb
quod memoria non inest carentibus cerebro nec ira inest carentibus felle.

Adhuc sunt quattuor coniugationes passionum quarum quaedam insunt omni animali et soli, quaedam insunt soli et non omni, et quaedam insunt omni et non soli. Somnus et vigilia insunt omni animali et soli animali. Expiratio et inspiratio insunt soli animali et non omni, nam expiratio et inspiratio non inveniuntur nisi in habentibus pulmonem. Iuventus et senectus insunt omni animali et non soli animali, quia insunt omnibus animatis. Similiter, mors et vita quorum unum est ut privatio et aliud ut habitus insunt omni animali et non soli, quia insunt omni animato.

Prima conclusio, scilicet quod ad physicum pertinet considerare de sanitate et aegritudine, probatur per rationem et signum. Per rationem sic: ad quemcumque pertinet considerare de proprio subiecto alicuius passionis

---

2 conclusiones] quaestiones L_2O *ex* quaestiones *corr.* M_2 3 physicum] philosophum M_2 7 insunt^2] *om.* M_2 8 alicui] animali *add.* M_2 9 similiter] sicut L_2 13 coniugationes] coniuga L_2MV_2 *corr. ex* coniuga O 14 soli^1] et *add.* M_2 15 animali^1] *om.* L_2 | animali^2] nam *add.* L_2 16 insunt ... inspiratio^2] *om.* L_2 (*hom.*) 19 quorum] quarum L_2O 20 animato] et *add.* M_2 21 conclusio] quaestio M_2 | physicum] philosophum M_2 22 et^2] per *add.* M_2

2–3 prima ... aegritudine] Cf. ARISTOTELES, *De sensu et sensato*, prooemium, 436a 17–18 (ed. Leonina, AL XIII.2, 3b, 2–3). 3–5 secunda ... coniuncti] Cf. ARISTOTELES, *De sensu et sensato*, prooemium, 436a 8–11 (ed. Leonina, AL XIII.2, 3a, 10–12). 6–10 unde ... philosophus] Cf. ARISTOTELES, *De sensu et sensato*, prooemium, 436a 6–16 (ed. Leonina, AL XIII.2, 3a, 8–3b, 2). 10 fere] ARISTOTELES, *De sensu et sensato*, 1, 436a 10 (ed. Leonina, AL XIII.2, prooemium, 3, 12). 11–12 unde ... felle] In *De animalibus* Aristotelis (id est in *De historiis animalium*, *De partibus animalium* nec in *De generatione animalium*) locus non invenitur, quamvis quaedam fragmenta *De partibus animalium* de cerebro et felle tractant (lib. II, cap. 7, lib. IV, cap. 2). Locum istum etiam in *Auctoritatibus Aristotelis* non inveni. 13–20 adhuc ... animato] Cf. ARISTOTELES, *De sensu et sensato*, prooemium, 436a 6–16 (ed. Leonina, AL XIII.2, 3a, 8–3b, 2). | Cf. THOMAS DE AQUINO, *In De sensu et sensato*, prooemium (ed. Leonina, 8b, 250–270). 21–80.9 prima ... aegritudinis] Cf. THOMAS DE AQUINO, *In De sensu et sensato*, prooemium (ed. Leonina, 8b, 285–9a, 295).

M$_2$ 95va ad eundem pertinet considerare | de illa passione, quia eadem sunt principia subiecti et passionis suae, sed corpus vivum est subiectum sanitatis et infirmitatis et ad naturalem pertinet considerare de corpore vivo; igitur ad naturalem pertinet considerare de sanitate et infirmitate. Sed dicit Philosophus quod ad naturalem pertinet invenire prima principia et universalia sanitatis et aegritudinis. Ad medicum autem pertinet considerare principia proxima sanitatis et aegritudinis, quia medicus est artifex factivus sanitatis. L$_2$ 175va Nunc actus | et operationes habent fieri circa singularia, et ideo medicus habet considerare proxima principia et particularia sanitatis et aegritudinis. Intelligendum est secundum Commentatorem in principio libri *De morte et vita* quod principia prima sanitatis et aegritudinis sunt quattuor qualitates primae, scilicet: calidum et frigidum, humidum et siccum. Sed principia proxima sunt proportionalitas vel disproportionalitas in quattuor humoribus.

Per signum probatur eadem conclusio sic: nam plurimi physici finiunt suam considerationem ad ea quae sunt de medicina. Similiter, medici qui artem medicinae physicae prosequuntur incipiunt medicinalem considerationem a naturalibus. Et hoc est signum quod consideratio de sanitate et aegritudine est communis naturalibus et medicis. Intelligendum est quod ad naturalem pertinet considerare de sanitate et aegritudine, nam sanitas est debita commensuratio calidi et frigidi, sed de tali commensuratione habet naturalis considerare. Item, per Philosophum septimo *Metaphysicae* sanitas quandoque causatur a natura, sed naturalis habet considerare opera naturae, ideo naturalis habet considerare de sanitate; quandoque autem inducitur O 87va | sanitas ab arte. Et quando sanitas inducitur per artem, inducitur per artem non tamquam per V 245ra | agens principale, sed tamquam per agens instrumentale. Natura enim est agens principale et ars est instrumentum naturae

2 subiectum] obiectum O 4 ad ... infirmitate] et cetera M$_2$ | et] *om.* V | sed] et O 5 principia] *om.* L$_2$O | universalia] ultima M$_2$ viam O 7 factivus] facturus L$_2$ 8 nunc] unde M$_2$ | actus ... operationes] accidentia reperationis O | et^1] *om.* V 9 habet] debet M$_2$ 12 calidum ... siccum] caliditas et frigiditas humiditas et siccitas M$_2$ | siccum] siccitas L$_2$ 14 eadem] *om.* M$_2$ | finiunt] sumunt L$_2$OV 16 physicae] philosophicae M$_2$ 17 et^1] sic *add.* M$_2$ 24 quando] quandoque L$_2$V | sanitas^2] *om.* M$_2$ | per artem] ab arte M$_2$ 24–25 inducitur ... artem] *om.* L$_2$V (*hom.*) | inducitur ... non] non inducitur per artem M$_2$

4–6 dicit ... aegritudinis] Cf. Aristoteles, *De sensu et sensato*, prooemium, 436a 16–17 (ed. Leonina, AL xiii.2, 3b, 2–3). 10–12 intelligendum ... siccum] Cf. Averroes Cordubensis, *In De longitudine et brevitate vitae* (ed. Shields, 140, 55–59). 14–18 per ... medicis] Cf. Thomas de Aquino, *In De sensu et sensato*, prooemium (ed. Leonina, 9a, 295–305). 21–22 per ... natura] Cf. Aristoteles, *Metaphysica*, vii, 9, 1034a 9–14 (ed. Vuillemin-Diem, AL xxv.3.1, 147, 420–424). 21–81.3 sanitas ... sanitate] Cf. Thomas de Aquino, *In De sensu et sensato*, prooemium (ed. Leonina, 9a, 306–322).

iuvans ipsam naturam. Cum igitur sanitas non inducitur nisi a natura tamquam ab agente principali, patet quod naturalis habet considerare de sanitate.

Sed qualiter naturalis et medicus diversimode considerant de sanitate? Intelligendum est quod naturalis considerat de sanitate propter scire et speculari, et ideo considerat universalia sanitatis principia et aegritudinis. Sed medicus considerat de sanitate propter operari, et, quia operatio est circa singularia, ideo medicus considerat causas particulares. Unde medicus nihil aliud facit, nisi applicat sermones universales de sanitate ad causas particulares et determinatas. Unde medicus accipit principia suae scientiae a naturali. Ubi enim naturalis terminat suam considerationem, ibi medicus incipit suam. Et hoc est quod Alexander dicit hic quod medicus accipit principia sua a naturali sicut perspectiva accipit principia sua a geometria et gubernativa ab astrologia. Et ideo homines recte et bene prosequentes artem medicinae incipiunt a naturalibus. Et, si illum ordinem non teneant, in medicinalibus saepe deficiunt.

Secunda conclusio, scilicet: 'omnia praeenumerata (somnus et vigilia, et sic de aliis) sunt passiones totius coniuncti', probatur sic: omnia praedicta pertinent ad sensum, cuius igitur est sensus eiusdem sunt somnus et vigilia, et sic de aliis, sed sensus est totius coniuncti et non solum corporis nec solum animae; igitur omnia praedicta sunt totius coniuncti.

Quod autem omnia praedicta pertineant ad sensum patet, nam quaedam praedictorum sunt passiones sensus (ut somnus et vigilia), et accidunt quaedam per sensum (ut memoria et reminiscentia), et quaedam accidunt cum sensu (ut expiratio et respiratio), et quaedam sunt habitudines sensus (ut iuventus et senectus) quae pertinent ad hoc | quod sensus bene se habeat vel L_2 175vb
debiliter, et quaedam sunt conservationes et salutaria sensus (ut vita, sanitas), et quaedam sunt corruptiones et privationes (ut mors, infirmitas).

1 non] *om.* L_2 6 et[2]] *om.* L_2V 9 de] esse V | ad] et L_2 9–10 particulares] de sanitate *add.* L_2 10 determinatas] de sanitate *add.* V 14 homines] omnes M_2 | prosequentes] persequentes M_2 15 non teneant] *om.* O 17 conclusio] quaestio O | scilicet] quod *add.* L_2M_2O | praeenumerata] scilicet *add.* M_2 18 totius] *om.* M_2 22 autem] non L_2 | omnia] *om.* O | pertineant] pertinent M_2 25 et[1]] *om.* O 26 et] *om.* M_2 | hoc] haec O | vel] et M_2 28 privationes] sensus *add.* M_2 | mors] et *add.* M_2 mos V

4–12 sed ... suam] Cf. Aristoteles, *De morte et vita*, 21, 480b 22–29 (ed. Academia Regia Borussica, 246b). 12–14 medicus ... astrologia] Cf. Alexander Aphrodisiensis, *In De sensu et sensato* (ed. Thurot, 17, 1–4): "Et ostendit nobis secundum quid coniuncta est medicinalis naturali, et quod est sub naturali principia habens ab illa, sicut perspectiva a geometria et armonica ab aritmetica et gubernativa ab astrologia." 17–28 secunda ... infirmitas] Cf. Thomas de Aquino, *In De sensu et sensato*, prooemium (ed. Leonina, 9b, 322–343).

Et sic patet quod omnia praedicta pertinent ad sensum et quod sensus sit totius coniuncti. Dicit Philosophus esse manifestum per sermonem et absque sermone. Sed istud exponitur diversimode—'per sermonem', id est per rationem, et 'absque sermone', id est absque ratione et per experimentum. O 87vb M_2 95vb Per rationem probatur istud sic: | sensus | patitur a sensibili, si sensibile est corporeum et materiale, sed nihil patitur a corporeo nisi corporeum et materiale; igitur sensus est corporeum, ita quod est passio compositi ex corpore V 245rb et anima. Melius tamen potest hoc probari sic: | sensus est passio corporis solum vel animae solum vel compositi ex anima et corpore. Non est passio corporis solum, quia sic exuta anima a corpore sentiret corpus, nec est passio animae solum, quia sic anima sentiret non mediante corpore, et sic posset videre sine oculo, quod est inconveniens; igitur sensus est passio compositi ex anima et corpore. Absque ratione ut per experimentum patet idem, quia turbatis organis corporeis impeditur operatio sensus et eis ablatis totaliter tollitur sensus.

Aliter tamen exponit Albertus istud: 'per sermonem', id est per definitionem, nam definitio est sermo; 'absque sermone'—ut per operationem vel rationem. Per definitionem patet quod sensus est totius coniuncti, quia, si definiatur quilibet sensus, definietur ut virtus in organo sita et operans, et cetera.

⟨1⟩ *De sensu et sentire*

Haec est pars executiva huius libri in qua Philosophus prosequitur principale propositum probando aliqua prius determinata in libro *De anima* de

1 sit] sunt *superscr.* M_2 4 absque[2]] sine M_2 | et[2]] ut O 5 si] sed M_2 6 et[2]] *superscr.* L_2 *om.* V 9 vel[1] ... solum] *om.* L_2 | compositi] totius coniuncti M_2 coniuncti O | anima ... corpore] his M_2 | est passio] *om.* M_2 10 exuta] exeuta L_2M_2O | est passio] *om.* M_2 12 quod] quid L_2O | passio] totius *add.* M_2 | compositi] coniuncti M_2 13 per] *om.* V 16 istud] idem M_2 17 vel] *iter.* V 18 rationem] definitionem M_2 19–20 et[1] ... cetera] reperans O | et cetera] *om.* L_2 sed M_2

2–3 philosophus ... sermone] Cf. ARISTOTELES, *De sensu et sensato*, prooemium, 436b 6–8 (ed. Leonina, AL XIII.2, 3b, 16–17). 5–15 per ... sensus] Cf. THOMAS DE AQUINO, *In De sensu et sensato*, prooemium (ed. Leonina, 9b, 345–353). 16–20 aliter ... cetera] Cf. ALBERTUS MAGNUS, *In De sensu et sensato*, I, tr. I, cap. I (ed. Donati, 21a, 9–14). 21 de ... sentire] ARISTOTELES, *De sensu et sensato*, prooemium, 436b 8 (ed. Leonina, AL XIII.2, 11a, 1). 22–83.1 haec ... sentire] Cf. ARISTOTELES, *De sensu et sensato*, 1, 436b 8–10 (ed. Leonina, AL XIII.2, 11a, 1–3). 22–83.2 haec ... animalibus] Cf. THOMAS DE AQUINO, *In De sensu et sensato*, tr. 1, cap. 1 (ed. Leonina, 11a, 1–9).

sensu et sentire. Et sunt duo quae ibi determinantur de istis: unum—quid utrumque istorum sit, et aliud—quare haec passio accidit animalibus.

Sex tanguntur in hoc capitulo. Primum est quod sensus in communi inest omni animali. Secundum est quod omnibus animalibus insunt tactus et gustus, et propter quam causam. Tertium est quod alii tres sensus, scilicet visus, auditus, olfactus, insunt animalibus motis motu progressivo, et propter quam causam. Quartum est quod duo sensus, scilicet visus et auditus, insunt animalibus perfectis, scilicet hominibus, propter cognitionem. Quintum quod visus simpliciter est melior quam auditus, ita quod visus secundum se est melior. Sextum est quod auditus melior est ad intellectum quam visus, sed hoc est per accidens.

Primum est quod sensus inest omni animali; et est prima conclusio huius capituli. Et probatur: illud inest omni animali per quod animal distinguitur a non animali, sed per sensum distinguitur animal a non animali, ut dictum est in libro *De anima*; igitur omne animal habet sensum.

Secundum est quod tactus et gustus insunt omni animali. Et quod tactus insit omni animali dicit esse probatum in libro *De anima*, et ideo probatio non ponitur hic. Potest tamen sic probari, sicut probatur tertio *De anima*: necessarium est omni animali habere virtutem per quam | cognoscat quid L_2 176ra sit sibi conveniens et quid nocivum, sed per tactum cognoscit animal quid est sibi conveniens et quid non; igitur tactus est necessarius omni animali. Unde animal per tactum cognoscit calidum et frigidum, humidum et siccum. Unde per tactum fugit animal | illud quod est | nimis calidum et etiam O 88ra V 245va quod est nimis frigidum. Et ideo, si animal non haberet tactum, non fugeret calidum nec frigidum, et ita animal statim corrumperetur et non veniret

1 quae] qui M_2 | unum] primum M_2 2 aliud] *om.* V | animalibus] deinde *add.* M_2 4 est] *coni. codd. om.* 5 est] *om.* M_2 5–6 scilicet ... olfactus] exteriores M_2 6 auditus] et *add.* L_2 7 est] *om.* M_2 | et] *om.* L_2O 9 quintum] est *add.* L_2 10 est[2]] *om.* M_2 | intellectum] intelligendum L_2 12 et] haec *add.* M_2 12–13 et ... animali] *om.* O (*hom.*) 13 probatur] sic *add.* L_2M_2 15 in] *om.* O 17 probatum] probant O 21 et ... non] *om.* L_2OV 22 frigidum] et *add.* M_2 23 etiam] illud *add.* M_2 24 est] *superscr.* V 25 animal] *om.* M_2 | corrumperetur] corrumpitur M_2 | veniret] viveret M_2

12–15 primum ... sensum] Cf. THOMAS DE AQUINO, *In De sensu et sensato*, tr. 1, cap. 1 (ed. Leonina, 12a, 40–43). 12 sensus ... animali] Cf. ARISTOTELES, *De sensu et sensato*, 1, 436b 10–11 (ed. Leonina, AL XIII.2, 11a, 4–5). 13–14 illud ... animali[2]] Cf. ALBERTUS MAGNUS, *In De sensu et sensato*, I, tr. I, cap. I (ed. Donati, 21a, 22–24). 14–15 per ... anima] Cf. ARISTOTELES, *De anima*, II, 2, 413b 1–3 (ed. Leonina, AL XII.2, 77b, 8–10). 16–18 tactus[1] ... hic] Cf. ARISTOTELES, *De sensu et sensato*, 1, 436b 12–18 (ed. Leonina, AL XIII.2, 11a, 7–13). 18–21 probatur ... animali] Cf. ARISTOTELES, *De anima*, III, 12, 434a 27–30 (ed. Leonina, AL XII.2, 252a, 9–13). 19–24 necessarium ... frigidum] Cf. THOMAS DE AQUINO, *In De sensu et sensato*, tr. 1, cap. 1 (ed. Leonina, 12b, 62–74).

ad finem qui est opus naturae. Et haec est causa quam assignat Philosophus tertio *De anima* quare omne animal tactum habet, quia aliter corrumperetur et non veniret ad finem qui est opus naturae. Et haec potest esse secunda conclusio quod tactus inest omni animali; et probatur sicut prius.

Tertia conclusio est quod gustus est necessarius omni animali; et probatur dupliciter. Primo sic: nutrimentum est necessarium omni animali, sed quoddam nutrimentum est conveniens animali et quoddam nocivum et corruptivum; igitur necesse est omni animali habere virtutem per quam potest cognoscere quod nutrimentum est conveniens et quod non, sed gustus est huiusmodi virtus, nam gustus discernit sapidum et insipidum in esca; ideo gustus est necessarius omni animali, ut mediante gustu fugiat insipidum et nocivum et sapidum et conveniens prosequatur. Secundo probatur idem sic: sapor est passio nutritivae partis, sed nutrimentum est necessarium omni animali; igitur virtus cognoscens saporem est necessaria omni animali, cuiusmodi virtus est gustus; et cetera. Sapor non est sic passio nutritivae partis quod sit obiectum potentiae nutritivae, sed ordinatur ad actum nutritivae sicut ad finem.

Intelligendum est secundum quod dicit Commentator secundo *De anima* quod omne animal indiget tactu qui est sensus nutrimenti, et tamen plan-
M_2 96[ra] tae | non habent tactum, cum tamen indigeant nutrimento. Cuius ratio est, quia alimentum animalis non reperitur in pluribus rebus sicut alimentum plantae; et ideo animal indiget sensu, ut attrahat proficuum et expellat nocivum. Dicit etiam Commentator ibidem quod nullum sensibile praeter sensibile tactus est in cibo secundum quod cibus, sed alia sensibilia solum faciunt ad delectationem et non ad necessitatem. Dicit etiam Commentator quod *virtutes sensibiles quaedam sunt necessariae in esse animalis et quae-*

---

1 ad finem] *exp.* M_2 | qui] quod M_2 2 quare] quia L_2V 3 esse] dici M_2 4 probatur] probetur M_2 9 quod[2]] quoddam L_2V 10 huiusmodi] huius O | discernit] decrevit O 11 fugiat] fugeat O 12 prosequatur] prosequitur L_2 | idem] illud L_2O *om.* M_2 15 gustus] igitur *add.* M_2O 18 est] *om.* M_2O 19–20 plantae] *om.* L_2 21 reperitur] recipitur M_2 21–22 alimentum] aliter O 23 ibidem] *exp.* M_2 24 cibus] cibum L_2M_2 26 necessariae] necesse M_2O

1–3 causa … naturae] Cf. ARISTOTELES, *De anima*, III, 12, 434a 33–434b 1 (ed. Leonina, AL XII.2, 252a, 17–18). 6–12 nutrimentum … prosequatur] Cf. THOMAS DE AQUINO, *In De sensu et sensato*, tr. 1, cap. 1 (ed. Leonina, 12b, 79–86). 13–17 sapor … finem] Cf. THOMAS DE AQUINO, *In De sensu et sensato*, tr. 1, cap. 1 (ed. Leonina, 11a, 88–100). 18–20 dicit … nutrimento] Cf. AVERROES CORDUBENSIS, *In De anima*, II, com. 31 (ed. Wolfson, Baneth, Fobes, 177, 54–59). 23–25 dicit … necessitatem] Cf. AVERROES CORDUBENSIS, *In De anima*, III, com. 28 (ed. Wolfson, Baneth, Fobes, 171, 60–66). 26–85.6 virtutes … necessarii] Cf. AVERROES CORDUBENSIS, *In De sensu et sensato* (ed. Shields, 3, 32–4, 40).

dam propter melius; et omnes diversantur secundum fortitudinem et remissionem. Tactus vero et gustus sunt necessarii, auditus vero et olfactus, visus sunt propter melius. Per gustum enim distinguitur cibus conveniens a non convenienti, et per tactum distinguuntur ea quae corrumpunt corpus extrinsecus et ea quae conservant corpus. Alii vero sensus non sunt innati distinguere talia, et ideo non sunt necessarii. | $V\,245^{vb}$

Sed qualiter est gustus necessarius omni animali, cum Philosophus dicat secundo *De anima* quod sensus tactus potest esse sine omnibus aliis sensibus? | Cum igitur solus tactus facit animal, potest aliquod animal esse abs- $L_2\,176^{rb}$
que quolibet | alio sensu a tactu, et ideo non est necesse quod omne animal $O\,88^{rb}$
habeat gustum. Credo quod de intentione Philosophi et Commentatoris est quod gustus est necessarius omni animali sicut et tactus. Et hoc secundum quod gustus discernit sapidum et insipidum in esca, sicut dicit Philosophus in littera, et Commentator dicit hic quod tactus et gustus sunt necessarii in esse animalis; et hoc est concedendum. Et ad Philosophum secundo *De anima* est dicendum quod ipse sub tactu comprehendit gustum, quia gustus est quidam tactus. Si tamen velimus dicere quod gustus non inest omni animali, tunc debet dici quod omne animal habens os habet gustum, et de talibus animalibus loquitur Philosophus hic.

Tertium est quod alii tres sensus insunt animalibus perfectis et hac de causa, quoniam animalia perfecta excedunt animalia imperfecta sicut imperfecta excedunt plantas. Plantae enim non habent cognitionem eorum quae sunt eis necessaria. Sed animalia imperfecta seu immobilia habent cognitionem eorum secundum quod eis praesentialiter offeruntur et non cognoscunt ea quae sunt eis necessaria a remotis. Sed animalia perfecta

---

1 diversantur] diversificantur L_2M_2O 2 vero[2]] enim L_2O | et[2] ... visus] visus et olfactus M_2 et olfactus et visus O 7 dicat] dicit O 9 solus] sensus M_2 sensus *add.* O | potest aliquod] *inv.* M_2 | animal[2]] *om.* O 11 intentione] intentio O | commentatoris] hic *add.* M_2 15 in ... animalis] omni animali M_2 | secundo] tertio O 17 tamen] tantum L_2 18 quod] *iter.* V 21 quoniam] quia M_2 21–22 perfecta ... imperfecta] *om.* L_2OV 23 immobilia] mobilia V

7–9 philosophus ... sensibus] Cf. ARISTOTELES, *De anima*, II, 2, 413b 4–7 (ed. Leonina, AL XII.2, 77b, 14–15). 13–14 sicut ... littera] Cf. ARISTOTELES, *De sensu et sensato*, 1, 436b 18–22 (ed. Leonina, AL XIII.2, 11a, 14–18). 14–15 commentator ... animalis] AVERROES CORDUBENSIS, *In De sensu et sensato* (ed. Shields, 4, 35–36). 15–17 ad ... tactus] Cf. ARISTOTELES, *De anima*, II, 2, 413b 4–7 (ed. Leonina, AL XII.2, 77b, 14–15). | Cf. ARISTOTELES, *De anima*, III, 12, 434b 18–19 (ed. Leonina, AL XII.2, 252b, 6–7). 20 alii ... perfectis] Cf. ARISTOTELES, *De sensu et sensato*, 1, 436b 18–22 (ed. Leonina, AL XIII.2, 11a, 14–18). 21–86.1 animalia[1] ... remotis] Cf. THOMAS DE AQUINO, *In De sensu et sensato*, tr. 1, cap. 1 (ed. Leonina, 13a, 117–126).

cognoscunt ea quae sunt necessaria eis a remotis; unde per istos tres sensus, scilicet per visum, auditum et olfactum, cognoscunt animalia omnia necessaria eis vel corruptiva quae ab eis distant. Et ideo dicit Philosophus quod illi sensus qui per exteriora media fiunt insunt his animalibus quae proficiscuntur, hoc est motu progressivo moventur, propter unam causam communem, scilicet pro causa salutis. Unde intelligendum est quod, sicut animal per gustum cognoscit alimentum sibi conveniens actualiter sibi coniunctum, sic per olfactum cognoscit alimentum distans ab eo. Sed per visum et auditum cognoscit animal omnia sibi nociva vel proficua, quocumque modo sint nociva vel proficua.

Quartum est quod visus et auditus insunt hominibus propter prudentiam seu propter cognitionem, et hoc tam circa agibilia quam circa speculabilia, quia per ea quae homo vidit et audivit instruitur circa agenda et etiam circa speculabilia.

V 246ra Quintum est quod visus est secundum se melior ad cog|nitionem quam auditus; et est quarta conclusio huius capituli. Haec conclusio probatur dupliciter. Primo sic: illa virtus est melior ad cognitionem secundum se per quam certius apprehenduntur necessaria ad vitam et etiam corruptiva, sed per visum certius apprehenduntur res quam per auditum, quia visus immutatur ab ipsis rebus. Sed auditus non immutatur nisi ab accidentibus rerum, ut a sonis consequentibus aliquos motus rerum. Secundo probatur eadem conclusio sic: illa virtus est melior secundum se quae est cognoscitiva
O 88va plurium, sed visus est cognoscitivus | plurium quam auditus; igitur et cetera.

---

1 eis] *om.* V 3 vel corruptiva] incorruptibilia M_2 | corruptiva] corruptibilia V 4 per] *superscr.* O 4–5 proficiscuntur] proficiscunt O 5 unam] *om.* M_2 7 sibi[1]] scilicet M_2 10 sint] sunt M_2 fiunt O 16 capituli] et *add.* M_2 17 melior] et *add.* L_2M_2V | cognitionem] et *add.* L_2O 18 vitam] utrum O | etiam corruptiva] incorruptibilia O | corruptiva] corruptibilia L_2 19 apprehenduntur] apprehenditur L_2M_2O 22 eadem] *om.* M_2

1–6 unde ... salutis] Cf. THOMAS DE AQUINO, *In De sensu et sensato*, tr. 1, cap. 1 (ed. Leonina, 13a, 126–13b, 143). 3–6 et ... salutis] Cf. ARISTOTELES, *De sensu et sensato*, 1, 436b 18–22 (ed. Leonina, AL XIII.2, 11a, 14–18). 6–8 unde ... eo] Cf. THOMAS DE AQUINO, *In De sensu et sensato*, tr. 1, cap. 1 (ed. Leonina, 13a, 134–136). 11–14 quartum ... speculabilia] Cf. THOMAS DE AQUINO, *In De sensu et sensato*, tr. 1, cap. 1 (ed. Leonina, 13b, 162–14a, 187). | visus ... speculabilia] Cf. ARISTOTELES, *De sensu et sensato*, 1, 437a 1–3 (ed. Leonina, AL XIII.2, 11a, 19–11b, 2). 15–16 quintum ... auditus] Cf. ARISTOTELES, *De sensu et sensato*, 1, 437a 3–4 (ed. Leonina, AL XIII.2, 11b, 3–5). 15–23 quintum ... cetera] Cf. THOMAS DE AQUINO, *In De sensu et sensato*, tr. 1, cap. 1 (ed. Leonina, 14a, 205–213).

Minor patet, quia obiectum visus reperitur in omnibus corporibus, tam in corporibus supracaelestibus quam in istis inferioribus, quia omne corpus participat colore vel | lumine. Sed obiectum | auditus non reperitur nisi in paucis corporibus. Auditus enim non annunciat nisi solas differentias sonorum quae non inveniuntur in omnibus corporibus. M_2 96[rb] L_2 176[va]

Sextum est quod auditus per accidens est melior ad intellectum quam visus; et est quinta conclusio. Et probatur sic: sermo audibilis est causa disciplinae et magis est causa disciplinae quam visibile. Sed locutio non est causa disciplinae nisi per accidens, scilicet in hoc quod est symbola, id est significativa rerum. Sed locutioni accidit quod sit significativa rerum, ideo locutio non est causa disciplinae nisi per accidens. Et sic per accidens confert auditus magis ad intellectum quam visus, quia auditus percipit illud quod est magis causa disciplinae (etsi per accidens) quam illud quod percipitur a visu. Intelligendum est quod sermo audibilis non est causa disciplinae, nisi ex hoc quod significat, sed ex hoc quod significat non percipitur ab auditu sed magis ab intellectu. Unde sermo non percipitur ab auditu, nisi ex hoc quod est sonus, et ut sic non est causa disciplinae. Et ideo quod auditus conferat ad disciplinam hoc est per accidens.

Sed qualiter hoc sit verum quod auditus plus confert ad intellectum quam visus potest esse dubitatio, nam visus est certior quam auditus, igitur videtur quod plus conferat ad intellectum. Dicendum est, sicut dicit Albertus: scientia in nobis acquiritur dupliciter, scilicet per inventionem et per doctrinam. Visus | plus proficit ad scientiam quae acquiritur per inventionem quam auditus, quia visus plures differentias rerum ostendit, et ideo invenit scientiam inspiciendo res et rerum differentias. Et sic plus visus confert ad scientiam habitam per inventionem. Ad scientiam tamen quae est per doc- V 246[rb]

1 quia] *om.* M_2 4 non] *om.* O | annunciat] nobis *add.* M_2 6 intellectum] intellectionem L_2O 7 conclusio] quaestio M_2 10 locutio] *om.* O 11–12 et ... visus] *om.* L_2OV 12 quam] quod M_2 13 accidens] magis *add.* L_2OV 16 ab[1]] ad M_2 17 sic] dicit L_2V | quod] quia M_2 23 quae acquiritur] *om.* O 24 rerum] *superscr.* V | ideo] homo M_2

1–4 minor ... corporibus] Cf. Thomas de Aquino, *In De sensu et sensato*, tr. 1, cap. 1 (ed. Leonina, 14b, 220–234). 1–3 obiectum ... lumine] Cf. Aristoteles, *De sensu et sensato*, 1, 437a 5–7 (ed. Leonina, AL xiii.2, 11b, 6–8). 3–5 sed ... corporibus] Cf. Aristoteles, *De sensu et sensato*, 1, 437a 9–11 (ed. Leonina, AL xiii.2, 11b, 10–11). 4–5 auditus ... corporibus] Cf. Thomas de Aquino, *In De sensu et sensato*, tr. 1, cap. 1 (ed. Leonina, 15a, 266–272). 6–7 auditus ... visus] Cf. Aristoteles, *De sensu et sensato*, 1, 437a 3–5 (ed. Leonina, AL xiii.2, 11b, 3–5). 6–10 auditus ... rerum] Cf. Aristoteles, *De sensu et sensato*, 1, 437a 12–15 (ed. Leonina, AL xiii.2, 11b, 13–15). 7–11 et[2] ... accidens[1]] Cf. Thomas de Aquino, *In De sensu et sensato*, tr. 1, cap. 1 (ed. Leonina, 15a, 279–289). 21–88.5 dicendum ... visus] Cf. Albertus Magnus, *In De sensu et sensato*, I, tr. I, cap. 2 (ed. Donati, 22a, 13–23a, 11).

trinam plus facit auditus, quia sermo audibilis est principium generationis scientiae in nobis per doctrinam, nam per sermonem tamquam per instrumentum infundit magister scientiam in discipulum, sed sermo non apprehenditur nisi per auditum; ideo auditus plus confert ad scientiam habitam per doctrinam quam visus. Et ideo dicit Philosophus quod inter privatos a nativitate utroque sensu, scilicet visu et auditu, caeci (qui carent visu) sunt prudentiores surdis et mutis.

Sed diceret aliquis: sicut voces sunt signa rerum, sic litterae scriptae sunt signa vocum et etiam rerum. Sicut igitur homo per voces auditas potest acquirere scientiam quae est per doctrinam, sic et per litteras scriptas quas percipit per visum. Et sic videtur quod visus conferat ad scientiam per doctrinam plus vel tantum quantum et auditus. Ad istud respondet Albertus
O 88vb dicens | quod vox magistri movet et magis imprimit quam littera scripta. Unde dicit quod viva vox magistri est efficacior ad docendum quam scriptura librorum.

De isto dicto Philosophi: 'sapientiores a nativitate privatorum utroque sensu sunt caeci mutis et surdis', hic dicit Alexander quod Philosophus
L_2 176vb coniunxit surdos et mutos simul, quia surdi a nativitate | de necessitate sunt muti. Sed qualiter hoc sit verum est dubium. Quidam dicunt quod hoc est verum, quia nervi auditivi et nervi motivi linguae habent colligantiam ad invicem, et ideo impeditis nervis auditivis impediuntur nervi motivi linguae, propter quod surdi a nativitate sunt muti. Sed istud non valet, quia sic surdi secundum determinatum tempus de necessitate essent muti, quia qui est surdus sive a nativitate sive secundum determinatum tempus

---

2 per doctrinam] *om.* V 4 habitam] *om.* O 6 visu^2 visui O 11 videtur] videatur O 13 magistri] magis *add.* M_2 | scripta] visibilis in scripto M_2 16 de ... philosophi] *om.* M_2 16–17 utroque ... surdis] et cetera M_2 20 auditivi] auditus M_2 22 linguae] linguarum *superscr.* M_2 24 secundum] *superscr.* V | determinatum] *om.* M_2

5–7 dicit ... mutis] Cf. Aristoteles, *De sensu et sensato*, 1, 437a 16–18 (ed. Leonina, AL XIII.2, 11b, 16–18). 8–15 sicut ... librorum] Cf. Albertus Magnus, *In De sensu et sensato*, 1, tr. 1, cap. 2 (ed. Donati, 22b, 44–23a, 11). 16–17 sapientiores ... surdis] Aristoteles, *De sensu et sensato*, 1, 437a 16–18 (ed. Leonina, AL XIII.2, 11b, 16–18). 17–19 dicit ... muti] Cf. Thomas de Aquino, *In De sensu et sensato*, tr. 1, cap. 1 (ed. Leonina, 15b, 293–295). | alexander ... muti] Textus Alexandri hoc loco corruptus est. Cf. Alexander Aphrodisiensis, *In De sensu et sensato* (ed. Thurot, 32, 11–32, 5): "Quod autem ad prudentiam plus auditus quam sonus facit, signum posuit in orbatis utrolibet istorum sensu a necessitate quod ceci surdis a necessitate prudentiores sunt, tamquam habentes auditum, qui magis est causa prudentie. Dicit autem [...] non potentes auditu uti surdos [...] audientes [...] erit autem ad eam que a principio inquisitionem et sensum considerabilium visis conferens magis, ad disciplinam autem inventorum auditus."

habet impedimentum in nervis motivis linguae, et sic esset mutus; similiter e converso—omnis mutus esset surdus. Ideo dicendum quod surdus a nativitate est mutus quantum ad quodlibet idioma humani generis quod nullum tale scit proferre; nam, ut dicit quidam expositor, hic surdus a nativitate sic se habet | [V 246va] ad quodlibet idioma humani generis sicut ille qui numquam audivit aliquod determinatum idioma se habet ad illud idioma, ut sicut ille qui numquam audivit idioma Anglicum se habet ad illud idioma, sed ille qui numquam audivit idioma Anglicum nescit loqui Anglicum; ideo quantum ad hoc idioma mutus est. Eodem modo surdus a nativitate, cum ipse numquam audivit aliquod idioma, est mutus quantum ad quodlibet idioma, et ideo nullum scit proferre. Non tamen est sic | [M_2 96va] mutus, quin posset vocem formare et exprimere conceptum mentis, quia adhuc habet appetitum et etiam potentiam motivam linguae. Unde surdus a nativitate non est aliter mutus nisi sicut, si aliquis poneretur, quando esset primo natus, in aliquo loco, ubi numquam audiret hominem, esset mutus, quia nesciret proferre aliquod idioma, tamen adhuc posset de novo addiscere.

⟨2⟩ *In quibus autem habent fieri*

In hoc capitulo declaratur qualiter organa sensuum attribuantur elementis declarando quod elementum in organo cuius sensus dominatur. Omnes enim antiqui philosophi secundum elementa corporum quaerebant, qualia essent corporea instrumenta per quae operationes sensuum exerceantur. Antiqui enim posuerunt quod simile non cognoscitur nisi a simili, et ideo dixerunt quod ad hoc quod anima cognoscat omnia oportet ipsam componi ex omnibus. Et sic dixerunt quod ad hoc quod sensus cognoscant

---

1 in] nervis auditivis ergo haberet impedimentum in *add.* M_2 | sic] surdus *add.* O | mutus] et *add.* M_2 | similiter] sic O 2 omnis] et O 3 quod] quia M_2 4 scit] sit M_2 5 ad] a M_2 5–6 audivit] *om.* M_2 6 aliquod] alicuius L_2V | determinatum] determinat V | idioma[1]] audivit *add.* M_2 | idioma[2]] *om.* O | idioma ut] *om.* L_2V 8 anglicum[2]] et *add.* L_2M_2O 11 nullum] idioma *add.* O 12 mentis] suae *add.* O | appetitum] imaginem *add.* M_2 13 aliter] similiter L_2 14 si] *om.* V 17 fieri] proferri L_2 18 declaratur] determinatur L_2 19 quod] aliquod *add.* M_2 | organo ... sensus] cuiuslibet sensu organo M_2 | cuius] libet *superscr.* L_2 21 sensuum] *om.* O 23 quod[2]] omnia *add.* M_2 | omnia] *om.* V 24 quod[1]] quidam L_2

2–16 ideo ... addiscere] Cf. THOMAS DE AQUINO, *In De sensu et sensato*, tr. 1, cap. 1 (ed. Leonina, 15b, 295–303). 17 in ... fieri] ARISTOTELES, *De sensu et sensato*, 2, 437a 19 (ed. Leonina, AL XIII.2, 16a, 1). 18–19 qualiter ... dominatur] Cf. ARISTOTELES, *De sensu et sensato*, 2, 437a 19–20 (ed. Leonina, AL XIII.2, 16a, 1–2).

O 89ra corpora elementaria oportet quod componantur ex illis, ita quod in organo | cuiuslibet sensus posuerunt unum elementum dominari. Sed statim occurrebat eis una difficultas, quoniam quinque sunt sensus et quattuor elementa, ideo difficile fuit eis cui possunt organum quinti sensus applicare. Applicabant tamen organum quinti sensus uni corpori quod est subtilius aqua et grossius aere. Est enim inter aerem et aquam quoddam medium, sci- L_2 177ra licet vapor vel fumus, et huic attribuebant organum odoratus, | quia odor sentitur secundum quandam fumalem evaporationem, et alios sensus attribuebant aliis elementis, ut tactum terrae, gustum aquae, auditum aeri et visum igni. Omnes enim dixerunt quod in organo visus dominatur ignis, quia ignorabant causam cuiusdam passionis quae circa oculum accidit. Si enim oculus comprimatur et fortiter moveatur, apparet ignis lucere, et V 246vb hoc | quando aer exterior est tenebrosus. Similiter, ut dicit Albertus, oculus, quando subito movetur, videtur ignem lucentem emittere super nasum. Similiter, oculi luporum et cattorum lucent in tenebris sicut candelae vel sicut carbones ardentes. Et propter ista dixerunt ipsi quod in oculo dominatur ignis.

Sed tunc accidit eis una dubitatio: si enim in oculo dominetur ignis, cum sensibile praesens sensui sentitur, visus semper videret ignem in oculo, et hoc est directe contra eos, quia ipsi posuerunt similitudinem esse causam cognitionis et quod simile cognoscatur a simili. Cum igitur oculus semper assimiletur igni, semper videret ignem.

1 ita] *superscr.* M_2 | in] *om.* O 3 quoniam ... elementa] *iter.* O 7 huic] hac M_2 | attribuebant] attribuebunt O | organum] organo M_2 10 in] *om.* O | organo] organis L_2OV 12 et^1] id est O | et^2] est *add.* M_2O 13 quando] quandoque M_2 | similiter] sicut M_2 aliter O 14 movetur videtur] movet nec M_2 15 candelae] candela M_2 20–21 similitudinem ... cognitionis] esse causam cognitionis similitudinem V

2–10 sed ... igni] Cf. THOMAS DE AQUINO, *In De sensu et sensato*, tr. 1, cap. 2 (ed. Leonina, 17a, 28–17b, 42). 2–4 occurrebat ... applicare] Cf. ARISTOTELES, *De sensu et sensato*, 2, 437a 21–22 (ed. Leonina, AL XIII.2, 16a, 3–4). 10–11 omnes ... accidit] Cf. ALBERTUS MAGNUS, *In De sensu et sensato*, I, tr. I, cap. 3 (ed. Donati, 24a, 14–15). 10–13 omnes ... tenebrosus] Cf. ARISTOTELES, *De sensu et sensato*, 2, 437a 22–26 (ed. Leonina, AL XIII.2, 16a, 5–9). 12–13 si ... tenebrosus] Cf. THOMAS DE AQUINO, *In De sensu et sensato*, tr. 1, cap. 2 (ed. Leonina, 17b, 56–58). 13–14 similiter ... nasum] Cf. ALBERTUS MAGNUS, *In De sensu et sensato*, I, tr. I, cap. 3 (ed. Donati, 24a, 19–21). 15–17 similiter ... ignis] Cf. ALBERTUS MAGNUS, *In De sensu et sensato*, tr. I, cap. 3 (ed. Donati, 24a, 27–31). 18–19 sed ... oculo] Cf. ARISTOTELES, *De sensu et sensato*, 2, 437a 26–29 (ed. Leonina, AL XIII.2, 16a, 10–13). 18–22 sed ... ignem] Cf. ALBERTUS MAGNUS, *In De sensu et sensato*, I, tr. I, cap. 3 (ed. Donati, 24b, 43–56). 18–19 si ... oculo] Cf. THOMAS DE AQUINO, *In De sensu et sensato*, tr. 1, cap. 2 (ed. Leonina, 17b, 68–18a, 70).

Causam huius passionis, quare scilicet moto oculo in tenebris ignis apparet lucere, Philosophus assignat dicens sic: *levia enim in tenebris nata sunt fulgere, non tamen lucem facere. Oculi autem vocatum nigrum et medium leve. Apparet autem hoc moto oculo, quia accidit quasi duo fieri unum; hoc autem celeritas motus facit, ut videatur aliud esse videns et visum; et non fit, nisi celeriter moveatur et in tenebris hoc accidit. Leve enim in tenebris natum est fulgere, quemadmodum quaedam capita piscium et sepiae turpidum. Et lente moto oculo non accidit, ut videatur simul unum et duo esse videns et visum. Illo autem modo ipse se ipsum videt oculus, quemadmodum et in refractione.* Ista sunt verba Philosophi; et exponuntur a diversis diversimode.

Albertus dicit quod, quando oculus celeriter movetur, fit in duobus sitibus subito, et ideo, cum est iam in secundo situ, non videtur recessisse a primo situ propter velocitatem motus. Et ideo oculus existens in secundo situ videt quasi se ipsum ex|istentem in primo situ, et sic oculus videt se, O 89rb quando celeriter movetur; et ponit simile. Dicit enim quod, si circumferatur globus igneus velociter, apparet ac si unus circulus esset ignitus, et hoc est propter velocitatem motus. Quando enim globus est in secundo situ, propter velocitatem motus non videtur recessisse a primo situ. Et sic est de oculo velociter moto. Similiter, Avicenna sexto *Naturalium* dicit | quod gutta M_2 96vb velociter mota videtur descendere ad modum lineae continuae, quia propter velocitatem motus, cum est in secundo situ, non videtur recedere a primo situ; et sic est de oculo.

Sed istud non valet, nam ista positio non ponit quod oculus videat | se, sed L_2 177rb quod oculo apparet quod | videat se. Ad hoc enim quod alia sint videns et V 247ra visum non sufficit quod appareant esse in diversis sitibus, sed oportet quod secundum veritatem sint in diversis sitibus; et sic secundum istum modum non docetur modus quo oculus videt se. Similiter, Philosophus dicit quod

1 quare] quasi L_2 quia M_2O 1–2 ignis ... lucere] apparet ignis videri M_2 3 nigrum] magnum M_2 4 hoc[2]] haec V 5 aliud] ad L_2O 6 celeriter] celeritas L_2 | moveatur et] movetur M_2 7 turpidum] culpidum (!) O 9 refractione] reformatione M_2 10 exponuntur] exponantur M_2 13 oculus] oculo O 14 videt[1]] ut debet V 16 ignitus] unitus M_2 17 motus] *om.* V | est[2]] erit O 20 ad modum] a modo M_2 21 recedere] recessisse M_2 22 oculo] velociter moto *add.* V 23 istud] idem M_2 | valet] *om.* M_2 24 quod[1]] *om.* M_2 | oculo] oculus L_2OV | quod[3]] et V | sint] sunt *superscr.* L_2 sicut *add.* L_2 25 appareant] appareantur V 26 veritatem] virtutem M_2

2–9 levia ... refractione] Cf. ARISTOTELES, *De sensu et sensato*, 2, 437a 31–437b 9 (ed. Leonina, AL XIII.2, 16a, 15–26). 11–19 albertus ... moto] Cf. ALBERTUS MAGNUS, *In De sensu et sensato*, I, tr. I, cap. 4 (ed. Donati, 25b, 38–46). 19–22 avicenna ... oculo] Cf. AVICENNA, *Liber de anima*, pars III, cap. 7 (ed. van Riet, 255–256).

oculus videt se ipsum quemadmodum in refractione; sed ista positio de hoc non facit mentionem. Et quod dicit quod, si globus igneus circumferatur, sic apparet circulus ignitus, dicendum quod hoc est, quia visus non potest distinguere inter tempus in quo est in primo situ et tempus in quo est in secundo situ. Similiter, de gutta descendente ad modum lineae continuae dicit Avicenna quod sensus particularis non percipit guttam, nisi, ut existit in determinato situ, sed sensus communis percipit guttam, ut existit in uno situ et ut existebat in alio situ. Unde in sensu communi remanent diversae species guttae, ut existebant in diversis sitibus, et propter hoc sensui communi apparet quod gutta descendat ad modum lineae.

Alii dicunt quod, quando oculus celeriter movetur, tunc nigrum oculi transfertur ad exteriorem locum in quem pupilla emittebat suum splendorem antequam ille splendor deficiat, et ideo pupilla ad alium locum velociter translata percipit splendorem suum quasi ab exteriori, ut sic videatur aliud esse videns et visum.

Contra istam opinionem arguit Alexander sic: quantumcumque motus localis sit velox, oportet quod hoc sit in tempore, sed emissio lucis ad praesentiam corporis lucidi et eius cessatio ad illius absentiam est in instanti, igitur non potest pupilla pervenire ad splendorem antequam ille deficiat.

Ad istud respondet Alexander dicens quod pupilla est corpus divisibile, et ideo moto oculo alia pars pupillae proicit lumen suum ad partem anteriorem pupillae, et illa pars percipit lumen alterius partis pupillae.

---

1 quemadmodum] quaedam M_2 | in] *iter.* M_2 | refractione] reformatione M_2 2 quod[2]] *om.* L_2 | si] *superscr.* V 2–3 circumferatur sic] *inv.* M_2 6 particularis] *om.* L_2OV | ut existit] sit V 8 alio] aliquo M_2 9 existebant] *coni. codd.* existebat 10 quod] *superscr.* M_2 | gutta] *om.* L_2V | descendat] descendit M_2 11 quod] quia L_2O | tunc] circa M_2 14 percipit] praecipit M_2 | sic] sicut L_2O 17 hoc] *om.* M_2 | emissio] emisso M_2 18 in] enim M_2

5–6 de … avicenna] Cf. AVICENNA, *Liber de anima*, pars III, cap. 5 (ed. van Riet, 225–226). 8–10 unde … lineae] Cf. ALBERTUS MAGNUS, *In De sensu et senato*, I, tr. I, cap. 11 (ed. Donati, 46a, 5–10). 11–22 alii … pupillae[2] Cf. THOMAS DE AQUINO, *In De sensu et sensato*, tr. 1, cap. 2 (ed. Leonina, 18b, 119–19a, 151). 16–19 contra … deficiat] Cf. ALEXANDER APHRODISIENSIS, *In De sensu et sensato* (ed. Thurot, 62, 10–63, 3): "Adhuc si omnis motus in tempore, secundum radiorum autem effusionem et tensionem super id quod videtur videre, in tempore videbimus. Sed impossibile idem aliquid eque velociter motum in equali tempore moveri hanc distantiam et huius multiplicem. Videmus autem simul in primo intuitu, si lumen fuerit, eque prope et eque longissime." 20–22 ad … pupillae[2]] Cf. ALEXANDER APHRODISIENSIS, *In De sensu et sensato* (ed. Thurot, 37, 4–9): "Tale autem est nigrum et medium oculi, quod pupillam vocamus, et politum et, quia politum, fulgens. In fulgendo quidem igitur et tenebris, quemadmodum polita, visibile est in tenebris; propter quod et videtur nunc. Predixit enim quod hoc in tenebris natum est accidere aut palpebris superductis; fit enim et tunc […]."

Sed ista opinio non valet, quia secundum istam opinionem oculus videret | se ita bene ipso quiescente sicut ipso moto, nam una pars posset videre [O 89va] aliam vel lumen alterius partis. Similiter, ista positio non docet qualiter oculus videt se per refractionem.

Alia est opinio quod, quando oculus celeriter movetur, aliqua pars humoris cristallini elevatur a suo situ naturali, et ipsa sic elevata percipit suum fulgorem quem prius non percipiebat, quia, ut dicit Commentator secundo *De anima*, illud quo assueti sumus non sentimus; propter quod enim non percipit homo | qualitatem aeris. Similiter, qui est assuetus esse in loco [V 247rb] putrido non percipit fetorem illius loci, alius tamen qui non est assuetus, statim perciperet fetorem. Similiter, si aliquis ponat manum in aquam frigidam, in principio percipit magnam alterationem, sed, cum diu tenuerit manum ibi, non percipiet aliquam frigiditatem. Ex istis patet quod illud quo assueti sumus | non sentimus. [L_2 177va]

Unde dico quod, quando oculus est in suo situ naturali in quo assuetus est esse, nec percipit se nec suum fulgorem, tamen, quando est extra suum situm naturalem, tunc potest percipere se et suum fulgorem. Sed istud non valet, quia sive oculus sit in suo naturali situ sive extra, lumen suum semper est sibi naturale, igitur numquam percipiet suum lumen. Sed istud non declarat qualiter oculus videt se per refractionem.

Ideo dicendum salvando ea quae dicit Philosophus quod oculus celeriter motus videt se per refractionem et in tenebris, hoc est sic ponendum: quando enim oculus celeriter movetur, fit fortis compressio oculi et partes humoris cristallini tendunt ad centrum, ita quod sunt in minore loco quam prius. Et ille humor cristallinus existens | iuxta centrum in minore loco quam [M_2 101ra] prius proicit lumen suum et etiam multiplicat speciem suam ad unam pelliculam in extremitate oculi quae pellicula habet virtutem reflectendi imagines. Et sic reflectitur species humoris cristallini, et eicit suum lumen ad

1 valet quia] videt quod M_2 2 moto] moventem M_2 5 aliqua] alia O 7 quem] quasi M_2 | percipiebat] percepit M_2 | commentator] compositor M_2 8 illud] idem M_2 | quo] quod O | quod] hoc M_2 | non[2]] *superscr.* O 10 fetorem] fetore M_2 11 manum] suam *add.* L_2 13 illud] idem M_2 15–16 assuetus est] assueti sumus OV 16 tamen quando] *inv.* M_2 17 situm] *om.* V | potest percipere] percipit M_2 | istud] idem M_2 19 sed istud] similiter idem M_2 21 ea … philosophus] philosophum M_2 22 se] sed M_2 | et] hoc *add.* M_2 24 tendunt] cadunt M_2 | minore] minoris O 25 prius] *om.* M_2 | existens] exemplum M_2 | in] et O | minore] minori V 26 unam] una M_2 27 reflectendi] flectandi M_2 28 eicit] etiam M_2

8 illud … sentimus] Cf. Averroes Cordubensis, *In De anima*, II, com. 114 (ed. Wolfson, Baneth, Fobes, 305, 4–11). 21–22 quae … tenebris] Cf. Aristoteles, *De sensu et sensato*, 2, 437a 31–437b 9 (ed. Leonina, AL XIII.2, 16a, 15–26).

illam pelliculam. Et tunc ille humor videt se et lumen suum per refractionem ad illam pelliculam, sicut aliquis videt se in speculo per refractionem suae imaginis ad speculum. Et ad hoc quod sic videatur lumen oculi vel ipse oculus facit celeritas motus, quia ex hoc quod oculus celeriter movetur fit humor cristallinus in minore loco quam prius, ita quod inter pelliculam ad quam fit refractio et illum humorem est medium per quod medium potest humor multiplicare speciem suam ad pelliculam illam, et prius non potuit oculo quiescente. Istud etiam accidit in tenebris et non in lumine, quia fulgor corporum levium propter sui modicitatem obstruatur | [O 89vb] a magna claritate, nam minus lumen obfuscatur in praesentia maioris, et ideo non videtur in lumine, sed in tenebris, | [V 247va] sicut patet de quibusdam aliis quae habent modicum lumen, per quod possunt videri in tenebris et non in lumine, cuiusmodi sunt capita piscium et quercus putrida.

Opinio praedicta quae ponit quod in oculo dominatur ignis improbatur. Sed intelligendum primo quod illa fuit opinio Platonis et Empedoclis. Et Plato et Empedocles in duobus conveniebant, nam ipsi ponebant quod organum visus pertinet ad ignem, ita quod ignis dominatur in organo visus. Et in alio conveniebant, quia posuerunt quod visio fit per extramissionem.

Sed ex his arguit Philosophus contra eos. Ex istis enim sequitur quod oculus videt in tenebris, nam oculus in tenebris potest emittere lumen extra, sicut lumen potest emitti a lucerna in tenebris illuminans medium, et sic oculus semper posset videre.

Ad istud respondet Plato in *Timaeo* quod lumen egrediens ab oculo, si inveniat lumen exterius in medio, salvatur per illud lumen, sicut per simile, si autem non in|[L_2 177vb]veniat lumen, tunc extinguitur propter dissimilitudinem. Et ideo non oportet quod oculus videat in tenebris, quia lumen extramissum in tenebris extinguitur.

---

2 ad … refractionem] *om.* M_2 (*hom.*) | illam] *om.* O 3 suae] sui L_2O 4 fit] sit V 5 ita] ista L_2 *om.* O 6 medium²] *om.* M_2 | medium potest] prima M_2 7 illam] quae *exp.* M_2 8 istud] idem M_2 10 minus] unus M_2 | lumen] et *add.* M_2 | obfuscatur in] *loc. vac.* M_2 10–11 videtur … lumine] *inv.* O 11 quae] *om.* M_2 12 cuiusmodi] huiusmodi M_2 14–15 improbatur] et probatur M_2 15 primo] prima M_2 20 nam] *iter.* M_2 24 simile] se M_2 26 oculus] *om.* M_2

15–18 illa … extramissionem] Cf. ARISTOTELES, *De sensu et sensato*, 2, 437b 10–14 (ed. Leonina, AL XIII.2, 16a, 27–16b, 2). 18 posuerunt … extramissionem] Cf. ARISTOTELES, *De sensu et sensato*, 2, 437b 10–14 (ed. Leonina, AL XIII.2, 16a, 27–30). 19–22 sed … videre] Cf. ARISTOTELES, *De sensu et sensato*, 2, 437b 10–14 (ed. Leonina, AL XIII.2, 16a, 27–30). 23–27 ad … extinguitur] Cf. PLATO, *Timaeus*, 45B–E (ed. Waszink, 41, 13–42, 11). | Cf. ALBERTUS MAGNUS, *In De sensu et senato*, I, tr. I, cap. 5 (ed. Donati, 27b, 37–55). | Cf. THOMAS DE AQUINO, *In De sensu et sensato*, tr. 1, cap. 2 (ed. Leonina, 19b, 194–20a, 202).

Contra istud arguit Philosophus: secundum illos lumen extramissum ab oculo est ignis vel naturae igneae. Nunc autem ignis non extinguitur nisi a frigido vel ab humido, cum ignis sit calidus et siccus, sed tenebra nec est frigida nec humida; igitur ignis non extinguitur a tenebra, cum sit sola privatio. Si autem aliquis dicat quod lumen igneum egrediens ab oculo non extinguitur in tenebris, sed, quia est debile, non confortatur lumine exteriori, ideo latet nos, istud improbatur, nam lumen igneum potest obtenebrari dupliciter: uno modo secundum proprietatem luminis et alio modo secundum proprietatem ignis. Secundum proprietatem luminis lumen debile extinguitur a magno lumine. Unde, si illud lumen extramissum esset debile, magis lateret nos in magno lumine quam in tenebra, et sic non videremus in lumine. Ea ratione qua lumen est naturae igneae, extinguitur a frigido et ab humido. Et tunc, si illud lumen esset debile, extingueretur in glaciebus et in locis frigidis | V 247vb et etiam in aqua; et sic non possemus videre in glaciebus nec in aqua. Et sic patet improbatio istius opinionis quae ponit quod in oculo dominatur ignis. Haec fuit opinio Platonis et Empedoclis, ut recitatur in littera.

Alia fuit opinio Democriti. Democritus | O 90ra attribuebat visum aquae. Duo enim dixit Democritus: unum—quod in oculo dominatur aqua; et aliud dixit—scilicet visionem nihil aliud esse quam apparitionem imaginis in pupilla. Quantum ad primum bene dixit et quantum ad secundum male, nam illa apparitio in pupilla non est in oculo ratione virtutis visivae, sed ratione dispositionis a parte corporis. Causatur enim a reverberatione formae ad corpus politum. Cum enim immutatio diaphani quae | M_2 101rb fit a corpore visibili pervenit ad corpus non diaphanum, non potest immutatio ulterius transire, sed quodammodo reflectitur ad similitudinem pilae quae

4 cum] tenebra *add.* M_2 5–6 extinguitur] distinguitur M_2 6 confortatur] *coni.* conformatur L_2OV confortat M_2 9 ignis … proprietatem] *om.* L_2 (*hom.*) | secundum] sed M_2 | extinguitur] distinguitur M_2 11 lumine[1]] *om.* L_2 12 est] *om.* V 15 improbatio … opinionis] in primo eius operationis M_2 17 democritus] enim *add.* L_2O ipse enim M_2 | attribuebat] attribuit M_2 18 et] *om.* M_2 19 dixit] *om.* M_2 20 ad[2]] et M_2 21 est in] inest M_2 22 a[2]] ex L_2M_2O 23 fit] sit O 24 non[2]] et ideo L_2V

1–4 contra … privatio] Cf. Thomas de Aquino, *In De sensu et sensato*, tr. 1, cap. 2 (ed. Leonina, 20a, 202–214). 1–14 contra … aqua[2]] Cf. Aristoteles, *De sensu et sensato*, 2, 437b 19–23 (ed. Leonina, AL XIII.2, 16b, 7–11). 4–16 si … ignis] Cf. Thomas de Aquino, *In De sensu et sensato*, tr. 1, cap. 2 (ed. Leonina, 20a, 227–20b, 245). 16 haec … littera] Cf. Aristoteles, *De sensu et sensato*, 2, 437b 23–438a 5 (ed. Leonina, AL XIII.2, 16b, 12–28). 17–20 alia … male] Cf. Aristoteles, *De sensu et sensato*, 3, 438a 5–10 (ed. Leonina, AL XIII.2, 22a, 1–7). 17–22 democritus … corporis] Cf. Albertus Magnus, *In De sensu et sensato*, I, tr. I, cap. 13 (ed. Donati, 48a, 7–17). 20–96.2 quantum[1] … se] Cf. Thomas de Aquino, *In De sensu et sensato*, tr. 1, cap. 3 (ed. Leonina, 22a, 9–23a, 33).

proiecta ad parietem repercutitur. Et ex tali repercussione redit forma rei visae ad partem oppositam. Et sic contingit quod aliquid videt se.

Ad hoc tamen quod imago sic reflectatur, ita quod fiat apparitio imaginis, requiruntur duo. Unum—quod corpus ad quod fit reverberatio sit in superficie leve, et sic fit quodammodo fulgens. Et aliud requiritur quod illud corpus sit interius ad aliquid terminatum, ita quod immutatio non transiat ultra. Propter hoc enim interius in speculo ponitur plumbum vel aliud solidum, ne imago ulterius transiat, et illo plumbo ablato non apparet imago. Unde ratione illorum duorum apparuit imago in oculo, quia oculus est corpus leve, est etiam interius ad aliquid terminatum, et sic illa apparitio fit ratione dispositionis | [L_2 178ra] corporalis, sed visio fit ratione virtutis visivae, et ideo male dixit Democritus in hoc quod dixit quod visio non est aliud quam apparitio imaginis in pupilla. Similiter, si visio esset sola apparitio imaginis, alia corpora in quibus apparent idola viderent; et sic speculum et aqua et huiusmodi corpora viderent. Nec potuit Democritus assignare causam quare alia corpora in quibus apparent idola non vident.

Sed in alio bene dixit Democritus: in hoc quod attribuebat visum aquae, quia oportet quod organum visus sit perspicuum, ut probabitur post, et ideo oportet quod in eo dominetur aqua vel aer. Sed aqua est servabilior quam aer (aer enim de facili diffunditur), et ideo ad conservationem visus convenientior est aqua | [V 248ra] quam aer. Et natura semper facit quod melius est. Ideo in oculo dominatur aqua. Et similiter aqua est magis spissa et ratione suae spissitudinis habet quod in ea per quandam reverberationem appareat forma rei visae.

---

1 parietem] partem L_2 2 oppositam] compositam O | contingit] consequenter O | videt] videat M_2 3 fiat] decem *add.* O 4 unum] unde M_2 | quod[1]] quia V | ad] aut O | fit] sit V 5 fit] sit M_2O | requiritur] *om.* M_2 6 aliquid] aliquod L_2 | terminatum] determinatum M_2 | transiat] transeat L_2M_2 8 transiat] transeat M_2 10 est] et L_2O | aliquid] aliud L_2O 14 quibus] quo V 14–15 aqua … huiusmodi] alia M_2 15 quare] quia L_2 16 quibus] quo V 17 attribuebat] attribuit M_2 20–21 convenientior] convenientia O 21 aqua] aliqua M_2 | facit] illud *add.* M_2 | est[2]] *om.* M_2 22 est] *om.* M_2 | et[2] quia V

3–11 ad … corporalis] Cf. THOMAS DE AQUINO, *In De sensu et sensato*, tr. 1, cap. 3 (ed. Leonina, 23a, 33–50). 13–16 similiter … vident] Cf. ALBERTUS MAGNUS, *In De sensu et sensato*, I, tr. I, cap. 13 (ed. Donati, 48a, 21–48b, 32). | Cf. THOMAS DE AQUINO, *In De sensu et sensato*, tr. 1, cap. 3 (ed. Leonina, 23b, 68–73). | si … vident] Cf. ARISTOTELES, *De sensu et sensato*, 3, 438a 10–12 (ed. Leonina, AL XIII.2, 22a, 8–10). 18–19 et … aer[2]] Cf. ARISTOTELES, *De sensu et sensato*, 3, 438a 15–16 (ed. Leonina, AL XIII.2, 22a, 14–15). 18–24 et … visae] Cf. THOMAS DE AQUINO, *In De sensu et sensato*, tr. 1, cap. 3 (ed. Leonina, 23b, 91–24a, 104). 19–24 aqua[2] … visae] Cf. ALBERTUS MAGNUS, *In De sensu et sensato*, I, tr. I, cap. 13 (ed. Donati, 49a, 14–49b, 41).

Quod autem in oculo dominatur aqua probatur per tria signa. Primum signum est: si oculi destruuntur sensibiliter, apparet aqua discurrens; oculus etiam, cum corrumpitur, resolvitur in aquam, sed ex eisdem componitur res in quae | resolvitur; igitur et cetera. Secundum signum: oculi embrionum O 90[rb] de novo formati qui adhuc retinent virtutem sui principii habent multum de frigiditate et claritate quae sunt connaturalia aquae; hoc non esset, nisi aqua dominaretur in oculo. Tertium signum quod in animalibus habentibus sanguinem in quibus pinguedo est natura quasi ex sanguine generata album oculi habens pinguedinem ponitur circa pupillam, ut ex eius caliditate permaneat pupilla absque congelatione quae impediret visionem. Unde ratione praedictae pinguedinis propter eius caliditatem non frigescit oculus. Numquam enim patiebatur aliquis frigus in oculis, scilicet in toto, quod infra palpebras continetur. Sed animalia non habentia sanguinem in quibus non invenitur pinguedo habent oculos durae pellis ad protegendum humidum aqueum quod est infra pupillam; et est hoc signum quod in oculo sit aqua a dominio. Intelligendum quod in animalibus habentibus sanguinem album oculi prohibet, ne humidum pupillae infrigidetur a frigiditate cerebri, et palpebrae prohibent, ne infrigidetur a frigiditate exteriori.

Viso quod in organo visus non est ignis a dominio probatur quod visio non fit extramittendo, quod tamen Plato et Empedocles posuerunt. Sed istud ponebatur dupliciter. Uno modo quod illud quod egreditur ab oculo extenditur usque ad rem visam. Alio modo ponatur quod illud quod egreditur ab oculo non procedit ad rem visam, sed ad aliquod determinatum spatium, ubi cohaeret lumini exteriori, ratione cuius cohaerentiae fit visio.

---

1 dominatur] dominetur M_2 2 signum] *om.* M_2 | destruuntur] destruantur M_2 3 etiam] igitur M_2 igitur *iter.* O | aquam] aqua M_2 | eisdem] eodem M_2 4 quae] qua L_2O quod M_2 | signum] est *add.* L_2O *om.* M_2 5 habent] habet L_2V 7 signum] est M_2 | habentibus] habent M_2 8 sanguinem] sanguine M_2 | quibus] *coni.* quibus possit esse L_2M_2 quo possunt esse O quo possit esse V | est natura] *om.* M_2 | quasi] *om.* O | ex] a M_2 9 habens pinguedinem] *om.* L_2OV | ex] *om.* O 10 pupilla] plura M_2 12 enim] *om.* M_2 | in[1] ... scilicet] *om.* M_2 15 quod[1]] non *add.* M_2 | et] *om.* M_2 | in oculo] oculus M_2 16 a] in O 19 a] in O 20 fit] sit L_2M_2V 21 ponebatur] ponebantur M_2 22 ponatur] ponitur L_2M_2O 23 aliquod] aliud V 24 ubi] *loc. vac.* L_2 nisi O | cohaeret] cohent M_2

1–18 quod ... exteriori] Cf. THOMAS DE AQUINO, *In De sensu et sensato*, tr. 1, cap. 3 (ed. Leonina, 24a, 111–24b, 132). 1–4 primum ... cetera] Cf. ALBERTUS MAGNUS, *In De sensu et sensato*, I, tr. I, cap. 13 (ed. Donati, 49b, 42–48). 1–18 primum ... exteriori] Cf. ARISTOTELES, *De sensu et sensato*, 3, 438a 17–23 (ed. Leonina, AL XIII.2, 22a, 16–22b, 5). 4–7 secundum ... oculo] Cf. ALBERTUS MAGNUS, *In De sensu et sensato*, I, tr. I, cap. 13 (ed. Donati, 49b, 50–55). 7–18 tertium ... exteriori] Cf. ALBERTUS MAGNUS, *In De sensu et sensato*, I, tr. 1, cap. 13 (ed. Donati, 49b, 56–50a, 12). 19–20 visio ... posuerunt] Cf. ARISTOTELES, *De sensu et sensato*, 3, 438a 25–27 (ed. Leonina, AL XIII.2, 22b, 9–14).

Primum improbatur, quia, si visio fiat per extramissionem, ita quod illud
L_2 178rb extramissum extendatur usque | ad rem visam, tunc ad hoc quod aliquis
videat astra oporteret quod extramitteret aliquid quod extenderetur usque
V 248rb ad astra. | Sed hoc est impossibile, nam illud extramissum esset corpus,
M_2 101va quia nihil aliud a corpore extramittitur, et, si sit | corpus, sequuntur multa
impossibilia. Unum—quod duo corpora sunt simul, quia illud extramissum est simul cum aere. Similiter, si duo homines videant per idem medium, corpora emissa ab oculis illorum essent simul. Similiter, quantitas oculi non sufficit ad hoc quod tantum corpus ab eo egrediatur quod pertingit ad astra, quantumcumque illud corpus subtilietur; est enim aliquis terminus subtilitatis corporum naturalium. Et similiter, quanto illud corpus magis subtiliatur, tanto citius diffunditur et corrumpitur, et sic non foret visio. Similiter,
O 90va illud corpus habet aliquem motum determinatum, scilicet | sursum vel deorsum; si tunc non fieret visio nisi per extramissionem talis corporis, sequeretur quod homo non posset indifferenter videre versus sursum vel deorsum, quia non posset videre nisi versus illam partem ad quam corpus extramissum naturaliter movetur. Item, quaelibet emissio corporis in principio est maior et in fine attenuatur, et ideo flamma procedens ex corpore accenso protendit in conum. Si igitur oculus in videndo extramitteret corpus, illud corpus continue tenderet in conum. Sed hoc est contra illos qui dicunt istam opinionem, quia dicunt quod omne quod videtur videtur sub triangulo cuius conus est in oculo et basis in re visa. Sed isti habent ponere oppositum: quod illud extramissum ratione cuius res videtur habeat conum in re visa et basim in oculo.

Alius modus ponendi, scilicet quod illud egrediens non procedit ad rem visam, improbatur, quia hoc est dictum inutiliter, quia melius est quod lumen interius coniungatur lumini exteriori in extremitate oculi quam quod coniungatur exterius per aliquam distantiam, quia aut statim extra oculum est lumen aut non. Si non, lumen extramissum extinguitur secundum

---

1 improbatur] probatur M_2 2 extramissum] missum O 4 sed] haec O 5 si] illud *add.* M_2 | sit] sic L_2 6 duo] secundo L_2 | quia] quod O 7 est] erit O | videant] videat M_2 9 ad[1]] ab M_2 | tantum] causat L_2 cancer O | pertingit] pertingat M_2 11 et] *om.* M_2 12 diffunditur] diffundi O 14–15 sequeretur] sequitur O 15 versus] usque O | vel] et versus M_2 16 partem] *om.* L_2V 17 quaelibet] quilibet M_2 | emissio] immissio L_2OV 18 fine] superficie L_2OV 20 corpus] *om.* O 23 illud] idem L_2 25 illud] *iter.* M_2 26 hoc] hic L_2V haec O 27 quod] *om.* L_2OV 29 non[2]] tunc *add.* L_2M_2O

1–24 primum … oculo] Cf. THOMAS DE AQUINO, *In De sensu et sensato*, tr. 1, cap. 3 (ed. Leonina, 24b, 149–25b, 181). 1–4 si … astra] Cf. ARISTOTELES, *De sensu et sensato*, 3, 438a 25–27 (ed. Leonina, AL XIII.2, 22b, 9–14). 26–99.4 melius … lumini] Cf. THOMAS DE AQUINO, *In De sensu et sensato*, tr. 1, cap. 3 (ed. Leonina, 26a, 192–204).

sustinentes istam opinionem. Si autem lumen sit extra, tunc lumen oculi statim coniungitur lumini exteriori. Sed hoc est stultum, nam sola corpora sic coniunguntur, sed lumen non est corpus; igitur lumen non coniungitur lumini. Praeterea, quae coniunguntur ad invicem sunt eiusdem rationis, sed lumen interius et lumen exterius non sunt eiusdem rationis; igitur et cetera. Praeterea, inter lumen interius et lumen exterius est una pellicula media, scilicet myringa, sed illa non coniunguntur ad | invicem inter quae est aliquod V 248va medium.

Improbatis opinionibus antiquorum et simul cum hoc supposito quod in quolibet organo dominatur aliquod elementum dicendum determinando veritatem secundum intentionem Philosophi quod in organo visus dominatur aqua—quod probatur, nam virtus visiva non est in superficie oculi, sed interius in capite, scilicet in nervo optico. Ad hoc igitur quod fiat visio oportet speciem visibilis deferri ad illum nervum, | sed sine lumine non contingit L_2 178va videre; igitur oportet medium totum usque ad illum nervum esse receptivum luminis, quia motus seu immutatio per medium facit videre. Oculus igitur, cum sit medium in videndo, debet esse receptivus luminis, igitur in oculo dominatur aqua vel aer. Sed aer non dominatur in oculo, quia propter suam subtilitatem non sufficit ad conservandum species visibiles, secundum quod necesse est ad hoc quod fiat visio; igitur oportet quod in oculo dominatur aqua.

Quod autem virtus visiva non sit in superficie oculi sed interius iuxta cerebrum, ubi coniunguntur duo nervi ex oculis procedentes, patet per quoddam signum, | nam quidam vulnerati iuxta tempora superficie oculi manente O 90vb integra et illaesa fiunt caeci, quod non esset, si virtus visiva esset in superficie

1 opinionem] opinione O 2 lumini] *om.* O 4 coniunguntur] coniungatur M_2 6 una] *om.* O 6–7 scilicet] *om.* M_2 7 myringa] auringa (!) V | ad invicem] *om.* M_2 10 aliquod] aliud L_2 | elementum] elementorum L_2O | dicendum] dicendo O 12 nam] *om.* L_2 | visiva] visam M_2 13 optico] igitur *add.* V 14 contingit] potest M_2 15 videre] inducere O 15–16 receptivum] receptum M_2 19 secundum] sed V 20 oportet] *om.* L_2 20–21 dominatur] *corr. in* dominetur O dominetur L_2M_2 23 duo] *om.* M_2 24 tempora] *coni. codd.* tympera (!)

4–8 praeterea … medium] Cf. Thomas de Aquino, *In De sensu et sensato*, tr. 1, cap. 3 (ed. Leonina, 26b, 219–228). 6–8 praeterea … medium] Cf. Aristoteles, *De sensu et sensato*, 3, 438b 1–2 (ed. Leonina, AL xiii.2, 22b, 18–19). 10–18 dicendum … aer[1]] Cf. Thomas de Aquino, *In De sensu et sensato*, tr. 1, cap. 4 (ed. Leonina, 28b, 75–29a, 97). 16–21 oculus … aqua] Cf. Aristoteles, *De sensu et sensato*, 4, 438b 2–8 (ed. Leonina, AL xiii.2, 27a, 1–8). 22–23 quod … cerebrum] Cf. Aristoteles, *De sensu et sensato*, 4, 438b 8–11 (ed. Leonina, AL xiii.2, 27a, 9–12). 22–100.2 quod … laeso] Cf. Thomas de Aquino, *In De sensu et sensato*, tr. 1, cap. 4 (ed. Leonina, 29a, 97–103). 24–100.2 quidam … laeso] Cf. Aristoteles, *De sensu et sensato*, 4, 438b 11–16 (ed. Leonina, AL xiii.2, 27a, 13–17).

oculi, quia, si virtus visiva esset in superficie oculi, non amitteretur oculo non laeso. Unde Commentator dicit hic quod quidam vulneratus iuxta tempora claros habuit oculos et nihil potuit videre. Unde oculus est medium in M_2 101vb videndo et non est nisi organum visus, | et ideo oportet quod sit naturae diaphanae, et melius est quod sit naturae aqueae quam naturae aereae; igitur et cetera.

In organo auditus dominatur aer. Et potest haec esse ratio, quia illud dominatur in organo quod magis disponit ipsum ad susceptionem sui obiecti. Obiectum enim auditus est corpus sonorum, et corpora aerea sunt magis sonora quam alia corpora, ut argentum et aes, quae sunt corpora aerea, sunt magis sonora quam plumbum et alia corpora quae sunt naturae aqueae. Et ideo, cum aer magis disponat ad suscipiendum sonum, rationale videtur quod in organo auditus debeat aer dominari.

In organo olfactus dominatur ignis—nec est hoc contra dictum Philo-
V 248vb sophi libro *De anima* qui dicit quod pupilla est aquae, | auditus vero aeris, olfactus alterius istorum. Ignis autem aut nullius est aut omnibus communis, nam organum olfactus aliquando accidentaliter immutatur ab obiecto et aliquando non. Secundum quod accidentaliter immutatur ab obiecto sic est calidum et siccum, sed secundum quod est in potentia, ut immutetur ab obiecto, sic est humidum et frigidum. Et huius ratio est, quia passum in principio est dissimile agenti et in fine est simile, secundum quod dicit Philosophus primo *De generatione*; nunc autem obiectum olfactus quod agit in ipsum et in suum organum est calidum et siccum. Videmus enim quod flores

---

2 commentator] compositor M_2 2–3 tempora] *coni. codd.* tympera (!) 3 potuit] possit L_2 4 nisi] *om.* M_2 | et²] *om.* L_2O 5 est] erit O | igitur] ideo L_2M_2O 8 organo] auditus *add.* M_2 | disponit] in *add.* L_2 | ipsum] sonum M_2 9 sonorum] sonoris O 10 corpora²] *om.* L_2M_2O 12 suscipiendum] susceptionem M_2 13 auditus] *om.* M_2 15 libro] secundo M_2 16 autem] *om.* L_2 | omnibus] est *add.* M_2 18 et … obiecto] *om.* L_2O (*hom.*) | sic] sicut L_2 19 siccum] sed aliquando non secundum quod immutatur ab obiecto *add.* O | sed] et O 21 secundum quod] sicut M_2 22 nunc] non L_2OV 23 et¹] non *add.* M_2

2–3 commentator … videre] Cf. AVERROES CORDUBENSIS, *In De sensu et sensato* (ed. Shields, 13, 14–17). 3–7 unde … aer] Cf. ARISTOTELES, *De sensu et sensato*, 4, 438b 16–21 (ed. Leonina, AL XIII.2, 27a, 18–27b, 2). 14 in … ignis] Cf. ARISTOTELES, *De sensu et sensato*, 4, 438b 20–21 (ed. Leonina, AL XIII.2, 27b, 1–2). 14–20 in … frigidum] Cf. THOMAS DE AQUINO, *In De sensu et sensato*, tr. 1, cap. 4 (ed. Leonina, 29b, 125–138). 14–16 dictum … istorum] Cf. ARISTOTELES, *De anima*, III, 1, 425a 4–5 (ed. Leonina, AL XII.2, 177a, 22). 16–20 ignis … frigidum] Cf. ARISTOTELES, *De sensu et sensato*, 4, 438b 21–25 (ed. Leonina, AL XIII.2, 27b, 3–7). 20–22 passum … generatione] Cf. ARISTOTELES, *De generatione et corruptione*, 323b 11–19 (ed. Judycka, AL IX.2, 36, 5–13).

in aestate et in calido tempore magis odorant quam aliis temporibus. Quidam etiam non odorant, nisi quando calefiunt, ut patet de sulphure et de multis aliis. Ideo organum olfactus secundum quod actualiter immutatur ab obiecto debet esse calidum et siccum, quia sic assimilatur agenti, sed secundum quod est in potentia debet esse frigidum et humidum, quia in principio debet esse contrarium agenti; et calido et sicco contrariatur humidum et frigidum. Et, quia istud organum est frigidum et humidum, ideo est situatum iuxta cerebrum, quia inter omnia membra corporis est frigidius et humidius.

In organo tactus | et in organo gustus dominatur terra. De organo tactus L$_2$ 178vb potest haec esse ratio, quoniam, ut dicitur secundo *De anima*, organum tactus ad hoc quod sit in potentia ad contrarias qualitates tangibiles debet esse medio complexionatum. Et ideo oportet quod sit ibi secundum quantitatem plus de terra, quia inter omnia elementa terra minus habet de virtute activa. Ratio quare | in organo gustus dominatur terra est, quia sicut organum olfactus O 91ra debet esse aqueum, ut sit calidum in potentia, sine quo non est odoratus in actu, ita etiam organum gustus debet esse terreum, ut sit potentia humidum, sine quo non est gustus in actu.

Organum tactus et organum gustus sunt situata iuxta cor, ut per caliditatem cordis reducatur frigiditas terrae ad temperiem. Cor enim est membrum calidissimum et cerebrum est membrum frigidissimum. Ideo sunt ex opposito situata, ut per caliditatem cordis temperetur frigiditas cerebri et per frigiditatem cerebri mitigetur caliditas cordis. Et propter hoc est quod illi qui habent magna capita secundum pro|portionem ad alia membra sunt pigri et V 249ra morosi, quia calor cordis nimis impeditur per magnitudinem cerebri. Et illi

---

1 tempore] *superscr.* V   1–2 quidam] *corr. ex* quidem L$_2$ quaedam M$_2$ quidem OV   3–4 immutatur] immitatur O   4 assimilatur] *corr. ex* assimilantur L$_2$ assimilantur OV   6 debet] passum *add.* M$_2$ | contrariatur] contrariantur M$_2$ 8 est situatum] situatur M$_2$ | quia] quod L$_2$M$_2$O | frigidius] frigidum L$_2$ 9 humidius] humidum L$_2$ 13 medio] modo *add.* O   16 calidum] sapidum V | non est] fit M$_2$ | est] sit O   17 etiam] et O   21 frigidissimum] et *add.* M$_2$ 23 quod] quia M$_2$ 25 calor] color V

3–9 ideo … humidius] Cf. ALBERTUS MAGNUS, *In De sensu et sensato*, I, tr. I, cap. 15 (ed. Donati, 53b, 21–41). | Cf. THOMAS DE AQUINO, *In De sensu et sensato*, tr. 1, cap. 4 (ed. Leonina, 30a, 171–184).   7–9 et² … humidius] Cf. ARISTOTELES, *De sensu et sensato*, 4, 438b 27–39 (ed. Leonina, AL XIII.2, 27b, 11–13).   10 in¹ … terra] Cf. ARISTOTELES, *De sensu et sensato*, 4, 438b 30–31 (ed. Leonina, AL XIII.2, 27b, 14–15).   10–18 in¹ … actu] Cf. THOMAS DE AQUINO, *In De sensu et sensato*, tr. 1, cap. 4 (ed. Leonina, 31a, 225–244).   19–22 organum¹ … situata] Cf. ARISTOTELES, *De sensu et sensato*, 4, 439a 1–4 (ed. Leonina, AL XIII.2, 27b, 16–18).   19–23 organum¹ … cordis] Cf. ALBERTUS MAGNUS, *In De sensu et sensato*, I, tr. I, cap. 15 (ed. Donati, 54a, 16–54b, 34).   19–102.2 organum¹ … cerebri] Cf. THOMAS DE AQUINO, *In De sensu et sensato*, tr. 1, cap. 4 (ed. Leonina, 31a, 245–254).

qui habent parva capita in comparatione ad alia membra sunt impetuosi, quia caliditas cordis non sufficienter mitigatur per frigiditatem cerebri.

Notanda sunt haec dicta Commentatoris de istis virtutibus. Dicit enim Commentator quod *omnes istae virtutes conveniunt in hoc quod actio earum non completur nisi per instrumentum et appropriatur gustui et tactui, quia non indigent medio, alii vero indigent. Instrumentum virtutis visivae est oculus, et in isto instrumento dominatur aqua quae est terra diaphana, et fit tale, ut in eo describantur formae sensibilium sicut in speculo. Et ideo pars glacialis est valde clara et alba.*

Dicit etiam de hoc instrumento quod *non agit, nisi quando fuerit in sua complexione naturali* | M_2 102[ra] *nullo adveniente turbante ipsum. Et ideo iracundus in hora irae et habens calorem ascendentem recipit inde corruptionem sui visus, et forte sibi videbitur unum esse duo propter motum contingentem spiritui apud iram. Quoniam, quando pars recipiens formam movetur et venit ad locum suum, ex alia parte describitur forma in secunda parte, et adhuc non est abscisa in prima parte, et sic una forma apparebit duae, sicut forma Solis cadens super aquam currentem apparebit duae.*

Adhuc dicit de isto instrumento quod *oculus non agit, nisi cum fuerit in temperamento suae complexionis. Et ideo accidit quod, quando infrigidatum est a rebus extrinsecis et infrigidatione intensa, ut visus debilitetur; et ideo obscuratur visus in locis in quibus est multa nix aut* | L_2 179[ra] *multa aqua. Et ideo apparent ripae maris turbidae et paucae lucis et similiter loca nivis. Cum igitur calor oculi aut frigus fuerint intensa plus quam oportet secundum naturam, statim visus* | O 91[rb] *debilitatur. Et ista actio actionum oculi est partis grandinosae et aquosae, et complexio istius partis est causa perfectae visionis. Et propter hanc causam fuerunt palpebrae positae in bonis oculis ad conservandum complexionem eorum a rebus extrinsecis sicut vagina gladii. Et ideo qui grossiorem habet palpebram magis inspiciet in remoto, quia conservat illam partem*

---

1 impetuosi] impetuosae M_2 3 haec] tria *add.* L_2V hic M_2 4 commentator] *om.* M_2 5 et[1]] *om.* M_2 | tactui] hoc *add.* M_2 6 visivae] visibilis M_2 visitivae O 7 fit] sit M_2 8 describantur] discubantur L_2 | sensibilium] sensuum L_2OV 9 est] erit O 10 non] *om.* M_2 12 inde] magnam *add.* L_2M_2O 13 sibi] *ex* saepe *corr.* M_2 13–14 spiritui] sensum O 16 in] a M_2 | duae] duo M_2 17 apparebit] apparet M_2 18 adhuc] ad hoc L_2 | cum] quando M_2 19 infrigidatum] infrigidant V 20 est] erit O 21 obscuratur] obstruatur L_2O | quibus] quo OV 23 fuerint intensa] fuerit intensum L_2OV 24 visus] vis O 25–26 hanc causam] hunc O 26 fuerunt] fuerit M_2 28 inspiciet] respiciet M_2

4–9 omnes ... alba] Cf. Averroes Cordubensis, *In De sensu et sensato* (ed. Shields, 4, 41–5, 49). 10–17 hoc ... duae] Cf. Averroes Cordubensis, *In De sensu et sensato* (ed. Shields, 5, 49–6, 60). 18–103.2 de ... palpebrarum] Cf. Averroes Cordubensis, *In De sensu et sensato* (ed. Shields, 6, 61–8, 17).

a calore extrinseco et | *a frigore extrinseco. Et ideo multa animalia respiciunt in remoto plus quam homo propter grossitiem palpebrarum.* V 249rb

Adhuc dicit Commentator de instrumento auditus quod *ipsum est aer interpositus auri et, quanto iste aer fuerit subtilior et perfectioris quietis, tanto magis operatio eius est perfectior.* De instrumento gustus dicit quod est lingua. De instrumento tactus dicit quod est caro. Dicit etiam quod *proprium est instrumentis omnium sensuum, ut nihil habeant in actu ex eis quae comprehendunt, praeterquam instrumentum tactus quod componitur ex qualitatibus quas comprehendit; et ideo non comprehendit nisi intensas qualitates propter sui temperamentum. Et propter hoc, quanto caro fuerit magis temperata, tanto magis comprehendit qualitates sensibiles, scilicet calidum, frigidum, humidum, siccum. Et ideo homo est inter omnia animalia melioris tactus, et maxime manus, id est caro palmae, et maxime caro in digitis.* Dicit etiam de lingua quod *nullum habet saporem in actu, et ideo, quando imbibitur aliquibus humoribus, corrumpitur gustus. Et sic est de instrumentis aliorum sensuum.*

Adhuc dicit quod *proprium est instrumentis trium sensuum, scilicet auditus, visus et olfactus, quod attribuuntur simplicibus: oculus aquae, auditus aeri, olfactus igni vel fumo. Et ideo olfactibilia sanant cerebrum frigidum propter calorem fumi.* De mediis per quae sentiunt haec instrumenta dicit Commentator: *manifestum est quod isti tres sensus indigent medio, tum quia sensibile positum super sensum non comprehenditur a sensu, tum quia inter istos sensus et sua sensibilia, si interiacent corpora grossa non aperta, ut sint media, non apprehendunt sua sensibilia, tum quia, si medium corrumpitur, corrumperetur actio istorum sensuum.* Et sic tetigit tres rationes convincentes quod

---

2 grossitiem palpebrarum] grossiorem palpebram L_2OV 3 adhuc] ad hoc L_2 | commentator] compositor M_2 4 fuerit] fuit M_2 5 operatio] actio M_2 | est[1]] erit M_2 | dicit] *om.* M_2 7 omnium] omni OV | sensuum] sensibilium L_2OV | nihil] nec O 7–8 comprehendunt] apprehendunt M_2O 10 propter[1]] potest O 11–12 frigidum] et *add.* M_2 12 humidum] et *add.* M_2 17 est] *om.* M_2 20–21 commentator] compositor M_2 21 manifestum] verum M_2 | tum] tamen O 22 super] supra M_2 | tum] tamen O 23 interiacent] interiaceant L_2M_2 24 apprehendunt] comprehendunt L_2O | tum] tamen M_2O 24–25 corrumperetur] corrumpitur L_2O corrumpetur M_2 25 convincentes] continentes L_2 commitentes O

3–6 ipsum … caro] Cf. Averroes Cordubensis, *In De sensu et sensato* (ed. Shields, 8, 17–22). 6–16 proprium … sensuum] Cf. Averroes Cordubensis, *In De sensu et sensato* (ed. Shields, 8, 22–9, 35). 17–20 proprium … fumi] Cf. Averroes Cordubensis, *In De sensu et sensato* (ed. Shields, 9, 35–10, 40). 21–25 manifestum … sensuum] Cf. Averroes Cordubensis, *In De sensu et sensato* (ed. Shields, 10, 45–52).

praedicti tres sensus indigent medio. Et ex tertia ratione concludit quod *proprium est medio, ut sit de genere instrumentorum propriorum, scilicet ut sit* [L$_2$ 179rb] *reci|piens sensibilia aliquo modo, sicut instrumenta recipiunt ea.*

[O 91va] De visu dicit quod *inter sensus | iam dictos proprium est visui quod, cum medio indiget luce, non enim videt in obscuro, et, cum in aere accidit fumus aut vapor qui prohibeat transitum lucis, debilitatur visio. Et ideo, cum homo irasc-* [V 249va] *itur et excitatur calor in oculo, obscuratur visus propter vaporem.* | Dicit etiam quod *lux non est in oculo per naturam oculi, sed intrat ipsum ab extrinseco.* [M$_2$ 102rb] *Et, si esset lux de natura eius, tunc videret | in obscuro; et accidit ei qui claudit oculos et post aperit, ut non vere videat, nisi postquam visus eius fuerit illuminatus.* Dicit etiam quod *visui accidit, ut videat rem visione spirituali intrinseco antequam ipsam videat ab extrinseco. Et ista visio non accidit in maiori parte nisi in obscuro et apud quietem.* Adhuc dicit quod *proprium est huic comprehensioni quae fit per visum, ut non sit bona nisi in luce temperata, non intensa luce neque in pauca.* Adhuc dicit quod *necessarium est, ut intrinsecum retium oculi illuminetur ab aqua quae intra oculum est, sicut aqua illuminatur ab aere. Virtus enim sensibilis*, ut dicit, *est in horizonte istius retis in parte carnea, non in parte aeris. Et ideo ista retia, scilicet tunicae oculi, conservat virtutem animae quae sunt media inter illam et aerem. Et signum eius quod necessarium est visui, ut lux proveniat ad ista retia, est quia, quando contingit homini percussio super palpebram, statim obscuratur oculus et extinguetur lux quae est in oculo, sicut extinguitur candela, et nihil videbit.*

Circa illud quod Philosophus dicit quod in quolibet instrumento sensus dominatur aliquod elementum intelligendum est quod quodlibet instru-

---

2 de] *om.* O 5 in^2] *om.* O | aut] an O 7 et] etiam *add.* M$_2$ | excitatur] excitator O | oculo] et *add.* M$_2$ | obscuratur] obstruitur L$_2$ obstruatur V 8 intrat] in *add.* L$_2$ 10 aperit] apparit O 11 intrinseco] intrinsecus L$_2$M$_2$V 12 videat] *om.* L$_2$V | visio] *om.* O 13 et] *om.* O 14 fit] sit O | sit] fit L$_2$ | non^2] in *add.* M$_2$ 15 pauca] parva M$_2$ | intrinsecum] intrinsece O 17 horizonte] oriente M$_2$ 18 tunicae] animatae O animatae *add.* V 19 eius] est L$_2$O 24 est] *om.* O

1–3 proprium … ea] Cf. Averroes Cordubensis, *In De sensu et sensato* (ed. Shields, 10, 52–11, 54). 4–7 inter … vaporem] Cf. Averroes Cordubensis, *In De sensu et sensato* (ed. Shields, 11, 56–61). 8–11 lux … illuminatus] Cf. Averroes Cordubensis, *In De sensu et sensato* (ed. Shields, 11, 62–12, 66). 11–13 visui … quietem] Cf. Averroes Cordubensis, *In De sensu et sensato* (ed. Shields, 12, 66–1). 13–15 proprium … pauca] Cf. Averroes Cordubensis, *In De sensu et sensato* (ed. Shields, 12, 1–3). 15–17 necessarium … aere] Cf. Averroes Cordubensis, *In De sensu et sensato* (ed. Shields, 12, 7–9). 17–22 virtus … videbit] Cf. Averroes Cordubensis, *In De sensu et sensato* (ed. Shields, 12, 9–13, 17). 23–24 circa … elementum] Cf. Aristoteles, *De sensu et sensato*, 2, 437a 19–20 (ed. Leonina, AL XIII.2, 16a, 2–3). 24–105.4 quod … staret] Cf. Aristoteles, *De caelo et mundo*, I, 2, 268b 25–30 (ed. Bossier, AL VIII.2, ALDatabase).

mentum sensus est corpus mixtum et in quolibet corpore mixto est aliquod elementum a dominio, sicut probatur primo *De caelo*, nam aliter tale mixum non haberet determinatum locum in universo nec haberet motum, sed ubicumque poneretur, ibi staret; sed hoc est inconveniens, quia omne corpus habet motum naturalem. Ideo oportet quod in quolibet corpore mixto sit aliquod elementum a dominio, ratione cuius illud mixtum determinet sibi situm in universo et motum.

Verumtamen intelligendum quod in instrumentis sensuum elementum dominari potest intelligi dupliciter: vel absolute vel per comparationem ad aliquam operationem. Primo modo loquendo in instrumento cuiuslibet sensus dominatur aqua vel terra, quia quodlibet instrumentum sensus naturaliter movetur deorsum. Si derelinquatur suae naturae, per comparationem tamen ad aliquam operationem, ut ad actum sentiendi, dominatur aer in organo auditus et ignis in organo olfactus. Et isto modo dicitur illud dominari in instrumento sensus quod magis disponit ipsum ad operationem sentiendi, | et, quia aer magis disponit aurem ad actum audiendi quam aliquod O 91vb aliud elementum, ideo dicitur quod aer dominatur | in aure, et sic de aliis L_2 179va sensibus.

⟨3⟩ *De sensibilibus autem his*

Dicto de instrumentis sensuum dicendum est de sensibilibus. Quamvis enim libro *De anima* sit determinatum de sensibilibus, tamen ibi est determinatum de illis solum quantum | ad immutationem sensuum, scilicet qualiter V 249vb immutant sensum. Sed hic est aliter determinandum de illis. Determinandum enim est de istis inquirendo quid sint et ex quibus essentialiter componuntur. De sensibilibus tactus non est hic dicendum, quia sensibi-

1 corpore] *om.* V 2 a] in O | nam] una V | tale] illud M_2 5 mixto] *om.* M_2 6 a] in O 8 elementum] possit *add.* V 14 ignis] *om.* L_2OV | et^2] scilicet O in *add.* L_2O 16 audiendi] sentiendi M_2 | aliquod] *om.* O 19 sensibilibus] sensibus M_2 | his] et cetera M_2 21 sit determinatum] dicit determinatum O sic determinat L_2V 23 illis] sensibus L_2OV 25 sensibilibus] sensibus M_2V | dicendum] determinandum O | quia] sed V

19 de … his] ARISTOTELES, *De sensu et sensato*, 3, 439a 6 (ed. Leonina, AL XIII.2, 33a, 1). 20–25 dicto … componuntur] Cf. ARISTOTELES, *De sensu et sensato*, 3, 439a 6–12 (ed. Leonina, AL XIII.2, 33a, 1–8). 20–23 quamvis … sensum] Cf. ALBERTUS MAGNUS, *In De sensu et sensato*, I, tr. II, cap. 1 (ed. Donati, 55a, 1–55b, 20). 23–106.6 determinandum^2 … odore] Cf. THOMAS DE AQUINO, *In De sensu et sensato*, tr. 1, cap. 5 (ed. Leonina, 34a, 22–45). 25–106.2 de … generatione] De sensibilibus sensus tactus Aristoteles tractavit in lib. I, cap. 6–9 et lib. II, cap. 2–4 *De generatione et corruptione*.

lia tactus sunt quattuor primae qualitates de quibus est determinatum libro *De generatione*. Similiter, de sono determinatum est libro *De anima* quantum ad immutationem sensus. Nunc eadem est dispositio generationis soni et immutationis organi auditus a sono, et ideo consideratio de sono tradita libro *De anima* sufficit; et ideo solum de sensibilibus trium sensuum est hic perscrutandum, scilicet de colore, sapore et odore.

Inquirendum est quid sit unumquodque istorum, et primo de colore, cuius sunt duo principia, scilicet principium formale et principium materiale. Principium formale est lumen et principium materiale est perspicuum. Primo igitur est dicendum de principiis coloris. De lumine dicit Philosophus quod lumen est color perspicui, et hoc est sic intelligendum non quod haec propositio sit vera: 'lumen est color', sed sic debet intelligi quod, sicut color est actus corporis colorati, sic lumen est actus corporis lucidi. In hoc tamen est differentia quod corpus coloratum habet in se ipso causam sui coloris, sed corpus perspicuum non habet lumen nisi ab alio. Et ideo dicit
M_2 102va Philosophus quod lumen | est color perspicui secundum accidens, id est per aliud, quod patet, quia, quando corpus lucidum adest perspicuo, ex praesentia eius fit lumen in perspicuo et ex eius absentia fit tenebra in perspicuo. Perspicuitas est una qualitas communis aeri et aquae et omnibus corporibus caelestibus et omnibus corporibus quae sunt receptiva luminis, non tamen sine his corporibus, sed est in illis tamen secundum magis et minus. Unde perspicuitas est una qualitas ratione cuius corpus est susceptibile luminis,

---

4 tradita] in M_2 5 solum … sensuum] de sensibilibus trium sensuum solum M_2 7 inquirendum est] *coni. codd.* inquirendo | quid sit] *om.* L_2 9 et] *om.* M_2 10 dicendum] quod *add.* M_2 12 haec] hic O 13 colorati … corporis] *om.* L_2V (*hom.*) 17 quod] quia L_2 | quia] quod L_2 19 omnibus] *om.* M_2 20 caelestibus] supracaelestibus V | corporibus] *om.* O | tamen] est *add.* M_2 22 una] *om.* O

3–5 nunc … sufficit] Cf. ARISTOTELES, *De sensu et sensato*, 3, 439a 13–16 (ed. Leonina, AL XIII.2, 33a, 9–13). De sonis et sensus auditus Aristoteles tractavit in lib. II, cap. 16–19 *De anima*. 7–9 inquirendum … perspicuum] Cf. ALBERTUS MAGNUS, *In De sensu et sensato*, I, tr. II, cap. 1 (ed. Donati, 56a, 11–16). 7–13 inquirendum … lucidi] Cf. THOMAS DE AQUINO, *In De sensu et sensato*, tr. 1, cap. 5 (ed. Leonina, 34b, 77–35a, 89). 10–11 de[2] … perspicui] Cf. ARISTOTELES, *De sensu et sensato*, 3, 439a 18–19 (ed. Leonina, AL XIII.2, 33a, 16–17). 13–18 in … perspicuo[2]] Cf. THOMAS DE AQUINO, *In De sensu et sensato*, tr. 1, cap. 5 (ed. Leonina, 35a, 89–98). 15–16 dicit … accidens] ARISTOTELES, *De sensu et sensato*, 3, 439a 18–19 (ed. Leonina, AL XIII.2, 33a, 16–17). 19–21 perspicuitas … minus] Cf. ARISTOTELES, *De sensu et sensato*, 3, 439a 21–25 (ed. Leonina, AL XIII.2, 33a, 20–24). | Cf. THOMAS DE AQUINO, *In De sensu et sensato*, tr. 1, cap. 5 (ed. Leonina, 35a, 101–110). 19–107.1 perspicuitas … colorem] Cf. ALBERTUS MAGNUS, *In De sensu et sensato*, I, tr. II, cap. 1 (ed. Donati, 56a, 29–56b, 55).

sicut superficies est quantitas mediante qua substantia suscipit colorem. Et quia perspicuum non separatur a corpore, oportet quod habeat ultimum; et illud ultimum est color. Et hoc est manifestum, quia corpora non videntur colorata nisi in extremitatibus, et ideo color vel est extremitas corporis vel habet esse in extremitate. Et ideo Pythagoreici vocabant colorem epiphaniam, hoc est superapparitionem, quia color non apparet nisi in superficie corporum. | Color tamen non est extremitas corporis, quia sic esset linea vel (O 92ra) superficies, quod non est verum.

Adhuc oportet aestimare eandem naturam esse susceptivam coloris in his quae colorantur non per proprium colorem et in his quae colorantur per proprium colorem. Aer et aqua sunt corpora quae colorantur non per proprium colorem et sunt perspicua, | ideo oportet quod | corpora quae colorantur (V 250ra L_2 179vb) per proprium colorem habeant perspicuitatem ratione cuius recipiant colorem. Inter haec corpora et illa est differentia quod huiusmodi corpora quae non habent de se determinatum colorem non apparent eiusdem coloris existentibus de prope et de longe, quia color eorum videtur secundum aliquam reverberationem, et ideo necesse est quod secundum varietatem situs perspicientium varietur apparitio propter diversam reverberationis figuram. Sed in corporibus quae de se habent determinatum colorem est determinata phantasia, id est apparitio coloris, et non variatur secundum diversum situm aspicientium nisi forte per accidens, ut cum corpus continuus faciat

---

2 perspicuum] perspicuitas M_2 5 extremitate] corporis *add.* M_2 | ideo] *om.* V 6 nisi] *om.* V 7 tamen] *om.* M_2 9 aestimare] existimare M_2 | susceptivam coloris] *om.* O 10–11 et ... colorem] *om.* O (*hom.*) 11 non] *om.* O 12 perspicua] et *add.* O | quae] non *add.* M_2 14 huiusmodi] *in* huius *corr.* L_2 huius OV 16 de[2]] *om.* M_2 18 perspicientium] perspicui M_2 21 aspicientium] perspicui M_2 | continuus] continens M_2

1–2 et ... ultimum] Cf. Aristoteles, *De sensu et sensato*, 3, 439a 25–26 (ed. Leonina, AL xiii.2, 33a, 25–26). 1–8 et ... verum] Cf. Thomas de Aquino, *In De sensu et sensato*, tr. 1, cap. 5 (ed. Leonina, 37b, 208–222). 2–5 et ... extremitate] Cf. Aristoteles, *De sensu et sensato*, 3, 439a 26–29 (ed. Leonina, AL xiii.2, 33a, 26–33b, 4). 5–6 et ... epiphaniam] Cf. Aristoteles, *De sensu et sensato*, 3, 439a 28–29 (ed. Leonina, AL xiii.2, 33b, 2–4). 5–7 et ... corporum] Cf. Albertus Magnus, *In De sensu et sensato*, i, tr. ii, cap. 1 (ed. Donati, 56b, 63–68). 7–8 color ... verum] Cf. Aristoteles, *De sensu et sensato*, 3, 439a 29–30 (ed. Leonina, AL xiii.2, 33b, 3–4). 9–11 adhuc ... colorem[1]] Cf. Aristoteles, *De sensu et sensato*, 3, 439a 33 (ed. Leonina, AL xiii.2, 33b, 8). 9–14 adhuc ... colorem] Cf. Thomas de Aquino, *In De sensu et sensato*, tr. 1, cap. 5 (ed. Leonina, 37b, 226–234). 9–108.7 adhuc ... coloris] Cf. Albertus Magnus, *In De sensu et sensato*, i, tr. ii, cap. 1 (ed. Donati, 57a, 3–58a, 25). 11–12 aer ... perspicua] Cf. Aristoteles, *De sensu et sensato*, 3, 439b 1–2 (ed. Leonina, AL xiii.2, 33b, 9–10). 14–20 inter ... phantasia] Cf. Aristoteles, *De sensu et sensato*, 3, 439b 3–6 (ed. Leonina, AL xiii.2, 33b, 10–14). 14–108.4 inter ... columbae] Cf. Thomas de Aquino, *In De sensu et sensato*, tr. 1, cap. 5 (ed. Leonina, 37b, 234–38a, 254).

aliquam transmutationem apparitionis, ut si color unius videatur per colorem alterius (illa enim quae continentur in vase vitri rubei apparent rubra) aut per aliquam reverberationem splendoris, sicut apparet in collo columbae. Ex quo igitur color non variatur in corporibus habentibus proprium colorem et in aliis nisi secundum quandam apparitionem quae est interius vel exterius manifestum est quod utrobique est aliquod idem susceptivum coloris. Sed in his quae colorantur exterius perspicuum est susceptivum coloris, igitur in his quae colorantur per colorem proprium est perspicuum susceptivum coloris.

Ex his concluditur definitio coloris. Ex quo enim color est in extremitate corporis et corpora participant colorem ratione perspicui patet quod color est extremitas perspicui. Sed, quia non quodcumque perspicuum per se habet colorem, ideo color non est extremitas perspicui in quocumque corpore sed solum in corpore terminato. Unde color definitur sic: color est extremitas perspicui in corpore terminato.

Intelligendum est quod perspicuum est duplex: quoddam est perspicuum terminatum et quoddam perspicuum interminatum. Perspicuum terminatum est illud quod est terminabile termino proprio, sicut lapis et lignum et huiusmodi; et perspicuum terminatum non est susceptivum luminis nisi in superficie tantum. Perspicuum interminatum est illud quod non est terminabile termino proprio sed termino alieno, cuiusmodi sunt aer et aqua; et tale perspicuum est susceptivum luminis in superficie et in profundo. Et sic patet quid intelligitur per corpus terminatum.

Intelligendum etiam quod color est extremitas perspicui, nam perspicuum sive perspicuitas est una qualitas et terminus illius qualitatis est color,
V 250rb sicut terminus superficiei est linea, vel aliter quod color propter hoc dicitur |
O 92rb esse extremitas perspicui, quia habet esse in perspicui extremitate; et | tunc
M_2 102vb debet definitio sic intelligi quod color | est qualitas existens in extremitate

---

2 continentur] continetur O | apparent] apparunt L_2 | rubra] rubea M_2 3 apparet] patet M_2 4 corporibus] non *add.* O 7–9 sed … coloris] *om.* L_2 (*hom.*) 11 participant] participent M_2 13 perspicui] *om.* V 16 est^{1}] *om.* M_2 | duplex] *iter.* M_2 | est perspicuum] *om.* M_2 17 perspicuum interminatum] non terminatum M_2 | interminatum] indeterminatum O 19 et] *om.* M_2 19–22 nisi … luminis] *om.* O (*hom.*) 20 interminatum] non terminatum M_2 | est^{2}] *om.* V 21 termino^{2}] *om.* M_2 | cuiusmodi sunt] sicut M_2 26 quod] quia L_2M_2V

4–9 ex … coloris] Cf. Thomas de Aquino, *In De sensu et sensato*, tr. 1, cap. 5 (ed. Leonina, 38a, 254–262). 6–7 utrobique … coloris] Cf. Aristoteles, *De sensu et sensato*, 3, 439b 6–7 (ed. Leonina, AL XIII.2, 33b, 13–14). 10–15 ex^{1} … terminato] Cf. Thomas de Aquino, *In De sensu et sensato*, tr. 1, cap. 5 (ed. Leonina, 38b, 278–288). 12–15 color … terminato] Cf. Aristoteles, *De sensu et sensato*, 3, 439b 10–12 (ed. Leonina, AL XIII.2, 33b, 18–21).

perspicui corporis terminati. Intelligendum est etiam quod color non habet esse solo modo in extremitate corporis sed etiam in profundo, quia tum color non percipitur a visu nisi secundum quod existit in extremitate corporis. Et hic definitur color secundum quod percipitur in visu, ideo dicitur quod color est extremitas perspicui et non dicitur quod color est in profundo perspicui.

Circa colorem sunt opiniones. Quidam dicunt quod lumen | est tota sub- L_2 180[ra]
stantia coloris; et haec est opinio Alberti. Dicit enim quod color est lux obumbrata in perspicuo corporis terminati. Unde ponit generationem coloris sic quod, cum perspicuum corporis terminati sit valde clarum, participatio luminis in tali perspicuo est albedo, et, cum perspicuum non sit clarum, participatio luminis in illo est nigredo. Unde dicit quod illud quod est lumen et tenebra in perspicuo non terminato illud idem est albedo et nigredo in perspicuo terminato. Et ad hoc adducit quaedam signa, nam in eclipsi Solis omnia vehementer alba palescunt et etiam illa quae in lumine Solis apparent vehementer alba in lumine Lunae apparent pallida. Et huius ratio, ut dicit, est, quia in absentia corporis luminosi diminuitur forma et actus albedinis. Et ex hoc videtur quod lumen est tota substantia coloris.

Sed ista opinio non valet, quia, si aliqua fierent alba ex praesentia luminis et diminueretur albedo ex diminutione luminis, tunc illa quae de die sunt alba de nocte essent nigra et iterum adveniente die fierent alba, sed hoc videtur absurdum. Similiter, lumen fit in perspicuo subito, nam illuminatio medii subita est; si igitur albedo esset in perspicuo ex praesentia luminis, sequeretur quod albedo fieret in corpore subito et non per motum, et sic ad albedinem non est motus vel, si ad albedinem esset motus, aliquis motus esset in instanti.

Ideo dicendum quod albedo non causatur in corpore ex praesentia luminis extrinseci, tamen color est in corpore et est compositus ex lumine intrin-

---

1 est] *om.* M_2 2 profundo] profundum M_2 4 in] a M_2O 8–9 coloris] colorum O 10 sit] fuerit M_2 11 in … est] est in illo V 12 et[1]] in L_2 | illud idem] *om.* M_2 13 ad hoc] *om.* L_2 19 diminueretur] diminuetur L_2O | sunt] essent M_2 20 alba[1]] et *add.* L_2 | fierent] forent M_2 21 similiter] cum M_2 | subito] *om.* L_2OV 24 ad albedinem] albedine L_2 26 dicendum] est *add.* M_2 27 tamen] cum L_2O

7–8 dicit … terminati] Cf. Albertus Magnus, *In De sensu et sensato*, I, tr. II, cap. 1 (ed. Donati, 56b, 51–55). 8–11 unde … nigredo] Cf. Albertus Magnus, *In De sensu et sensato*, I, tr. II, cap. 1 (ed. Donati, 58b, 52–56). 11–13 unde … terminato] Cf. Albertus Magnus, *In De sensu et sensato*, I, tr. II, cap. 1 (ed. Donati, 58b, 56–58). 13–17 ad … coloris] Cf. Albertus Magnus, *In De sensu et sensato*, I, tr. II, cap. 1 (ed. Donati, 58b, 64–70). 26–110.1 ideo … opaco] Cf. Albertus Magnus, *In De sensu et sensato*, I, tr. II, cap. 5 (ed. Donati, 69a, 36–69b, 38).

seco et opaco, ita quod lumen est formale et opacum materiale; et fit color in corpore per actionem primarum qualitatum. Unde ad hoc quod color vide- V 250va atur requiritur duplex lumen: | unum per quod in esse constituatur, scilicet lumen intrinsecum, et lumen extrinsecum per quod videatur.

Commentator dicit quod colores fiunt ex commixtione ignis cum corporibus diaphanis; et dicit quod lux non solum est necessaria in inductione coloris ad visum sed in esse eorum. Et ideo, sicut medii colores sunt viliores albo et nigro, cum sint ex eis, sic quilibet color est vilior luce, cum sit ex ea. O 92va Unde dicendum quod color | componitur ex luce, tamen color praesupponit actionem primarum qualitatum et habet duo principia, scilicet lumen et opacum, ut dictum est.

Dicto de colore in genere dicendum est de speciebus coloris. Sunt enim duae species extremae, scilicet albedo et nigredo, et aliae species mediae. Albedo causatur ex praesentia luminis in perspicuo claro et nigredo causatur ex eiusdem absentia, ut dicit Philosophus. Sed de generatione colorum mediorum est dubium. Duae sunt opiniones antiquorum circa generationem colorum mediorum. Una est quod aliquod album est invisibile propter suam parvitatem; similiter, aliquod nigrum est invisibile propter suam parvitatem. Ponantur tale album et tale nigrum simul, compositum ex illis L$_2$ 180rb videbitur | et non videbitur ut album nec ut nigrum, quia positum est quod tam album quam nigrum sit invisibile propter eius parvitatem; igitur illud compositum videbitur tamquam medio colore coloratum. Et isto modo dixerunt quod medii colores generantur, scilicet per iuxtapositionem colorum extremorum sub parva quantitate, ita quod non possunt colores extremi videri. Et per talem iuxtapositionem diversam et diversam variantur medii

---

1 et^1] ex *add.* M$_2$ | formale] forma L$_2$OV 2 primarum] purarum L$_2$O 5 commentator] compositor M$_2$ 5–7 commentator ... eorum] non video istud quia forma mixtionis nobilior est formae elementis O 6 quod] *om.* L$_2$O | lux] lumen M$_2$ | necessaria] necessarium M$_2$ 8 albo] albedine M$_2$ | nigro] nigredine M$_2$ | cum^1] quod V | sint] fiunt M$_2$ | sic] *coni. codd.* sed 10 primarum] purarum L$_2$O 16 antiquorum] *om.* L$_2$OV 18 suam^1] sui M$_2$ | similiter] et O | suam^2] sui M$_2$ 19 simul] tunc *add.* M$_2$ 20 videbitur^2] videtur L$_2$OV 22 medio colore] *iter.* V | colore] colorum M$_2$ | coloratum] coloratis V

5–7 colores ... eorum] Cf. Averroes Cordubensis, *In De sensu et sensato* (ed. Shields, 18, 8–11). 7–8 sicut ... ea] Cf. Averroes Cordubensis, *In De sensu et sensato* (ed. Shields, 18, 11–14). 12–15 dicto ... philosophus] Cf. Thomas de Aquino, *In De sensu et sensato*, tr. 1, cap. 6 (ed. Leonina, 39b, 11–40a, 20). 14–15 albedo ... philosophus] Cf. Aristoteles, *De sensu et sensato*, 3, 439b 14–18 (ed. Leonina, AL XIII.2, 39a, 1–5). 17–22 una ... coloratum] Cf. Thomas de Aquino, *In De sensu et sensato*, tr. 1, cap. 6 (ed. Leonina, 40a, 48–40b, 58). 19–111.2 ponantur ... minus] Cf. Aristoteles, *De sensu et sensato*, 3, 439b 18–30 (ed. Leonina, AL XIII.2, 39a, 6–20). 25–111.6 et^1 ... non] Cf. Thomas de Aquino, *In De sensu et sensato*, tr. 1, cap. 6 (ed. Leonina, 40b, 58–73).

colores, quia album potest excedere nigrum vel excedi ab eo secundum magis et minus; et per hoc variantur medii | colores. Et secundum diversam [M_2 103ra] et diversam proportionem extremorum ad invicem sunt quidam colores medii delectabiles et quidam non. Si enim inter colores extremos sit proportio numeralis, ita quod unus color excedit alium in duplo vel triplo, tunc color medius est delectabilis et aliter non.

Alia opinio fuit quod medius color apparet ex hoc quod unus color videtur per alium colorem, ita ut ex duobus coloribus resultat apparitio cuiusdam medii coloris. Isto modo pictores faciunt apparitionem me|dii coloris [V 250vb] ponendo unum colorem super alium, ita quod fortior color et vivatior ponatur sub et color debilior supra. Hoc faciunt pictores, quando volunt depingere aliquid sic, ut appareat tamquam esset in aqua vel in aere; et hoc faciunt, quando depingunt pisces. Quod autem medius color apparet ex hoc quod unus color videtur per alium patet, nam Sol de se videtur albus, et tamen mediante caligine vel fumo apparet rubicundus. Et secundum hunc modum diversificantur medii colores secundum diversam proportionem inter colores extremos.

Ponentes primam opinionem dicunt visum videre per defluxionem corporum a re visibili. Sed hoc est inconveniens, quia sic visio fieret per contactum, et sic visus esset tactus. Similiter, corpus visum sic destrueretur per fluxum corporum ab eo. Similiter, colores extremi qui per iuxtapositionem causant colorem medium non aequaliter distant a visu: si igitur visio fiat per defluxionem et per motum localem, sequitur quod ille color | extremus qui [O 92vb] est propinquior per prius perveniat ad visum et color remotior per posterius, sed visus hoc non percipit; igitur tempus intermedium esset insensibile, et sic aliquod tempus esset insensibile, quod est inconveniens secundum Philosophum.

---

2 per] secundum M_2 3 proportionem] colorum *add.* M_2 5 quod] si *add.* V | excedit] excedat M_2 | vel] in *add.* L_2M_2 9 isto] ideo M_2 10 vivatior] luminatior M_2 12 ut appareat] *om.* V | esset] totum *add.* O 15 caligine] colore L_2OV 18 primam] istam M_2 23 sequitur] similiter V 24 per^1] secundo O | perveniat] perveniet M_2 25–26 et ... insensibile] *om.* V (*hom.*)

2–6 et^2 ... non] Cf. ARISTOTELES, *De sensu et sensato*, 3, 439b 31–440a 3 (ed. Leonina, AL XIII.2, 39a, 21–39b, 6). 7–15 alia ... rubicundus] Cf. THOMAS DE AQUINO, *In De sensu et sensato*, tr. 1, cap. 6 (ed. Leonina, 42a, 162–42b, 186). 7–17 alia ... extremos] Cf. ARISTOTELES, *De sensu et sensato*, 3, 440a 7–14 (ed. Leonina, AL XIII.2, 39b, 7–20). 18–19 ponentes ... visibili] Cf. THOMAS DE AQUINO, *In De sensu et sensato*, tr. 1, cap. 7 (ed. Leonina, 44a, 14–18). 18–20 ponentes ... tactus] Cf. ARISTOTELES, *De sensu et sensato*, 3, 440a 15–20 (ed. Leonina, AL XIII.2, 43a, 1–6). 19–27 sed ... philosophum] Cf. THOMAS DE AQUINO, *In De sensu et sensato*, tr. 1, cap. 7 (ed. Leonina, 44a, 18–45a, 77). 22–27 si ... philosophum] Cf. ARISTOTELES, *De sensu et sensato*, 3, 440a 29–30 (ed. Leonina, AL XIII.2, 43a, 17–21).

Aliter ponit Philosophus generationem mediorum colorum distinguendo de mixtione. Alia enim corpora commiscentur ad invicem solum per iuxtapositionem, et illo modo commiscentur illa corpora in quibus est accipere minimum ut in heterogeniis. Homo enim est unum minimum ex multitudine hominum, et equus est unum minimum ex multitudine equorum. In talibus enim heterogeniis est accipere minimum, sed in homogeniis, ut in vino, in aqua, non est accipere minimum, quia quaelibet pars vini est vinum, et non contingit accipere minimam partem vini, quia quaelibet pars vini habet L_2 180[va] partem minorem se quae est vinum. | Et ideo in homogeniis non est accipere minimum sic quod detur minimum secundum esse in toto—illa in quibus est accipere minimum commiscentur ad invicem per iuxtapositionem. Isto modo homines et equi commiscentur ad invicem, similiter grana hordei et grana tritici, ex hoc scilicet quod minima iuxta se invicem ponuntur, non ex hoc quod partes unius ingrediantur partes alterius. Sed illa in quibus non est accipere minimum commiscentur ad invicem ex hoc quod totum commiscetur toti; et illa est vera commixtio, ubi est commixtio ex toto, sic quod V 251[ra] quaelibet pars mix|ti est mixta. Isto modo vinum commiscetur cum aqua. Supposita igitur tali mixtione corporum, scilicet quod aliqua corpora possunt sic ad invicem commisceri, ex hoc concludit Philosophus generationem colorum mediorum, quia ex hoc quod corpora colorata coloribus extremis commiscentur ad invicem et ex hoc quod colores extremi commiscentur ad invicem et ex illis ad invicem commixtis resultat color medius. Unde secundum intentionem Philosophi color medius causatur ex commixtione colorum extremorum. Et colores extremi commiscentur ex hoc quod corpora colorata ad invicem commiscentur. Et haec est intentio huius capituli.

---

4 est] hoc *add.* M_2 6 homogeniis] non *add.* M_2 | vino] vel *add.* O 7 non est] enim est non V 10 toto] et *add.* O 11 isto] et ideo M_2 12 similiter] supra L_2V 12–13 hordei … tritici] tritici cum granis hordei M_2 13 iuxta … ponuntur] iuxtaponuntur M_2 15 ex hoc] ita M_2 20 extremis] exterius L_2V 21 et] *om.* M_2 21–22 et … invicem[1]] *om.* O (*hom.*) 21 quod] *om.* M_2 23 intentionem philosophi] philosophum O | commixtione] admixtione V 25 est] *om.* M_2

1–5 aliter … equorum] Cf. ARISTOTELES, *De sensu et sensato*, 3, 440a 31–440b 9 (ed. Leonina, AL XIII.2, 43a, 23–43b, 5). 1–14 aliter … alterius] Cf. THOMAS DE AQUINO, *In De sensu et sensato*, tr. 1, cap. 7 (ed. Leonina, 46a, 146–170). 6–25 sed … commiscentur] Cf. ARISTOTELES, *De sensu et sensato*, 3, 440b 10–23 (ed. Leonina, AL XIII.2, 43b, 5–23). 14–17 sed … aqua] Cf. THOMAS DE AQUINO, *In De sensu et sensato*, tr. 1, cap. 7 (ed. Leonina, 46a, 170–46b, 176).

Notanda sunt hic verba Commentatoris. Dicit enim quod *elementa diversantur secundum multitudinem et paucitatem diaphaneitatis, verbi gratia aer et aqua. Diaphanum autem innatum est recipere lucem, et ex hoc fiunt colores diversi secundum fortitudinem et debilitatem* | M_2 103rb *lucis et paucitatem et multitudinem diaphaneitatis. Et hoc manifestum est ex diversis coloribus, quando lux Solis adiuvatur cum nubibus: illi enim colores fiunt ab albedine lucis et nigredine nubium, verbi gratia colores qui sunt in iride. Necessarium est igitur, ut color fiat ex admixtione lucis cum diaphano.* Adhuc dicit: *quia composita sunt ex quattuor elementis et diaphanum ex elementis est aqua et aer, et solus ignis est lucidus, cum fuerit mixtus, necesse est propter hoc, ut* | O 93ra *colores sint compositi ex istis duabus naturis, scilicet ex natura diaphani et natura luminosi, et quod diversitas istarum naturarum in qualitate et quantitate faceret diversitatem colorum. Color igitur albus fit ex admixtione ignis clari cum elemento, quod est valde diaphanum, scilicet aer. Et color niger fit ex admixtione ignis turbidi cum elemento minimae diaphaneitatis, scilicet terra. Et colores medii qui sunt inter album et nigrum diversantur propter diversitatem istorum modorum secundum magis et minus, scilicet corporis lucidi et corporis diaphani. Et ideo color albus et niger sunt elementa colorum.*

Adhuc dat Commentator differentiam inter ignem et corpora caelestia, et est quod ignis non lucet, nisi quando adunatur cum alio corpore; corpora supracaelestia per se lucent. Adhuc dicit quod *aer primo recipit colorem, deinde conducit eum ad visum secundum quod est diaphanum* | V 251rb *lucidum. Et signum quod aer primo patitur a colore et recipit eum est hoc quod apparet de colore illius rei per quam transeunt nubes* | L_2 180vb *lucidae, ut scilicet, quando nubes transeunt per plantas virides, multotiens coloratur parietes per colores illarum plantarum.* Adhuc dicit quod *lux non solum est necessaria in inductione*

---

1 hic] haec O 1–2 diversantur] diversificantur M_2 3 autem] igitur M_2 6 solis adiuvatur] adiuvatur adiuvatur V 8 igitur] *om.* M_2 | admixtione] adiunctione M_2 | quia] quod O 9 sunt] *om.* M_2 | et[1] ... elementis] *om.* O (*hom.*) 11 sint] sunt L_2O 12 istarum] duarum *add.* M_2 13 faceret] facit M_2 14 nigrer fit] nigrescit L_2 nigrefit O 15 cum] vel OV 16 qui] quae M_2 18 corporis] *om.* M_2 21 est] dicit V | alio] aliquo M_2 22 recipit] recepit M_2 23 quod] quid V | et] secundum *add.* V 24 hoc] hic V 26 colores] colorem O

1–8 elementa ... diaphano] Cf. Averroes Cordubensis, *In De sensu et sensato* (ed. Shields, 14, 25–15, 38). 8–19 quia ... colorum] Cf. Averroes Cordubensis, *In De sensu et sensato* (ed. Shields, 15, 38–16, 53). 21–22 ignis ... lucent] Cf. Averroes Cordubensis, *In De sensu et sensato* (ed. Shields, 17, 64–68). 22–27 aer ... plantarum] Cf. Averroes Cordubensis, *In De sensu et sensato* (ed. Shields, 17, 69–18, 7). 27–114.2 lux ... eis] Cf. Averroes Cordubensis, *In De sensu et sensato* (ed. Shields, 18, 11–14).

coloris ad medium, sed etiam in esse eorum. Et sicut albedo est vilior luce, cum sit ex ea, sic colores medii sunt viliores albo et nigro, cum sint ex eis.

Adhuc dicit loquendo de speciebus colorum sic: *et quia colores fiunt ex albo et nigro secundum magis et minus et diversantur in hoc diversitate infinita secundum naturam. Ideo fuit necesse, ut colores sint infiniti secundum naturam, quoniam, quantumcumque imaginata fuerit ratio intrinseca, aliquem modum mixtionis extrahet natura, licet ratio extrinseca non posset pronuntiare hunc modum. Et ideo ars in hac intentione, ut dicit Aristoteles, est minor natura. Artifex enim magis quod potest est assimilare se naturae secundum suum posse.* Adhuc dicit quod *ratio spiritualis per quam natura agit quod agit et extrahit quod extrahit nihil habet quod prohibet naturam a comprehensione eius, et dat ei sicut est dispositio in ratione spirituali intrinseca per quam agit artifex. Anima enim bestialis existens in animalibus non impedit actionem naturae, sed gaudet et delectatur per illud quod natura extrahit de coloribus et sonis, quia sunt existentes in anima bestiali in potentia, et tamen natura extrahit eos in actum. Anima bestialis gaudet per comprehensionem eorum. Ratio autem spiritualis extrinseca per quam agit ars prohibetur ab anima bestiali, et ideo non comprehendit artifex ex eis quae dat ei ratio*
O 93rb *spiritualis nisi passiones et accidentia quae adaequantur | sive quae acquirit ex rebus quas dat naturae. Et ideo res priores in cognitione apud artificem sunt posteriores in esse; e contrario dispositioni apud naturam, et etiam artifex est extra rem, natura autem intra est. Per hoc igitur differt ars a natura, et ideo colores et tincturae quas ratio extrinseca potest dicere sunt finitae. Colores autem qui sunt in ratione intrinseca sunt infiniti. Et ideo colores multi et tincturae sunt a natura quas tinctores non possunt invenire. Ars enim, quia consequitur naturam et procedit a priori apud naturam a posteriori, ideo non*
M_2 103va V 251va *comprehendit ex omnibus illis* | ordinibus qui sunt | apud naturam, nisi ordines qui sunt multum remoti ab invicem inter quos sunt multi ordines apud naturam.

---

1 coloris] colorum M_2 3 sic … quia] dicit quod M_2 4 diversantur] diversificantur M_2 5 infiniti] infinitae M_2 6 quoniam quantumcumque] quoniam quamcumque L_2M_2 quam quantumcumque O 7 extrahet] extra habet L_2OV 8 hunc] habent L_2 | aristoteles] philosophus M_2 9 minor] minus L_2OV 12 eius] est V 14 actionem] actiones M_2 16 natura] non O 16–17 comprehensionem] apprehensionem M_2 21 esse] et *add.* M_2 | contrario dispositioni] contraria dispositione M_2 22 est²] rem M_2 23 dicere] producere M_2 24 intrinseca] fere *add.* M_2 28 ab] ad L_2OV

3–10 et … posse] Cf. Averroes Cordubensis, *In De sensu et sensato* (ed. Shields, 18, 14–19, 23). 10–29 ratio … naturam] Cf. Averroes Cordubensis, *In De sensu et sensato* (ed. Shields, 19, 23–21, 50).

⟨4⟩ *De odore vero et sapore*

Dicto de colore qui est obiectum visus dicendum est de sensibilibus aliorum sensuum, scilicet de odore et sapore. Et est de istis simul determinandum, quia, ut dicit Philosophus, utrumque fere est eadem passio, quoniam utrumque causatur ex commixtione humidi et sicci secundum aliquam transmutationem a calido. Non tamen sunt eadem totaliter passio, sed odor magis dicitur siccum et sapor magis humidum.

Prius tamen est dicendum de sapore, eo quod sapor certiori sensu comprehenditur, quoniam nos habemus | pessimum olfactum. Homo enim inter (L_2 181[ra]) omnia animalia perfecta minus bene percipit odores; cuius ratio est, quia organum olfactus est situatum iuxta cerebrum. Sed homo inter omnia animalia quantum ad suam quantitatem habet plus de cerebro, et cerebrum est membrum frigidum et humidum; et ideo organum olfactus quod est situatum iuxta cerebrum est frigidius et humidius in homine quam in aliquo alio animali. Sed obiectum olfactus est calidum, et ideo inter organum olfactus in homine et suum obiectum est minor proportio et maior repugnantia quam inter organum olfactus in aliquo alio animali et suum obiectum. Et ideo homo minus bene percipit odores quam aliquod aliud animal, quia, quanto maior repugnantia est inter agens et passum, tanto minus bene potest agens dominare supra passum. Sed homo habet tactum certissimum, et gustus est quidam tactus; ideo gustus est certior in nobis quam olfactus. Et per consequens sapor est certior in nobis quam odor, et a nobis notioribus est inchoandum; ideo prius est dicendum de sapore quam de odore.

In inquirendo de sapore oportet videre quid sit principium materiale saporis et etiam quid sit principium activum saporis. Principium materiale

---

4 eadem] est *add.* V 4–5 utrumque] utrum O 7 dicitur] sequitur M_2 *om.* V 10 est] *om.* V 13 et[2]] *om.* M_2 14 frigidius] magis frigidum M_2 | humidius] humidum M_2 15 et] *om.* M_2 20 bene] *om.* M_2 | dominare] *coni. codd. om.* 22 in] *om.* O 23 inchoandum] incipiendum M_2 25 in] *om.* M_2 26 activum] materiale O 26–116.1 principium … saporis[2]] *om.* O (*hom.*)

---

1 de … sapore] Aristoteles, *De sensu et sensato*, 4, 440b 28 (ed. Leonina, AL XIII.2, 48a, 1). 3–7 et[2] … humidum] Cf. Albertus Magnus, *In De sensu et sensato*, I, tr. II, cap. 6 (ed. Donati, 70b, 22–28). 4 quia … passio] Cf. Aristoteles, *De sensu et sensato*, 4, 440b 29–30 (ed. Leonina, AL XIII.2, 48a, 2–3). 8–9 prius … olfactum] Cf. Aristoteles, *De sensu et sensato*, 4, 440b 30–441a 3 (ed. Leonina, AL XIII.2, 48a, 4–8). 8–20 prius … passum] Cf. Thomas de Aquino, *In De sensu et sensato*, tr. 1, cap. 8 (ed. Leonina, 49a, 24–44). 20–23 sed … inchoandum] Cf. Thomas de Aquino, *In De sensu et sensato*, tr. 1, cap. 8 (ed. Leonina, 49b, 59–66).

O 93va eius saporis est humidum aqueum et principium activum saporis | est siccum terrestre mediante calido. Unde sapor est passio humidi aquei passi a sicco terrestri per calidum agens. Nec sufficit humidum aqueum ad causandum saporem, quia, ut dicit Philosophus, aqua vult esse insipida, hoc est de se non habet saporem; sed hoc non obstante aqua est radix et principium omnium saporum.

Sed qualiter aqua ex quo est insipida esse posset principium saporis fuit dubium apud antiquos, et erant circa hoc tres opiniones. Una opinio fuit
V 251vb quod omnes sapores sunt actualiter in aqua, sed sunt | insensibiles propter parvitatem partium in quibus radicantur. Haec fuit opinio Empedoclis. Alia fuit quod in aqua non sunt sapores actu, sed in aqua est quaedam materia saporum, ut pansperma, id est universale semen, et in alia et alia parte aquae est alia et alia materia saporis. Unde dixerunt quod in aqua esset ratio seminalis, id est virtus activa, quae per agens extrinsecum reducitur ad actum, et illa ratio seminalis est principium saporis, et in alia et alia parte aquae est alia et alia ratio saporis. Et haec fuit opinio Democriti et Anaxagorae. Tertia fuit opinio quod differentia saporum non est a parte ipsius aquae, sed solum ex parte agentis qui aquam transmutat diversimode, sicut Sol vel aliud calidum.

Istas opiniones improbat Philosophus dicens quod prima opinio est aperte mendacium propter hanc rationem: quia, si sapores essent actualiter in aqua, mutatio saporum non esset nisi ex commixtione et mutatione aquae, et sic corpus non haberet diversum saporem nec mutaret saporem,

---

1 saporis[1]] *om.* M_2 | humidum] et *add.* L_2 | saporis[2]] eius M_2 3 a] et L_2 9 actualiter] et *add.* O 10 radicantur] et *add.* M_2 11 fuit] opinio M_2 | aqua[2]] actu L_2OV 12 et alia] *om.* M_2 13 saporis] superioris L_2V saporum M_2 15 et[2]] in *add.* M_2 16 et alia] *om.* L_2O | ratio] seminalis *add.* M_2 18 qui] quod M_2 | aquam] aqua L_2 21 aperte] apertum O 22 commixtione … mutatione] commixtione et immutatione L_2O mutatione M_2

3–6 nec … saporum] Cf. Aristoteles, *De sensu et sensato*, 4, 441a 3–5 (ed. Leonina, AL xiii.2, 48a, 9–11). | Cf. Thomas de Aquino, *In De sensu et sensato*, tr. 1, cap. 8 (ed. Leonina, 49b, 83–90). 8–10 una … empedoclis] Cf. Aristoteles, *De sensu et sensato*, 4, 441a 4–6 (ed. Leonina, AL xiii.2, 48a, 10–12). | Cf. Thomas de Aquino, *In De sensu et sensato*, tr. 1, cap. 8 (ed. Leonina, 49b, 91–93). 10–13 alia … saporis] Cf. Aristoteles, *De sensu et sensato*, 4, 441a 6–8 (ed. Leonina, AL xiii.2, 48a, 12–14). 10–16 alia … anaxagorae] Cf. Thomas de Aquino, *In De sensu et sensato*, tr. 1, cap. 8 (ed. Leonina, 49b, 93–50a, 107). 16–19 tertia … calidum] Cf. Aristoteles, *De sensu et sensato*, 4, 441a 8–10 (ed. Leonina, AL xiii.2, 48a, 14–16). | Cf. Thomas de Aquino, *In De sensu et sensato*, tr. 1, cap. 8 (ed. Leonina, 50a, 107–110). 20–21 istas … mendacium] Cf. Aristoteles, *De sensu et sensato*, 4, 441a 10–11 (ed. Leonina, AL xiii.2, 48a, 17–18). 20–117.5 istas … aqua] Cf. Thomas de Aquino, *In De sensu et sensato*, tr. 1, cap. 8 (ed. Leonina, 50a, 111–50b, 133). 21–117.5 si … aqua] Cf. Aristoteles, *De sensu et sensato*, 4, 441a 11–17 (ed. Leonina, AL xiii.2, 48a, 18–48b, 4).

nisi ex hoc quod diversae partes aquae attrahentur ad corpus cuius sapores mutantur. Sed hoc est falsum, | quia fructus ablatus ab arbore vel expositus L_2 181rb Soli, vel si decoquatur ad ignem, mutat saporem, et tamen nova aqua | non M_2 103vb attrahitur. Sed fructus manente eadem aqua mutat saporem, quod non esset, si sapor actualiter esset in aqua.

Secunda opinio improbatur quae posuit quod in diversis partibus aquae est diversum et diversum principium saporis. Istud improbatur, nam ex eadem aqua fiunt diversi sapores et ex eadem parte aquae quaecumque. Cuius probatio est, nam eadem pars aquae defertur ad diversas partes animalis, et diversarum partium animalis diversi sunt sapores; igitur eadem aqua est principium diversorum saporum. Unde, sicut eadem esca convertitur in diversas partes animalis, sic eadem aqua convertitur in diversos sapores convenientes diversis partibus aquae, quod non esset, si alia et alia pars aquae esset principium alterius et alterius saporis.

Tertia opinio quae ponit quod in aqua non est principium saporis, sed | O 93vb quod aqua transmutatur ad saporem a calido, improbatur, nam inter omnes humores, hoc est inter omnia quae subtiliter humectant, aqua est subtilissima, unde aqua sola non ingrossatur a calido, sed omnes alii humores ingrossantur a calido. Tunc arguitur sic: sapor non invenitur nisi in habente grossitiem, sed aqua per calidum nec ingrossatur nec acquirit grossitiem, igitur aqua per calidum non transmutatur ad saporem. Et, si dicatur quod oleum est subtilius | aqua, quia supernatat aquae, dicit Philosophus quod V 252ra aqua est subtilior oleo, quoniam oleum supernatat propter partes aereas inclusas, sicut lignum supernatat aquae propter aerem inclusum in ligno. Similiter, oleum propter suam viscositatem magis de difficili diffunditur quam aqua, quia aqua est subtilior, et propter hoc est difficilius servare aquam quam oleum.

1 attrahentur] attraherentur M_2 2 vel] et M_2 6 quod] *om.* O 7 saporis] saporum M_2 | istud improbatur] improbatur sic M_2 8 quaecumque] detur *add.* L_2M_2O 11 eadem] *superscr.* L_2 *om.* OV 15 opinio] est *add.* L_2 16 ad ... calido] a calido ad saporem M_2 17 subtiliter] sensibiliter M_2 20 nec[1]] non M_2 21 dicatur] dicitur M_2 22 aqua] aquae V | aquae] aquam M_2 23 subtilior] subtilius L_2V 24 aquae] aquam M_2 26 difficilius] est *add.* O

6–8 secunda ... quaecumque] Cf. Aristoteles, *De sensu et sensato*, 4, 441a 18–21 (ed. Leonina, AL xiii.2, 48b, 5–8). 6–14 secunda ... saporis] Cf. Thomas de Aquino, *In De sensu et sensato*, tr. 1, cap. 8 (ed. Leonina, 50b, 134–51a, 152). 15–27 tertia ... oleum] Cf. Aristoteles, *De sensu et sensato*, 4, 441a 21–29 (ed. Leonina, AL xiii.2, 48b, 9–19). 15–18 opinio ... subtilissima] Cf. Thomas de Aquino, *In De sensu et sensato*, tr. 1, cap. 8 (ed. Leonina, 51a, 152–160). 21–27 et ... oleum] Cf. Thomas de Aquino, *In De sensu et sensato*, tr. 1, cap. 8 (ed. Leonina, 51a, 161–51b, 171).

Ex his patet quod humidum aqueum non sufficit ad generationem saporis. Et ideo probat Philosophus quod siccum terreum est necessarium ad generationem saporis, et hoc probat per sex signa. Primum est quod fructus habent sapores a terris in quibus oriuntur, hoc est signum quod siccum terreum requiritur ad generationem saporis, non tamen sic intelligendo quod terra pura habeat saporem, cum non habeat humorem, sed per modicam admixtionem humidi cum aliqua transmutatione calidi habet terra saporem. Secundum signum est quod aqua fluens per terram trahit saporem a terra, et hoc dicunt multi antiquorum philosophorum. Tertium signum est: quia sal qui est quidem species terrae causat amaritudinem in aqua currente per salem. Quartum signum: quod aqua colorata per cinerem ab ipso cinere amaro contrahit saporem amarum, et cinis est naturae terreae. Quintum signum: quod fontes contrahunt sapores diversos ex diversis terris in quibus scaturiunt. Sextum signum: quod genus saporum maxime manifestatur et diversificatur in his quae immediate nascuntur ex terra propter affinitatem
L_2 181va saporum ad terram. |

Adhuc probatur per rationem quod siccum terrestre requiritur ad generationem saporis, quoniam principium materiale saporis est humidum aqueum, igitur ad hoc quod ex humido aqueo generetur sapor oportet humidum aqueum pati et transmutari a suo contrario; contrarium humido est siccum. Sed siccum est duplex, scilicet siccum terrestre et siccum igneum, igitur ad hoc quod sapor generetur ex humido aqueo oportet humidum aqueum pati vel a sicco terreo vel a sicco igneo. Sed rationabilius est quod patiatur a sicco

---

2 probat] improbat L_2 4 habent] habens V | sapores] saporem M_2 | oriuntur] oritur M_2 6 habeat[1]] habet M_2 8 signum] *om.* M_2 9 a terra] *om.* O | signum] *om.* M_2 10 quia] quod M_2 | quidem] quaedem L_2 quaedam M_2O 11 signum] est M_2 | colorata] colata M_2 13 signum] *om.* M_2 14 signum] est M_2 | genus] igitur L_2O | manifestatur] manifestant L_2O 16 ad] et L_2 18 saporis[1]] saporum M_2 21 siccum[2]] *om.* M_2 23 terreo] terrae L_2

3–4 primum … oriuntur] Cf. Aristoteles, *De sensu et sensato*, 4, 441a 30–441b 1 (ed. Leonina, AL XIII.2, 52a, 1–2). 8–9 aqua … philosophorum] Cf. Aristoteles, *De sensu et sensato*, 4, 441b 1–3 (ed. Leonina, AL XIII.2, 52a, 2–4). 10–11 sal … salem] Cf. Aristoteles, *De sensu et sensato*, 4, 441b 3–4 (ed. Leonina, AL XIII.2, 52a, 5–6). 11–14 aqua … scaturiunt] Cf. Aristoteles, *De sensu et sensato*, 4, 441b 4–7 (ed. Leonina, AL XIII.2, 52a, 6–9). 14–16 genus … terram] Cf. Aristoteles, *De sensu et sensato*, 4, 441b 7–8 (ed. Leonina, AL XIII.2, 52a, 10–11). 17–20 adhuc … siccum] Cf. Aristoteles, *De sensu et sensato*, 4, 441b 8–10 (ed. Leonina, AL XIII.2, 52a, 12–16). 17–23 adhuc … igneo] Cf. Thomas de Aquino, *In De sensu et sensato*, tr. 1, cap. 9 (ed. Leonina, 53b, 49–58). 21–23 sed … igneo] Cf. Aristoteles, *De sensu et sensato*, 4, 441b 10–12 (ed. Leonina, AL XIII.2, 52a, 13–16). 23–119.13 sed … terrae] Cf. Thomas de Aquino, *In De sensu et sensato*, tr. 1, cap. 9 (ed. Leonina, 53b, 59–54a, 95).

terrestri quam a sicco igneo, quia siccitas in terra est qualitas principalis et essentialis, sed siccitas | in igne est qualitas secundaria. Ideo rationabilius [O 94ra] videtur quod humidum aqueum debeat pati a sicco terrestri quam a sicco igneo.

Intelligendum est hic quod quodlibet elementum habet duas qualitates: | unam essentialem et primam et aliam secundariam. Et illud quod est [M_2 97ra] qualitas principalis in elemento superiori, ut in elemento continente, est qualitas secundaria in elemento contento. Unde caliditas est qualitas principalis in igne, et ideo in aere est caliditas qualitas secundaria et humiditas—essentialis. Et quia humiditas est essentialis | qualitas aeris, ideo est secun- [V 252rb] daria qualitas aquae, et frigiditas est principalis qualitas aquae. Et quia frigiditas est principalis qualitas aquae, ideo est secundaria qualitas terrae, et sic siccitas est principalis qualitas terrae.

Sed, quia dictum est quod oportet humidum aqueum pati a suo contrario, posset aliquis dicere quod non oportet humidum pati a sicco, sed aqua patitur ab igne, et ita contrarium non patitur a contrario, cum substantia non sit contraria substantiae. Istud removet Philosophus dicens quod nec ignis nec aqua nec aliquod elementum nec universaliter aliqua substantia inquantum huiusmodi, hoc est per formam suam substantialem, agit neque patitur. Sed substantiae agunt et patiuntur ad invicem per suas qualitates contrarias. Sed intelligas de actione naturali quae fit per contactum. Corpora enim supracaelestia agunt in ista inferiora et tamen non per qualitates contrarias.

Ex praedictis concludit Philosophus generationem saporis et etiam eius definitionem dicens quod, sicut illi qui in humido aqueo lavant colores et sapores, id est corpora colorata et saporosa, faciunt aquam habere talem colorem vel saporem, ita e contrario, quando humidum aqueum coloratur per siccum terrestre per actionem calidi agentis et digerentis, recipit quandam qualitatem quae dicitur sapor.

---

1 in … est] est in terra M_2 6 primam] puram O 8 est qualitas] *om.* L_2V 11 et[1] … aquae] *om.* L_2OV (*hom.*) 12–13 et … terrae] *om.* L_2O (*hom.*) 17 sit] *om.* O 18 aliquod] aliud O 19 inquantum] in quam tamen V 21 sed] hoc *add.* M_2 26 saporosa] saposa V | habere] *om.* O

14–21 sed … contrarias] Cf. Aristoteles, *De sensu et sensato*, 4, 441b 12–15 (ed. Leonina, AL xiii.2, 52a, 17–20). | Cf. Thomas de Aquino, *In De sensu et sensato*, tr. 1, cap. 9 (ed. Leonina, 54a, 116–54b, 140). 24–29 ex … sapor] Cf. Aristoteles, *De sensu et sensato*, 4, 441b 15–19 (ed. Leonina, AL xiii.2, 52a, 21–25). | praedictis … sapor] Cf. Thomas de Aquino, *In De sensu et sensato*, tr. 1, cap. 9 (ed. Leonina, 55b, 192–199).

Et ex hoc concludit definitionem saporis dicens quod sapor est passio quae fit in humido aqueo passo a sicco terrestri per actionem calidi moventis et digerentis, quae passio est immutativa gustus. Et istam ultimam particulam addit propter alias passiones quae sunt in humido a sicco terrestri, cuiusmodi sunt odores, sed a talibus differt sapor per hoc quod est passio immutativa gustus. Quod autem sapor sit passio immutativa gustus declarat Philosophus, quia quodlibet sensibile reducit sensum de potentia ad actum. [L_2 181vb] Et ideo, cum sapor sit sensibile gustus, oportet quod reducat gustum de | potentia ad actum. Et ita sapor immutat gustum, verumtamen sapor non reducit gustum de potentia essentiali ad actum, quia per immutationem gustus a sapore non acquiritur aliquis novus habitus nec novus gustus. Et ideo dicit Philosophus quod non fit secundum discere sed secundum speculari. Unde dicit quod non secundum discere sed secundum speculari fit sentire; hoc est dictu: sensus non reducitur ad actum per sensibile, sicut [O 94rb] addiscens reducitur ad | actum, quando de novo acquirit scientiam, sed sicut habens scientiam reducitur ad actum ex hoc quod actualiter considerat et [V 252va] speculatur; unde sensus, quando non sentit, est solum | in potentia accidentali ad sentiendum.

Quia prius est suppositum quod sapor non consistit solum in humido sed in humido commixto cum sicco, hoc non est satis manifestum, ideo Philosophus hic declarat: quoniam sapor est passio nutrimenti, nunc autem nutrimentum non habet humiditatem solum nec siccitatem solum sed humiditatem cum siccitate commixtam, quia ex eisdem sumus et nutrimur; sed nos qui nutrimur non habemus siccitatem solum nec humiditatem solum sed humiditatem commixtam cum siccitate. Ideo nutrimentum debet esse tale quod habeat humiditatem et siccitatem. Cum igitur sapor sit passio nutri-

---

1 quod] et M_2 4 sunt] fiunt M_2 6 quod … gustus[2]] *om.* O (*hom.*) 11 nec] *corr. ex* et O 12 fit] sit O | discere] discretionem L_2V 13 quod] *om.* M_2 | secundum[1]] *om.* L_2 | fit] sit L_2 sit *corr. in* est M_2 14 dictu] *coni. codd.* dictum 15 addiscens] addiscere L_2OV 15–16 sed … scientiam] *om.* O 16 quod actualiter] *om.* O 21 hic] hoc M_2 | nunc autem] nec aliquod L_2 non autem O 23 nutrimur] nutrimus L_2

1–6 et … gustus[1]] Cf. THOMAS DE AQUINO, *In De sensu et sensato*, tr. 1, cap. 9 (ed. Leonina, 55b, 200–209). 1–3 sapor … gustus] Cf. ARISTOTELES, *De sensu et sensato*, 4, 441b 19–21 (ed. Leonina, AL XIII.2, 52a, 25–27). 3–14 et[2] … sentire] Cf. ARISTOTELES, *De sensu et sensato*, 4, 441b 21–23 (ed. Leonina, AL XIII.2, 52b, 1–3). 6–18 quod … sentiendum] Cf. THOMAS DE AQUINO, *In De sensu et sensato*, tr. 1, cap. 9 (ed. Leonina, 5b, 210–65a, 225). 21–25 quoniam … siccitate] Cf. ARISTOTELES, *De sensu et sensato*, 4, 441b 23–27 (ed. Leonina, AL XIII.2, 52b, 4–9). 21–121.1 quoniam … sicco] Cf. THOMAS DE AQUINO, *In De sensu et sensato*, tr. 1, cap. 9 (ed. Leonina, 56a, 226–246).

menti, sequitur quod sapor non sit in humido sine sicco. Quod autem sapor | M$_2$ 97rb sit passio nutrimenti patet, quoniam nutrimentum augmentat et nutrit et etiam valet ad generationem: inquantum est calidum, augmentat, quia ratio caliditatis extenditur; et nutrit, inquantum est gustabile. Et sic illud quod percipitur a gustu est passio nutrimenti. Et hoc patet, quia omnia nutriuntur dulci quod percipitur a gustu, et hoc vel dulci simplici vel cum commixtione aliorum saporum, nam calor naturalis causat augmentum secundum quod per quandam extensionem attrahit illud quod est leve vel dulce ad membra corporis relinquendo illud quod amarum est et salsum propter gravitatem. Illa enim quae relinquuntur ex alimento animalis sunt amara, nam omnes faeces animalium sunt amarae. Unde, sicut calor Solis attrahit subtile et dulce sursum et relinquit grave et salsum deorsum, sic calor naturalis attrahit ad membra corporis illud quod est subtile et dulce de alimento. Et sic patet quod animalia nutriuntur dulci. Et sic patet quod sapor est passio nutrimenti.

Dicto de sapore in generali dicendum est de speciebus saporis. Sapor enim habet duas dispositiones extremas, scilicet amaritudinem et dulcedinem. Et ista sic generantur: calidum perfecte digerens humidum causat saporem dulcem et privatio humidi perfecte digesti est causa amaritudinis. Sapores medii causantur secundum quod humidum medio modo se habet, scilicet secundum quod humidum nec est totaliter digestum nec totaliter

---

1–2 sequitur … nutrimenti] *om.* L$_2$V (*hom.*) 1 sapor[1]] *om.* M$_2$ | sine] sed O 2 nutrimenti] nutriti M$_2$ | nutrimentum] augmentum L$_2$OV 3 inquantum] et quantum O | calidum] et *add.* L$_2$ | ratio] ratione M$_2$ 5 nutrimenti] nutriti M$_2$ 6 quod] et L$_2$ | gustu] et *superscr.* L$_2$ | et hoc] et hic L$_2$ hic O hoc V 7 quod] *om.* O 10 sunt] *om.* V 11 animalium] alimenti M$_2$ | sicut] sciendum V 12 relinquit] relinqui O | calor] color O 13 alimento] et illud quod est amarum et salsum relinquit *add.* M$_2$ 14 dulci] dulce M$_2$ | sic[2]] etiam *add.* L$_2$ 17 dispositiones] species M$_2$ 18 perfecte] perfectum O 19 perfecte] perfecti O 21 nec[1]] non M$_2$

1–5 quod[2] … nutrimenti] Cf. THOMAS DE AQUINO, *In De sensu et sensato*, tr. 1, cap. 9 (ed. Leonina, 56a, 257–56b, 269). 1–7 quod[2] … saporum] Cf. ARISTOTELES, *De sensu et sensato*, 4, 441b 27–442a 2 (ed. Leonina, AL XIII.2, 52b, 10–16). 5–15 et … nutrimenti] Cf. THOMAS DE AQUINO, *In De sensu et sensato*, tr. 1, cap. 9 (ed. Leonina, 56b, 270–57a, 306). 7–15 calor … nutrimenti] Cf. ARISTOTELES, *De sensu et sensato*, 4, 442a 3–8 (ed. Leonina, AL XIII.2, 52b, 17–24). 10–15 illa … nutrimenti] Cf. ALBERTUS MAGNUS, *In De sensu et sensato*, I, tr. II, cap. 6 (ed. Donati, 75a, 1–17). 16–18 dicto … dulcedinem] Cf. ARISTOTELES, *De sensu et sensato*, 4, 442a 12–13 (ed. Leonina, AL XIII.2, 58a, 1–2). 16–122.1 dicto … consumptum] Cf. THOMAS DE AQUINO, *In De sensu et sensato*, tr. 1, cap. 10 (ed. Leonina, 58b, 10–59a, 20).

consumptum. Et quidam sunt sapores delectabiles et quidam non. Illi sapores sunt delectabiles | [L$_2$ 182ra] qui sunt commixti secundum proportionem numeralem et alii sapores non sunt delectabiles.

Speciebus saporum imposita sunt nomina, ut recitat Philosophus | [O 94va] in littera, et patet satis. Dicit etiam Philosophus quod sapor pinguis et sapor dulcis sunt fere idem nec differunt specie, sed solum differunt in hoc quod in sapore dulci magis dominatur | [V 252vb] caliditas et in pingui sapore magis dominatur humiditas, unde pinguis sapor dicitur per abundantiam humiditatis. Dicit etiam quod sapor salsus et amarus videntur esse idem nec differunt, nisi in hoc quod in sapore amaro videtur esse maior consumptio humiditatis. De speciebus saporis dicit Philosophus quod sunt septem, sicut sunt septem species colorum. Intelligendum tamen quod multo plures sunt species saporum et colorum quam septem, sed istae species sunt magis notae et species famosiores, scilicet illae septem quas Philosophus numerat.

His visis improbantur opiniones quaedam circa sensibilia. Quidam enim dixerunt quod omnis sensus sentit per hoc quod sensibile tangit sensum. Et hoc posuerunt illi qui posuerunt sentire fieri per defluxionem. Haec opinio improbatur sic, quia sic quilibet sensus esset tactus.

Alii reducebant sapores et colores et alia sensibilia propria ad sensibilia communia. Dixit enim Democritus quod nigrum est asperum et album leve, quia in aspero una pars supereminet alteri et obumbrat aliam; ex qua obumbratione causatur nigredo. Propter quod dixit quod nigrum est asper-

---

1 et[1]] sic *add.* M$_2$ | quidam[1]] quidem M$_2$ 6 idem] illud O 7–8 magis[2] … humiditas] dominatur humiditas magis M$_2$ 9 videntur] dicuntur M$_2$ | esse] *om.* O 10 in[1]] *om.* V 10–11 humiditatis] quam in salso *add.* M$_2$ 14 scilicet] sunt M$_2$ 17 defluxionem] corporum et *add.* M$_2$ 18 improbatur] probatur V | sic[1]] *om.* M$_2$ 19 colores] odores M$_2$ 21 supereminet] supervenit M$_2$

1–3 et[1] … delectabiles] Cf. ARISTOTELES, *De sensu et sensato*, 4, 442a 13–17 (ed. Leonina, AL XIII.2, 58a, 3–7). | illi … delectabiles] Cf. THOMAS DE AQUINO, *In De sensu et sensato*, tr. 1, cap. 10 (ed. Leonina, 59a, 42–59b, 53). 4–11 speciebus … humiditatis] Cf. THOMAS DE AQUINO, *In De sensu et sensato*, tr. 1, cap. 10 (ed. Leonina, 59b, 54–60a, 87). 4–12 speciebus … colorum] Cf. ARISTOTELES, *De sensu et sensato*, 4, 442a 17–19 (ed. Leonina, AL XIII.2, 58a, 8–10). 11–14 de … numerat] Cf. THOMAS DE AQUINO, *In De sensu et sensato*, tr. 1, cap. 10 (ed. Leonina, 60a, 88–60b, 107). 12–14 intelligendum … numerat] Cf. ARISTOTELES, *De sensu et sensato*, 4, 442a 19–25 (ed. Leonina, AL XIII.2, 58a, 11–16). 15–18 his … tactus] Cf. THOMAS DE AQUINO, *In De sensu et sensato*, tr. 1, cap. 10 (ed. Leonina, 61a, 128–137). 15–20 his … communia] Cf. ALBERTUS MAGNUS, *In De sensu et sensato*, I, tr. II, cap. 8 (ed. Donati, 78b, 38–79a, 3). 19–123.3 alii … figurae] Cf. ARISTOTELES, *De sensu et sensato*, 4, 442a 29–442b 2 (ed. Leonina, AL XIII.2, 58a, 21–24). | alii … aequivocationem] Cf. THOMAS DE AQUINO, *In De sensu et sensato*, tr. 1, cap. 10 (ed. Leonina, 61b, 163–173). 20–123.2 dixit … figuris] Cf. ALBERTUS MAGNUS, *In De sensu et sensato*, I, tr. II, cap. 8 (ed. Donati, 79a, 14–20).

um et, per oppositum, album leve. Sapores etiam reduxit ad figuras, quia in saporibus invenitur acutum et obtusum, sicut in figuris, ideo posuit quod sapores essent figurae et fuit deceptus per aequivocationem. Sed haec opinio improbatur tripliciter. Primo: quod, si sapores essent figurae, gustus certissime cognosceret figuras, sed hoc est falsum, quia visus certius cognoscit figuras. Secundo improbatur haec opinio, quoniam omnia sensibilia propria habent | contrarietatem, ut patet: sensibile visus continet duo contraria, ut M_2 97va album—nigrum, et sensibile gustus continet alia duo contraria, ut dulce—amarum, sed in figuris non est contrarietas, quia non est assignare cui polygonorum circumferens sit contrarium, ut dicit Philosophus, hoc est cui figurarum habentium multos angulos contrariatur circulus qui nullum angulum habet. Intelligendum quod non est dare aliquam figuram habentem tot angulos, quin contingit dare figuram habentem plures angulos. Non enim est dare aliquam figuram habentem plures angulos quae maxime distat a circulo qui nullum angulum habet, nam circulus non habet figuram sibi contrariam, quia non habet figuram maxime distantem quae maxime distat ab ea. Tertia ratio: quia species figurae multiplicatur secundum numerum angulorum et linearum, ut patet in | triangulo et quadrato, igitur, si sapores essent figurae, O 94vb essent infinitae species saporum, sed hoc est inconveniens, quia gustus non percipit tot | diversitates in sapore. Et non est maior ratio quare gustus per- L_2 182rb cipit unum saporem | quam alium; ideo, si essent infinitae species saporum, V 253ra gustus non perciperet aliquem saporem.

Notanda sunt hic dicta Commentatoris. Dicit enim de sapore quod natura humidi est causa saporis in mixto, cuius signum est quod gustabilium quaedam sunt saporosa in potentia, quaedam in actu. *Saporosa in actu sunt*

---

2 acutum] actualiter M_2 4 quod] quia L_2M_2 5–6 cognoscit figuras] eas cognoscit M_2 6 improbatur ... opinio] *om.* M_2 8 alia ... ut] *om.* M_2 | dulce] et *superscr.* M_2 13 figuram] aliam M_2 | non ... est] et ideo non contingit M_2 14–16 a ... distat] *om.* L_2V (*hom.*) 15 nam] et ideo M_2 15–16 sibi ... figuram] *om.* O 16 quae ... distat] *om.* M_2 16–17 tertia ratio] *om.* L_2O 17 ratio] species figurae sunt infinitae *add.* M_2 | multiplicatur] multipliciter L_2 20 quare] quin L_2O 22 non ... saporem] nullum saporem perciperet L_2M_2O 23 hic ... commentatoris] dicta commentatoris hic M_2

4–6 primo ... figuras] Cf. THOMAS DE AQUINO, *In De sensu et sensato*, tr. 1, cap. 10 (ed. Leonina, 61b, 177–179). | si ... figuras] Cf. ARISTOTELES, *De sensu et sensato*, 4, 442b 4–13 (ed. Leonina, AL XIII.2, 58b, 1–11). 6–16 secundo ... ea] Cf. THOMAS DE AQUINO, *In De sensu et sensato*, tr. 1, cap. 10 (ed. Leonina, 62a, 188–62b, 207). | quoniam ... ea] Cf. ARISTOTELES, *De sensu et sensato*, 4, 442b 17–23 (ed. Leonina, AL XIII.2, 58b, 17–24). 16–22 tertia ... saporem] Cf. THOMAS DE AQUINO, *In De sensu et sensato*, tr. 1, cap. 10 (ed. Leonina, 62b, 208–217). 23–25 natura ... actu[1]] Cf. AVERROES CORDUBENSIS, *In De sensu et sensato* (ed. Shields, 22, 62–23, 66). 25–124.3 saporosa[2] ... dissolvatur] Cf. AVERROES CORDUBENSIS, *In De sensu et sensato* (ed. Shields, 23, 66–1).

humida in actu, sicca vero in actu sunt saporosa in potentia; et non sunt saporosa in actu, donec fiant humida in actu. Verbi gratia, sal enim non est saporosum, donec humefiat et dissolvatur. Ex quo concludit: *quod, cum ita sit, necesse est, ut sapor sit ex mixtione partis siccae cum parte humida, quando fuerit digesta ex calore aliqua digestione.* Et etiam dicit quod *modi saporum diversificantur secundum diversitatem horum duorum, scilicet humidi et sicci, in paucitate et multitudine. Dulcedo enim attribuitur caliditati et humiditati, amaritudo autem caliditati et siccitati aut frigiditati et siccitati, et hoc in respectu humiditatis dulcedinis.* Dicit etiam quod *sapores qui sunt inter istos duos, scilicet dulce et amarum, sunt ex ipsis, sicut colores medii sunt ex albo et nigro.*

⟨5⟩ *Eodem modo oportet intelligere*

Dicto de sapore dicendum est de odore. Sicut enim sapor habet aliquod activum et aliquod passivum, eodem modo odor. Activum odoris est humidum enchimum. 'Enchimum' dicitur ab 'en' (quod est 'in') et 'chimus' ('humor'), quasi humore existente imbibito et incorporato alicui sicco. Passivum odoris est aliquod genus commune quod comprehendit sub se aerem et aquam. Et illud commune susceptivum odoris est perspicuum non inquantum perspicuum, sed inquantum est mundabile seu lavabile; unde illa receptio humidi dicitur lavatio vel mundatio, quia per humidum receptum natum est aliquid ablui vel mundari.

---

1 humida … sunt[1]] *om.* O (*hom.*) 2 est] *om.* V 5 fuerit] fuerint L_2OV 7 enim] nisi L_2V 8 aut … siccitati[2]] *om.* M_2 9 humiditatis] et *superscr.* M_2 12 intelligere] et cetera M_2 13 est] *om.* OV 14 eodem modo] sic M_2 17 sub] *om.* V | et[2]] *om.* L_2O 18 illud] idem OV 19 seu] sed O

3–5 quod … digestione] Cf. Averroes Cordubensis, *In De sensu et sensato* (ed. Shields, 23, 1–3). 5–9 modi … dulcedinis] Cf. Averroes Cordubensis, *In De sensu et sensato* (ed. Shields, 23, 4–24, 8). 9–11 sapores … nigro] Cf. Averroes Cordubensis, *In De sensu et sensato* (ed. Shields, 24, 8–10). 12 eodem … intelligere] Cf. Aristoteles, *De sensu et sensato*, 5, 442b 27 (ed. Leonina, AL XIII.2, 63a, 1). 13–15 dicto … enchimum[1]] Cf. Albertus Magnus, *In De sensu et sensato*, I, tr. II, cap. 9 (ed. Donati, 80a, 17–21). 13–17 dicto … aquam] Cf. Aristoteles, *De sensu et sensato*, 5, 442b 27–29 (ed. Leonina, AL XIII.2, 63a, 1–4). | Cf. Thomas de Aquino, *In De sensu et sensato*, tr. 1, cap. 11 (ed. Leonina, 64a, 17–29). 15–16 enchimum[2] … sicco] Cf. Albertus Magnus, *In De sensu et sensato*, I, tr. II, cap. 9 (ed. Donati, 80a, 21–80b, 25). 17–21 et[2] … mundari] Cf. Aristoteles, *De sensu et sensato*, 5, 442b 29–443a 3 (ed. Leonina, AL XIII.2, 63a, 5–9). | Cf. Albertus Magnus, *In De sensu et sensato*, I, tr. II, cap. 9 (ed. Donati, 80b, 38–47). | Cf. Thomas de Aquino, *In De sensu et sensato*, tr. 1, cap. 11 (ed. Leonina, 64a, 30–41).

Quod autem primum susceptivum odoris non sit aer tantum sed aliquod commune aeri et aquae declarat Philosophus, quia odor percipitur in aqua, nam pisces in aqua percipiunt odorem et quaerunt nutrimentum multum distans quod non possunt percipere per visum, quod non esset, nisi pisces odorarent in aqua. Et in aqua non est aer, quia aer supernatat aquae. Vel posito adhuc quod in aqua esset aer pisces non odorarent | per aerem, quia [O 95ra] non respirant aerem sed aquam; patet igitur quod aqua est sus|ceptivum [V 253rb] odoris, et constat quod aer suscipit odorem; ideo primum susceptivum odoris est commune aeri et aquae.

Quod autem enchimum sit activum odoris patet per habentia odorem et per non habentia odorem, quoniam illa in quibus non est enchimum non habent odorem, sed illa in quibus est | enchimum habent odorem. [L$_2$ 182va] Nam quodlibet elementum vel habet humiditatem sine siccitate vel siccitatem sine humiditate, et sic in elementis non est enchimum; | propter quod [M$_2$ 97vb] non habent odorem. Sed quaedam corpora mixta habent odorem, ut sal et nitrum, quia in eis est enchimum, ut patet, quia oleum extrahitur ab eis per aliquod artificium; sed nitrum plus habet de humore quam sal. Sed quaedam mixta non habent odorem, ut lapis durus et solidus, similiter quaedam metalla quae habent multum de terrestritate, ut aurum, non habent odorem, quia in illis non est humor propter terrestritatem. Sed ligna in quibus est humor habent odorem, et propter hoc sunt inflammabilia propter pinguedinem. Et sic patet quod enchimum est activum odoris.

---

1 aliquod] aliquid M$_2$O 3 pisces] existentes *add.* M$_2$ 7 aquam] aqua M$_2$ 11 quibus] quo L$_2$ 11–12 non^2 ... enchimum] est enchimum habent odorem nam elementa in quibus non est enchimum non M$_2$ 12 sed ... odorem^2] *om.* O (*hom.*) 13 sine siccitate] sive siccitatem M$_2$ 13–14 siccitatem ... humiditate] e converso M$_2$ 14–15 propter ... odorem^1] *om.* L$_2$OV 15 odorem^2] *om.* M$_2$ | et] vel M$_2$ 16 ut] quod M$_2$ | extrahitur] exit L$_2$OV 17 nitrum] sal M$_2$ | sal] vitrum M$_2$

1–2 quod ... aquae] Cf. ALBERTUS MAGNUS, *In De sensu et sensato*, I, tr. II, cap. 9 (ed. Donati, 80b, 38–39). 1–4 quod ... distans] Cf. ALBERTUS MAGNUS, *In De sensu et sensato*, I, tr. II, cap. 9 (ed. Donati, 81a, 3–8). 1–5 quod ... aquae] Cf. ARISTOTELES, *De sensu et sensato*, 5, 443a 3–6 (ed. Leonina, AL XIII.2, 63a, 9–11). 1–9 quod ... aquae] Cf. THOMAS DE AQUINO, *In De sensu et sensato*, tr. 1, cap. 11 (ed. Leonina, 64a, 42–64b, 72). 5–9 vel ... aquae] Cf. ARISTOTELES, *De sensu et sensato*, 5, 443a 6–8 (ed. Leonina, AL XIII.2, 63a, 12–14). 10–11 quod ... odorem] Cf. ARISTOTELES, *De sensu et sensato*, 5, 443a 8–9 (ed. Leonina, AL XIII.2, 63a, 15–16). 10–17 quod ... sal] Cf. THOMAS DE AQUINO, *In De sensu et sensato*, tr. 1, cap. 11 (ed. Leonina, 65a, 80–100). 10–22 quod ... pinguedinem] Cf. ALBERTUS MAGNUS, *In De sensu et sensato*, I, tr. II, cap. 9 (ed. Donati, 81a, 25–82a, 6). 11–22 quoniam ... odoris] Cf. ARISTOTELES, *De sensu et sensato*, 5, 443a 9–21 (ed. Leonina, AL XIII.2, 63a, 14–30). 17–22 sed^2 ... pinguedinem] Cf. THOMAS DE AQUINO, *In De sensu et sensato*, tr. 1, cap. 11 (ed. Leonina, 65a, 101–65b, 121).

Idem probatur per opinionem aliorum, quoniam quidam posuerunt odorem esse fumalem evaporationem quae est communis aeri et terrae, quasi medium inter ea. Et istud posuit Heraclitus qui dixit quod, si omnia entia resolverentur in fumum, nares discernerent omnia entia. Unde posuerunt odorem esse fumalem evaporationem quae est aliquid resolutum a sicco terrestri non pertingens ad subtilitatem aeream. Alii posuerunt propinquum huic positioni. Quidam enim posuerunt odorem esse evaporationem et quidam exhalationem. Et est differentia inter evaporationem et exhalationem, quia evaporatio est quaedam humiditas aquea resoluta, sed exhalatio est communis aeri et aquae.

Istam opinionem improbat Philosophus dupliciter. Primo sic: evaporatio pertinet ad aquam, igitur, si odor esset evaporatio, non perciperetur nisi in aqua; si igitur odor esset fumus, odor non perciperetur in aqua. Secundo sic: simile est dicere quod evaporatio dicatur odor et colores dicantur effluxiones, utrumque enim est impossibile, quia sic visus et olfactus non perciperent sua obiecta nisi per effluxionem et per motum visibilis et odorabilis ad visum et olfactum; et sic visus et olfactus immutarentur per contactum. Similiter, visa et odorata diminuerentur per talem effluxionem. Ex quo igitur odor nec est | V 253va vapor nec fumus concluditur quod humidum aqueum vel aereum patitur ab enchima siccitate; et sic fit odor.

---

1 opinionem] opiniones M_2 | quoniam] quam L_2 4 discernerent] discernent M_2 5 resolutum] resolunt O 8 differentia] dubium O 9 quaedam] quidam M_2 10 aquae] terrae L_2OV 12 perciperetur] percipietur M_2 | nisi] *exp.* O 13 aqua[1]] similiter fumus non fit in aqua *add.* M_2 14 et] quod *add.* M_2 | colores] medii *add.* M_2 18 diminuerentur] non distinguerentur M_2 19 concluditur] concludit M_2

1–3 idem … ea] Cf. Aristoteles, *De sensu et sensato*, 5, 443a 21–23 (ed. Leonina, AL xiii.2, 63a, 31–33). 1–6 idem … aeream] Cf. Thomas de Aquino, *In De sensu et sensato*, tr. 1, cap. 11 (ed. Leonina, 65b, 136–146). 1–3 quidam … ea] Cf. Albertus Magnus, *In De sensu et sensato*, i, tr. ii, cap. 10 (ed. Donati, 82a, 11–12). 3–4 et … entia[2]] Cf. Aristoteles, *De sensu et sensato*, 5, 443a 23–24 (ed. Leonina, AL xiii.2, 63a, 33–61b, 2). | Cf. Albertus Magnus, *In De sensu et sensato*, i, tr. ii, cap. 10 (ed. Donati, 82b, 24–26). 4–10 unde … aquae] Cf. Aristoteles, *De sensu et sensato*, 5, 443a 24–29 (ed. Leonina, AL xiii.2, 63b, 2–8). 6–10 alii … aquae] Cf. Thomas de Aquino, *In De sensu et sensato*, tr. 1, cap. 11 (ed. Leonina, 65b, 146–66a, 158). 7–10 quidam … aquae] Cf. Albertus Magnus, *In De sensu et sensato*, i, tr. ii, cap. 10 (ed. Donati, 82b, 26–29). 11–13 istam … aqua[2]] Cf. Aristoteles, *De sensu et sensato*, 5, 443a 29–443b 1 (ed. Leonina, AL xiii.2, 63b, 9–12). | Cf. Thomas de Aquino, *In De sensu et sensato*, tr. 1, cap. 11 (ed. Leonina, 66a, 161–167). 13–18 secundo … effluxionem] Cf. Thomas de Aquino, *In De sensu et sensato*, tr. 1, cap. 11 (ed. Leonina, 66a, 168–182). 13–20 secundo … odor] Cf. Aristoteles, *De sensu et sensato*, 5, 443b 1–8 (ed. Leonina, AL xiii.2, 63b, 13–22). 18–20 ex … odor] Cf. Thomas de Aquino, *In De sensu et sensato*, tr. 1, cap. 11 (ed. Leonina, 66b, 184–189).

Adhuc per affinitatem ad saporem ostenditur quod enchimum sit activum odoris, nam, sicut quidam sapores sunt dulces et quidam | amari et O 95rb cetera, sic quidam odores dicuntur dulces et quidam acetosi et quidam amari. Odor tamen non proprie dicitur amarus sed odor putridus, ita quod odor putridus proportionaliter correspondet odori amaro. Ex hac affinitate manifestum est quod, sicut sapor fit in aqua, ita odor fit in aere et in aqua. Quod autem sapor et odor habeant affinitatem patet, quia per frigus et congelationem sapores hebetantur et odores exterminantur, quia per praedicta aufertur calidum quod generat et movet odores et sapores. | L_2 182vb

Dicto de odore in generali dicendum est de speciebus eius. Et sunt duae species odoris generales: una accipitur per convenientiam ad sapores et alia secundum se. Odor qui accipitur per convenientiam ad saporem est delectabilis per accidens. Sed alia species odoris est secundum se delectabilis. Unde quidam odores sunt delectabiles per accidens et quidam sunt delectabiles secundum se. Nam aliquis odor est signum nutrimenti et talis odor est delectabilis per accidens, inquantum signat nutrimentum. Animal enim per odorem percipit nutrimentum conveniens a remotis et per saporem percipit nutrimentum conveniens coniunctum. Et quod odores qui sunt signa nutrimenti non sint delectabiles secundum se patet, quia huiusmodi odores non sunt delectabiles animalibus repletis nec animalibus quae non egent nutrimento, sed esurientibus et egentibus | cibo sunt tales odores delect- M_2 98ra

---

2 quidam[1]] *om.* OV 3 quidam[2]] quidem L_2 | et[2]] *om.* M_2 4 amarus] ita *add.* V | odor[2]] *om.* L_2M_2O 9 sapores] et cetera maria muder (!) *add.* L_2 10 est] *om.* L_2OV 14–15 per … delectabiles] *om.* L_2 (*hom.*) 14 sunt[2]] *om.* M_2 14–15 delectabiles[2] … se] secundum se delectabiles M_2 19 sint] sunt M_2O | quia] quod L_2O 20 quae] qui L_2OV

1–2 adhuc … odoris] Cf. THOMAS DE AQUINO, *In De sensu et sensato*, tr. 1, cap. 11 (ed. Leonina, 66b, 190–192). 1–5 adhuc … amaro] Cf. ARISTOTELES, *De sensu et sensato*, 5, 443b 8–12 (ed. Leonina, AL XIII.2, 63b, 23–26). 2–5 nam … amaro] Cf. THOMAS DE AQUINO, *In De sensu et sensato*, tr. 1, cap. 11 (ed. Leonina, 66b, 193–204). 5–6 ex … aqua[2]] Cf. ARISTOTELES, *De sensu et sensato*, 5, 443b 12–13 (ed. Leonina, AL XIII.2, 63b, 27–29). | Cf. THOMAS DE AQUINO, *In De sensu et sensato*, tr. 1, cap. 11 (ed. Leonina, 66b, 207–208). 7–9 quod … sapores] Cf. ARISTOTELES, *De sensu et sensato*, 5, 443b 14–16 (ed. Leonina, AL XIII.2, 63b, 30–33). | Cf. THOMAS DE AQUINO, *In De sensu et sensato*, tr. 1, cap. 11 (ed. Leonina, 66b, 209–214). 10–11 dicto … generales] Cf. ARISTOTELES, *De sensu et sensato*, 5, 443b 17–18 (ed. Leonina, AL XIII.2, 67a, 1–2). 10–12 dicto … se] Cf. THOMAS DE AQUINO, *In De sensu et sensato*, tr. 1, cap. 12 (ed. Leonina, 68a, 13–15). 10–16 et … nutrimentum] Cf. ALBERTUS MAGNUS, *In De sensu et sensato*, I, tr. II, cap. 12 (ed. Donati, 84b, 39–47). 14–128.1 unde … delectabiles] Cf. ARISTOTELES, *De sensu et sensato*, 5, 443b 19–24 (ed. Leonina, AL XIII.2, 67a, 5–11). 18–128.1 et … delectabiles] Cf. ALBERTUS MAGNUS, *In De sensu et sensato*, I, tr. II, cap. 12 (ed. Donati, 85a, 4–9). | Cf. THOMAS DE AQUINO, *In De sensu et sensato*, tr. 1, cap. 12 (ed. Leonina, 68a, 27–68b, 43).

abiles. Sed alii sunt odores qui sunt delectabiles secundum se et non quia sunt signa nutrimenti, cuiusmodi sunt odores florum. Tales enim odores non sunt delectabiles per comparationem ad nutrimentum, quia per mixtionem talium odorabilium redditur esca indelectabilis, quia frequenter quae bene redolent et quae habent odorem secundum se delectabilem sunt mali saporis. Et ad hoc adducit Philosophus dictum cuiusdam poetae qui in vituperium alterius desiderantis cibaria nimis delicate parata dixit: 'quando lentem decoquis, non infundas myron', id est unguentum suaviter redolens, id est non commisceas cum pulmento tuo talia quae habent odorem secundum se delectabilem. [V 253vb] | Vel forte ille poeta diligens cibaria delicate parata dixit suo coquo: 'quando lentem decoquis' et cetera, unde sic dicit Philosophus illi: *qui res odoriferas commiscent cibis et potibus faciunt per suam consuetudinem quandam violentiam naturali delectationi, ut scilicet veniant ad hoc quod unum et idem sit delectabile duobus sensibus, scilicet gustui et olfactui, et sic faciunt violentiam naturae, quia naturaliter uni sensui est unum delectabile.*

Tales odores qui secundum se sunt delectabiles non percipiuntur nisi ab homine. Etsi enim homo inter omnia animalia habeat pessimum olfactum, [O 95va] tamen | magis percipit odores secundum se delectabiles quam aliquod aliud animal, sed homo dicitur habere pessimum olfactum, quia inter omnia animalia homo minus bene percipit odores qui sunt signa nutrimenti. Causa autem quare odores secundum se delectabiles percipiuntur ab homine

---

1 sunt[1]] *om.* L_2OV 4 odorabilium] odorum L_2O | quae] qui V 6 qui] quia L_2O 11 sic] ut M_2 | illi] *om.* L_2 14 et idem] *om.* M_2 15 sensui] sensibili O 20 bene] *om.* O

1–2 sed … florum] Cf. ARISTOTELES, *De sensu et sensato*, 5, 443b 26–27 (ed. Leonina, AL XIII.2, 67a, 15–16). | Cf. THOMAS DE AQUINO, *In De sensu et sensato*, tr. 1, cap. 12 (ed. Leonina, 68a, 19–26). 2–6 tales … saporis] Cf. ARISTOTELES, *De sensu et sensato*, 5, 443b 28–30 (ed. Leonina, AL XIII.2, 67a, 17–19). | Cf. THOMAS DE AQUINO, *In De sensu et sensato*, tr. 1, cap. 12 (ed. Leonina, 68b, 67–69a, 78). 6–8 et … myron] Cf. ARISTOTELES, *De sensu et sensato*, 5, 443b 30–31 (ed. Leonina, AL XIII.2, 67a, 19–21). 6–10 et … delectabilem] Cf. ALBERTUS MAGNUS, *In De sensu et sensato*, I, tr. II, cap. 12 (ed. Donati, 85b, 32–38). | Cf. THOMAS DE AQUINO, *In De sensu et sensato*, tr. 1, cap. 12 (ed. Leonina, 69a, 78–85). 10–15 vel … delectabile] Cf. THOMAS DE AQUINO, *In De sensu et sensato*, tr. 1, cap. 12 (ed. Leonina, 69a, 86–95). 11–15 unde … delectabile] Cf. ARISTOTELES, *De sensu et sensato*, 5, 443b 19–24 (ed. Leonina, AL XIII.2, 67a, 5–11). | qui … delectabile] Cf. ARISTOTELES, *De sensu et sensato*, 5, 443b 31–444a 3 (ed. Leonina, AL XIII.2, 67a, 22–25). 16–17 tales … homine] Cf. ARISTOTELES, *De sensu et sensato*, 5, 444a 3–5 (ed. Leonina, AL XIII.2, 67a, 26–28). 16–20 tales … nutrimenti] Cf. THOMAS DE AQUINO, *In De sensu et sensato*, tr. 1, cap. 12 (ed. Leonina, 69a, 102–69b, 112). 20–129.6 causa … infrigidantur] Cf. ALBERTUS MAGNUS, *In De sensu et sensato*, I, tr. II, cap. 12 (ed. Donati, 86a, 25–86b, 40). | causa … hominibus] Cf. ARISTOTELES, *De sensu et sensato*, 5, 444a 8–16 (ed. Leonina, AL XIII.2, 67a, 33–67b, 7). 20–129.17 causa … rerum] Cf. THOMAS DE AQUINO, *In De sensu et sensato*, tr. 1, cap. 12 (ed. Leonina, 69b, 121–70a, 145).

solum est, quia homo secundum quantitatem sui corporis habet plus de cerebro quam aliquod aliud animal, et cerebrum est membrum frigidum et humidum, ideo sanguis qui circa cerebrum continetur in quibusdam subtilibus venis est de facili infrigidabilis. Et ex hoc contingit quod fumi resoluti a cibo sursum | ascendentes propter frigiditatem loci inspissantur et infrigid- L_2 183ra antur, et ex hoc causantur rheumaticae infirmitates in hominibus. Et ideo in adiutorium sanitatis contra superfluam frigiditatem cerebri attributa est haec species odoris hominibus.

Unde breviter: causa quare homo percipit odores qui sunt secundum se delectabiles magis quam aliud animal est, ut per talem perceptionem temperetur frigiditas cerebri et ut sanentur rheumaticae infirmitates. Etsi enim huiusmodi odores quandoque gravent cerebrum, hoc est quia non adhibentur secundum quod debent, sed superflue ipsum cerebrum calefacientes faciunt nimiam resolutionem; et si modo debito adhibentur, conferunt ad sanitatem; nec videtur esse alia utilitas. Parum enim deserviunt intellectui. Perceptio talium odorum modicum prodest ad investigandum naturas rerum. Nec sufficiunt odores qui per accidens sunt delectabiles ad sanitatem, quia tales odores gravant caput propter superfluam humiditatem vel propter superfluam siccitatem, sed odor secundum se delectabilis ex sui natura semper est utilis ad sanitatem.

Ex istis concluditur modus odorandi. Odoratio enim in hominibus et in quibusdam aliis animalibus habentibus sanguinem fit per respirationem, cuius causa est, quia per respirationem elevantur odores | ad cerebrum; et ex V 254ra hoc est sanitas. Unde natura in hominibus utitur respiratione ad duo: principaliter ad adiutorium thoracis, id est pectoris, et ad refrigerandum cor, sed

1 sui corporis] *om.* L_2OV 3 humidum] et *add.* O 7 contra] *coni. codd.* propter 10–11 temperetur] temperatur L_2V temperaretur O 11 et] *om.* O 13 sed] scilicet L_2OV 14 nimiam] minimam L_2OV 15 deserviunt] *lectio illigibilis* M_2 16 perceptio] peremptio L_2OV | talium] enim L_2OV 21 istis] illo M_2 23 odores ... cerebrum] ad cerebrum odores M_2 24–25 principaliter] autem *add.* O 25 et] ut L_2OV

6–8 et^2 ... hominibus] Cf. ARISTOTELES, *De sensu et sensato*, 5, 444a 16–19 (ed. Leonina, AL XIII.2, 67b, 8–11). 17–20 nec ... sanitatem] Cf. THOMAS DE AQUINO, *In De sensu et sensato*, tr. 1, cap. 12 (ed. Leonina, 70a, 150–157). 21–22 ex ... respirationem] Cf. THOMAS DE AQUINO, *In De sensu et sensato*, tr. 1, cap. 12 (ed. Leonina, 70a, 159–162). 21–130.1 ex ... odorem] Cf. ALBERTUS MAGNUS, *In De sensu et sensato*, I, tr. II, cap. 12 (ed. Donati, 86b, 62–87a, 27). 21–22 odoratio ... respirationem] Cf. ARISTOTELES, *De sensu et sensato*, 5, 444a 19–21 (ed. Leonina, AL XIII.2, 67b, 12–14). 23–24 cuius ... sanitas] Cf. ARISTOTELES, *De sensu et sensato*, 5, 444a 22–25 (ed. Leonina, AL XIII.2, 67b, 15–18). | Cf. THOMAS DE AQUINO, *In De sensu et sensato*, tr. 1, cap. 12 (ed. Leonina, 70b, 177–181). 24–130.1 unde ... odorem] Cf. ARISTOTELES, *De sensu et sensato*, 5, 444a 25–28 (ed. Leonina, AL XIII.2, 67b, 18–21). | Cf. THOMAS DE AQUINO, *In De sensu et sensato*, tr. 1, cap. 12 (ed. Leonina, 70b, 183–187).

adventitie, id est secundario, ad percipiendum odorem. Sed in aliis animalibus ab homine, ut in habentibus pulmonem quae sola respirant, natura dedit sensum alterius odoris, scilicet pertinentis ad cibum, per respirationem, ut non facit | M$_2$ 98rb duo organa (unum respirandi et aliud odorandi), cum unum sufficiat.

Sed qualiter animalia non respirantia odorent, ut muscae et apes, est dubium, quia aut odorant per olfactum aut per aliquem alium sensum a quinque sensibus. Non est dicere | O 95vb quod per sensum alium, quia solus olfactus percipit odorem, ideo, si animalia non respirantia percipiant odorem, oportet quod habeant olfactum.

Istam dubitationem solvit Philosophus dicens quod in animalibus respirantibus per respirationem removetur quiddam quod superiacet organo odoratus per modum cuiusdam cooperculi; et ideo, quando non respirant, impediuntur ab odorando. Sed animalia non respirantia carent huiusmodi cooperculo, et ideo animalia respirantia non odorant nisi respirando. Sed animalia non respirantia possunt odorare sine respiratione, quia non habent super organum olfactus aliquod cooperculum impediens olfactum immutari. Unde, sicut videmus quod quaedam animalia habent palpebras quae, si aperiantur, possunt videre et alia animalia, ut animalia habentia duros oculos, non habent palpebras, sic est de organo | L$_2$ 183rb olfactus quod in quibusdam animalibus est cooperculum superiacens organo olfactus et in quibusdam non.

---

1 percipiendum] percutiendum V 4 ut] et M$_2$O 6 ut] sicut M$_2$ 9–10 percipiant odorem] odorent M$_2$ 12 removetur] praemovetur V 14 carent huiusmodi] *rep.* V 14–15 cooperculo] cooperculis O 18 si] non *superscr.* M$_2$ 19 aperiantur] ideo *add.* L$_2$ non *add.* M$_2$

1–5 sed ... sufficiat] Cf. Albertus Magnus, *In De sensu et sensato*, I, tr. II, cap. 12 (ed. Donati, 87a, 28–87b, 44). | Cf. Thomas de Aquino, *In De sensu et sensato*, tr. 1, cap. 12 (ed. Leonina, 70b, 203–211). | in ... sufficiat] Cf. Aristoteles, *De sensu et sensato*, 5, 444b 2–7 (ed. Leonina, AL XIII.2, 67b, 29–34). 6–7 sed ... dubium] Cf. Aristoteles, *De sensu et sensato*, 5, 444b 7–11 (ed. Leonina, AL XIII.2, 71a, 1–5). 6–10 sed ... olfactum] Cf. Thomas de Aquino, *In De sensu et sensato*, tr. 1, cap. 13 (ed. Leonina, 72a, 8–18). 7–10 aut[1] ... olfactum] Cf. Aristoteles, *De sensu et sensato*, 5, 444b 15–21 (ed. Leonina, AL XIII.2, 71a, 10–17). 11–18 istam ... immutari] Cf. Albertus Magnus, *In De sensu et sensato*, I, tr. II, cap. 13 (ed. Donati, 89a, 6–26). 11–22 istam ... non] Cf. Thomas de Aquino, *In De sensu et sensato*, tr. 1, cap. 13 (ed. Leonina, 72a, 72–73a, 89). 11–18 in ... immutari] Cf. Aristoteles, *De sensu et sensato*, 5, 444b 21–24 (ed. Leonina, AL XIII.2, 71a, 18–22). 18–20 unde ... palpebras] Cf. Aristoteles, *De sensu et sensato*, 5, 444b 24–27 (ed. Leonina, AL XIII.2, 71a, 22–26). | Cf. Albertus Magnus, *In De sensu et sensato*, I, tr. II, cap. 13 (ed. Donati, 89a, 27–36). 20–22 sic ... non] Cf. Aristoteles, *De sensu et sensato*, 5, 444b 28–31 (ed. Leonina, AL XIII.2, 71a, 27–30).

Adhuc removetur unus error circa odorem, nam quidam Pythagoreici dixerunt quaedam animalia nutriri odoribus. Istud improbatur dupliciter. Primo: quia nutrimentum debet esse compositum ex quattuor elementis, quia ex eisdem sumus et nutrimur, et nos qui nutrimur sumus compositi ex quattuor elementis, sed odor non componitur ex quattuor elementis; igitur odor non nutrit. Quod autem nutrimentum sit compositum ex quattuor elementis patet per signum, nam ex cibo generatur aliqua superfluitas, sicut patet, nam in animalibus et plantis est quidam locus deputatus congregationi superfluitatum. Si tamen nutrimentum esset | elementum purum, esset V 254rb simile in omnibus partibus, et sic ex nutrimento non generaretur aliqua superfluitas. Secundo improbatur idem: in animali est aliquis certus locus in quo recipitur alimentum, ut stomachus, illud igitur quod non defertur ad locum nutrimenti illud non nutrit, sed odores non deferuntur ad locum nutrimenti, quia non deferuntur ad stomachum sed ad cerebrum.

Sciendum quod olfactus convenit cum sensibus qui immutantur per medium intrinsecum per hoc quod olfactus est sensus nutrimenti. Unde, quia tactus et gustus sunt sensus nutrimenti et olfactus similiter, per hoc convenit olfactus cum tactu et gustu. Et per hoc quod olfactus immutatur per medium extrinsecum, convenit cum visu et auditu qui etiam immutantur per medium extrinsecum.

Notanda sunt hic quaedam quae Commentator dicit de odoribus. Dicit enim quod *materia odorum est sapor qui fit ex mixtione siccitatis cum humiditate. Apparet enim per inductionem quod omne habens odorem habet saporem*. Adhuc autem, *quia odores sunt de genere vaporum fumosorum, per hunc*

---

3 primo] *om.* L_2OV 5–6 igitur ... nutrit] *om.* L_2OV 8 et] in *add.* L_2 10 generaretur] generetur M_2 11 certus] certius L_2 18 quod] *om.* O 19 qui] quae L_2V 21 notanda ... odoribus] *om.* L_2OV 24 sunt] *om.* V | vaporum] saporum V

1–2 adhuc ... odoribus] Cf. Aristoteles, *De sensu et sensato*, 5, 445a 16–17 (ed. Leonina, AL xiii.2, 71b, 15–17). 1–11 adhuc ... superfluitas] Cf. Thomas de Aquino, *In De sensu et sensato*, tr. 1, cap. 13 (ed. Leonina, 74a, 178–74b, 219). 2–4 istud ... nutrimur[1]] Cf. Aristoteles, *De sensu et sensato*, 5, 445a 17–18 (ed. Leonina, AL xiii.2, 71b, 18–19). 6–11 quod ... superfluitas] Cf. Aristoteles, *De sensu et sensato*, 5, 445a 18–23 (ed. Leonina, AL xiii.2, 71b, 19–24). 11–14 secundo ... cerebrum] Cf. Aristoteles, *De sensu et sensato*, 5, 445a 23–27 (ed. Leonina, AL xiii.2, 71b, 25–29). | Cf. Thomas de Aquino, *In De sensu et sensato*, tr. 1, cap. 13 (ed. Leonina, 74b, 220–75a, 231). 15–20 sciendum ... extrinsecum] Cf. Albertus Magnus, *In De sensu et sensato*, I, tr. II, cap. 14 (ed. Donati, 90a, 20–90b, 35). | Cf. Thomas de Aquino, *In De sensu et sensato*, tr. 1, cap. 13 (ed. Leonina, 73b, 135–142). | olfactus ... extrinsecum] Cf. Aristoteles, *De sensu et sensato*, 5, 445a 4–8 (ed. Leonina, AL xiii.2, 71b, 1–5). 22–24 materia ... saporem] Cf. Averroes Cordubensis, *In De sensu et sensato* (ed. Shields, 24, 11–14). 24–132.1 odores ... caliditati] Cf. Averroes Cordubensis, *In De sensu et sensato* (ed. Shields, 24, 14–16).

O 96ra *modum defert eos aer,* | *et ideo attribuuntur siccitati et caliditati.* Adhuc autem dicit *naturam odorabilium esse fumosam. Testatur hic quod multa non habent odorem, sed, cum appropinquant igni, tunc habent odorem.* Dicit etiam quod *homo melius distinguit differentias sensibilium olfactus quam cetera animalia, et tamen multa animalia fortius comprehendunt odores a remoto.*

⟨6⟩ *Obiciet autem aliquis*

Dictum est prius specialiter de sensibilibus et sensibus, et in hac parte determinatur de sensibus et sensibilibus in generali. Et determinantur hic tres quaestiones circa sensus et sensibilia. Prima quaestio est an qualitates sensibiles dividantur in infinitum; unde prima quaestio est de ipsis sensibilibus. Secunda quaestio est de immutatione sensus et est utrum sensus immutentur a sensibilibus subito vel successive. Tertia quaestio est de ipso sensu et est: an sensus possit simul percipere diversa sensibilia, ut utrum possit simul visus videre et auditus audire.

M_2 98va Prima quaestio determinatur in hoc capitulo. Primo | tamen arguitur ad falsam partem quaestionis et deinde ad partem veram. Primo probatur quod qualitates sensibiles non dividuntur in infinitum, et hoc sic: omne sensibile est natum agere in sensum, nam propter hoc dicitur aliquid sensibile, quia L_2 183va est natum agere in sensum; igitur, si qualitates sensibiles dividantur | in infinitum, sequitur quod sensus dividitur in infinitum, ita quod quocumque sensu accepto sit accipere sensum perfectiorem. Sed hoc est inconveniens, quia ex hoc sequitur quod quaelibet magnitudo quantumcumque parva sit

---

2 odorabilium] odorabilitati V | hic] hoc L_2O 3 sed ... odorem^2] *om.* O (*hom.*) | habent] *om.* V 4 sensibilium] sensuum L_2OV 5 a] ex L_2OV 6 obiciet] obviet L_2 7 sensibilibus] sensibus L_2 8 sensibus] sensibilibus V 9 quaestio est] *om.* M_2 10 sensibilibus] *coni. codd.* sensibus 13 percipere] videre *add.* L_2 13–14 possit^2 ... visus] visus posset simul M_2 14 visus] percipere L_2V 15 determinatur] declaratur O 16 primo] igitur *add.* L_2M_2O 21 sit] fit O

2–3 naturam ... odorem^2] Cf. Averroes Cordubensis, *In De sensu et sensato* (ed. Shields, 24, 18–20). 4–5 homo ... remoto] Cf. Averroes Cordubensis, *In De sensu et sensato* (ed. Shields, 25, 24–27). 6 obiciet ... aliquis] Aristoteles, *De sensu et sensato*, 6, 445b 3 (ed. Leonina, AL xiii.2, 76a, 1). 7–14 dictum ... audire] Cf. Albertus Magnus, *In De sensu et sensato*, i, tr. iii, cap. 1 (ed. Donati, 92a, 8–92b, 14). | Cf. Thomas de Aquino, *In De sensu et sensato*, tr. 1, cap. 14 (ed. Leonina, 76a, 1–76b, 9). 9–10 prima ... sensibilibus] Cf. Aristoteles, *De sensu et sensato*, 6, 445b 3–6 (ed. Leonina, AL xiii.2, 76a, 1–4). 16–20 primo ... infinitum] Cf. Aristoteles, *De sensu et sensato*, 6, 445b 6–10 (ed. Leonina, AL xiii.2, 76a, 5–9).

sensibilis, quia qualitas sensibilis non | sentitur, nisi sit in quanto, quia, ut V 254[va] sequitur in littera, 'impossibile est album videre, non autem quantum'. Intelligendum est hic quod, quanto sensibile est minoris virtutis in movendo, tanto requiritur sensus perfectior ad percipiendum illud sensibile. Aliquis enim potest videre domum qui non potest videre filum vel granum milii. Unde Philosophus primo *De caelo* dicit quod potentia activa determinatur per maximum in quod potest et potentia passiva determinatur per minimum in quod potest. Et ideo, cum sensus sit virtus passiva, quanto aliquis sensus potest percipere sensibile minoris virtutis, tanto ille sensus est perfectior. Et ideo, si qualitates sensibiles dividantur in infinitum, sequitur quod sensus dividatur in infinitum, ita quod sit dare sensum perfectiorem in infinitum.

Ad oppositum arguit Philosophus probando quod qualitates sensibiles sunt divisibiles in infinitum, quia corpus continuum in quo est qualitas sensibilis est divisibile in infinitum, sed in qualibet parte corporis est qualitas sensibilis; igitur qualitas sensibilis est divisibilis in infinitum ad divisionem corporis in quo est. Si enim | detur quod corpus sit divisibile in infinitum et O 96[rb] qualitas sensibilis non, esset devenire ad aliquam partem corporis quae non haberet aliquam qualitatem sensibilem, et illa pars esset insensibilis; igitur sensibile corpus componeretur ex insensibilibus, quod falsum est, quia corpus sensibile non componitur nisi ex sensibilibus; non enim componitur ex mathematicis. Similiter, si qualitas sensibilis non divideretur in infinitum ad divisionem corporis, aliqua pars corporis esset absque qualitate sensibili, et

---

1 quia[1] ... sensibilis] *om.* L_2V (*hom.*) | in quanto] quanta M_2 2 sequitur] dicitur M_2O 3 quod] *om.* M_2 | in] etiam M_2 7 determinatur] *om.* M_2 8 sensus] *om.* M_2 10 sequitur] *corr. ex* similiter L_2 similiter V 11 perfectiorem] et perfectiorem *add.* M_2O 15 divisibile] divisibilis L_2O | corporis] sensibilis *add.* M_2 16 est divisibilis] *om.* V 17 detur] dicitur O | sit] *om.* O 20 quia] *om.* O 22–23 in ... corporis[1]] ad divisionem corporis in infinitum M_2 23 aliqua] alia M_2

---

2 impossibile ... quantum] Cf. ARISTOTELES, *De sensu et sensato*, 6, 445b 10–11 (ed. Leonina, AL XIII.2, 76a, 9–10). 6–8 philosophus ... potest] In *De caelo* Aristotelis locus non invenitur. Cf. AUCTORITATES ARISTOTELIS (ed. Hamesse, 162, 38). 13–22 ad ... mathematicis] Cf. THOMAS DE AQUINO, *In De sensu et sensato*, tr. 1, cap. 14 (ed. Leonina, 77b, 57–71). 17–20 si ... insensibilibus] Cf. ARISTOTELES, *De sensu et sensato*, 6, 445b 11–13 (ed. Leonina, AL XIII.2, 76a, 11–14). 20–21 corpus[2] ... sensibilibus] Cf. ARISTOTELES, *De sensu et sensato*, 6, 445b 13–14 (ed. Leonina, AL XIII.2, 76a, 14–15). 21–22 non[2] ... mathematicis] Cf. ARISTOTELES, *De sensu et sensato*, 6, 445b 14–15 (ed. Leonina, AL XIII.2, 76a, 15–16). 22–134.5 similiter ... intellectu] Cf. THOMAS DE AQUINO, *In De sensu et sensato*, tr. 1, cap. 14 (ed. Leonina, 77b, 73–86). 22–134.4 si ... sensu[1]] Cf. ARISTOTELES, *De sensu et sensato*, 6, 445b 15–17 (ed. Leonina, AL XIII.2, 76a, 17–19).

illa pars nec est cognoscibilis a sensu nec ab intellectu: non a sensu, cum non habeat qualitatem sensibilem, nec ab intellectu, quia de numero eorum quae sunt extra non cognoscitur aliquid ab intellectu, nisi prius cognoscatur a sensu. Et sic esset aliquod corpus quod nec esset cognoscibile a sensu nec ab intellectu. Quidam dicunt quod corpus non dividitur in infinitum, quia componitur ex indivisibilibus, et ideo, cum pervenerit divisio ad indivisibilia, non restat ulterius divisio. Istud est sufficienter improbatum sexto *Physicorum*.

Ad istam quaestionem dicendum secundum intentionem Philosophi quod duplex est divisio sensibilis: una est divisio sensibilis secundum se, et haec est divisio generis in suas species; alia est divisio eius secundum divisionem subiecti, et haec est divisio alicuius in suas partes quantitativas. Et hoc est quod dicit Alexander quod quaedam est divisio formalis et quaedam quantitativa. Divisio formalis est divisio generis in species et divisio quantitativa est divisio quanti in suas partes integrales. Loquendo de divisione formali non dividitur sensibile in infinitum, nam quodlibet genus sensibilis habet species finitas et non infinitas. Et hoc probat Philosophus sic: in quolibet genere sensibili sunt duo contraria maxime distantia, ut in V 254vb colore album et nigrum, in sapore | dulce et amarum, sed stantibus extremis impossibile est media esse infinita; cum igitur in quolibet genere sensibili L_2 183vb sint duo extrema maxime distantia, species | intermediae non erunt infinitae. Intelligendum est quod, ubi est infinitas, ibi non est maxima distantia, sed quacumque distantia accepta contingit accipere distantiam maiorem; igitur, cum in quolibet genere sensibili sint duo contraria quae maxime M_2 98vb distant, sequitur quod in nullo genere sensibili sunt | species infinitae. Et sic patet quod divisione formali non dividitur sensibile in infinitum.

1–2 non … intellectu] *om.* O (*hom.*) 3–4 cognoscatur] cognoscitur M_2 5 corpus] continuum *add.* L_2M_2O 7 improbatum] *om.* V 10 est[1] … sensibilis[2]] *om.* M_2 | se] genus M_2 11 generis] eius O | eius] *om.* M_2 12 divisionem] sui *add.* M_2 12–13 et … quantitativas] *om.* L_2OV 13 alexander] hic *add.* M_2 14 et] *om.* M_2 17 sensibilis] sensibile M_2 20 cum igitur] *inv.* M_2 21 sint] sunt L_2O | non] *om.* V 24 maxime] maxima L_2 25 sunt] sint V

4–8 et … physicorum] Cf. Aristoteles, *De sensu et sensato*, 6, 445b 17–20 (ed. Leonina, AL xiii.2, 76a, 20–23). | Cf. Albertus Magnus, *In De sensu et sensato*, i, tr. iii, cap. 1 (ed. Donati, 93b, 62–74). 5–8 quidam … physicorum] Cf. Thomas de Aquino, *In De sensu et sensato*, tr. 1, cap. 14 (ed. Leonina, 78a, 102–112). 7–8 istud … physicorum] Cf. Aristoteles, *Physica*, vi, 2, 233a 29–32 (ed. Brams, AL vii.3, 277, 14–19). 9–26 ad … infinitum] Cf. Thomas de Aquino, *In De sensu et sensato*, tr. 1, cap. 14 (ed. Leonina, 78a, 113–78b, 132). 13–14 dicit … quantitativa] Locum non inveni. 18–22 in[1] … infinitae] Cf. Aristoteles, *De sensu et sensato*, 6, 445b 20–26 (ed. Leonina, AL xiii.2, 76a, 24–31).

Loquendo de divisione quantitativa sic potest sensibile dividi vel in partes aequales vel in partes inaequales. Unde duplex est divisio quantitativa: quaedam in partes eiusdem quantitatis et quaedam in partes eiusdem proportionis. Loquendo de divisione quantitativa quae est in partes aequales sic sensibile nec aliquod continuum dividitur in infinitum, quia quodlibet continuum quantumcumque magnum potest consumi per ablationem partium finitarum aequalium ab eo. Unde non est aliquod quantum ita magnum, quin ipsum possit consumi per ablationem alicuius | quanti quantumcumque parvi et iterum tanti et cetera. Unde, si a caelo auferetur tantum quantum est millesima pars grani milii et iterum tantum, et iterum tantum, per talem ablationem consumeretur totum caelum. Et ideo dicit Philosophus quod sensibile non dividitur in infinitum in partes aequales. Alia est divisio quantitativa in partes inaequales, ut videlicet in partes eiusdem proportionis; verbi gratia: auferatur aliquid a continuo et postea dimidium tanti et tertio dimidium tanti quantum fuit secundo ablatum, et sic continue. Loquendo de tali divisione sic continuum est divisibile in infinitum. Si enim aliquid auferatur a continuo et postea dimidium tanti et iterum dimidium tanti, isto modo numquam consumetur continuum, sed semper restabit aliquid dividendum. Isto modo loquendo dico quod qualitas sensibilis est divisibilis in infinitum, sicut et ipsum continuum est divisibile in infinitum. O 96va

Adhuc dicit Philosophus quod quaedam sunt partes quae possunt manere separatim post divisionem et quaedam non vel, si manerent, non moverent sensum, nam actio totius non semper competit cuilibet parti, nam modium plenum granis milii cadens in terram causat sonum sed unum granum non. Unde est aliqua pars qualitatis sensibilis vel corporis sensibilis quae, si esset separata a toto, non moveret sensum. Et illa pars dicitur sensibilis, non quia per se movet sensum, sed quia cum aliis movet sensum. Unde aliquid dicitur esse sensibile dupliciter: vel quia ipsum separatum a toto potest sentiri vel

2 vel ... inaequales] *om.* O 4 quae est] *om.* M_2 8 quanti] quantitatis V 9 parvi] parvum L_2O 15 ablatum] *om.* O 19 qualitas] qualitatis M_2 21 manere] movere O 21–22 manere separatim] separatim existere M_2 22 manerent] moverent O 23 cuilibet parti] tribus partibus O 23–24 modium plenum] modulum plenum L_2 modius plenus M_2 26 illa] ideo V | dicitur] esse *superscr.* M_2 27 quia] ipsa *add.* M_2 28 esse] *om.* L_2

1–20 loquendo ... infinitum[2]] Cf. THOMAS DE AQUINO, *In De sensu et sensato*, tr. 1, cap. 14 (ed. Leonina, 78b, 138–148). 11–16 et ... infinitum] Cf. ARISTOTELES, *De sensu et sensato*, 6, 445b 27–29 (ed. Leonina, AL XIII.2, 76b, 1–3). 12–19 alia ... dividendum] Cf. ALBERTUS MAGNUS, *In De sensu et sensato*, I, tr. III, cap. 1 (ed. Donati, 94a, 37–50). 21–136.5 adhuc ... sensum] Cf. THOMAS DE AQUINO, *In De sensu et sensato*, tr. 1, cap. 14 (ed. Leonina, 79a, 165–190). 25–27 unde ... sensum[2]] Cf. ARISTOTELES, *De sensu et sensato*, 6, 446a 4–7 (ed. Leonina, AL XIII.2, 76b, 11–14).

quia ipsum cum aliis partibus movet sensum. Vel, sub aliis verbis, aliquid est sensibile actu et aliquid est sensibile potentia vel | [V 255ra] virtute. Qualitas sensibilis est divisibilis in infinitum in partes sensibiles quae propter hoc dicuntur sensibiles, quia cum aliis movent sensum et non quia ipsae separatae a toto possent movere sensum.

Per hoc patet ad rationes. Ad primam: quod, etsi sensibile dividatur in infinitum, non propter hoc oportet sensum dividi in infinitum, quia sensus | [L_2 184ra] non dividitur ad divisionem sensibilis in potentia sed ad divisionem sensibilis in actu. Et qualitas sensibilis non dividitur in infinitum in tales partes quae possunt actu movere sensum.

⟨7⟩ *Obiciet autem utique* et cetera

In hoc capitulo determinatur secunda quaestio quae est: an sensibilia immutent sensum subito. Et est dubium specialiter de visibilibus et de lumine, an ista immutent visum subito vel successive.

Et quod successive probatur, quia omne quod movetur movetur in tempore, sed visibile movetur ad sensum per medium (videtur enim quod sit quidam motus visibilis ad visum, igitur ille motus est in tempore), sed omne tempus est successivum et divisibile; igitur ista sensibilia immutant sensum successive. Et hoc est quod dixit | [O 96vb] Empedocles quod lumen a Sole progrediens primo pervenit ad medium quam ad visum.

---

2 actu … sensibile] *om.* O (*hom.*) 4 sensibiles] in potentia *add.* M_2 | toto] te V 5 possent] possint L_2 possunt M_2 6 primam] rationem *add.* L_2 | primam] primum M_2 | etsi] si L_2M_2 7 sensum dividi] quod sensus dividitur L_2 | sensus] quasi *add.* M_2 9 et] quia M_2 10 quae] quia M_2 11 et cetera] *om.* L_2O 13 specialiter] *om.* M_2 16 videtur] *om.* O | sit] *corr. ex* sint L_2 sint OV 20 primo] prius M_2

1–2 vel … virtute] Cf. Aristoteles, *De sensu et sensato*, 6, 445b 29–31 (ed. Leonina, AL xiii.2, 76b, 4–6). 2–5 qualitas … sensum] Cf. Aristoteles, *De sensu et sensato*, 6, 446a 11–14 (ed. Leonina, AL xiii.2, 76b, 19–23). 6–10 quod … sensum] Cf. Thomas de Aquino, *In De sensu et sensato*, tr. 1, cap. 14 (ed. Leonina, 80b, 258–266). 11 obiciet … cetera] Aristoteles, *De sensu et sensato*, 446a 20 (ed. Leonina, AL xiii.2, 81a, 1). 12–13 in … subito] Cf. Aristoteles, *De sensu et sensato*, 446a 20–23 (ed. Leonina, AL xiii.2, 81a, 1–3). 12–14 in … successive] Cf. Thomas de Aquino, *In De sensu et sensato*, tr. 1, cap. 15 (ed. Leonina, 82a, 29–32). 13–14 et[1] … successive] Cf. Aristoteles, *De sensu et sensato*, 446a 23–26 (ed. Leonina, AL xiii.2, 81a, 4–6). 15–137.3 et … subito] Cf. Thomas de Aquino, *In De sensu et sensato*, tr. 1, cap. 15 (ed. Leonina, 82a, 38–82b, 47). 15–19 omne … successive] Cf. Aristoteles, *De sensu et sensato*, 446a 28–446b 2 (ed. Leonina, AL xiii.2, 81a, 10–15). 19–20 et … visum] Cf. Aristoteles, *De sensu et sensato*, 446a 26–28 (ed. Leonina, AL xiii.2, 81a, 7–9).

Sed hoc est improbatum a Philosopho secundo *De anima*, ubi dicit quod inconveniens est quod motus factus in tam magno tempore, ut ab oriente in occidens, lateret nos. Unde dicit quod lumen multiplicat se subito.

Opinio | quorundam est, ut recitatur in littera, quod omnia sensibilia M_2 104ra immutant sensum subito, ita quod non prius perveniunt ad medium quam ad sensum, et hoc quia sensus simul percipit sensibile absque successione, ita quod in auditione non prius est audire quam auditum esse, sicut in successivis prius est moveri quam motum esse. Unde in instanti perficitur tota auditio, ita quod simul dum aliquis audit, iam audivit, et ita auditus immutatur subito, et sic de quolibet alio sensu.

Intelligendum est quod aliquorum dicitur esse generatio et aliqua sunt absque fieri. Illa dicuntur generari quae acquiruntur per motum, sive ipsa terminent motum sive dispositio eorum ad formam sit motus successivus. Sed illa incipiunt esse absque hoc quod generentur vel fiant quae nec secundum se nec secundum aliquas dispositiones praecedentes in ipsis per motum successivum causantur, sicut dexteritas causatur in aliquo nullo motu successivo praeexistente in ipso sed quodam alio facto sibi sinistro. Similiter, aer incipit illuminari ad praesentiam corporis illuminantis nullo motu praeexistente in ipso. Similiter, sensus immutatur a sensibili ad solam oppositionem sensibilis nullo motu praeexistente in sensu. Et ideo simul aliquis sentit et sensit.

Sed haec opinio non valet, quia non obstante quod aliquis simul sentit et sensit tamen oportet quod motus | aliquorum sensibilium perveniat ad V 255rb sensus successive. Etsi enim aliquis simul audit et audivit, tamen sonus non statim facto ictu qui causat sonum pervenit ad auditum. Et hoc est manifestum per transfigurationem litterarum. Aer enim recipit figurationem et impressionem litterarum, quando vox litterata profertur, et propter aliquem

---

1 a philosopho] *om.* OV 2 in[1]] et O | tempore] spatio M_2 3 subito] *om.* OV 5 immutant] immutent V 7–8 successivis] non *add.* M_2 8 esse] *om.* V 11 est] *om.* M_2 | dicitur] diceretur L_2 13 eorum ... formam] ad formam eorum M_2 16 dexteritas] destruitas O 17 quodam] quod L_2M_2 | sibi] *om.* L_2 24 sensus] sensum M_2 26 transfigurationem] et impressionem *add.* O

1–3 sed ... nos] Cf. ARISTOTELES, *De anima*, II, 7, 418b 20–26 (ed. Leonina, AL XII.2, 123b, 16–131a, 1). 4–10 opinio ... sensu] Cf. THOMAS DE AQUINO, *In De sensu et sensato*, tr. 1, cap. 15 (ed. Leonina, 82b, 71–81). 4–12 omnia ... fieri] Cf. ARISTOTELES, *De sensu et sensato*, 446b 2–6 (ed. Leonina, AL XIII.2, 81a, 16–19). 11–21 intelligendum ... sensit] Cf. THOMAS DE AQUINO, *In De sensu et sensato*, tr. 1, cap. 15 (ed. Leonina, 83a, 82–102). 22–138.17 sed ... distantiam] Cf. THOMAS DE AQUINO, *In De sensu et sensato*, tr. 1, cap. 15 (ed. Leonina, 83b, 103–84a, 146). 24–138.6 etsi ... discerni] Cf. ARISTOTELES, *De sensu et sensato*, 446b 6–9 (ed. Leonina, AL XIII.2, 81a, 19–22).

motum factum in aere transfiguratur aer et amittit figuram et impressionem primi sonantis. Unde, quando magnus motus fit in aere, audientes sonum non possunt discernere litteras prolatas, et ideo multis loquentibus | L$_2$ 184rb simul non potest discerni quid aliquis eorum dicat propter hoc quod motus impediunt se. Et quandoque contingit propter distantiam quod litterae prolatae non possunt discerni. Sicut enim actio calefacientis in remotioribus debilitatur, ita immutatio aeris quae est a primo sonante debilitatur in remoto; et sic est de lumine et de colore quod non videntur ad quamcumque distantiam sed ad distantiam determinatam. Sicut enim loquentes a remotis audiuntur absque discretione litterarum, ita etiam corpora videntur a remotis absque discretione dispositionis singularium partium. | O 97ra Unde, etsi visibile referatur ad visum, non tamen est sic de relatione visus et visibilis, sicut est de relatione aequalitatis. Ad hoc enim quod aliqua sint aequalia non requiritur aliquis determinatus situs, sed, qualitercumque varietur eorum situs, semper manent eodem modo aequalia nec differt, utrum sint prope vel longe. Sed non est sic de visibili et visu, quia visibile non videtur indifferenter ad quamcumque distantiam.

Solutio Philosophi ad istam quaestionem est quod sonus et odor immutant sensus successive et per multos motus, ita quod unus motus causat alium et ille alium, et sic quousque sonus vel odor deveniat ad sensum. Non tamen oportet quod alius sonus numero deveniet ad auditum unius et ad auditum alterius, sed, sicut idem color potest videri a diversis videntibus per diversas species, sic idem sonus potest audiri a diversis audientibus per diversas species. Sonus tamen multiplicatur in medio realiter, ita quod unus sonus gignit alium sonum et non solum speciem soni. Unde sonus multiplicatur successive, quia sonus sequitur motum localem, quia ex percussione causante sonum movetur aer usque ad auditum. Et ideo, cum motus localis sit successivus, | M$_2$ 104rb oportet quod multiplicatio soni sit successiva. Similiter est de odore, nam odor multiplicat se in medio cum alteratione reali ipsius medii. Ad hoc enim quod odor recipiatur in medio oportet medium calefieri. Sed

---

6–7 remotioribus] remotionibus L$_2$O 8 de^2] *om.* M$_2$ 13 est] *om.* M$_2$ | relatione] resolutione L$_2$M$_2$ | sint] sunt M$_2$ 15 differt] refert M$_2$ 20 deveniat] deveniant L$_2$O 21 deveniet] deveniat L$_2$O perveniat M$_2$ 24 ita] et O 26–27 causante] causantis M$_2$ 27 sit] fit V

8–16 et^1 ... longe] Cf. ARISTOTELES, *De sensu et sensato*, 446b 9–13 (ed. Leonina, AL XIII.2, 81a, 22–28). 18–27 solutio ... auditum] Cf. THOMAS DE AQUINO, *In De sensu et sensato*, tr. 1, cap. 15 (ed. Leonina, 84a, 157–84b, 181). 20–25 non ... soni] Cf. ARISTOTELES, *De sensu et sensato*, 446b 17–25 (ed. Leonina, AL XIII.2, 81b, 1–10). 28–29 similiter ... medii] Cf. ARISTOTELES, *De sensu et sensato*, 446b 13–14 (ed. Leonina, AL XIII.2, 81a, 28–29).

calefactio est alteratio | realis successiva. Ideo odor in medio multiplicatur V 255va in medio successive. Sed lumen et color multiplicantur in medio subito. Lumen multiplicatur subito, quia lumen non habet aliquam resistentiam in medio, quoniam lumini nihil est contrarium, quia nihil lumini opponitur nisi tenebra, et tenebra non contrariatur lumini, sed opponitur ei privative. Et ideo, cum lumen non habeat resistentiam in medio, subito multiplicatur; et eodem modo color.

Et quia sonus multiplicatur successive et cum motu locali, et lumen et color non, ideo ponit Philosophus differentiam inter motum localem et alterationem, quoniam illud quod movetur localiter prius pervenit ad medium magnitudinis quam ad extremum. Et ideo ex quo sonus sequitur motum localem prius multiplicatur sonus ad medium magnitudinis quam ad extremum. Sed non est sic in alteratione, quoniam termini alterationis non sunt extrema magnitudinis. In alteratione enim non attenditur successio secundum distantiam terminorum magnitudinis, sed secundum distantiam unius contrarii ab alio per determinata | media, et ideo plus de tempore L$_2$ 184va requiritur ad hoc quod de frigido fiat calidum quam ad hoc quod de tepido fiat calidum. Unde in alteratione est possibile quod aliquod totum simul alteretur; verbi gratia: possibile est in alteratione | (ut in congelatione) quod O 97rb aliqua pars aquae simul congeletur, ita quod non prius congeletur pars propinquior quam pars remotior, sed totum simul potest congelari, et hoc accidit, si virtus alterantis sit tanta quod possit alterare totum simul. Sed, si corpus alterandum sit ita magnum quod virtus alterantis non sit tanta quod possit alterare totum simul, tunc oportet quod habitum patiatur ab habito, ita

1 calefactio est] *om.* L$_2$OV | realis] est *add.* L$_2$OV | in medio] *om.* M$_2$ 2 successive] successivo L$_2$ | subito] et *add.* O 3 lumen … subito] *om.* V (*hom.*) | resistentiam] resistantiam (!) L$_2$ 8 quia] *om.* L$_2$ 9 philosophus] *om.* M$_2$ 10 quoniam] quod M$_2$ | quod] *om.* V 11–13 et … extremum] *om.* L$_2$V (*hom.*) 11 sonus] *om.* M$_2$ 13 non … sic] sic non est M$_2$ | quoniam] quia O 16 ideo] dicit philosophus *add.* M$_2$ 20 ita … congeletur^2] *om.* O (*hom.*) 21 pars] *om.* M$_2$ | hoc] hic V 21–22 accidit] *coni. codd. om.* 22 possit] posset V 23 ita] *om.* M$_2$ | ita magnum] ita *add.* L$_2$O 24 alterare] alterari M$_2$

2 sed … subito] Cf. Aristoteles, *De sensu et sensato*, 446b 27–28 (ed. Leonina, AL xiii.2, 81b, 12–14). 8–16 et^1 … media] Cf. Aristoteles, *De sensu et sensato*, 446b 28–447a 3 (ed. Leonina, AL xiii.2, 81b, 15–21). 9–13 ponit … extremum] Cf. Thomas de Aquino, *In De sensu et sensato*, tr. 1, cap. 15 (ed. Leonina, 86a, 261–276). 13–18 sed … calidum] Cf. Thomas de Aquino, *In De sensu et sensato*, tr. 1, cap. 15 (ed. Leonina, 86a, 276–297). 16–140.2 et … aliam] Cf. Aristoteles, *De sensu et sensato*, 447a 3–6 (ed. Leonina, AL xiii.2, 81b, 21–24). 18–140.3 unde … medium] Cf. Thomas de Aquino, *In De sensu et sensato*, tr. 1, cap. 15 (ed. Leonina, 86b, 311–87a, 338).

quod prima pars primo alterata alterat aliam et illa pars alterata alterat aliam; et propter hoc odor multiplicatur successive, quia corpus odoriferum non potest simul alterare totum medium.

Sed hic est dubitatio, quia non videtur quod aliquod totum possit simul alterari, quia omne quod movetur partim est in termino a quo, partim in termino ad quem, ut dicit Philosophus sexto *Physicorum*. Si tamen aliquod totum esset simul alteratum, illud non esset partim in termino a quo, partim in termino ad quem, sed esset secundum se totum in termino ad quem.

Dicendum quod per istam propositionem: 'omne quod movetur' et cetera, vult Philosophus probare quod omne quod movetur est divisibile; verumtamen ista propositio: 'omne quod movetur' et cetera, est intelligenda quod omne quod movetur localiter partim est in termino a quo et partim in termino ad quem. Et ex hac propositione potest probari quod omne quod movetur quocumque motu sit divisibile, et hoc sic: omne quod movetur localiter partim est in termino a quo et partim in termino ad quem; igitur omne mobile localiter est divisibile. Sed omne mobile, quocumque motu hoc sit, est mobile motu locali, quia per Philosophum octavo *Physicorum* motus localis est primus motuum, et ideo, si aliquid possit moveri aliquo motu, sequitur quod possit moveri localiter; igitur, si omne mobile localiter
V 255vb sit divisibile, sequitur quod omne mobile sit | divisibile.

---

1 primo alterata] *inv.* M_2 | alterat^2] *om.* M_2 3 alterare] simul *add.* V 4 non] *superscr.* L_2 *om.* V | simul] *om.* M_2 5 quia] quoniam M_2 | a quo] *om.* V 5–6 a ... termino] *om.* L_2 (*hom.*) 5 partim^2] est *add.* O partem V 7 quo] et *add.* L_2M_2 8 totum] *om.* O 10 dicendum] est *add.* M_2 11–12 verumtamen ... propositio] subiectum praedicat V 12 et cetera] *om.* L_2V partim est in termino *add.* M_2 | quod^2] sic M_2 13 quod] *om.* L_2 14 quem] quid V 15 motu] *om.* V | sit] fit O 16 et] *om.* O 18 hoc] hic V | octavo] sexto O 19 moveri] igitur *add.* V

2–3 et ... medium] Cf. ARISTOTELES, *De sensu et sensato*, 447a 6–8 (ed. Leonina, AL XIII.2, 81b, 24–26). 4–9 sed ... quem] Cf. THOMAS DE AQUINO, *In De sensu et sensato*, tr. 1, cap. 15 (ed. Leonina, 87a, 339–346). 4–6 non ... physicorum] Cf. ARISTOTELES, *Physica*, IV, 14, 222b 30–34 (ed. Brams, AL VII.3, 219, 18–21). 10–21 dicendum ... divisibile^2] Cf. THOMAS DE AQUINO, *In De sensu et sensato*, tr. 1, cap. 15 (ed. Leonina, 87a, 363–87b, 375). 18–19 per ... motuum] Cf. ARISTOTELES, *Physica*, VIII, 7, 260a 26–29 (ed. Brams, AL VII.3, 415, 9–11).

⟨8⟩ *Est autem quaedam obiectio*

In hoc capitulo solvitur tertia quaestio et est: utrum duo sensus possunt sentire in eodem indivisibili temporis, ut utrum simul et semel possit visus videre et auditus audire.

Et primo probatur quod non. Ad quod probandum supponantur duo. Primum est quod motus maior repellit minorem, et ideo multotiens homines non sentiunt ea quae iacentur sub oculis propter fortiorem motum, ut propter profundam cogitationem vel propter vehementem timorem. Aliud supponitur quod unumquodque magis sentitur, si sit simplex quam si sit alteri mixtum, sicut vinum purum magis sentitur quam vinum temperatum aqua. Similiter, mel purum magis sentitur quam mel mixtum cum alio, et sic de | [M_2 104va] colore et de omnibus aliis sensibilibus.

Istis suppositis probatur quod diversi sensus non possunt simul sentire diversa sensibilia. Primo sic: motus facti a sensibilibus | [O 97va] aut sunt aequales aut inaequales. Si sint aequales, igitur destruunt se invicem, ita quod neuter sentitur, quia non potest dici quod ex eis fit unum per commixtionem, quia, si sic, neutrum sentiretur | [L_2 184vb] sed illud commixtum. Similiter, sensibilia diversorum sensuum differunt genere, et ex talibus non fit unum per commixtionem. Si sint inaequales, tunc maior motus impedit minorem, ne sentiatur.

---

1 obiectio] et cetera *add.* M_2 2 et] quae M_2 | possunt] simul *superscr.* M_2 3 ut] et V | possit] posset M_2 5 probatur] sic *add.* M_2 | supponantur] supponitur L_2OV   7 iacentur] iacent L_2OV | ut] et O   8 vel] et M_2 9 supponitur] est M_2 10 vinum^2] *om.* V   10–11 temperatum … mel^2] *om.* O   11 magis sentitur] *om.* M_2 | mixtum] commixtum M_2 | sic] est *add.* M_2 12 sensibilibus] sensibus L_2M_2V *corr. ex* sensibus O   14 primo] probatur M_2 | sensibilibus] sensibus L_2V   15 sint] *om.* M_2 17 si] *om.* L_2M_2O

---

1 est … obiectio] ARISTOTELES, *De sensu et sensato*, 7, 447a 12 (ed. Leonina, AL XIII.2, 88a, 1). 2–4 in … audire] Cf. ARISTOTELES, *De sensu et sensato*, 7, 447a 12–13 (ed. Leonina, AL XIII.2, 88a, 1–3). | hoc … audire] Cf. THOMAS DE AQUINO, *In De sensu et sensato*, tr. 1, cap. 16 (ed. Leonina, 88b, 8–89a, 12).   5–8 et … timorem] Cf. ARISTOTELES, *De sensu et sensato*, 7, 447a 14–17 (ed. Leonina, AL XIII.2, 88a, 4–7). | Cf. THOMAS DE AQUINO, *In De sensu et sensato*, tr. 1, cap. 16 (ed. Leonina, 89a, 24–31).   8–12 aliud … sensibilibus] Cf. ARISTOTELES, *De sensu et sensato*, 7, 447a 17–20 (ed. Leonina, AL XIII.2, 88a, 8–11). | Cf. THOMAS DE AQUINO, *In De sensu et sensato*, tr. 1, cap. 16 (ed. Leonina, 89a, 35–38).   13–20 istis … sentiatur] Cf. THOMAS DE AQUINO, *In De sensu et sensato*, tr. 1, cap. 16 (ed. Leonina, 89a, 47–89b, 71).   14–19 motus … commixtionem] Cf. ARISTOTELES, *De sensu et sensato*, 7, 447a 25–29 (ed. Leonina, AL XIII.2, 88a, 17–22).   15–20 si … sentiatur] Cf. ARISTOTELES, *De sensu et sensato*, 7, 447b 3–6 (ed. Leonina, AL XIII.2, 88a, 28–31).

Secundo probatur idem sic: sensibilia diversa in specie, ut album et nigrum, non possunt simul sentiri, igitur nec sensibilia diversa genere. Consequentia patet, quia quanto motus sunt diversi magis, tanto minus videntur eidem simul attribui, sed motus facti a sensibilibus diversis genere sunt magis diversi quam motus facti a sensibilibus eiusdem generis; igitur et cetera. Antecedens probatur dupliciter, scilicet quod sensibilia eiusdem generis, ut videlicet contraria, non possunt simul sentiri, quoniam sic simul sentirentur ab eodem sensu. Sed hoc est falsum, quia unus sensus in actu non terminatur nisi ad unum. Ideo, si unus sensus simul sentiret contraria, oporteret quod ex eis fieret unum per commixtionem, et tunc sensus sentiret illud unum et non contraria. Unde ex quo sensus refertur ad sensibile non potest unus sensus in actu referri simul nisi ad unum sensibile in actu, tamen, ut dicit Philosophus hic, idem sensus cognoscit contraria, unum ut habitum et reliquum ut privationem. Aliter ostenditur antecedens sic: immutationes quae sunt a contrariis sunt contrariae, sed impossibile est idem simul et semel moveri motibus contrariis; igitur impossibile est eun-
V 256ra dem | sensum simul immutari a contrariis.

Explicit tractatus libri *De sensu et sensato* datus a magistro Waltero Burleye.

---

1 sic] *om.* M_2 1–2 ut … nigrum] *om.* M_2 2 diversa] in *add.* M_2 4 eidem] eis M_2 | sensibilibus] sensibus L_2OV | diversis] in *superscr.* M_2 5 sensibilibus] sensibus L_2 5–7 igitur … generis] *om.* O (*hom.*) 7–8 simul sentirentur] *inv.* M_2 8 eodem sensu] eo situ L_2 9 simul] *om.* L_2OV 10 oporteret] oportet M_2 | unum] *om.* L_2OV | commixtionem] mixtionem O 13 idem] ad M_2 14 et] *om.* M_2 17 contrariis] et cetera *add.* M_2 18 tractatus … burleye] expositio super libro de sensu et de sensato dato secundum magistrum gualterum burlay et cetera M_2 | burleye] et cetera filius est natus matris sine semine patris quem sine matre pater genuit sine paterque mater *add.* L_2 et cetera *add.* O

1–11 secundo … contraria] Cf. Thomas de Aquino, *In De sensu et sensato*, tr. 1, cap. 16 (ed. Leonina, 89b, 78–90a, 117). 1–2 sensibilia … genere] Cf. Aristoteles, *De sensu et sensato*, 7, 447a 30–447a 3 (ed. Leonina, AL XIII.2, 88a, 24–27). 9–11 ideo … contraria] Cf. Aristoteles, *De sensu et sensato*, 7, 447a 9–11 (ed. Leonina, AL XIII.2, 88b, 5–6). 11–14 unde … privationem] Cf. Aristoteles, *De sensu et sensato*, 7, 447a 13–14 (ed. Leonina, AL XIII.2, 88b, 9–11). | Cf. Thomas de Aquino, *In De sensu et sensato*, tr. 1, cap. 16 (ed. Leonina, 91a, 179–184).

Commentarium in *De somno et vigilia* Aristotelis

ed. M. Gensler

⟨Liber primus⟩
⟨De somno et vigilia⟩

⟨1⟩ *De somno et vigilia considerandum sunt quidem* et cetera M_2 83[ra] V 88[va]

Intentio Philosophi in hoc libro qui intitulatur *De somno et vigilia* est determinare de corporibus animatis secundum habitudinem quam habent ad somnum et vigiliam. Somnus enim et vigilia non sunt hic subiectum primum, sed sunt passiones quarum causae et principia inquiruntur in hac scientia. Quod autem somnus et vigilia non sunt hic subiectum patet, quia de subiecto debet praesupponi quid est et quia est, sed hic inquiritur quid est somnus et quid vigilia, ut patet per Philosophum qui dicit: *De somno et vigilia considerandum quid sunt*; igitur somnus et vigilia non sunt hic subiectum. Et praeter hoc subiectum scientiae debet esse notissimum in illa scientia et cognitio eius non debet ab alio dependere, sed cognitio de somno et vigilia dependet a cognitione aliorum, scilicet sensus communis, ut patebit infra. Nec obstat quod ille liber intitulatur *De somno et vigilia*, quoniam propter hoc non oportet quod somnus et vigilia sint hic subiectum, quia scientia aliquando intitulatur a subiecto et aliquando a passione subiecti, eo quod cognitio passionis inquiritur, et in hac scientia inquiruntur causae et principia somni et vigiliae. Subiectum igitur huius scientiae est animal secundum quod in eo est principium motus ad somnum et vigiliam, et hoc est rationale, quia ista scientia subalternatur scientiae traditae in libro *Physicorum*, et ideo subiectum huius continetur sub subiecto illius.

---

3 sunt quidem] quid sunt M_2 | et cetera] *om.* L_2 7–8 scientia] sententia M_2 9 est[3]] sit L_2M_2 11 quid] quidem L_2 | sunt[1]] sint M_2 13–14 de … vigilia] somni et vigiliae L_2M_2 14 scilicet] sed M_2 15 infra] et *add.* M_2 18 inquiruntur] inquirit M_2 21 scientiae traditae] subiecto tradito M_2

---

3 de … quidem] ARISTOTELES, *De somno et vigilia*, 1, 453b 11 (AL XV.2.1, ed. Drossaart Lulofs, 1a, 1).   8–9 de … est[2]] Cf. ARISTOTELES, *Analytica posteriora*, II, 7, 92b 4–11 (AL IV.4, ed. Minio-Paluello et Dod, 326, 30).   10–11 de … sunt] ARISTOTELES, *De somno et vigilia*, 1, 453b 11 (AL XV.2.1, ed. Drossaart Lulofs, 1a, 1).

 | DOI:10.1163/9789004704299_004

Somnus multipliciter describitur. Philosophus enim ponit duas descriptiones somni: una est quod somnus est impotentia sentiendi propter excessum vigiliae, alia est quod | (O 69vb) somnus est immobilitatio sensuum exteriorum. Alias duas descriptiones ponit Commentator. Una est quod somnus est sensus in potentia (dormienti enim videtur quod comedat et potet et sentiat per omnes sensus); et secundum eum vigilia est sensus in actu. Et quandoque contingit quod sensus in potentia exeat in actum, ut in somnis veris praenuntiativis mirabilium, et tunc sensus qui est in potentia est nobilior quam sensus qui est in actu; sensus autem in potentia, cum fuerit falsus, tunc est vilis, et sensus in actu est nobilior eo. Alio modo | (V 88vb) descripsit | (L_2 158rb) Commentator somnum sic: somnus est revocatio caloris naturalis ad interius ab organis corporeis exterius. Et tunc patet quid est somnus.

Multae sunt causae quare somnus inest animalibus. Causa finalis somni est quies sensuum exteriorum et salus animalium et universaliter recreatio omnium sensuum particularium. Omni enim quod non semper potest operari necessaria est quies, si debeat perseverare. Animal enim non potest semper et continue operari secundum sensum, et ideo quies est ei necessaria, et ad illam quietem ordinatur somnus. In somno enim est quies sensuum exteriorum et recreatio omnium sensuum particularium.

Item, salus animalis consistit in vigore caloris naturalis qui debilitatur per vigiliam, et recreatio caloris naturalis est per somnum; ideo somnus ordinatur ad salutem animalium. Somnus aliquando fit propter excessum vigiliae, nam, cum animal multum excessit in vigilando, virtutes sensitivae languescunt, propter quod calor naturalis revocatur ab organis exterius ad suum principium, et sensus non sentiunt absque calore naturali; ideo deficiente calore naturali sensus cessant a sentiendo et fit somnus.

---

5 enim] *om.* L_2 ubi V 6 omnes] quinque *add.* M_2 7 contingit] convenit M_2 10 descripsit] describit L_2M_2 11 revocatio] revolutio OV 12 tunc] sic M_2 15 omni enim] omne enim L_2M_2 cum ei V 22 somnus] etiam *add.* L_2M_2 26 naturali] *om.* L_2OV

2–3 una ... vigiliae] ARISTOTELES, *De somno et vigilia*, 1, 454b 4–6 (AL XV.2.1, ed. Drossaart Lulofs, 1b, 36–37). 3 alia ... exteriorum] ARISTOTELES, *De somno et vigilia*, 1, 454b 9–12 (AL XV.2.1, ed. Drossaart Lulofs, 2b, 2–3). 4–10 alias ... eo] Cf. AVERROES CORDUBENSIS, *In De somno et vigilia* (ed. Shields, 75, 10–76, 18). 10–12 descripsit ... exterius] Cf. AVERROES CORDUBENSIS, *In De somno et vigilia* (ed. Shields, 86, 7–8). | Cf. AVERROES CORDUBENSIS, *In Canticum Avicennae* (ed. Iuntina II, X, f. 109^v, 135). 13–19 causa ... particularium] Cf. ARISTOTELES, *De somno et vigilia*, 2, 455b 16–18 (AL XV.2.1, ed. Drossaart Lulofs, 5b, 10–11).

Aliquando autem accidit somnus propter profundam cogitationem, quoniam, quando homines profunde cogitant, virtutes, calor et spiritus revocantur ad interius ad comfortationem cogitativae et, cum virtutes sensitivae non agunt nisi mediante calore, ex illa retractione caloris cessant sensus exteriores a suis operationibus et fit somnus. Et dicit Commentator quod illud accidit vigilanti, quia aliquando | M_2 83rb transeunt per ipsum sensibilia et non comprehendit ea, et hoc contingit, quando multum cogitat de alio. Tunc enim quiescunt instrumenta animae sensibilis, et virtus sensus communis ducitur ad interius ad adiuvandum cogitativam. Virtus cogitativa viget ad quietem aliorum sensuum, et ideo comprehendit homo futura in somno, non autem in vigilia.

Aliquando fit somnus propter evaporationem factam a nutrimento. Cum enim nutrimentum | O 70ra suscipitur in animali, ex illo alimento per calorem cordis ad cerebrum elevantur vapores et ibi infrigidantur per frigiditatem cerebri, sicut in maiori mundo ex terra et aqua elevantur vapores sursum per calorem Solis. Et | V 89ra vapores elevati ad cerebrum, cum ingrossantur per frigiditatem, descendunt et obturant meatus spirituum et impediunt influxum caloris et spiritus a sensu communi ad sensus exteriores; et tunc fit somnus, nam sensus exteriores non agunt nisi mediante virtute influxibili eis a sensu communi. Et ex hoc contingit quod | L_2 158va pueri sunt multum somnolenti, quia in ipsis est magna humiditas. Et ideo in eis multi vapores elevantur ad cerebrum qui sunt causa somni, et ex hoc etiam contingit quod illa quae sunt evaporantia sunt causa multi somni, ut vinum et lolium. Et haec sunt signa quod evaporatio est causa proxima somni.

---

6 illud] idem M_2 7 contingit] convenit M_2 9 adiuvandum] iuvandum M_2 | virtus] enim *add.* L_2M_2O | ad^3] apud L_2M_2 10 sensuum] sensum M_2 12 a] ex L_2M_2 13 alimento] nutrimento L_2M_2 14 ad … vapores] elevantur vapores ad cerebrum L_2M_2 | per] propter L_2M_2 16 et] *iter.* V | vapores elevati] alimenti vapores M_2 17 frigiditatem] et *add.* L_2 infrigiditatem V | spirituum] somnum M_2 19 agunt] *om.* M_2 20 influxibili] influxa M_2O | contingit] convenit M_2 22 et] ut L_2 *om.* M_2 23 sunt] multum *add.* L_2M_2 24 lolium] *loc. vac.* V | causa] *om.* O

5–11 et^2 … vigilia] Cf. Averroes Cordubensis, *In De somno et vigilia* (ed. Shields, 79, 55–62). 24 lolium] Cf. Aristoteles, *De somno et vigilia*, 3, 456b 30 (AL xv.2.1, ed. Drossaart Lulofs, 7a, 30–31).

⟨2⟩ *De somno*

Iste liber habet duas partes: prooemialem et executivam. In parte prooemiali proponit intentionem suam quantum ad primum librum et secundum. Quantum ad primum librum enumerat quinque quaestiones. Prima est: supposito quod somnus et vigilia sint, quid sint? Secunda est ista: utrum somnus et vigilia sint passiones totius coniuncti ex anima et corpore aut corporis tantum aut animae tantum? Tertia est: supposito quod sunt passiones totius coniuncti, cum non insint toti nisi ratione partium, cui parti corporis vel animae debeant attribui, utrum vegetativae vel sensitivae aut intellectivae? Quarta est: supposito quod sunt passiones partis sensitivae, propter quam causam insunt animalibus? Et hoc est intelligendum de causa finali et efficiente, ut patet ex determinatione eiusdem quaestionis. Quinta est: supposito quod somnus et vigilia insunt animalibus, utrum omni insit utrumque aut somnus inest alicui animali, ita quod non vigilia, et vigilia alicui animali, ita quod non somnus, aut sit aliquod animal cui neutrum insit et aliquod cui utrumque insit?

Quoad intentionem secundi libri proponit sex quaestiones. Prima: supposito quod somnium sit, quaeritur: quid sit somnium? Secunda est: propter quam causam dormientes aliquando somniant et aliquando non? Aut, si semper, cum dormiunt, somniant, sed non percipiunt post somnum se somniasse, quaeritur: propter quam causam hoc est? Et haec est tertia quaestio. Et est: quare aliqui aliquando post somnum non recolunt se somniasse vel,
V 89rb si recolunt aliquando, solum recolunt | imperfecte? Quarta quaestio est: an contingat in somno futura praevidere? Quinta quaestio est: supposito quod
O 70rb sit possibile | praevidere futura in somno, qualiter et propter quam causam est hoc possibile? Sexta quaestio est: supposito quod homo posset sic

1 somno] et cetera *add.* M_2 2 partes] scilicet *add.* L_2M_2 3 quantum] quam M_2 4 quantum ad] quoad L_2M_2 | quaestiones] conclusiones V 6 et] vel M_2 7 sunt] sint L_2M_2 8 insint] insunt L_2 10 quarta] quarto M_2 | sunt] sint L_2M_2 13 insunt] insint L_2M_2 | animalibus] animali M_2 | omni] animali *add.* L_2M_2 14–15 vigilia^1 ... non] *om.* O (*hom.*) 15 somnus] *corr. in* vigilia O 17–18 prima ... quaeritur] quaeritur prima supposito quod somnium sit M_2 21 tertia quaestio] recte quo M_2 22 quare] quia L_2V | non recolunt] *inv.* M_2 23 an] aut L_2 24 contingat] contingit M_2 | somno] somnio M_2 | praevidere] providere L_2V 25 praevidere] providere L_2V | qualiter] quaeritur M_2 26 supposito] posito L_2M_2

1 de somno] Aristoteles, *De somno et vigilia*, 1, 453b 11 (AL XV.2.1, ed. Drossaart Lulofs, 1a, 1). 4–13 quantum ... utrumque] Cf. Aristoteles, *De somno et vigilia*, 1, 453b 11–17 (AL XV.2.1, ed. Drossaart Lulofs, 1b, 18–20). 17–147.4 quoad ... eventu] Cf. Aristoteles, *De somno et vigilia*, 1, 453b 17–24 (AL XV.2.1, ed. Drossaart Lulofs, 1b, 21–24).

praevidere futura, utrum talis praevisio insit homini per naturam hominis an sit per adiutorium et revelationem aliquorum bonorum spirituum seu malorum, puta daemonum? Si primo modo, tunc fiunt a natura; si secundo modo, tunc fiunt a casu et ab eventu.

⟨3⟩ *Primum quidem igitur*

Haec est pars executiva et habet duas partes principales, quia primo inquiritur de somno et vigilia inquirendo causas et principia eorum. | In secunda [L_2 158vb] parte inquiritur de somnio quod est apprehensio quaedam animalis accidens in somno, et haec pars continetur in secundo libro. In primo capitulo primae partis solvuntur tres quaestiones praetactae, scilicet: an somnus | et vigilia sint passiones totius coniuncti, et ratione cuius partis insunt [M_2 83va] animali, et utrum omni animali insit utrumque? Et sunt in hoc capitulo septem conclusiones. Prima est quod somnus et vigilia habent fieri circa idem. Secunda est quod sunt passiones totius coniuncti. Tertia: quod plantae neque dormiunt neque vigilant. Quarta: quod non est aliquod animal cui nec inest somnus nec vigilia. Quinta: quod nulli animali semper inest vigilia. Sexta: quod non potest esse aliquod animal semper dormiens. Septima: quod omnia animalia communicant utrisque, scilicet somno et vigilia.

Prima conclusio, scilicet quod somnus et vigilia habent fieri circa idem, ita quod, cum sint passiones animalis, insunt ei secundum idem, ut secundum eandem partem animae et corporis; haec conclusio probatur dupliciter. Primo sic: somnus et vigilia opponuntur ad invicem sicut habitus et privatio, quoniam somnus est privatio vigiliae, sed privative opposita extrema habent fieri circa idem, ut patet inductive de sanitate et aegritudine, et de visu et caecitate, et sic de aliis (similiter, turpe et pulchrum quae sunt passiones animalis secundum mensuram determinatam membrorum ad invicem habent fieri circa idem); igitur somnus et vigilia habent fieri circa idem.

---

1 praevidere] providere L_2V | praevisio] provisio L_2OV 2 adiutorium] intellectum O | et] vel L_2 | aliquorum] aliorum M_2 3 fiunt] fuit M_2 | natura] et *add.* M_2 4 fiunt] fuit M_2 5 quidem] quid M_2 10 praetactae] primo tactae L_2 11 et[1]] vel M_2 | ratione] rationi M_2 ratio O | insunt] insint M_2 12 sunt] sint M_2 13 conclusiones] quaestiones L_2M_2O 14 est] *om.* M_2 | tertia] est *add.* O 19 conclusio] quo M_2 quaestio O 20 sint] sunt M_2 | insunt] insint O | idem] illud L_2 21 conclusio] quo M_2 | dupliciter] tripliciter V 23 privative] privatio M_2 | opposita] et *add.* L_2 et *superscr.* O

---

5 primum ... igitur] Aristoteles, *De somno et vigilia*, 1, 453b 26 (AL xv.2.1, ed. Drossaart Lulofs, 1b, 18). 19–27 prima ... idem] Cf. Aristoteles, *De somno et vigilia*, 1, 453b 14–21 (AL xv.2.1, ed. Drossaart Lulofs, 1b, 18–19).

Secundo probatur eadem conclusio sic: secundum illam partem vigilant V 89va et dormiunt animalia secundum quam de|prehenduntur esse vigilantia et dormientia, sed in quacumque parte cognoscimus animal vigilare, quando vigilat, in ipsa cognoscimus ipsum deprimi per somnum, quando dormit; igitur secundum quamcumque partem animal vigilat, secundum eandem dormit; igitur somnus et vigilia insunt animali secundum eandem partem. Quod autem in eadem parte cognoscimus animal vigilare et dormire patet, nam illum qui sentit aliquo sensu exteriori, ut, si audit vel videt, O 70va dicimus vigilare et vigilantem dicimus sentire. Unde aliquis dicitur vigilans | ex hoc quod apprehendit in actu aliquod sensibilium exteriorum aut ex hoc quod percipit motum intrinsecum in aestimativa aut memorativa. Et quando animal non sentit aliquo sensu exteriori, dicimus ipsum dormire. Ex quo patet quod in eadem parte cognoscimus animal vigilare et dormire.

Intelligendum quod, cum somnus sit ligatio sensus, in illa parte in qua contingit sentire vigilant animalia vigilantia et dormiunt animalia dormi- L_2 159ra entia, dum dormiunt | vel vigilant. Et ideo dicimus quod, si animal non videt nec sentit aliquo sensu exteriori, quod dormit. Et quando sentit aliquo sensu exteriori, tunc dicimus quod vigilat. Et sic somnus et vigilia insunt animali secundum illas partes secundum quas sentit.

Secunda conclusio, scilicet quod somnus et vigilia sunt passiones totius coniuncti, probatur sic: cuius est potentia, eius est actus, sed potentia sensitiva est totius coniuncti, scilicet animalis. Animal enim secundum sensum distinguitur a non animali. Non enim inest soli corpori, quia sic corpus inanimatum haberet sensum, nec inest soli animae, quia sic anima separata haberet sensum; igitur sensus inest toti composito ex corpore et anima. Sed cuius est sensus, eius est actus sentiendi, igitur actus sentiendi est totius compositi. Sed vigilia vel est actus sentiendi vel est eius cuius est actus sen-

---

1 conclusio] quaestio L_2M_2 2 animalia] *om.* V | deprehenduntur] apprehenduntur M_2 | vigilantia] vigilia M_2 5 eandem] partem *add.* M_2 animal *add.* O 6–7 partem] *om.* O 9 dicimus²] dicis M_2 10 apprehendit ... aliquod] apparet aliquod in actu M_2 13 quo] hoc L_2 18 nec] audit nec *add.* L_2M_2 | quod] tunc O | et] *om.* O 19 sic] tunc L_2 20 sentit] *coni. codd.* sentiunt 21 totius] *om.* O 23 secundum] per M_2 24–25 inanimatum] et animatum M_2 25–26 nec ... sensum] *om.* M_2 (*hom.*) 28 compositi] coniuncti M_2

1–20 secundo ... sentit] Cf. ARISTOTELES, *De somno et vigilia*, 1, 453b 21–454a 7 (AL XV.2.1, ed. Drossaart Lulofs, 2b, 14–15). 21–149.3 secunda ... conclusio] Cf. ARISTOTELES, *De somno et vigilia*, 1, 454a 7–11 (AL XV.2.1, ed. Drossaart Lulofs, 2b, 20–22). 23–24 animal ... animali] Cf. ARISTOTELES, *De sensu et sensato*, 1, 436b 10–12 (AL XIII.2, ed. Leonina, 11a, 7–8).

tiendi, igitur vigilia est totius compositi. Et per consequens somnus est totius compositi, quia somnus et vigilia sunt privative opposita, et privative opposita habent fieri circa idem; et patet conclusio.

Intelligendum est hic quod potentia est duplex, scilicet activa et passiva. Potentia activa est principium transmutationis in aliud secundum quod aliud. Et potentia passiva | est principium transmutationis ab alio secundum V 89vb quod aliud. Ex quo patet quod actus potentiae activae non est perfectio eius cuius est potentia activa primo sed alterius. Sed actus potentiae passivae est perfectio eius cuius est potentia passiva. Cum igitur sensus sit potentia passiva, sequitur quod cuius est sensus, eius sit actus sentiendi. Unde haec propositio: 'cuius est potentia, eius est actus' est intelligenda de potentia passiva, non de activa.

Tertia conclusio, scilicet quod plantae non dormiunt neque vigilant, probatur, quoniam determinatum est prius, scilicet secundo *De anima*, quod quinque sunt potentiae animae, scilicet: vegetativum, sensitivum, intellectivum, appetitivum et secundum locum motivum. Et dictum est ibi quod vegetativum potest separari | ab aliis, sive sit separabile loco et subiecto, M_2 83vb ubi sunt in eodem, sicut posuit Plato, sive non, sicut posuit Aristoteles, sed potestative, inquantum est potentia quaedam diversa ab aliis, et secundum rem, scilicet secundum actum, inquantum actus eius est diversus ab actu aliorum. Pro toto isto accipio quod vegetativum est separabile a sensitivo, ut patet in plantis. | Ex quo arguitur sic: quae habent potentiam vegetativam O 70vb tantum, non habent potentiam sensitivam, sed plantae habent potentiam vegetativam tantum; igitur non habent potentiam sensitivam. Cum igitur somnus et vigilia sunt passiones partis sensitivae, sequitur quod plantis nec inest somnus nec vigilia. | L_2 159rb

---

1 compositi] coniuncti M_2 2 compositi] coniuncti M_2 3 et] sic *superscr.* L_2 8 primo] modo *add.* O 9 igitur] potentia *add.* O 10 sensus] *coni. codd. add.* quod 13 conclusio] quaestio M_2O 15 sensitivum] et *add.* M_2 19 potestative] potestate M_2 potentative (!) O 21 toto] *om.* O | accipio] accipiendo L_2 24 igitur[1]] *om.* M_2 25 sunt] sint L_2

5–6 potentia ... aliud] Cf. ARISTOTELES, *Metaphysica*, V, 12, 1019a 17–19 (AL XXV.2, ed. Vuillemin-Diem, 99, 15–18). 11 cuius ... actus] Cf. ARISTOTELES, *De somno et vigilia*, 1, 454a 8 (AL XV.2.1, ed. Drossaart Lulofs, 2b, 24). 13–26 tertia ... vigilia] Cf. ARISTOTELES, *De somno et vigilia*, 1, 454a 11–19 (AL XV.2.1, ed. Drossaart Lulofs, 2b, 4–7). 14 determinatum ... prius] Cf. ARISTOTELES, *De somno et vigilia*, 1, 454a 11–12 (AL XV.2.1, ed. Drossaart Lulofs, 2b, 4–5). | secundo ... anima] Cf. ARISTOTELES, *De anima*, II, 3, 414a 29–414b 2 (AL XII.1, ed. Decorte et Brams, ALDatabase). 18 sicut[1] ... plato] Cf. PLATO, *Timaeus*, 40A–45A (ed. Waszink, II, 32, 2–40, 22). | sive ... aristoteles] Cf. ARISTOTELES, *De anima*, II, 2, 2413b 16–29 (AL XII.1, ed. Decorte et Brams, ALDatabase).

Quarta conclusio, scilicet quod non est aliquod animal cui nec inest somnus nec vigilia, probatur sic, quia somnus et vigilia sunt passiones primi sensitivi, scilicet organi sensus communis, tamquam primi subiecti, ut patebit infra, sed subiectum primum alicuius passionis non potest esse sine propria passione, sed omne animal habet primum sensitivum, scilicet sensum communem; igitur omni animali inest somnus et vigilia. Somnus et vigilia sunt opposita immediata circa sensum communem, et ideo oportet quod omni animali insit somnus vel vigilia. Si enim esset animal aliquod cui nec inest somnus nec vigilia, sequitur quod aliquod esset animal nullum habens sensum. Per idem medium potest probari quod non potest esse aliquod animal cui alterum illorum semper insit: nam somnus et vigilia nata sunt fieri circa sensitivum primum modo praedicto, igitur omni animali necesse est quandoque inesse unum et quandoque reliquum vicissim, et non quibusdam semper unum et quibusdam semper alterum, quia, si unum semper inesset, frustra esset potentia ad alterum.

V 90[ra] Quinta conclusio, scilicet quod non potest esse | aliquod animal semper vigilans, sed omne vigilans necesse est aliquando dormire, probatur; et fundatur ratio principaliter super tres propositiones. Prima est quod omne sentiens necesse est quandoque quiescere ab actu sentiendi. Secunda est quod vigilia consistit in actu sentiendi. Tertia est quod vigilare et dormire sunt contraria immediata circa suum susceptibile, ita quod, quandocumque unum non inest, alterum inest. Arguitur igitur sic: omne sentiens quandoque necesse est quiescere ab actu sentiendi, sed omne vigilans est sentiens; igitur omne vigilans necesse est quandoque quiescere ab actu sentiendi. Et sic, si omne vigilans quandoque quiescit ab actu sentiendi, tunc omne vigilans quandoque non vigilat—per secundam suppositionem (quod vigilia consistit in actu sentiendi). Et, si non vigilat, dormit—per tertiam propositionem (quae est quod dormire et vigilare sunt contraria immediata). Igitur omne vigilans necesse est quandoque dormire. Prima propositio, scilicet

1 conclusio] quaestio O 5 sed] igitur L_2OV | sensitivum] sensum M_2 6 somnus[2]] enim *add.* M_2O 9 inest] inesset M_2 10 sensum] et *add.* M_2 | medium] *om.* O 10–11 aliquod animal] aliquid M_2 11 insit] inest L_2M_2 13 inesse] esse V | et[1]] *om.* L_2M_2 15 inesset] esset M_2V 16 conclusio] quaestio probatur sic M_2 17 omne] animal *add.* M_2 | probatur] *om.* L_2M_2V 18 ratio] *om.* L_2OV | propositiones] rationes M_2 20 est] *om.* L_2 22–23 quandoque … est[1]] *inv.* M_2 25 sic] sequitur *add.* M_2 25–26 quiescit … quandoque] *om.* M_2 (*hom.*) 26 suppositionem] scilicet *add.* O 28 dormire … vigilare] videre et dormire M_2 29 est] *om.* V

1–15 quarta … alterum] Cf. Aristoteles, *De somno et vigilia*, 1, 454a 19–26 (AL xv.2.1, ed. Drossaart Lulofs, 2b, 8–12).

quod omne sentiens necesse est quandoque quiescere ab actu sentiendi, probatur sic: cuiuscumque est aliqua operatio a natura determinata secundum tempus, si excedat illud tempus, necesse est operationem deficere, ut patet inductive. Manus enim habet operationem determinatam secundum tempus, et ideo, si excesserit illud tempus, necesse est languescere et deficere ab operatione. Sed cuiuslibet sensus est aliqua operatio determinata secundum naturam et secundum tempus; igitur necesse est omnem sensum deficere | ab operatione, | si excedat illud tempus, quod necesse est, O 71ra L_2 159va si continue sentiat et sine quiete. Quod autem sensus habet operationem determinatam secundum tempus patet, quia sensus habet virtutem determinatam, et determinata operatio est a determinata virtute. Sensus enim est virtus in corpore et omnis talis virtus est determinata et habens operationem determinatam. Sic igitur patet quod omne sentiens necesse est aliquando deficere ab actu sentiendi.

Intelligendum est quod ex quo operatio sentiendi est finita, si excedat tempus, debilitatur. Et omne finitum continue debilitatum necesse est aliquando deficere totaliter, quia omne finitum per abiectionem finiti ab eo necesse est tandem consumi, ut dicit Philosophus primo *Physicorum*. Sequitur quod actus sentiendi non potest semper esse continuus, sed necesse est omne sentiens aliquando deficere ab actu sentiendi, et sic omne vigilans aliquando dormire.

Intelligendum est quod determinatio operationis | est duplex: una sec- M_2 84ra undum naturam quae | consideratur secundum quantitatem perfectionis in V 90rb natura ipsius; est alia determinatio secundum tempus, ut secundum durationem, quae consideratur secundum quantitatem temporis mensurantis durationem ipsius. Et utraque sequitur determinationem virtutis et naturae, ut secundum determinationem virtutis sit utraque determinatio in operatione. Et ideo, si operatio excedat vel secundum perfectionem operationis in esse vel etiam in duratione, necesse est virtutem deficere in operando. Utroque enim modo videmus virtutem sensitivam deficere, ut patet in visu,

---

2 aliqua] illa M_2 | natura ... determinata] omni terminata M_2 3 illud] idem M_2 5 excesserit] excedat M_2 excessit O | illud] idem M_2 | est] eam *add.* O 8 illud] idem M_2 9 habet] hanc M_2 12 talis] tunc M_2 15 est[1]] hic *add.* M_2 16 tempus] suum *add.* M_2 16–17 continue ... finitum] *om.* M_2 (*hom.*) 17 abiectionem] ablationem M_2 22 est[1]] etiam L_2 etiam *add.* M_2 25 mensurantis] mensuratis M_2 27 sit] ut M_2 28 secundum] naturam vel *add.* L_2 | operationis] operis L_2 29 etiam] *om.* M_2 30 ut ... visu] in visu ut patet M_2

17–18 omne ... physicorum] Cf. ARISTOTELES, *Physica*, I, 4, 187b 25–6 (AL VII.1, ed. Bossier et Brams, 20, 17–18).

quoniam propter excessum in duratione actus videndi deficit virtus visiva, ut patet in dementibus qui propter excessum vigiliae fiunt caeci. Similiter, in senibus deficit virtus visiva propter excessum durationis. Similiter, propter excessum operationis in se deficit visus, ut, si visibile sit excellentius quam requirit proportio virtutis visivae, debilitatur virtus visiva et deficit visus.

Sexta conclusio, scilicet quod necesse est omne animal quandoque vigilare, ita quod non potest continue et semper dormire, probatur sic: nam somnus est quaedam passio animae sensitivae, igitur omne dormiens necesse est habere partem sensitivam, quia omnis passio de necessitate requirit suum subiectum. Sed omne sensitivum potest sentire in actu. Haec enim est definitio sensitivi quod sensitivum est quod secundum se potest sentire in actu. Tunc arguitur: omne habens sensum potest sentire in actu, omne dormiens est habens sensum; igitur et cetera. Ex quo sequitur quod omne dormiens aliquando sentiet, quia aliter potentia ad sentiendum esset frustra. Natura L$_2$ 159vb enim frustra fecisset aliquid dando | sensitivo potentiam ad actum sentiendi et numquam ipsum actum, sed hoc est inconveniens, quia Deus et natura nihil agunt frustra (primo *De caelo*). Haec igitur est vera: 'omne dormiens O 71rb sentiet in actu, sed idem est sentire in actu et vigilare; igitur omne dormiens | vigilabit'.

Septima conclusio, scilicet quod omnia animalia communicant utrisque passionibus, probatur inductive. Et dicit Philosophus: *Omnia animalia paene participant somno*, et dicit 'paene', quia etsi omnia animalia secundum veritatem participant somno, tamen hoc non est manifestum ad sensum de omnibus. Inductive probatur conclusio sic: omne natabile animal, volatile et gressibile communicat istis passionibus, sed omne animal est volatile, nat- V 90va abile vel gressibile; igitur et cetera. Maior | probatur in his in quibus minus apparet, ut in piscibus et in animalibus habentibus duros oculos et in ani-

1 videndi] sentiendi M$_2$ 2 dementibus] dormientibus L$_2$OV 4 operationis] operis L$_2$ 5 virtus ... visiva] visus L$_2$ sensus M$_2$ 6 visus] *om.* M$_2$ 11 sensitivum] sensatum M$_2$ 13 tunc] circa M$_2$ | arguitur] sic *add.* L$_2$M$_2$ sic O 17 hoc] *om.* M$_2$ 20 vigilabit] videbit M$_2$ 21 conclusio] *om.* M$_2$ 23 paene] *om.* M$_2$ | animalia] aliam M$_2$ 24 veritatem] virtutem L$_2$ 25 conclusio] quaestio M$_2$ | natabile] naturale V | et] *om.* V 26 communicat] *coni. codd.* communicant 26–27 natabile] naturale V 27 maior] minor L$_2$OV | in^2] de L$_2$M$_2$ | minus] unus M$_2$ 28 in^2] *om.* O 28–153.1 animalibus^2] animalis O

17–18 deus ... frustra] ARISTOTELES, *De caelo*, I, 4, 271a 33 (AL VIII.2, ed. Bossier, ALDatabase). 22–23 omnia ... somno] Cf. ARISTOTELES, *De somno et vigilia*, 1, 454b 2–14 (AL XV.2.1, ed. Drossaart Lulofs, 3b, 9–11).

malibus imperfectis. De istis dicit Philosophus quod manifestum est sensui quod aliquando dormiunt. De istis tamen videtur minus, quia carent palpebris quarum clausio est manifestum signum somni. De animalibus tamen habentibus durum corium non est manifestum secundum sensum, an dormiant. De omnibus tamen animalibus per rationem superius factam hoc potest persuaderi, nam omne animal aut vigilat aut dormit (ut probatum est prius): et, si vigilet, dormiet; et, si dormiat, vigilabit (ut prius probatum est).

Postea redit Philosophus ad declarandum tertiam conclusionem, scilicet quod plantis non inest somnus nec vigilia. Hoc patet per rationem et per signum. Per rationem sic: cuicumque inest somnus vel vigilia, necesse est sensum inesse eidem, quoniam somnus et vigilia sunt passiones sensus. Cuicumque inest sensus, ei inest tristitia et gaudium, quia omnibus talibus in natura est aliquid conveniens et aliquid disconveniens. Apprehensionem autem convenientis et disconvenientis sequuntur gaudium et tristitia. Sed nec gaudium nec tristitia inest plantis, igitur nec sensus, et per consequens nec vigilia nec somnus. Per signum sic probatur: operatio plantae est nutriri et augeri et generari. Sed illae operationes melius fiunt sine sensu quam cum sensu; cuius signum est in animalibus quod melius nutriuntur et augmentantur in dormiendo, cum cessant ab actu sentiendi, quam vigilando, cum actualiter sentiunt. Nutriuntur enim et augmentantur magis dormiendo quam vigilando, tamquam actus sentiendi nihil faceret ad illas | operationes. Cum igitur natura det unicuique quod sibi melius M_2 84rb est, non debuit natura plantis sensum dedisse, quia aliter plus impediret operationem | plantae quam promoveret. Et haec est intentio huius capi- L_2 159ra tuli.

1 istis] aliis O 1–2 quod ... istis] *om.* M_2 2 tamen videtur] *inv.* L_2 | videtur minus] unus videtur M_2 3 manifestum] minimum V 4 secundum ... sensum] sensui L_2 5 rationem] re M_2 | hoc] haec M_2 quae OV 6 persuaderi] persuadere L_2 7 vigilet] vigilat L_2M_2 | dormiat] dormiet L_2M_2 9 declarandum] declinandum M_2 | conclusionem] quaestionem M_2O 10 patet] probatur L_2M_2 | rationem] re M_2 12 sensum ... eidem] sensum ei inesse L_2 ei sensum inesse M_2 13 cuicumque] autem *add.* M_2O 14 in ... est] *inv.* M_2 | disconveniens] ad *add.* O 18 et[1]] *om.* M_2 20 sentiendi] sensatio si L_2 21 quam vigilando] quod in videndo M_2 22 magis] in *add.* L_2M_2 | vigilando] videndo M_2 23 det unicuique] *inv.* M_2 | unicuique] det *add.* L_2 24 aliter ... impediret] magis impediunt L_2M_2 plus impediret O 25 promoveret] promovent L_2M_2

1–2 de ... dormiunt] ARISTOTELES, *De somno et vigilia*, 1, 454b 16–21 (AL XV.2.1, ed. Drossaart Lulofs, 3b, 11–13). 9–10 redit ... vigilia] ARISTOTELES, *De somno et vigilia*, 1, 454b 27–455a 2 (AL XV.2.1, ed. Drossaart Lulofs, 3b, 30–32).

Circa istam partem quaero quattuor quaestiones. Et circa primam conclusionem: an somnus sit privatio vigiliae? Circa secundam conclusionem: an somnus sit passio totius coniuncti? Circa tertiam: an plantis insit somnus et vigilia? Et circa conclusiones residuas: an somnus et vigilia insint omni animali?

⟨Quaestio 1⟩
⟨Utrum somnus sit privatio vigiliae⟩

O 71va ⟨1⟩ Ad primam quaestionem arguo quod | somnus non sit privatio vigiliae,
V 90vb quia illud quod habet causas | positivas est positivum et non sola privatio, sed somnus habet causas positivas, ut patet ex praecedentibus. Elevatio vaporum ad cerebrum est causa somni, similiter profunda cogitatio, et illa sunt positiva; igitur somnus non est pura privatio.

⟨2⟩ Praeterea, a privatione ad habitum impossibilis est regressio, sed a somno ad vigiliam possibilis est regressio; igitur somnus non est privatio vigiliae.

⟨3⟩ Praeterea, nulla privatio per se intenditur a natura, sed animalia naturaliter appetunt somnum; igitur somnus non est privatio vigiliae.

Oppositum vult Philosophus dicens quod somnus et vigilia habent fieri circa idem, quia privative opponuntur.

Dicendum quod somnus est privatio vigiliae, quod patet per descriptiones eius. Dicit enim Philosophus quod somnus est impotentia sensuum propter excessum vigiliae. Dicit etiam quod somnus est immobilitatio sensuum exteriorum, sed impotentia et immobilitatio sunt privationes; ideo somnus est privatio.

---

1 istam] *iter.* V | et] *om.* M_2 1–2 conclusionem] quaestionem M_2 2 conclusionem] quaestionem L_2M_2 3 tertiam] quaestionem *add.* L_2M_2 4 et[1]] vel L_2M_2 | conclusiones] quaestiones L_2M_2O 8 arguo] arguitur M_2 | vigiliae] probo *add.* L_2 probatur *add.* M_2 9 illud] *corr. ex* idem L_2 idem M_2 10 sed] *om.* M_2 | praecedentibus] quia *add.* O 11 vaporum] vaporis L_2M_2 13–14 sed … regressio] *om.* L_2 (*hom.*) 14 ad] in M_2 17 privatio vigiliae] sola privatio M_2 19 privative] privatione O 22 vigiliae] et *add.* M_2

---

13 a … regressio] Cf. Aristoteles, *Categoriae*, 10, 13a 31–34 (AL I.3, ed. Minio-Paluello, 111, 9–12). 18–19 oppositum … opponuntur] Aristoteles, *De somno et vigilia*, 1, 453b 24–27 (AL XV.2.1, ed. Drossaart Lulofs, 1b, 1–3). 21–22 dicit … vigiliae] Aristoteles, *De somno et vigilia*, 1, 454b 24–27 (AL XV.2.1, ed. Drossaart Lulofs, 2b, 36–38). 22–23 dicit … exteriorum] Aristoteles, *De somno et vigilia*, 1, 454b 9–12 (AL XV.2.1, ed. Drossaart Lulofs, 3b, 2–4).

Item, dicit Commentator: *somnus est sensus in potentia et vigilia sensus in actu. Et quod est in potentia est privatio eius quod est in actu*. Haec Commentator. Item, dicit Commentator quod somnus est quies motus, et vigilia est continuatio motus, sed quies est privatio; igitur et cetera.

Item, dicit Avicenna: somnus est quies virtutum animalium cum intensione virtutum naturalium, quies est privatio; igitur et cetera. Hoc tamen non est sic intelligendum quod somnus est pura negatio vigiliae, ita quod sit negatio extra genus (quia sic somnus inesset lapidi), sed somnus est negatio in genere et habet causas positivas.

Unde dicit Albertus: *cum somnus sit quies vel multum quieti similis, videtur esse privatio et non cogosci nisi per vigiliam. Tamen, quia somnus habet plures causas, ideo oportet inquirere de somno et vigilia, nam principaliter et per resolutionem somni cognoscimus vigiliam. Vigilia enim causas speciales non habet nisi eas quae somnum solvunt et terminant. Hac igitur de causa, licet somnus, ut diximus, privatio quaedam sit et quies, tamen non habet solum causas privativas, sed habet multa principia de quibus oportet physicum considerare. Et haec est causa quare haec scientia magis a somno quam a vigilia habet denominari, cum sit de utrisque, quia oppositorum eadem est disciplina*. Haec Albertus.

Intelligendum: licet somnus habeat causas positivas, ut dictum | est, ex V 91ra quo tamen somnus est privatio, oportet tamen | quod sua causa proxima L_2 159rb sit privativa. Et haec causa est absentia influxus virtutis a sensu communi ad exterius, et haec absentia contingit aliqua trium praedictarum causarum: aut propter elevationem | vaporis ad cerebrum aut propter profundam cogi- O 71vb tationem aut propter excessum vigiliae, ut dictum est prius.

---

1 commentator] quod *add.* L_2 5 avicenna] quod *add.* L_2 7 est[2]] sit L_2M_2 11 cogosci] cognoscitur L_2 | vigiliam] causas *add.* M_2 14 nisi] enim M_2 16 sed] se M_2 | multa] propria *add.* L_2M_2 18 cum] tamen *superscr.* L_2 tamen *add.* M_2 | disciplina] scientia M_2 20 intelligendum] quod *superscr.* L_2 est quod *add.* M_2 | habeat] hanc M_2 21 tamen[2]] *om.* M_2O 22–23 sensu … ad] sensum qui est M_2 23 contingit … trium] continet aliquam OV

1–2 somnus … actu[2]] Cf. AVERROES CORDUBENSIS, *In De somno et vigilia* (ed. Shields, 75, 10–76, 15). 3–4 somnus … motus] Cf. AVERROES CORDUBENSIS, *In De somno et vigilia* (ed. Shields, 79, 50–52). 5–6 somnus … naturalium] Apud Avicennam non inveni, sed cf. ALBERTUS MAGNUS, *In De somno et vigilia*, I, tr. 1, cap. 8 (ed. Borgnet, IX, 134b). | Cf. ALBERTUS MAGNUS, *In Politica*, VIII, cap. 3 (ed. Borgnet, VIII, 773b). 10–18 cum … disciplina] ALBERTUS MAGNUS, *In De somno et vigilia*, I, tr. 1, cap. 1 (ed. Borgnet, IX, 122b).

⟨Ad 1⟩ Per hoc patet ad primum argumentum, quoniam, quia somnus est privatio, ideo habet causam proximam privativam. Causa tamen eius remota est positiva.

⟨Ad 2⟩ Ad secundum dico quod privatio est triplex: quaedam privans actum tantum, et quaedam actum et habitum, non tamen potentiam, et quaedam privat actum, habitum et potentiam ad habitum. Primo modo est tenebra privatio lucis. Secundo modo est iniustitia privatio iustitiae, quia privat habitum iustitiae, scilicet ipsam iustitiam, et etiam actum iustitiae. Tertio modo est caecitas privatio visus. Unde haec propositio: 'a privatione M_2 84[va] ad habitum' | et cetera, est intelligenda de privatione tertio modo dicta quae privat potentiam ad habitum. Sed isto modo non est somnus privatio vigiliae, sed est privatio quae privat actum.

⟨Ad 3⟩ Ad tertium dicitur quod privatio non intenditur per se et principaliter a natura, ex consequenti tamen et per accidens intenditur, ut patet de privatione in materia. Materia enim per se appetit esse sub forma. Et, quia non potest esse sub una, nisi sit sub privatione alterius, ideo per accidens et ex consequenti appetitur privatio. Et tunc dico quod natura per se intendit vigiliam, quia, cum animal non potest continue exercere actum vigiliae, ideo natura intendens quietem animalium et salutem intendit per accidens somnum et retractionem spirituum et caloris ad interius, eo quod salus animalis non potest aliter conservari.

⟨Quaestio 2⟩
⟨Utrum somnus et vigilia sint passiones totius coniuncti ex anima et corpore⟩

Secunda quaestio est: an somnus et vigilia sint passiones totius coniuncti ex anima et corpore aut sint passiones alterius partis tantum.

⟨1⟩ Et quod sunt passiones alterius partis tantum et non totius compositi probatur primo sic: somnus est impotentia et immobilitas, ut patet per Philosophum, igitur somnus est passio eius quod per somnum redditur impo-

---

2 proximam] propriam M_2 3 positiva] potentialis M_2 4 dico] et notandum L_2 *om.* M_2 | quaedam] propter M_2 6 actum] et *add.* L_2 *om.* M_2 | et … habitum] *iter.* M_2 7 lucis] *om.* M_2 10 cetera est] cum M_2 12 quae] quia L_2 qui M_2 13 dicitur] *om.* M_2 25 coniuncti] compositi M_2 26 sint] *coni. codd.* sunt 27 sunt] sint L_2M_2 | tantum] probatur *add.* M_2

28–29 patet … philosophum] ARISTOTELES, *De somno et vigilia*, 1, 454b 4–6 (AL XV.2.1, ed. Drossaart Lulofs, 3b, 21–23).

tens, sed nihil redditur impotens nisi corpus; igitur somnus est passio solius corporis. Cum somnus et vigilia habent fieri circa idem, sequitur quod vigilia sit passio solius corporis. Quod autem per somnum tantum corpus redditur impotens patet, quia aliquae potentiae sensitivae in somno remanent non ligatae, ut | potentiae interiores. V 91rb

Idem probatur per Philosophum primo libro *De anima*. Si senex acciperet oculum iuvenis, videret sicut iuvenis, igitur debilitatio in actu videndi est solius corporis, quoniam, si in sene virtus visiva debilitaretur, etsi senex haberet oculum iuvenis, non videret ut iuvenis.

⟨2⟩ Praeterea, somnus est immobilitatio, cuius igitur est immobilitatio, eius est somnus, sed immobilitatio est solius corporis; igitur et cetera. | Probatio assumpti: nam cuius | est motus per se, eius est immobilitatio, quia opposita nata sunt fieri circa idem. Sed motus per se non est nisi solius corporis, nam anima non movetur nisi per accidens. O 72ra L_2 159va

⟨3⟩ Praeterea, anima nec est nec operatur sine calore (secundum Philosophum libro *De morte et vita*), sed in somno calor revocatur ad interius a partibus exterioribus; igitur partes exteriores sunt sine calore. Sed partes exteriores ligantur in somno, et eis inest somnus; igitur somnus inest corpori privato anima, quia partes exteriores ex quo sunt sine calore sunt sine anima.

⟨4⟩ Praeterea, quod somnus non sit passio totius coniuncti ex corpore et anima patet, quia omnis passio totius coniuncti advenit sibi cum motu, sed somnus non advenit cum motu, quia est quies membri.

Oppositum vult Philosophus.

Ad quaestionem dicendum quod somnus et vigilia sunt passiones totius compositi ex anima et corpore, quoniam somnus est ligatio sensuum, et vigilia est actus continuandi sensum. Cuius ergo est sensus, eius est somnus et vigilia, sed sensus non est potentia corporis tantum nec animae tantum, sed

---

1 sed] inter autem per somnum M_2 2 corporis] et *add.* M_2 | habent] habeant M_2 3 tantum] solum M_2 5 interiores] *coni. codd.* inferiores 6 primo] tertio M_2 10 igitur] *om.* M_2 somnus *add.* V | immobilitatio²] ergo *add.* M_2 12 assumpti] argumenti M_2 15 praeterea] probatur *superscr.* V 18 et] in O | eis] ens V 21 praeterea] item probatur M_2 21–22 ex ... coniuncti] *om.* M_2 (*hom.*) 22 patet] *om.* V 23 cum motu] et cetera OV 26 anima ... corpore] materia et forma M_2 26–158.1 quoniam ... corpore] *om.* L_2OV (*hom.*) 27 eius est] *coni. om..* L_2OV non est potentia corporis tantum M_2

6–9 si ... iuvenis²] Cf. Aristoteles, *De anima*, I, 4, 408b 21–22 (AL XII.2, ed. Leonina, 47b, 5–8). | Cf. Simon de Faversham, *Quaestiones in De somno et vigilia*, qu. 1 (ed. Ebbesen, 101). 15–16 anima ... vita] Cf. Aristoteles, *De longitudine et brevitate vitae*, 5, 466a 17–20 (AL XVI.2.1, ed. De Leemans, ALDatabase). 16–17 sed ... calore] Cf. Simon de Faversham, *Quaestiones in De somno et vigilia*, qu. 1 (ed. Ebbesen, 101).

est potentia totius coniuncti ex anima et corpore, quia animal per sensum distinguitur a non animali. Et similiter, actus sentiendi non est solius corporis, quia sic corpus privatum anima posset sentire, nec est actus solius animae, quia sic anima posset sine corpore sentire et posset anima sine oculo videre, ideo actus sentiendi est totius compositi, et per consequens sensus est totius compositi; et per consequens somnus et vigilia sunt totius compositi.

M$_2$ 84vb Hoc idem patet aliter: actus sentiendi diversificatur | secundum diversitatem corporum, ut, si oculus inficiatur corpore nigro vel lingua humore cholerico, visa apparent obscura et gustata amara. Actus igitur sentiendi diversificatur secundum diversitatem corporis, igitur non est solius animae nec solius corporis, ut probatum est prius; igitur et cetera. Similiter, operatio quae est solius animae non debilitatur propter excellens obiectum, ut patet de actu intelligendi, sed operationes sensuum debilitantur propter excellens
V 91va obiectum. Similiter, operatio | sentiendi debilitatur ad debilitationem organi corporalis sed actus intelligendi non. Videmus enim quod virtutes sensitivae debilitantur in senibus, sed intellectus in eis vigoratur. Senex enim est sapientior iuvene. Hoc non est, nisi quia actus intelligendi est operatio animae et actus sentiendi est operatio totius compositi. Et si hoc, etiam somnus et vigilia sunt passiones totius compositi, quia sunt eiusdem cuius sunt actus sentiendi.

⟨Ad 1⟩ Ad primum argumentum dicendum quod per somnum non solum debilitatur corpus sed totum compositum ex sensu exteriori et suo organo. Et ideo non solum corpus est ligatum in somno, sed etiam anima quantum ad potentias exteriores est ligata.

Ad confirmationem, cum dicitur: 'si senex acciperet' et cetera, dicendum
L$_2$ 159vb quod in sene non solum debilitatur organum | corporale sed etiam virtus sensitiva in organo, quia ad debilitationem corporis sequitur debilitatio virtutis in corpore. Et ideo dico quod, si senex acciperet solum organum corpo-

---

1 quia] quando L$_2$ quoniam M$_2$ 2 similiter] aliter O 3 quia] si *add.* O 4 sic] scilicet *add.* L$_2$ | anima … sentire] corpus sine (privatum O) anima posset videre et posset anima sine corpore videre L$_2$OV 5 compositi] coniuncti M$_2$ 6 compositi] coniuncti M$_2$ 6–7 compositi] coniuncti M$_2$ 8 hoc] tertio O | aliter] quoniam *add.* L$_2$M$_2$ 9 nigro] in ergo M$_2$ 12 probatum est] probatur M$_2$ 13–15 propter … debilitatur] *om.* O (*hom.*) 13 ut] *om.* M$_2$ 14 operationes … debilitantur] operationem sensum debilitatur M$_2$ 15 debilitationem] debilitatem M$_2$ 18 sapientior] superior M$_2$ | nisi] enim M$_2$ 19 compositi] coniuncti M$_2$ 19–20 et^2 … compositi] *om.* OV (*hom.*) 19 etiam] ergo L$_2$M$_2$ 20 compositi] coniuncti M$_2$ | sunt^2] est M$_2$ 26 dicitur] quod *add.* L$_2$ 28 debilitationem] debiliorem M$_2$ 29 acciperet] *om.* L$_2$ 29–159.1 corporale] acciperet *add.* L$_2$

rale iuvenis absque virtute visiva, adhuc non videret sicut iuvenis. Ideo dico quod Philosophus, | quando dicit: 'si senex acciperet' et cetera, per oculum O 72rb intelligit totum compositum ex visu et organo corporali, quia oculus sine visu non est oculus nisi aequivoce.

⟨Ad 2⟩ Ad secundum dicendum quod immobilitatio non est solius corporis nec etiam motus est solius corporis per se, sed est totius compositi ex anima et corpore. Unde, cum animal movetur, corpus movetur per accidens, et anima similiter, et totum compositum movetur per se.

⟨Ad 3⟩ Ad tertium dicendum quod in somno non est sic revocatio caloris ad interius quod partes exteriores remaneant omnino sine calore et sine anima. Sed sic est revocatio caloris ad interius quod calor et virtus non influitur a sensu communi ad partes exteriores, et ideo somnus non est passio corporis sine anima.

⟨Ad 4⟩ Ad quartum concedo quod somnus acquiritur toti coniuncto per motum, quia somnus accidit cum motu evaporationis a stomacho.

⟨Quaestio 3⟩
⟨Utrum somnus et vigilia insint plantis⟩

Tertia quaestio est: an somnus et vigilia insint plantis.

⟨1⟩ Probo quod sic per rationes Isaac quas recitat Albertus hic. Primo sic: *gustus est sensus alimenti, et similiter tactus; quibus igitur contingit uti alimento, eis insunt gustus et tactus*, sed plantae utuntur alimento; igitur gustum habent et tactum, et per consequens habent sensum. Sed quibus inest sensus, eis insunt somnus et vigilia; igitur somnus et vigilia insunt plantis.

⟨2⟩ Praeterea, cuicumque inest operatio determinata a natura secundum tempus, cum excesserit tempus in quo natum est agere, necesse est ipsum cessare | a sua operatione. Sed plantis inest operatio determinata a natura V 91vb

---

1 iuvenis²] vel etiam si acciperet virtutem visivam iuvenis absque organo adhuc non videret ut iuvenis *add.* M_2 5 dicendum] dicitur L_2 *om.* OV 6 compositi] coniuncti M_2 8 totum] *om.* L_2OV 9 dicendum] dicitur L_2 *om.* OV 9–10 caloris] calorum O 10 remaneant] remanent M_2O 11 ad interius] *om.* M_2 14 concedo] dicitur M_2 15 motu] enim *add.* V | evaporationis] vaporationis (!) L_2 18 tertia] tertio M_2 23–24 plantis] planti M_2 26 excesserit] excessit O 27 a¹ … operatione] ab operatione sua M_2

20–21 gustus … tactus] Cf. ALBERTUS MAGNUS, *In De somno et vigilia*, I, tr. 1, cap. 3 (ed. Borgnet, IX, 125b).

secundum tempus, ut nutrire, augere et cetera, igitur necesse est plantas aliquando cessare ab operatione. Talis cessatio ab operatione videtur esse somnus.

Illud confirmatur, quia per hanc rationem probat Philosophus quod omni animali inest somnus, quia omne animal habet operationem determinatam a natura secundum tempus. Igitur, si argumentum suum valeat de animalibus, eadem ratione argumentum praefactum valebit de plantis.

⟨3⟩ Praeterea, somnus est recessus virtutis ab exteriori et accessus ad interius, sicut dicit Commentator; | M_2 85[ra] sed sicut recapitulat Albertus, nos videmus in tempore aestivali quod flores plantarum de nocte clauduntur et de die aperiuntur et expanduntur. Hoc non est, nisi quia de nocte trahitur calor ad | L_2 160[ra] interius et de die ad exterius. Et tunc videtur quod somnus et vigilia insunt plantis.

Et hoc posuit Isaac propter praedictas rationes et etiam posuit quod in plantis est gustus et tactus qui sunt sensus nutrimenti. Distinguit tamen de tactu et gustu, | O 72[va] quia quidam tactus vel gustus inest naturaliter tantum, et tunc tactus et gustus insunt plantis, et quidam inest naturaliter et per alimentum, et tunc tactus et gustus insunt animalibus. Et tunc posuit somnum et vigiliam inesse utrique. Sed haec opinio non valet, quoniam plantae non suscipiunt species sensibilium sine materia, igitur eis non inest aliquis sensus, quia hoc est commune cuilibet sensui suscipere speciem sensibilis sine materia. Unde nec tactus nec gustus inest plantis propter earum terrestritatem.

⟨4⟩ Ad principale arguo aliter: quanto aliqua virtus est superior, tanto est minus fatigabilis et minus indiget quiete, sed virtus animalis est superior et nobilior quam virtus plantae; igitur, si propter fatigationem animal indi-

---

1 nutrire] *corr. ex* inquies L_2 inquies V 2 operatione[2]] opere L_2OV 8 exteriori] exterioribus L_2M_2 9–10 sed … plantarum] quod L_2 plantae O *om.* V 9 recapitulat] *coni.* retractio spiritus M_2 14 posuit[1]] possunt M_2 15 nutrimenti distinguit] nutriti distinxit M_2 16 quidam] quidem L_2 | vel] et O 17 tunc] sic M_2 | plantis] *om.* M_2 | quidam] quidem L_2 17–18 per alimentum] alimentaliter M_2O 18 posuit] ponit O 19 inesse utrique] in plantis M_2 | valet] videt M_2 24 arguo] arguitur M_2 25 quiete] quietem L_2 26–161.1 indiget] indigeat L_2M_2

4–5 philosophus … somnus] Cf. ARISTOTELES, *De somno et vigilia*, 1, 454a 19–26 (AL XV.2.1, ed. Drossaart Lulofs, 2b, 8–11). 8–9 somnus … commentator] Cf. AVERROES CORDUBENSIS, *In De somno et vigilia* (ed. Shields, 86, 7–9). 9–11 recapitulat … expanduntur] Cf. ALBERTUS MAGNUS, *In De vegetabilibus*, II, tr. 2, cap. 6 (ed. Meyer et Jensen, 159). | Cf. SIMON DE FAVERSHAM, *Quaestiones in De somno et vigilia*, qu. 1 (ed. Ebbesen, 100). 14–19 et[1] … utrique] Cf. ALBERTUS MAGNUS, *In De somno et vigilia*, I, tr. 1, cap. 3 (ed. Borgnet, IX, 125b).

get quiete, oportet quod tunc sibi insit somnus, per locum a maiori: plantae propter fatigationem in operando indigent quiete, et tunc eis inest somnus.

⟨5⟩ Praeterea, per Avicennam somnus accidit animalibus propter nutrimentum, quia in somno virtutes recurrunt ad interius, ut melius digeratur nutrimentum, ideo partes exteriores sunt quasi insensibiles, sed plantae recipiunt nutrimentum sicut animalia; igitur somnus est necessarius plantis sicut animalibus. Sed natura non deficit in necessariis, igitur plantis inest somnus.

⟨6⟩ Praeterea, nos videmus quod plantae alio modo disponuntur in hieme quam in aestate, quia in aestate virescunt et frondescunt, in hieme quasi arescunt. Sed illa viridifactio non videtur aliud quam vigilia et illa arefactio non videtur aliud quam somnus; igitur et cetera.

⟨7⟩ Praeterea, plantae habent sensum, igitur eis inest somnus | et vigilia. V 92ra Probatio assumpti: nam omne quod corrumpitur ab excellenti sensibili habet sensum, quia sensibile, nisi in his quae habent sensum, non agit. Sed plantae corrumpuntur ab excellenti sensibili, quia, ut dicit Theophrastus in libro *De plantis*, plantae corrumpuntur propter abundantiam odorum foetidorum.

Ad oppositum est Philosophus.

Ad quaestionem dicendum quod plantis nec inest somnus nec vigilia, quia eis non inest sensus, et somnus et vigilia non insunt nisi habenti sensum. Quod autem plantae non habent sensum patet, quia omne habens sensum habet gaudium et tristitiam, quia ex apprehensione convenientis accidit gaudium | et ex apprehensione disconvenientis et nocivi accidit tristitia, sed L₂ 160rb plantis nec inest gaudium nec tristitia; igitur eis non inest sensus.

Item, nulla causa somni inest plantis. | Non causa finalis, quia causa finalis O 72vb somni est recreatio virtutum sensitivarum, sed plantae non habent virtutes sensitivas; igitur et cetera. Nec causa efficiens, quia causa efficiens somni

---

1 oportet quod] et L_2 | oportet ... tunc] et sic M_2O 2 inest] inerit M_2 3–4 nutrimentum] nutritum M_2 4 recurrunt] recurruntur M_2 7 sicut] et *add.* L_2M_2 | natura] nulla M_2 9 videmus] dicimus M_2 10 hieme[2]] autem *add.* M_2 11 aliud] aliquid M_2 | et] nec OV 12 igitur ... cetera] *om.* M_2 12–13 igitur ... praeterea] *om.* OV 13 inest somnus] insunt M_2 14 assumpti] antecedentis M_2 15 nisi ... agit] non agit nisi in his quae habent sensum L_2 non agit nisi in habens sensum M_2 | quae] qui V 17 plantis] quod *add.* L_2 20 quaestionem] est *add.* O 21 nisi] non M_2 22 habent] habeant M_2 23 accidit] accipit M_2 24 et[1]] aut M_2

3–8 per ... somnus] Apud Avicennam non inveni, sed cf. ALBERTUS MAGNUS, *Quaestiones de animalibus* (ed. Stadler, 144, 12–19). 16–17 theophrastus ... plantis] Locum non inveni. 17–18 plantae ... foetidorum] Cf. SIMON DE FAVERSHAM, *Quaestiones in De somno et vigilia*, qu. 1 (ed. Ebbesen, 100).

est elevatio vaporis ex nutrimento ad cerebrum. Nec causa materialis, quia cor est causa materialis et primum subiectum somni, sed plantis non inest cor; igitur et cetera. Nec inest plantis causa formalis somni, quia secundum Albertum somnus est vigor et confortatio sensuum interiorum et debilitatio sensuum exteriorum, et vigilia e converso, sed plantae nec habent sensus interiores nec exteriores; ideo plantis non inest causa formalis somni. Et tunc plantis non inest somnus nec vigilia. Tamen in plantis est aliquid simile, quia M_2 85[rb] reversio caloris ad interius similis est somno et expansio caloris | ad exterius similis est vigiliae. Tamen illa accidunt plantis alia de causa quam somnus et vigilia accidunt animalibus, quia somnus accidit animali propter vaporem elevatum ad cerebrum et ibi infrigidatum, sed reversio caloris ad interius accidit plantis propter frigidum exterius.

⟨Ad 1⟩ Ad primum argumentum dicendum quod ad hoc quod aliquid habeat sensum alimenti non sufficit quod utatur alimento, sed requiritur quod simul cum hoc cognoscat alimentum. Et, quia plantae non cognoscunt alimentum, ideo non habent sensum alimenti.

⟨Ad 2⟩ Ad secundum argumentum dicendum, ut dicit Commentator secundo *De anima*: potentia vegetativa est semper in actu et in perfectione postrema, et ideo non oportet potentiam vegetativam cessare a sua operatione. Et cum dicitur quod omne habens operationem determinatam et cetera, dicendum, ut dicit Commentator, quod omne habens operationem determinatam secundum tempus, si illa non insit secundum naturam corporis, tunc est necesse cessare ab illa operatione. V 92[rb] Si autem | insit secundum naturam corporis, tunc non oportet quod habens operationem determinatam quiescat ab operatione, sicut patet: motus deorsum inest gravi per natur-

---

3 igitur … cetera] *om.* L_2OV 6 interiores nec] *om.* O 6–7 causa … inest] *om.* M_2 (*hom.*) 7 tamen] unde M_2 | simile] somno *add.* M_2 8 similis … somno] *om.* M_2 | exterius] interius L_2 9–10 plantis … accidunt] *om.* M_2 (*hom.*) 10 accidit] accipit M_2 11 infrigidatum] infrigidantem M_2 12 accidit] accipit M_2 13–14 aliquid habeat] aliqui habeant OV 15 et] *om.* M_2 19–20 a … operatione] ab operatione sua M_2 21 commentator] compositor M_2 22–23 corporis] temporis L_2 24–25 determinatam] *om.* M_2 determinatum O 25 per] secundum M_2

3–5 secundum … converso] Cf. Albertus Magnus, *In De somno et vigilia*, I, tr. 1, cap. 9 (ed. Borgnet, IX, 135a). | Cf. Simon de Faversham, *Quaestiones in De somno et vigilia*, qu. 1 (ed. Ebbesen, 102). 6–12 et … exterius] Cf. Simon de Faversham, *Quaestiones in De somno et vigilia*, qu. 1 (ed. Ebbesen, 100). 17–20 ad … operatione] Cf. Averroes Cordubensis, *In De anima*, II, cap. 5 (ed. Crawford, 136, 45–47). Cf. Simon de Faversham, *Quaestiones in De somno et vigilia*, qu. 1 (ed. Ebbesen, 100–101). 17–19 dicit … postrema] Cf. Averroes Cordubensis, *In De anima*, II, cap. 5 (ed. Crawford, 136, 45–47). 21–23 dicit … operatione] Locum non inveni.

am corporis, et ideo grave non fatigatur in movendo deorsum nec fatigaretur, si in infinitum moveretur, immo motus continue velocitaretur. Similiter, quia calefactio inest igni per naturam corporis et per formam corporalem, ideo ignis non fatigatur in calefaciendo. Nunc autem operationes plantarum insunt eis per naturam corporis. Et haec est responsio Alberti hic, qui dicit: *in illis potentiis est lassatio in quibus motus virtutum quo movet organum non est naturalis motus organi. Sed nutrire et augere sunt motus | naturales. Cibus enim naturaliter movetur ad membrum sicut ad suum* L_2 160va *locum, et ideo talis motus non inducit lassationem membris.* Propter quod non oportet quod plantae cessent a suis operationibus, | nisi cum corrump- O 73ra untur.

⟨Ad 3⟩ Ad aliud argumentum dicendum quod in plantis de nocte est retractio caloris ad interius, sed illa retractio non est somnus, quia calor non trahitur ad interius in plantis nisi propter frigidum circumstans et non propter excessum vigiliae, quod tamen oporteret ad hoc quod esset somnus.

⟨Ad 4⟩ Ad aliud argumentum, cum dicitur: 'quanto virtus est superior, tanto est minus fatigabilis', dicendum est quod hoc est verum aliis existentibus paribus. Nunc autem ignis potest calefacere sine fatigatione, et sensus non potest sentire sine fatigatione; huius causa est: quia virtus naturalis, cuiusmodi est virtus ignis, fortificatur per suum obiectum, sed non est sic de virtute sensitiva. Similiter, virtus nutritiva operatur sine fatigatione et virtus sensitiva non.

Ad cuius intellectum sciendum quod anima tam in nutriendo quam in sentiendo indiget calore et spiritu tamquam instrumento. Spiritus enim, ut dicit Albertus, est corpus aereum in substantia, lucidum, spissum et diaphanum. Sed alius est spiritus quo anima utitur nutriendo, quia est grossus et multum unitus. Sed spiritus quo utitur sentiendo est magis subtilis et

---

5 plantarum] stellarum *add.* L_2 stellarum OV | responsio] ratio M_2 6 dicit] qui *add.* M_2 | quibus] quis M_2 8 movetur] movet L_2OV 10 a … operationibus] ab operationibus suis M_2 | cum] *om.* L_2 14 non] *om.* L_2 14–15 propter] potest O 15 oporteret] oportet M_2 16 dicitur] quod *add.* M_2 | virtus] uterque M_2 17 est[1]] *om.* L_2 | est[2]] *om.* L_2M_2 18 paribus] partibus M_2 19 est] *om.* OV 22 non] *om.* M_2 25–26 diaphanum] diaphano M_2 26 utitur] in nutriendo et alius quo utitur in sentiendo nam spiritus quo anima utitur *add.* M_2 | quia] *om.* L_2M_2 27 utitur] unitur in L_2 in *add.* M_2

4–11 nunc … corrumpuntur] Cf. SIMON DE FAVERSHAM, *Quaestiones in De somno et vigilia*, qu. 1 (ed. Ebbesen, 101). 6–9 in[1] … membris] Cf. ALBERTUS MAGNUS, *In De somno et vigilia*, I, tr. 1, cap. 3 (ed. Borgnet, IX, 126b). 20–24 sed … instrumento] Cf. SIMON DE FAVERSHAM, *Quaestiones in De somno et vigilia*, qu. 1 (ed. Ebbesen, 101). 24–26 spiritus … diaphanum] ALBERTUS MAGNUS, *In De somno et vigilia*, I, tr. 1, cap. 7 (ed. Borgnet, IX, 131b). | Cf. SIMON DE FAVERSHAM, *Quaestiones in De somno et vigilia*, qu. 2 (ed. Ebbesen, 104).

magis dispersus in plura, sicut organa sensuum divisa sunt. Quanto enim aliqua virtus est magis dispersa, tanto minus agit actionem continuam, et quanto virtus est magis unita, tanto magis agit continuam actionem. Et, quia spiritus quo anima utitur in sentiendo est dispersus, ideo, cum sensibilia agunt in sensum, ex continua actione fit consumptio spirituum existentium in organis sentiendi; ideo oportet visum deficere aliquando a sua V 92va operatione. Sed | non oportet virtutem nutritivam deficere ab operatione, quia spiritus quo utitur in operando est grossus et non potest de facili consumi.

M$_2$ 85va ⟨Ad 5⟩ Ad aliud argumentum | dicendum quod somnus non accidit animalibus solum propter digestionem nutrimenti sed etiam propter excessum vigiliae et etiam propter vapores elevatos ad cerebrum. Sed huiusmodi causae non inveniuntur in plantis.

⟨Ad 6⟩ Ad argumentum sequens patet ex dictis.

⟨Ad 7⟩ Ad ultimum dicendum quod plantae non corrumpuntur ab odore foetido sed a corpore habente odorem foetidum, quia corpus habens odorem foetidum potest inficere aerem sibi propinquum et aer infectus—ulterius corrumpere plantam.

⟨Quaestio 4⟩
⟨Utrum somnus et vigilia insunt omni animali⟩

Quarta quaestio: utrum somnus et vigilia insunt omni animali, ita quod omne animal aliquando dormit, aliquando vigilat.

⟨1⟩ Videtur quod non, nam quaedam animalia habent oculos semper L$_2$ 160vb apertos, et talia animalia numquam dormiunt, | quia agente approximato passo necessario fit actio. Cum igitur oculi talium animalium, ut oculi piscium et leporis, sunt semper aperti et visibile semper est praesens oculis talium, sequitur quod talia animalia semper vident, et per consequens numquam dormiunt.

1 sicut] in *add.* M$_2$ 6 sentiendi] et *add.* M$_2$ 8 operando] operationes M$_2$ 10 dicendum] *om.* M$_2$V 11 nutrimenti] nutriti M$_2$ 12 ad cerebrum] *om.* OV | huiusmodi] huius OV 16 sed] oportet O | foetidum] non tamen corrumpitur planta a tali corpore propter odorem sed magis propter aliquam materialem condicionem in isto corpore *add.* M$_2$ | quia corpus] corpus L$_2$ corpus enim M$_2$ 16–17 habens odorem] *om.* L$_2$ 17 inficere] corrumpere OV | infectus] potest *add.* L$_2$ 18 plantam] planta M$_2$ 21 insunt] insint M$_2$ 22 dormit] et *add.* O 26 sunt] sint M$_2$ 27 talium] animalium *add.* L$_2$

⟨2⟩ Praeterea, somnus est ligatio et immobilitatio omnium sensuum exteriorum | (per Philosophum), et vigilia est eorundem solutio. Quibus igi- O 73rb tur non insunt omnes sensus eis non inest somnus, sed multis animalibus non insunt omnes sensus; igitur et cetera.

⟨3⟩ Praeterea, passio non invenitur sine proprio subiecto, sed proprium subiectum somni est cor. Cum igitur non omni animali insit cor, sequitur quod non omni animali inest somnus.

Idem confirmatur per Philosophum in *De animalibus* qui dicit quod quoddam est animal marinum quod convenit cum arboribus per hoc quod sibi non inest somnus.

⟨4⟩ Praeterea, vigilia praecedit somnum, quia habitus praecedit privationem. Possibile est igitur ante excessum vigiliae animal occupari aliqua aegritudine somnum prohibente et in illa aegritudine vitam finiri sine somno consequente; et per consequens possibile est animal aliquod vigilare et numquam dormire.

Ad oppositum est Aristoteles.

Ad quaestionem dicendum quod nos possumus loqui de animali dupliciter: aut secundum naturam et secundum ordinem vel secundum cursum naturalem, aut quantum ad ea quae accidunt praeter naturam et praeter naturalem cursum. Loquendo de animali primo modo sic necesse est omni animali inesse somnum et vigiliam. Et hoc dicit Philosophus sic dicens: *necessarium cuilibet animali inesse somnum. Dico autem ex suppositione necessitatem, quoniam, si animal* | *erit habens suam naturam, ex necessitate* V 92vb *ei inesse quaedam oportet*, id est somnum et vigiliam. Loquendo tamen de animali quantum ad illa quae accidunt ei praeter cursum naturalem, sic dico quod non oportet quod omni animali insit somnus aliquando et aliquando vigilia, quia possibile est quod animal vigilans interficiatur antequam dormiat. Si tamen vivat secundum tempus debitum suae naturae,

---

1 omnium] omni O 5 sine] cum M_2 9 per] in M_2 12 aliqua] gravi M_2 17 nos] modo L_2 18 vel secundum] et M_2 21 inesse] inest M_2 | dicit] diceret L_2 22 necessarium] necessario L_2OV | inesse] esse M_2 inest O 23 necessitatem] necessariam M_2 25 quantum] quod *add.* M_2 inquantum V | ei] si M_2 26 et] *om.* L_2M_2

1–4 praeterea ... cetera] Cf. SIMON DE FAVERSHAM, *Quaestiones in De somno et vigilia*, qu. 1 (ed. Ebbesen, 102). 1–2 somnus ... solutio] ARISTOTELES, *De somno et vigilia*, 1, 454b 24–27 (AL XV.2.1, ed. Drossaart Lulofs, 2b, 36–38). 5–7 praeterea ... somnus] Cf. SIMON DE FAVERSHAM, *Quaestiones in De somno et vigilia*, qu. 1 (ed. Ebbesen, 103). 8–10 philosophum ... somnus] Cf. ARISTOTELES, *De partibus animalium*, 4, 681a 36–781b 8 (AL XVII.2.4, ed. Rossi, ALDatabase). 22–24 necessarium ... oportet] ARISTOTELES, *De somno et vigilia*, 2, 455b 26–28 (AL XV.2.1, ed. Drossaart Lulofs, 5b, 25–26).

oportet quod aliquando vigilet et aliquando dormiat; cuius probatio est: nam quorumcumque est aliqua operatio determinata secundum tempus a natura, si excesserit tempus, necesse est deficere. Unde dicit Albertus: omne harmonice compositum quam cito vadit ad excessum, tam cito descendit ad defectum, sed omnis sensus est harmonice compositus; igitur et cetera. Unde, cum operatio sensus est determinata secundum tempus, si animal debeat salvari et durare cum delectatione, oportet quod aliquando quiescat, et tunc oportet quod aliquando dormiat. Et, si dormiat, oportet quod aliquando vigilet, ita quod vigilia sibi inerit vel infuit, quia omne dormiens habet virtutem sensitivam, et omnis virtus sensitiva aliquando est in
L$_2$ 161ra actu sentiendi, aliter | potentia ad actum sentiendi esset frustra; igitur omni dormienti aliquando inest vigilia.

Potest igitur sic argui: omni animali inest somnus vel vigilia (ut probatur in littera), et, si somnus inest, vigilia aliquando inest; et, si vigilia aliquando insit, igitur somnus aliquando inest. Igitur omni animali aliquando inest
M$_2$ 85vb somnus, aliquando vigilia, et | hoc loquendo de animali secundum cursum naturalem.

O 73va ⟨Ad 1⟩ Ad primum argumentum dicendum | quod quaedam animalia habent oculos semper apertos, ut illa animalia quae vivunt in elemento frigido et denso, ut in aqua. Talia animalia habent duros oculos, ne laedantur, et ideo non indigent palpebris seu velamine oculorum. Et huiusmodi animalia, quandocumque dormiunt, habent oculos apertos. Et, licet oculi non sint cooperti, tamen virtus visiva potest subtrahi ab eis, et tunc sensus non est dispositus semper ad apprehendendum sensibile, quamvis oculi sint aperti. Lepus etiam habet semper oculos apertos in dormiendo propter aliam causam, et est: quia natura multum est sollicita circa conservationem individui. Cum enim aliquis pervenit ad locum terribilem vel in quo aliquod terribile imaginetur, natura causat quendam stuporem, ut individuum muniatur

1 dormiat] dormiet L$_2$ 2 aliqua] *om.* M$_2$ 3 excesserit] excesserint L$_2$M$_2$ 4–5 descendit] tendit L$_2$M$_2$ 5 ad] *exp.* O | defectum] destructionem M$_2$ despectum V 6 est] sit L$_2$M$_2$ 8 et^2] quod L$_2$OV 9 sibi] sic O 10 sensitiva] est *add.* M$_2$ 12 inest] est M$_2$ 13 potest … vigilia] *om.* M$_2$ (*hom.*) | probatur] probo M$_2$ 14 inest^1] insit L$_2$M$_2$ 19 semper] *om.* V | elemento] omnino M$_2$ 20 talia] enim *add.* L$_2$M$_2$ 21 huiusmodi] huius M$_2$V 21–22 animalia] aliquando M$_2$ 24 quamvis] quam M$_2$ 25 habet] habent M$_2$ | semper … apertos] apertos oculos semper L$_2$ oculos semper apertos M$_2$ 27 quo] est *add.* O 28 muniatur] minatur V

3–6 unde … cetera] Cf. ALBERTUS MAGNUS, *In De somno et vigilia*, I, tr. 1, cap. 4 (ed. Borgnet, IX, 128a). | Cf. SIMON DE FAVERSHAM, *Quaestiones in De somno et vigilia*, qu. 1 (ed. Ebbesen, 102).

a terribili. Sed lepus est animal melancholicum et valde timidum, ideo natura permittit oculos eius esse apertos, ut citius percipiat, si aliquod terribile occurrat. | V 93ra

⟨Ad 2⟩ Ad aliud argumentum dicendum quod in habentibus omnes sensus exteriores est somnus ligatio omnium sensuum exteriorum et in habentibus aliquos sensus est somnus ligatio illorum sensuum. Unde somnus non est ligatio omnium sensuum in quocumque animali, quia non omne animal habet omnes sensus. Sed somnus est ligatio omnium sensuum qui sunt in animali dormiente, sive illud animal habeat quinque sensus sive duos sive tantum unum.

⟨Ad 3⟩ Ad aliud argumentum dicendum quod in habentibus cor est somnus passio cordis principaliter et in non habentibus cor est somnus passio alicuius proportionalis.

Ad confirmationem dicendum quod quaedam animalia dicuntur vivere ad modum plantae, quia sunt immobilia sicut plantae et conveniunt cum plantis. Sed illa convenientia est in partibus vegetativae quibus non convenit somnus. Sed omne animal supra ea quae sunt plantae habet sensum, et ratione illius accidit somnus animalibus et non plantis.

⟨Ad 4⟩ Ad aliud argumentum patet per praedicta in positione.

⟨4⟩ *Quare autem dormiunt*

Cum declaratum sit quod somnus et vigilia sunt passiones totius coniuncti, et quod somnus et vigilia insunt omni animali, et quod insunt animali ratione partis sensitivae, quia non insunt plantis nec non habentibus sensum, et per hoc solvuntur tres quaestiones prius enumeratae, intentio Philosophi in hoc capitulo est inquirere cuius partis sensitivae animae somnus | et vigilia sunt passiones. Et vult principaliter ostendere quod sunt passiones totius coniuncti ex primo sentiente—qui est sensus communis—et suo organo. Et sunt in hoc capitulo quattuor conclusiones. Prima: quod in somno immobilitantur omnes sensus exteriores. Secunda: quod praeter L₂ 161rb

4 dicendum] *om.* L_2M_2 | in] *om.* M_2 11 dicendum] *coni. codd. om.* 13 alicuius] actus M_2 17 animal] est *add.* L_2M_2V 20 dormiunt] et vigilant *add.* M_2 21 sunt] sint L_2 21–22 sunt … vigilia] *om.* M_2 (*hom.*) 23 ratione partis] *inv.* M_2 25 est] *om.* M_2 26–27 et^2 … passiones] *om.* M_2 (*hom.*) 27 qui] quae L_2OV 28 suo] *om.* M_2 | conclusiones] quaestiones L_2M_2O 29 immobilitantur] immobilitatur M_2O | omnes] omnis M_2

20 quare … dormiunt] ARISTOTELES, *De somno et vigilia*, 2, 455a 4 (AL XV.2.1, ed. Drossaart Lulofs, 3b, 36).

O 73vb sensus particulares oportet ponere sensum communem. Tertia: quod | sensus communis simul est cum sensu tactus. Quarta: quod somnus est passio sensus communis vel animalis secundum sensum communem.

Circa primam conclusionem dicit Philosophus quod quaedam animalia habent omnes sensus, ut animalia perfecta (ut homo, bos), et quaedam animalia non habent omnes sensus. Omne enim animal habet tactum. Tactus enim est necessarius omni animali, quia tactus consistit in quadam proportione media qualitatum tangibilium, et illa corrumpitur per excellentiam tangibilium et salvatur patiendo a simili et proportionali. Ideo, si animal debeat salvari, oportet ipsum habere virtutem per quam possit percipere excellentiam qualitatum tangibilium. Si enim talem virtutem non haberet, nec fugeret calidum nec frigidum, et tunc statim corrumperetur. Ut igitur
V 93rb animal | salvetur in esse, est sensus tactus sibi necessarius. Similiter, gustus est necessarius omni animali, nisi sit aliquod animal valde imperfectum, ut dicit Philosophus.

M_2 86ra Intelligendum est hic quod | gustus uno modo accipitur pro sensu qui est discretivus alimenti convenientis et disconvenientis; alio modo accipitur secundum quod est discretivus saporis delectabilis et non delectabilis. Gustus primo modo acceptus est necessarius omni animali, quia necessarium est omni animali discernere alimentum conveniens a non conveniente, sed gustus secundo modo non inest nisi animalibus perfectis, nam cognoscere saporem alimenti non requiritur ad esse animalis sed solum ad bene esse.

Aliter possumus dicere quod, sicut phantasia est duplex, scilicet determinata et indeterminata, sic gustus est duplex: determinatus et indeterminatus. Gustus determinatus inest animalibus perfectis et gustus indeterminatus inest animalibus imperfectis.

2–3 quarta … communem] *om.* O 4 conclusionem] quaestionem L_2M_2O 6 enim] tamen L_2M_2 7 enim] *om.* M_2 8–9 illa … et[1]] *om.* M_2 (*hom.*) 9 proportionali] et *add.* L_2M_2 10 possit] posset M_2 11 si] *om.* M_2 12 statim] sic *add.* M_2 | corrumperetur] corrumpetur M_2 corrumpitur OV 13 salvetur] salvaretur M_2 17 et] vel M_2 18 et] vel M_2O 18–21 non … secundo] *om.* L_2 hoc V 20 conveniens] *om.* O 24–25 determinata] terminata M_2 25 duplex] scilicet *add.* M_2O | determinatus] terminatus M_2

4–6 dicit … tactum] Aristoteles, *De somno et vigilia*, 2, 455a 5–9 (AL XV.2.1, ed. Drossaart Lulofs, 3b, 38–39). 6–8 tactus … tangibilium] Cf. Aristoteles, *De anima*, III, 13, 435a 22–23 (AL XII.1, ed. Decorte et Brams, ALDatabase). 8–11 et … tangibilium] Cf. Aristoteles, *De anima*, III, 13, 434b 15–19 (AL XII.1, ed. Decorte et Brams, ALDatabase). 12–15 ut … philosophus] Aristoteles, *De somno et vigilia*, 2, 455a 5–9 (AL XV.2.1, ed. Drossaart Lulofs, 3b, 38–4b, 6).

Isto supposito probatur prima conclusio sic: sive animal habeat omnes sensus sive quosdam, impossibile est animal dormiens sentire aliquo sensu, quia, si detur quod animal dormiens habeat usum sentiendi secundum aliquem sensum exteriorem, cum usus sentiendi sit vigilia, sequitur quod animal dormiens vigilat, sed hoc est impossibile; igitur illud ex quo sequitur, scilicet quod animal dormiens sentiens sit per aliquem sensum, cum, si dormiret secundum unum sensum et sentiret secundum alium, simul dormiret et vigilaret, et tunc opposita simul inessent eidem.

Secunda conclusio, scilicet quod praeter sensus particulares oportet ponere sensum communem, probatur dupliciter. Primo sic: aliquis sensus cognoscit actus propriorum sensuum, ut visum videre et auditum audire, sed nullus sensus particularis percipit suum actum nec actum alterius sensus; igitur oportet ponere sensum communem qui | cognoscat actus particul- L_2 161va arium sensuum. Intelligendum est quod visus non percipit se videre, quia actus videndi est in visu subiective. Sed visus non percipit aliquid quod est in eo, quia sensibile positum supra sensum non sentitur. Aliter probatur sic: aliquis sensus percipit diversitatem inter sensibilia diversorum sensuum, ut inter | album et dulce, sed nullus sensus particularis potest hoc cogno- O 74ra scere, quia sic cognosceret extrema diversitatis, et ita cognosceret sensibilia diversorum sensuum; ergo oportet ponere sensum communem qui possit cognoscere diversitatem inter sensibilia diversorum sensuum.

Unde propter haec duo ponitur sensus communis: ut cognoscat actus propriorum sensuum et ut cognoscat diversitatem inter sensibilia diversorum sensuum. Sed aliquis posset dicere quod non oportet ponere sensum communem ad cognoscendum diversitatem inter sensibilia diversorum sensuum, quia intellectus potest cognoscere illam diversitatem. Unde unus sensus potest cognoscere suum sensibile, et alius sensus suum sensibile, et intellectus diversitatem inter sensibilia illa. Sed istud non valet.

---

1 conclusio] quaestio O 3 quia] quod M_2O | usum] visum M_2 4 sensum] secundum M_2 5 vigilat] vigilet L_2 vigilaret M_2 | illud] idem M_2 6 sentiens ... sit] sentiat M_2O | cum] unde M_2O 7 alium] sensum *add.* M_2 | simul] similis M_2 8 et tunc] sic M_2 9 conclusio] quaestio M_2O probatur *add.* L_2OV 11 auditum] auditus M_2 12 particularis ... sensus] *om.* M_2 (*hom.*) 13 cognoscat] cogitat M_2 14 est] *om.* M_2 16 sensum] vel in sensu *add.* M_2 | probatur] quo *add.* M_2 17 aliquis] communis L_2OV 19 ita] natura L_2V 20–21 ergo ... sensuum] *om.* L_2OV (*hom.*) 22 unde] et non M_2 | propter] *loc. vac.* L_2 | haec] hoc L_2 | ut] scilicet *add.* L_2M_2 22–23 cognoscat ... ut] *om.* M_2 (*hom.*) 23 cognoscat] cogitat M_2 24 quod] *om.* M_2 27 alius ... et^2] *om.* M_2 (*hom.*) 28 sensibilia] *om.* O | istud] idem M_2 | valet] videt M_2

---

16 sensibile ... sentitur] Cf. ARISTOTELES, *De anima*, II, 7, 419a 29–32 (AL XII.1, ed. Decorte et Brams, ALDatabase).

$V\ 93^{va}$ Circa quod sunt duo declaranda: | primo quod aliquis sensus debet percipere diversitatem inter sensibilia diversorum sensuum, secundo quod nullus sensus particularis potest hoc facere. Primum determinat Albertus sic: *omne iudicium circa sensibilia de sensibili praesente est iudicium sensus, sed iudicium quo dicimus album esse dulce vel non esse dulce est circa sensibilia et sensibiliter*; igitur aliquis sensus debet istam diversitatem percipere, cum haec diversitas sit unum sensibile. Hoc idem declarat Avicenna sexto *Naturalium* parte quarta sic: animalia carentia intellectu iudicant diversitatem inter sensibilia diversorum sensuum, nam eligunt et persequuntur aliquando illud quod est delectabile secundum unum sensum et relinquunt delectabile secundum alium sensum; igitur cognoscunt diversitatem inter illa sensibilia, aliter non appeterent unum et fugerent aliud. Secundum patet, quia nullus sensus particularis potest percipere diversitatem inter sensibilia diversorum sensuum, quoniam sic cognosceret sensibilia diversorum sensuum; nec sufficit quod unus sensus cognoscat unum et alius
$M_2\ 86^{rb}$ sensus aliud, et tunc quod intellectus | iudicet diversitatem, quia hoc esset simile, ac si unus homo cognosceret album, ita quod non dulce, et alius e converso. Certum enim esset quod neuter illorum iudicaret diversitatem inter album et dulce. Eodem modo, si unus sensus percipiat unum et alius sensus aliud, non potest per hoc percipi diversitas inter illa sensibilia. Et quod sit simile declarat Albertus, nam *duo sensus forma et subiecto differunt sicut duo homines*. Potentia enim visiva est alia forma a potentia auditiva, et illae formae sunt in diversis subiectis ut in diversis organis. Et sic est simile de duobus sensibus sicut de duobus hominibus.

Intelligendum quod Philosophus dicit quod sensus communis est idem secundum substantiam et diversus secundum esse. Omnes enim immutat-

---

2 percipere … sensibilia] participare inter sensibilia diversitatem O 3 determinat] declinat M_2 4–6 de … sensibilia] *om.* L_2V 6 et] est L_2 | et sensibiliter] *loc. vac.* V 7 declarat] declinat M_2 8 animalia] alia M_2 9 nam] non M_2 | persequuntur] prosequuntur M_2 10 illud] id L_2O idem M_2 | delectabile secundum] delectationem sed M_2 13 nullus] unus M_2 | percipere] cognoscere L_2M_2 15 cognoscat] cognoscit O 16 sensus] *om.* O 18 esset] tunc *add.* M_2 20 diversitas] diversitatis M_2 21 declarat] declinat M_2 23 ut] et M_2 | organis] coronis (!) M_2 | sic] tunc L_2 sicut OV 24 sensibus … hominibus] hominibus et de duobus sensibus (sensibilibus L_2) L_2M_2 25 intelligendum] est *add.* M_2 26 diversus] diversis O

4–6 omne … sensibiliter] Cf. ALBERTUS MAGNUS, *In De anima*, II, tr. 4, cap. 10 (ed. Borgnet, V, 308b, 27–32). 8–12 animalia … aliud] Cf. AVICENNA, *Liber de anima*, pars IV, cap. 1 (ed. van Riet, 2, 16–22). 21–22 nam … homines] Cf. ALBERTUS MAGNUS, *In De anima*, II, tr. 4, cap. 10 (ed. Borgnet, V, 309a, 26–31). 25–26 philosophus … esse] Cf. ARISTOTELES, *De somno et vigilia*, 2, 455a 20–22 (AL XV.2.1, ed. Drossaart Lulofs, 4a, 7–8).

iones sensuum particularium | L_2 161vb terminantur ad sensum communem, sicut omnes lineae exeuntes a circumferentia terminantur in puncto qui est centrum. Et ideo Commentator secundo *De anima* assimilat sensum communem puncto qui secundum se est unus, et tamen diversificatur secundum quod est principium unius et finis alterius. Unde sensus communis secundum suam substantiam est unus, sed variatur secundum esse. Ex quo sequitur quod est terminus immutationum diversorum sensuum, sicut punctus in medio lineae est idem secundum substantiam, variatur tamen secundum quod | O 74rb est principium unius et finis alterius.

Sed, licet sensus communis sit consequens omnes sensus particulares, hoc tamen non est aequaliter, sed magis consequitur tactum. Et hoc probat | V 93vb Philosophus, quia sensus communis non separatur a tactu. Et haec est tertia conclusio quod sensus communis simul est cum sensu tactus, ita quod sunt in eadem parte animalis.

Haec conclusio probatur: omne habens sensum tactus habet sensum communem, et omne habens sensum communem habet sensum tactus; igitur sunt simul. Probatio primi: omne habens tactum non solum tangit, sed etiam sentit se tangere, sed non sentit se tangere nisi per sensum communem; igitur omne habens sensum tactus habet sensum communem. Similiter, omne habens sensum communem habet tactum, quia omne animal habet tactum. Ex quo patet quod quam cito aliquid habet sensum tactus, habet sensum communem. Generato enim corde in habentibus cor vel proportionali in non habentibus ipsum (quod est prima pars in animali) statim inest sensus tactus, igitur et sensus communis secundum eandem partem, cum adhuc non sit alia pars generata; igitur sensus communis est in eadem parte corporis cum tactu ut in corde. Et hoc dicit Commentator hic quod sensus communis est in corde et cerebrum est unum instrumentorum hanc actionem complentium.

---

3 sensum] secundum M_2 6–7 quo … quod] hoc quod M_2 quo OV 8 secundum[2]] esse secundum *add.* L_2 omne secundum *add.* M_2 9 est] *om.* O | principium] primum M_2 11 et] per *add.* L_2 12 quia] quod L_2M_2 13 conclusio] quaestio M_2O 16 sensum tactus] tactum M_2 17 primi] nam *add.* L_2M_2 19 igitur … communem] *om.* O (*hom.*) | sensum tactus] tactum L_2M_2 22 corde] cordis M_2 23 in[1]] et M_2 23–24 statim inest] stanti et est M_2 24 secundum … partem] sed eadem parte M_2 25 alia] aliqua M_2 26 ut] vel O | commentator] compositor M_2

3–5 commentator … alterius] Cf. AVERROES CORDUBENSIS, *In De anima*, II, cap. 149 (ed. Crawford, 356, 15–32). 11–12 probat … tactu] Cf. ARISTOTELES, *De somno et vigilia*, 2, 455a 22–24 (AL XV.2.1, ed. Drossaart Lulofs, 4b, 6–7). 26–28 commentator … complentium] Cf. AVERROES CORDUBENSIS, *In De somno et vigilia* (ed. Shields, 85, 55–56).

Quarta conclusio, scilicet quod somnus et vigilia sunt passiones sensus communis vel animalis secundum sensum communem, probatur dupliciter. Primo sic: somnus et vigilia insunt omnibus animalibus. Cum igitur sint passiones animae sensitivae, oportet quod sint passiones alicuius sensus qui inest omnibus animalibus, sed sensus communis inest omnibus animalibus, quoniam tactus inest omnibus animalibus, et cuicumque inest tactus, ei inest sensus communis; igitur somnus et vigilia sunt passiones sensus communis. Secundo: somnus est passio illius sensus quo cessante a sua operatione necesse est omnes alios sensus cessare, sed nullus sensus particularis est huiusmodi, quoniam non est necesse nec possibile simul agere secundum actum perfectum secundum omnes sensus, quia intensio in actu unius remittit actum alterius; igitur somnus et vigilia non sunt passiones alicuius sensus particularis. Sed cessante sensu communi a sua operatione, ut quando non influit virtutem | M_2 86va ad sensus exteriores, tunc omnes alii | L_2 162ra sensus cessant a suis operationibus, igitur somnus et vigilia sunt passiones sensus communis.

Sed quia dictum est somnum esse impotentiam sensus et vacationem ab actu sentiendi, posset aliquis credere quod omnis huiusmodi vacatio esset somnus. Ideo Philosophus hoc removet dicens quod non omnis vacatio sensus est somnus, sed solum illa quae est secundum cursum naturae, ut scilicet propter excessum vigilandi qui fit circa sensum communem. | V 94ra

Plures enim sunt impotentiae sentiendi quarum nulla est somnus. Contingit enim quod sit defectio animae et impotentia sentiendi, cum propter vehementem cogitationem | O 74va et attentionem animae spiritus et calor trahuntur ad interius ab organis sensuum exteriorum. Est etiam defectio animae, quando aliquis est aegrotans in ultimo statu vitae—propter debilitatem corporis non potest anima in organo corporeo exercere operationes sentiendi. Tunc enim ipsa anima est subtrahens vires suas a corpore et utitur quasi speculatione separata et multa videt quae prius non potuit videre. Et,

---

1 conclusio] quaestio probatur L_2O quaestio M_2 4 passiones[1]] passio M_2 | animae] partis L_2M_2 | oportet] sed M_2 5–6 animalibus] *om.* O 7 ei] eidem L_2M_2 | et] vel M_2 8 secundo] item sic M_2 sic *add.* O 9 nullus] unus M_2 10 possibile] animal *add.* O 11 intensio] intentio L_2OV | in actu] *om.* L_2 17 dictum] *om.* M_2 | vacationem] vacatio M_2 20 secundum] *om.* M_2 25 attentionem] acceptionem M_2 25–26 trahuntur] trahitur L_2M_2 26 etiam] autem M_2 27 est] *coni. codd. om.* | vitae] suae *add.* L_2M_2 29 subtrahens] abstrahens L_2M_2

19–22 philosophus ... communem] Cf. ARISTOTELES, *De somno et vigilia*, 1, 454b 8–13 (AL XV.2.1, ed. Drossaart Lulofs, 2b, 36–3b, 1).

quia in ultimo statu vitae anima subtrahit vires suas a corpore et est in separari a corpore, nec est tantum immersa materiae sicut prius, propter hoc est forte verum quod communiter dicitur quod homines ante mortem vident bonos spiritus et malos. Anima enim non impeditur a cognitione substantiarum separatarum nisi ex coniunctione eius cum corpore, ideo modicum ante mortem, cum tunc non uniatur anima cum corpore tantum sicut prius, potest habere cognitionem substantiarum separatarum quarum cognitionem prius non habuit.

Adhuc sunt aliae impotentiae sentiendi, quoniam in diversis partibus cerebri fiunt diversae species dementiae, ut in anteriori parte cerebri phrenesis quae provenit ex superfluitate caloris, et alia species in parte posteriori ex superfluitate sanguinis; et tunc accidit impotentia sentiendi ex vehementia motus animae circa partem illam in qua est talis dementia. Similiter autem fit impotentia sentiendi, quando venae et meatus per quos spiritus ascendunt ad caput vel descendunt a capite clauduntur per compressionem vel alio modo. Et illa impotentia sentiendi non est somnus. Non igitur est omnis impotentia sentiendi somnus sed solum impotentia primi sensitivi, scilicet sensus communis.

⟨Quaestio 5⟩
⟨Utrum somnus prius insit animali quam vigilia⟩

Circa istud capitulum quaeritur primo: an somnus prius insit animali quam vigilia?

⟨1⟩ Videtur quod sic, nam potentia et actus, si sint in eodem, potentia praecedit actum, sed vigilia importat actum sentiendi (eodem cognoscimus vigilantem et actu sentientem), sed somnus importat potentiam ad sentie-

1 subtrahit] abstrahit L_2M_2 3 mortem] mentem M_2 5 corpore] et *add.* M_2 6 cum corpore] corpori L_2M_2 7 quarum] quare M_2 9 impotentiae] potentiae L_2OV 11 caloris] cholerae M_2 | posteriori] exteriori M_2 12 accidit] accipit M_2 14 autem] aliquando M_2 | quando] quoniam L_2 15 caput] capiendum M_2 | a] in O 16 et] in M_2 16–17 non[2] … somnus] *iter.* O 16 est[2]] *om.* M_2 17 sensitivi] somni M_2 18 communis] et haec est intentio huius capituli *add.* M_2 21 istud] idem M_2 23 videtur … sic] quod probatur sic L_2 quod sic arguitur M_2 quod sic V 24 eodem] enim *add.* M_2

23–24 nam … actum[1]] ARISTOTELES, *De somno et vigilia*, 1, 454a 7–11 (AL XV.2.1, ed. Drossaart Lulofs, 1b, 34–36). 24 sed … sentiendi] Cf. SIMON DE FAVERSHAM, *Quaestiones in De somno et vigilia*, qu. 2 (ed. Ebbesen, 107). 24–174.1 eodem … sentiendum] ARISTOTELES, *De somno et vigilia*, 1, 454a 1–2 (AL XV.2.1, ed. Drossaart Lulofs, 1b, 28–31).

L_2 162rb ndum. Dormiens se habet ad actu sentientem sicut sciens se habet | ad actualiter considerantem. Cum igitur somnus sit potentia et vigilia actus, sequitur quod somnus praecedit vigiliam sicut potentia actum.

V 94rb ⟨2⟩ Praeterea, somnus est immobilitatio sensuum exteriorum, sed, cum | animal primo generatur, habet omnes sensus immobilitatos, tunc sibi inest somnus, igitur non praefuit vigilia; igitur et cetera.

⟨3⟩ Praeterea, Philosophus in *De animalibus* dicit quod animal, cum generatur, prius dormit quam vigilat. Et sua ratio est: omne quod transit de extremo ad extremum prius est in medio quam in extremo, sed somnus est O 74vb medium inter puram | potentiam vitae et purum actum vitae; igitur priusquam purus actus vitae, ut actus sentiendi, inest animali, oportet quod sibi prius insit somnus; igitur somnus praecedit vigiliam.

M_2 86vb Ad oppositum: habitus praecedit privationem, somnus est privatio | et vigilia habitus; igitur vigilia praecedit somnum.

Ad quaestionem dicendum quod vigilia praecedit somnum, quia per Commentatorem somnus est recessus caloris et spiritus ab organis exteriorum sensuum ad interius corporis, sed nihil recedit ab aliquo quod non praefuit in eodem; igitur ante somnum in organis exterioribus fuerunt spiritus et calor. Sed illa non sunt sine actu sentiendi, igitur ante somnum fuit actus sentiendi, et per consequens vigilia praecedit somnum.

Unde intelligendum est quod spiritus existentes in organis sensuum sunt substantiae liquidae, subtiles et calidae. Et ex continua actione sensibilium

---

1 dormiens] enim *add.* L_2 | actu] actualiter M_2 actum OV | sicut] sentiens se habet ad actu sentientem sicut (similiter V) *add.* L_2V | sciens] sentiens L_2 3 sequitur] videtur M_2 5 generatur] ergo *add.* L_2 | habet ... immobilitatos] *om.* L_2OV 6 igitur[1]] et L_2 *om.* M_2 8 generatur] generetur M_2 9 ad] in M_2 10 purum] impurum M_2 11 sibi] *om.* OV 12 insit] infuit M_2 14 somnum] praeterea per philosophum somnus est impotentia sensuum propter excessum vigiliae igitur excessus vigiliae praecedit somnum et si hoc ergo vigilia praecedit somnum *add.* M_2 15 ad ... somnum] *om.* O (*hom.*) 17 recedit] recepit M_2 | quod] *om.* M_2 18 eodem] eo M_2 | fuerunt] fuerit M_2 19 somnum fuit] somno fit M_2 22 ex] *om.* M_2

1–2 dormiens ... considerantem] Cf. SIMON DE FAVERSHAM, *Quaestiones in De somno et vigilia*, qu. 2 (ed. Ebbesen, 107). 7–12 praeterea ... vigiliam] Cf. SIMON DE FAVERSHAM, *Quaestiones in De somno et vigilia*, qu. 3 (ed. Ebbesen, 107–108). 7–8 philosophus ... vigilat] Cf. ARISTOTELES, *De generatione animalium*, V, 1, 778b 20–779a 1 (AL XVII.2.5, ed. Drossaart Lulofs, 155, 23–26). 8–12 omne ... vigiliam] Cf. ALBERTUS MAGNUS, *Quaestiones de animalibus*, XIX, cap. 2 (ed. Stadler, 1248). 13–14 habitus ... somnum] Cf. ALBERTUS MAGNUS, *Quaestiones de animalibus*, XIX, cap. 2 (ed. Stadler, 1247). 15–175.6 ad ... somnus] Cf. SIMON DE FAVERSHAM, *Quaestiones in De somno et vigilia*, qu. 3 (ed. Ebbesen, 108). 15–17 per ... corporis] Cf. AVERROES CORDUBENSIS, *In De somno et vigilia* (ed. Shields, 86, 7–9).

in sensus ipsi spiritus evaporant et resolvuntur, et facta tali resolutione fit debilitatio sensuum. Et nisi aliquid esset restaurans deperditum in ipsis, animal statim moreretur. Natura igitur intendens conservationem animalis transmittit illos spiritus debilitatos ad primum sensitivum, et ex hoc contingit infrigidatio in membris exterioribus, et erit immobilitatio et somnus.

Unde secundum Albertum quattuor sunt causae somni, duae ex parte animae et duae ex parte corporis. Et ex quacumque causa accidit somnus semper vigilia praecedit somnum.

Una causa est digestio nutrimenti, nam anima revocat spiritus ad interius tempore et loco digestionis, et spiritus retracti ad interius calefaciunt partes interiores et confortatur digestio, et ex illa retractione contingit immobilitatio sensuum exteriorum, et tunc fit somnus. Et dicit Albertus quod isti spiritus revocati ad interius aliquando non inveniunt nutrimentum sufficiens in quod possunt agere. Contingit igitur quod agant in humidum proprium consumendo ipsum, et ex hoc contingit exsiccatio in animalibus. Et ideo dicit Albertus quod in illis | qui consueti sunt dormire ante prandium maxime L_2 162va contingit dessicatio et debilitatio. Et aliquando contingit quod spiritus interius inveniunt nutrimentum sufficiens in quod agere possunt. Illud tamen nutrimentum est valde grossum, et tunc ex illo resolvitur quidem fumus qui perveniens ad organa | sensuum punctionem facit in ipsis, et ideo contingit V 94va aliquando quod homines evigilant per talem punctionem.

Alia causa huius immobilitationis ex parte animae est profunda cogitatio. Quando enim homo profunde cogitat, calor et spiritus trahuntur ad interius ad confortandum cogitativam, et tunc immobilitantur sensus exteriores et fit somnus. Unde dicit Commentator quod aliqui homines ita pro-

---

2 sensuum] spirituum non M_2 | aliquid esset] *inv.* M_2 adesset O 3 statim] instanti M_2 | moreretur] moriretur (!) O 5 erit immobilitatio] tunc immobilitatio L_2 sic est mobilitatio M_2 7 duae] duo L_2 8 duae] duo *corr. ex* alia L_2 10 una] *om.* M_2 12 confortatur] quasi fortatur M_2 14 sufficiens] sufficio M_2 18 contingit[1]] accidit L_2M_2 | et debilitatio] *om.* M_2 19 illud] idem M_2 22 quod] quidam M_2 26 unde] ut OV | commentator] compositor M_2 | homines] *om.* O

7–8 secundum ... corporis] ALBERTUS MAGNUS, *In De somno et vigilia*, I, tr. 2, cap. 4 (ed. Borgnet, IX, 144a–144b). 13–15 dicit ... agere] Cf. ALBERTUS MAGNUS, *In De somno et vigilia*, I, tr. 1, cap. 8 (ed. Borgnet, IX, 134b). | Cf. SIMON DE FAVERSHAM, *Quaestiones in De somno et vigilia*, qu. 3 (ed. Ebbesen, 109). 16–18 et[2] ... debilitatio] Cf. ALBERTUS MAGNUS, *In De somno et vigilia*, I, tr. 1, cap. 8 (ed. Borgnet, IX, 134b). | Cf. SIMON DE FAVERSHAM, *Quaestiones in De somno et vigilia*, qu. 3 (ed. Ebbesen, 109). 23–176.7 alia ... cubitum] Cf. SIMON DE FAVERSHAM, *Quaestiones in De somno et vigilia*, qu. 3 (ed. Ebbesen, 109–110). 26–176.1 dicit ... mortui] Cf. AVERROES CORDUBENSIS, *In De somno et vigilia* (ed. Shields, 82, 32–83, 37).

O 75ra funde cogitant | quod videntur quasi mortui, et ibi, ut dicit Albertus, vident secreta et mirabilia huius mundi. Et alia est causa ex parte animae, ut puta maxima delectatio in sensu exteriori, ut, si aliquis audiat sonum delectabilem, concurrunt multi spiritus ad locum illum ex quo contingit consumptio et resolutio spirituum propter quod retrahuntur ad interius. Unde, sicut recitat Albertus, reges et magnates secundum praeceptum Pythagorae praecipiebant, ut servi molliter canerent, cum irent cubitum.

Ex parte corporis sunt duae causae. Una: labor corporalis, nam per laborem corporalem fit maxime consumptio et debilitatio et deperditio spirituum, et, nisi somnus esset confortans eos, totaliter deficerent et moreretur animal. Et ideo calor et spiritus trahuntur ad interius per laborem corporalem. Alia causa ex parte corporis est evaporatio nutrimenti.

M_2 87ra Sic igitur patet quod vigilia semper praecedit som|num, quia universaliter somnus fit ex retractione caloris et spiritus ad interius, et quod retrahitur ab aliquo, praeexistit in illo; igitur ante somnum in organis exterioribus erant spiritus et calor, sed vigilia non est nisi praesentia caloris naturalis in sensibus exterioribus; igitur et cetera.

⟨Ad 1⟩ Ad primum argumentum dicendum quod somnus non importat formaliter potentiam ad sentiendum sed recessum caloris et spiritus ab exterius ad interius. Et ideo non oportet somnum praecedere vigiliam, sicut potentia praecedit actum, quia, sicut dormiens est potens vigilare, sic vigilans est potens dormire. Et ideo somnus non magis importat potentiam ad vigilandum quam vigilia ad dormiendum.

⟨Ad 2⟩ Ad secundum dicendum quod somnus est immobilitatio sensuum, sed non est quaecumque immobilitatio, sed illa quae est propter excessum vigiliae.

⟨Ad 3⟩ Ad ultimum dicitur quod in principio, quando animal habet esse,
V 94vb virtutes | sensitivae immobilitantur sed non per somnum sed propter imperfectionem ex parte corporis. Nec est verum quod animal tunc dormit, sed
L_2 162vb habet | modum dormientis.

---

1 ibi] isti M_2 3 sensu] sensuum M_2 4 concurrunt] quae currunt M_2 5 spirituum] et *add.* O 7 canerent] *om.* L_2 9 maxime] magna M_2 10 somnus] *coni. codd. om.* 13 igitur] alio M_2 | vigilia] et somnus *add.* M_2 | universaliter] utiliter M_2 14 quod] *om.* O 15 ante] an M_2 24 dicendum] *coni. codd. om.* 27 dicitur] *om.* M_2OV | quod] est *add.* M_2 28 immobilitantur] immobilitatur O

1–2 dicit … mundi] Cf. Albertus Magnus, *In De somno et vigilia*, I, tr. 2, cap. 6 (ed. Borgnet, IX, 147b). 6–7 recitat … cubitum] Cf. Albertus Magnus, *In De somno et vigilia*, I, tr. 2, cap. 4 (ed. Borgnet, IX, 144b). 8–12 ex … nutrimenti] Cf. Simon de Faversham, *Quaestiones in De somno et vigilia*, qu. 3 (ed. Ebbesen, 110). 18–20 ad … interius] Cf. Simon de Faversham, *Quaestiones in De somno et vigilia*, qu. 3 (ed. Ebbesen, 110).

⟨Quaestio 6⟩
⟨Utrum somnus sit passio sensus communis vel alicuius sensus particularis⟩

Consequenter quaeritur: ratione cuius partis somnus inest animali? Et quaeritur: an somnus sit passio sensus communis vel alicuius sensus particularis?

⟨1⟩ Probo primo quod sit passio tactus, nam per Philosophum in littera somnus est passio primi sensitivi, sed sensus tactus est primus inter omnes sensus; igitur somnus est passio sensus tactus.

⟨2⟩ Praeterea, in somno ligantur omnia membra animalis, igitur somnus est passio illius sensus qui per omnia membra diffunditur, huiusmodi est sensus tactus; igitur et cetera.

⟨3⟩ Praeterea, somnus est passio illius virtutis quae nata est pati ab his quae causant somnum, sed somnus causatur ab actione qualitatum tangibilium quae cognoscuntur a tactu; igitur somnus est passio sensus tactus.

⟨4⟩ Praeterea, quod somnus est passio alicuius sensus exterioris videtur, nam somnus est passio illius virtutis quae ligatur et debilitatur per somnum, | huiusmodi est sensus exterior, nam in somno fortificatur virtus interior O 75rb et debilitatur virtus exterior; igitur somnus est passio virtutis exterioris et non est passio sensus communis, cum sensus communis sit virtus interior.

Ad oppositum est Aristoteles.

Ad quaestionem dicendum quod somnus est passio sensus communis; cuius ratio est: nam in somno ligantur omnes sensus exteriores, igitur necesse est aliquid primo ligari super quo fundantur sensus exteriores. Huiusmodi est sensus communis, nam per Philosophum secundo *De anima* sensus communis est velut centrum, quoniam se habet ad sensus particulares sicut centrum in circulo se habet ad lineas exeuntes a centro ad circumferentiam. Et ideo sensus communis est illud quod primo ligatur in somno.

---

4 inest] insit M_2 5 alicuius] actus M_2 7 probo] probatur M_2 8 sensitivi] sensum O 14 ab] ex M_2 15 cognoscuntur] cogitatur M_2 16 est] sit L_2M_2 | alicuius] actus M_2 18 huiusmodi] huius OV 19 et^1] *om.* M_2 20 interior] exterior M_2 24 primo] *om.* M_2 | exteriores] particulares L_2M_2 24–25 huiusmodi] huius L_2OV 25–26 nam ... communis] *om.* M_2 (*hom.*) 26 quoniam] ad *add.* M_2 | sensus particulares] sensum particularem OV 27 exeuntes] existentes L_2 28 ideo] idem M_2 | illud] idem L_2M_2O

7–8 per ... sensitivi] ARISTOTELES, *De somno et vigilia*, 1, 454a 8–13 (AL XV.2.1, ed. Drossaart Lulofs, 2b, 14–16). 25–27 nam ... circumferentiam] ARISTOTELES, *De anima*, III, 10, 433b 30–31 (AL XII.1, ed. Decorte et Brams, ALDatabase).

Item, somnus est passio illius sensus quo cessante a sua operatione cessant omnes alii sensus a suis operationibus, sed nullo sensu particulari cessante a sua operatione oportet propter hoc alios sensus cessare a suis operationibus (aliquis enim potest videre, etsi non audiat et etiam, si non tangat secundum actum, et sic de ceteris); igitur somnus non est passio sensus particularis, sed cessante sensu communi a sua operatione cessant omnes alii sensus a suis operationibus; ergo somnus est passio sensus communis.

Unde intelligendum quod sensus communis est inter sensus exteriores et [M_2 87rb] interiores sicut nubes inter nos et Solem. | Unde, sicut nubes prohibet lumen Solis venire ad nos et facit ipsum reflecti versus Solem, sic sensus communis ligatus prohibet influentiam caloris et spiritus pervenire ad sensus exteriores et facit ipsa reflecti ad sensus interiores. Unde sensus communis inter [V 95ra] alios | sensus est sicut princeps, cui omnes alii sensus innituntur. Ideo sensu communi vacante et cessante a sua operatione cessant omnes alii sensus [L_2 163ra] a suis | operationibus.

⟨Ad 1⟩ Ad primum argumentum, cum dicitur quod tactus est primus sensus, dicendum est quod unus sensus dicitur esse alio prior tripliciter: aut quantum ad vitae necessitatem aut quantum ad immediatam virtutis influentiam aut quantum ad cognitionem. Quantum ad vitae necessitatem est tactus prior aliis sensibus, quia est principium aliorum sensuum conservans alios sensus in esse et ipso destructo destruuntur omnes alii sensus. Destructo enim alio sensu non propter hoc destruitur tactus. Est enim tactus tamquam custos totius corporis. Sed quantum ad immediatam virtutis influentiam est sensus communis prior aliis. Sed quantum ad cognitionem est visus prior aliis, quia plures rerum differentias nobis ostendit. Cum igitur dicitur quod somnus est passio primi sensitivi, hoc est intelligendum de sensu qui est prior quantum ad influentiam virtutis.

⟨Ad 2⟩ Ad secundum dicendum quod, etsi ligamentum totius corporis sit somnus, non propter hoc oportet quod sit passio alicuius extensi per totum corpus, sed sufficit quod sit passio alicuius quo ligato ligantur omnia membra corporis.

---

2 sed] a *add.* L_2 3 alios] aliquos M_2 3–4 operationibus] *om.* O 5 passio] actus *add.* M_2 nisi *add.* O 5–7 particularis … sensus[2]] *om.* L_2OV (*hom.*) 8 quod] est *add.* M_2 10 communis] *om.* M_2 11 pervenire] provenire M_2 12 et … interiores] *om.* O 14 communi] quasi M_2 17 est] *om.* L_2M_2 21 alios] omnes M_2 22 enim[1]] tamen M_2 | destruitur] sensus *add.* L_2 26–28 somnus … etsi] *om.* OV (*hom.*) | est[1] … etsi] *om.* L_2 28 dicendum] *coni. codd. om.* 29 alicuius] actus M_2 30 alicuius] actus M_2

---

25 plures … ostendit] Cf. Aristoteles, *De sensu et sensato*, 1, 437a 6–8 (AL xiii.2, ed. Leonina, 11b, 3). | Cf. Aristoteles, *Metaphysica*, i, 1, 980a 24–27 (AL xxv.2, ed. Vuillemin-Diem, 7, 5–7).

⟨Ad 3⟩ Ad tertium dicendum quod sensus communis patitur ab his quae causant somnum, quia immobilitatur per illa, et etiam cognoscit illa, quia cognoscit omnia sensibilia omnium sensuum particularium.

⟨Ad 4⟩ Ad quartum dicendum quod in somno non solum debilitatur virtus exterior, sed primo et principaliter debilitatur virtus interior, scilicet sensus communis. Unde, licet quidam sensus interiores, ut phantastica et memorativa, solvantur | in somno (quae virtutes sunt retentivae specie- O 75va
rum sensibilium), et etiam aestimativa (quae percipit species non sensatas), tamen sensus communis (qui est receptivus specierum sensibilium) ligatur in somno.

⟨Quaestio 7⟩
⟨Utrum somnus sit passio cordis⟩

Quaeritur: cuius partis corporis somnus sit passio, utrum scilicet cordis?

⟨1⟩ Et videtur quod non, nam somnus est passio illius partis cuius virtus ligatur in somno, sed virtus cordis non ligatur in somno, quia cor in somno influit calorem et spiritum ad alias partes; igitur somnus non est passio cordis.

⟨2⟩ Praeterea, somnus est vinculum sensus quantum ad eius operationes, sed cor non est principium sensus quantum ad eius operationes, sed cerebrum est principium sensitivum quantum ad operationes sensuum; igitur somnus est passio cerebri et non cordis.

⟨3⟩ Praeterea, somnus causatur ex frigiditate, ut ex hoc quod vapores ascendentes ex nutrimento infrigidantur, cuius igitur est causare frigiditatem, eius | est somnus passio, sed cerebrum ex quo est membrum V 95rb
frigidissimum maxime causat frigiditatem; igitur somnus est passio cerebri.

Illud potest sic confirmari: sicut est in maiori mundo, sic debet esse in mundo minori, sed sic est in maiori mundo quod coagulatio impressionis, ut nivis et grandinis, est in superiori parte; igitur sic debet esse in minori

---

2 causant] carent M_2 | cognoscit] contingit M_2 3 omnia] *om.* L_2M_2 6 quidam] quidem L_2 quid M_2 | phantastica] phantasmata L_2 7 solvantur] salvantur M_2 8 sensibilium] sensitivum M_2 9 sensibilium] sensualium M_2 13 scilicet cordis] *del.* L_2 14 et] *om.* M_2 15 sed … somno[2]] *om.* O (*hom.*) 16 calorem] calore M_2 29 et] *om.* M_2V

27–180.1 sicut … mundo] Cf. SIMON DE FAVERSHAM, *Quaestiones in De somno et vigilia*, qu. 8 (ed. Ebbesen, 126).

L_2 163rb mundo, ut | in animali, quod in superiori parte animalis debent vapores coagulari, sed somnus fit per coagulationem et infrigidationem vaporis; igitur somnus debet fieri | (M_2 87va) principaliter in superiori parte animalis.

Ad oppositum: somnus est passio sensus communis, et sensus communis est in corde; igitur somnus est passio cordis.

Praeterea, idem est principium motus et quietis, sed cor est principium motus animalis; igitur cor est principium quietis, sed somnus est quies animalis, ergo cor est principium somni; igitur somnus est passio cordis.

Ad quaestionem dicunt quidam quod somnus est passio cerebri et quidam quod est passio cordis. Dicentes tamen quod est passio cerebri dicunt hoc, quia somnus causatur ex elevatione vaporum ad cerebrum. Cum enim vapores eleventur ad cerebrum et ibi infrigidantur, fiunt vapores graves et descendunt propter gravitatem et obturant meatus spirituum et impediunt, ne sensus communis possit influere virtutem ad sensus exteriores. Et ideo dicunt quod cerebrum est primum principium somni; et propter hoc est quod animal parvi cerebri, ut volatile, aut sicci cerebri, ut canis, minus dormiunt quam homo cuius cerebrum est magis frigidum et humidum. Sed dicunt quod cor est principium somni et omnium actionum sentiendi quantum ad originem et quantum ad actum primum. Sed cerebrum est principium sensitivum quantum ad operationem et quantum ad actum secundum. Et, quia somnus est immobilitatio sensuum quantum ad operationem et quantum ad actum secundum, ideo dicunt quod somnus est passio cerebri.

Et alii dicunt quod somnus est passio cordis principaliter, ita quod inter partes corporales principaliter habet fieri in corde. Et | (O 75vb) hoc est, quia cor est principium motus omnium sensuum, ideo est principium quietis, et sic est principium somni. Et similiter sensus communis (cuius somnus est passio) est in corde; ideo somnus est subiective in corde.

Sed neutra istarum opinionum valet, nam ex quo somnus est ligatio sensuum et non solum unius sensus, sed cuiuslibet sensus, oportet quod somnus sit ubicumque ligatur | (V 95va) sensus, et tunc, cum ligentur omnes sensus in somno, oportet quod somnus sit in organo cuiuslibet sensus; igitur non est ponere

---

2 vaporis] vaporum M_2 6 idem] illud V 7 motus] motis M_2 7–8 est[1] ... cor] *om.* L_2OV (*hom.*) 10 tamen] *om.* M_2 11–12 vaporum ... eleventur] *om.* M_2 (*hom.*) 12 eleventur] elevantur L_2 | ibi infrigidantur] infrigidantem M_2 18 dicunt] isti *add.* O | actionum] actum M_2 19 sed] est M_2 23–24 cerebri ... passio] *om.* M_2 (*hom.*) 25 est[1]] *om.* M_2 26 est[1]] *om.* M_2 27 similiter] sic O 28 ideo ... corde[2]] *om.* L_2OV (*hom.*) 29 istarum] istam M_2 30 unius] unus O | sed ... sensus[2]] *om.* M_2 31 ligentur ... somno] in somno ligentur omnes sensus L_2M_2 | in] a O

quod somnus sit solum in cerebro nec etiam solum in corde. Similiter, vigilia consistit in actu sentiendi, cum igitur actus sentiendi sit in organo cuiuslibet sensus, oportet quod in organo cuiuslibet sensus sit vigilia. Cum igitur somnus et vigilia habent fieri circa idem, sequitur quod somnus habet esse in organo cuiuslibet sensus; igitur non solum habet esse in cerebro nec solum in corde.

Ideo dicendum est quod somnus est subiective in dormiente et non est determinate | in una parte corporis, ita quod non in alia; cuius ratio est: quia L_2 163va somnus et vigilia habent fieri circa idem subiectum. Sed vigilia habet esse in toto corpore, quoniam vigilia consistit in actu sentiendi et in qualibet parte corporis est actus sentiendi, vel saltem quaelibet pars animalis in vigilando est disposita ad sentiendum in actu. Cum igitur vigilia consistat in actu sentiendi vel in dispositione ad actum sentiendi, patet quod vigilia habet esse in toto corpore, et per consequens somnus habet esse in toto corpore. Verumtamen cor est principalis pars animalis et a corde influitur virtus cuilibet alteri parti; ideo cor est primum principium sentiendi. Et ideo vigilia habet principaliter esse in corde, et ideo somnus habet principaliter esse in corde.

⟨Ad 1⟩ Ad primum argumentum dicendum quod virtus cordis ligatur in somno, sic quod in somno non procedunt calor et spiritus a corde ad partes exteriores, et ideo virtus cordis quae | consistit in actu sentiendi ligatur M_2 87vb in somno, quamvis cor non ligetur quantum ad operationes animae vegetativae.

⟨Ad 2⟩ Ad secundum dicendum quod cor non solum est principium sensitivum quantum ad actum primum, sed etiam quantum ad actum secundum, scilicet quantum ad operationes.

⟨Ad 3–4⟩ Aliae rationes probant quod cerebrum est causa effectiva somni.

Et rationes in oppositum concludunt quod cor est primum principium materiale somni, non tamen concludunt quod somnus habeat esse solum in corde.

---

1 similiter] sicut L_2OV 2 consistit] consistat L_2 | in[2]] *om.* O 3 organo cuiuslibet] quolibet organo L_2M_2 5 esse] *om.* M_2 | nec] etiam *add.* M_2 7 est[1]] *om.* L_2M_2 | est[2]] *om.* M_2 | in] et M_2 8 quia] quoniam L_2M_2 9 esse] *om.* M_2 12 ad] a M_2 | consistat] consistit O 13 vigilia habet] vilia M_2 15 principalis] principaliter O 15–16 cuilibet] cuiuslibet L_2 20 procedunt] praecedunt M_2 22–23 vegetativae] vigiliae M_2 24 secundum] argumentum *add.* M_2 | dicendum] *om.* M_2 24–25 solum … sensitivum] solum principium sensuum est L_2 est solum principium sensuum M_2 25 ad[2]] *om.* M_2 26 ad] actum *add.* M_2 27 probant] prout M_2 29 et] ad O 30 habeat … solum] habet omne solummodo M_2

⟨Quaestio 8⟩
⟨Utrum primum sensitivum sit in corde⟩

Iuxta idem quaeritur: utrum primum sensitivum sit in corde?

⟨1⟩ Videtur quod non, nam primum sensitivum est in ista parte, ubi spiritus sunt magis proportionales ad operationem sensuum complendam, sed spiritus sunt magis proportionales in cerebro, quia, quanto spiritus habent caliditatem magis temperatam, magis sunt proportionales; sed magis tem- O 76ra V 95vb peratam | caliditatem | habent in cerebro, quia per frigiditatem cerebri temperatur caliditas et in corde est calidum excellens.

⟨2⟩ Praeterea, Avicenna dicit quod primum sensitivum est in anteriori parte capitis medullosa, igitur non est in corde.

⟨3⟩ Praeterea, ibi est primum principium sensitivum, ubi est primum principium nervorum, quia nervi sunt organa sensuum, sed primum principium nervorum est in cerebro; igitur et cetera.

Oppositum dicit Commentator hic. Dicit enim quod sensus communis est in corde. Et hoc probatur per rationem sic: determinatus sensus est in determinata parte corporis, igitur videtur quod in parte corporis simpliciter prima oportet esse virtus simpliciter prima.

Ad quaestionem dicendum quod per primum sensitivum possumus duo intelligere. Uno modo dicitur illud esse sensitivum primum ad quod terminantur immutationes omnium sensuum. Alio modo dicitur illud sensitivum L_2 163vb primum ad quod immediate terminantur immutationes trium | sensuum, scilicet visus, auditus et olfactus. Primum sensitivum primo modo dictum est in corde, sed primum sensitivum secundo modo dictum est in cerebro. Ratio primi est, quia cor est prima pars quae generatur inter partes animalis, et corde generato est ibi tactus, quia, si pungatur, retrahit se. Quod non esset, nisi esset ibi tactus, et, si tactus, igitur sensus communis, quoniam habens tactum non solum tangit, sed percipit se tangere, quod non esset nisi per sensum communem; igitur sensus communis est in corde antequam

---

3 iuxta] instat L_2OV | sensitivum] sensuum M_2 4 videtur] *om.* O | sensitivum] sensuum M_2 5 proportionales] proportionalis M_2 7 temperatam] tanto *add.* O | magis[3]] *om.* O 10 sensitivum] sensum M_2 11 parte] *om.* M_2 12 primum[1]] *om.* L_2 | principium] *om.* M_2 | ubi] ibi M_2 13–14 quia ... nervorum] *om.* M_2 (*hom.*) 14 nervorum] *om.* O 17 igitur ... corporis[2]] *om.* O (*hom.*) 21 illud] idem M_2 28 esset] fit L_2M_2

10–11 avicenna ... medullosa] Cf. AVICENNA, *Liber de anima*, pars v, cap. 8 (ed. van Riet, 181, 46–182, 70). 15–16 dicit[1] ... corde] Cf. AVERROES CORDUBENSIS, *In De somno et vigilia* (ed. Shields, 84, 54–85, 3). 19–24 quaestionem ... cerebro] Cf. SIMON DE FAVERSHAM, *Quaestiones in De somno et vigilia*, qu. 5 (ed. Ebbesen, 115).

aliae partes generentur, loquendo de sensu communi ad quem terminantur omnes immutationes omnium sensuum. Similiter, cor est pars quae ultimo morietur, quia aliis partibus infrigidatis et quasi mortificatis adhuc vivit cor et in eo est sensus; sed nullus sensus est sine sensu communi.

Item, per Philosophum libro *De morte et vita*: secundum eandem partem animal est animal secundum quam primo vivit vel nutritur; huius ratio est: quia quaedam animalia decisa vivunt, sed, si tunc alia esset pars in animali secundum quam est animal primo et secundum quam vivit, tunc contingit quod, cum illae partes dividuntur ab invicem, quod in una illarum esset virtus nutritiva et in alia virtus sensitiva animalis. Et, cum virtus nutritiva absque sensitiva facit plantam in actu et virtus animalis facit animal in actu, sequitur quod secundum unam partem esset animal et secundum aliam esset planta, quod est impossibile. Nunc autem pars corporis secundum quam animal vivit primo est cor, igitur cor erit pars secundum quam animal est animal, sed animal est animal secundum primum sensitivum; igitur primum sensitivum est in corde. | V 96ra

Item, idem est principium motus et sensus per Philosophum. Sed primum principium movens in animali est in corde, nam movens et motum sunt distincta et movens prius est moto naturaliter. Sed in animali inveniuntur duae partes moveri, scilicet pars dextra et pars sinistra, igitur mo|ventur ab (M$_2$ 88ra) aliquo priori eis secundum naturam. Et hoc non potest esse, nisi sit | aliquod (O 76rb) situatum in medio ipsorum quod sit prius ipsis secundum naturam; et hoc est ipsum cor.

Item, omne quod movet, per vigorem movet. Vigor autem causatur ex perseverantia spiritus. Perseverantia spiritus in respirantibus fit per spiritum

---

1 aliae] animae M$_2$ | partes] animalis *add.* L$_2$ | generentur] animalis *add.* M$_2$ 2 omnes] *om.* L$_2$M$_2$ | pars] principalis *add.* O principalis *add. sed exp.* V 3 morietur] movetur V | quasi] qua M$_2$ 4 sensu communi] proprio sensu L$_2$ primo sensu M$_2$ 6–8 primo … quam[1]] *om.* M$_2$ (*hom.*) 7 alia] *om.* OV 8 est] *om.* O 9 cum] tunc L$_2$ *om.* OV 10 virtus[1]] *om.* O | in] tunc L$_2$ 11 absque] abesset L$_2$ | actu[1]] actus M$_2$ 12 secundum[1]] in M$_2$ | aliam] esset *add.* O 13 esset] *om.* L$_2$M$_2$ 14 igitur cor] *om.* M$_2$ 15 secundum] per L$_2$M$_2$ 21 et hoc] hoc autem L$_2$M$_2$ | sit] *om.* L$_2$OV 24 vigor] *om.* OV 25 perseverantia … spiritus] *om.* M$_2$O | spiritum] fit *add.* L$_2$ subiectum L$_2$OV

5–6 per … nutritur] Cf. Aristoteles, *De iuventute et senectute*, 1, 467b 20–22 (AL xvi.1, ed. Hulstaert, ALDatabase). | Cf. Simon de Faversham, *Quaestiones in De somno et vigilia*, qu. 5 (ed. Ebbesen, 113). 17 idem … philosophum] Aristoteles, *De somno et vigilia*, 2, 455b 34–456a 2 (AL xv.1.1, ed. Drossaart Lulofs, 5a, 38–40). | Cf. Simon de Faversham, *Quaestiones in De somno et vigilia*, qu. 5 (ed. Ebbesen, 114). 19–20 in … sinistra] Cf. Simon de Faversham, *Quaestiones in De somno et vigilia*, qu. 5 (ed. Ebbesen, 114). 25–184.1 perseverantia … complantatum] Aristoteles, *De somno et vigilia*, 2, 456a 16–17 (AL xv.1.1, ed. Drossaart Lulofs, 6a, 2–5).

ab exterius tractum, in non respirantibus per spiritum complantatum. Sed principium cuiuslibet spiritus motivi originaliter est a corde, igitur primum principium motivum est in corde. Sed, ubi est primum principium motivum, ibi est primum principium sensitivum; igitur primum principium sensitivum est in corde.

Loquendo tamen de primo sensitivo ad quod terminantur immutationes trium sensuum, dico quod illud est in cerebro. Et ratio est, quia quidam sensus indigent excellenti caliditate ad hoc quod sentiant, quia immuta- L_2 164[ra] ntur materialiter et a qualitatibus magis materialibus. A corde | autem est primum principium caliditatis. Et ideo organa talium sensuum situata sunt iuxta cor, cuiusmodi sunt tactus et gustus. Sed alii sensus qui immutantur ab obiectis per caliditatem temperatam et spiritualius immutantur organa ipsorum sunt situata iuxta cerebrum, ubi per frigiditatem cerebri caliditas quae est a corde est temperata. Ideo cerebrum est primum principium istorum sensuum, verumtamen immutationes illorum sensuum ultimo terminantur ad cor, quia, etsi alterationes sensuum perveniunt ad cerebrum, adhuc non est ibi complete iudicium de alteratione antequam perveniant ad primum sensitivum, ut ad cor. Et ideo primum sensitivum est in corde simpliciter. Et hoc vult Avicenna qui dicit quod primum sensitivum non simpliciter sed secundum quid, id est respectu trium sensuum, est in anteriori parte capitis.

⟨Ad 1⟩ Ad primum argumentum dicendum quod in cerebro sunt spiritus magis proportionales ad operationem trium sensuum quam in corde. Et ideo principium istorum sensuum est in cerebro. Sed in corde sunt spiritus V 96[rb] magis proportionales ad operationem | aliorum sensuum complendam, et ideo ibi est principium aliorum sensuum.

⟨Ad 2⟩ Ad aliud, cum Avicenna dicit quod primum sensitivum est in anteriori parte capitis, dicendum quod per primum sensitivum intelligit illud ad quod terminantur immutationes trium sensuum.

---

1 exterius] extrinseco O extrinsecus V 4 primum[2]] *om.* O 7 sensuum] sensibilium V | quidam] quidem quia L_2 9 materialiter] naturaliter M_2 | qualitatibus] qualibet L_2O | materialibus] naturalibus M_2 10 talium] trium L_2 11 cuiusmodi] cuius M_2 | sed] et O 12 obiectis] abiectis O | temperatam] *coni. codd. add.* ei 14 ideo] complexio L_2OV 16 perveniunt] conveniunt M_2 17 complete] completum M_2 | perveniant] perveniat L_2OV 18–19 est … simpliciter] simpliciter est in corde M_2 18 in] *om.* L_2V 20 id est] in L_2 23 proportionales] et *add.* L_2O et *add. sed exp.* V 25 aliorum] illorum L_2 28 illud] sensuum *add.* M_2

6–19 loquendo … simpliciter] Cf. Simon de Faversham, *Quaestiones in De somno et vigilia*, qu. 5 (ed. Ebbesen, 115). 19–21 avicenna … capitis] Cf. Avicenna, *Liber de anima*, pars v, cap. 8 (ed. van Riet, 181, 55–182, 70).

⟨Ad 3⟩ Ad aliud dicendum quod primum principium nervorum est a corde et non a cerebro; ideo et cetera.

⟨5⟩ *Propter quam vero causam accidit dormire*

Intentio Philosophi in hoc capitulo est determinare de causis somni et vigiliae. Et cum causae sint quattuor (materialis, formalis, finalis et efficiens), somnus, cum sit privatio, causam formalem non habet sed finalem, materialem et efficientem. Et in hoc capitulo determinatur de duabus causis, scilicet de finali | et de materiali. Et sunt in hoc capitulo duae conclusiones principales O 76va sed plures aliae minus principales. Prima conclusio principalis est quod vigilia est causa finalis somni, secunda est quod cor est principium materiale somni.

Circa probationem primae conclusionis supponantur quaedam. Primo—quod natura operatur propter aliquid ut propter finem, cum procedat ex determinatis ad determinata et per media determinata. Aliud supponitur quod illud propter quod natura agit habet rationem boni. Tertio supponitur quod illud quod natum est moveri et non potest continue moveri cum voluptate necessarium est ei aliquando quiescere, sed illud quod movetur et in movendo debilitatur, | ita quod non potest continue moveri, necesse M_2 88rb est aliquando quiescere, ut salvetur. Sed animal sic sentiendo movetur quod in movendo debilitatur; | igitur necesse est animal quiescere ab actu sentiendi L_2 164rb propter salutem eius; igitur somnus est necessarius propter salutem animalis. Tunc arguitur ulterius: finis naturae animalium consistit in vigilando, quia finis est optimum, sed optimum animalis est sentire secundum actum perfectum aut sapere, id est intelligere, secundum actum perfectum, quoniam in habentibus sensum tantum sentire secundum actum perfect-

1 dicendum quod] quia M_2 2 et[2]] *om.* M_2 | ideo ... cetera] *om.* M_2 3 causam] dicendum M_2 5 causae] causas M_2 6–7 materialem] materiale M_2 7 determinatur] determinantur O | scilicet] sed M_2 9 quod] quia M_2 10 principium] principale L_2V 12 supponantur] supponitur M_2 13 natura] nulla L_2 14 aliud] aliquid M_2 15 illud] idem M_2 16 illud] idem M_2 | moveri[1]] *coni. codd.* movere | moveri[2]] movere M_2 17 voluptate] voluerit O | sed illud] idem M_2 18–20 ita ... debilitatur] *iter.* V 19 aliquando] quandoque est M_2 22 naturae] nullae O 24 intelligere] videre L_2OV 25–186.1 tantum ... in] *om.* M_2

3 propter ... dormire] Aristoteles, *De somno et vigilia*, 2, 455b 13 (AL xv.2.1, ed. Drossaart Lulofs, 5b, 9).

V 96va issimum est optimum et in habentibus intellectum intelligere respectu | perfectissimi obiecti est optimum, sed intelligere et sapere consistunt in vigilando et in exercendo opera vigiliae. Tunc arguitur sic: somnus est propter salutem animalis, et salus animalis et eius natura est propter vigiliam, et operatio vigiliae tamquam propter optimum; igitur somnus est propter vigiliam et propter operationes vigiliae tamquam propter finem.

Intelligendum est hic secundum Philosophum quod somnus non est quies proprie, quia quies est privatio motus, igitur, si somnus esset quies, somnus esset privatio motus. Cum igitur somnus non sit nisi privatio vigiliae, sequitur quod vigilia esset motus, sed hoc est falsum, quia motus est actus imperfecti et vigilia est actus perfecti. Dicitur tamen quod somnus est quies propter similitudinem quam habet ad quietem, cum sit quaedam cessatio ab actu, non tamen est quies, cum melius fiant operationes animae vegetativae apud somnum quam apud vigiliam et etiam quaedam operationes animae sensitivae. Intelligendum etiam quod somnus est propter duplicem finem quorum unus spectat ad esse animalis et alius ad bene esse. Finis autem somni spectans ad esse est salus animalium et finis spectans ad bene esse est vigilare seu actus vigilandi.

Et secundum hoc possunt tunc formari duae conclusiones. Una conclusio est quod salus animalis est finis somni. Et probatur sic: quod non potest continue operari necessarium est quiescere propter salutem eius, sed animal non potest continue operari sentiendo; igitur necesse est animal quiescere
O 76vb ab ac|tu sentiendi et sic dormire propter salutem eius; igitur salus animalis est finis somni.

Alia conclusio est quod vigilia et opera vigiliae exercere est finis somni. Et probatur sic: somnus est propter optimum animalis tamquam propter finem, sed finis et optimum cuiuslibet animalis est vigilare et opera vigi-

---

1 optimum] obiectum L_2 obiectivum V | intellectum] intellectivum OV 1–2 perfectissimi] perfectissimum M_2 2 consistunt] *om.* L_2V 4–5 operatio] operationes M_2 6 operationes] operas L_2 operationem scilicet O *corr. ex* operas V 8 est] *om.* M_2 9 somnus[1]] tunc O | esset] est L_2V | somnus[2]] *om.* M_2 | sit] est O 11 actus] motus M_2 | dicitur] vel sic M_2 13 melius] motus OV | vegetativae] tam *add.* V tam *del.* O 14 quam] quod M_2 15 intelligendum] est *add.* M_2 | duplicem] triplicem L_2 16 animalis] aliis M_2 | et] *om.* O 18 vigilare] videre M_2 | vigilandi] videndi M_2 *corr. ex* videndi V 19 tunc] haec L_2 hic M_2 19–20 conclusio est] *om.* M_2 21 quiescere] ab operatione *add.* M_2 21–22 propter … quiescere] *om.* L_2V (*hom.*) 23 sic] tunc L_2V 23–26 igitur … animalis] *om.* L_2V 26 animalis] est *add.* M_2

7–9 secundum … motus] ARISTOTELES, *De somno et vigilia*, 2, 455b 20–21 (AL XV.2.1, ed. Drossaart Lulofs, 5b, 21–22). | Cf. ALBERTUS MAGNUS, *In De somno et vigilia*, I, tr. 1, cap. 9 (ed. Borgnet, IX, 135a).

liae exercere, ut sapere et sentire, sed hoc non potest esse, nisi aliquando habeat somnum; igitur omni animali necessario inest somnus quantum ad bene esse, ut possit vigilare et opera vigiliae exercere. Et tunc somnus est propter vigiliam et propter opera vigiliae tamquam propter finem.

Secunda principalis conclusio est quod somnus et vigilia in omni animali sunt circa cor vel circa aliquid proportionale cordi. Tamen pro probatione illius conclusionis probantur aliae tres conclusiones: prima quod motus inspirationis et expirationis est a corde, | secunda quod motus localis pro- V 96vb cessivus est a corde, tertia quod motus sensus est a corde vel proportionali cordi.

Prima probatur: illud | est principium expirationis et inspirationis in quo L_2 164va est primum principium refrigerationis calidi naturalis. Vel sic: illud est primum principium inspirationis et respirationis in quo est calidum naturale; ad cuius caloris salutem natura adepta est respirationem et refrigerationem, quia respiratio et refrigeratio sunt ad mitigandum excessum caloris naturalis qui principaliter invenitur in spiritu naturali. In illo igitur est principium spiritus refrigerati, unde est prin|cipium refrigerationis calidi naturalis et M_2 88va ubi est primus excessus calidi refrigerati. Principium autem refrigerationis calidi excedentis est a corde. Natura autem ingeniavit respirationem factam per aerem et refrigerationem factam per humidum aqueum ad salvandum calorem ipsius cordis, ne cor per excessum corrumpatur. Unde primum principium respirationis est in corde, scilicet caliditas ipsius. Et inspiratio ordinatur a natura ad salvandum huiusmodi caliditatem mitigando ipsum, ne per excessum corrumpatur. Cor igitur est principium expirationis et inspirationis, et hoc in habentibus sanguinem. Et in non habentibus sanguinem est aliquid proportionale cordi principium. Licet enim in talibus non fiat aeris respiratio per partem determinatam, in ipsis tamen est spiritus complantatus per poros corporis ad infrigidandum calorem existentem circa membrum id quod est proportionale cordi. Dum enim illud membrum pro-

---

1 et] *om.* M_2 | esse] *om.* M_2OV 3 vigilare] videre M_2 | tunc] sic sic M_2 5 somnus] est *add.* M_2 8–9 localis … motus] *om.* M_2 (*hom.*) 9 proportionali] proportionale L_2 11 probatur] sic *add.* M_2 | illud] idem M_2 11–12 expirationis … principium] *om.* M_2 (*hom.*) 12 illud] idem M_2 | est[2]] *om.* V 14 caloris] calorum O 16 qui] quae O 17 calidi] caloris O 18 ubi] ibi M_2 19 ingeniavit] ingeminat L_2 tantum geminat V 22 caliditas] caliditatis M_2 24 corrumpatur] corripiatur M_2 | expirationis] respirationis M_2 27–28 complantatus] replantatus O 29–188.1 dum … cordi] *om.* M_2 (*hom.*)

25–26 in[2] … principium] Cf. ARISTOTELES, *De somno et vigilia*, 3, 456a 11–15 (AL XV.2.1, ed. Drossaart Lulofs, 6b, 33–34).

portionale cordi dilatat se et diffundit corpus totaliter, videtur aer ingredi, et egredi, cum constringit ipsum et comprimit. Et huiusmodi animalia dicuntur totalia in quibus hoc modo fit attractio. Dicuntur enim totalia quasi totaliter anhelantia, eo quod per totum corpus inspirant aerem, cuiusmodi sunt apes, muscae, vespes.

O 77ra Aliter tamen dicunt aliqui de animalibus | sanguinem non habentibus quod illa sunt frigidiora animalibus sanguinem habentibus. Ideo humidum aereum ex naturali complexione in illis supplantatum est sufficiens ad tem- V 97ra peramentum caloris absque omni infusione et | attractione humiditatis aereae extra circumdantis.

Albertus tamen dicit quod Philosophus hic non loquitur de refrigeratione quae est per anhelitum, quia de illa non intendimus ad praesens, sed potius de refrigeratione quae fit per causam somni naturalem. Illius enim refrigerationis causa prima est a corde, licet causa proxima efficiens sit a cerebro, sicut prima causa efficiens refrigerationis pluvialis est a Sole elevante vaporem, licet proxima causa condensans et convertens vaporem in frigidum sit locus frigidus in medio spatio aeris.

Secunda conclusio partialis est quod cor vel proportionale cordi sit principium motus progressivi secundum locum. Haec conclusio probatur L_2 164vb sic, nam motus localis est a vigore. | Ex hoc enim aliquid movetur, quia virtus motoris excedit virtutem mobilis. Vigorem autem in movendo facit retentio spiritus interius. Respirantia autem retinentia spiritum attractum per inspirationem sunt maioris virtutis, sed perseverantia spiritus est a corde vel a proportionali cordi, quoniam in sanguinem habentibus perseverantia spiritus est a corde et in sanguinem non habentibus ab eo quod est proportionale cordi. Quod autem motus localis fit a perseverantia spiritus probatur per signum, nam quaedam animalia, ut volantia, continue videntur moveri secundum locum propter spiritus perseverantiam qui est in ipsis; qui quidem spiritus est attractus per poros subtiles in toto corpore, sicut patet in illis quae sunt totalia.

3 in … totalia²] *om.* L_2V (*hom.*) 8 complexione] compositione M_2 8–9 temperamentum] temperaliter M_2 9 et] vel M_2 *iter.* V 14 causa²] autem *add.* M_2 | proxima] causa *add.* L_2 et *add.* V | sit … cerebro] a corde M_2 14–15 sit … efficiens] *om.* L_2V (*hom.*) 21 motoris] motorum O | autem] aut L_2O 22 autem] aut O 23 est] *om.* OV 24 cordi] corde O 25 habentibus] perseverantia spiritus est *add.* O 26 autem] aut O | fit] sit M_2 27 animalia] aliam M_2 | continue] quae L_2 | continue videntur] *inv.* M_2 28 secundum] sed M_2 | qui¹] quoniam L_2 quae M_2

11–17 albertus … aeris] Cf. Albertus Magnus, *In De somno et vigilia*, I, tr. 2, cap. 3 (ed. Borgnet, IX, 142b).

Tertia conclusio quod principium sensus sit in corde. Haec conclusio probatur, nam, ubi est principium motus, ibi est principium sensus, sed principium motus est a corde; igitur principium sensus est in corde. Probatio maioris: nam animal non movetur localiter, nisi cum fuerit sensibile apprehensum in primo sensitivo, ab eodem igitur est apprehensio et motus secundum locum; idem igitur est principium motus et apprehensionis secundum sensum. Et quia dictum est quod animal non movetur localiter, nisi aliquo sensu prius facto vel aliquo motu facto a sensu proprio vel alieno, (intelligendo per proprium sensum interiorem et per alienum sensum exteriorem), ideo contra istud adducit Philosophus apparentem instantiam, quoniam aliqui | in dormiendo surgunt et ambulant et opera vigiliae V 97rb exercent nullo tamen sensu prius facto secundum actum. Ideo videtur quod aliquis motus localis animalis fit et non ex apprehensione sensus. Et Albertus dicit se vidisse et audisse | quendam hoc facientem qui interrogatus eleva- O 77rb vit se in lecto et respondit ad interrogata quaerentibus, et reposuit se illis dimissis et continue dormivit, dum hoc faceret. Haec Albertus.

Huius solutionem innuit Philosophus dicens quod ille motus non invenitur in talibus nisi post receptionem simulacri rei extra fortiter recepti et impressi in primo sensitivo. Hoc tamen posterius videbitur. Illi etiam in quibus accidit huiusmodi motus, cum fuerint expergefacti, non bene memorant se fecisse opera vigiliae. Sed causa huius determinata est in *Problematibus* et patebit in quaestionibus.

---

1 conclusio^1] est *add.* M_2 | conclusio^2] quaestio M_2 2 ubi] ibi M_2 3 a] in M_2O 4 maioris] minoris L_2 | nam] iam M_2 5 in … motus] tempus M_2 7–8 localiter] nisi cum fuerit sensibile apprehensum in primo sensitivo [M_2 88vb] ab eodem igitur est apprehensio et motus secundum locum idem igitur est principium motus et apprehensionis sensum et quia dictum est quod animal non movetur localiter *add.* M_2 8 sensu^2] prius facto vel aliquo motu facto a sensu *add.* O 9 intelligendo] intelligendum M_2 | proprium] primum V | sensum] sensum *add.* O 10 istud] idem M_2 12–13 quod aliquis] per aliquos M_2 13 fit] sit L_2OV 15 ad] *om.* O 16 faceret] facerent V 17 huius] huiusmodi L_2 19 videbitur] videtur L_2 20 huiusmodi] huius OV 21 huius] bene *add.* M_2

10–12 adducit … actum] Cf. ARISTOTELES, *De somno et vigilia*, 3, 456a 24–26 (AL XV.1.1, ed. Drossaart Lulofs, 6a, 30–32). 13–16 albertus … faceret] Cf. ALBERTUS MAGNUS, *In De somno et vigilia*, I, tr. 2, cap. 5 (ed. Borgnet, IX, 145a). 19 posterius] Cf. ARISTOTELES, *De somno et vigilia*, 2, 456a 28 (AL XV.2.1, ed. Drossaart Lulofs, 6a, 24). 21–22 problematibus] Cf. ARISTOTELES, *De somno et vigilia*, 2, 456a 29 (AL XV.2.1, ed. Drossaart Lulofs, 6b, 28).

⟨Quaestio 9⟩
⟨Utrum somnus sit necessarius omni animali propter salutem animalis⟩

Quaeritur: utrum somnus sit necessarius omni animali propter salutem animalis?

⟨1⟩ Videtur quod non, quia quanto aliqua virtus est superior, tanto est minus fatigabilis, sed virtus animalis est superior quam virtus plantae; cum igitur planta possit operari continue absque quiete, sequitur quod animal L_2 165ra possit continue operari absque quiete, et tunc animal non indiget somno. |

⟨2⟩ Praeterea, actio est ratione formae et passio ratione materiae. Quanto igitur aliquid habet plus de forma, tanto plus potest agere, sed animal plus habet de forma quam ignis; cum igitur ignis possit continue operari absque quiete, sequitur quod animal possit continue operari absque quiete, et tunc animal non indiget somno.

Oppositum vult Philosophus hic.

Ad quaestionem dicendum quod somnus est necessarius animali necessitate condicionis, quia, si animal debeat conservari in esse et proprium finem attingere, necessarius est ei somnus, nam sentire et sapere sunt fines eorum quibus haec insunt (nam propria operatio rei est finis illius rei, ut intelligere intelligentis et sentire sentientis), sed vigilia consistit in actu sentiendi; igitur vigilia est finis quodammodo animalis. Sed illae operationes procedunt a virtute finita et determinata, igitur sunt finitae et determinatae. Sed operationem determinatam tempore secundum naturam, si tempus excedat, necesse est deficere, igitur necesse est aliquando animal defic- V 97va ere ab actu sentiendi, | et tunc dormit; igitur somnus necessarius est animali.

Item, omnis motor movens totum et partes motibus contrariis et diversis contra propriam inclinationem movet cum labore et poena, sed talis est motor animalium, nam in animali et partibus eius est terra a dominio, igitur animal ex natura sua tendit deorsum; igitur, quod movet animal alio motu quam motu deorsum, movet animal contra inclinationem propriam. Motor autem animalis ex quo movet animal contra propriam incli-

6–7 tanto … minus] est minus tanto M_2 7 sed] *om.* M_2 8–9 sequitur … quiete] *om.* L_2OV (*hom.*) 10 passio] est *add.* L_2 13 sequitur … quiete^2] *om.* L_2OV (*hom.*) 15 hic] *om.* O 17 conservari] conservare M_2 18 sapere] separare M_2 19 rei^2] et *add.* V | ut] *om.* M_2 20 vigilia] natura L_2 21–22 operationes procedunt] operatio procedit M_2 23 operationem determinatam] *coni. codd.* operatio determinata 29 a] in L_2 30 igitur^2] *om.* M_2 | movet animal] moralis M_2 | animal^2] ab L_2 32 autem] igitur L_2M_2

nationem movet ipsum cum labore et poena. Sed, si continuetur labor et poena, de facili solvitur proportio inter motorem et mobile; ideo ad hoc quod animal in esse conservetur necessaria est sibi quies, et tunc somnus. | M_2 89ra

Item, operatio | intensa virtutis unius retrahit aliam a sua operatione, O 77va quia omnes virtutes habent unum fundamentum, scilicet substantiam animae. Virtus igitur animalis intensa impedit virtutem naturalem a sua operatione et retrahit ipsam et e converso. Ut igitur utraque interdum dominetur a sua operatione, necesse est utrique aliquando deficere ab operatione. Virtus animalis dominatur in vigilia et virtus naturalis dominatur in somno. Unde virtus nutritiva melius operatur in somno quam in vigilia, ideo necesse est ad hoc quod animal in esse conservetur quod aliquando dormiat et aliquando vigilet.

⟨Ad 1⟩ Ad primum argumentum, cum dicitur: 'quanto virtus est superior' et cetera, dicendum quod hoc est verum, si operatio aeque perfecta sit in utraque virtute. Nunc operatio animalis est perfectior quam operatio plantae, ideo potest animal fatigari in operando et planta non. Et causa potest esse, quia in plantis solum est virtus vegetativa, et ideo ipsa in operando per aliam virtutem | non retrahitur; propter quod potest operari continue abs- L_2 165rb que quiete. Sed non est sic de virtute animalis. Animal enim habet multas virtutes et una in operando impedit et retrahit aliam, et ideo oportet aliquando animal quiescere ab operatione.

⟨Ad 2⟩ Ad aliud, cum dicitur quod quanto aliquis plus habet de forma, tanto plus potest agere, dicendum quod hoc est verum, si operatio sua non sit magis perfecta quam operatio habentis | minus de forma; et tunc patet. V 97vb

⟨Quaestio 10⟩
⟨Utrum dormiens possit facere opera vigiliae⟩

Quaeritur: utrum dormiens possit facere opera vigiliae?

⟨1⟩ Videtur quod non, quia opera vigiliae non sunt nisi a vigilante. Si autem dormiens faceret opera vigiliae, sequeretur quod dormiens esset vigil-

---

1 si] *om.* M_2 2 solvitur] solvuntur OV 6 unum] *om.* O 10 vigilia] via M_2 12 conservetur] conservatur M_2 | aliquando] animal M_2 14 quanto] quanta V 16 est] *om.* M_2 17 et[1]] etsi M_2 18 ipsa] nam O 21 impedit] impetit M_2 | et[3]] non *add.* M_2 23 aliquis] aliquid L_2M_2 25 tunc] sic M_2 | patet] solutio *add.* L_2 et cetera *add.* M_2 28 utrum] an L_2 an *superscr.* O *om.* V | possit] potest L_2OV 29 sunt] sint M_2 30 sequeretur] sequitur M_2

ans, sed hoc est impossibile; igitur impossibile est quod dormiens faciet opera vigiliae.

⟨2⟩ Praeterea, vigilia est solutio sensuum, sed qui exercent opera vigiliae habent sensus solutos (moventur enim ad loca determinata et respondent ad interrogata), sed dormientes non habent sensus solutos; igitur non faciunt opera vigiliae.

⟨3⟩ Praeterea, cessante primo cessat omne posterius, sed somnus est passio primae partis et cessatio eius ab eius operatione; igitur cui inest somnus idem non potest aliquam operationem exercere.

Oppositum vult Philosophus. Et Albertus dicit quod multi dormientes induunt se et oppugnant inimicos.

Ad quaestionem dicendum quod opera vigiliae sunt duo, scilicet motus et actus sentiendi sensu exteriori. Dormientes non possunt exercere opera vigiliae seu operationes sentiendi, quia ex eodem cognoscimus sentientem et actu vigilantem; qui igitur operatur secundum sensum exteriorem vigilans
O 77vb est. Cum igitur impossibile est eundem esse | simul vigilantem et dormientem, patet quod impossibile est dormientem exercere opera sensus; verumtamen dormientes possunt exercere opera motus; cuius ratio est: quia, licet somnus sit immobilitatio sensuum exteriorum et licet in somno sensus communis immobilitetur per comparationem ad sensus exteriores, non tamen immobilitatur per comparationem ad memoriam, aestimativam et imaginativam. Nunc autem possibile est in vigilia aliquem effici circa aliquod delectabile vel tristabile cuius species recipitur in virtute phantastica seu imaginativa. Et tunc contingit quod species illius delectabilis vel tristabilis occurit virtuti imaginativae quae non est ligata. Ex illa similitudine contingit animam comprehendere rem cuius est similitudo. Ad cuius apprehensionem
M_2 89rb nem sequitur | appetitum ferri in illud, ut prosequatur. Ad quem appetitum

1 est[2]] *om.* O | faciet] faciat L_2M_2 3 vigilia] vigiliae O | sed] si *add.* OV 5 dormientes … habent] dormiens non habet M_2 7 cessante] cessato M_2 8 eius] *om.* O 9 exercere] exercent M_2 10 dicit] dicunt M_2 12 quaestionem] coram (!) M_2 13–14 opera … seu] *om.* M_2 15 et] in M_2 17 patet] probatur O | dormientem] dormiens M_2V 19–20 communis] *om.* M_2 20 comparationem] operationem L_2M_2 | exteriores] interiores M_2 20–21 non … comparationem] ut per operationem L_2 21 immobilitatur … comparationem] propter operationem ad sensus exteriores ut per operationem M_2 22 autem] *corr. in* illud L_2 | possibile] impossibile L_2 | effici] affici M_2 24 delectabilis … tristabilis] delectabile vel tristabile M_2 25 ligata] et *add.* M_2 26 comprehendere] apprehendere M_2 27 sequitur] consequitur M_2 | illud] idem M_2

10–11 albertus … inimicos] Cf. ALBERTUS MAGNUS, *In De somno et vigilia*, I, tr. 2, cap. 5 (ed. Borgnet, IX, 146a).

sequitur alteratio | in partibus animalis, et ad illam alterationem sequitur V 98ra extensio partium, et | ad illam extensionem consequitur motus animalis L_2 165va ad prosequendum illud cuius similitudo apparet in somno. Per hunc igitur modum contingit dormientes exercere opera vigiliae, quia ad apprehensionem delectabilis vel tristabilis sequitur alteratio ad caliditatem et frigiditatem, quia omnes passiones animae sunt cum quadam alteratione calidi et frigidi. Et ad talem alterationem sequitur motus localis qui est motus vigiliae.

Sed dubium est, an illi qui sic moventur simpliciter sunt dormientes. Apparet quod non, quia vestiunt se et vadunt ad locum, ubi est inimicus, et interficiunt inimicum. Albertus dicit quod ipsi simpliciter dormiunt. Et, licet illi qui sic dormiunt directe moveantur ad aliquam rem de qua somniant, hoc est a casu, quia inveniunt rem in loco ad quem per somnum moventur. Unde tales somniant inimicum esse in tali vel in tali loco, et tunc vadunt ad locum illum non per visum, sed moti ex phantasmate. Aliquando autem contingit quod inimicus est ibi, et tunc interficiunt ipsum vel percutiunt; et aliquando ipsi invenientes lignum vel lapidem in loco illo verberant et percutiunt ipsum pro inimico. Unde somnium aliquando est verum et aliquando falsum. Quando est verum, dirigit sicut sensus, et quando est falsum, abducit. Unde contingit aliquando quod dormientes qui sic moventur de necessitate aliquando cadunt de monte et ex casu moriuntur. Et ex hoc est signum quod sunt simpliciter dormientes, quia ex sensu non diriguntur.

Sed dubium est, cum in dormientibus sit immobilitatio in organis sensuum exteriorum et non in organis interiorum: unde hoc contingit? Dicendum quod immobilitatio in sensibus exterioribus contingit ex hoc quod calor procedens | a corde non influit virtutem in organa sensuum exteriorum propter O 78ra descensum vaporis infrigidati. Sed non oportet quod organum motus immobilitetur, quia organum motus situatum est iuxta cor.

---

1 illam] illarum O | sequitur^2] consequitur M_2 2 illam] illarum O 3 prosequendum] consequendum O | illud] idem M_2 4 contingit] convenit M_2 5 et] ad *add.* L_2 9 sunt] sint L_2M_2 10 et^2] etiam O 11 licet] similiter OV 11–12 licet illi] sentienti M_2 12 somniant] et *add.* OV 13 quem] quam L_2OV 18 somnium] somnum L_2M_2O 20–23 qui … diriguntur] sunt L_2OV 22 ex sensu] *coni. om.* L_2OV excessu M_2 24 in^2] fit L_2 et M_2 25 exteriorum] exterior M_2 | organis interiorum] ordinis exteriorum M_2 | contingit] convenit M_2 28 descensum] decessum M_2 | vaporis] vaporum O 28–29 immobilitetur] immobilitatur M_2 29 situatum] situatus M_2

11–18 albertus … inimico] Cf. ALBERTUS MAGNUS, *In De somno et vigilia*, I, tr. 2, cap. 5 (ed. Borgnet, IX, 146a).

[V 98rb] Sed tu dicis: sicut organum | motus situatur iuxta cor, sic organum tactus, igitur tactus non immobilitatur in somno. Dicendum quod bene contingit quod organum tactus solvatur in dormientibus. Organum enim tactus sufficit ad completionem motus, non tamen dissolvitur organum tactus quantum ad omnem partem eius, quia sic aliquis in dormiendo actualiter possit sentire calidum vel frigidum. Sed organum tactus sic solvitur quantum ad partem interiorem, videlicet iuxta cor, sed quantum ad partes exteriores ligatur. Homo enim in dormiendo non potest sentire exterius calidum nec frigidum nec aliquid huiusmodi.

⟨Ad 1⟩ Ad primum argumentum dicendum quod opus vigiliae quod est motus potest exerceri a non vigilante, ut | [L_2 165vb] a dormiente, et quantum ad illud non est dormiens, sed tantum quantum ad aliud a cuius operatione prohibetur. Tamen opus vigiliae quod consistit in actu sentiendi sensu exteriori non potest exerceri a dormiente.

⟨Ad 2⟩ Ad aliud argumentum, cum dicitur quod dormientes aliquando respondent ad interrogata, dicendum quod, si hoc faciant, hoc est a casu, et hoc, si simpliciter dormiant vel posito quod simpliciter dormiant, non respondent ad interrogata, quia acceptant interrogata, sed respondent per virtutem superiorem, quia hoc influitur eis per aliquam virtutem supracaelestem.

⟨Ad 3⟩ Ad ultimum dicendum quod in somno sensus communis ligatur et immobilitatur quantum ad fluxum et influentiam | [M_2 89va] ad sensus exteriores, non tamen quantum ad influentiam ad sensus interiores. Cum igitur dicitur: 'cessante primo cessat omne posterius', illud est intelligendum: cessante primo simpliciter ab omni operatione sua cessat omne posterius.

---

1 sicut] quod M_2 1–2 motus … igitur] *om.* M_2 3 solvatur] salvatur M_2 5 dormiendo actualiter] dormientibus accidentaliter M_2 | possit] posset L_2M_2 7 ad] aliae V 8 ligatur] ligantur L_2O et tunc *add.* L_2OV | homo enim] *inv.* M_2 | enim] *om.* L_2 9 aliquid] *om.* L_2OV | huiusmodi] igitur *add.* M_2 huius OV 11 exerceri] exercere M_2 | et] *om.* L_2M_2 | quantum] tamen *add.* M_2 | illud] idem M_2 12 tantum] tamen L_2 *om.* M_2 | tantum … quantum] tamen quantum L_2 quam M_2 13 sensu] sensuum M_2 14 exerceri] exercere M_2 15 argumentum] dicendum *add.* L_2OV 17 dormiant¹] dormiunt M_2 17–18 non respondent] *inv.* M_2 18 interrogata²] *om.* M_2 19 hoc] scilicet hic L_2OV 21 dicendum] *coni. codd. om.* 23 interiores] exteriores M_2 | dicitur] cum *add.* M_2 24 illud] idem M_2

⟨Quaestio 11⟩
⟨Utrum dormientes facientes opera vigiliae possunt recordari eorum⟩

Quaeritur: utrum dormientes facientes opera vigiliae possunt recordari eorum?

⟨1⟩ Videtur quod sic, nam, per Philosophum in *De memoria*, illa quae fortiorem faciunt impressionem in anima facilius memorantur, sed opera vigiliae fortiorem faciunt impressionem quam opera somni; igitur, si homo possit recordari | operum somni, multo fortius et operum vigiliae. V 98va

⟨2⟩ Praeterea, apud somnum nos recordamur eorum quae facta sunt in vigilia; igitur eadem ratione facta in somno possumus memorari in vigilia.

Ad oppositum est Aristoteles.

Ad quaestionem dicendum quod dormientes facientes opera vigiliae memorantur somniorum, sed non memorantur operum vigiliae; cuius ratio est: nam, sicut in esse est ordo, sic est | ordo in virtute cognitiva, quia nihil O 78rb recipitur in virtute superiori, nisi prius sit receptum in virtute inferiori. Sed infima virtus cognitiva in homine est sensus exterior, ideo quidquid recipitur in virtute superiori, prius aliquo modo apprehenditur a sensu exteriori. Ex hoc arguitur: quorum species non recipiuntur in sensu exteriori, eorum species non recipiuntur in memoria, sed species factorum exteriorum non est recepta in sensu exteriori in somno, quia omnes sensus exteriores in somno erunt ligati; igitur memoria non potest esse factorum in somno, quia species factorum in somno non recipitur in memoria. Sed somniorum potest esse memoria, quia somnium est passio virtutis phantasticae. Nunc autem virtus phantastica novas imaginationes potest formare quas sensus numquam percepit. Secundum modum illum potest enim formare similitudinem montis aurei vel hircocervi. Cum tamen sensus exterior numquam percepit montem aureum nec hircocervum secundum totum, sed sensus percipit montem et

---

8 impressionem] *coni. codd.* et cetera | homo] *om.* L_2OV 11 somno] somnis M_2 12 ad … aristoteles] *om.* M_2 | est] ergo O 13–14 memorantur] memoratur M_2 15 sic] sicut M_2 16 receptum] praeceptum M_2O 19 arguitur] sic *add.* L_2 | recipiuntur] recipitur M_2 19–20 sensu … in] *om.* L_2 (*hom.*) 20 recipiuntur] recipiunt M_2 22 erunt] erant M_2 | quia] qui M_2 24 somnium] *coni. codd.* somnum 25 imaginationes] imagines M_2 27 sensus] *om.* M_2 | percepit] percipit OV 28 sed] *om.* M_2 | percipit] percepit M_2

6–7 philosophum … memorantur] Cf. ARISTOTELES, *De memoria et reminiscentia*, 3, 450a 27–30 (AL XIV.2, ed. Leonina, 112a, 5–11). | Cf. SIMON DE FAVERSHAM, *Quaestiones in De somno et vigilia*, qu. 7 (ed. Ebbesen, 120). 26–28 potest … totum] Cf. SIMON DE FAVERSHAM, *Quaestiones in De somno et vigilia*, qu. 7 (ed. Ebbesen, 121).

L_2 166ra aurum, et etiam partes hirci et cervi, et ideo phantastica | potest formare speciem hircocervi. Quia igitur phantastica in somno non est ligata, ideo potest formare talia idola. Et somnium nihil aliud est quam apparitio idolorum, et ideo expergefactus potest memorari ipsorum somniorum quae in phantasia erant praesentia apud somnum, verumtamen ipsa facta exteriora memorari non potest, quia illa numquam erant apprehensa aliquo sensu exteriori nec ab aliqua virtute interiori.

Intelligendum est quod somnium est apparitio rerum sensibilium quae non sunt verae res sed rerum similitudines. Et ideo in somno aliquando V 98vb apparent similitudines sensibilium propriorum, | et hoc non est, nisi quia proprii sensus aliqualiter moventur in somno et aliqualiter sentiunt. Non autem sentiunt per hoc quod aliquid recipiant a sensibus exterioribus sed ab interioribus. Unde dicit Commentator quod motus somni contrariatur motui vigiliae, quia in motu vigiliae aliquid recipitur in sensibus exterioribus et defertur ad virtutes interiores. Sed in motu somni est e converso, quia in motu somni recipitur aliquid in sensibus interioribus et defertur ad sensus exteriores. Et causa huius est aliqua evaporatio subtilis delata ab organo M_2 89vb phantasiae ad sensum communem | et a sensu communi ad organa sensuum particularium.

Unde dicit Albertus quod aliquando nos somniamus nos gustare dulcia, aliquando amara, sed non somniamus nos sentire foetida et bene odori- O 78va fera, licet simus | in locis foetidis aut odoriferis. Et causa huius est, quia inter omnes alios sensus olfactus est pessimus in nobis. Somnium igitur non est aliud quam apparitio rerum sensibilium. Ex quo arguitur sic: quorum est phantasia in actu, illorum potest esse memoria in actu, quia memoria accipitur a phantasia, sed apparitio phantasmatis est actu in somno; ideo eius potest esse postea memoria. Ex istis apparet, quare nos memoramur somniorum et non factorum quae exercentur per sensus exteriores, quia in somno ligantur sensus exteriores.

---

3 somnium] somnum L_2V | est] *om.* M_2 4 expergefactus] expergefactis M_2 expergefactio O | potest memorari] *inv.* M_2 | quae] quod M_2 | phantasia] phantastica M_2 5 ipsa] *om.* O | ipsa facta] *om.* V | exteriora] exterior M_2 7 ab] *om.* M_2 8 sensibilium quae] sensualium quod M_2 10 nisi] verum L_2OV 11 moventur] movetur M_2 14 in^2] a O 18 phantasiae] phantasticae M_2 | ad^1] *om.* M_2 20 dulcia] et *add.* L_2O 22 simus] etiam sumus L_2OV | quia] quod L_2 23 alios] aliquos M_2 | somnium] somnum L_2OV 27 memoria] et *add.* M_2

13–19 dicit ... particularium] Cf. Averroes Cordubensis, *In De somno et vigilia* (ed. Shields, 98, 68–99, 2). | Cf. Simon de Faversham, *Quaestiones in De somno et vigilia*, qu. 7 (ed. Ebbesen, 122). 20–22 dicit ... odoriferis] Cf. Albertus Magnus, *In De somno et vigilia*, II, tr. 1, cap. 1 (ed. Borgnet, IX, 158a).

⟨Ad 1⟩ Ad primum argumentum dicendum quod opera vigiliae facta in dormiendo nullam faciunt impressionem. Opera enim in somnis suas species sensibus imprimere non possunt, quia sensus et organa sensuum sunt ligata; propter quod talium factorum non potest esse memoria.

⟨Ad 2⟩ Ad aliud dicendum quod apud somnum memoramur factorum in vigilia, quia facta in vigilia imprimunt speciem in memoria, et ideo illorum factorum est memoria in somno, sed non est sic de factis in somno; ideo et cetera.

⟨6⟩ *Consequenter autem cum his*

Determinato de causa finali et de causa materiali | somni intentio Philosophi V 99ra in hoc capitulo est determinare de causa efficiente ipsius somni. Et intenditur in hoc capitulo una conclusio principalis, scilicet quod evaporatio facta ex nutrimento | est principalis causa effectiva somni. Primo tamen suppon- L_2 166rb antur quaedam quae alibi sunt determinata, ut in libro *De animalibus* et in libro *De nutrimento animalium*. Et supponantur quinque.

Primum est quod omne animal indiget nutrimento et augmento. Unde necessarium est animali, cum generatum sit et habet sensum in actu, primo recipere alimentum et augmentum. Alimentum—quia tunc primo, cum generatur, fit aliqua resolutio per actionem contrarii, et quia, si debet continuari in esse, necessaria est restitutio deperditi, quod fit per nutrimentum. Indiget etiam augmento, quoniam animal generatum est in quantitate imperfecta, ideo, si debeat perfici secundum quantitatem, necessarium est ei augmentum.

Secundo supponatur quod idem nutrimentum primum (de quo locutum est) est ultimum nutrimentum et proximum; quod quidem in sanguinem habentibus est sanguis et in sanguinem non habentibus est aliquid proportionale sanguini.

---

2 enim] vigiliae *add.* L_2 2–3 species] in *add.* L_2 3 sunt] *om.* M_2 6 speciem] species M_2 9 consequenter] consequens M_2 10 intentio philosophi] *om.* L_2V 11 hoc capitulo] libro isto O 12 conclusio] quaestio L_2 | principalis] principaliter M_2 13–14 supponantur] supponitur M_2 15 supponantur] supponitur M_2 16 indiget] primo *add.* M_2 *lectio illegibilis* O 17 sit] fit L_2 est M_2 19 et] *om.* L_2 *superscr.* V | et quia] quare M_2 20 necessaria] necesse L_2 21 quantitate] qua M_2 22–201.7 imperfecta … velox] *om.* M_2 22 debeat] debet O

---

9 consequenter … his] ARISTOTELES, *De somno et vigilia*, 3, 456a 30 (AL XV.2.1, ed. Drossaart Lulofs, 6b, 31). 24–25 secundo … proximum] Cf. SIMON DE FAVERSHAM, *Quaestiones in De somno et vigilia*, qu. 8 (ed. Ebbesen, 125).

Tertio supponatur quod loca continentia sanguinem sunt venae per quas sicut per vias fertur nutrimentum ad singulas partes animalis. Intelligendum quod, cum sanguis non sit bene terminabilis termino proprio sed alieno, quia, sicut aqua ducitur a primo ortu in terra undequaque per quosdam meatus, sic in animali sunt quaedam vasa quae dicuntur venae in quibus [O 78vb] con|tinetur sanguis et per quae sanguis ducitur a corde et a locis digestivis ad singulas partes corporis.

Quarto supponatur quod principium venarum est cor, et hoc est manifestum ex decisionibus partium in animali.

Quinto supponatur quod, cum nutrimentum ingreditur ab extrinseco ad loca digestiva (ut ad stomachum, hepar), fit quaedam evaporatio a nutrimento usque ad venas per quas defertur.

Istis suppositis quae alibi sunt declarata intendit Philosophus manifestare quae sit causa efficiens somni. Cum enim somnus sit impotentia senti- [V 99rb] endi et non omnis impotentia | sentiendi est somnus, non omne efficiens impotentia sentiendi est efficiens somnum. Patet enim ex praecedentibus quod non omnis impotentia sentiendi est somnus (ut suffocatio et animae defectio et cetera). Et quod tales impotentiae sentiendi non sunt somnus probatur, quia, si sic, omne phantasma talibus apparens esset somnium; et hoc est falsum, quia patientibus animae defectionem, ut languentibus in ultimo statu vitae multa apparent quae non sunt somnia sed apparitiones verae per angelos bonos vel malos. Ideo non omnis impotentia sentiendi est somnus, sed illa quae causatur ex evaporatione facta ex nutrimento, nam calido agente in nutrimento circa locum digestionis necesse est fieri evaporationem. Et illud quod evaporatum est virtute calidi propellitur sursum ad cerebrum, et a frigiditate cerebri infrigidatur et ingrossatur, et descendit, [L_2 166va] et | impedit influxum virtutis a sensu communi ad sensus exteriores, et fit somnus. Et haec est conclusio istius capituli quod somnus causatur ex evaporatione facta ex nutrimento. Et qualiter hoc sit dictum est.

Intelligendum est quod evaporationes ad cerebrum elevatae et ibidem infrigidatae propter gravitatem suam necesse est descendere non solum per easdem vias sed per alias, ut per concavitates nervorum deferentium spiritus vitales et calorem ad organa sensuum exteriorum; et tunc impediendo influxum sensus communis ad sensus exteriores causatur somnus.

4 quia] quod L_2 | quosdam] quoddam L_2 6 continetur] continatur L_2 11 ut] et O | stomachum] et *add.* O 13 sunt] sint O 15–17 non^2 ... somnus] *om.* L_2V (*hom.*) 19 somnium] somnum L_2V | et] sed L_2 20 ut] ita L_2V 25 illud] idem O 26 a] in L_2V 29 sit] *om.* O 31 infrigidatae] in frigiditate L_2 32 deferentium] differentium L_2O 34 ad] et L_2

Quod autem evaporatio ascendens ad caput sit causa somni probatur per septem signa.

Primum est: illa quae sunt multum evaporantia inducunt multum somnum, ut vinum, lolium, mandragora; et hoc est signum quod evaporatio est causa somni. Mandragora est arbor cuius cortex, si teratur et misceatur cum vino vel cum aliquo liquore potabili et detur alicui ad bibendum, ipse redditur | insensibilis; et propter hoc talis potus datur eis ad bibendum quorum O 79ra corpora debent secari vel uri. Tales enim fiunt per potum illum quasi insensibiles nec sentiunt dolorem propter fortitudinem somni. | V 99va

Secundum signum est quod post quosdam labores corporales animalia multum dormiunt, quia huiusmodi labores faciunt dissolutionem in corpore, et post dissolutionem ascendunt vapores ad cerebrum et causatur somnus. Unde labor corporalis virtutis est colligativus, hoc est resolutivus subtiliando. Cum igitur aliquis laborat corporaliter intense, fit virtute caliditatis resolutio vel ex substantia corporis vel viscoso in animali existente. Huiusmodi autem viscosum, si non sit excellenter frigidum, resolvitur propter laborem. Est enim sicut nutrimentum indigestum, et ideo, sicut prius ex nutrimento indigesto fit ad caput quaedam evaporatio somnum inducens, sic ex eo quod propter laborem resolvitur fit ad caput quaedam evaporatio inducens somnum.

Tertium signum est quod quaedam aegritudines quae fiunt ex materia calida et humida inducunt multum somnum propter multam evaporationem provenientem ex humida superfluitate et calida, cuiusmodi sunt febris et lethargia; et hoc est signum quod evaporatio est causa somni. Lethargia est passio cerebri inducens oblivionem quam patiuntur illi qui nihil possunt memoraliter retinere.

Quartum signum quod somnus causatur ex evaporatione ascendente ad superiora est quod pueri qui constituti sunt in prima aetate magis dormiunt quam quando sunt in alia aetate. Hoc enim est, quia in pueris est multa humiditas et etiam caliditas quae | sunt causae evaporationis; et hoc est L_2 166vb signum quod evaporatio est causa somni. Quod autem in pueris sit multa evaporatio nutrimenti delata sursum probatur per quoddam signum. Et est quod in tali aetate membra superiora (ut caput et manus) crescunt magis quam membra inferiora (ut sunt pedes vel tibiae). Hoc non est nisi propter maiorem ascensum nutrimenti sive vaporis a nutrimento ad partes super-

---

3 multum[1]] *om.* O 6 liquore] liquabili OV 8 debent] debet L_2V 9 dolorem] laborem V 15 animali] naturali OV 23 cuiusmodi] cuius L_2 30 caliditas] *om.* L_2V 34 hoc] *om.* L_2 35 vaporis] vaporum O

iores. Et propter hoc est, quia est tanta abundantia humiditatis et tot vapores V 99vb ascendunt in pueris, ideo epilepsia | accidit saepius constitutis in puerili aetate quam quando sunt in alia aetate; et hoc est signum quod in pueris est multa evaporatio.

Epilepsia est aegritudo causata ex magna superfluitate ascendente ad superiora qua ingrossata descendit inferius per vias respirationis et obturat venas exspirationis et deficiente exspiratione moritur animal. Causa quare O 79rb pueri fiunt epileptici est, quia epilepsia videtur esse quidam somnus. | Est enim impotentia sentiendi causata ex evaporatione infrigidata descendente inferius per venas. Et talis impotentia est somnus. Sed differunt in hoc quod somnus causatur ex naturali et subtili evaporatione infrigidata, epilepsia vero ex innaturali et grossa. Et accidit epilepsia magis dormientibus quam vigilantibus, quia in dormientibus est descensus duplicis evaporationis: unius quae est a parte somni et alterius quae est ab ipsa aegritudine.

Intelligendum est quod illae duae viae, scilicet via per quam defertur spiritus et calor et via per quam fit inspiratio et respiratio, sic se habent ad invicem quod uno ore unius aperto clauditur os et extremitas alterius. Ex quo provenit quod loquentibus in comedendo aliquando accidit mors. Cum enim homo loquitur, aperitur via per quam fit inspiratio. Si igitur tunc contingat quod cibus ingrediatur viam illam, prohibebit ingressum et egressum humidi aerei ad cor, et tunc suffocabitur cor, nisi per tussim vel aliquo alio modo eiciatur illud quod est sic immissum. Ideo securum est non loqui multum in prandio.

Ex praedictis concluditur corollarie quod pueris non confert bibere vina nec multum evaporantia nec confert pueris quod nutrices bibant vina; et parum differt pueris aut nutricibus evaporantia conferre. Sed pueris vel nutricibus, si potu indigeant, debet dari aliquantulum aquaticum sive vinum aquosum quod non est tantum evaporativum. Nec confert bibere medum, V 100ra cum sit plus evaporativum et ventosum quam vinum; et hoc est propter | naturam mellis quod est calidum et siccum simul cum humiditate abundante.

Sextum signum est quod illi multum dormiunt et multum amant somn-L$_2$ 167ra um | qui angustas habent venas, quia propter angustiam venarum prohibetur descensus vaporis. Vapor enim, quando est subtilis, faciliter ascendit per

---

5 causata] tanta L$_2$ 7 quare] quia V 9 causata] tanta O 11 infrigidata] in L$_2$ *om.* O 18 loquentibus ... aliquando] aliquando loquentibus in comedendo O | aliquando] *superscr.* L$_2$ *om.* V 20 et egressum] *om.* O 22 illud ... est^1] *om.* O | immissum] missum L$_2$ 25 et] quia L$_2$ 26 vel] et L$_2$ 27 dari] *coni.* dare L$_2$OV *om.* M$_2$ | aliquantulum] *om.* L$_2$ 29 est] *om.* V 33 quia] *om.* L$_2$ *superscr.* V 34 vaporis] vaporum O

venas angustas, sed postea, cum ingrossatur, non potest faciliter descendere, sed diu manet in venis et diu impedit influxum virtutis a sensu communi ad sensus exteriores. Et propter hoc habentes angustas venas sunt amatores somni. Similiter et illi qui habent magna capita quae recipiunt multas evaporationes et propter magnitudinem cerebri illi vapores multum ingrossantur et cito, tunc multotiens in eis fit somnus multus. Similiter, in habentibus collum breve fit velox ascensus evaporationis a locis digestivis ad cerebrum. Sed habentes venas magnas et amplas | non sunt ita somnolenti. O 79va

Septimum signum est quod melancholici non sunt somnolenti; et hoc, quia sunt frigidi et sicci et sunt multum edaces. Ex his potest colligi quod evaporatio ascendens ex nutrimento ad cerebrum et iterum descendens efficit impotentiam sensus qui est somnus.

Et ex istis infertur definitio somni. Et est quod somnus est conventus caloris ad interius et eiusdem naturalis reciprocatio propter causam praedictam, scilicet propter evaporationes frigiditate cerebri condensatas descendentes modo prius dicto. Intelligendum est quod somnus non est conventus caloris interius, sed est impotentia sentiendi causata ex conventu caloris ad interius facta propter causam dictam.

⟨7⟩ *Quamquam itaque dubitat aliquis*

Hic movet Philosophus circa praecedentia dubitationem: qualiter somnus fiat ex causa frigida, cum post susceptionem cibi calidi fiat profundus et fortissimus somnus. Non enim videtur quod somnus inducatur per infrigidationem, et tamen quod causae inducentes somnum sunt calidae.

Ad illam dubitationem ponit Philosophus tres responsiones | aliorum. V 100rb
Una est quod, sicut venter vacuus a cibo, | licet naturaliter sit calidus, tamen M$_2$ 90ra

6 cito] et *add.* L_2 7 ascensus] assensus L_2O 8 ad] *om.* M_2 10 septimum … somnolenti] *om.* M_2 (*hom.*) 14 est[2]] *om.* M_2 16 evaporationes] sensationes M_2 | condensatas] et postea *add.* M_2 18–19 sed … interius] *om.* L_2V (*hom.*) 21 qualiter] quare L_2M_2 24 inducentes somnum] *inv.* M_2 26 vacuus … cibo] a cibo est frigidus L_2 vacuus est a cibo OV

14–16 somnus … praedictam] Aristoteles, *De somno et vigilia*, 3, 457a 1–3 (AL xv.2.1, ed. Drossaart Lulofs, 6b, 32–33). | Cf. Simon de Faversham, *Quaestiones in De somno et vigilia*, qu. 3 (ed. Ebbesen, 110–111). 20 quamquam … aliquis] Aristoteles, *De somno et vigilia*, 3, 457b 6–8 (AL xv.2.1, ed. Drossaart Lulofs, 8b, 41). 26–202.2 una … somnum] Cf. Aristoteles, *De somno et vigilia*, 3, 457a 33–457b 2 (AL xv.2.1, ed. Drossaart Lulofs, 8b, 46–9a, 3).

cibus ipsum ingrediens infrigidat, similiter vapor ascendens ad cerebrum infrigidat loca calida ibi et causat somnum. Sed illa responsio supponit falsum, quia supponit quod loca iuxta cerebrum sunt calida. Alia responsio est quod, sicut animal infrigidatum frigiditate accidentali appropinquatur calido vel aspergatur calido, fit in eo tremor propter hoc quod frigus vigoratur propter coniunctionem contrarii, sic vapores calidi ad caput elevati frigiditatem ibi repertam faciunt congregari et vigorari, quae frigiditas vigorata repellit calorem naturalem sibi contrarium, et tunc causatus somnus est. (L_2 167rb) Tertia responsio est quod, sicut ignis quodammodo | infrigidatur et remittitur eius calor appositis lignis viridibus et humidis, quousque humiditas lignorum et frigiditas vincantur, et tunc quousque ligna sint disposita ad actionem ignis, sic calor naturalis sublevat nutrimentum ad loca superiora quae sunt in capite et ipsum nutrimentum infrigidat ipsa loca, quousque frigiditas vincatur, et tunc fit digestio. Sed illa responsio supponit falsum, scilicet quod loca superiora sunt calida.

Solutio Philosophi est illa quod vapor calidus elevetur sursum ad cerebrum (O 79vb) et ibi infrigidatur et con|densatur, et tunc descendit propter gravitatem et repellit calorem naturalem ad interius, et tunc cessant sensus exteriores ab actu sentiendi, quia non sentiunt absque calore. Unde et calidum est causa somni et etiam frigidum, quia vapor in principio, quando ascendit, est calidus, sed postea, quando descendit, est frigidus. Et ideo causa proxima et immediata somni est vapor infrigidatus et causa remota est vapor calidus, sicut patet de vapore elevato sursum per caliditatem Solis. Ille vapor in principio est calidus, sed postea, cum venerit ad locum frigidum in aere, infrigidatur et ingrossatur, et tunc descendit, et est causa pluviae vel nivis. (V 100va) Unde, quando in animali non possunt vapores per calorem ulterius | elevari, descendunt et repellitur calor naturalis; et tunc vadunt animalia et homines declinando a statura recta propter repulsionem caloris naturalis.

---

1 ingrediens] ipsum *add.* M_2O 1–2 similiter … infrigidat] *om.* L_2V (*hom.*) 3 falsum] finem M_2 | sunt] sint M_2 4 quod] et M_2 | accidentali] si *add.* L_2M_2O 4–5 appropinquatur] appropinquat L_2 5 vel] et M_2 | propter] potest M_2 6 propter] per L_2M_2 6–7 elevati] elementi M_2 8–9 causatus … est] causatur somnus M_2 15 sunt] sint M_2 16 elevetur] elevatur O 20–21 quando … postea] *rep.* M_2 23 elevato] secundum *add.* V 24 sed] et L_2 27 vadunt animalia] cadunt aliam M_2

3–9 alia … est[1]] Cf. ARISTOTELES, *De somno et vigilia*, 3, 457b 14–17 (AL XV.2.1, ed. Drossaart Lulofs, 8b, 36–9a, 3). 9–14 tertia … digestio] Cf. ARISTOTELES, *De somno et vigilia*, 3, 457a 17–19 (AL XV.2.1, ed. Drossaart Lulofs, 9b, 7–8). 16–28 solutio … naturalis] Cf. ARISTOTELES, *De somno et vigilia*, 2, 457b 20–458a 10 (AL XV.2.1, ed. Drossaart Lulofs, 9b, 23–27).

Intelligendum est quod homo inter omnia animalia habet plus de caliditate, et ideo est staturae rectae, quia calor facit crementum secundum lineam rectam et viam unam, nisi impediatur. Unde dicit Isaac quod in adolescente est caliditas naturalis pura, fortis et munda, et ascendit secundum angulum acutum. Et ideo statura hominis in illa aetate maxime est recta. Sed, cum senescit, tunc est caliditas impura, et ideo eius ascensus est ad angulum expansum. Et ideo secundum diversas aetates facit calor diversas staturas in corpore humano.

Viso quae sit causa somni videndum est quae sit causa vigiliae. Et sunt tres causae vigiliae, ut dicit Philosophus: una—nutrimenti completa digestio, alia—caloris naturalis vigoratio, tertia—sanguinis puri ab impuro divisio. Intelligendum est quod humiditas ascendens a loco digestionis ad caput per venas cerebri infrigidata descendit et repellit calorem et spiritum ad interiora, | [L_2 167va] ita quod sunt in minori loco quam prius, et tunc repulso calore et spiritu fit somnus. Sed, cum ille calor interius fortificatus possit super cibum digerendo, movetur superius in sanguine et spiritu solvens organa sentiendi ad actum vigiliae. Ista solutio dicitur expergescentia seu evigilatio. Et loquitur hic Philosophus de expergescentia naturali quae fit secundum cursum naturalem digestione completa, non | [M_2 90rb] de expergescentia quae fit praeter cursum naturalem.

Alia dicit Philosophus quae magis pertinent ad medicos quam ad naturalem. Et in hoc finitur | [O 80ra] intentio primi libri. Propter hoc exhibenda est gloria et laus Deo vivo in saecula saeculorum. Amen.

⟨Quaestio 12⟩
⟨Utrum vapor nutritivus sit causa somni effectiva⟩

Quaeritur: utrum vapor nutritivus sit causa somni effectiva?

⟨1⟩ Quod non videtur, quia, si sic, illi essent parvi somni in quibus est modica evaporatio, sed in pueris est parva evaporatio; igitur pueri essent parvi somni, | [V 100vb] sed hoc est falsum. Quod autem in pueris sit parva evaporatio probo, quia evaporatio non fit sine calido, sed in pueris est calidum debile,

2 ideo] homo *add.* M_2 5 in … aetate] et sic O 13 infrigidata] infrigidatas O | descendit] descendens M_2 | et^1] *om.* M_2 15 fit] sic M_2 17 expergescentia] expergefactio L_2 expergefacientia V | et] ut M_2 19 digestione] digestio M_2 | praeter] principaliter per L_2 22–23 propter … amen] *om.* M_2 23 saeculorum amen] scilicet L_2 27 quod … videtur] videtur quod non M_2 | si] sic M_2 30 probo] probatur M_2

quia calidum quod est in pueris hebetatur per humidum, et tunc debilitatur; igitur in pueris est parva evaporatio.

⟨2⟩ Praeterea, effectus frigidi non est causa calida, sed vapor nutritivus est calidus (quod patet per eius ascensum ad partes superiores), et somnus est effectus frigidus vel frigidum concomitans, quia in somno infrigidantur partes exteriores; igitur vapor nutritivus non est causa somni.

⟨3⟩ Praeterea, vapor aut est calidus aut frigidus. Quando est calidus, non est causa somni, quia sic est causa solutionis sensuum qui in somno ligantur. Nec est causa somni, quando est frigidus, quia sic melancholici essent somnolenti, quia sunt naturaliter frigidi. Vapor igitur numquam est causa somni, quia nec quando est calidus nec quando est frigidus.

Oppositum dicit Philosophus.

Ad quaestionem dicendum quod sic hoc modo: quando alimentum extrinsecum infrigidatur ab extrinseco et immittitur in loca digestiva animalis, per calorem cordis fit ascensus vaporis ex alimento usque ad caput. Sed in capite est cerebrum quod inter omnia membra est frigidissimum. Unde, cum vapores perveniunt ad cerebrum, infrigidantur frigiditate cerebri et inspissantur et fiunt graves et propter gravitatem moventur deorsum et descendunt per vias per quas fluit spiritus et calor a corde ad organa exteriora sentiendi et propter suam grossitiem obturant illos meatus subtiles et repellunt calo- L$_2$ 167vb rem et | spiritus ad interius et impediunt, ne calor et spiritus perveniant ad partes exteriores. Et tunc infrigidantur partes exteriores et non possunt in actum sentiendi, quia sentire non fit sine calido. Et tunc accidit somnus et durat, quousque calor ad intra repulsus in tantum vigoretur quod super illos vapores obtineat et quousque complete digerantur. Unde dicit Philosophus quod completa digestione et vigorato calore prius ad intrinsecus repulso et O 80rb V 101ra separato sanguine puro ab impuro | expergiscuntur animalia | et evigilant. Et quod talis evaporatio sit causa somni declarat Philosophus per septem signa quae posita sunt prius.

⟨Ad 1⟩ Ad primum argumentum dicendum quod calidum in pueris est sufficiens ad causandum evaporationes, quia ad evaporationes duo requir-

7 aut[1]] *om.* L$_2$ aliquid M$_2$ 13 alimentum] aliter M$_2$ 14 infrigidatur] ingreditur M$_2$ | et … immittitur] *om.* M$_2$V 21 et[3]] vel M$_2$ | perveniant] permaneat M$_2$ 23 sentire] *om.* M$_2$ 24 vigoretur] vigoret M$_2$ 26 vigorato] vigilato M$_2$ 27 puro] ponitur M$_2$ | impuro] imponitur M$_2$ 28 declarat] declaratur M$_2$ 30–31 est sufficiens] sufficitur M$_2$ 31 evaporationes[1]] vaporationes V

25–27 dicit … evigilant] Cf. Aristoteles, *De somno et vigilia*, 3, 458a 10–12 (AL XV.2.1, ed. Drossaart Lulofs, 9b, 35–36).

untur, scilicet calidum potens resolvere et humidum potens resolvi. Et ideo plures sunt evaporationes in pueris quam in aliis, quia sunt calidi et magis humidi.

⟨Ad 2⟩ Ad aliud, quod vapor nutritivus in principio, quando ascendit, tunc est calidus, sed in fine est frigidus, dico quod, quia somnus est concomitans frigidum, ideo causa proxima somni est vapor frigidus et causa remota est vapor calidus.

⟨Ad 3⟩ Ad aliud patet quod vapor, quando est frigidus, est causa somni. Et cum dicitur: 'tunc melancholici' et cetera, dicendum quod, licet melancholici sint frigidi, non tamen sunt somnolenti, quia frigiditas | M_2 90va impedit resolutionem vaporis. Unde in eis sunt vapores pauci, ideo non sunt somnolenti. Similiter, habentes parva capita vel parvum cerebrum non sunt somnolenti, quia pauci vapores congregantur in parvis capitibus.

⟨Quaestio 13⟩
⟨Utrum pueris noceat bibere vinum vel quod suae nutrices bibant vinum⟩

Quaeritur: utrum pueris noceat bibere vinum vel quod suae nutrices bibant vinum?

⟨1⟩ Videtur quod non, nam pueri magis augmentantur quam illi qui sunt in alia aetate, igitur indigent illo quod potest extendere et illo quod potest extendi, sed calidum potest extendere et humidum potest extendi; igitur indigent calido et humido. Illud igitur quod est calidum et humidum est valde operativum, tale est vinum; igitur et cetera.

⟨2⟩ Item, vita stat per calidum et humidum, sed nutritiva est primum principium vitae, igitur qui maxime debet nutriri maxime indiget calido et

---

2 quia] qui M_2 3 humidi] sicci M_2 5 est[1]] *om.* O | frigidus] sicut patet de vapore ascendente in aere per caliditatem solis est vapor in principio est calidus et postea frigidus et *add.* M_2 7 remota] somni *add.* O 8 et] tunc et *add.* M_2 9 dicitur] dicit L_2OV | et cetera] *om.* OV | quod] *om.* L_2OV 10 sint] sunt M_2 11 vaporis] vaporem M_2 vaporum O | sunt vapores] *inv.* M_2 | pauci] et *add.* M_2 | non] tantum *add.* L_2 12 habentes] habentibus V 20 illo[2]] ideo M_2 22 illud] idem M_2 | igitur] autem O 23 valde] illis M_2 | operativum] optimum M_2 24 item] praeterea M_2 25 debet] debent L_2 indigent M_2 | indiget] indigent L_2M_2

9–10 melancholici[2] ... frigidi] Cf. ARISTOTELES, *De somno et vigilia*, 3, 457a 27 (AL XV.2.1, ed. Drossaart Lulofs, 8b, 25). 24 vita ... humidum] Cf. AVERROES CORDUBENSIS, *In De causis longitudinis et brevitatis vitae* (ed. Shields, 134, 16–17). | Cf. SIMON DE FAVERSHAM, *Quaestiones in De somno et vigilia*, qu. 8 (ed. Ebbesen, 124).

humido, sed pueri maxime indigent nutriri, et vinum est calidum et humidum; igitur et cetera.

⟨3⟩ Praeterea, quod non sit nocivum pueris quod nutrices bibant vinum videtur, quia pueri nutriuntur ex lacte nutricis. Sed alia forma substantialis est in lacte et alia in vino, | L_2 168ra quoniam in generatione lactis ex vino corrumpitur forma vini et inducitur forma lactis. Sed lac non est nocivum puero, sed, etsi nutrices bibant vinum, non propter hoc lactarent vel gus|V 101rb tarent pueri vinum, sed lac; igitur non nocet pueris quod nutrices bibant vinum.

Ad oppositum est Aristoteles qui dicit: *pueris non conferunt vina neque nutricibus. Differt enim forsan nihil eos bibere vel nutrices.*

Ad quaestionem dicendum quod pueris nocet bibere vinum nec refert | O 80va eos bibere vinum et nutrices. Ratio primi est: quoniam in pueris multae fiunt evaporationes, quia pueri sunt calidi et humidi. Cuius signum est quod in pueritia partes superiores sunt maiores partibus inferioribus. Pueri etiam sunt multum somnolenti. Et hoc est signum quod in eis multae fiunt evaporationes. Et ideo quaecumque sunt multum evaporativa sunt eis nociva. Illud enim quod est multum evaporativum duplex malum infert pueris, quia primo augmentat evaporationes et inducit saepe epilepsiam quae est aegritudo proveniens ex superflua evaporatione, ut quando evaporationes tantum abundant quod non solum obturant meatus caloris et spirituum, sed in tantum abundant quod venas tumefaciunt, sic quod viam anhelandi obturant, unde epilepsia saepe inducit suffocationem. Et tunc vinum, cum sit multum evaporativum, est nocivum pueris. Aliud malum infert, quia disponit ad omnes passiones quae causantur ex ventositate. Sed ventositas causat incontinentiam gustus et tactus et reddit hominem iracundum, et tunc vinum nocet pueris. Ideo convenientius nutrimentum pueris est lac quam vinum. In lacte enim est triplex substantia: una aquosa quae est serum; et per illam immittitur phlegma ad omnes partes corporis. Alia substantia est quae est terrestris et est caseus; et illa convertitur in partes solidas et facit membra consolidari. Est ibi etiam tertia substantia quae est aerea, ut butyr-

---

4 nutriuntur] nutrirentur M_2 5 ex vino] *om.* M_2 7 etsi] si M_2 8 gustarent] gustarunt M_2 10 neque] nocet M_2 11 enim] *om.* O 13 multae] multi L_2 16 quod] *om.* O | eis] quod *add.* O 18 illud] idem M_2 21 quod non] quoniam V | caloris] calorum M_2O 22 tantum] etiam *add.* O 24 aliud] ad M_2 26 tunc] sic M_2 27 pueris^1] et *add.* M_2 28 est^2] *om.* L_2 28–29 et per] *om.* M_2 29 ad] in M_2 30 quae] ibi qui M_2 31 membra] *om.* L_2OV

10–11 pueris … nutrices] ARISTOTELES, *De somno et vigilia*, 3, 457a 14–15 (AL XV.2.1, ed. Drossaart Lulofs, 8b, 8–9).

um; et ipsa convertitur in spiritus et in partes subtiliores. Et quod tales sunt in lacte patet per Avicennam.

Similiter, quod lac sit nutrimentum pueris patet, quoniam ex eisdem fimus et nutrimur. Sed foetus fit ex sanguine menstruoso et ex eodem in utero nutritur. Sed post generationem | foetus sanguis menstruus in corpore V 101va mulieris mittitur ad mamillas | et convertitur in lac. Et ideo conveniens est M$_2$ 90vb quod pueri nutriantur lacte ex quo parum differt a sanguine menstruo quo nutriebatur in utero. Sic igitur patet quod vinum non est nutrimentum conveniens pueris sed lac.

Secundum patet quod pueris est nocivum quod nutrices bibant | vinum, L$_2$ 168rb quia, si nutrices bibant vinum, lac generabitur ex vino et in illo lacte manebit virtus vini, quia virtus generantis manet in eo quod immediate generatur ex illo. Propter quod virtus vini manet in lacte, sicut virtus elementi manet in mixto. Et ideo lac generatum ex | vino erit spumosum et ventosum, sicut O 80vb vinum. Et ideo disponit ad consimilia mala ad quae disponit vinum.

⟨Ad 1⟩ Ad primum argumentum dicendum: concedo quod pueri indigent calido quod potest extendere, et tale calidum habent in se. Et propter hoc non indigent nutrimento calido, sed indigent nutrimento quod potest faciliter extendi; et tale est lac.

⟨Ad 2⟩ Ad aliud concedo quod pueri indigent calido, sed non quocumque calido, sed calido temperato.

⟨Ad 3⟩ Ad tertium patet per dicta in positione.

⟨Quaestio 14⟩
⟨Utrum cor sit principium sanguinis⟩

Quaeritur: utrum cor sit principium sanguinis?

⟨1⟩ Videtur quod non, nam illud est primum principium sanguinis in quo generatur sanguis, sed sanguis non generatur in corde, quia per Philoso-

---

2 patet] patent V 4 fimus] *coni.* sumus L$_2$O simus M$_2$V | menstruoso] menstruo M$_2$ 8 nutrimentum] nutritur M$_2$ 13 quod] *om.* M$_2$ 15 disponit[1]] ponit M$_2$ 18 sed … nutrimento[2]] *om.* O 21 calido[1]] *om.* M$_2$ 25 sit] primum *add.* M$_2$ 26 illud] idem M$_2$ | sanguinis] quae *add.* M$_2$

---

2 avicennam] Cf. Albertus Magnus, *In Politica*, vii, cap. 15 (ed. Borgnet, viii, 746a). | Cf. Simon de Faversham, *Quaestiones in De somno et vigilia*, qu. 13 (ed. Ebbesen, 129). 3–4 ex … nutrimur] Aristoteles, *De generatione et corruptione*, ii, 8, 335a 10–11 (AL ix.2, ed. Judycka, 71, 6–7). 27–208.2 per … cor[1]] Cf. Aristoteles, *De somno et vigilia*, 3, 456b 2–5 (AL xv.2.1, ed. Drossaart Lulofs, 6b, 41–43).

phum alimento ingrediente corpus fit evaporatio ad venas et convertitur in sanguinem, et deinde vadit ad cor. Hoc non esset, si cor esset primum principium sanguinis.

⟨2⟩ Praeterea, ubi est primum principium caloris, ibi est primum principium sanguinis, sed primum principium caloris est in hepate; igitur et cetera. Probo minorem, quia pars dextra in animali est fortior quam pars sinistra, et hoc est propter maiorem calorem, sed hepar est ad partem dextram et cor ad sinistram; igitur est maior caliditas in hepate. Quod autem illud sit principium sanguinins quod est principium caloris patet, quia sanguis generatur ex calore. Est enim humor calidus et humidus.

Oppositum vult Philosophus. Et arguitur per rationem sic: illud est prim- V 101vb um principium sanguinis quod est primum principium delectationis | vel tristitiae, sed cor est principium delectationis et tristitiae; igitur et cetera. Maior patet, quia omnis delectatio vel tristitia cum sanguine fiunt. Cuius signum est, quia omnes passiones in quibus consistit delectatio vel tristitia definiuntur per sanguinem, nam gaudium est dilatatio sanguinis et timor est concursus sanguinis ad cor.

Ad quaestionem dicendum quod sic; cuius ratio est: nam illud quod est primum principium caloris, spiritus et motus est primum principium sanguinis, sed cor est huiusmodi; igitur et cetera. Maior patet, quia spiritus est a sanguine et motus a spiritu, quia motus est a vigore et vigorem facit detentio spiritus; ideo unum et idem est principium sanguinis, caloris, spiritus et motus. Quod autem cor sit principium caloris, spiritus et motus patet, quia per Philosophum cor est principium quod primo vivit et quod ultimo mori- L_2 168va etur, sicut dicitur in *De morte et vita*, sed vita stat | per calidum et humidum; igitur in corde est primum principium caloris. Quod sit principium spiritus patet per auctorem *De differentia spiritus et animae* qui dicit quod spiritus

---

1 et] ibi *add.* M_2 5 hepate] operate M_2 6 probo minorem] probatio minoris L_2 probatur minor M_2 9 illud] idem M_2 | sanguinins ... principium[2]] *om.* L_2OV (*hom.*) 10 humidus] frigidus L_2 11 illud] idem M_2 14 quia] quod M_2 | vel] et M_2 16 definiuntur] *coni.* *codd.* definitur | sanguinis] sanguis M_2 18 illud] *om.* M_2 24 primo] *om.* M_2 | quod] *om.* L_2 24–25 quod[2] ... morietur] ultimo movetur M_2 26 primum] *om.* O

11–17 oppositum ... cor] Cf. SIMON DE FAVERSHAM, *Quaestiones in De somno et vigilia*, qu. 8 (ed. Ebbesen, 124). 18–20 ad ... huiusmodi] Cf. SIMON DE FAVERSHAM, *Quaestiones in De somno et vigilia*, qu. 8 (ed. Ebbesen, 124). 25 dicitur ... vita[1]] ARISTOTELES, *De iuventute et senectute*, 4, 469b 13–17 (AL XVI.1.2, ed. Hulstaert, ALDatabase). 27–209.1 per ... corde] COSTA BEN LUCA, *De differentia spiritus et animae*, cap. 2 (ed. Barach, 130). | Cf. SIMON DE FAVERSHAM, *Quaestiones in De somno et vigilia*, qu. 8 (ed. Ebbesen, 124).

vitalis in corpore oritur a corde. Quod cor sit principium motus | probatur (O 81ra) libro *De motibus animalium*. Ex quibus patet quod est primum principium sanguinis et etiam primum principium venarum quae sunt loca sanguinis et omnium aliorum motuum in corpore.

Et hoc | est quod dicit Avicenna quod, sicut est in maiori mundo quod (M_2 91ra) omnes motores inferiores virtutem movendi accipiunt ab uno primo motore, sic oportet esse in mundo minori quod omnes motores in animalibus influentiam et virtutem movendi accipiunt ab uno movente in animali. Et illud primum movens oportet situari in parte principali illius animalis; haec autem pars est pars media animalis. Et hoc est rationale quod primum movens in animali sit in medio, quia sic potest faciliter influere virtutem ad alias partes.

⟨Ad 1⟩ Ad primum argumentum dicendum quod sanguis generatur in corde et postea immittitur a corde ad singulas partes corporis. Antequam tamen alimentum deveniat ad cor, aliam alterationem recipit ab hepate, scilicet rubefactionem. Nihilominus tamen virtutem | nutriendi et movendi ad (V 102ra) singula membra non habet sanguis antequam pervenerit ad cor; et illud proprie appellamus sanguinem et non quemcumque humorem rubeum.

⟨Ad 2⟩ Ad aliud, cum dicitur quod illud est primum principium sanguinis in quo est maior caliditas, dicendum quod illud in quo est maior caliditas essentialiter, non accidentaliter, est primum principium sanguinis, et hoc est in corde. Cor enim situatur directe sub cerebro, ideo per frigiditatem cerebri reprimitur caliditas cordis. Sed cerebrum non directe opponitur hepati, et ideo maior caliditas abundat in hepate quam in corde, sed hoc est accidentaliter. Si enim cerebrum aequaliter se haberet ad utrumque, scilicet ad cor et ad hepar, maior esset caliditas in corde quam in hepate.

---

1 corpore] corde M_2 | corde] et *superscr.* L_2 2 primum] *om.* O 6 omnes] in *add.* M_2 7–8 sic … movente] ita est L_2OV 9 illud] idem M_2 10 quod] *om.* M_2 12 alias] virtuti *add.* O 15 alimentum] aliter M_2 elementum V 15–16 scilicet] puta M_2 16 nutriendi] mittendi M_2 17 illud] idem M_2 19 illud est] idem M_2 20 illud] est primum principium sanguinis *add.* O 21 accidentaliter] accipitur M_2 22 cerebro] et *add.* M_2

1–2 cor … animalium] Aristoteles, *De motu animalium*, 1, 703b 10 (AL xvii.2.3, ed. De Leemans, 67, 363–364). | Cf. Simon de Faversham, *Quaestiones in De somno et vigilia*, qu. 5 (ed. Ebbesen, 114). 5–12 dicit … partes] Cf. Albertus Magnus, *In De somno et vigilia*, i, tr. 1, cap. 7 (ed. Borgnet, ix, 132b). | Cf. Albertus Magnus, *In De respiratione*, i, tr. 1, cap. 4 (ed. Borgnet, ix, 21a). | Cf. Simon de Faversham, *Quaestiones in De somno et vigilia*, qu. 8 (ed. Ebbesen, 126). 19–26 aliud … hepate] Cf. Simon de Faversham, *Quaestiones in De somno et vigilia*, qu. 8 (ed. Ebbesen, 128).

⟨Liber secundus⟩
⟨De insomniis⟩

⟨8⟩ *Post haec autem de somnio* et cetera

In isto secundo libro determinatur de somnio quod est quaedam apprehensio animalis accidens in somno. Et, cum anima non habeat nisi duplicem potentiam apprehensivam, scilicet sensum et intellectum, inquiritur primo circa somnium, an somnium sit passio sensus aut intellectus. Et sunt in primo capitulo huius secundi libri tres conclusiones. Prima est quod somnium non est passio sensus apprehendentis ab extrinseco, id est sensus exterioris. Secunda est quod somnium non est passio partis opinativae, scilicet intellectus. Tertia est quae ostenditur quod somnium est passio primi sensitivi.

Prima conclusio probatur sic: cum somnium sit apprehensio quaedam, erit passio alicuius virtutis quae apprehendit in somno, sed in somno non percipimus aliquid sensu exteriori, quia in somno non sentimus, percipere aliquid sensu exteriori | [L_2 168vb] hoc est sentire; igitur somnium non | [O 81rb] est passio sensus exterioris. Quod autem in somno non sentimus patet, nam sentire est proprium sensibile ab extrinseco apprehendere, ut patet: videre est apprehendere colorem ab extrinseco et audire est apprehendere sonum ab extrinseco, sed dormiens non apprehendit aliquid ab extrinseco, | [V 102rb] quia sic esset vigilans; igitur dormiens non sentit, et tunc non sentimus in somno.

Secunda conclusio probatur sic, scilicet quod somnium non est passio intellectus: sicut in vigilia comprehendimus quae sine sensu non sunt comprehensibilia (ut album, pulchrum et huiusmodi), de quibus nec vere nec false iudicat intellectus absque sensu, cum sine sensu ea non comprehendat, similiter in somno comprehendimus quaedam quae scilicet sine sensu

---

3 somnio] somno L_2 somnis M_2 | et cetera] *om.* M_2 4 somnio] somno M_2 5 duplicem] positam *add.* V 7 circa … somnium] *om.* M_2 | somnium[2]] somnum M_2 8 secundi libri] ibi M_2 | conclusiones] quaestiones L_2M_2O 8–9 somnium] somnum M_2 9 est[1]] sensus *add.* L_2 10 somnium] somnum M_2 11 tertia … quae] tertio M_2 | est quae] *om.* O | somnium] somnum M_2 13 conclusio] quaestio L_2O | somnium] somnum M_2 14 alicuius] illius M_2 | in[2]] *om.* O 15 sentimus] et *add.* M_2 16 exteriori] ab extrinseco *add.* M_2O | somnium] somnum M_2 17 est] esse M_2 18 videre est] videmus enim M_2 19 colorem] colore M_2 | apprehendere] per *add.* L_2OV 21 igitur] et L_2 | tunc] sic M_2 22 conclusio] quaestio L_2M_2O | somnium] somnum M_2 23 sicut] sic illa O 25–26 comprehendat] apprehendat M_2

---

3 post … somnio] ARISTOTELES, *De insomniis*, 1, 458a 33 (AL XV.2.2, ed. Drossaart Lulofs, 3, 3).

non sunt comprehensibilia (ut album et pulchrum et huiusmodi). Talia igitur nec comprehendimus intellectu nec opinione sed sensu, igitur somnium non est passio intellectus nec partis opinativae, quia, si sic, in somno non comprehenderemus | aliquid nisi per intellectum. Verumtamen ali- M_2 91rb quid comprehendimus in somnio quod apprehendere non possumus sine intellectu, quia, sicut in vigilia comprehendimus aliquid praeter ipsa sensibilia (puta intelligibilia) quae non possumus apprehendere absque intellectu, sic in somno comprehendimus aliqua praeter sensibilia, ut posito quod in vigilia aliquis cognoverit de triangulo ipsum habere tres angulos, potest contingere quod ex tali studio apparebit sibi in somno triangulum habere tres angulos. Et tunc aliquando in somno comprehendimus aliquid praeter sensibilia quod sine intellectu non possumus comprehendere.

Hoc probatur aliter sic: eodem modo vel proportionali quo sentientes in actu existentes in aegritudine decipiuntur circa aliqua per sensum, et tamen per aliam virtutem iudicant quod non est ita, et etiam in vigilando decipiuntur per sensum non existentes in aegritudine. Apparet enim nobis per sensum quod Sol est pedalis quantitatis et per aliam virtutem iudicamus quod est maioris quantitatis. Sic contingit in somno quod per sensum sibi apparet aliquid esse aliud quam est, et per aliam virtutem iudicat quod non est sicut apparet. Contingit enim quod alicui videatur in somnio quod inimicus sit praesens ad nocendum, et tamen in eodem somnio dicit alia virtus quod non est ita nec est credendum. Et ex eodem | apparet quod somnium V 102va aliquando non est sine sensu, quia deceptio per sensum non accidit nisi sensitivo aliquid patiente, et ita somnium, in quo fit huiusmodi deceptio, non est sine sensu.

Tertia conclusio, scilicet quod somnium est passio primi sensitivi, probatur, quia somnium est passio illius | cuius est somnus. Cum enim somn- O 81va ium sit apparitio in somno, oportet quod eis insint somnus et | somn- L_2 169ra

1 et[1]] *om.* M_2 | huiusmodi] huius O 2–3 somnium] somnum M_2 3 nec] in *add.* M_2 5 comprehendimus] apprehendimus M_2 | somnio] somno L_2M_2 | apprehendere] comprehendere L_2 | possumus] possimus M_2 6 quia] *om.* L_2M_2O *superscr.* V 7 apprehendere] comprehendere L_2 8 aliqua] quae L_2 | ut posito] utpote L_2OV 14 vel] *om.* M_2 15 tamen] etiam M_2 16 aliam] illam L_2V | ita] ista M_2 | vigilando] videndo M_2 16–17 decipiuntur] decipitur M_2 18 pedalis] possibilis M_2 18–20 iudicamus ... virtutem] *om.* M_2 (*hom.*) 19 quantitatis] et *add.* O 21 somnio] *coni. codd.* somno 22 somnio] somno L_2OV | dicit] aliqua *add.* M_2 23 ita] *om.* M_2 | somnium] somnum M_2V 25 aliquid] ad M_2 | somnium] somnum M_2 sed *add.* V | huiusmodi] huius O 27 conclusio] quaestio L_2M_2O | scilicet] *om.* M_2 | somnium] somnum M_2 28 quia] sic quod M_2 | somnium] somnum M_2 29 eis] eidem M_2O | insint] insit L_2

ium (non enim inest somnus animali secundum unam partem et somnium secundum aliam), sed somnus est passio primi sensitivi, ut dictum est prius; igitur somnium erit passio eiusdem. Dicit tamen Philosophus quod somnium est passio primi sensitivi inquantum est phantasticum. Ideo est intelligendum quod primum sensitivum, ut sensus communis, movetur aliquando ab exterioribus sensibus et aliquando movetur a virtutibus interioribus vel speciebus existentibus in virtutibus interioribus. Secundum quod movetur a sensibus exterioribus dicitur sensitivum et sensus, sed secundum quod movetur ab interioribus sic dicitur phantasticum. Nunc somnium est passio sensus communis secundum quod movetur ab interioribus virtutibus, et ideo est passio sensus communis inquantum est phantasticus. Sed in somno non movetur sensus communis a sensibus exterioribus, ideo somnium non est passio sensus communis inquantum sensitivus est.

Intelligendum quod Commentator dicit hic: sentire quod fit in somno per quinque sensus, cum non est sensibile praesens extrinsecum, accidit per motum contrarium sibi qui fit in vigilia. In vigilia sensibilia extrinseca movent sensus et sensus moti movent virtutem imaginativam et illa mota movet cogitativam, et tunc de aliis usque ad memorativam. In somno autem est modo contrario, quoniam passio quae fit apud somnium in somno incipit ab imaginativa et finitur in sensu proprio.

〈Quaestio 15〉
〈Utrum somnium sit passio sensus communis vel alicuius virtutis interioris〉

Quia in hoc capitulo inquiritur cuius passio sit somnium, ideo quaero: an somnium sit passio sensus communis vel alicuius virtutis interioris?

1–2 somnium] somnum V 2 ut] et M_2 4 somnium] somnum V 5 primum] est *add.* M_2 | communis] secundum quod *superscr.* V | movetur] aliquando *add.* L_2 5–8 aliquando … movetur] *om.* L_2V (*hom.*) 8 exterioribus] sic *add.* M_2 | et] vel M_2O 13 somnium] somnum M_2V 15 commentator] compositor M_2 16 accidit] accipit M_2 17 sibi] ei M_2 | vigilia²] enim *add.* M_2O 18 sensus²] nam *add.* M_2 | movent²] movet V 19 memorativam] memoriam M_2 20 somnium] somnum M_2 25 somnium] somnum M_2V 26 somnium] somnum M_2 | alicuius] actus M_2 | virtutis] sensus O

3–4 dicit … phantasticum] Cf. Aristoteles, *De insomniis*, 1, 459a 21–22 (AL XV.2.2, ed. Drossaart Lulofs, 7, 6–8). 15–21 commentator … proprio] Cf. Averroes Cordubensis, *In De somno et vigilia* (ed. Shields, 96, 8–97, 56).

⟨1⟩ Quod non videtur, quia somnium est passio sensus exterioris, igitur non est passio sensus communis nec alicuius virtutis interioris. Antecedens probatur tripliciter.

⟨1a⟩ Primo sic: somnium est passio illius quod movetur in somno, sed sensus exterior movetur in somno, ut habetur in littera, | M_2 91va dicimus etiam nos videre in somno et audire; cum igitur sensus exterior movetur in somno, | V 102vb apparet quod somnium sit passio sensus exterioris.

⟨1b⟩ Secundo probatur idem sic: somnium est passio illius cuius obiectum apparet in somno, sed obiectum sensus particularis apparet in somno. Apparent enim in somno phantasmata albi et nigri, dulcis et amari, et sic de aliis, quae solum a sensibus particularibus percipiuntur; igitur somnium est passio sensus particularis.

⟨1c⟩ Tertio sic: quibusdam dormientibus videtur quod videant lumen lucernae et quod audiant cantum galli, et ipsi expergefacti hoc manifeste cognoscunt, quod non | O 81vb esset, nisi somnium esset passio sensus particularis.

⟨2⟩ Ad principale: somnium est passio intellectus, igitur non est passio sensus communis. Probatio maioris: nam in somno fit compositio et divisio et ratiocinatio a sensibus ad intelligibilia (videtur enim dormienti quod idem quod videtur est homo vel equus, et etiam videtur dormienti quod arguat et syllogizet), igitur somnium est passio illius virtutis cuius est componere et dividere et syllogizare; sed solius intellectus est componere et dividere et syllogizare; ergo somnium est passio intellectus.

⟨3⟩ Praeterea, quod non sit passio sensus communis videtur, nam somnium est quaedam apparitio in somno, igitur somnium non est passio illius quod immobilitatur et ligatur in somno, sed sensus communis ligatur | L_2 169rb in

1–2 quod ... interioris] *om.* L_2 1–3 quod ... tripliciter] *om.* V 1 somnium] somnum non M_2 2 alicuius] actus M_2 4 primo] probo L_2 | primo sic] antecedens probo V | somnium] somnum M_2 | sed] oportet M_2 5 habetur] dicitur L_2M_2O 7 somnium] somnum M_2V 8 somnium] somnum M_2 9 sed] sub M_2 10 in somno] *om.* L_2 11 aliis] animal O | particularibus] partibus M_2 | somnium] somnum M_2V 13 videant] videatur L_2 14 audiant] audiunt M_2 15 somnium] somnum M_2 | sensus] sensu M_2 17 somnium] somnum M_2V 18 probatio maioris] probatur antecedens M_2 20 idem quod] *om.* M_2 21 syllogizet] syllogizaret M_2 21–22 igitur ... syllogizare] *rep.* O 21 somnium] somnum M_2 22–23 sed ... syllogizare] *om.* M_2V (*hom.*) 23 somnium] somnum M_2V 24 sit] est M_2 24–25 somnium] somnum M_2 25 somno] somnio L_2M_2 | somnium] somnum M_2

5 sensus ... littera] Cf. ARISTOTELES, *De insomniis*, 1, 459a 2–6 (AL XV.2.2, ed. Drossaart Lulofs, 9, 2–5).

somno (somnus enim est impotentia primi sensitivi per Philosophum); igitur somnium non est passio sensus communis.

Et per idem probatur quod somnium non est passio sensus alicuius interioris: nam, cum principans sit impotens, omnia erunt impotentia quae principanti subduntur, ut vult Philosophus hic, sed in somno primum sensitivum redditur impotens, igitur et omnia sunt impotentia quae sibi nituntur; nullius igitur partis sensitivae potest somnium esse passio.

Idem probatur aliter sic: cessante primo cessat omne posterius, sed sensus particularis, ut sensus exterior, est prior quam aliquis sensus interior, quia sensus interior non sentit, nisi quod recipit a sensu particulari, sed in somno V 103ra ligantur sensus particulares; igitur quilibet sensus | interior ligatur in somno, et per consequens somnium non est alicuius sensus particularis interioris.

Ad oppositum est Philosophus qui dicit quod somnus et somnium sunt passiones eiusdem, et ideo, quia somnus est passio primi sensitivi, somnium est passio eiusdem.

Ad quaestionem primo est declarandum quod somnium non est passio partis intellectivae nec sensus exterioris, secundo quod somnium est passio sensus communis. Primum probatur quantum ad utramque partem. Quod somnium non est passio intellectus patet, quia, si sic, cuicumque inest somnium ei inest intellectus, sed hoc est falsum, quia somnium inest animalibus brutis, quia animalia bruta in somno emittunt quasdam voces, quod non contingit sine imaginatione. Moventur etiam quandoque in somno, quod non est sine aliqua apprehensione somniali, cum sensus exteriores in somno sunt ligati. Somnium igitur inest brutis et intellectus non, igitur somnium non est passio intellectus. Quod non sit passio sensus exterioris probo, quia

---

2 somnium] somnum M_2 3 somnium] somnum M_2 4 erunt] erant L_2V 4–6 principanti … quae] *om.* M_2 (*hom.*) 6 sunt impotentia] *om.* O | nituntur] innituntur sunt in potentia O 7 somnium] somnum M_2 8 cessat] cessa M_2 9 quam] quod M_2 11 ligantur … particulares] ligatur sensus particularis M_2 | quilibet] quibus M_2 | somno] somnio M_2 12 somnium] somnum M_2 | est] passio *add.* M_2O | particularis] *om.* L_2M_2O 13 somnium] somnum M_2 | sunt] sint M_2 14 sensitivi] *coni. codd. add.* ideo 16 somnium] somnum M_2 17 somnium] somnum M_2 18 primum] primo L_2OV | quantum ad] quoad M_2 19 somnium] somnum M_2 | inest] inesset M_2 19–20 somnium] somnum M_2 20 inest[1]] inesset M_2 | somnium] somnum M_2 | inest[2]] non est M_2 21 somno] somnio M_2 22 somno] somnio M_2 23 somno] somnio M_2 24 sunt] sint M_2 | somnium[1]] somnum M_2 | somnium[2]] somnum M_2 25 non[2]] autem L_2 | probo] probatur M_2

---

1 somnus … philosophum] Aristoteles, *De somno et vigilia*, 2, 455b 8–13 (AL xv.2.1, ed. Drossaart Lulofs, 5b, 4–5). 5 ut … hic] Cf. Aristoteles, *De somno et vigilia*, 2, 455a 33–455b 1 (AL xv.2.1, ed. Drossaart Lulofs, 5b, 1–2). 13–14 dicit … eiusdem] Cf. Aristoteles, *De insomniis*, 1, 459a 11–14 (AL xv.2.2, ed. Drossaart Lulofs, 5, 8–12).

solum est passio illius virtutis | [O 82ra] cuius operatio exercetur in somno, sed operatio sensus exterioris non exercetur in somno, quia nec audire nec videre exercetur in somno, nam videre est ab extrinseco visibili immutari, sed in somno non immutantur sensus exteriores ab extrinseco sensibili, quia sensus exteriores sunt ligati in somno; igitur somnium non est passio sensus exterioris.

Intelligendum tamen quod, licet sensus particularis in somno non sentiat simpliciter, movetur tamen aliquo modo, sed aliter quam in vigilia, nam in vigilia incipit motus | [M_2 91vb] sensus ab extrinseco et terminatur ad superiorem potentiam sensitivam, sed in somno motus procedit e contrario. Species enim conservata in imaginativa vel memorativa movet memorativam vel imaginativam, et imaginativa mota movet sensum communem, et sensus communis movet sensum particularem, sed ille motus non est sentire simpliciter sed secundum quid.

Secundum patet quod somnium sit passio sensus communis, | [V 103rb] nam | [L_2 169va] somnus est passio sensus communis, ut prius probatum est, et somnium est passio eiusdem cuius est somnus; igitur et cetera. Intelligendum quod sensus communis et virtus phantastica sunt idem subiecto et differunt secundum rationem, quia sensus communis dicitur ex hoc quod recipit species a sensibus exterioribus et illas non retinet, sed virtus phantastica dicitur ex hoc quod retinet species et ex hoc quod movetur a speciebus existentibus in sensibus interioribus. Dico igitur quod somnium est passio sensus communis non secundum quod movetur a sensibus exterioribus, sed secundum quod movetur ab interioribus. Et ideo dicit Philosophus quod somnium est passio primi sensitivi inquantum est phantasticus. Et hoc videtur rationale, nam omne somnium est phantasma. Cuius igitur est phantasma, eius passio est somnium, sed phantasma est ipsius virtutis phantasticae; igitur somnium est passio virtutis phantasticae.

---

1 somno] somnio M_2 2 somno] somnio M_2 3 exercetur] exercere M_2 5 somno] somnio M_2 | somnium] somnum M_2V 7 quod] *om.* M_2 | somno] somnio M_2 8 nam] si autem V 10 somno] somnio M_2 | e contrario] ex contrariis L_2V contrario O | species] est *add.* M_2 15 patet] scilicet *add.* O | somnium] somnum M_2V 16 somnium] somnum M_2V 17 igitur] *om.* M_2 | intelligendum] tamen *add.* M_2 18–20 sunt ... phantastica] *om.* L_2V (*hom.*) 22 interioribus] exterioribus L_2OV | somnium] somnum M_2V 23 non] nam L_2 *exp.* O 23–24 exterioribus ... ab] *om.* O (*hom.*) 23 sed] autem *add.* OV 24 et] *om.* O | somnium] somnum M_2V 26 somnium] somnum M_2 | cuius ... phantasma^2] *om.* M_2 27 somnium] somnum M_2 27–28 somnium] somnum M_2

24–25 dicit ... phantasticus] ARISTOTELES, *De insomniis*, 1, 459a 21–22 (AL XV.2.2, ed. Drossaart Lulofs, 9, 2–4).

⟨Ad 1⟩ Ad primum argumentum dicendum quod somnium non est passio alicuius sensus exterioris.

⟨Ad 1a⟩ Ad primam probationem dicendum quod somnium est passio illius virtutis quae simpliciter movetur in somno, sed huiusmodi non est sensus exterior, nam sensus exterior non movetur simpliciter nisi a sensibus exterioribus.

⟨Ad 1b⟩ Ad secundam probationem dicendum per interemptionem: non enim oportet quod somnium sit passio illius cuius obiectum apparet in somno, quoniam obiectum potentiae inferioris percipitur a potentia superiori. Et ideo obiectum potentiae inferioris potest apparere in somno, etsi non appareat illi sensui; potest enim apparere sensui superiori, ut album vel sonus potest apparere sensui communi.

⟨Ad 1c⟩ Ad tertiam probationem dicitur quod non quaecumque apparitio est somnium, sed solum illa apparitio quae est simpliciter in dormiente. Unde illi quibus apparet quod videant lumen lucernae et postea cognoscunt O 82[rb] non dormiunt | simpliciter, sed languide et imperfecte.

⟨Ad 2⟩ Ad aliud principale dicendum quod non quaecumque apparitio in somno est somnium, sed solum illa quae causatur ex motu simulacrorum sensibilium. Unde in somno sunt multae apparentiae quae non sunt somnia. Unde, si appareat in somno quod triangulus habeat tres angulos vel si aliud intelligibile appareat, illa apparitio non est somnium.

⟨Ad 3⟩ Ad aliud dicendum quod sensus communis ligatur in somno V 103[va] quantum ad immutationem ab aliis sensibus exterioribus, | sed non quantum ad immutationem a sensibus interioribus. Unde somnus est impotentia primi sensitivi in comparatione ad sensus exteriores, non in comparatione ad sensus interiores. Et per hoc patet ad argumenta sequentia.

---

1 somnium] somnum M_2 3 somnium] somnum M_2 4 quae] quod M_2 | huiusmodi] huius M_2 7 dicendum] quod *add.* V 8 enim] omni M_2 | somnium] somnum M_2V 9 somno] somnio M_2 13 tertiam] secundam O | dicitur] dicendum M_2 *om.* OV 14 somnium] somnum M_2 17 dicendum] *om.* L_2OV 18 somnium] somnum M_2V 19 somno] somnio M_2 20 appareat] apperiat V | somno] somnio M_2 21 appareat] apperiat V 22 somno] somnio M_2 23 immutationem] mutationem V | ab … exterioribus] a sensibus superioribus M_2 26 ad[1] … interiores] a sensibus interioribus V

⟨9⟩ *Quid autem somnium et quomodo fit* et cetera

Viso quod somnium est passio primi sensitivi videndum est quid sit somnium et quomodo fiat. Primo tamen oportet declarare necessaria ad propositum, unde in hoc capitulo declarantur tria. | L_2 169vb Primum est quod species sensibilis manet in sensu non solum in praesentia sensibilis sed etiam in eius absentia. Secundo removetur dubitatio circa hanc conclusionem. Tertio declaratur quomodo huiusmodi simulacra aliquando decipiunt sensum.

Primum declaratur per rationem et per experimenta. Per rationem sic: sensus non movetur nisi per simulacrum sensibilis manens in sensu, sed absente sensibili movetur sensus; igitur absente sensibili manet simulacrum sensibilis in sensu. Quod autem sensus moveatur in absentia sensibilis probatur per duo similia et per experimenta. Primo sic: in motu locali proiectorum quiescente primo proiciente adhuc movetur | M_2 92ra proiectum a motore medio, ut ab aere vel aqua, quia primum proiciens movens proiectum movet aliquam partem aeris et tribuit sibi virtutem movendi, et illa pars tribuit alii parti virtutem movendi, et tunc quousque deficiat virtus primi moventis et quiescat proiectum. Igitur eadem ratione videtur quod sic debeat fieri in motu sensus quod cessante primo movente, scilicet sensibili, movebitur sensus a secundo movente qui est species rei essentialis manens apud sensum. Secundum simile est: in calefactione sic est quod primo calefaciente cessante illud quod recipit calorem a primo calefaciente potest ulterius calefacere, et tunc videtur esse in sensu, quia species potest movere sensum in absentia sensibilis, et hoc tam de sensibus exterioribus quam interioribus. Illud probatur per experimenta quorum quaedam apparent circa visum et quaedam circa alios sensus. Et sunt tria signa sumpta ex visu respectu sensibilis proprii et unum acceptum respectu sensus communis.

Primum signum | O 82va est quod, | V 103vb si aliquis inspiciat Solem vel aliud splendidum et postea transferat se ad tenebras seu tenebrosum vel ad minus lucidum, contingit quod aliquanto tempore non videbit illud minus lucidum,

1 quid] quod O | somnium] somnum M_2V | et cetera] *om.* M_2 2 viso] visio M_2 | somnium] somnum M_2 | sit] *om.* L_2 2–3 somnium] somnium M_2V 5 sensibilis[1]] sensualis M_2 6 conclusionem] quaestionem L_2M_2O 7 sensum] et *add.* M_2 8 per[2]] *om.* O 14 quia] quae M_2 17 ratione] rei M_2 | fieri] esse M_2 19 essentialis] sensibilis M_2 20 in calefactione] quod calefactio L_2 21 cessante] cessantem M_2 22 esse] *om.* M_2 | quia] quod M_2O 23 de] in M_2 24 illud] item M_2 | circa] visiva et quaedam apparent circa *add.* L_2 26 sensus] sensibilis M_2O 27 quod] *om.* M_2 28 tenebras seu] *om.* M_2

1 quid ... fit] Aristoteles, *De insomniis*, 2, 459a 23 (AL xv.2.2, ed. Drossaart Lulofs, 9, 11).

quod non esset, nisi species primi sensibilis maneret in sensu et prohiberet sensibile debilius apparere. Aliud signum est quod, si inspiciamus aliquem colorem longo tempore, ita quod fortiter imprimatur species eius in visum et transferamus nos ad visibile diversi coloris, illud in principio apparebit eiusdem coloris vel similis coloris cum primo visibili, deinde apparebit coloris medii propinquioris alii colori, et postea apparebit color proprius. Sed hoc non est, nisi quia species coloris primi in principio conversionis manet fortiter in visu, ita quod totaliter | L_2 170ra prohibet alterationem alterius coloris et postea est debilior, ita quod aliquo modo permittit alterationem ab alio colore. Tertium signum est quod, si aliquis aspexerit diu Solem vel aliud splendidum et postea conniveat oculos et caudat, apparebit color splendidus, deinde apparebunt colores medii, et tandem apparebit color niger, et ita evanescet color praecedens, quod non esset, nisi species illius splendidi maneret in absentia eius. Quartum signum est quod, si aliquis aspiciat rem velociter motam et postea convertat visum ad aliquid quiescens, illud quiescens in principio apparebit moveri. Hoc non esset, nisi similitudo motus maneret in visu in absentia motus. Et sicut est de visu, sic est de aliis sensibus quod universaliter species sensibilis manet in sensu in absentia sensibilis.

Hoc viso, scilicet quod species sensibilis manet in sensu absente sensibili, possit alicui videri quod, cum sensus apprehendit aliquod sensibile, non potest postea de facili apprehendere aliud sensibile ad quod se convertit nec percipere modicas differentias sensibilium propter simulacrum primi sensibilis in sensu derelictum. Adhuc posset ex eodem videri quod sensitivum patitur et non agit. Propter quod Philosophus istas du|V 104^{ra}bitationes removet. Prima removetur, quoniam sicut speculum, cum suscipit imaginem alicuius obiecti, nihilominus suscipit imaginem alterius obiecti, et hoc de facili, quodcumque illud fuerit, sic sensus post apprehensionem unius sensibilis potest apprehendere aliud sensibile, et hoc de facili. Alia dubitatio

---

1 primi] proprii M_2 | sensu] sensum M_2 1–2 prohiberet] prohibere M_2 2 signum] *om.* M_2V 3 ita] prima M_2 4 illud] idem M_2 6 propinquioris] cum colore primo et postea coloris medii propinquioris *add.* M_2 | colori] coloris OV 7 quia] *om.* L_2 9 quod] *om.* M_2 | permittit] promittit M_2 10 colore] corpore M_2 11 splendidum] aspexerit *add.* O | conniveat … caudat] claudat et L_2 claudat OV 11–12 splendidus] splendidum M_2 12 apparebunt] apparebit M_2 13 species] color M_2 14 quartum] secundum O 15 illud] idem M_2 17 in visu] *om.* M_2 18 universaliter] quod *add.* M_2 | manet] maneret M_2 18–19 sensibilis] sentiendi M_2 21 possit] posset M_2O | videri] videre L_2V 22 aliud] aliquod M_2 23 percipere] praecipue L_2OV 24 adhuc] quod *add.* O ad hoc quod V 25 sensitivum] sensus tantum M_2 26 removet] remonet O | removetur] remonetur O 28 illud] idem V | sensus] *om.* L_2OV

removetur per experimentum sumptum a speculo (quod sensus non tantum patitur, sed etiam agit), et est quod, si mulieres in tempore menstrui inspiciant purum et mundum speculum, inficitur superficies speculi quasi esset nubes sanguinea, ita quod, si fuerit speculum novum, difficile erit illam | O 82vb maculam sive infectionem abstergere. Si autem speculum fuerit vetus, de facili potest macula abstergi. Causae quare fit macula in | M_2 92rb speculo et etiam quare de difficili abstergitur a novo speculo et de facili a vetere assignantur in littera et patebunt expresse in quaestionibus.

Tertium declarandum in hoc capitulo est quod sensibilium simulacra aliquando decipiunt. Et hoc est verum et in praesentia sensibilium et etiam in eorum absentia. Decipiunt enim quandoque, quoniam existentes in passionibus aliquibus aut secundum corpus aut secundum animam faciliter decipiuntur ex modica simili|L_2 170^{rb}tudine eius circa quod afficitur anima. Propter enim modicam similitudinem rei circa quam res afficitur apparet quod res sit praesens quae in rei veritate non est praesens, et quanto vehementior fuerit passio, tanto ex minori similitudine fit deceptio, sicut patet in exemplis Philosophi. Si enim aliquid dilectione alterius afficitur, si viderit aliquem habentem modicam similitudinem cum dilecto, videtur dilectus esse praesens, cum tamen non sit, sicut existens in timore propter parvam similitudinem credit inimicum esse praesentem, ita quod, quanto fortiori passione afficitur, tanto minori similitudine decipitur. Similiter est in passionibus irae et in passionibus corporis, nam febricitantibus ex parva similitudine pertractionum in pariete ad animalia vel ad simulacra animalium apud sensum derelicta videntur serpentes et diversa ge|V 104^{rb}nera animalium eis esse praesentia, cum tamen non sint. Et causa huius deceptionis est perturbatio animae per praesentiam simulacri illius circa quod afficitur. Et causa huius deceptionis aliquando latet et aliquando non, quoniam, si passio non fuerit vehemens, non accidit deceptio. Sed illi quibus apparet aliter quam est

1 removetur] remonetur O 3 purum ... speculum] speculum purum et mundum M_2 | inficitur] afficitur M_2OV 5 sive infectionem] sine infectione L_2OV 6 causae] causa L_2M_2V | fit] talis *add.* M_2 7 de difficili] non de facili M_2 | assignantur] assignatur L_2 assignentur M_2 9 est] *om.* O 10 et[2]] *exp.* L_2 11 enim] *om.* L_2V | quoniam] quando M_2 13 similitudine] et *add.* L_2V 15 quae] quod L_2 quando M_2 | rei] *om.* L_2M_2 17 si[2]] ut M_2 18 videtur] videretur O 19 sicut] similiter M_2 20 credit] creditur V 22 et] etiam *add.* L_2M_2 | in] omnibus *add.* M_2 | nam] in *add.* M_2 23 pertractionum] pertractationum OV 24 et] *om.* O 27 huius] illius M_2

11–12 decipiunt ... passionibus] Cf. ARISTOTELES, *De insomniis*, 2, 460b 4 (AL XV.2.2, ed. Drossaart Lulofs, 17, 18). 17 exemplis philosophi] Cf. ARISTOTELES, *De insomniis*, 2, 460a, 28–460b, 1 (AL XV.2.2, ed. Drossaart Lulofs, 17, 9–18).

dicunt quod non est verum nec credendum. Sed, si passio fuerit vehementior ligans non solum virtutem cui apparet quod non est sed etiam virtutem superiorem quae debet iudicare de deceptione virtutis inferioris, tunc accidit deceptio, et illud quod apparet creditur esse verum. Unde aliquando non accidit deceptio, et hoc quando secundum unam virtutem iudicatur unum et secundum aliam aliud. Quando enim virtus inferior decipitur, potest virtus superior iudicare deceptionem esse in virtute inferiori, ut patet, nam visui apparet quod Sol est pedalis quantitatis, et tamen hoc non credimus, quia virtus superior iudicat quod Sol est maior tota terra. Similiter, si aliquis lapillus parvus, rotundus supponatur duobus digitis cancellatis, ita quod ille lapillus ab utroque digito tangatur, ille lapis apparebit tactui esse duo, et tamen non iudicamus quod ille lapis est duo, quia secundum digniorem, ut secundum visum, iudicamus contrarium. Si tamen contingeret quod nobis O 83ra non inesset nisi sensus tactus | nec esset alia virtus contradicens, statim crederemus. Et causa quare ille lapis apparet tactui esse duo patebit in quaestionibus.

〈Quaestio 16〉
〈Utrum abeuntibus sensibilibus manent species sensibilium in organis sensuum〉

Circa istam partem quaeritur: utrum abeuntibus sensibilibus manent species sensibilium in organis sensuum?

L$_2$ 170va 〈1〉 Videtur quod non, quia sensus se habet | ad sensibile, sicut speculum se habet ad obiectum cuius similitudo apparet in speculo, sed absente obiecto non apparet similitudo eius in speculo; igitur absente sensibili non manet species eius in organo sensus.

〈2〉 Praeterea, Philosophus dicit quod nos intelligimus, cum volumus, sed non sentimus, cum volumus, sed hoc non est, nisi quia species intelligibilis

1–2 vehementior] vehementer L$_2$ 2 virtutem^1] veritatem M$_2$ | etiam] in M$_2$ 5 et] *om.* L$_2$OV | hoc] est *add.* O 10 supponatur] supponitur M$_2$ 11 lapis] lapillus M$_2$ 11–12 et … duo] *om.* L$_2$OV (*hom.*) 12 quia] sed O | secundum] sensum *add.* L$_2$M$_2$ | ut] aut V 13 quod] a L$_2$ 15 esse] *om.* M$_2$ | patebit] verumtamen *add.* V 20 abeuntibus] absentibus O | sensibilibus] *om.* M$_2$ 20–21 species] sensus M$_2$ 25 manet] mane V 27 sed] et M$_2$ | intelligibilis] intelligitur M$_2$

26 philosophus … volumus] Aristoteles, *De anima*, II, 5, 417b 24–25 (AL XII.1, ed. Decorte et Brams, ALDatabase). | Cf. Simon de Faversham, *Quaestiones in De somno et vigilia*, qu. 11 (ed. Ebbesen, 137).

manet in intellectu absente intelligibili, et species sensibilis non manet in sensu absente sensibili.

⟨3⟩ Praeterea, si species sensibilis maneret in sensu | in absentia sensibilis, cum species sensibilis repraesentet ipsum, sensus perciperet sensibile sensibili absente, et etiam corrupto sensibili posset ipsum sentire, et tunc aliquis videret rem, quando non est, et posset videre rem moveri, quando non movetur. V 104va

Ad oppositum est Aristoteles qui dicit quod sic est de immutatione sensus, sicut est de motu violento, sed in motu violento contingit motum moveri primo movente quiescente vel absente; igitur in immutatione sensus contingit sensui immutari absente sensibili. Sed non immutatur | nisi per speciem sensibilis, igitur species sensibilis manet in sensu in absentia sensibilis. M_2 92va

Ad quaestionem dicendum quod species sensibilis manet in sensu in absentia sensibilis. De sensibus interioribus non est dubium, quin species remaneant in absentia sensibilium, quia nos imaginamur et memoramur tam res absentes quam praesentes, et hoc tam in dormiendo quam in vigilando. In sensibus etiam exterioribus manent species absentibus sensibilibus, sed illa mansio brevis est. Et quod in sensibus exterioribus sic remanent species patet per signa quae ponit Philosophus, quoniam respiciens splendida prius minus percipit opaca, et gustans dulcia prius minus percipit amara, et videns velociter mota non statim post percipit quiescentia, sed hoc non esset, nisi species manerent in absentia sensibilis. Sed quod species non diu manent in sensibus exterioribus patet, nam, si aliquis inspiciat valde splendida et deinde claudat oculos, primo apparebit phantasma eiusdem speciei vel aliquid simile, deinde mutabitur in puniceum, et deinde in alium colorem, quousque deveniat ad nigrum. Et ita species in sensu exteriori continue evanescit.

---

5 sentire] sentiri M_2 9 moveri] violari L_2OV 10 immutatione] mutatione L_2M_2 16 remaneant] remaneat M_2 17 hoc] *om.* O 18 species] in *add.* L_2 18–19 sensibilibus] sensibus L_2 *corr. ex* sensibus V 20 patet] quae M_2 | respiciens] post *add.* L_2 21 prius^1] *om.* L_2M_2 *superscr.* V | prius^2] post M_2 22 post percipit] *inv.* L_2 23 sed] *corr. in* et L_2 24 manent] maneant M_2 25 splendida] splendidum M_2 | apparebit] sibi *add.* M_2 27–28 exteriori] superiori M_2

8–9 aristoteles … violento^1] Cf. Aristoteles, *De insomniis*, 2, 459a 28–29 (AL xv.2.2, ed. Drossaart Lulofs, 8, 16–17). | Cf. Simon de Faversham, *Quaestiones in De somno et vigilia*, qu. 11 (ed. Ebbesen, 137). 20 patet … philosophus] Cf. Aristoteles, *De insomniis*, 2, 459b 7–23 (AL xv.2.2, ed. Drossaart Lulofs, 13, 4–14).

Et causa huius est, quoniam in corporibus aliqua sunt bene receptiva et O 83rb aliqua bene | retentiva, nam humida bene recipiunt et non bene retinent, sed sicca de difficili recipiunt et bene retinent. Sed sensus exteriores proportionantur humidis, | V 104vb L₂ 170vb et ideo faciliter recipiunt, sed non diu retinent, nisi | fortior fuerit impressio. Sed quidam sensus interiores, ut phantastica et memorativa, assimilantur siccis, et ideo bene retinent quod prius recipiunt. Unde, cum in somno ligantur sensus exteriores et sedantur motus extrinseci, phantasmata magis apparent imaginativae et memorativae, et magis in somno quam in vigilia, quia motus maior occultat minorem, sicut lumen maius occultat minus. Unde multa apparent phantasmata in somno quae propter vehementiam et fortitudinem motuum extrinsecorum non apparent in vigilia.

⟨Ad 1⟩ Ad primum argumentum dicendum quod organum sensus assimilatur speculo quantum ad hoc quod utrumque est diaphanum et receptivum speciei. Organum tamen sensus retinet speciem in absentia sensibilis et speculum non, et causa potest esse, quia species non recipitur in profundo speculi sed solum in superficie vel in aere contiguato oculo. Sed species recipitur in profundo oculi, et ideo diutius manet.

⟨Ad 2⟩ Ad secundum, cum dicitur: 'intelligimus, cum volumus' et cetera, dicendum quod hoc est, quia species intelligibilis diu manet in intellectu in absentia intelligibilis, sed species sensibilis non diu manet in sensu.

⟨Ad 3⟩ Et praeter hoc, posito quod species sensibilis semper maneret in sensu, non propter hoc sensibile semper sentiretur, nisi sensibile praesentialiter obiceretur sensui. Unde posito quod species alicuius remaneat in sensu post corruptionem sensibilis, non propter hoc sentitur idem sensibile, nam illud quod non est, non sentitur. Sic enim aliquis videret aliquid quod non est et videret aliquem moveri qui non movetur, quod est inconveniens. Et ideo dico quod ad hoc quod aliquid sentiatur non sufficit quod species eius sit in sensu, sed requiritur quod ipsum sensibile praesentialiter obiciatur sensui. Et per hoc patet ad tertium argumentum, ideo et cetera. | V 105ra

---

3 bene] recepta diu M_2 4 humidis] humidum L_2 6 recipiunt] receperunt M_2 7 in] *om.* L_2 *superscr.* V | exteriores] extrinseci M_2 | extrinseci] ex exterius L_2 7–8 phantasmata] phantastica V 10 phantasmata] phantastica V | somno] somnis M_2 13 dicendum] *om.* M_2 *superscr.* V 13–14 assimilatur] *corr. ex* assimilantur L_2 assimilantur V 18 oculi] organi M_2 19 dicitur] quod *add.* O 20 hoc] *om.* L_2V 22 praeter] propter L_2 per OV 26–27 aliquid] illud M_2 30–31 ideo … cetera] *om.* M_2

⟨Quaestio 17⟩
⟨Utrum cessante primo proiciente possit proiectum moveri⟩

Quia Philosophus dicit quod proiectum movetur cessante primo proiciente, ideo quaeritur: utrum cessante primo proiciente possit proiectum moveri?

⟨1⟩ Videtur quod non, nam primum proiciens est causa sufficiens totius motus, sed cessante causa sufficiente cessat effectus; igitur cessante primo proiciente cessat motus, et per consequens tunc non movetur proiectum.

⟨2⟩ Praeterea, movens instrumentaliter non agit nisi in virtute moventis principalis, sed in motu | [M_2 92vb] proiectionis totus aer est sicut movens instrumentale et primum proiciens principale movens; igitur primo proiciente cessante cessat motus.

Ad oppositum est Philosophus. | [O 83va]

Ad quaestionem dicendum quod motus proiecti potest continuari cessante primo proiciente, et hoc est manifestum ad sensum. De modo tamen ponendi | [L_2 171ra] est dubium, quoniam quidam dicunt quod corpus proiectum in medio dividit medium, ut liberius pertranseat partes medii, et, cum pertransierit aliquas partes medii, illae partes reinclinant et movent proiectum, et sic est de aliis partibus continue, quousque deficit virtus impellentis. Sed illud non videtur verum, quia reinclinatio partium medii est posterior divisione medii, et divisio medii est posterior motu medii, et posterius non est causa prioris; igitur reinclinatio non erit causa motus proiecti.

Item, si talis reinclinatio esset causa sufficiens continuationis motus, cum illa reinclinatio sit aequalis in principio et in fine, sequitur quod motus proiectorum esset aequalis velocitatis in fine et in principio, quod falsum est. Ideo dicitur aliter quod proiciens propellit aliquam partem, et illa propulsa impellit aliam, et tunc usque ad terminum motus. Sed illud non sufficit, quia, cum virtus impellentis sit fortior in principio quam in medio vel in fine, motus ille esset fortior in principio quam in medio vel in fine, quod non est verum.

---

4 utrum] primo *add.* M_2 15 ponendi] possibili M_2 | est] *om.* V | quidam] quidem L_2 16 partes] *om.* M_2 17 aliquas ... medii] partes medii aliquas M_2 | movent] movet V 18 est] *om.* L_2 19 illud] idem M_2 | quia] quod M_2 20 posterior] medii *add.* M_2 | posterius] medii *add.* M_2 22 motus] *om.* M_2 23–24 proiectorum] proiectoris L_2OV 25 dicitur] dividitur M_2 26 tunc] sic M_2O 28 fine] et sic (*om.* V) motus ille esset fortior in principio quam in medio *add.* OV

---

3 philosophus ... proiciente] Cf. ARISTOTELES, *De insomniis*, 2, 459a 29–30 (AL XV.2.1, ed. Drossaart Lulofs, 9, 17–19). 8–11 praeterea ... motus] Cf. SIMON DE FAVERSHAM, *Quaestiones in De somno et vigilia*, qu. 10 (ed. Ebbesen, 131).

Item, omne quod movetur | [V 105rb] movetur ab alio, igitur cessante primo proiciente non movetur aer sibi proximus, et per consequens ille aer non movet alium aerem.

Ideo dicendum quod motus proiectionis continuatur hoc modo: primum impellens impellit aliquam partem, et tribuit sibi moveri et etiam virtutem movendi aliud, et illud etiam habet virtutem movendi, et tunc continue, quousque virtus intantum debilitetur quod una pars, ut pars prior, non potest tribuere parti sequenti nisi moveri et non virtutem movendi aliud.

Sed adhuc remanet difficultas, quia pars aeris non movet, nisi quia movetur, igitur cessante primo proiciente, cum non moveatur tunc pars aeris sibi propinqua, sequitur quod amplius non erit motus.

Dicendum quod, si motus proiectionis esset motus pure localis, ita quod nullus alius motus concurreret, cessante primo proiciente cessaret motus. Sed non est ita, nam in motu proiectionis cum motu locali concurrit motus ad formam. Unde, cum impelluntur talia corpora, ut aer vel aqua, non solum ex pulsu est in eis motus localis sed etiam motus alterationis, puta motus rarefactionis et condensationis, inquantum rarefiunt, recipiunt | [O 83vb] corpora impulsa, et inquantum condensantur, pellunt et emittunt proiectum. Nunc autem unumquodque dimissum suae naturae redit ad naturam suam, sicut aqua calefacta dimissa suae naturae redit ad frigiditatem. Et ideo, cum in tali pulsu aer vel aqua rarefit ultra modum, cessante proiciente et illo rarefacto dimisso suae naturae redit ad densitatem. Et ideo condensando pellit proiectum, et tunc continue, quousque deficiat virtus primi impellentis. | [L_2 171rb]

Sciendum tamen quod aliqua qualitas causatur in proiecto a primo proiciente ratione cuius movetur, ita quod aer motus non est sufficiens ad movendum proiectum. Cuius signum est quod aer sic motus occurrat non obiecto quod est tantae virtutis quantae proiectum: ille aer non movebit illud, unde aer sic motus non est sufficiens ad deferendum lapidem tantum, quantus est lapis proiectus, ut patet: si supra aerem sic motum poneretur lapis, ille | [V 105va] descenderet. Nunc autem illud quod non est sufficiens ad deferendum non est sufficiens ad deferendum et ad movendum. Ideo dico quod

---

3 alium] aliquem et M_2 5 aliquam] aliam O 6 illud] aliud *add.* L_2 idem aliud M_2 8 moveri] motum M_2 | et] *superscr.* L_2 *om.* M_2OV | virtutem] virtute L_2V 10 sibi] scilicet M_2 13 concurreret] concurret L_2M_2 15 unde] quod *add.* M_2 17 condensationis] et *add.* M_2 | recipiunt] *om.* L_2OV 18 inquantum] quantum L_2OV 23 continue] *om.* L_2 26 proiectum] *om.* O | quod] si *superscr.* L_2 si *add.* M_2 26–28 occurrat ... motus] *om.* L_2OV 30 autem] *om.* M_2 31 non ... deferendum] *om.* L_2 (*hom.*) | dico] dicto M_2

14–15 nam ... formam] Cf. Simon de Faversham, *Quaestiones in De somno et vigilia*, qu. 10 (ed. Ebbesen, 133–134).

in proiecto causatur aliquid a primo proiciente quod est principium motus proiectionis; illud tamen non est sufficiens ad movendum, quia sic motus proiectionis posset fieri in vacuo. Sed illud causatum in proiecto simul cum aere moto movet proiectum.

⟨Ad 1⟩ Ad primum argumentum dicendum | quod primum proiciens non est sufficiens causa motus proiectionis, ita quod nihil aliud requiritur, quia requiritur medium movens et in quo debet moveri. $M_2\ 93^{ra}$

⟨Ad 2⟩ Ad aliud dicendum quod primum proiciens, quando cessat, non est movens principale sed aer vel virtus derelicta in proiecto.

⟨Quaestio 18⟩
⟨Utrum mulier menstruata inficiat speculum⟩

Quaeritur: utrum mulier menstruata inficiat speculum?

⟨1⟩ Videtur quod non, nam movens et motum sunt simul, sed oculus mulieris non est simul cum speculo; igitur non inficit speculum.

⟨2⟩ Praeterea, per Philosophum libro *De sensu et sensato* oculus videt intus suscipiendo et non extramittendo, igitur oculus non causat illam maculam in speculo, quia sic videret extramittendo. Nec valet dicere quod oculus inficit speculum non ratione virtutis visivae, sed inquantum evaporativus est, quoniam per alias partes corporis fit evaporatio sanguinis; igitur aliae partes inficiunt speculum sicut oculus.

Oppositum vult Philosophus.

Dicendum quod mulier menstrua inspiciens speculum inficit speculum sicut sensibiliter est expertum. Sed modus quo inficit speculum est ille: quoniam, cum nutrimentum ingreditur corpus, convertitur et digeritur per calorem, et aliquando convertitur plus de nutrimento quam sit necessarium ad restaurandum deperditum vel ad augendum, et tunc contingit quod

2 illud] idem M_2 3 posset … vacuo] quousque fieri invocatio M_2 | illud] idem M_2 4 aere] aer M_2 | movet] *corr. ex* movent L_2 movent M_2OV 6–7 quia requiritur] *om.* L_2 7 movens] modus M_2 8 proiciens] proiectionis M_2 9 movens] modus M_2 12 menstruata] menstrua M_2 13 movens] moves O 14 inficit] infit O 15 oculus] *om.* M_2 19 per] quod M_2 20 aliae] nullae L_2 24 digeritur] dirigitur O 24–25 per calorem] *om.* L_2OV 26 ad[1]] *om.* M_2 | contingit] convenit M_2

13–14 movens … speculo] ARISTOTELES, *Physica*, VII, 2, 243a 3–6 (AL VII.3, ed. Brams, 329, 18–20). | Cf. SIMON DE FAVERSHAM, *Quaestiones in De somno et vigilia*, qu. 10 (ed. Ebbesen, 133). 15–16 philosophum … extramittendo] ARISTOTELES, *De sensu et sensato*, 3, 438a 25–29 (AL XIII.2, ed. Leonina, 22a, 17–22b, 9).

O 84ra caliditas excellens in viris convertat illud superfluum | in semen mittens illud ad vasa seminum. Sed, quia caliditas in mulieribus non est tanta, ut possit convertere illud superfluum in semen, convertit ipsum in sanguinem menstruum. Menstrua autem sunt magis indigesta quam semina, et, cum est magna multitudo menstrui, illud quod est grossius mittitur ad partes inferiores, et quod est magis subtile mittitur ad mamillas et ad locum matricis, ut eo nutriatur foetus in utero, et etiam, cum est extra illum; illud autem quod subtilissimum est de menstruo mittitur ad oculos, et illud proveniens V 105vb L_2 171va ad oculos propter porositatem | oculorum | evaporat exterius et inficit aerem sibi proximum. Et illa pars aeris inficit aliam, et tunc usque ad speculum ipsum inficiendo.

Et per similem modum contingit fascinatio, nam, cum mulier vel aliqua vetula imaginatur fortiter ad maleficium alicuius pueri, causatur humor grossus et turbidus circa locum imaginationis illius mulieris, et illud quod est subtilius illius humoris mittitur superius ad oculos. Et illud tunc evaporans inficit aerem continue usque ad puerum vel pueros quorum corpora sunt valde passibilia; et ex hoc contingit mors vel infirmitas ex fascinatione. Et hoc modo oculus lupi reddit hominem raucum et oculus alicuius animalis hoc modo interficit hominem.

Causa autem quare speculum novum infectum non de facili abstergitur a macula est, nam illud quod est purum et mundum natum est repraesentare illud quod est sibi impurum, sicut patet: vestes mundae citissime inquinantur. Unde illud quod est purum et mundum propter munditiam recipit in profundo et superficie et ubique, et ideo diu retinet quod sibi imprimitur, sed idem quod est notum et sordidum non recipit nisi in superficie, et ideo non diu retinet.

⟨Ad 1⟩ Ad primum argumentum dicendum quod de movente immediato est verum quod movens et motum sunt simul, sed de movente mediato non est verum. Nunc oculus est movens mediatum respectu speculi.

---

1 illud[1]] idem M_2 | illud[2]] idem M_2 3 illud] idem M_2 5 illud] idem M_2 6 matricis] et *add.* L_2 7 ut] ex *add.* L_2 in *add.* M_2 | illum] *coni.* illud L_2OV idem M_2 | illud] *om.* M_2 8 illud] idem M_2 10 sibi] extra M_2 12 modum] motum O 14 illud] idem M_2 15 illud] idem M_2 18 lupi] menstruae L_2O menstrui V 19 hoc … modo] *om.* L_2 20 autem] est *add.* M_2 | infectum] *om.* M_2 21 illud quod] quod ille M_2 | et … mundum] immundum M_2 22 illud] idem M_2 | est … impurum] sibi imprimitur M_2 22–23 vestes … inquinantur] ves mundae cissime inquirantur M_2 23 illud] idem M_2 | et mundum] immundum M_2 24 et[2]] *om.* L_2 | quod] idem M_2 25–26 sed … retinet] *om.* L_2OV 29 movens] verus M_2

12–19 et … hominem] Cf. Simon de Faversham, *Quaestiones in De somno et vigilia*, qu. 12 (ed. Ebbesen, 140).

⟨Ad 2⟩ Ad secundum dicendum quod oculus non inficit ratione virtutis visivae, sed ratione virtutis visivae patitur et non agit, sed agit ex hoc quod est corpus evaporativum. Nec est simile de oculo et de aliis partibus, | quia M_2 93rb aliae partes non sunt ita evaporativae. Similiter, illud quod elevatur usque ad oculos est magis subtile, et ideo est magis evaporativum.

⟨Quaestio 19⟩
⟨Utrum deceptio aliqua accidat circa sensum⟩

Quaeritur: utrum deceptio aliqua accidat circa sensum?

⟨1⟩ Quod non videtur, quia sensus non sentit nisi recipiendo speciem sensibilis, sed species sensibilis repraesentat illud cuius est species et non aliud; igitur sensus non apprehendit aliquid aliud esse quam ipsum est.

Ad oppositum est Aristoteles qui dicit quod circa sensum accidit | decept- O 84rb io et docet modum.

Ad quaestionem dicendum quod sic, nam, sicut res se habet ad esse per formam naturalem, sic anima se habet ad cognoscere per similitudinem rei, sed res naturalis numquam deficit a propria forma, licet deficere possit ab accidentibus consequentibus formam. Homo enim non deficit ab esse hominem, licet deficere possit ab habere duos pedes. Sic anima nec aliqua alia virtus cognitiva a cognitione proprii obiecti non deficit, nisi sit per accidens; | ab accidentibus tamen sive a sensibilibus per accidens bene deficere V 106ra potest. Et huius ratio est, quia ad proprium obiectum cuiuslibet sensus est naturalis ordinatio, et quae naturaliter ordinantur semper eodem modo se habent, nisi per accidens accidat impedimentum. | Sensus igitur circa sen- L_2 171vb sibilia per accidens maxime decipitur, quia ad illa per se non refertur. Visus autem aliquando iudicat unum esse duo, ut patet, si per digitum elevetur unus oculus, una candela apparet duae. Similiter, unus lapis suppositus duobus digitis cancellatis apparet duo lapides. Et ita decipitur sensus circa sensibile commune, ut circa numerum. Sed sensus non decipitur circa sensibile

1 secundum] argumentum L_2 2 sed ratione] et rationis M_2 4 evaporativae] evaporatione M_2 | illud] idem M_2 10 illud] idem M_2 12 accidit] accipit M_2 17–19 homo … cognitiva] *om.* L_2OV 20 sensibilibus] sensibus M_2 21 huius] huiusmodi L_2V | ad] *om.* M_2 | cuiuslibet] cuilibet M_2 | est²] *rep.* V 22 modo] modum M_2 25 per digitum] perditum M_2 | elevetur] elevatur O 26 lapis] lampas M_2 27 lapides] lampades M_2 28 sensibile] rationale L_2

12–13 aristoteles … modum] Cf. ARISTOTELES, *De insomniis*, 2, 460b 20–24 (AL XV.2.2, ed. Drossaart Lulofs, 17, 18–19, 1).

proprium, nisi sit per accidens, ut propter indispositionem organi aut propter indispositionem medii aut alicuius alterius extrinseci. Propter indispositionem organi decipitur sensus, ut, si lingua inficiatur humore cholerico vel sapore amaro, dulcia videntur esse amara, et hoc propter infectionem gustus. Similiter, si aliquis humor obscurus vel niger esset in oculo extra debitum situm, videretur homini quod aliquod animal vel aliqua res nigra semper antecederet ipsum, quia iudicat de extrinsecis per se; et, quia ille humor est extra situm oculi, iudicat de illo tamquam de extrinseco et secundum figuram illius humoris iudicat illud visum esse figuratum. Et ideo dicit Philosophus in littera quod, quando aliquis afficitur aliqua passione, ex modica similitudine iudicat aliquid diversum esse illud cuius passione afficitur. Et tunc patet quod sensus aliquando decipitur et quomodo.

⟨Ad 1⟩ Ad argumentum dicendum quod, etsi species sensibilis recipiatur in sensu, quia tamen receptum est in recipiente per modum recipientis, ideo sensus iudicat de sensibili eo modo quo species est in sensu. Et ideo, si lingua inficiatur sapore amaro, species saporis dulcis existens in lingua, cum recipiatur per modum recipientis, repraesentabit amarum et non dulce.

⟨10⟩ *Ex his itaque manifestum*

In hoc capitulo declaratur quod apparitio simulacrorum potest esse in somno et etiam qualiter contingit esse deceptio in somno et etiam quid sit somnium. Primum declaratur quod apparitio simulacrorum potest esse in somno, nam simulacra manent in sensu in absentia sensibilis, ut dictum est prius, et magis manent in sensu in|teriori [V 106rb] quam exteriori. Cum igitur in somno sensus interiores non ligantur et in sensibus | [O 84va] interioribus sunt simulacra sensibilium, videtur quod illa simulacra possunt apparere in somno et magis possunt apparere in somno quam in vigilia. Quod declaratur, quia motus maior impedit minorem motum, sicut | [M_2 93va] lumen maius impedit lumen

4 hoc] *om.* OV 6 homini] ipsi L_2 11 illud] idem M_2 16 inficiatur] a *add.* M_2 17 recipientis] recepti L_2M_2 18 dulce] et cetera *add.* L_2 21 esse] *om.* M_2 21–23 et[2] … somno] *om.* L_2OV (*hom.*) 23 somno] somnio M_2 25 interioribus] *om.* O 28 maius] magis M_2V

10–12 dicit … afficitur] Cf. Aristoteles, *De insomniis*, 2, 460b 3–7 (AL xv.2.2, ed. Drossaart Lulofs, 19, 1–3). 19 ex … manifestum] Cf. Aristoteles, *De insomniis*, 3, 460b 28 (AL xv.2.2, ed. Drossaart Lulofs, 19, 18).

minus et sicut magna delectatio impedit delectationem minorem, ne percipiatur. Sed in vigilando percipiuntur multi motus exteriores et magni, ideo in vigilia non percipiuntur motus interiores parvi. Cum igitur in somno non percipiuntur motus | exteriores, apparet quod motus interiores magis L_2 172ra debent apparere in somno quam in vigilia.

Modus autem intellectus ipsorum simulacrorum in apparendo est talis sicut modus motus circulationum factarum in aqua circa locum percussionis. Si autem aliquid proiciatur in fluvio, circa locum percussionis apparent et fiunt circulationes undique una post aliam continue usque ad aliquem terminum secundum virtutem impellentis. Et, si circa talem circulum obviet aliquid prohibens, reflectitur ad locum percussionis dissolvendo circulationes primas. Eodem modo in somnis fit motus simulacrorum interius undique, frequenter quidem secundum figuram similem motui qui fit a sensibili primo, scilicet quando ab aliquo non dissolvitur, et quandoque solvuntur simulacra in aliam figuram dissimilem, quando videlicet fit repercussio ab aliquo alio vel a figura alterius simulacri et facit alterius apparitionem. Et, quia figura simulacri dissolvitur per aliquod obvians, propter hoc pueris et aliis post acceptionem nutrimenti non accidunt somnia vel, si accidant, hoc erit raro et somnia sunt distorta, et hoc propter multum motum.

Istud patet in quodam simili evidenti, nam in aqua velociter mota non apparent idola respicientium in aqua, nam propter fortem motum prohibetur impressio et apparitio imaginis. Sed, si aqua moveatur, non tamen ita velociter, apparent imagines sed distortae. Sed, si aqua fuerit totaliter quiescens, | apparent imagines manifestae et convenientes rei; et sic est in V 106va somno. Quando enim fit magnus motus in corpore vel in spiritibus in quibus sunt imagines, non apparent imagines propter fortem motum. Sed, si sit motus minor, tunc apparent imagines distortae, ita quod aliquando apparent visiones monstruosae quasi compositae ex partibus diversorum idolorum concurrentium. Et tunc fiunt somnia distorta et magis remota a veri-

---

1 minus] unus M_2 2 percipiuntur] percipitur M_2 2–3 et … interiores] *om.* M_2 (*hom.*) 3 somno] somnio M_2 4 percipiuntur] percipitur M_2 5 somno] somnio M_2 6 modus] motus M_2 | intellectus] motus M_2 10 talem] *om.* O 10–11 talem circulum] terminum illum M_2 | circulum] illum V 11 percussionis] procussionis L_2 12 somnis] somno L_2 somniis M_2 14 sensibili] sensuali M_2 | et] *om.* O 15 solvuntur] solvitur M_2 16 a] *om.* M_2 16–17 et … simulacri] *om.* M_2 (*hom.*) 17 aliquod] aliquid M_2 18 nutrimenti] nutriti M_2 19 erit] *om.* M_2 | hoc propter] *inv.* M_2 20 motum] modum M_2 21 istud] idem M_2 22 aqua] aquam M_2 24 ita] *om.* M_2 24–25 sed[1] … imagines] *om.* O (*hom.*) 26 somno] somnio M_2 29–30 idolorum] quasi *add.* M_2 30 concurrentium] quasi currentium M_2

tate, sicut contingit melancholicis et existentibus in passione febris et ebriis ex multo potu vini. Huiusmodi enim passiones, ut melancholia, febris, ebrietas, sunt valde ventosae, et ideo in habentibus ipsas faciunt multum motum interius et perturbant apparitionem rectam idolorum. Sed, cum sedatur huiusmodi motus | [O 84vb] passionum et separatur sanguis purus ab impuro, ut facta digestione, tunc apparent verae imagines et apparent somnia valida et magis propinqua veritati. Et huiusmodi apparitio accidit secundum unumquemque sensum, quia species receptae in quocumque sensu exteriori gignunt | [L_2 172rb] speciem in sensu interiori. Et ideo illae similitudines repraesentant apprehensa secundum unumquemque sensum.

Aliquando autem accidit deceptio in somno; et hoc potest esse ex passione aliqua et etiam propter motum, quia spiritus in quibus sunt idola repelluntur et permutantur de similitudine unius in similitudinem alterius, sicut contingit in nubibus in quibus apparent quandoque vestigia hominis vel centauri quae propter motum venti et diversitatem frigidi comprimentis transferuntur de una similitudine in aliam. Tamen in unoquoque illorum phantasmatum in quod fit permutatio per motum spirituum sunt aliquae reliquiae illius simulacri quod prius factum est in actu sensibili, quemadmodum in nube, cum de figura hominis fit permutatio in figuram equi et manet sub forma equi aliquid quod fuit sub forma | [M_2 93vb] hominis. Et aliquando circa illa simulacra contingit deceptio et aliquando non, ut patet ex praedictis.

Ista apparitio in somno quae dicitur somnium est quaedam | [V 106vb] phantastica apparitio in somno propter actiones simulacrorum existentium in sensitivo primo, et hoc in simpliciter dormiente. Verumtamen non omnis phantastica apparitio est somnium, quoniam aliquando accidit phantastica apparitio simpliciter vigilanti, sicut contingit quandoque melancholicis; et talis apparitio non est somnium. Et aliquando contingit aliqua apparitio phantastica in languide dormiente (alicui enim apparet quod videat lumen lucernae vel audiat cantum galli, et, cum sit expergefactus, cognoscit quod est ita); et talis apparitio phantastica non est somnium. Unde nulla apparitio phantastica

---

1 existentibus] existentes L_2V 2 huiusmodi] *corr. ex* huius L_2 huius OV | febris] et *superscr.* O 3 sunt] sint O 4 sedatur] sedantur L_2 5 huiusmodi] huius O | ut] et M_2 6 imagines] *corr. in* imagini L_2 | valida] vera O 7 huiusmodi] huius O | accidit] accipit M_2 8 receptae] recepta L_2M_2 | in] a O | gignunt] gignit L_2M_2 10 unumquemque] quemlibet L_2M_2 11 somno] somnio M_2 12–13 repelluntur] repellentur M_2 14 contingit] convenit M_2 | in^2] *om.* O | hominis] bovis M_2 15 centauri] *loc. vac.* L_2 | comprimentis] quasi primentis (!) M_2 17 in … aliquae] *om.* M_2 18 actu] actum M_2 19 figuram] figura O 20 aliquid] aliqui M_2 21 contingit] convenit M_2 23 somno] somnio M_2 | sensitivo] somno M_2 25 est … apparitio^2] *om.* O (*hom.*) | somnium] somnum M_2 27 somnium] somnum M_2 28 languide] languido L_2M_2

est somnium, nisi sit in simpliciter dormiente. Adhuc non omnis apparitio in simpliciter dormiente est somnium, quia aliquando in somno contingit apparitio intelligibilium, ut quod triangulus habet tres angulos; et illa apparitio non est somnium. Sed solum apparitio phantastica simulacrorum sensibilium in simpliciter dormiente est somnium et cetera; ideo et cetera.

⟨Quaestio 20⟩
⟨Utrum deceptio magis accidat circa sensum in somno quam in vigilia⟩

Circa illam partem quaeritur: utrum deceptio magis accidat circa sensum in somno quam in vigilia?

⟨1⟩ Et quod in vigilia videtur, nam illud quod certius est et principalius minus decipitur, sed virtutes interiores sunt certiores quam virtutes exteriores. Ubi enim est deceptio circa sensum exteriorem, non errat virtus interior: licet enim visus iudicet Solem esse pedalis quantitatis, tamen virtus interior non consentit. Sed in somno | operantur virtutes interiores et in vigilia | operantur sensus exteriores; igitur minor erit deceptio in somno quam in vigilia. L_2 172va O 85ra

⟨2⟩ Praeterea, in vigilia potest accidere deceptio ex parte sensuum exteriorum et etiam ex parte virtutum interiorum, sed in somno non accidit deceptio nisi ex parte virtutum interiorum, quia sensus exteriores ligantur in somno; igitur magis potest accidere deceptio in vigilia quam in somno.

⟨3⟩ Praeterea, motus maior occultat minorem, sed in vigilia sunt motus maiores circa sensus impedientes et occultantes motus simulacrorum interius; igitur minus potest verum apparere circa apprehensa in vigilia | quam in somno. V 107ra

Ad oppositum: falsitas non est propria sensui sed phantasiae, ut patet per Philosophum quarto *Metaphysicae*, sed in somno maxime operatur phantasia; igitur circa somnium vel in somno maxime accidit deceptio.

---

2 somnium] somnum M_2V | somno] somnio M_2 5 et ... cetera] *om.* M_2 (*hom.*) | ideo ... cetera] maria muder (!) unde *add.* L_2 9 partem] et cetera *add.* L_2OV 10 somno] somnio M_2 11 illud] idem M_2 15 somno] somnio M_2 16 somno] somnio M_2 19–20 sed ... interiorum] *om.* L_2OV (*hom.*) 19 somno] somnio M_2 21 somno[1]] somnio M_2 | somno[2]] somnio M_2 25 somno] somnio M_2 26 sensui] sensum M_2 | phantasiae] phantasticae O | ut patet] *om.* M_2 27 somno] somnio M_2 28 somno] somnio M_2

26–27 falsitas ... metaphysicae] Cf. ARISTOTELES, *Metaphysica*, V, 29, 1010b 2–4 (AL XXV.2, ed. Vuillemin-Diem, 85).

Ad quaestionem dicendum quod deceptio magis accidit circa sensum in somno quam in vigilia; cuius ratio est: nam apud vigiliam accidit deceptio dupliciter: aut propter indispositionem medii aut propter indispositionem organi. Propter indispositionem organi accidit quod febricitantibus dulcia apparent amara. Similiter, propter indispositionem medii accidit deceptio, quia perturbationes vel motus in medio impediunt similitudines pervenire ad sensus sine distortione. Unde virga recta stans in aqua fluente apparet tortuosa et Sol in mane apparet maior et rubicundior. Similiter, in somno contingit deceptio propter indispositionem organi phantasiae quae soluta est et operatur in somno.

Potest etiam accidere deceptio propter resistentiam in medio. Dicit enim Philosophus quod, sicut est de aqua velociter mota, sic est de corpore dormientis. Si enim aqua velociter moveatur, in ipsa non apparet idolum. Si tamen moveatur sed non velociter, apparent idola distorta. Si autem quiescat aqua, apparent idola vera et convenientia rei; sic est in proposito. Si in corpore hominis vel animalis dormientis fuerint motus fortes et vehementes, totali-
M_2 94ra ter impediunt | motus simulacrorum nec apparent somnia. Si tamen motus fuerint sedati sed non omnino, apparent simulacra distorta et non omnino convenientia rei. Si autem motus fuerint sedati, ut accidit completa digestione, somnia apparent vera et ordinata.

Manifestum est igitur quod propter perturbationem cerebri et spirituum et sanguinis per quae fluunt idola ad primum sensitivum in somno potest fieri deceptio. Sed praeter haec phantasia est in somno magis libera quam in
L_2 172vb vigilia. Et ideo minores motus | tunc percipit phantasia aut iudicat de obiecto in eius absentia, sed sensus solum iudicat in sensibilis praesentia. Sed, licet
V 107rb O 85rb phan|tasia operetur in vigilia et in somno | in absentia sensibilis, in vigilia tamen percipitur sensibile esse absens et solum eius similitudinem esse praesentem. Sed in somno iudicatur de similitudine tamquam de obiecto, unde non apprehenditur differentia inter rem et eius similitudinem. Apparet enim dormienti quod videt hominem vel leonem et non solum quod videt

---

2 somno] somnio M_2 3 indispositionem[2]] dispositionem M_2 4 propter … organi] *om.* L_2V (*hom.*) 6 perturbationes] turbationes O 8 similiter] sicut M_2 | somno] somnio M_2 9 phantasiae] phantastici L_2OV 12 quod] *om.* M_2 13 moveatur] movetur O 14–15 si … idola] *om.* M_2 (*hom.*) 16 fuerint] fuerit M_2 18 fuerint] fuerit M_2 19 fuerint] fuerit M_2 20 et] *om.* O 21 manifestum] quantum L_2OV 22 somno] somnio M_2 23 somno] somnio M_2 24 et] *om.* O | tunc] *om.* M_2 | aut] ac L_2 etiam M_2 25 sed[1]] *om.* M_2 26 somno] somnio M_2 28 somno] somnio M_2 | obiecto] opposito O 29 apprehenditur] apprehendit L_2 30 videt[1]] vidit L_2V

11–13 dicit … dormientis] Locum non inveni.

similitudinem eius, quia similitudines illorum sunt in anima. Unde Philosophus quinto *Metaphysicae* dicit quod picturae et umbrae figmenta sunt, quia non subsunt res quarum sunt. Et propter hoc magis fit deceptio in somno quam in vigilia, quia raro contingit quod dormientes iudicant de apprehensis tamquam de similitudinibus, sed iudicant de eis tamquam de rebus quarum sunt similitudines.

⟨Ad 1⟩ Ad primum argumentum dicendum quod verum est. In somno operantur virtutes interiores, tamen, quia in vigilia operantur omnes virtutes, ideo, ubi una virtus deficit, alia dirigit; propter hoc minus accidit deceptio. Sed in somno non operantur omnes virtutes sed paucae, et illae in parte sunt ligatae. Unde, si in eis fiat deceptio, per alias non possunt dirigi.

⟨Ad 2⟩ Ad secundum dicendum quod, licet in vigilia posset fieri deceptio a parte virtutis exterioris et etiam a parte virtutis interioris, tamen, si unus sensus decipiatur in vigilia, potest dirigi per alium sensum.

⟨Ad 3⟩ Ad ultimum dicendum quod, licet in vigilia sunt plures motus exteriores, in somno tamen sunt plures motus interiores. Et praeter hoc propter pluralitatem motuum non solum fit deceptio sed etiam propter impotentiam iudicantium et cetera.

⟨Quaestio 21⟩
⟨Utrum iudicium intellecus ligetur in somno⟩

Quaeritur: utrum iudicium intellectus ligetur in somno?

⟨1⟩ Videtur quod non, nam in somno contingit syllogizare, sed absque iudicio intellectus non potest syllogizare; igitur et cetera.

⟨2⟩ Praeterea, virtus superior non dependet a virtute inferiori, sed intellectus est virtus superior quam sensus; igitur intellectus potest in operationem suam absque sensu, et ita in somno.

---

2 quinto] primo L_2OV | figmenta] *coni. codd.* figurae 2–3 quia … sunt] *om.* O (*hom.*) 3 somno] somnio M_2 4 iudicant] iudicent L_2M_2 5 similitudinibus] similibus O 7 quod] *om.* M_2 | somno] somnio M_2 8 in] *om.* O | operantur[2]] cooperantur O 9 ubi] *om.* L_2V quod O | dirigit] et *add.* O 10 somno] somnio M_2 13 secundum] argumentum *add.* O 14 virtutis[1]] sensus M_2 16 dicendum] *om.* L_2OV 17 somno] somnia M_2 | praeter] per OV 18 solum] *om.* L_2OV 22 quaeritur] *om.* L_2V 24 potest] contingit M_2 27 ita] non L_2V | somno] somnio M_2

1–3 unde … sunt] ARISTOTELES, *Metaphysica*, V, 29, 1024b 23–24 (AL XXV.2, ed. Vuillemin-Diem, 113, 17).

Ad oppositum: quae repugnant bonis moribus non reputantur pro vitiis, si appareant in somno. Si enim in somno alicui appareat quod interficiat hominem | V 107va et committat aliud peccatum, hoc non reputatur pro vitio, quod non esset, nisi iudicium rationis esset ligatum in somno.

Ad quaestionem dicendum quod intellectus potest habere in somno iudicium imperfectum, sed non perfectum; cuius ratio est: quoniam obiectum proportionale intellectui nostro est res in materia sensibili existens. Nunc autem perfectum iudicium de re haberi non potest, nisi cognoscantur | L_2 173ra alia quae ad rem pertinent, et maxime, | O 85va si ignoraret finem et terminum rei. Nunc autem sicut in scientia factiva finis est optimus, sic scientiae naturalis finis est illud quod principaliter apprehenditur per sensum. Faber enim non quaerit | M_2 94rb cognitionem de cultello nisi propter opus, ut sciat facere cultellum, et naturalis non quaerit cognitionem de homine vel equo, nisi ut cognoscat rationes eorum quae sunt apud sensum. Cum nihil cognoscimus scientia naturali nisi per sensibilia et ut sub sensu cadunt, perfectum igitur iudicium intellectus nostri non potest fieri ligatis sensibus, quod accidit apud somnum.

Intelligendum tamen est quod, quia somnus fit propter fumositates et evaporationes, secundum diversam dispositionem illorum vaporum magis vel minus solvitur vel ligatur iudicium intellectus, et ideo aliquando contingit quod intellectus in somno habeat iudicium perfectius et aliquando iudicium minus perfectum. Numquam tamen habet homo ita perfectum iudicium in somno de argumentatione, quin in vigilia percipit se in aliquo defecisse.

⟨Ad 1⟩ Et per hoc patet ad primum argumentum: homo enim, etsi syllogizet in somno, hoc tamen est imperfecte.

⟨Ad 2⟩ Ad aliud dicendum quod, etsi intellectus sit superior quam sensus, tamen omnis cognitio intellectiva oritur a sensu.

---

1 reputantur] reputuntur L_2 reputant V 2 alicui] in somno *add.* L_2 3 et] vel M_2O | aliud] illud L_2 aliquod M_2 | peccatum] pulchrum M_2 5 somno] somnio M_2 8 autem] aut L_2 9 alia] omnia M_2 | et^1] ut M_2 | et terminum] incertum L_2OV 10 autem] aut OV | factiva] phantastica L_2OV 11 illud] idem M_2 12 cognitionem] rationem M_2 | nisi] nec M_2 | ut] scilicet *add.* M_2 14 sensum cum] intellectum unde M_2 18 somnus] somnum M_2 19 magis] maius L_2OV 21 quod intellectus] propter intellectus quod M_2 | somno] somnio M_2 | iudicium] *om.* OV | et] *om.* M_2 23 somno] somnio M_2 | quin] quando M_2 25 etsi] et V 26 somno] somnio M_2 27 aliud] aliquid M_2 | dicendum] *coni. codd. om.* | sit] est L_2 28 sensu] et cetera *add.* L_2

〈Liber tertius〉
〈De divinatione per somnium〉

〈11〉 *De divinatione* et cetera

〈Quaestio 22〉
〈Utrum divinatio in somniis sit possibilis〉

Quaeritur primo: utrum divinatio in somniis sit possibilis?

〈1〉 Probatur quod non, quia omnis cognitio certa est ex aliqua causa, ut per demonstrationem vel aliquo alio modo, sed divinatio somniorum non inest nobis per demonstrationem, quia tunc non immitteretur fatuis; igitur divinatio somniorum non est nobis possibilis.

〈2〉 Praeterea, illa scientia aut est a Deo immissa aut est a nobis; non a Deo, quia tunc inesset sapientibus et non fatuis, | nec a nobis, quia videtur V 107vb esse supra prudentiam humanam per somnia intelligere futura contingentia.

Oppositum vult Philosophus qui dicit quod de divinatione in somniis neque contemnere idoneum neque suaderi. Et Commentator dicit quod nullus est homo cui somnium non enuntiavit aliquod futurum.

Ad quaestionem dicendum quod sic, quia divinatio secundum quod hic fit sermo de ea non est aliud quam somnium significativum, sed multa somnia sunt significativa, quia non est homo cui somnia non praedixerunt aliquod futurum. Ideo omnes homines aliquo modo participant divina|tione, et ponunt et opinantur divinationem esse. Sed secundum Philoso- O 85vb phum septimo *Ethicorum* fama non omnino perditur quam multi homines famant. Propter quod est dicendum quod multa somnia sunt significativa, et tunc divinatio est possibilis.

---

3 et cetera] *om.* M_2 6 primo] *om.* M_2 | somniis] somnis V 7 ex] ab M_2 9 immitteretur] immittetur O 11 est^1] nobis *add.* O 12 fatuis] et *add.* M_2 | quia^2] *om.* M_2 13 futura] *corr. ex* sua O sua V 15 somniis] somnis V 16 idoneum] est *add.* O | commentator] compositor M_2 17 nullus] nec M_2 19 quam] qua O 21–22 divinatione] divinationem O

---

3 de divinatione] Aristoteles, *De divinatione per somnium*, 1, 452b 12 (AL xv.2.3, ed. Drossaart Lulofs, 33, 1). 15–16 philosophus … suaderi] Cf. Aristoteles, *De divinatione per somnium*, 1, 462b 12–13 (AL xv.2.3, ed. Drossaart Lulofs, 33, 1–3). 16–17 commentator … futurum] Cf. Averroes Cordubensis, *In De somno et vigilia* (ed. Shields, 94, 26–28). 22–23 philosophum … perditur] Aristoteles, *Ethica Nicomachaea*, vii, 14, 1153b 18–19 (AL xxvi.2.2, ed. Gauthier, 295, 8–9).

Sed advertendum per Albertum hic quod aliquando somnia significativa ostenduntur nobis ex corporibus caelestibus et aliquando ex nobis ipsis. Et L$_2$ 173rb somnia | quae habent originem ex nobis aut extenduntur ex parte corporum aut ex parte animae. Ex parte corporum sicut contingit, si in aliquo abundet humor phlegmaticus vel cholericus ex quo contingit partes corporis moveri et per consequens virtutes et potentias alligatas organis quae non ligantur in somno, et ex illo humore contingit phantasiam formare sibi idolum simile illi humori. Ex quo contingit quod aliquis somniat se esse in aqua vel in igne, et illa somnia sunt signa infirmitatum quae accidunt ex tali humore, ut si nos somniamus nos gustare dulcia phlegmate descendente a capite, sicut dicit Albertus, quod quidam somniat picem ardentem infundi in ventre suo, quia in eo abundat cholera nigra. Unde ipse surgens emisit choleram nigram. Et tunc contingit quod somnia aliquando insunt nobis ex parte corporis.

Aliquando autem contingit somnium ex parte animae, ut contingit quan- V 108ra do aliquis in vigilando maxime afficitur circa | dilectum suum, sicut dicit Philosophus, quod amici procul existentes maxime sunt solliciti sibi invicem. M$_2$ 94va Contingit igitur quod anima formet sibi idolum | conveniens dilecto, et ex hoc quod idem idolum apparet imaginationi, apparent multa idola eorum quae eveniunt circa dilectum de eufortunio et infortunio, similiter de prosperitate et improsperitate.

Aliquando autem inest nobis somnium a corporibus caelestibus, nam corpora caelestia influendo virtutem corpori nostro et partibus eius alterant partes corporis in somno, et per consequens virtutes alligatas ipsis, et tunc contingit quod phantasia formet idola convenientia influentiae corporis caelestis quae mittuntur ad sensum communem, et provenientia ibi

1 per] est secundum M$_2$ | significativa] signa M$_2$ 2 ostenduntur] ostenditur M$_2$ 2–3 et^2 … nobis] *om.* M$_2$ (*hom.*) 3 extenduntur] extendentur L$_2$M$_2$O | corporum] corporis M$_2$ 4 corporum] corporis M$_2$ 6 consequens] *om.* L$_2$OV 7 somno] somnio M$_2$ | contingit] *om.* L$_2$OV 9 et] *om.* L$_2$ | infirmitatum] *loc. vac.* L$_2$ vel pluviae O vel plu V | accidunt] accidit L$_2$OV 11 albertus] et *add.* O | quidam somniat] *coni.* quidem somniavit L$_2$ quaedam somniant M$_2$ quidem somniant OV 12 abundat] abundavit M$_2$ | emisit] commisit L$_2$ 14–15 quando] quodsi M$_2$ 15 afficitur] efficiatur M$_2$ | dilectum] delicium V 16 sibi] *om.* O 17 igitur] sibi O | dilecto] delicto V 18 idem] *om.* O | imaginationi] imaginativam M$_2$ 19 dilectum] delictum OV 21 a] ex L$_2$M$_2$ 23 somno] somnio L$_2$ 25 provenientia] pervenientia M$_2$

1–2 albertum … nobis^1] Cf. ALBERTUS MAGNUS, *In De somno et vigilia*, III, tr. 2, cap. 5 (ed. Borgnet, IX, 202b). 11 albertus … suo] Cf. ALBERTUS MAGNUS, *In De somno et vigilia*, III, tr. 2, cap. 1 (ed. Borgnet, IX, 198b). 15–16 philosophus … invicem] ARISTOTELES, *De divinatione per somnium*, 2, 464a 27–32 (AL XV.2.3, ed. Drossaart Lulofs, 45, 8–10). 21–237.4 aliquando … caelestium] Cf. SIMON DE FAVERSHAM, *Quaestiones in De somno et vigilia*, qu. 13 (ed. Ebbesen, 143).

alterant organum sensus communis. Ex qua alteratione apparent idola aliquorum effectuum futurorum animae; et contingit quod pronuntiet de fertilitate et infertilitate terrae et de bellis contingentibus | quae accidunt ex O 86ra
dispositionibus corporum caelestium.

⟨Ad 1⟩ Ad primum argumentum dicendum quod cognitio de significatione somniorum non est certa nisi sub condicione. Nec aliter potest interpretator somniorum certitudinaliter dicere effectum somnii evenire, sed potest per suam scientiam scire effectum evenire, nisi aliquis fortior motus superveniat. Unde non debet absolute dicere quod talis effectus eveniet, sed debet dicere quod talis effectus eveniet, nisi impediatur. Et ideo dicit Albertus quod astrologi nostri temporis et interpretatores somniorum errant certitudinaliter asserentes quod talis effectus eveniet. Unde faciunt scientiam astrologicam vilescere, cum tamen defectus | non sit in ea. L_2 173va

⟨Ad 2⟩ Ad aliud dicendum quod somnium nullum est immediatum a Deo, sed aliquod est a Deo mediate, ut videlicet mediante corpore caelesti, ut dictum est.

⟨Quaestio 23⟩
⟨Utrum eventus somnii necesse sit evenire⟩

Quaeritur secundo: utrum eventus somnii necesse sit evenire?

⟨1⟩ Quod sic videtur, nam posita causa ponitur effectus, quia causa et effectus se habent relative, sed quaedam somnia sunt causae quorundam effectuum, ut dicitur in littera; igitur necesse est effectum talis somnii evenire.

⟨2⟩ Praeterea, divinatio est somnium significativum, sed de divinatione est scientia, sed scientia non est nisi de necessariis; igitur divinatio est necessaria. Sed, si causa vel signum sit necessarium, effectus et signatum erit necessarium.

Oppositum vult Philosophus.

---

1 sensus] sensum M_2 3 et^1] vel M_2 | et ... infertilitate] *om.* L_2 4 dispositionibus] suppositionibus L_2OV 7 certitudinaliter] circulariter O | somnii] *coni. codd.* somni 8 aliquis] autem L_2V alius O 10 debet dicere] dicet O | talis effectus] *om.* O | eveniet] eveniat L_2V 13 astrologicam] astrologam L_2OV 14 somnium nullum] nomen somnium M_2 15 mediante] eveniente L_2OV | corpore] corpori L_2 19 somnii] *om.* L_2 somniorum M_2 22 effectum] effectus O | talis] tali M_2

10–12 albertus ... eveniet] Cf. ALBERTUS MAGNUS, *In De somno et vigilia*, III, tr. 2, cap. 5 (ed. Borgnet, IX, 202b).

Ad quaestionem dicendum, sicut dicit Philosophus in littera, quod quae- V 108rb dam | somnia sunt signa et quaedam causae et quaedam accidentia, verumtamen non est necesse eventum somniorum evenire. Si enim aliquis somniet totum orbem esse accensum, signum est quod humor cholericus nimis in suo corpore abundat. Talis etiam humor signum vel causa potest esse aegritudinis futurae, sicut patet in exemplo Alberti de illo qui somniavit picem ardentem infundi in ventre suo qui postea, quando evigilavit, emisit choleram nigram, et similiter est in aliis, ut cum aliquis somniat se gustare dulcia, signum est quod in somno phlegma fluit ad gustum, nam modicus motus in vigilia apparet magnus in somno.

Unde manifestum est quod quaedam sunt signa et quaedam sunt causae, nam, sicut operantes in vigilia vel disponentes agere in futuro solliciti sunt imaginando illud opus inchoandum vel inchoatum complere, et tunc motus vigiliae est causa motus in somno, sic e converso, aliqui in dormiendo M_2 94vb tantum imaginantur aliquem actum et afficiuntur circa ipsum quod | evigil- O 86rb antes reducunt illud imaginatum ad actum, et tunc somnia sunt | causae illorum operum. Et quaedam somnia sunt accidentia, ut, si aliquis somniet se ambulare, et tunc accidat Lunam eclipsari, illud somnium non est causa nec signum eclipsis sed accidens.

Sed intelligendum quod, quamvis quaedam sint causae vel signa aliquorum effectuum, non tamen oportet quod positis illis somniis ponentur effectus in praesenti nec etiam in futuro, quoniam causae possunt esse praesentes in istis inferioribus et etiam in superioribus, et tamen effectus impediri, sicut nubes quae sunt causa pluviae, vel signa possunt superius congregari, et tamen fortiori agente superveniente possunt illae nubes dis- L_2 173vb solvi et effectus impediri. Et similiter humor | corruptus qui est causa aegritudinis futurae potest esse in corpore, et tamen per medicinam vel per aliud accessorium potest fieri talis alteratio quod aegritudo non eveniet. Similiter

5 abundat] humidat L_2 7 suo] *om.* M_2 | evigilavit] vigilavit M_2OV 11 et … quaedam] quaedam etiam M_2 12 nam] *om.* M_2 | operantes] apparentes M_2 13 illud] idem M_2 | inchoandum] inchoando L_2 inchoatum M_2 | inchoatum] inchoandum M_2 inchoandi O 15 tantum] cum L_2OV | afficiuntur] afficitur M_2O 16 reducunt] educunt O | illud] idem M_2 17 et] etiam *add.* M_2 | ut] et OV | somniet] somniat M_2 18 illud] idem M_2 20 intelligendum] est *add.* M_2 | quamvis] quarum M_2 | sint] somnia sunt O 20–21 aliquorum] aliorum V 21 ponentur] ponantur M_2 22 quoniam] quam O 23 in^2] *om.* O 27 vel] *om.* L_2M_2 | aliud] aliquid M_2

1–2 philosophus … accidentia] Cf. ARISTOTELES, *De divinatione per somnium*, 1, 462b 16–18 (AL XV.2.3, ed. Drossaart Lulofs, 35, 1–3). 6–7 alberti … suo] Cf. ALBERTUS MAGNUS, *In De somno et vigilia*, III, tr. 2, cap. 1 (ed. Borgnet, IX, 198b).

est de actibus voluntariis, quia multi disponunt se talia facere, et tamen aliis supervenientibus desistunt a priori et prosequuntur secundum. Et sic est de somniis quod, licet sint signa vel causae aliorum effectuum, tamen per agens fortius superveniens possunt effectus impediri.

Unde diligenter est advertendum quod, sicut est de somnio, sic est de consilio. Si enim aliquis habeat consilium eundi Londonias, | ita quod sit V 108va in firmo proposito adire Londonias, non propter hoc oportet quod faciat secundum illud consilium, quia potest habere sanius consilium et secundum illud operari. Sic est de somnio. Si enim aliquis operetur secundum quod habet in proposito, possibile est quod, si sic operetur, aliquod infortunium sibi accidet necessario et possibile est quod somniet de tali infortunio. Et posito quod operetur sicut prius habuit in proposito operandi, illud infortunium necessario eveniet, non tamen est necessarium simpliciter quod illud infortunium sibi accidat, quia possibile est quod habeat sanius consilium, ita quod non operetur, sicut prius proposuit. Et tunc non est necesse quod infortunium sibi accidat. Et ideo bonum est aliquando propter apparentia in somno quod homo mutat propositum et agat aliter quam agere proposuit.

Dico tamen ut prius quod non est necesse simpliciter effectus somniorum evenire, sed necesse est aliquando effectum evenire, nisi fortior motus superveniat. Et ideo dicit Albertus quod astrologi dicentes determinate quod talis effectus eveniet et posito quod fortius agens concurrat et impediat effectum, faciunt scientiam astrologicam vilescere, cum tamen defectus non sit in ea, quoniam illi qui determinate asserunt quod talis effectus eveniet, posito quod fortius agens | concurrat et impediat effectum, homines O 86va increpant ipsum et scientiam suam, cum sit increpandus et non scientia sua. Unde ipse haberet dicere quod talis effectus eveniet, nisi fortior motus superveniat.

---

1 actibus] accidentibus L$_2$ | quia] quae O | se talia] aliqua M$_2$ ante OV 2 prosequuntur] prosequitur L$_2$ persequentur M$_2$ 3 sint] sunt M$_2$ | aliorum] aliquorum M$_2$ 4 possunt] poterunt M$_2$ 5 sicut] sic M$_2$ | somnio] somno V | sic] sicut M$_2$ | est^3] *om.* M$_2$ 6–7 ita ... londonias] *om.* O (*hom.*) 8 illud] idem M$_2$ 9 illud] idem M$_2$ | somnio] somno V 12 illud] idem M$_2$ 14 illud] idem M$_2$ | infortunium] fortunum V 15 proposuit] posuit M$_2$ 16 quod] idem *add.* M$_2$ 17 homo] hoc M$_2$ | mutat] mutet M$_2$ 19–20 simpliciter ... necesse] *om.* M$_2$ (*hom.*) 22–23 et ... effectum] *om.* M$_2$ 23 astrologicam] astrologam L$_2$OV 24 quod] quoniam M$_2$ 25 et^2] *om.* O | impediat] impediunt V 26 cum] tamen ipse *add.* M$_2$

21–23 albertus ... vilescere] Cf. ALBERTUS MAGNUS, *In De somno et vigilia*, III, tr. 2, cap. 5 (ed. Borgnet, IX, 202b).

⟨Ad 1⟩ Ad primum argumentum dicendum quod somnia sunt causae aliquorum effectuum, non causae necessariae sed causae impedibiles et causae sub condicione, ut scilicet posito quod non impediantur. Et posita tali causa non oportet ponere effectum.

⟨Ad 2⟩ Ad aliud dicendum quod, etsi de divinatione sit scientia, tamen possibile est divinationem deficere in particulari, sicut alia naturalia in particulari possunt deficere, verumtamen divinatio in universali non deficit. Similiter, de divinatione non est scientia nisi sub condicione posita, et sub illa condicione non deficit, ut praetactum est.

L$_2$ 174ra Circa dictum Philosophi, quando dicit quod fatui et melancholici sunt | bene
M$_2$ 95ra divinantes, | intelligendum est quod aliud est divinare et aliud divinationem interpretari, sicut aliud est illud quod est verum et aliud est cognoscere verum. Illi sunt bene divinantes quibus apparent vera somnia, sed illi sunt boni interpretatores somniorum qui cognoscunt quae somnia quorum sunt signa. Illi bene divinant qui habent animam mundam a curis exterioribus et a motibus interioribus liberam, et tales sunt fatui, quia fatui non sunt solli-
V 108vb citi circa terrena, et | ideo modici motus eis apparent in somno quae non apparent aliis circa alia sollicitis.

Similiter, melancholici sunt frigidi et sicci, et ideo recipiunt impressiones de difficili mutabiles, quae impressiones manent, etsi mutentur in passionibus. Unde, etsi novae passiones supervenient, tamen priores impressiones manent. Similiter, multa eis apparent in somno, sicut multa imaginantur in vigilia. Vapores etiam in melancholicis ascendentes ad caput sunt obscuri et nigri, unde inficiunt et obscurant phantasmata, sicut fumus niger inficit illud quod attingit. Et ideo anima eius naturaliter abhorret sua phantasmata, etsi hoc non percipiat; et propter hoc non permanet in eadem imagine, sed mutatur de simili in simile. Sed secundum Philosophum in littera proverbialiter dicitur: *qui plura iacit dispariter iacit*. Unde non potest esse, quin

1–2 aliquorum] aliorum V 3 posita] posito L$_2$ 5 sit] ut V 8 et sub] *om.* M$_2$ 9 ut … est] *om.* M$_2$ 11–13 intelligendum … divinantes] *om.* L$_2$OV (*hom.*) 13 quibus] post M$_2$ 15 mundam] *om.* L$_2$ 16 motibus] montibus M$_2$ | quia fatui] *om.* L$_2$ 18 apparent] apparerent M$_2$ | alia] aliis L$_2$ 20 impressiones] *coni. codd.* passiones | mutentur] immutentur O 22 somno] somnio M$_2$ | imaginantur] imaginatur M$_2$ 23 ascendentes ad] *coni.* ascendentes L$_2$V ad M$_2$O 25 illud] idem M$_2$ | quod] in quot M$_2$ 26 imagine] imaginatione O | sed] si L$_2$OV 28 dicitur] quod *add.* L$_2$

10–11 philosophi … divinantes] Cf. ARISTOTELES, *De divinatione per somnium*, 2, 464a, 20–23 (AL XV.2.3, ed. Drossaart Lulofs, 45, 8–13). 28 qui … iacit^2] ARISTOTELES, *De divinatione per somnium*, 2, 463b 14 (AL XV.2.3, ed. Drossaart Lulofs, 41, 1).

melancholico quandoque appareant phantasmata convenientia rei. Et ideo fatui et melancholici saepe somniant vera, et ideo sunt bene divinantes, tamen non sunt boni interpretatores somniorum, quia ad interpretationem requiritur quod homo cognoscat similitudinem sibi apparentem et sciat discernere inter rerum similitudines et inter ipsas similitudines et res quarum sunt. Oportet etiam quod sciat quae phantasmata quos effectus significent et etiam quae sunt influentiae | corporum caelestium. Oportet etiam O 86vb inspicere ad complexionem somniantis et ad mores somniantis. Oportet etiam quod sciat ex una parte phantasmatis figurare eventus, ex alia parte qualitates eventus et ex alia parte mores et condiciones somniantis. Sed hoc est difficile. Ideo fatui et melancholici non sunt boni interpretatores somniorum, ideo et cetera.

Et hic finis est libri qui dicitur liber *De somno et vigilia* secundum magistrum Walterum de Burley.

---

2 divinantes] et *superscr.* L_2 3 tamen] unde M_2 cum O | ad interpretationem] interpretatorem M_2 4 homo] non bene M_2 6 quod] propter M_2 | quos] quis V 9 eventus] et *superscr.* L_2 et *add.* M_2O 10 qualitates ... parte] *om.* M_2 (*hom.*) 12 ideo] *om.* M_2 13 et ... dicitur] explicit L_2 13–14 et^1 ... burley] explicit expositio super libro de somnio et vigilia secundum magistrum galterum burley et cetera M_2

Commentarium in *De longitudine et brevitate vitae* Aristotelis

ed. M. Mansfeld

L_2 152ra B 84^{v}

⟨1⟩ *De eo quod est alia longae vitae esse*

Intentio Philosophi in hoc tractatu est determinare de causis longitudinis et brevitatis vitae. Duae enim sunt causae longitudinis et brevitatis vitae: una intrinseca, alia extrinseca. Extrinseca attenditur ex motu et aspectu corporum supracaelestium; de qua causa non intenditur hic sed de causis intrinsecis. Et sunt duae causae intrinsecae longitudinis et brevitatis vitae, nam secundum Philosophum secundo *De anima* anima est principium vitae secundum omnia genera vitae et per consequens est principium longitudinis et brevitatis vitae. Quia tamen vita est aliud a longitudine et brevitate vitae, oportet longitudinem et brevitatem vitae habere aliam causam,
M_2 117vb et accipitur illa ex | parte corporis. Cui consonat hoc quod Commentator dicit hic quod existimandum est causas longitudinis et brevitatis vitae attri-
M_1 180vb bui istis corporibus ex | parte quattuor qualitatum elementarium quae sunt calidum, frigidum, humidum et siccum. Et certum est quod istae qualitates sunt qualitates corporales. Et ideo bene dictum est causas longitudinis et brevitatis vitae ex parte corporis esse accipiendas. Et de illis causis acceptis ex parte corporis intendimus hic.

---

1 quod … esse] quod est alia esse longae vitae B autem quidem hoc esse longae et cetera L_2 autem quidem est causa esse longae vitae M_1 et cetera autem quod est haec esse longae et cetera M_2 2 philosophi] *om.* M_2OV | est] *iter.* V | determinare] *om.* OV 3 duae … vitae²] *om.* M_1 (*hom.*) 4 aspectu] aspectum B 5 supracaelestium] caelestium V 6 longitudinis … vitae] *om.* B 7 vitae] *om.* OV 9 aliud] sicut B 10 habere] aliquam *add.* $BL_2M_1M_2$ 11 ex] a B | cui] et B 12 causas] de causis OV 12–13 attribui] *om.* V 13 parte] partibus M_1 | quattuor] *om.* M_1M_2 | elementarium] elementorum B 14 calidum frigidum] caliditas frigiditas B | est] *om.* OV 16 accipiendas] accipiendum BM_2 17 ex] a BL_2M_2 | hic] *om.* O

---

1 de … esse] Cf. Aristoteles, *De longitudine et brevitate vitae*, 1, 464b 19–20 (AL xvi.2.1, ed. De Leemans, ALDatabase). 7–8 secundum … vitae] Cf. Aristoteles, *De anima*, ii, 4, 415b 7–12 (AL xii.2, ed. Leonina, 95a 22–95b 2). 11–14 cui … siccum] Cf. Averroes Cordubensis, *In De longitudine et brevitate vitae* (ed. Shields, 129, 55–130, 62). 14–15 et² … corporales] Cf. Aristoteles, *Categoriae*, 5, 3b 25–32 (AL i.3, ed. Minio-Paluello, 52, 16–21).

 | doi:10.1163/9789004704299_005

Iste liber habet partem prooemialem et partem executivam. In prooemio facit tria. Primo proponit intentionem suam, secundo causam intenti et tertio continuat se cum dictis et dicendis. In proponendo intentionem suam dicit quod considerandum est quare | O 109va quaedam animalia sunt longae vitae et quaedam brevis; et non solum est hoc considerandum in animalibus, immo universaliter determinandum est de longitudine et brevitate vitae cuiuslibet viventis.

Causa intenti est: quia de istis contingit dubitare; et de eo quod est per se manifestum non inquiritur in scientia sed de eo quod est dubium. Duo dubia proponit. Unum est: utrum eadem sit causa longitudinis et brevitatis vitae in animalibus et plantis vel alia et alia? Aliud dubium est: utrum sana secundum naturam et ea quae sunt longae vitae secundum | V 232va naturam sunt eadem vel alia, et aegrotantia et ea quae sunt brevis vitae? Istam dubitationem solvit dicens quod aegrotantia secundum quasdam aegritudines sunt brevis vitae et aegrotantia secundum quasdam aegritudines possunt esse longae vitae. Intelligendum quod languor aut contingit ex improportione primarum qualitatum, et certum est quod talis languor abbreviat vitam, aut accidit languor ex quodam superfluo superveniente primis qualitatibus | L$_2$ 152rb proportionaliter se habentibus. Et, si languor accidat isto modo, contingit aliquando quod languor prolongat vitam, eo quod removet illud cuius praesentia abbreviat vitam. Si enim morbus separet illud superfluum et mittat illud ad exteriora, talis morbus est causa longae vitae.

Tertio continuat dicta in hoc libro dictis in libris praecedentibus et dicendis in libris subsequentibus, ut satis planum est in littera et cetera.

---

1 partem[1]] duas partes scilicet M$_1$ | prooemialem et] *om.* O 4 quod ... est] *om.* OV | et] et *iter.* O 5 non ... hoc] hoc non solum L$_2$ | considerandum] est *add.* L$_2$ | in] de M$_1$ | animalibus] si *add.* O | immo] sed quomodo V 6 universaliter ... est] est universaliter determinandum BL$_2$M$_1$M$_2$ | vitae] *om.* B 8–9 per se] *om.* M$_1$ 9 manifestum] *exp.* B | inquiritur] requiritur B | inquiritur ... scientia] *om.* OV | in] *om.* M$_1$ 10 sit] est M$_1$ 11 et alia] *om.* B causa M$_1$ | est] *om.* B | sana] sanum B sanus V 12 ea] aeger V | sunt[2]] sint B 13 et aegrotantia] aegrotantia tamen L$_2$M$_2$ 14–15 sunt ... aegritudines] *om.* M$_1$ (*hom.*) 15 aegrotantia] aegrotantes B | quasdam] alias BL$_2$M$_1$M$_2$ 16 aut] *om.* M$_1$ | improportione] improportionalitate L$_2$ 17 et ... vitam] *om.* OV 19 accidat] accidit B 20 quod[1]] talis *add.* BL$_2$M$_1$M$_2$ 21 abbreviat] abbreviaret L$_2$M$_1$ | enim] ille M$_1$ 22 talis] tunc M$_2$ 23–24 dicendis] dictis BL$_2$M$_1$M$_2$ 24 ut] et B | et cetera] *om.* BL$_2$M$_1$M$_2$

3–7 in ... viventis] Cf. Aristoteles, *De longitudine et brevitate vitae*, 1, 464b 19–21 (AL xvi.2.1, ed. De Leemans, ALDatabase). 10–11 utrum ... alia[2]] Cf. Aristoteles, *De longitudine et brevitate vitae*, 1, 464b 23–25 (AL xvi.2.1, ed. De Leemans, ALDatabase). 11–22 utrum ... vitae] Cf. Aristoteles, *De longitudine et brevitate vitae*, 1, 464b 25–31 (AL xvi.2.1, ed. De Leemans, ALDatabase). 23–24 continuat ... littera] Cf. Aristoteles, *De longitudine et brevitate vitae*, 1, 464b 31–35 (AL xvi.2.1, ed. De Leemans, ALDatabase).

⟨2⟩ *Sunt autem* et cetera

Haec est pars executiva huius libri in qua exsequitur propositum. Et, quia longitudo et brevitas vitae sunt accidentia et ad cognitionem accidentis requiritur cognitio subiecti, ideo Philosophus primo determinat de viventibus quae sunt subiecta longitudinis et brevitatis vitae praemittens quod ipsa viventia diversimode se habent ad istas passiones, et hoc tam viventia differentia genere quam etiam differentia specie, quae etiam sunt unius speciei viventia sunt differentia in diversis locis, quae sunt etiam unius speciei et vivunt in eodem loco diversimode se habent ad istas passiones. Exempl-
B 85^{r} um primi: plantae differunt | genere ab animalibus et sunt longioris vitae quam animalia. Exemplum secundi: homo et equus differunt specie et homo
M_2 118ra est longioris vitae quam | equus. Exemplum tertii: homines habitantes in regionibus frigidis et homines habitantes in regionibus calidis sunt eiusdem speciei et homines habitantes in regionibus calidis sunt longioris vitae quam habitantes in regionibus frigidis. Exemplum quarti: Socrates et Plato mane-
O 109vb ntes in eadem regione sunt eiusdem speciei, et | forte Socrates est longioris vitae quam Plato.

Commentator dicit hic quod longitudo et brevitas vitae differunt multis modis: aut per comparationem ad genus (verbi gratia quod vegetabilia universaliter sunt longioris vitae quam animalia), aut per comparationem ad
V 232vb speciem (verbi gratia quod homo est | longioris vitae quam rana et quod

---

1 autem] haec habentia *add.* B et hanc habentia *add.* L_2M_2 habentia *add.* M_1 2 est] secunda *add.* L_2 | huius libri] *om.* M_1 | exsequitur] expeditur B 3 et[2]] *om.* M_1 | accidentis] accidentium B accidit O 6 istas] suas M_1 alias M_2 | hoc] haec L_2M_1 | tam] causa M_1 7 etiam[1]] viventia B | etiam differentia] *om.* M_1 8 sunt differentia] *om.* $BL_2M_1M_2$ 12 homines] *om.* M_2 | habitantes] habitantibus V 13 frigidis] calidis $L_2M_1M_2$ 13–14 frigidis ... regionibus] *om.* B (*hom.*) 13 calidis] frigidis $L_2M_1M_2$ | eiusdem] unius BL_2M_2 15–16 manentes] habitantes M_2 | manentes ... speciei] sunt eiusdem speciei et manentes in eadem regione L_2 16 sunt] unius et *add.* M_1 | forte] tamen L_2 18 quod] *om.* M_1M_2 | vitae] *om.* BM_1 19 quod] *om.* M_1 20 per] secundum $BL_2M_1M_2$ 21 quod[1]] *om.* M_1 | est] sit BL_2M_2

---

1 sunt autem] Aristoteles, *De longitudine et brevitate vitae*, 1, 465a 3 (AL xvi.2.1, ed. De Leemans, ALDatabase). 6–7 ipsa ... specie] Cf. Aristoteles, *De longitudine et brevitate vitae*, 1, 465a 2–3 (AL xvi.2.1, ed. De Leemans, ALDatabase). 7–9 quae ... passiones] Cf. Aristoteles, *De longitudine et brevitate vitae*, 1, 465a 3–4 (AL xvi.2.1, ed. De Leemans, ALDatabase). 9–17 exemplum ... plato] Cf. Aristoteles, *De longitudine et brevitate vitae*, 1, 465a 4–12 (AL xvi.2.1, ed. De Leemans, ALDatabase). 18–245.5 commentator ... plato] Cf. Averroes Cordubensis, *In De longitudine et brevitate vitae* (ed. Shields, 130, 66–131, 6).

palma est longioris vitae quam ficus), aut per comparationem ad aliquem modum (verbi gratia quod habitantes in regionibus calidis et humidis sunt longioris vitae quam habitantes in locis | [M_1 181ra] frigidis et siccis), aut secundum comparationem ad individua (verbi gratia quod Socrates sit longioris vitae quam Plato).

Causae istorum patebunt in sequentibus. Primo tamen oportet accipere quid est de facili corruptibile et quid de difficili corruptibile, antequam sciamus quae est causa longae vitae et quae brevis. Et huius ratio est: quia facilitas et difficultas corruptionis sunt communes passiones omnibus mixtis, et brevitas et longitudo vitae non insunt nisi viventibus; et ideo de facili corruptibile et de difficili sunt | [L_2 152va] communiora quam longitudo et brevitas vitae, et a communioribus incohandum est. Dicit igitur Philosophus quod ignis, aer, aqua et terra non habentia eandem virtutem immo existentia contraria sunt causa generationis et corruptionis aliorum quae corrumpuntur, quoniam ipsa elementa sunt prima generabilia et corruptibilia, et primum in unoquoque genere est causa posteriorum. Unde breviter: ipsa elementa existentia contraria sunt causae corruptionis mixti. Unde Philosophus concludit quod omne mixtum ex elementis est corruptibile.

Intelligendum secundum quod habetur secundo *De generatione*: non contingit reperire complexionem simpliciter mediam, sicut ponit Galenus,

---

1 palma] pallura OV | est] sit BL_2M_2 | per] secundum BL_2M_1 2 quod] *om.* M_1 | habitantes] habitantibus OV 3 aut secundum] ad M_2 4 ad] aut M_2 7 est] sit *superscr.* M_2 | corruptibile^{2}] *om.* $BL_2M_1M_2$ 8 sciamus] *om.* V | vitae] *om.* B | quae^{2}] *om.* OV 10 vitae] *om.* M_1 | nisi] in *add.* B 10–11 et ideo] igitur M_2 12 a] in O *om.* V | communioribus] communibus B 13 non] sunt *add.* L_2M_2 14 existentia] essentia L_2 scilicet ista *superscr.* M_2 | sunt] sub V | aliorum] et sic de aliis BM_1 alium L_2 aliis M_2 15 quoniam] quam O | prima] primo M_2 16 unoquoque] unam quoque B | posteriorum] posterioris B 17 breviter] videtur quod M_2 | causae] causa $L_2M_1M_2O$ 18 ex elementis] elementum B 20 de] *om.* O 21 reperire] reperiri BL_2M_1 accipere OV | ponit] posuit L_2M_1

6–8 primo ... brevis] Cf. ARISTOTELES, *De longitudine et brevitate vitae*, 2, 465a 13–14 (AL XVI.2.1, ed. De Leemans, ALDatabase). 12–14 dicit ... aliorum] Cf. ARISTOTELES, *De longitudine et brevitate vitae*, 2, 465a 14–16 (AL XVI.2.1, ed. De Leemans, ALDatabase). 18–19 philosophus ... corruptibile] Cf. ARISTOTELES, *De longitudine et brevitate vitae*, 2, 465a 14–16 (AL XVI.2.1, ed. De Leemans, ALDatabase). 20–246.2 secundum ... universo] Cf. ARISTOTELES, *De generatione et corruptione*, II, 8, 335a 22–26 (AL XVI.2.1, ed. Judycka, 71, 16–20). | secundum ... commentator] Cf. AVERROES CORDUBENSIS, *In De generatione et corruptione libros*, II, com. 48 (ed. Fobes et Kurland, 129, 55–130, 62).

quia, si sic, habens illam complexionem non haberet determinatum situm in universo. Et ideo, secundum quod ibidem dicit Commentator et etiam in principio *De caelo*, in omni mixto est unum per praedominium, quoniam, si mixerunt omnes qualitates elementares aequaliter, illud quiesceret, ubicumque poneretur, et ita non haberet motum naturalem in universo. In quolibet igitur mixto est una qualitas per praedominium, et illa qualitas praedominans continue agit in ipsa dominata, quousque ipsa demergat, et tunc [M_2 118rb] fit corruptio mixti | vel aliquod dominatorum per aliquod accidens comfortabitur, et tandem deveniet dominans, et iterum corrumpetur mixtum. Unde breviter: secundum sententiam Philosophi contrarietates elementorum sunt causae corruptionis mixti. Qualiter tamen elementa manent in mixto non est hic inquirendum.

Commentator dicit hic quod *omne quod attribuitur animali de generatione et corruptione, cremento et diminutione, somno et vigilia, et universaliter de omni transmutatione non attribuitur nisi his quattuor qualitatibus, scilicet* [O 110ra] *calido et frigido, humido et sicco, non quantitati nec alii qualitati,* | *ut gravitati* [V 233ra] *et levitati, albedini et nigredini*, et hoc declaratum est in libro *De generatione et corruptione*. Longitudo igitur et brevitas vitae non attribuitur nisi his quattuor qualitatibus, verumtamen, ut dicit Philosophus, etsi elementa contraria

---

1 quia] quod B | si] *om.* B$L_2M_1M_2$ | complexionem] passionem M_1 2 universo] mundo *add.* B 3 principio] primi *add.* B$L_2M_1M_2$ | caelo] et mundo *add.* L_2 | unum ... praedominium] una qualitas a dominio M_2 4 mixerunt] in mixto essent B$L_2M_1M_2$ 5 haberet] habet OV 6 per praedominium] a (in M_1) dominio B$L_2M_1M_2$ 7 demergat] devincat BM_2 dominat L_2 dimittat M_1 8 fit] est B 8–9 comfortabitur] comfortabatur B 9 deveniet] devincet BM_1M_2 dominetur L_2 | et^2] sic *add.* BM_1M_2 tunc *add.* L_2 10 breviter] *om.* L_2 videtur M_2 | sententiam] summam M_1 | philosophi] quod *add.* M_2 10–11 contrarietates ... causae] contrarietas est causa L_2M_1 contrarietas elementorum est causae M_2 11 causae] causa B | qualiter] qualitatum B | tamen] *om.* B autem M_2 12 mixto] mixtis L_2 13 quod^1] *om.* B$L_2M_1M_2$ 15 qualitatibus] qualibet O | scilicet] *om.* L_2M_2 16 ut] nec M_1 17 et^2] *om.* O | declaratum] determinatum M_1 18 vitae] *om.* L_2

2–5 et^2 ... universo] Cf. Averroes Cordubensis, *In De caelo*, I, com. 7 (ed. Iuntina II, 6H): "Motus eorum erunt secundum naturalm corporis simplicis dominantis. Impossibile est enim in corporibus compositis aliqua componi aequaliter [...]. Et, si esset aliquod compositum aequaliter, contingeret, quod aliquod corpus non moveretur omnino, sed staret in unocumque loco." 13–17 omne ... nigredini] Cf. Averroes Cordubensis, *In De longitudine et brevitate vitae* (ed. Shields, 129, 55–130, 62). 17–18 hoc ... corruptione] Cf. Aristoteles, *De generatione et corruptione*, II, 9, 335a 24–335b 7 (AL IX.2, ed. Judycka, 71, 18–72, 14). 19–247.2 verumtamen ... modo] Cf. Aristoteles, *De longitudine et brevitate vitae*, 2, 465a 16–17 (AL XVI.2.1, ed. De Leemans, ALDatabase).

sint causae corruptionis mixti naturalis, tamen res artificialis (ut domus) quae non componitur ex elementis non corrumpitur isto modo.

Postea | ponit duplicem corruptionem formarum naturalium. Possunt B 85^v enim formae naturales corrumpi dupliciter: vel corruptione per se (quomodo forma corrumpitur per hoc quod suum contrarium inducitur in eodem subiecto), et sic sanitas et scientia possunt corrumpi et aegritudo similiter non corruptis suis subiectis. Alio modo corrumpuntur tales formae per corruptionem suorum subiectorum, ut animali corrupto corrumpitur sanitas et doctrina quae fuit in animali. De anima tamen movetur dubitatio: utrum habeat duplicem corruptionem quomodo habent scientia et sanitas? | Ad quod dicit Philosophus quod, si anima non uniatur corpori natura, L_2 152vb sed solum accidentaliter uniatur corpori, sicut scientia unitur animae, tunc anima habet duplicem corruptionem. Sed anima non sic unitur corpori, ut scientia unitur animae, sed unitur corpori sicut forma substantialis corporis, et nulla forma substantialis habet nisi unam corruptionem.

Postea movet Philosophus unam dubitationem. Et est dubitatio: si aliquid sit corruptibile secundum suam naturam, et tamen in aliquo ubi sit incorruptibile, ut utrum ignis qui est hic corruptibilis sit in sua sphaera incorruptibilis? Ad illam rationem arguit probans quod ignis est incorruptibilis sic: illud quod corrumpitur, aut corrumpitur propter corruptionem alicuius habentis contrarium in quo ipsum consistit aut corrumpitur per suum pro-

---

1 causae] causa $BL_2M_1M_2$ | corruptionis] *om.* V | naturalis] et *add.* M_1 | res] *om.* V | artificialis] artificiales $BL_2M_1M_2$ 2 componitur] componuntur BL_2M_2 | corrumpitur] corrumpuntur BM_2 3 ponit] dicit L_2M_2 7 corruptis ... subiectis] corrumpitur L_2 8 corrumpitur] corrumpuntur L_2 9 fuit] sunt BO fiunt L_2 | tamen] an *add.* M_1 | movetur dubitatio] moventur duo dubia L_2 | dubitatio] dubitatur M_1 10 habeat] habeant O | habent scientia] habet scientiam B 11 quod[1]] hoc L_2 hoc *superscr.* O | natura] naturaliter L_2M_1O 12 accidentaliter] universaliter M_2 13 anima[1]] *om.* OV 14 unitur[1]] *om.* M_1 | sed] *exp. et corr. in* quia L_2 | corporis] corpori L_2 16 dubitatio] ista *add.* B haec L_2M_2 haec *add.* M_1 17 in aliquo] *om.* V | ubi] non *superscr.* M_1 | sit[2]] *iter.* V 18 hic] *om.* BOV 19 rationem] quaestionem BL_2M_1 conclusionem M_2 | arguit] philosophus *add.* $L_2M_1M_2$ | probans] *om.* M_1M_2 20 illud] idem M_1 | propter] ad BL_2M_2OV 21 consistit] existit BL_2M_1

1–2 tamen ... modo] Cf. ARISTOTELES, *De longitudine et brevitate vitae*, 2, 465a 16–18 (AL XVI.2.1, ed. De Leemans, ALDatabase). 3–7 possunt ... subiectis] Cf. ARISTOTELES, *De longitudine et brevitate vitae*, 2, 465a 21–23 (AL XVI.2.1, ed. De Leemans, ALDatabase). 7–9 alio ... animali] Cf. ARISTOTELES, *De longitudine et brevitate vitae*, 2, 465a 23–27 (AL XVI.2.1, ed. De Leemans, ALDatabase). 9–15 de ... corruptionem] Cf. ARISTOTELES, *De longitudine et brevitate vitae*, 2, 465a 28–32 (AL XVI.2.1, ed. De Leemans, ALDatabase). 16–19 postea ... incorruptibilis[1]] Cf. ARISTOTELES, *De longitudine et brevitate vitae*, 3, 465b 1–2 (AL XVI.2.1, ed. De Leemans, ALDatabase). 19–248.5 ad ... contrarium] Cf. ARISTOTELES, *De longitudine et brevitate vitae*, 3, 465b 2–11 (AL XVI.2.1, ed. De Leemans, ALDatabase).

M_1 181rb prium contrarium. Sed ignis neutro | istorum modorum corrumpitur: non primo modo, quia ignis non est accidens, ideo non inhaeret alicui habenti contrarium per cuius corruptionem corrumpitur; nec corrumpitur secundo modo, quia aut ignis non habet contrarium, cum sit substantia, aut saltem in sua sphaera non habet contrarium.

M_2 118va Istam dubitationem solvit Philosophus dicens quod *hoc sic est verum,* | *sic autem non.* Et illud exponitur dupliciter. Uno modo, quia ista quaestio non solum inducitur pro igne sed etiam pro aliis formis substantialibus, ut pro anima intellectiva, ideo dicit: 'hoc sic est verum', hoc est aliqua forma sub-
V 233rb stantialis est corruptibilis, ut forma ignis, et aliqua est incorruptibilis, ut | anima intellectiva. Aliter exponitur quod 'hoc sic est verum', scilicet quod aliqua forma substantialis habet contrarium; 'sic autem non', id est aliqua non habet contrarium. Forma substantialis quae existit in materia habet contrarium; unde dicit Philosophus quod impossibile est materiam habenti non existere aliqualiter contrarium, et talis forma substantialis quae habet contrarium est corruptibilis. Unde breviter: in hoc consistit solutio quod forma substantialis existens in materia est corruptibilis, quia habet contrarium, sed forma substantialis separata a materia est incorruptibilis nec habet contrarium. Intelligendum est quod forma substantialis existens in materia habet contrarium ex consequenti, nam omnis forma substantialis habet in corpore determinatam proportionem sine qua in corpore esse non potest, et ista proportio habet contrarietatem per se; ideo forma substantialis habet contrarietatem per accidens et ex consequenti. Quod autem in materia

---

2 modo] probo *add.* B | accidens] et *add.* $BL_2M_1M_2$ 4 modo] probo *add.* B 5 non … contrarium] *om.* OV 7 uno modo] primo M_1 | quaestio] conclusio M_1 8 etiam] *om.* OV 9 intellectiva] retensiva L_2 | dicit] quod *add.* $BL_2M_1M_2$ | aliqua] alia BL_2M_2O 10 forma] substantialis *add.* $BL_2M_1M_2$ | et] sic autem non hoc est L_2M_2 est *add.* O | aliqua] alia BL_2M_1O | est incorruptibilis] non est corruptibilis M_1 11 anima] forma M_1 | scilicet] *om.* L_2M_2 12 id est] *om.* B | aliqua[2]] alia BL_2O 13 contrarium] *om.* B | quae existit] existens $BL_2M_1M_2$ 14 unde] impossibile est ut *add.* BL_2M_1 | habenti] mixti BL_2 15–19 et … contrarium] *om.* BOV (*hom.*) 16 breviter] videtur quod M_2 19 est] *om.* OV 20 habet[2]] sequitur $L_2M_1M_2$ 23 in] ex M_2 23–249.1 materia existit] existat BL_2M_1 materia existat M_2

6–7 hoc … non[1]] Cf. Aristoteles, *De longitudine et brevitate vitae*, 3, 465b 11–12 (AL XVI.2.1, ed. De Leemans, ALDatabase). 9 hoc[1] … verum] Cf. Aristoteles, *De longitudine et brevitate vitae*, 3, 465b 11–12 (AL XVI.2.1, ed. De Leemans, ALDatabase). 11–13 hoc … contrarium] Cf. Aristoteles, *De longitudine et brevitate vitae*, 3, 465b 11–12 (AL XVI.2.1, ed. De Leemans, ALDatabase). 14–15 impossibile … contrarium] Cf. Aristoteles, *De longitudine et brevitate vitae*, 3, 465b 12–13 (AL XVI.2.1, ed. De Leemans, ALDatabase). 23–249.2 quod … materia[1]] Cf. Aristoteles, *De longitudine et brevitate vitae*, 3, 465b 13–14 (AL XVI.2.1, ed. De Leemans, ALDatabase).

existit habeat contrarium declarat Philosophus, nam calidum et siccum non sunt separata a materia. Supposito | (O 110rb) igitur quod forma existens in materia habeat contrarium, probo quod omnis talis forma est corruptibilis, quia quaero a te: aut suum contrarium potest inesse subiecto aut non? Si possit inesse subiecto et non nisi corrumpatur contraria forma existens in subiecto, igitur illa forma est corruptibilis. Nec est dare aliud membrum, scilicet quod suum contrarium non possit inesse subiecto, quia sic esset semper separatum a subiecto, et ita esset | (L_2 153ra) aliqua passio separabilis, ita quod possit per se existere non in subiecto.

Viso igitur quod forma existens | (B 86^{r}) in materia est corruptibilis Philosophus declarat modum quo talis forma est corruptibilis, et primo in generali, secundo in speciali. In generali sic: omne existens in materia habet contrarium, et contraria approximata ad invicem sunt mutuo activa et passiva ad invicem et non possunt semper agere; ideo oportet quod fiat permutatio et corruptio. Sed, quia videmus aliquando permutationem fieri non solum a contrario sed a superfluo, sicut magis calidum permutat minus calidum, ideo posset aliquis credere quod corruptio non semper fit a contrario. Ad illud removendum dicit Philosophus quod superfluum est contrarium, et ideo, quando fit permutatio a superfluo, tunc fit permutatio a contrario. Unde magis calidum contrariatur minus calido in hoc quod minus calidum magis accedit ad frigiditatem.

Postea ponit in speciali modos per quos vivens corrumpitur et ponit tres modos. Unus est quod vivens quandoque corrumpitur per contrarium extrinsecum, ut, si vivens sit in aliquo loco in quo sunt qualitates repugnantes suis qualitatibus, tunc vivens corrumpitur. | (V 233va) Alio modo corrump-

1 habeat] *om.* M_2 | philosophus] *om.* O | siccum] rectum BL_2M_2 2 igitur] *om.* B 3 habeat] habet L_2M_2 hanc M_1 4 possit] posset B 4–5 possit ... subiecto[1]] sic L_2M_2 5 corrumpatur] corrumpitur M_1M_2 | contraria] sibi *add.* $L_2M_1M_2$ 6 dare] dicere $BL_2M_1M_2$ | membrum] *om.* L_2 7 possit] posset BM_1 potuit M_2 | semper] *om.* B 8 ita[1]] ista O | ita[2]] nec L_2O illa *superscr.* L_2 | possit] posset BM_1 9 non] nec L_2 10 materia] subiecto M_1 | corruptibilis] primo *add.* L_2 11 quo] quod L_2 | est] et *superscr.* O 12 omne] ignis L_2 13 sunt] sibi M_1 | mutuo] sunt *add.* M_1 13–14 ad[2] invicem] *om.* O 14 ideo oportet] igitur necesse est $L_2M_1M_2$ | oportet] necesse est B 15 quia] nos *add.* M_1 16 sed] et etiam *add.* L_2 etiam *add.* M_1M_2O 20 minus calidum] *om.* OV 21 frigiditatem] frigidum $BL_2M_1M_2$ 22 per] secundum $BL_2M_1M_2$ 24 loco] *om.* M_1

12–15 omne ... corruptio] Cf. ARISTOTELES, *De longitudine et brevitate vitae*, 3, 465b 14–16 (AL XVI.2.1, ed. De Leemans, ALDatabase). 18 dicit ... contrarium] Cf. ARISTOTELES, *De longitudine et brevitate vitae*, 3, 465b 16–18 (AL XVI.2.1, ed. De Leemans, ALDatabase). 22–250.6 postea ... intrinseco] Cf. ARISTOTELES, *De longitudine et brevitate vitae*, 3, 465b 18–23 (AL XVI.2.1, ed. De Leemans, ALDatabase).

itur a continente, scilicet a superfluo. Superfluum enim dicitur continens,
M_2 118vb ut magis | calidum est superfluum respectu minus calidi et magis calidum
continet minus calidum in virtute. Tertius modus est quod vivum quando-
que corrumpitur per contrarium existens in actu in eo; et iste modus differt
a primo modo, quia in primo modo vivum per contrarium extrinsecum
corrumpitur, et isto modo corrumpitur ab intrinseco. Intelligendum quod
per illud contrarium intrinsecum debet intelligi calidum quod aliqualiter
est contrarium humido, cuius signum est, quia inter calidum et humidum
est aliqua actio et aliqua transmutatio quae numquam contingit nisi inter
contraria vel habentia virtutem contrariorum. Et adhuc calidum quod est
principium vitae non est in humido sicut in propria materia sed sicut in
materia aliena, et signum huius est quod calidum continue consumit humid-
um. Et huic consonant Galenus et Avicenna dicentes quod calidum continue
M_1 181va depascitur humido, | quousque veniat mors.

Advertendum est quod istis tribus modis corruptionis positis hic conson-
ant tres modi corruptionis quos ponit Philosophus in libro *De morte et vita*.
Una corruptio est quae est calidi a frigido, et vocatur extinctio, et alia est
O 110va a caliditate intensa cui humidum naturale non potest | sufficere, et vocatur
marcedo; et neutra istarum corruptionum est naturalis. Tertia est corruptio
quae fit per evaporationem humidi radicalis continue exhalati per actio-
nem calidi complantati a natura, et ista corruptio fit successive et in longo
L_2 153rb tempore, et accidit sicut videmus aquam calidam continue infrigidari, | quo-
usque redeat ad propriam frigiditatem; et haec corruptio dicitur naturalis
quae fit cum minori tristitia quam aliae corruptiones.

---

1 continente] contentis M_1 2 est superfluum] *om.* B 3 est] *om.* B | vivum] vivens B 4 corrumpitur] vivum *add.* B | in[1]] *om.* M_1 | actu … eo] eo actu B 5 modo[1]] *om.* $BL_2M_1M_2$ 6 corrumpitur[1]] ab extrinseco et B sed *add.* M_1 | et] in $BL_2M_1M_2O$ | modo] igitur *add.* L_2M_1 7 per] *om.* OV 9 transmutatio] translatio M_2 10 adhuc] ad hoc BL_2OV 12 signum huius] humido signum L_2 | est quod] quia M_2 12–13 consumit … continue] *om.* B (*hom.*) 13 huic consonant] hoc M_1 14 humido] sicut *add.* M_2 | veniat] esset B 18 intensa] extensa B 19 corruptionum] *om.* M_1 | tertia] alia B 20 exhalati] exhalatae M_1 21 complantati] explantati L_2M_1 | et[1]] *om.* OV 21–22 in … et] *om.* BOV (*hom.*) 22 aquam] aqua V | continue] *om.* B 23 dicitur] diceretur L_2 24 quae] quia $BL_2M_1M_2$ | fit] est $BL_2M_1M_2$

15–24 advertendum … corruptiones] Cf. Aristoteles, *De morte et vita*, 17, 478b 22–29 (AL xvi.1.2, ed. Hulstaert, ALDatabase).

Postea concludit Philosophus tria corollaria quae sequuntur ex dictis. Primum est quod, quia a superfluo festinatur corruptio, velut dictum est, propter hoc maior flamma consumit minorem non per se sed per accidens, quia scilicet maior flamma cito consumit hoc alimentum (scilicet fumum), quod quidem alimentum maior flamma non consumeret in multo tempore. Similiter est in vivo: si enim calidum sit superfluum, citius consumet humidum sibi coniunctum quam si esset temperatum.

Secundum corollarium | V 233vb est quod, quia aliquod contrarium inexistit ipsi vivo et contraria approximata ad invicem de necessitate sunt activa et passiva, sequitur quod omnia viventia sunt semper in motu et fiunt et corrumpuntur continue; continens autem cooperatur aut iuvando illam transmutationem aut impediendo eam.

Tertium corollarium est quod, quia continens cooperatur corruptioni vivi et aliquando contra operatur, ideo animalia et omnia viva transposita de regione in regionem sunt durabiliora in quibusdam regionibus et paucioris durationis in aliis regionibus. Si enim animalia calida in quibus fit multa evaporatio transponuntur ad loca calida, festinantur eorum corruptiones. Si enim transponuntur ad loca | B 86^{v} frigida, vita eorum prolongatur, numquam tamen sic quod semper durabunt, quia omne habens contrarium est transmutabile, ut, si habeat contrarium secundum qualitatem, est transmutabile secundum qualitatem, et sic de omnibus aliis.

2 est^{1}] secundum *add.* L_2O | quod] *om.* M_2 | quia] *om.* L_2M_1 | a] *om.* B | velut] et nunc (tunc M_1) BL_2M_1 ut nunc M_2 3 minorem] sed *add.* L_2 4 scilicet^{1}] si B | maior] *om.* OV | cito] totum M_1 | hoc] *om.* M_1 | scilicet^{2}] *om.* M_1 | fumum] frumentum BL_2O fumus M_2 5 maior] minor BL_2M_2 | maior flamma] movet flammam M_1 | flamma non] *om.* OV | non] *om.* BM_1M_2 | multo] minori *add.* OV 6 vivo] humido M_1 | consumet] consumit M_2 consumeret OV 8 quia] quando OV | inexistit] existit L_2M_1 9 activa] accidentia B 10 sequitur quod] sed quia L_2 similiter autem OV | omnia] animalia L_2 11 continue] autem quae *add.* B *om.* $L_2M_1M_2$V | continens autem] *om.* B autem O continens M_2 aut V | cooperatur] operatur B | aut] adhuc B 13 est] *om.* B | corruptioni] corruptionem L_2 14 viva] viventia B 15 sunt] fiunt BM_1 | durabiliora] debiliora BOV | quibusdam] quibus B 16 si] similiter M_1 17 transponuntur] transponantur BM_2O transponitur L_2 18 transponuntur] transferantur B$L_2M_1M_2$ 20 habeat] habentia M_1 21 omnibus] *om.* B$L_2M_1M_2$ | aliis] circa idem et cetera *add.* O

2–7 primum ... temperatum] Cf. ARISTOTELES, *De longitudine et brevitate vitae*, 3, 465b 23–25 (AL XVI.2.1, ed. De Leemans, ALDatabase). 8–12 secundum ... eam] Cf. ARISTOTELES, *De longitudine et brevitate vitae*, 3, 465b 25–27 (AL XVI.2.1, ed. De Leemans, ALDatabase).

〈Quaestio 1〉
〈Utrum habitantes in regionibus calidis sint longioris vitae quam habitantes in regionibus frigidis〉

M$_2$ 119ra Quaeratur: utrum habitantes in regionibus calidis sint longioris vitae quam | habitantes in regionibus frigidis, sicut Philosophus videtur innuere in littera?

〈1〉 Et videtur quod non, quia illa non sunt longioris vitae in quibus est maior exsiccatio et resolutio humidi (quia per exsiccationem et resolutionem humidi radicalis evenit mors), sed in calidis regionibus est maior exsiccatio et resolutio humidi naturalis quam in frigidis, quia in regionibus calidis aer calidus aperit poros corporum quibus apertis evaporat humidum cum calido naturali.

〈2〉 Praeterea, ibi non sunt habitantes longioris vitae, ubi citius senium inducitur, sed in regionibus calidis citius inducitur senium, quia, sicut dicit Avicenna, senium in regionibus calidis est infra triginta annos; igitur et cetera.

Ad oppositum videtur esse Philosophus.

Ad istam quaestionem dico quod habitantes in regionibus temperatis
O 110vb sunt | longioris vitae secundum naturam, quoniam animal non moritur secundum naturam, nisi quia humidum radicale est faciliter exsiccabile vel quia calidum naturale est faciliter infrigidabile ab exteriori. Sed in region-
L$_2$ 153va ibus temperatis neutro | modo contingit mori, cuius ratio est: nam aer temp-
V 234ra eratae regionis est temperatus, ita quod calidum non vehementer excedit | humidum nec humidum calidum.

---

4 quaeratur] *om.* L$_2$M$_2$ | sint] sunt BM$_2$ 7 et] *om.* BL$_2$M$_1$ | quibus] quo L$_2$ 8–9 et^1 … mors] *om.* B | et resolutionem] *om.* O 13 praeterea] propterea BOV propter L$_2$ | ibi] illi L$_2$ | habitantes] *om.* L$_2$ 13–14 ubi … inducitur^1] in quibus citius inducitur senium BL$_2$M$_1$M$_2$ quia secundum avicennam senium *add.* O 15 in … calidis] *om.* O | est … annos] et cetera B | igitur] *om.* M$_1$ 17 videtur esse] est L$_2$ | philosophus] hic *add.* M$_1$M$_2$ 18 istam] *om.* M$_1$ | quaestionem] dicendum et *add.* B | dico] dicitur M$_2$ 19 moritur] movetur B 20 nisi] vel *add.* M$_2$ naturalem OV | quia] vel in illis quia B vel *add.* L$_2$M$_1$ | vel] et OV 21 faciliter] *om.* OV 22 mori] mors BL$_2$M$_1$M$_2$ 23 temperatus] temperatur B | excedit] excellit BL$_2$M$_1$M$_2$

5–6 sicut … littera] Cf. ARISTOTELES, *De longitudine et brevitate vitae*, 3, 465a 9–10 (AL XVI.2.1, ed. De Leemans, ALDatabase). 14–15 sicut … annos] Cf. AVICENNA, *Canon medicinae*, I, sen. 2, doctr. 2 (ed. Iuntina, 107b, 27–30): "Et quum in eis maxima fuerit resolutio, et minuetur humiditas, cito adveniet senium, sicut in terra [nigrorum]. Illis nanque, qui ibi morantur advenit senium in annis XXX […]." 17 ad … philosophus] Cf. ARISTOTELES, *De longitudine et brevitate vitae*, 3, 465a 9–10 (AL XVI.2.1, ed. De Leemans, ALDatabase).

Item, animalia in regione temperata sufficientiam habent de humido, quia calidum regionis temperatae non est ita excellens, ut aperiat poros corporis educendo humidum naturale, nam humidum corporum remanet interius, propter quod non sunt | faciliter exsiccabilia. M_1 181vb

Item, habent sufficientiam de calido, quia humidum in animalibus est aereum unctuosum bene compatiens se cum calido, et ideo, cum habent sufficientiam de humido, habent et sufficientiam de calido. Nec aer temperatae regionis est multum frigidus hebetans calidum naturale. Sed animalia non moriuntur secundum naturam, nisi quia humidum radicale est faciliter exsiccabile vel calidum naturale faciliter est infrigidabile, sed in regionibus temperatis humidum non est faciliter exsiccabile nec calidum faciliter infrigidabile propter temperantiam aeris. Ideo manifestum est quod animalia habitantia in regionibus temperatis inter omnia animalia sunt longioris vitae.

Istud tamen videtur contra dictum Philosophi in libro *De problematibus*, ubi dicit quod habitantia in regionibus calidis sunt longioris vitae, quia sunt imputrefactibilia (calidum enim bene conservat a putrefactione).

Ad illud dicendum quod duplex est causa mortis: una accidentalis quae est putrefactio humorum in corpore, alia est naturalis, scilicet exhalatio humidi facta in longitudine vitae per continuam evaporationem a calido. Et, sicut est duplex causa mortis, sic est duplex causa vitae et duplex vita. Quando igitur Philosophus dicit quod habitantes in regionibus calidis sunt longioris vitae, dico quod loquitur de vita quae opponitur morti accidentali per putrefactionem; et hoc concludit sua ratio. Sed non sunt longioris vitae illa vita quae opponitur morti naturali quae consistit in proportione calidi et humidi radicalis non multum evaporati.

---

1 sufficientiam] sufficienter L_2OV 3 corporum] eorum $L_2M_1M_2$ 4 non] *om.* B 5 calido] humido L_2 | animalibus] animali M_1 naturalibus M_2 6 aereum] et *add.* L_2 | calido] calidum M_1 | habent] habet B habuerit M_1 7 de humido] cum calido M_2 | habent] habet etiam B | nec] ut B 9 nisi] *om.* OV 10 vel] quia OV | faciliter] *om.* OV | est] *om.* BM_2 | infrigidabile] frigidabile O 15 in] *om.* M_1 16 habitantia] habitantes OV | vitae] quam habitantia in regionibus frigidis *add.* M_2 17 enim] *om.* OV | bene] *om.* BL_2 | conservat] praeservat $BL_2M_1M_2$ | a putrefactione] ad putrefactionem B 19 est[1]] *om.* M_1 | humorum] humidorum OV | est naturalis] essentialis BL_2M_1 21 duplex[3]] est *add.* M_2 23 quod] ipse *add.* M_1 | accidentali] quae est *add.* $BL_2M_1M_2$ 24 hoc] haec B

15–17 philosophi ... putrefactione] Cf. ARISTOTELES, *Problemata*, XIV, 9 (ed. Academia Regia Borussia, 442b, 24–29): "Cur diutius vivunt qui locis calidis suam degunt aetatem? An quia natura sicciore, firmius autem diutiurniusque quod siccum est; mors autem putredo quaedam est."

In animalibus enim in calidis regionibus fit multa evaporatio in modico [M_2 119rb] tempore aperiendo poros et educendo humidum, et ideo habitantes | in regionibus calidis non sunt longioris vitae loquendo de vita quae opponitur morti naturali, sunt tamen longioris vitae loquendo de vita quae opponitur morti accidentali. Ideo dicit Avicenna quod senium est in habitantibus in regionibus calidis infra triginta annos.

Sed adhuc est dubium: an animalia habitantia in regionibus frigidis sunt [V 234rb] longioris vitae? Ad quod dico quod animalia viventia in regionibus frigid- [L_2 153vb] is et humidis sunt brevis | vitae, sed animalia viventia in regionibus | fri- [B 87^{r}] gidis et siccis sunt longae | vitae. | Ratio primi est: quia in regionibus fri- [O 111ra] gidis et humidis faciliter contingit mors naturalis et etiam accidentalis. Naturalis—propter frigidum hebetans calidum naturale et congelans et inspissans humidum radicale. Similiter, faciliter mors accidentalis contingit propter multitudinem humorum extraneorum quae faciliter putrefactionem inducit (quae est causa mortis accidentalis). Sed in regionibus frigidis et siccis non accidit faciliter mors accidentalis quae est per putrefactionem, quia ibi non sunt multi humores inducentes putrefactionem; propter quod animalia in regionibus frigidis et siccis sunt longioris vitae quam frigidis et humidis. Similiter, non contingit ibi faciliter mors naturalis, quia humidum radicale non permittitur educi propter frigiditatem aeris circumstantis, quia frigidum circumstans fortificat calorem interius. Et ideo habitantes in regionibus frigidis et siccis sunt longioris vitae quam habitantes in regionibus frigidis et humidis et etiam quam habitantes in regionibus calidis. Sunt tamen brevioris vitae quam habitantes in regione temperata.

---

1 enim] vero L_2M_2 *om.* OV | regionibus] *om.* M_1 2 et educendo] reducendo $L_2M_1M_2$ 4 naturali] et *add.* M_1 4–5 naturali … morti] *om.* OV (*hom.*) | sunt … accidentali] *om.* M_1 (*hom.*) 5 ideo] *om.* OV | in²] *om.* M_1 6 regionibus] *om.* M_1 7 est … an] *om.* M_1 | an] ante V | regionibus] humidis et *add.* M_2 | sunt] sint B brevis vitae sed animalia viventia in regionibus frigidis sint *add.* M_2 8 viventia] habitantia $BL_2M_1M_2$ 9 animalia] *om.* B 10 quia] qui O 10–11 regionibus … humidis] regione frigida et humida $BL_2M_1M_2$ 11 et etiam] si B 11–12 et² … naturalis] *om.* L_2 (*hom.*) 12 hebetans] et mortificans *add.* $BL_2M_1M_2$ 15 inducit] inducunt M_2 17 quia] qui B 18 in … siccis] regionis frigidae et siccae BL_2M_1 18–19 frigidis² … humidis] frigidae et humidae BL_2M_1 19 non] nec $BL_2M_1M_2$ 20 humidum] frigidum OV | educi] *om.* O | aeris] aere O 23 etiam] sunt longioris vitae L_2 in O 24 brevioris] brevis M_2 | in] regionibus vel in *add.* M_2

5–6 ideo … annos] Cf. Avicenna, *Canon medicinae*, I, sen. 2, doctr. 2 (ed. Iuntina, 107b, 27–30): "Et quum in eis maxima fuerit resolutio, et minuetur humiditas, cito adveniet senium, sicut in terra [nigrorum]. Illis nanque, qui ibi morantur advenit senium in annis XXX […]."

Dico igitur quod habitantes in regione temperata sunt longissimae vitae, et post illos habitantes in regione frigida et sicca, et post istos habitantes in regione calida, sed habitantes in regione frigida et humida sunt brevissimae vitae.

Ad rationes patet per dicta in positione.

⟨Quaestio 2⟩
⟨Utrum ignis in sua sphaera sit corruptibilis⟩

Secundo quaeritur: Utrum ignis in sua sphaera sit corruptibilis?

Videtur quod non, quia omne quod corrumpitur corrumpitur a suo contrario (quia contrarium oportet approximari ad hoc quod fiat corruptio), sed ignis | in sua sphaera propter suam maximam activitatem non patitur secum aliquid contrarium ei. Unde, quidquid sit de partibus inferioribus quae sunt iuxta locum aeris, tamen non videtur quod ignis in partibus superioribus iuxta sphaeram Lunae sit corruptibilis, quia semper ibi est ignis et numquam est aliquod contrarium; igitur ibi non est corruptio. M_1 182[ra]

Ad oppositum est Philosophus.

Ad quaestionem est dicendum quod ignis in sua sphaera est corruptibilis, quia per Commentatorem duodecimo *Metaphysicae* corruptibile et incorruptibile consequuntur totam speciem, ita quod, si unum individuum in aliqua specie sit corruptibile, oportet quod quodlibet aliud individuum in

---

1 dico ... temperata] *om.* O (*hom.*) | igitur] *om.* L_2 2–3 et[3] ... calida] *om.* OV 3 calida] et sicca *add.* M_1 | sed] se B et M_1 | regione[2] ... humida] regionibus frigidis et humidis B 5 rationes] quaestiones B | per] *om.* BM_1 | dicta] praedicta L_2M_2 | positione] adam *add.* B superius et cetera *add.* L_2M_2 possessione O 8 secundo quaeritur] quaeritur BL_2M_2 post haec quaeratur (et cetera *add.* O) OV 9 corrumpitur[2]] *om.* M_1 10 quia contrarium] quod per contrarium approximatum M_1 | approximari ... hoc] *om.* M_1 11 in ... sphaera] *om.* M_1 | activitatem] potentiam B 12 aliquid] aliquod $BL_2M_1M_2O$ | de] in M_1 13 aeris] aere O | ignis] *om.* B 14 ibi ... ignis] inest igni M_2 15 est[1]] ibi *add.* M_1 | aliquod] aliquid B | igitur ibi] *om.* O | igitur ... corruptio] igitur B igni ibi L_2M_2 *om.* M_1 17 est[1]] *om.* BL_2M_2 | ignis ... corruptibilis] sic L_2M_2 19 ita] *iter.* V | si] sit *add.* M_1 20 sit] *om.* M_1 20–256.1 oportet ... corruptibile] et omne corruptibile in eadem specie M_1 20 aliud] *om.* L_2M_2

---

16 ad ... philosophus] Cf. ARISTOTELES, *De longitudine et brevitate vitae*, 3, 465b 1–3 (AL XVI. 2.1, ed. De Leemans, ALDatabase). 18–19 corruptibile ... speciem] Cf. AVERROES CORDUBENSIS, *In Metaphysicam*, XII, com. 35 (ed. Iuntina II, 318A): "Omne enim compositum ex duobus oppositis, quorum alterum invenitur per se, de necessitate et reliquum." | Cf. AVERROES CORDUBENSIS, *In Metaphysicam*, X, com. 23 (ed. Iuntina II, 275K): "Verum contrariorum quaedam secundum accidens quibusdam insunt, ut ea, quae nunc dicta sunt, ac alia multa: quaedam impossibile est, quorum est corruptibile et incorruptibile."

V 234va eadem specie sit corruptibile, sed ignis | existens hic inferius est corruptibilis; ideo quilibet ignis est corruptibilis.

Sed dubium est: a quo ignis in sua sphaera est corruptibilis? Ad quod dicendum quod ignis in sua sphaera corrumpitur per corpora caelestia habentia contrariam virtutem igni. Unde intelligendum quod, sicut immobile simpliciter se habet ad motum simpliciter, sic immobile secundum deter-
L_2 154ra minatum motum se habet ad illum motum; nunc illud quod est | immobile simpliciter est principium omnis motus. Et ideo illud quod est immobile
O 111rb secundum talem motum debet esse principium talis motus. Nunc | inter omnia corpora sola corpora caelestia sunt immobilia motu alterationis, ideo
M_2 119va corpora caelestia sunt principia alterationum inferiorum, sed alteratio | praecedit generationem et corruptionem illorum inferiorum et disponit ad illas; et ideo corpora caelestia sunt principia generationis et corruptionis illorum inferiorum.

Ulterius sciendum quod quaedam sunt stellae quae sunt causae aliquorum effectuum et aliae stellae sunt causae oppositorum effectuum, sicut satis patet, nam quibusdam stellis appropinquantibus fit ver et aliis appropinquantibus fit hiems. Quaedam enim stellae habent virtutem calefaciendi ista inferiora (et illae habent virtutem corrumpendi frigida) et quaedam habent virtutem frigefaciendi (et illae habent virtutem corrumpendi calida). Ignis igitur in sua sphaera sic corrumpitur per hoc quod stellae habentes virtutem contrariam igni accedunt et ingrossant quasdam partes ignis, et partes ingrossatae retraduntur ad inferius, et ibi ingrossantur ultra debitam proportionem formae ignis, et sic corrumpuntur. Et, cum illae stellae recedunt, accedunt aliae habentes virtutem generativam ignis, et ideo accidit iterum tantum de igne generari quantum prius corrumpitur, ita quod sit continua actio et generatio in partibus ignis.

2 quilibet] quaelibet B 3 est corruptibilis] corrumpitur $BL_2M_1M_2$ 4 dicendum] est *add.* M_1 | corrumpitur] *om.* M_1 | caelestia] supracaelestia B 5 unde] sit *add.* L_2 5–6 immobile] mobile OV 7 illud] *corr. ex* idem L_2 idem O 10 sola] *om.* M_1 | caelestia] supracaelestia B | immobilia] solo *add.* L_2 11 principia] omnium *add.* $BL_2M_1M_2$ | sed] est B 12 praecedit] *loc. vac.* B omnem *add.* M_2 | illorum] *om.* M_2 12–13 ad illas] *om.* OV 13–14 et^2 … inferiorum] istorum inferiorum et corruptionis M_1 15 sunt^1 … quae] stellae $BL_2M_1M_2$ 15–16 aliquorum] aliorum inferiorum M_1 16 et … effectuum^2] *om.* BO (*hom.*) | causae] *om.* M_1 17 patet] apparet M_1 | appropinquantibus^1] approximantibus M_1 17–18 appropinquantibus] approximantibus^1 M_1 19 illae] illa M_2 20 et] *om.* B 21 igitur] *om.* O | sic] *om.* BM_1 22 partes^2] ignis *add.* B illae M_2 23 retraduntur] retrudunter M_1M_2 | ibi ingrossantur] ingrossatae BL_2M_1 ibi ingrossatae M_2 24 et sic] *om.* $BL_2M_1M_2$ | corrumpuntur] corrumpitur M_1 | illae] *om.* M_1M_2 25 aliae] stellae L_2 | iterum] *om.* L_2 26 generari] generatur B | corrumpitur] corrumpetur M_2 | quod] ut BM_1M_2

Ad rationem dicendum quod partes ignis contiguatae ad sphaeram Lunae habent contrarium eis sufficienter approximatum, videlicet stellas habentes virtutem frigefaciendi.

Intelligendum tamen quod duplex est contrarium, scilicet contrarium secundum formam et contrarium secundum virtutem. Illud dicitur esse contrarium calido secundum formam quod est actu frigidum habens in se formam frigiditatis, et isto modo aqua contrariatur igni. Contrarium secundum virtutem est tale contrarium quod habet virtutem producendi operationem contrariam, non quia in se habet | formam contrariam, et isto modo | V 234vb B 87^{v} aliquae stellae contrariantur igni, quia ignis habet virtutem calefaciendi et aliquae stellae habent virtutem frigefaciendi. Nulla tamen stella habet in se formam frigiditatis.

⟨3⟩ *Erunt autem neque maxima* et cetera

Hic inquirit Philosophus de proposito principali et primo removet quaedam quae videntur esse causae longitudinis et brevitatis vitae, et in rei veritate non sunt, et ponit multas combinationes.

Prima combinatio accipitur ex parte quantitatis viventium: aliquis posset credere quod maiora in genere viventium sunt longioris vitae. Istud improbat per instantiam, quia equus est maior homine, et tamen est brevioris vitae. Dicitur enim communiter quod, sicut tres vitae canum | faciunt unam vitam L_2 154rb equi, sic tres vitae equorum faciunt unam vitam hominis. Adhuc aliquis posset credere | quod parvitas est causa longitudinis vitae. Illud improbat, M_1 182rb quia multa entomorum (id est decisorum) sunt brevis vitae; multa enim animalia incisa non vivunt ultra unum annum. | O 111va

5 contrarium] *om.* M_2 | esse] *om.* M_1 7 et] *om.* B 8 contrarium] *om.* B 9 non … contrariam²] *om.* M_2 (*hom.*) 10 quia] quae B 13 erunt] sunt B | maxima] maxime L_2M_2 | et cetera] *om.* B 14 hic] nunc OV | quaedam] dubia *superscr.* L_2 15 causae] causa M_1 | longitudinis] vitae *add.* B | et²] sed L_2 17 accipitur] est accepta M_1 | quantitatis] qualitatis BL_2M_2OV 19 instantiam] exerientiam L_2M_1 | quia] *om.* M_1 | brevioris] bene minoris OV 20 quod sicut] *om.* OV | unam] *om.* O 21 sic] et OV | faciunt] facit M_2 22 est] esset M_1 23 quia] ex B | id est] et M_2 | enim] *om.* OV

13 erunt … cetera] Cf. Aristoteles, *De longitudine et brevitate vitae*, 4, 466a 1 (AL xvi.2.1, ed. De Leemans, ALDatabase). 17–258.23 prima … imperfecta] Cf. Aristoteles, *De longitudine et brevitate vitae*, 4, 466a 1–9 (AL xvi.2.1, ed. De Leemans, ALDatabase).

Aliam combinationem ponit quae accipitur secundum genera diversa viventium: non est dicere quod plantae sunt longioris vitae universaliter quam animalia, quia quaedam plantae sunt brevis vitae, ut illae quae in vere vel aestate generantur et in hieme et in autumno corrumpuntur. Nec animalia universaliter sunt longioris vitae quam plantae, nam quaedam animalia sunt brevioris vitae quam quaedam plantae, quoniam secundum quod dicitur in libro *De animalibus* est quaedam avis quae moritur eodem die quo generatur.

M_2 119[vb] Tertiam com|binationem ponit quae accipitur penes diversas complexiones viventium, cuiusmodi sunt habere sanguinem et non habere sanguinem. Aliquis enim posset dicere quod habentia sanguinem sunt universaliter longioris vitae quam non habentia sanguinem, sed Philosophus removet illud dicens quod apes sunt longioris vitae quibusdam habentibus sanguinem. Et hoc consonat ei quod dicitur libro *De morte et vita* quod quaedam apes vivunt per quattuor annos, cuius causa est pinguedo et dulcedo sui humoris. Nec non habentia sanguinem sunt universaliter longioris vitae quam habentia, quia quaedam non habentia sanguinem sunt brevis vitae.

V 235[ra] Quarta combinatio accipitur ex diver|sis habitationibus viventium. Dicit igitur quod ea quae sunt in terra non sunt longioris vitae aquatilibus; quaedam enim plantae et quaedam animalia sunt brevis vitae. Nec ea quae sunt in mari sunt longioris vitae illis quae sunt in terra, quia quaedam quae sunt in mari sunt brevis vitae, ut ostrea et talia animalia imperfecta.

---

2 universaliter] simpliciter M_1 3 brevis] brevioris M_1 4 hieme ... corrumpuntur] autumno corrumuntur (*om.* B) et in hieme BL_2M_2 autumno vel hieme deficiunt esse M_1 5 universaliter] generaliter M_1 | quam] aliae *add.* B 5–6 nam ... plantae] *om.* BL_2 (*hom.*) 7 eodem] eadem M_2 9 ponit] philosophus *add.* B 10 viventium] *om.* OV | cuiusmodi] eius BO cuius V | sanguinem[1]] quam *add. in marg.* O | et] *coni. codd. om.* 11 posset] possit L_2 | dicere] habere M_2 13 dicens quod] quia M_1 14 dicitur] dicit M_1 15 quattuor] quadraginta $BL_2M_1M_2$ | annos] in *add.* BL_2M_2V 16 universaliter] sunt *add.* OV 17 quam habentia] habentibus sanguinem $BL_2M_1M_2$ | sanguinem] *om.* B 19 habitationibus] combinationibus ut M_1 20 igitur] primo *add.* M_1 | quod] *om.* O | aquatilibus] a qualitatibus M_2O 21 quaedam] enim *exp.* L_2 | brevis] brevioris M_1 22–23 longioris ... sunt] *om.* OV (*hom.*) 22 illis] aliis M_1 23 brevis] brevioris M_1 | ostrea] ostra L_2M_2 astra O | animalia] *om.* $BL_2M_1M_2$

6–8 dicitur ... generatur] Cf. Aristoteles, *De historia animalium*, v, 19, 552b 22 (AL xvii.2.1, ed. Beullens et Bossier, 159, 732). 14–15 dicitur ... annos] In Aristotelis *De morte et vita* locus non invenitur. In oppositum est opinio Aristotelis libro *De historia animalium* qui dicit quod apis boni generis vivit decem annos. Cf. Aristoteles, *De historia animalium*, v, 22, 554b 10–12 (AL xvii.2.1, ed. Beullens et Bossier, 163, 823).

Quae autem ut in pluribus sunt longissimae vitae sunt plantae. Quamvis enim non omnes plantae sunt longae vitae, tamen inter omnia viventia quaedam plantae sunt longissimae vitae, ut palma et cyparissus. Et ut in pluribus habentia sanguinem sunt longioris vitae quam non habentia et gressibilia non gressibilibus.

Postea concludit Philosophus duo corollaria. Primum est quod ex quo habentia sanguinem sunt longioris vitae non habentibus et gressibilia non gressibilibus sequitur quod illa quae sunt habentia sanguinem et gressibilia sunt longioris vitae, et inter omnia illa homo et elephans sunt longissimae vitae. Secundum corollarium est quod animalia | maiora ut in pluribus sunt L_2 154va longioris vitae quam animalia minora, et hoc est verum ceteris requisitis pariter se habentibus; unde magnitudo non est causa longioris vitae nisi per accidens.

⟨4⟩ *Causam in his omnibus* et cetera

Hic inquirit veras causas longitudinis et brevitatis vitae. Et primo ponit causas intrinsecas, et supponit | duo. Primum est quod vita consistit in calido O 111vb et humido, unde animal secundum suam naturam debet esse calidum et humidum. Et quod ista requirantur ad esse animalis patet, nam omnia animalia sumunt nutrimentum quod oportet habere aliquale humidum ad restaurationem humidi radicalis continue deperditi, et ideo oportet quod

1 quae] quaedam V | sunt plantae] ut plantae vel palmae et ciprissus M_1 *om.* OV 2 enim] *om.* M_1OV | longae vitae] longissimae M_1 2–3 tamen ... vitae] *om.* M_2 (*hom.*) 3 et^2] *om.* L_2 4 pluribus] animalia *add.* L_2M_2 5 gressibilibus] et *add.* M_1 6 postea] post B | philosophus] *om.* OV | quod] *om.* L_2 7 sunt] sint M_1 8 habentia] sunt longioris vitae non habentibus *add.* L_2 | sanguinem] *om.* L_2OV | et] etiam *add.* BM_1M_2 9 vitae] non gressibilibus *add.* L_2 | et^1] *om.* B | omnia illa] omnia B illa L_2M_1 alia M_2 10 vitae] *om.* O | est] *om.* BM_1M_2 11 requisitis] paribus *add.* M_1 12 longioris vitae] longitudinis M_2 14 in] autem B$L_2M_1M_2$ | omnibus ... cetera] a quidam cuius B | et cetera] *om.* L_2M_1 15 inquirit] philosophus *add.* L_2 | ponit] *om.* B$L_2M_1M_2$ 16 primum est] primo BM_2 17 suam] *om.* B 18 requirantur] requiruntur B$L_2M_1M_2$ 18–19 animalia] vitam habentia *add.* L_2

1–10 quae ... vitae] Cf. Aristoteles, *De longitudine et brevitate vitae*, 4, 466a 9–13 (AL xvi.2.1, ed. De Leemans, ALDatabase). 10–13 secundum ... accidens] Cf. Aristoteles, *De longitudine et brevitate vitae*, 4, 466a 14–16 (AL xvi.2.1, ed. De Leemans, ALDatabase). 14 causam ... cetera] Cf. Aristoteles, *De longitudine et brevitate vitae*, 5, 466a 17 (AL xvi.2.1, ed. De Leemans, ALDatabase). 16–17 primum ... humido] Cf. Aristoteles, *De longitudine et brevitate vitae*, 5, 466a 17–20 (AL xvi.2.1, ed. De Leemans, ALDatabase).

illud nutrimentum digeratur et convertatur in naturam animalis. Sed omnis digestio fit per calidum, ideo oportet calidum inesse animali. Et iterum oportet quod digestio alimenti fiat in humido, quia, si fieret in sicco, consumeretur et combureretur nec converteretur in naturam aliti. Ideo oportet quod animal sit calidum et humidum. Sed secundum Philosophum libro *De morte et vita* secundum idem est animal et vivens, et ideo, si ad esse animalis requiratur calidum et humidum, igitur ad esse vivi; et sic patet prima suppositio. | [M$_1$ 182va]

Alia suppositio est quod senectus est frigida et sicca, et huius ratio est, quia mors terminatur | [V 235rb] ad frigidum et siccum, et ideo oportet quod illae qualitates incipiant dominari | [B 88^{r}] in senectute quae omnino dominantur in morte. Intelligendum est quod, licet senes in se naturaliter debeant esse frigidi et sicci, tamen ab extrinseco et per accidens possunt esse humidi, ut quia calor in senibus est | [M$_2$ 120ra] debilis, ideo non est potens convertere alimentum acceptum, sed remanet maior pars eius indigesta, et ex illa generantur humores phlegmatici; et ideo videmus quosdam senes phlegmaticos et humidos.

Et postea concludit Philosophus quae sunt causae longitudinis vitae, et sunt duae, scilicet calidum et humidum, quia vita consistit in istis. Et ex parte humidi requiruntur duo. Oportet enim humidum quod est causa longae vitae esse tale quod non sit de facili desiccabile, et ideo oportet quod sit pingue, non tamen inflammabile. Illud enim quod est humidum et pingue non est faciliter evaporabile. Propter hoc concludit quod pinguia sunt imputrefactibilia, quia non possunt de facili desiccari, et omnis

---

1 naturam] materiam B 2 et] ideo *add.* BL$_2$ 3 fieret] fuerit M$_2$ 4 nec … converteretur] *om.* B | converteretur] convertetur M$_1$ | aliti] alimenti BL$_2$M$_2$O et nutrimenti *add.* M$_1$ 6 secundum] *loc. vac.* M$_1$ | vivens] vita *superscr.* L$_2$ 6–7 requiratur] requiritur BL$_2$M$_2$ 7 vivi] requiritur calidum et humidum *add.* B | sic] tunc L$_2$ 8 est^3] *om.* M$_1$ 10 in^1] omnino dominatur in B | quae] quia V | quae … morte] *om.* B 11 est] *om.* BL$_2$M$_2$OV | licet] quod *add.* BL$_2$M$_1$O | in se] *om.* BL$_2$M$_1$M$_2$ | naturaliter] morte *add.* B 13 debilis] et *add.* M$_1$ | alimentum] nutrimentum BL$_2$M$_1$M$_2$ 13–14 acceptum] *om.* M$_1$ 14 illa] illo L$_2$ 14–15 humores] *om.* OV 17 et postea] ex praemissis BL$_2$M$_1$M$_2$ 18 scilicet] *om.* M$_1$M$_2$ | consistit] contingit M$_2$ 19 duo] duae L$_2$O | humidum] humidi L$_2$ | quod] quae M$_2$ 21 pingue] bene *add.* L$_2$ | inflammabile] flammabile O | humidum] *om.* B 22 hoc] quod BL$_2$M$_1$M$_2$ 23 sunt] tamen *add.* L$_2$

5–6 secundum … vivens] In Aristotelis *De morte et vita* locus non invenitur. 8 senectus … sicca] Cf. ARISTOTELES, *De longitudine et brevitate vitae*, 5, 466a 23 (AL XVI.2.1, ed. De Leemans, ALDatabase). 19–20 oportet … desiccabile] Cf. ARISTOTELES, *De longitudine et brevitate vitae*, 5, 466a 23–24 (AL XVI.2.1, ed. De Leemans, ALDatabase). 23–261.2 omnis … meteorum] Cf. ARISTOTELES, *Meteorologica*, IV, 1, 379a 20 (AL X.2, ed. Vuillemin-Diem, 106, 32).

putrefactio terminatur ad siccum (secundum Philosophum quarto *Meteorum*). Et causa quare pinguia sunt imputrefactibilia est, quia sunt naturae aereae. Et hoc patet ex hoc quod pinguedo supernatat aquae sicut aer, et quod est naturae aereae est imputrefactibile, quia aer se habet ad alia elementa inferiora quodammodo | sicut ignis, sed ignis est imputrefactibilis L_2 154vb et cetera. Alia condicio ex parte humidi requiritur: quod humidum non sit paucum, nam illud quod est paucum est de facili exsiccabile. Et, quia sic est, illa quae sunt maiora ut in pluribus sunt longioris vitae, quia rationabile est quod habeant plus de humido, et hoc est verum in his quae sunt | eiusdem O 112ra speciei et habent alias condiciones aequales.

Aliud requiritur, scilicet calidum. Unde humidum per se non sufficit ad longitudinem vitae sed humidum cum calido, ita quod illae sunt duae causae; et huius ratio est, quia mors est frigida et sicca, et humidum bene praeservat a sicco et calidum a frigido; ideo calidum et humidum sunt causae longae vitae. Et propter hoc est homo longioris vitae quam quaedam alia animalia, quia habet plus de calido.

Postea assignat Philosophus aliam | causam longitudinis vitae. Aliqua V 235va enim sunt longae vitae quae habent calidum pingue non excellens sed temperatum, et tale calidum facit quod animal non sit de facili exsiccabile (et hoc propter viscositatem eius) nec de facili congelabile (et hoc propter calidum, sicut apparet in oleo). Ex dictis hic apparet manifeste quod complexio temperata non est causa absoluta longitudinis vitae, sicut quidam dixerunt, nam temperatum potest esse in parvo calido et parvo humido, immo

---

1 siccum] ingenerationem B numerationem L_2 incurvationem M_1 incinerationem M_2 *loc. vac.* V 2 quia] vero non possunt de facili desiccari et omnis putrefactio *add.* M_1 3 ex … quod] quia M_1 | pinguedo] pingue BM_1M_2 | aquae] aquam M_2 4 est[2]] et M_2 5 sed] et M_2 6 et cetera] *om.* BM_1M_2OV | alia] illa B | ex] a OV | requiritur] est M_1 7 exsiccabile] desiccabile B | est[3]] *om.* B 8 maiora] sic temperata M_1 | ut … vitae] sunt longioris vitae ut in pluribus M_1 9 in] de M_1 10 alias] *om.* M_2 | aequales] elementales L_2M_1 11 per se] *om.* $BL_2M_1M_2$ | sufficit] per se *add.* B 12 illae sunt] sint B 13 et huius] cuius L_2M_2O 13–14 praeservat] reservat BOV 14 causae] causa L_2OV 15 propter hoc] ratio quare B | alia] *om.* M_1 16 animalia] est *add.* B 17 aliqua] *coni. codd.* alia 18 quae] quia BL_2M_1 | habent calidum] sunt calida B 19 exsiccabile] desiccabile M_1 20 hoc[1]] *om.* M_1 21 ex] et V | hic] *om.* B 22 quidam] quidem L_2 23 nam] non M_2 | temperatum] temperamentum M_1OV

2–3 et … aer] Cf. ARISTOTELES, *De longitudine et brevitate vitae*, 5, 466a 24–25 (AL XVI.2.1, ed. De Leemans, ALDatabase). 6–7 requiritur … exsiccabile] Cf. ARISTOTELES, *De longitudine et brevitate vitae*, 5, 466a 25–26 (AL XVI.2.1, ed. De Leemans, ALDatabase). 7–9 et … humido] Cf. ARISTOTELES, *De longitudine et brevitate vitae*, 5, 466a 26–27 (AL XVI.2.1, ed. De Leemans, ALDatabase). 17–20 postea … congelabile] Cf. ARISTOTELES, *De longitudine et brevitate vitae*, 5, 466a 30–32 (AL XVI.2.1, ed. De Leemans, ALDatabase).

causa longitudinis vitae est temperatum inter calidum et humidum et etiam magnitudo utriusque. Et ideo convenienter est causa longitudinis vitae assignata tam ex parte qualitatis quam ex parte quantitatis.

Postea concludit generaliter quale debet esse humidum quod exigitur ad longitudinem vitae. Et dicit quod illud humidum debet esse firmum et non leviter corruptibile. Illud enim quod est firmum potest magis resistere corrumpenti. Unde humidum debet esse ita firmum quod sit bene compactum et debet esse mediocriter pingue et viscosum. Si enim esset excellenter M_2 120vb pingue, esset inflammabile. Item, oportet | tale humidum non esse superfluum, ita quod sit moderate magnum.

Postea concludit ex dictis tria corollaria. Primum est quod propter illa iam M_1 182vb dicta coitiva et multisperma (id est multum sperma | habentes) cito senescunt et sunt brevis vitae, nam sperma est superfluum humidi nutrimentalis residentis post unionem nutrimenti cum membris. Unde illud quod remanet de potentia post attractionem nutrimenti ad membra convertitur in humorem spermaticum, et sic residet superfluum in membris. Sed, ut L_2 155ra dictum est, superfluum corrumpitur in | virtute contrarii, et ideo immoderata retentio spermatis ducit ad senium et abbreviat vitam. Item, coitiva multum cito senescunt, et huius causam assignat Philosophus dicens: *amplius desiccat emissum* et cetera, id est, si sperma fuerit emissum amplius quam ibi fuerit residuum, tunc fit desiccatio, quia tunc calor provocatus in coitu non solum emittet illud quod erat relictum post unionem nutri- O 112rb menti cum membris, immo educet nutrimentum, et per consequens | de-

---

1 causa] causae $BL_2M_1M_2$ | est] sunt $L_2M_1M_2$ | temperatum] temperamentum BM_1M_2O 2 convenienter] communiter BL_2 2–3 longitudinis ... quantitatis] *om.* B 2 vitae] *om.* L_2OV 7 corrumpenti] corrupto O | unde] illud *add.* $L_2M_1M_2$ | debet] *om.* BOV 9 item] ideo M_2 9–10 non ... superfluum] esse similiter firmum M_1 10 sit] *om.* M_1 | moderate] immoderate BL_2 11 primum] enim *add.* M_2 propria O | est] *om.* L_2 | illa] *om.* BL_2M_2 | iam] *om.* M_1 12 coitiva] continua BL_2 communia M_1 | multisperma] multum spermatica B | habentes] habentia M_1 14 residentis] resistentis B | cum membris] *om.* OV 15 de potentia] supponitur M_1 | potentia] puro BL_2M_1 | attractionem] tractionem V | membra] membrum M_1 16 sic] tunc L_2 | in^2] *om.* M_1 17 corrumpitur] corrumpit BM_2O 17–18 immoderata] immoderatio B 18–19 coitiva] coeuntia M_1 20 et cetera] *om.* $L_2M_1M_2$ | id est] et OV | fuerit] *om.* B sit $L_2M_1M_2$ 22 coitu] coitum B | emittet] emittit L_2 | erat] fuit L_2 23 educet] educit OV

1–3 causa ... quantitatis] Cf. ARISTOTELES, *De longitudine et brevitate vitae*, 5, 466a 32–466b 2 (AL XVI.2.1, ed. De Leemans, ALDatabase). 7–8 unde ... viscosum] Cf. ARISTOTELES, *De longitudine et brevitate vitae*, 5, 466b 2–5 (AL XVI.2.1, ed. De Leemans, ALDatabase). 11–13 propter ... vitae] Cf. ARISTOTELES, *De longitudine et brevitate vitae*, 5, 466b 6–9 (AL XVI.2.1, ed. De Leemans, ALDatabase).

ssicabit. Et, cum humidum non possit evaporare sine suo | calido, relinqu- V 235vb
untur tandem membra frigida et sicca, et sic | inducetur senium. Unde brev- B 88^{v}
iter: secundum sententiam Philosophi tam superfluitas retentionis spermatis quam etiam superfluitas emissionis eiusdem nocet et mediocritas utriusque iuvat.

Secundum corollarium est quod, quia multa emissio spermatis nocet, ideo mulus qui parum coit respectu sui corporis est longioris vitae equa et asino ex quibus mulus generatur, eo quod illa sunt magis coitiva.

Tertium corollarium est quod, quia nimia emissio spermatis abbreviat vitam, ideo femellae sunt longioris vitae masculis, si masculi sint multum coitivi. Et hoc confirmat per signum dicens quod propter hoc passeres masculi sunt brevioris vitae femellis. Albertus dicit quod passeres masculi ut in pluribus non vivunt nisi duobus annis; tantum enim furorem habent in coitu et tantum et totiens mittunt respectu sui corporis quod multotiens, dum coeunt, cadunt mortui aut moriuntur passione detenti.

Postea dicit Philosophus quod labor inducit senium, quia labor desiccat. Senectus enim est sicca, ut dictum est. Et istud est verum de labore immoderato, non de labore temperato, immo, si quis habeat humores phlegmaticos congelatos, tali prodest labor temperatus, quia ex motu fortificaretur calor qui digereret illos humores. Et, licet dictum sit prius quod femellae sunt longioris vitae masculis, tamen secundum naturam masculus est longioris vitae,

---

1 possit] posset BM_2 | suo] *om.* L_2 1–2 relinquuntur] relinquit B relinquentur L_2M_2 2 sic] tunc L_2 | inducetur] inducitur B 2–3 breviter] videtur M_2 3 sententiam] summam M_1M_2 3–4 retentionis ... superfluitas] *om.* O (*hom.*) 4 etiam] *om.* V | eiusdem] *om.* B 4–5 utriusque] utrius OV 6 quia] *om.* M_2 | nocet] *om.* B 7 mulus] nullus B | respectu ... corporis] *om.* B | corporis] corporum L_2 8 mulus] *om.* $L_2M_1M_2$ 9 quia] *om.* L_2 10 masculis] quam masculi L_2 quam mares M_2 | sint] sunt BL_2M_2 11 et hoc] ideo B | quod] *om.* L_2 | hoc²] quod *add.* L_2 12 femellis] quam femellae L_2M_2 13 enim ... habent] habent manifestum furorem O habent nimium fervorem V | furorem] fervorem M_1 14 et totiens] coitum B | mittunt] emittunt $BL_2M_1M_2$ 15 mortui ... detenti] aut moriuntur passione dicenti O | moriuntur] mortis $BL_2M_1M_2$ | passione] sunt *add.* B 17 senectus] senius O 17–18 immoderato] et *add.* B 18 quis] autem B *om.* OV 19 congelatos] tunc *add.* L_2 | quia] qui B | fortificaretur] fortificatur L_2O | calor] *om.* B 20 et] *om.* OV 21 masculis] quam masculi sed L_2 | naturam] talem B

7–8 mulus ... generatur] Cf. Aristoteles, *De longitudine et brevitate vitae*, 5, 466b 9–11 (AL xvi.2.1, ed. De Leemans, ALDatabase). 11–12 passeres ... femellis] Cf. Aristoteles, *De longitudine et brevitate vitae*, 5, 466b 11–12 (AL xvi.2.1, ed. De Leemans, ALDatabase). 12–15 albertus ... detenti] Cf. Albertus Magnus, *In De morte et vita*, tract. 2, cap. 8 (ed. Borgnet, ix, 365a): "Ex hac autem causa, quod passeres masculi citius moriuntur quam foeminae: quia frequentius coeunt ad unam foeminae conceptionem. Et ideo masculi passeres non vivunt ultra duos annos."

quia est animal calidius quam femella, tamen per aliquod accidens (ut per superfluitatem coitus) possunt masculi esse aliquando brevioris vitae quam femellae.

Notanda sunt dicta Commentatoris super istam partem, cuius verba sunt haec: *Dicamus quod declaratum est in quarto* Meteororum *quod generatio* M$_2$ 120va *est, quando virtutes activae dominantur | in generatione super passivas, et quod corruptio accidit e converso, quando scilicet virtutes passivae dominantur super activas. Et hoc fit ita, quando calor mensuratus cum frigore dat* L$_2$ 155rb *generato formam propriam naturalem, | immo haec est illa forma, et humid-* V 236ra *itas mensurata cum siccitate recipit formam propriam. Cum | igitur in ente naturali habuerint dominium duae virtutes activae super passivas, conservabitur suum esse; et quando debilitabuntur, tunc dominabuntur super illas* O 112va *aliae activae propriae alii enti, et sic | corrumpitur illud ens, verbi gratia, quia calor naturalis qui est mensuratus cum humido naturali, quamdiu habuerit dominium in humoribus, non accidet putrefactio. Si igitur fuerit debilis ad* M$_1$ 183ra *digerendum | illos humores aut fuerit nimis intensus, accidet illic calor extraneus corrumpens; et corruptio accidet universaliter, quando proportio naturalis quae est inter virtutes activas et passivas in unoquoque ente fuerit destructa. Et quanto ista proportio fuerit maior, tanto magis illud ens erit remotum a corruptione, et quanto minor, tanto propinquior corruptioni. Et ideo entia in quibus dominatur mixtio aquae et ignis super mixtionem terrae et aeris sunt longioris vitae et existentiae. In aqua enim et igne sunt fortiores qualitates activae quam in terra et aere, et terra et aere sunt fortiores qualitates passivae. Et tale ens est longioris permanentiae, quia enim ista proportio non destru-*

1 aliquod] *om.* L$_2$ aliud O 2 aliquando] *om.* M$_1$ 5 haec dicamus] haec dicimus M$_1$ in duobus OV | in] *om.* B 6 super] virtutes *add.* M$_1$ 7 quod] quia B *om.* M$_1$ | e] *om.* M$_1$ | converso] modo *add.* M$_1$ | virtutes] *om.* BL$_2$M$_1$M$_2$ | virtutes passivae] passione M$_2$ 9 haec] *om.* OV 10 ente] *in* esse *corr.* L$_2$ 11 habuerint] haberet B habuerunt L$_2$M$_1$O | virtutes] naturales *add.* M$_1$ | passivas] passiones M$_2$ 11–12 conservabitur] conformabit BM$_1$O conservabit V 12 debilitabuntur] dilatabuntur OV 13 activae propriae] *inv.* B | alii] aliae B | et] tamen *add.* M$_2$ | sic] tunc L$_2$ | ens] existens V | ens verbi] existens curo O 14 est mensuratus] mensuratur M$_2$ 15 accidet] accidit BL$_2$M$_1$ 16 digerendum] generandum M$_2$ | illos] his M$_1$ | nimis] minus M$_2$ | accidet] accidit B 17 corrumpens] corruptivus L$_2$M$_1$M$_2$ | accidet] accidit BM$_1$ 18 virtutes] *om.* OV | virtutes … passivas] activis et passivis O 19 quanto] *om.* M$_2$ 21 et[1]] mixtio *add.* OV 22 existentiae] essentiae L$_2$ | sunt] erunt L$_2$ 23 qualitates] *om.* BL$_2$M$_1$M$_2$ 24 tale] talis L$_2$ | longioris] fortioris OV | permanentiae] *om.* B | enim] *om.* BM$_2$O

5–267.3 dicamus … masculi] Cf. Averroes Cordubensis, *In De longitudine et brevitate vitae* (ed. Shields, 131, 7–139, 41).

itur in eo a parva transmutatione. Proportio enim naturalis, quando fuerit magna inter virtutes activas et passivas, non destruitur nisi a magna transmutatione et in longo tempore. Corruptio enim nihil aliud est quam putrefactio quae fit ex debilitate virtutum activarum et ex difficultate passivarum. Ideo qui habuerint talem complexionem minime generantur in eis humores indigesti aut humores combusti. Complexio enim naturalis est in proportione naturali quae est inter virtutes activas et passivas. Quando vero virtus frigida activa fuerit minor quam deberet, comburentur humores, et quando calida fuerit minor, accidet indigestio et cruditas. Ista igitur est una causarum per quam una species est longioris vitae quam alia et minus recipit occasiones et infirmitates.

Causa autem secunda est ut proportio naturalis inter duas virtutes activas ad invicem et proportio inter duas passivas ad invicem in aliquo genere aut aliqua specie aut aliquo | individuo aut aliquo modo est maior quam in V 236rb *alio genere aut alia specie aut alio individuo. Et proportio naturalis quam habent animalia et vegetabilia in hac intentione est, ut calor sit maior frigore et humiditas siccitate, ut dictum est alibi. Animalia igitur et vegetabilia in quibus dominantur calidum et humidum, et similiter virtutes activae, sint longae vitae. Et corruptio accidit in animalibus et vegetabilibus, | quando carent* B 89^{r} *altera istarum duarum proportionum aut utraque, quoniam, quando istae duae virtutes activae debilitantur, accidet materiae ut dissolvatur a forma propter | malitiam digestionis et qualitatis materiae; et quando humiditas non* L_2 155va *fuerit multa in eis, accidet quod animalia et vegetabilia desiccentur cito. Calor enim naturalis innatus est consumere | humiditatem, cum sit quasi materia* O 112vb *et nutrimentum illius. Et cum humiditas erit consumpta, calor corrumpetur*

1 in eo] *om.* OV | transmutatione] in eo *add.* OV 2 destruitur] destruetur M_1 3 quam] nisi $BL_2M_1M_2$ 4 ex^{1}] *om.* $BL_2M_1M_2$ | difficultate] *coni. codd. om.* B debilitate $L_2M_1M_2OV$ | passivarum] et *add.* $L_2M_1M_2$ 5 habuerint] habuerunt L_2M_1 | talem] in eis *add.* B 6 proportione] complexione L_2M_2 7 inter] in B 8 comburentur] comburuntur $L_2M_1M_2O$ | minor^{2}] *om.* B 9 accidet] accidit BM_1OV | accidet indigestio] accidunt indigestiones L_2 | cruditas] tu dicas OV | igitur] autem B *om.* O | una^{2}] alia L_2 aliqua M_2 10 et^{1} ... infirmitates] *om.* M_2 (*hom.*) | recipit] receperit L_2 | et infirmitates] *om.* B quam alia L_2M_2 11 causa ... secunda] secunda causa est M_1 | est] *om.* L_2M_1 | ut] quia M_1 12 ad^{1}] ab M_2 13 quam] quod O 14 alio^{1}] aliquo O | genere] si dicitur B 15 et] *om.* BOV | sit] nec calor fit OV 15–16 maior frigore] magis frigor B 16 et humiditas] *om.* B | humiditas] humiditate et L_2 | et^{2}] *om.* BOV 17 dominantur] dominatur OV | et^{2}] *om.* O | similiter] si L_2OV | sint] sunt $BL_2M_1M_2$ 17–18 longae] longioris M_1 18 accidit] accidet M_1 | et^{2}] *om.* OV 18–19 carent ... istarum] cadit aliqua illarum B 19 altera] alteram L_2 aliquam O aliqua V | duarum] *om.* BOV | aut] ut O | utraque] utramque L_2O 20 debilitantur] debilitatur M_2 22 accidet quod] accidit quod B accidit dessicatio ut OV | et] *om.* M_2 23 naturalis innatus] natus naturalis M_1 | innatus] natus L_2M_1 | consumere] considerare B 24 erit] fuerit L_2 est M_2 esset O | calor] enim *add.* M_2 | corrumpetur] corrumpitur M_2

M_2 120vb *et dominabitur frigidum et siccum. Et quanto | magis humiditas consumetur, tanto magis dominabitur frigiditas et siccitas. Siccitas enim videtur esse materia conveniens frigiditati sicut humiditas caliditati. Modi igitur animalium non diversificantur in longitudine vitae nisi secundum diversitatem illorum in calido et humido et in dominio virtutum activarum super passivas; et per has duas causas diversificantur modi hominum et individua eorum in vita.*

Corruptio autem accidit individuis duobus modis: aut naturaliter, quando calor naturalis consumit humiditatem naturalem quae est in illo individuo et dominatur in eo frigidum et siccum, aut accidentaliter, quando in eis generatur de superfluitate digestionis quod natura non potest digerere. Et sic accidunt eis infirmitates. Et in illis non dominantur virtutes activae super passivas, quoniam, quando virtutes activae naturaliter habent dominium in aliquo individuo super has, et non accidit magna causa extrinseca contraria ex rebus quae innatae sunt transmutare complexionem ex extrinseco, necesse est ut cor- M_1 183rb *ruptio illius individui naturalis sit. Et postea | istae vitae naturales diversificantur secundum diversitatem in caliditate et humiditate. Vitae autem hominum naturaliter sequuntur cordis proportionem complexionalem quae est inter vir-* V 236va *tutes activas et passivas | et inter activas ad invicem. Et ideo videmus multos homines quorum membra in manifesto sunt fortia et virtutes eorum magnae, et contingunt eis aegritudines mortales et moriuntur ante senectutem. Et videmus alios minoris virtutis et debilioris venire ad senectutem eorum, licet eorum regimen sit consimile. Et signum huius est quod causa longitudinis vitae est abundantia calidi et humidi cum dominio caliditatis super humiditatem et universaliter virtutum activarum super passivas.*

Notum est quod contrarium vitae est mors. Et mors nihil aliud est quam frigiditas et siccitas. Et signum huius est quod qui multum coeunt parum vivunt, et castrati plus vivunt quam non castrati, et senes qui habent multam carnem

---

1 frigidum] frigiditas B 2 magis] *om.* M_1 | siccitas[2]] *om.* B 2–3 materia conveniens] movens L_2 5 per] super M_1 6 eorum … vita] eorundem M_1 7 autem] *om.* BL_2 8 naturalem] materialem B 9 dominatur] dominantur BM_2 | quando] cum O | in[2]] *om.* M_1 10 digerere] distinguere BM_1M_2 10–11 accidunt] accident M_1M_2 11 eis] *om.* $L_2M_1M_2$ | infirmitates] superfluitates B | dominantur] in eis *add.* M_1 12 naturaliter] non B *om.* OV 13 accidit] accidet $BL_2M_1M_2$ | magna] maxima M_1 14 ex] *om.* M_1 | ut] *om.* M_2 15 sit] *om.* M_2 | vitae] *om.* B 15–16 diversificantur] diversificatur M_2 17 sequuntur] consequuntur B 18 passivas] et inter activas et passivas *add.* O 18–20 inter … et[2]] *om.* B (*hom.*) 19 fortia] fortiora OV 20–21 et videmus] videmus etiam M_1 21 alios] has B aliquos M_2 | eorum[1]] *om.* M_1 22 est quod] quia B quod M_1 et M_2 24 activarum] activas B 25 notum] *om.* $BL_2M_1M_2$ | est[1] … mors[1]] dominatio est causa longitudinis vitae M_1 | est[2]] *om.* O 26 quod] *om.* B 27 senes qui] senae quae M_1 | multam] multum B

plus vivunt, quoniam causa multitudinis carnis est caliditas et humiditas. Et propter paucitatem coitus vivit mulus plus quam equus et feminae plus quam masculi. Ista sunt verba Commentatoris, et sunt satis plana.

Postea determinat Philosophus de causis extrinsecis longitudinis vitae. Et sunt duae: scilicet locus continens et nutrimentum conveniens. Dicit igitur quod eadem animalia | eiusdem speciei sunt longioris vitae in calidis region- L_2 155vb
ibus quam in frigidis. Et hoc contingit propter eandem causam propter quam | animalia sunt maiora in illis locis et etiam propter hoc quod magnit- O 113ra
udo frigidorum animalium est ibi. Et quod ita sit confirmat per signum dicens quod serpentes et talpae et quae sunt pelle varia sunt magna in calidis locis et ostracoderma sunt magna in Mari Rubro. Et omnia illa rationabiliter contingunt, quia calida humiditas quae viget in talibus locis est causa augmenti et vitae, quia humidum est de facili dilatabile, et calidum ipsum dilatans est etiam causa vitae, et sic utrique principio mortis potest resistere: per calidum enim resistit frigido et per humidum sicco. Nec est illud contra dicta in quaestionibus, ubi dictum est quod viventia in regione temperata sunt longissimae vitae, quia Philosophus in proposito per loca calida intelligit loca temperata, nam loca circa Mare Rubrum sunt temperate calida, et ideo non sunt loca excellenter calida. Ulterius dicit Philosophus | quod V 236vb
in locis frigidis et humidis sunt animalia brevis vitae | et parvae quantit- B 89^{v} M_2 121
atis.

Postea dicit concludendo ex dictis quod aliqua de numero animalium quae sunt pauci sanguinis aut habentia sanguinem superfluum non sunt

1 vivunt] quam viri *add.* M_1 | quoniam] *om.* M_1 2 plus^2] *om.* M_2 5 scilicet] *om.* B | continens] conveniens BM_1M_2OV 6 eadem] calida BOV 8 quam] *om.* B | maiora] minora OV | hoc] *om.* B 10 et^2] *om.* BM_2 | pelle varia] pellenaria (!) L_2 | varia] nare M_2 | magna] magnae M_2 11 ostracoderma] *loc. vac.* B ostrea M_1 ostrocodemia (!) M_2 ostrocomordia (!) OV | mari] mare B 11–12 rationabiliter] ratio naturaliter O 12 viget] urget L_2 contingit OV 13 et^1] *om.* BL_2M_1 | facili] facile B | dilatabile] desiccabile B | calidum] etiam *superscr.* M_2 14 etiam] et cetera L_2 *om.* M_1 | et] quia BL_2M_2 | principio] principi M_1 15 enim] *om.* OV | resistit] resistat B 15–16 contra dicta] contradictorium M_1 16 dicta] dictum B | quaestionibus] conclusionibus B | est] *om.* O 17 longissimae] longioris M_2 18 temperata ... loca] *om.* B | rubrum] loca enim illa *add.* B 19 ideo] *om.* $BL_2M_1M_2$ | loca] *om.* O 22 postea] hic OV

5–9 dicit ... ibi] Cf. Aristoteles, *De longitudine et brevitate vitae*, 5, 466b 17–18 (AL xvi.2.1, ed. De Leemans, ALDatabase). 9–11 et ... rubro] Cf. Aristoteles, *De longitudine et brevitate vitae*, 5, 466b 19–21 (AL xvi.2.1, ed. De Leemans, ALDatabase). 12–14 calida ... vitae] Cf. Aristoteles, *De longitudine et brevitate vitae*, 5, 466b 21–22 (AL xvi.2.1, ed. De Leemans, ALDatabase). 22–268.3 aliqua ... locis] Cf. Aristoteles, *De longitudine et brevitate vitae*, 5, 466b 23–27 (AL xvi.2.1, ed. De Leemans, ALDatabase).

omnino in his locis quae sunt ad Arcticum, videlicet sub Polo Arctico. Aliqua tamen de numero animalium sunt ibi, sed tamen minora et brevioris vitae quam in aliis locis. Sic igitur patet de una causa extrinseca longitudinis et brevitatis vitae quae est locus continens.

Aliam causam assignat Philosophus dicens quod vita abbreviatur ex nimia abstinentia alimenti et non sumentia alimentum cito corrumpuntur. Quando enim animal vel planta non sumit alimentum, tunc calidum naturale consumit se ipsum. Sicut enim magna flamma comburit et corrumpit parvam, eo quod consumit eius alimentum, sic naturale calidum post digestivum consumit materiam in qua est, cum sibi deficiat alimentum extrinsecum; et sic nimia abstinentia alimenti abbreviat vitam et eius sufficientia prolongat vitam. Similiter, nimia abundantia alimenti abbreviat vitam, quia, ut dictum est prius, quod est superfluum est contrarium, et contrarium corrumpit, unde, si plus sumatur de nutrimento quam calidum potest digerere, illud remanebit indigestum et suffocabit et debilitabit calidum naturale.

M_1 183va Postea assignat Philosophus | causas quorundam praedictorum. Dictum
est enim prius quod gressibilia sunt longioris vitae quam aquatilia. Et caus-
am huius assignat et dicit quod hoc non est, quia sunt humida, sed quia sunt
humida aquosa. Humidum enim aquosum est faciliter corruptibile, quia de
L_2 156ra facili | est infrigidabile et congelabile. Dicit etiam quod habentia sanguinem
O 113rb sunt longioris vitae quam non habentia sanguinem, quia in non | habent-

1 in … sunt] *om.* BOV | arcticum] archum BM_2V | videlicet] *om.* L_2 2 tamen^{2}] sunt *add.* $L_2M_1M_2$ | brevioris] breviorum OV 3 quam] primo B | locis] *om.* OV 6 alimentum] alimenti OV | corrumpuntur] corrumpitur V 8 comburit] comburit O | corrumpit] plantam *add.* M_1 9 parvam] paucam B plantam L_2 eam M_2 et consumit et principium O 9–10 post digestivum] *om.* B sic digestivum M_1 primo digestivum M_2 primo digestum OV 10 materiam] naturam post digestam (!) B | deficiat] deficit M_1 10–11 extrinsecum] exsiccat M_2 11 nimia] minima V | alimenti] *om.* L_2M_2 12 vitam^{1}] et *add.* B 14 sumatur] sumitur L_2 | nutrimento] alimento M_1M_2 | calidum potest] sit calidum potens L_2 calidum sit potens M_1M_2 17 philosophus] *om.* OV | causas] causam B 20 aquosum] aqueum L_2M_2OV | corruptibile] corruptivum M_2 | quia] et B 21 infrigidabile] frigidabile M_1 | et congelabile] *om.* B | congelabile] et *add.* M_1 22 in] *om.* M_1

6 non … corrumpuntur] Cf. Aristoteles, *De longitudine et brevitate vitae*, 5, 466b 28–29 (AL XVI.2.1, ed. De Leemans, ALDatabase). 8–12 sicut … vitam^{1}] Cf. Aristoteles, *De longitudine et brevitate vitae*, 5, 466b 29–34 (AL XVI.2.1, ed. De Leemans, ALDatabase). 17–21 dictum … congelabile] Cf. Aristoteles, *De longitudine et brevitate vitae*, 5, 466b 35–467a 3 (AL XVI.2.1, ed. De Leemans, ALDatabase). 21–269.3 dicit … corrumpenti] Cf. Aristoteles, *De longitudine et brevitate vitae*, 5, 467a 3–4 (AL XVI.2.1, ed. De Leemans, ALDatabase).

ibus sanguinem humidum est magis aquosum. Et hoc est verum, nisi virtus deficiens ex parte sanguinis recompensetur ex magnitudine, quia tunc possunt multum resistere corrumpenti (et propter hoc fuit superius dictum quod animalia frigida et sine sanguine sunt longioris vitae in regionibus calidis, ubi sunt maiora). Animalia sine sanguine sunt brevioris vitae, quia non habent pinguedinem nec dulcedinem, et ideo calidum in talibus multotiens suffocatur ex humido sibi coniuncto. Quod autem pinguedo et dulcedo faciant ad longitudinem vitae patet, quia animalia habentia | tale humidum V 237ra sunt longioris vitae quibusdam animalibus maioribus. Ex hoc enim quod pinguedinem habent non faciliter exsiccantur, et ex hoc quod dulcedinem habent habent nutrimentum conveniens suo calori.

Notanda sunt verba Commentatoris hic qui dicit quod *qui habitant in regionibus calidis et humidis sunt longioris vitae. Et hoc accidit per accidens propter paucitatem putrefactionis. Et serpentes qui sunt in locis calidis et humidis sunt longioris vitae eis qui sunt in locis calidis et siccis aut frigidis et humidis. Et homines habitantes in insulis marinis sunt longioris vitae quam habitantes in agresti, et animalia marina quam agrestia, quia aqua marina est calida et humida. Causa igitur conservans animalia per se est abundantia caliditatis et humiditatis in sua complexione et dominium activarum* | M_2 121rb *super passivas. Causae conservantes ipsum ex extrinseco sunt sex modi nominati: comestio, potus et cetera. Et quando istis utitur homo habens illa in sua complexione* (*illa duo praedicta*), *secundum quod descriptum est in arte conservandi sanitatem, necessario prolongabitur vita sua et non accidet ei mors nisi naturalis cuius causa est frigiditas et siccitas. Et, si non utitur eis secundum quod oportet, forte morietur per dominium virtutum passivarum super*

1 et ... nisi] nisi B ubi OV 2 recompensetur] repraesentetur M_2 recompensatur OV | ex magnitudine] magnitudinem B 4 quod] quia B | vitae] *om.* L_2 5 sunt^1] sint B | vitae] *om.* OV 6 pinguedinem] sanguinem B 7 quod] si OV 8 quia] quod OV 9 sunt] sint L_2 | quibusdam] quibus BOV | hoc] *om.* B 11 habent^2] inter L_2 *om.* O | suo] suae B 12 hic] *om.* B | qui^1] quae O | quod] *om.* L_2 | qui^2] quae O 14–15 calidis ... in] *om.* B (*hom.*) 15 et^1] *om.* OV 16 et] quia M_1 17 agresti et] agrestis L_2 17–18 marina est] est maxime B 18 humida] et *add.* B 19 humiditatis] humiditas BL_2M_1 caliditatis M_2 | activarum] virtutum *add.* M_1 20 causae] autem *add.* $BL_2M_1M_2$ | conservantes] conservantem V | ex extrinseco] extrinsece M_1 21 comestio] et *add.* M_2 | homo] *om.* M_1 | habens] qui habet B | illa] qui habet illa *add.* L_2M_2OV 22 complexione] et *add.* M_1 | descriptum] scriptum M_1 | arte] artibus M_1 23 prolongabitur] conservabitur M_1 | sua] *om.* O | accidet] *om.* B 24 eis] ens L_2 25 forte] non *add.* OV

7–11 quod ... calori] Cf. ARISTOTELES, *De longitudine et brevitate vitae*, 5, 467a 4–5 (AL XVI.2.1, ed. De Leemans, ALDatabase). 12–270.21 qui^2 ... activarum] Cf. AVERROES CORDUBENSIS, *In De longitudine et brevitate vitae* (ed. Shields, 139, 41–146, 26).

B 90r *activas quod est causa | aegritudinum naturalium. Et forte morietur morte*
naturali, quando humor extraneus qui fuit in corpore non fuerit valde malus.
Et accidit multis hominibus quod appetitus eorum convenit naturaliter cum
suis complexionibus; quapropter vitae illorum prolongantur. Illi autem quibus
virtutes activae non dominantur super passivas non moriuntur naturaliter, et
maxime quando utuntur regimine non conveniente. Et universaliter qui carent
O 113va *istis duobus praedictis necessario | habent vitam brevem, et corruptio accidit*
eis cito duabus de causis quarum una est consumptio naturalis humiditatis
L_2 156rb *quae est in | corpore et dominium frigidi et sicci in eis. Et hoc esset, quando*
utuntur rebus extrinsecis convenienter. Et multotiens accidit eis cum hoc mori
V 237rb *non naturaliter propter superfluitates generatas | in eis ex debilitate virtutum*
activarum. Et videtur quod complexio quam narramus est proprium longitu-
dinis vitae in qua non inveniuntur illae duae condiciones praedictae aut est
ignota in arte medicinae aut difficile scitur. Et, si esset nota, iudicaret medic-
us longitudinem et brevitatem vitae. Et complexio media quam ponit Galenus
videtur esse ista. Sed scire istam complexionem sensu est valde difficile. Magis
M_1 183vb *videtur esse per rationem quam per sensum. Et, quia ista proportio | est ignota*
naturaliter, videmus quod multi graviter infirmi sunt et vivunt multum, et
multi bonae consistentiae moriuntur iuvenes. Et diversitas hominum in vita est
secundum diversitatem eorum in hac proportione complexionali in illis duo-
bus, scilicet in abundantia calidi et humidi et in dominio virtutum activarum.
Haec Commentator.

1 activas] passivas M_2 | quod] quae L_2 2 fuit] fuerit M_2 | fuerit] fuit O | valde] *loc. vac.* B | malus] magis B 3 multis] multum M_1 in istis O | convenit] contingit M_2 3–4 convenit ... suis] naturaliter suis convenit BL_2M_1 4 quapropter] extra propter quod OV | autem] *om.* B aut L_2 6 conveniente] convenienti M_1 | carent] caret M_1 7 habent] habet M_1 9 frigidi] humidi *add.* M_2 | esset] erit BL_2M_2V est M_1 10 convenienter] convenientibus M_1 | mori] morire M_1 11 non ... generatas] nisi propter superfluitates M_1 | propter] *om.* L_2 12–13 longitudinis] longiori O longitudini V 14 in] *om.* L_2 | aut] et de B | scitur] scire *add.* L_2 scire quod O | iudicaret] medicaret M_2 15 longitudinem] longitudine V | vitae] *om.* BL_2M_2OV | media] medicinae M_1 | quam ... galenus] *om.* BOV 16 sensu] sensui M_2 | difficile] et *add.* $BL_2M_1M_2$ 18 videmus] *om.* M_2 | quod] quia B | graviter ... sunt] sunt graviter infirmi B 18–19 graviter ... multi] *om.* L_2 (*hom.*) 18 sunt] *om.* M_2 | sunt et] *om.* M_1 | et[1]] etiam *add.* B 19 moriuntur] et *add.* B | iuvenes et] *om.* M_1 20 eorum in] et B 22 commentator] et cetera *add.* M_2

⟨5⟩ *Sed in plantis* et cetera

In isto capitulo inquirit Philosophus causas longitudinis vitae in plantis. Et assignat in generali duas causas quare plantae sunt longioris vitae quam animalia. Una autem est: quia sunt minus aquosa quam animalia, et ideo non sunt de facili congelabilia. In plantis enim est humor aereus et non aqueus; quod patet ex hoc quod ligna sunt inflammabilia et talia sunt aerea, ut patet ex quarto *Meteorum*. Secunda causa est: quia plantae habent viscositatem quae non permittit partes evaporare. Postea assignat causam in speciali et dicit quod plantae semper fiunt iuvenes ex hoc quod fiunt novae generationes (id est novae pullulationes). Unde breviter: successiva regeneratio partium est causa longitudinis vitae in plantis.

Intellige tamen quod, quia senectus ad mortem est via, ideo senectus et iuventus, ut Philosophus loquitur hic, non distinguuntur ex multitudine dierum sed ex appropinquatione | [M$_2$ 121va] ad mortem, et hoc videtur esse verum ex modo nostro loquendi. Dicimus enim equum septem an|[O 113vb]norum esse senem, et tamen nullus diceret puerum septem annorum esse senem.

Postea comparat Philosophus plantas ad animalia decisa secundum convenientiam et differentiam. Secundum convenientiam per hoc quod partes plantae manent et vivunt post | [V 237va] decisionem a toto, et hoc, si abscindantur in nodum, sicut et partes animalium decisorum, sicut patet de anguilla.

---

1 plantis] autem *add.* BL$_2$M$_2$ | et cetera] quidem longius B 2 inquirit] quaerit M$_1$ | philosophus] primo B | causas] de causis BL$_2$M$_1$M$_2$ 4 autem] causa *add.* L$_2$ | est] *om.* OV | aquosa] aquosae L$_2$ 5 congelabilia] congelabiles L$_2$ | aereus] aeris B 6 quod^2 ... sunt] *om.* M$_2$ | ligna] lingua B | sunt^1] *om.* V | et ... sunt^2] *om.* O | talia ... aerea] animalia sunt aquosa M$_1$ 7 causa] eiusdem *add.* BL$_2$M$_1$M$_2$ 8–9 postea ... iuvenes] *om.* OV 9 semper fiunt] sunt semper B | ex] per BM$_1$ | novae] *rep.* V 10 pullulationes] pululationis (!) OV | breviter] videtur L$_2$M$_2$ 10–11 regeneratio] generatio M$_2$ 11 partium] quod *add.* L$_2$ 12 tamen] *om.* B | quia] *om.* B | ad ... via] est via in (ad B) mortem BL$_2$M$_1$M$_2$ 13 distinguuntur] distinguitur M$_2$ 13–14 dierum] eorum B 14 verum] falsum M$_2$ | ex^2] de M$_1$ 17 philosophus] primo B | decisa] densa V 19 post] per L$_2$V 20 nodum] modum L$_2$OV medio M$_1$ | et] *om.* M$_1$ | anguilla] aquila O

---

1 sed ... cetera] Cf. Aristoteles, *De longitudine et brevitate vitae*, 6, 467a 6 (AL XVI.2.1, ed. De Leemans, ALDatabase). 2–8 in^1 ... evaporare] Cf. Aristoteles, *De longitudine et brevitate vitae*, 6, 467a 6–9 (AL XVI.2.1, ed. De Leemans, ALDatabase). 6–7 ligna ... meteorum] Cf. Aristoteles, *Meteorologica*, IV, 9, 387b 17–21 (AL X.2, ed. Vuillemin-Diem, 128, 9–13). 8–11 postea ... plantis] Cf. Aristoteles, *De longitudine et brevitate vitae*, 6, 467a 12–13 (AL XVI.2.1, ed. De Leemans, ALDatabase). 12–14 intellige ... mortem] Locus iste in libro *De longitudine et brevitate vitae* Aristotelis non invenitur. 18–19 secundum ... toto] Cf. Aristoteles, *De longitudine et brevitate vitae*, 6, 467a 18–20 (AL XVI.2.1, ed. De Leemans, ALDatabase).

Ipsa enim decisa in longum quaelibet pars vivit, si habeat aliquid de spina, quia spina est ei loco cordis. Si autem abscindetur a latere, illud non contingeret parti decisae non habenti aliquid | [L_2 156va] de spina. Secundum differentiam comparantur plantae ad animalia decisa, nam partes animalis decisae non possunt hanc vitam continuare multo tempore, quia partes decisae non habent organa susceptiva nutrimenti nec digestiva eiusdem (quae tamen requiruntur ad continuationem vitae) nec illud principium quod eis inest potest facere ipsa organa. Sed plantae possunt continuare vitam uno modo per successivam regenerationem partium, secundum quod dictum est, alio modo per asplantationem quae fit ex hoc quod aliqua pars alicuius plantae descinditur et alii plantae vel terrae inseritur. Et ratio quare illud quod remanet potest continuare vitam est ista secundum Philosophum: | [B 90^{v}] quia plantae undique habent radicem et germen in potentia, et ideo pars decisa secundum virtutem existentem in ea potest alias partes producere. Unde ab hac virtute proveniunt hoc quidem novum, hoc quidem senescens. Cum enim una pars senescit, alia pars regeneratur. Intelligendum quod quanto anima est nobilior et plures operationes habet, tanto maiorem diversitatem partium requirit in corpore cui debet uniri. Et, quia anima animalium est nobilior quam anima plantarum, ideo est maior diversitas in corpore cuiuslibet animalis quam in planta. Et ideo non est talis virtus generativa in qualibet parte corporis animalis qualis est in partibus plantae.

1 enim decisa] divisa M_2 2 abscindetur] scinderetur L_2 abscinderetur M_1 3 decisae] divisae L_2M_2 | spina] et *add.* L_2 4 decisa] *om.* $BL_2M_1M_2$ 4–5 animalis decisae] divisae animalis L_2M_2 5–6 decisae] divisae M_2V 6 nec] ut BOV 7 requiruntur] requiritur L_2O 8 facere] frigefacere L_2 9 regenerationem] generationem OV | secundum quod] sicut L_2M_2 10 est] et *add.* $BL_2M_1M_2$ | pars] *om.* B 11 descinditur] descindetur M_1 abscinditur M_2 | alii] aliae M_2 | inseritur] insertae M_1 12 est ista] *om.* B | ista] *om.* M_1 13 radicem] radices M_2 | germen] generationem B 14 secundum] per $BL_2M_1M_2$ | existentem] *om.* M_2 15 proveniunt] pervenit M_1O 16 senescit] et *add.* L_2 | pars^2] de novo $BL_2M_1M_2$ 17 est] *om.* M_1 | et] habet *add.* B | habet] *om.* B habens $L_2M_1M_2$ 19 quam] *om.* B 20 cuiuslibet] *om.* B corporis *add.* M_1 21 animalis] *om.* M_1 21–22 partibus plantae] planta B

3–11 secundum … inseritur] Cf. ARISTOTELES, *De longitudine et brevitate vitae*, 6, 467a 20–22 (AL XVI.2.1, ed. De Leemans, ALDatabase). 11–14 et^2 … producere] Cf. ARISTOTELES, *De longitudine et brevitate vitae*, 6, 467a 22–23 (AL XVI.2.1, ed. De Leemans, ALDatabase). 15–16 unde … regeneratur] Cf. ARISTOTELES, *De longitudine et brevitate vitae*, 6, 467a 23–25 (AL XVI.2.1, ed. De Leemans, ALDatabase).

Postea comparat Philosophus plantas ad animalia, nam in animalibus ut in pluribus masculi sunt longioris vitae. In masculis enim est talis dispositio quod habent superiora maiora, sed in feminis est e converso, quod patet per signum, nam maior est manus masculi quam feminae. Et causa huius dispositionis | in masculis est, quia calidum magis viget in | partibus superioribus [M_1 184ra V 237vb] quam in inferioribus. E converso est in femellis (habent enim partes inferiores maiores). Et ideo mulieres cadentes cadunt super inferiora, sed viri e converso. Simili modo est in plantis, quia plantae quae sunt in capite graves et in parte superiori ad modum masculorum sunt longae vitae, | sed tales [O 114ra] quae non habent talem dispositionem, sed sunt arborosa (id est habentia multos ramos) sunt brevis vitae; et propter hoc custodes arborum custodiunt, ne nimis ramificent, ne sic vita earum abbrevietur. Et, quia posset esse dubium quae pars arboris esset superior, ideo dicit Philosophus quod radix est pars superior. Radix enim est in planta sicut os in animali. Sicut enim | [M_2 121vb] animal per os sumit alimentum, sic planta | per radicem attrahit alimentum, [L_2 156vb] et ideo, sicut pars in qua est os est superior in animali, sic radix est superior in planta. Postea excusat se a diligentiori perscrutatione et recapitulat, ut patet.

Commentator dicit hic ista verba quod *in vegetabilibus est trina causa quae facit longitudinem vitae et est ut corrumpatur et crescat suis partibus,*

---

1 ad animalia] animalibus M_1 | ut] et O 2 masculi] masculis B | in[2]] *om.* OV 3 superiora maiora] partes superiores maiores M_1 | maiora] quam inferiora *add.* L_2M_2 quam inferiores *add.* M_1 | in] *om.* OV | est] *om.* OV | per] *om.* BM_1 4 causa] est *add.* L_2 6 quam] quantum enim O 6–7 habent ... inferiores] sunt enim in inferiori M_1 7 cadunt ... inferiora] super partes inferiores cadunt M_1 | inferiora] partes inferiores BL_2 9 et] etiam B | ad modum] habent medium M_1 | masculorum] et *add.* M_1 12 sic] *om.* BOV | earum] eorum BL_2M_2 | earum abbrevietur] abbreviatur illarum M_1 | posset] potest M_1 13 arboris] arborum B | esset] est B est pars L_2M_2 sit pars M_1 | ideo] *om.* B 16 ideo] ita M_1 | est[2]] pars *add.* $BL_2M_1M_2$ | est[3]] pars *add.* $BL_2M_1M_2$ 17 a] ex OV | perscrutatione] inquisitione M_1 perscrutationem OV | ut] et BM_1M_2 18 patet] et plura non facit *add.* L_2 19 hic] quod *add.* M_1 | ista] tria B | quod] et B *om.* M_1M_2 20 vitae] *om.* M_1 | corrumpatur] corrumpitur M_2

1–8 postea ... converso] Cf. ARISTOTELES, *De longitudine et brevitate vitae,* 6, 467a 31–35 (AL XVI.2.1, ed. De Leemans, ALDatabase). 8–9 simili ... vitae] Cf. ARISTOTELES, *De longitudine et brevitate vitae,* 6, 467a 35 (AL XVI.2.1, ed. De Leemans, ALDatabase). 12–17 et ... planta] Cf. ARISTOTELES, *De longitudine et brevitate vitae,* 6, 467b 1–4 (AL XVI.2.1, ed. De Leemans, ALDatabase). 17–18 postea ... patet] Cf. ARISTOTELES, *De longitudine et brevitate vitae,* 6, 467b 3–9 (AL XVI.2.1, ed. De Leemans, ALDatabase). 19–274.7 in ... naturalia] Cf. AVERROES CORDUBENSIS, *In De longitudine et brevitate vitae* (ed. Shields, 146, 26–147, 37).

scilicet ut, cum descindatur aliquis ramus, possit generari alius; et cum hoc acquirit naturalem caliditatem quae est a Sole in eo plus quam animalia, et cum hoc est multae aquositatis et propinquum formae simplicium. Quanto enim forma compositi fuerit magis remota a formis simplicium componentium, tanto magis est contraria illis formis, quapropter actio simplicium est fortior in ea. Dictum est igitur de causis longitudinis et brevitatis vitae secundum Aristotelem et fundamenta naturalia.

⟨Quaestio 3⟩
⟨Utrum vivens possit perpetuari per totum tempus manens unum et idem numero⟩

Quaeritur: utrum vivens possit perpetuari per totum tempus manens unum et idem numero?

⟨1⟩ Videtur quod sic, quia per Philosophum hic vita consistit in calido et humido, vivens igitur non corrumpitur nisi propter deperditionem calidi et humidi naturalis, sed istam deperditionem possibile est restaurare per nutrimentum conveniens; igitur possibile est vitam praeservari.

⟨2⟩ Illud confirmatur, nam ignis potest manere in infinitum, si ei appo-
V 238ra nantur combustibilia, | igitur similiter calidum naturale potest semper manere, si apponetur ei nutrimentum in quod agat sufficienter.

⟨3⟩ Item, Philosophus octavo *Physicorum* contra Heraclitum dicit quod res non sunt semper in continua transmutatione, res igitur transmutabilis est per aliquod tempus absque transmutatione, igitur in illo tempore non amittit aliquam virtutem, igitur tantae virtutis est in fine illius temporis, quantae fuit in principio illius temporis; igitur in fine illius temporis esset

---

1 cum descindatur] cum desiccatur BM_1 desiccatur L_2M_2 | aliquis] eius *add.* L_2 | possit] posset M_1M_2 | cum hoc] hic B 3 cum hoc] quo B | multae aquositatis] multa aquositas M_1 | aquositatis] acquisitis OV 4 compositi] *om.* B 5 est[1]] erit M_1 6 fortior] forma O | igitur] *om.* OV 11–281.18 quaeritur ... viventibus] *om.* B (*textus deficit*) 11 possit] posset M_1 | unum] vivum L_2 15 sed] propter *add.* OV | restaurare] restaurari OV 16 vitam] semper *add.* $L_2M_1M_2$ | praeservari] conservare L_2 conservari M_1M_2 17 in] *om.* L_2 | si] sed O 17–18 apponantur] opponantur L_2 18 similiter] sic L_2O | semper] *om.* M_2 19 apponetur ei] ei apponatur L_2 apponatur M_1M_2 | quod] quo M_1 23 amittit] amittat L_2 24 illius[2]] *om.* M_1M_2 | esset] est $L_2M_1M_2$

13–14 per ... humido] Cf. Aristoteles, *De longitudine et brevitate vitae*, 4, 466a 18 (AL xvi.2.1, ed. De Leemans, ALDatabase). 20–22 philosophus ... transmutatione] Hoc loco Burley male Heraclitei opiniones ascripsit quae videntur contra infinitum motum sonare. Ipse Aristoteles in *Physica* dicit eas Anaxagorei et Empedoclei esse. Cf. Aristoteles, *Physica*, viii, 1, 250b 24–251a 1 (AL vii.3, ed. Leonina, 361, 19–31).

potens durare per totum tempus per quantum fuit in principio illius temporis. Et sic, si detur aliquis terminus ultra quem res non potest durare, sequitur quod potest durare ultra illum terminum.

Hoc arguo sub alia forma: sit A aliquod tempus in quo vivens non transmutatur nec debilitatur. Tunc arguo sic: illud vivens est tantae virtutis in fine illius A, quantae fuit | in principio ipsius A, sed in principio ipsius A O 114rb habuit virtutem permanendi per totum A; igitur in fine ipsius A habuit virtutem permanendi per totum tempus, et eodem modo absque debilitatione suae virtutis. Sit igitur B totum tempus, et maneat illud vivens per tempus B, | ita quod sit tantae virtutis in fine sicut in principio, adhuc in fine ipsius L_2 157ra B potest durare per tantum tempus, quantum est B, absque debilitatione | M_1 184rb suae virtutis. Et sic arguo de temporibus infinitis aequalibus ipsi B: illud igitur vivens potest durare per infinita tempora aequalia ipsi B quorum quodlibet est totaliter extra aliud; igitur potest durare per tempus infinitum, quia in nullo tempore finito sunt infinita tempora aequalia ipsi B quorum quodlibet est totaliter extra aliud.

⟨4⟩ Praeterea, vivens conservatur in esse per alimenti conversionem in substantiam rei, illud igitur quod potest plus convertere de alimento potest diutius vivere, sed homo viginti annorum potest | plus convertere de ali- M_2 122ra mento quam puer unius anni, ergo potest diutius vivere, ita quod diutius potest homo vivere, quando est viginti annorum, quam potuit, quando fuit unius anni; et ex hoc sequitur quod potest durare in infinitum.

⟨5⟩ Item, homo potest diutius vivere, quando est sanus quam quando est aeger, quia quanto est maioris virtutis, tanto potest diutius vivere. Sit igitur quod aliquis aeger, quando est aeger, possit vivere per quadraginta annos; fiat postea sanus, tunc potest vivere diutius quam per quadraginta annos; et, si hoc, vivens non habet terminum ultra quem non potest vivere.

---

1 totum] tantum M_1 | tempus] *om.* O | per[2]] *om.* M_2 1–2 fuit … temporis] tempus in principio illius temporis fuit potens durare $L_2M_1M_2$ 2 res] *om.* OV 2–3 sequitur … terminum] ultra illum finem O 3 ultra] per L_2 4 arguo] arguitur M_2 6 illius] ipsi L_2 | a[1] et ideo *superscr.* O | a[3]] *om.* O 7 habuit[1]] habent O | totum] tempus *add.* L_2 | habuit[2]] habet M_1 8 totum] tantum V | tempus] ipsius a M_1 9 igitur] gratia argumenti M_1 | totum] tantum M_1OV 10 b] *om.* L_2 12 ipsi] *om.* O 14 totaliter … aliud] extra aliud totaliter L_2M_2 15 finito] infinito O 16 totaliter] *om.* M_1 18 illud] *om.* M_2 | illud igitur] verbi gratia M_1 | potest plus] *inv.* $L_2M_1M_2$ 19 sed homo] quando est V 19–21 sed … vivere] *om.* V (*hom.*) 19 homo] qui est O 20 puer] quando fuit *add.* O 20–22 ergo … anni] *om.* L_2M_2O (*hom.*) 22 et] *om.* M_2 | hoc] quo M_2 | in] per tempus $L_2M_1M_2$ 23 homo … diutius] diutius potest homo $L_2M_1M_2$ | quam] potest *add.* M_1 25 est aeger] *om.* O | possit] posset M_1M_2 | annos] et *add.* M_2 26 fiat] *om.* OV | diutius] plus L_2M_2 | per] *om.* M_2 27 si] sic OV | quem] quod O

V 238rb Ad oppositum est Philosophus dicens quod quibus insunt contraria illa | non sunt aeterna, sed omnis forma in materia habet contrarium; igitur nulla forma in materia potest semper manere in materia, et per consequens nullum vivens potest semper durare.

Ad quaestionem dicendum quod vivens non potest perpetuari per totum tempus manens unum et idem numero, cuius ratio est ista: nam anima nec est in corpore nec operatur in corpore sine calido, ideo ad hoc quod salvetur necessario indiget calido. Et ideo omne vivens habet calidum, cuius signum est: quia viventia inveniuntur calida et mortua inveniuntur frigida. Sed ista caliditas naturalis quae requiritur ad esse viventis non potest continue salvari, quia ista caliditas non est caliditas separata (nam, ut dicit Philosophus, passiones non sunt separatae), caliditas igitur quae requiritur ad esse viventis est passio existens in materia. Omnis autem passio existens in materia determinatam virtutem habet, et omnis talis passio est debilitabilis. Sed nihil existens in materia potens debilitari potest manere per tempus infinitum. Nihil enim potest debilitari per tempus infinitum, nisi ipsum sit virtutis infinitae. Ex quo igitur illa caliditas est virtutis finitae et debilitabilis necesse est illam caliditatem tandem deficere, et illa deficiente non potest vivum ulterius manere.

O 114va Sed tu quaeris: a quo et quomodo corrumpitur illa caliditas? | Dicendum est, sicut vult Philosophus in libro *De morte et vita*, quod corruptio calidi naturalis potest contingere vel a frigido extrinseco congelante et L$_2$ 157rb mortificante—et illam corruptionem vocat | extinctionem quae proprie est in iuvenibus. Alia est corruptio quae est ex superfluo, inquantum scilicet calidum propter defectum frigidi convertit proprium humidum illud con-

1 illa] *om.* M_1 4 potest] *om.* M_1 | semper] manere vel *add.* M_1 5–6 vivens … numero] non L_2M_2 6 ista] *om.* L_2M_1 | anima nec] nihil M_1 7 ideo] cum M_1 | hoc] *om.* O | quod] animal *add.* $L_2M_1M_2$ 8 et] *om.* L_2M_2 9 inveniuntur²] *om.* $L_2M_1M_2$ 14 et] sed M_2 14–15 debilitabilis] debilis $L_2M_1M_2O$ 15 in] *om.* O 17 debilitabilis] debilis L_2M_1 19 vivum] unum O 20 quaeris] quaeres L_2O | et] *om.* O 21 est] *om.* L_2M_2OV | in] *om.* $L_2M_1M_2$ | quod] *om.* M_1OV 22 contingere] dupliciter *add.* L_2M_2 23 vocat] philosophus *add.* $L_2M_1M_2$ 24 iuvenibus] viventibus M_2OV | est¹] *om.* M_1 | quae … ex] a L_2M_2 *om.* M_1 | ex superfluo] *om.* M_1 25 calidum] naturale (multum *add.* M_1) abundans *add.* $L_2M_1M_2$ | convertit] se super *add.* $L_2M_1M_2$ 25–277.1 illud consumendo] ipsum destruendo M_1OV

1–2 ad … aeterna] Cf. ARISTOTELES, *De longitudine et brevitate vitae*, 3, 465b 9–11 (AL XVI.2.1, ed. De Leemans, ALDatabase). 11–12 nam … separatae] Cf. ARISTOTELES, *De longitudine et brevitate vitae*, 3, 465b 27–33 (AL XVI.2.1, ed. De Leemans, ALDatabase). 21–277.1 est … consumendo] Cf. ARISTOTELES, *De morte et vita*, 17, 778b 21–29 (AL XVI.1.2, ed. Hulstaert, ALDatabase).

sumendo—et istam corruptionem vocat Philosophus marcedinem. Et illa corruptio aliquando est in quibusdam propter nimiam abstinentiam a nutrimento, sicut dicit Philosophus, et in quibusdam propter vigiliam, sicut dicit Avicenna, in quibusdam vero propter nimium somnum. Et tertia vero est corruptio calidi naturalis quae fit per continuam evaporationem humidi naturalis per calidum naturale complantatum a natura. Et Avicenna loquens de illa corruptione dicit quod calidum continue depascit humidum, quousque deveniat mors quae unicuique destituta est per naturam. Illa evaporatio autem continue facta inducit senium et tandem mortem quae est sine tristitia et labore, nam propter longitudinem vitae multa fit evaporatio humidi, et ita parum remanet de | humido et parum remanet de calido, et ita in fine V 238va non potest calidum multum | agere, et ita mors redditur quasi insensibilis. M_1 184va Unde mors | senium est quasi sine tristitia et sine labore, et talis mors est M_2 122rb dulcis, ut dicit Philosophus.

Sed adhuc dices: potestne illa deperditio restaurari per nutrimentum adveniens, et sic vivens in esse continue potest salvari?

Dicendum est quod calidum naturale aliquam deperditionem facit in humido radicali, sicut ignis existens in lychno semper facit aliquam deperditionem, ita quod continue aliquid deperditur de lychno et numquam potest tantum humidum vel tanta pinguedo apponi lychno, quin manente igne fiat continua deperditio lychni, et sic est ex parte ista, nam ad restaur-

1 marcedinem] marcessionem OV 3–4 sicut[2] ... avicenna] secundum avicennam $L_2M_1M_2$ 6 complantatum] complantant L_2 7 dicit] eo M_1 | depascit] depascat L_2 depascitur M_2 | humidum] humido M_2 7–8 quousque] quocumque M_1 8 destituta] distincta M_2 | destituta est] destruatur O destinatur V | evaporatio] evacuatio L_2 9 autem] *om.* OV | tandem] eandem V | quae] mors *add.* $L_2M_1M_2$ 10 et] sine *add.* $L_2M_1M_2$ | evaporatio] evacuatio L_2 illius *add.* M_2 11 remanet[1] ... remanet[2]] de humido remanet et parum L_2M_2 | remanet[2]] *om.* M_1 12 calidum multum] *inv.* L_2 | multum] *om.* M_1 13 labore] labor V 16 in ... salvari] continue potest salvari in esse $L_2M_1M_2$ | potest] *om.* M_1 17 est] *om.* L_2OV | deperditionem] deperditio V 19 deperditur] deperdetur M_1 deperdit OV | de] in M_1 20 quin] quod L_2M_2 | manente] in M_1 21 continua] *om.* M_2 | ista] naturae L_2

1 et[1] ... marcedinem] Cf. ARISTOTELES, *De iuventute et senectute*, 5, 469b 31–32 (AL XVI.1.2, ed. Hulstaert, ALDatabase). 3–4 in ... avicenna] Cf. AVICENNA, *Canon medicinae*, I, sen. 2, doctr. 2 (ed. Iuntina, 109b, 66–110a, 4): "Vigiliae vero huius totius contrarium efficiunt. Quum autem sunt multae, complexionem corrumpunt cerebri aliquo siccitatis modo, et debilitant ipsum, et commiscent rationem, et adurunt humores, et aegritudiness faciunt acutas." 6–8 avicenna ... naturam] Cf. AVICENNA, *Canon medicinae*, I, sen. 1, doctr. 4 (ed. Iuntina, 18b, 20–23): "Et haec est mors naturalis cuique indiuiduo destinata, secundum suam primam complexionem usque ad terminum, quem in sua potentia habet ad suam humiditatem conservandam." 13–14 unde ... philosophus] Cf. ARISTOTELES, *De morte et vita*, 479a 20–21 (AL XVI.1.2, ed. Hulstaert, ALDatabase).

andum humidum radicale advenit humidum nutrimentale. Illud tamen humidum non sufficienter restaurat, quia illud humidum nutrimentale non est naturale omnino ei sed aliquo modo innaturale, ideo continue appositum sibi continue ipsum debilitat. Sed aliquo modo restaurationem facit, sed non restaurat sufficienter, quia debilitat, et ideo necessarium est aliquando animal corrumpi. Et huius simile apparet, si aliquis modicam aquam infundat dolio pleno vino, vinum augetur, sed tamen debilitatur, et tantum poterit apponi de aqua quod corrumpetur natura vini. Sic ex parte ista humidum nutrimentale debilitat humidum naturale, ita quod tandem naturale humidum corrumpitur. Unde, sicut ignis nutritur a lychno, et tamen continue corrumpit aliquid de lychno, ita quod quantumcumque de oleo
L_2 157va apponatur, tandem corrumpetur | totum lychnum, ita calidum naturale nutritur ab humido radicali, et tamen continue corrumpit aliquid de humido
O 114vb radicali, ita quod quantumcumque apponatur de | humido nutrimentali, tandem oportet humidum radicale totaliter corrumpi.

Similiter tamen esset, si ignis non posset nutriri nisi ab humido vini, si aqua apponeretur vino, tantum posset apponi quod vinum corrumperetur, et ita ignis deficeret. Sic, cum calidum naturale non sit natum nutriri seu depasci nisi ab humido radicali et humidum nutrimentale debilitat humidum naturale, numquam potest humidum radicale tantum restaurari per humidum nutrimentale, quin tandem corrumpetur.

Sed adhuc quaeres: quomodo potest calidum naturale agere in humidum
V 238vb radicale coniunctum sibi? | Nam omne corrumpens aliud corrumpit ipsum ratione contrarietatis, sed calidum non contrariatur humido, sed nutritur humido.

---

2 humidum[1]] scilicet nutrimentale *add.* M_2 3 omnino] *om.* M_1M_2V | omnino ei] *om.* O | modo] est *add.* M_1 | ideo] si *add.* M_1 | continue] id est nutrimentale humidum *add.* M_2 ipsum *add.* M_1OV 3–4 appositum sibi] apponitur M_1 sibi oppositum M_2 4 sibi] scilicet humido naturali *add.* M_2 5 quia] quod L_2 | et] *om.* M_2 6 apparet] similiter *add.* M_2 | aliquis] quis L_2 7 infundat] infunderet M_2 | pleno] repleto $L_2M_1M_2$ | et] in *add.* M_1 8 corrumpetur] corrumperetur L_2 corrumpitur M_1M_2 | sic] est *superscr.* O   9 naturale[1]] radicale OV   10 humidum] totaliter *add.* $L_2M_1M_2$ | corrumpitur] corrumpitur totalem M_1 corrumpetur V | a] in M_1 11 continue] ignis *add.* L_2 12 apponatur] apportatur M_1M_2 | totum lychnum] totus lychnus M_1 13 ab] *om.* M_1 13–14 et ... radicali] *om.* M_1 (*hom.*)   13 corrumpit] corrumpitur V   14 apponatur] apponitur M_1 corrumpitur V | nutrimentali] nutrimentale OV   16 similiter] similius L_2M_2 simile M_1 | tamen] *om.* M_1 | nutriri] *om.* O | vini] vino M_1 18 cum] est M_1 | naturale] *om.* OV | sit] *om.* M_2 20 radicale] naturale OV | restaurari] restaurare M_1 21 tandem] totum *add.* L_2M_2 | corrumpetur] corrumpitur M_1 23 aliud] aliquid L_2M_1 25 humido] igitur et cetera *add.* L_2M_2 *om.* M_1

Dicendum est quod calidum quodammodo contrariatur humido, quamvis nutriatur humido. Unde, etsi nutriatur humido, potest tamen corrumpere humidum, sicut ignis nutritur lychno et continue corrumpit aliquid eius; et eodem modo est hic. Unde in animalibus habentibus cor cor evaporat humidum in eo propter calidum quod est in eo. Et, cum in eo sunt partes quaedam grossiores et quaedam subtiliores, partes subtiliores et calidum naturale in eis faciunt evaporare humidum aliarum partium, et illae partes remanent desiccatae et mortificatae, quia mors est quaedam desiccatio. Ipsis autem desiccatis calidum in humido quod remanet congregatur et fortificatur, | [M_2 122va] ita quod calidum corrumpit humidum residuum, et tunc desiccatur animal totaliter et corrumpitur.

⟨Ad 1⟩ Ad primum argumentum dicendum: concedo quod vivens non corrumpitur nisi per deperditionem calidi et humidi. Et, cum dicitur quod illa deperditio potest restaurari per nutrimentum conveniens, dicendum quod non potest restaurari sufficienter, quia, quamvis humidum restauratur, calidum tamen continue debilitatur; et ideo calidum totaliter tandem consumetur.

⟨Ad 2⟩ Ad confirmationem, cum dicitur: 'ignis crescit in infinitum per appositionem | [M_1 184vb] combustibilium', dicendum quod non est simile, quia ignis per appositionem combustibilium fortificatur, sed calidum naturale per alimentum adveniens debilitatur, et etiam humidum radicale fit magis impurum quam prius fuit.

⟨Ad 3⟩ Ad aliud, cum dicitur quod aliquod vivens per aliquod tempus manet sine transmutatione, dicitur quod non, immo continue in vivente est aliqua transmutatio, quia calidum continue agit in humidum, nam agens approximatum passo continue agit in passum. Ideo dico quod vivens continue debilitatur quantum ad durationem, et adhuc | [L_2 157vb] posito quod vivens per tempus manet eiusdem virtutis quoad actionem, tamen quoad durationem

---

1 est] *om.* L_2M_2OV 1–2 quamvis] enim M_1 2 nutriatur¹] nutritur M_2 | unde ... humido²] *om.* M_1OV (*hom.*) | nutriatur²] nutritur M_2 3 et] tamen *add.* L_2M_2 4 cor²] *om.* OV 5 quod est] *om.* OV | sunt] sint $L_2M_1M_2$ 6 et¹] *om.* M_1 | et²] per M_1 7 faciunt] facit V | faciunt evaporare] *om.* O 7–8 partes] scilicet aliae *add.* M_2 9 quod remanet] quod *add.* M_1 *om.* OV 12 argumentum] principale M_1 | dicendum] *om.* OV | concedo] concedendo M_2 14 potest] possit L_2 posset M_2 | conveniens] remanens M_1 *om.* OV 15 humidum] humido OV | restauratur] restauretur L_2M_1 per *superscr.* L_2 16 tandem] *om.* M_2 18 dicitur] quod *add.* $L_2M_1M_2$ | crescit] crescat M_1 20 combustibilium] combustibilis M_1 20–21 alimentum] nutrimentum $L_2M_1M_2$ 21 etiam] tunc L_2 23 aliud] secundum argumentum L_2 secundum M_2 | aliquod¹] *om.* $L_2M_1M_2$ 24 dicitur] dicendum $L_2M_1M_2$ | non] hoc est falsum $L_2M_1M_2$ | in vivente] ipso manente M_1 25 quia] et M_1 | agens] irrationale *add.* $L_2M_1M_2$ 26 passum] et *add.* $L_2M_1M_2$ 27 et] vel $L_2M_1M_2$ 28 manet] maneret $L_2M_1M_2$ 28–280.1 tamen ... virtutis] *om.* M_1

per nullum tempus manet eiusdem virtutis. Unde Commentator in *De substantia orbis* distinguit duplicem potentiam, scilicet potentiam in tempore et potentiam quoad operationem. Et quanto vivens corruptibile diutius vivit, tanto est minoris virtutis et potentiae in tempore; tamen non oportet quod, quanto vivens diutius vivit, quod sit minoris virtutis potentiae quoad operationem. Unde puer est minoris virtutis et potentiae quoad operationem V 239ra quam homo viginti annorum, tamen est maioris potentiae in tempore, | quia O 115ra potest diutius vivere. Huius simile potest poni: | contingit aliquando quod candela, cum primo illuminatur, modicam virtutem habet ad illuminandum medium, postea tamen, cum magis ignitur et inflammatur, habet maiorem virtutem calefaciendi et illuminandi medium. Candela igitur in principio suae ignitionis est minoris virtutis quoad operationem quam est postea, et tamen in principio est maioris potentiae in tempore, quia potest diutius durare quam potest postea.

⟨Ad 4⟩ Ad aliud dicendum quod verum est quod vivens conservatur in esse per conversionem alimenti in substantiam eius. Sed ex hoc non sequitur quod illud quod plus convertere potest de alimento potest diutius durare, sed illud quod diutius potest convertere potest diutius durare.

⟨Ad 5⟩ Ad aliud, cum dicitur quod homo sanus potest diutius durare quam prius potuit, quando fuit aeger, dicendum quod hoc est falsum, nam, licet sanus sit maioris virtutis quoad operationem quam aeger, tamen non oportet quod sit maioris virtutis quoad durationem, sicut est exemplificatum de candela debiliter illuminante et de candela illuminante perfecte.

Dubitatur, an eadem sit causa longitudinis vitae in hominibus et in plantis et in aliis animalibus.

---

3 vivit] vivet M_1 4 et] minoris *add.* L_2M_2 *om.* OV 5 vivit] vivat M_2 | potentiae] *om.* $L_2M_1M_2$ 6 et] vel L_2M_2OV 7 quam] quod V | viginti] triginta $L_2M_1M_2$ 8 vivere] durare $L_2M_1M_2$ 9 illuminandum] illud L_2 10 tamen] *om.* M_1 | et] magis *add.* $L_2M_1M_2$ 11 calefaciendi] calidi OV | illuminandi] illud *add.* L_2 12 suae] sui L_2 13 in²] *om.* M_1 14 potest] *om.* M_1 15 aliud] tertium argumentum L_2 tertium M_2 | quod²] *om.* M_1 15–16 in esse] *om.* M_1 17 quod²] *om.* V | potest²] posset M_1M_2 18 convertere] alimentum *add.* L_2M_2 | potest ... durare] diutius potest durare M_1 19 aliud] ultimum $L_2M_1M_2$ 21 sanus] *om.* OV | quam aeger] *om.* OV 22 virtutis] *om.* OV 23 illuminante¹] illuminata M_2 | illuminante²] illuminata M_2 24 dubitatur] dubitetur M_1M_2

1–3 unde ... operationem] Cf. AVERROES, *De substantia orbis*, cap. 4 (ed. Iuntina II, 10G–H): "Et, cum consyderauit etiam de causa aeternitatis coeli, declarauit in vltimo primi *De coelo et mundo*, in eo non existere potentiam omnino, et declarauit etiam de virtute, qua mouetur coelum localiter, scilicet anima appetitiua, ipsam non habere materiam, nisi materiam, quae est in potentia in loco tantum."

Videtur quod sic, quia in omnibus illis | est eadem causa vitae (scilicet calidum et humidum), igitur in omnibus illis est eadem causa longitudinis vitae. M_2 122vb

Dicendum quod in hominibus et in plantis et in omnibus viventibus est eadem causa secundum genus vel secundum proportionem longitudinis vitae, nam causa generalis longitudinis vitae sunt calidum et humidum proportionata, ita ut humidum non sit excellens nec deficiens respectu calidi nec e converso. Proportio igitur calidi et humidi est causa generalis longitudinis vitae. Sed illa proportio est eadem in omnibus viventibus, ideo eadem est causa vitae secundum genus in omnibus viventibus. Tamen secundum speciem est alia causa et alia, cuius ratio est: quia vita in vivente consequitur complexionem eius. Nunc | viventia diversa specie habent diversas complexiones specie. Ideo est alia causa et alia secundum speciem longitudinis vitae in viventibus diversis specie. L_2 158ra

Ad argumentum dicendum quod calidum et humidum, licet sint causa vitae, non tamen sunt causa longitudinis vitae sed proportio inter calidum et humidum. Et alia est proportio et alia in aliis et aliis viventibus, ideo est alia et alia causa longitudinis secundum speciem in aliis et aliis viventibus.

Explicit expositio libri *De longitudine et brevitate vitae* secundum Burley.

---

2 eadem] *om.* L_2 | causa] *om.* O 4 hominibus … omnibus] hominibus et in omnibus L_2M_2 omnibus hominibus et in plantis et in omnibus O 5 vel] et M_1 6 sunt] est M_1M_2 | sunt … humidum] est calidi et humidi L_2 7 ita] *om.* OV | ut] quod M_1 | nec] neque L_2M_2 9 proportio] eius *add.* O | est eadem] aequalis M_1 9–10 ideo … viventibus] *om.* OV (*hom.*) 10 vitae] *om.* M_1 | genus] longitudinis vitae *add.* M_1 10–11 speciem] et secundum numerum *add.* $L_2M_1M_2$ 11 causa] *om.* M_1 | consequitur] sequitur $L_2M_1M_2$ 13 et alia] *om.* $L_2M_1M_2$ 14 specie] simile est M_1 15 sint] sunt M_2 16 vitae^2] *om.* OV 17 alia^1] et alia *add.* M_1 | in aliis] *om.* M_1 | viventibus] et *add.* L_2M_2 17–18 est^2 … alia^2] alia et alia est $L_2M_1M_2$ 18 longitudinis] *om.* $L_2M_1M_2$ | secundum … aliis^2] *om.* O | speciem] longitudinis vitae *add.* L_2M_1 longitudine *add.* M_2 | viventibus] et cetera *add.* L_2M_2 19 expositio … burley] super tractatum et cetera L_2 tractatus longitudinis et brevitatis vitae anno domini anno m° cccc° B summa libri de longitudine et brevitate vitae secundum magistrum walterum burley M_1 expositio super libro de longitudine et brevitate vitae secundum magistrum walterum de burley et cetera M_2

Commentarium in *De memoria et reminiscentia*

ed. M. Mansfeld

⟨I *De memoria et reminiscentia* Aristotelis⟩

L_2 185ra M_1 63va

⟨1⟩ *De memoria autem et memorari* et cetera

In prooemio huius libri (quod durat usque ibi: *primum quidem*) proponit Philosophus ea de quibus est determinaturus et promittit se esse determinaturum de quinque: quorum primum est quid est memoria, secundum— M_2 112vb quid est memorari, tertium— quae est causa memoriae, | quartum est ad quam partem animae pertinet memoria, quintum est quid sit reminisci. Et differunt memoria et reminiscentia, quia non iidem homines sunt bene memorativi et bene reminiscibiles, sed communiter illi qui sunt tardi ingenii sunt bene memorabiles et illi qui sunt velocis ingenii sunt bene reminiscibiles.

Pro quo est intelligendum quod memoria est virtus conservans prius cognita. Et reminiscentia est virtus per quam inquiritur aliquid elapsum a memoria per aliquid retentum in memoria, ut, si ego vidi unum hominem heri quem tunc bene cognovi et modo nescio quis sit ille quem heri vidi, bene tamen scio quod vidi unum hominem, tunc per hoc quod ego recolo me vidisse unum hominem ego discurro et inquiro quis est ille quem heri vidi. Et illa virtus per quam sic inquiro et discurro est reminiscentia. Unde reminisci est inquirere oblitum sive aliquid elapsum a memoria per aliquid retentum in memoria.

---

2 autem] *om.* L_2M_2 3 quod] quid L_2 | usque ibi] ibidem usque L_2 4 promittit] praemittit M_2 | se esse] *om.* L_2 se M_2 5 secundum] est *add.* L_2 6 memorari] et quod est actus eius *add.* L_2M_2 | tertium] est *add.* L_2 7 quam] quem M_2 | sit] est L_2M_2 8 reminiscentia] ut dicit philosophus *add.* L_2M_2 | iidem] eiusdem M_2 10 et] *om.* M_2 | velocis] acuti M_1 12 pro … est[1]] propter quod est L_2 propter quod M_2 13 inquiritur] acquiritur L_2 16 quod[1]] heri *add.* L_2M_2 | hominem] *om.* M_2 | quod[2]] *om.* L_2 17 discurro] disco L_2 | quis est] si sit M_1 | heri] ego M_1 18 sic] ego L_2M_2 | discurro] disco L_2 19 oblitum] ablatum M_1

---

2 de … memorari] Cf. Aristoteles, *De memoria et reminiscentia*, 1, 449b 4 (AL xiv.2, ed. Leonina, 103a, 1). 3–7 in … reminisci] Cf. Aristoteles, *De memoria et reminiscentia*, 1, 449b 4–6 (AL xiv.2, ed. Leonina, 103a, 1–3). 8–11 et[1] … reminiscibiles] Cf. Aristoteles, *De memoria et reminiscentia*, 1, 449b 6–8 (AL xiv.2, ed. Leonina, 103a, 3–6).

 | DOI:10.1163/9789004704299_006

Modo nos videmus in aliis sic esse quod illa quae de difficili recipiunt aliquam impressionem bene retinent eam et ea quae de facili recipiunt aliquam male retinent eam. Lapis enim de difficili recipit aliquam impressionem, sed, cum recipit, bene retinet; sed aqua de facili recipit impressionem et male retinet. Videmus enim quod illa quae de facili recipiunt sunt fluxibilia et discursiva, et post impressionem amissam de facili possunt acquirere consimilem. Et ideo tardi qui de difficili recipiunt bene retinent et sunt bonae memoriae. Et illi qui sunt velocis ingenii, quia faciliter recipiunt, non bene retinent, sed impressionem amissam possunt faciliter iterum acquirere; ideo non sunt bene memorabiles, sed sunt bene reminiscibiles.

⟨2⟩ *Primum quidem*

Haec est pars executiva in qua Philosophus exequitur suam intentionem. Illa pars habet duas partes principales. In prima parte determinatur de memoria, in secunda parte de reminiscentia. In primo capitulo primae partis inquirit Philosophus quid est obiectum memoriae, quia actus cognoscitur per obiectum, ut habetur secundo *De anima*; et ideo ad hoc quod sciamus quid sit memorari oportet scire quae sunt memorabilia (multotiens enim decipimur propter hoc quod nescimus qualia sunt memorabilia). Istud capitulum continet quattuor partes. In prima parte probatur quod memoria non est futurorum. In secunda parte probatur quod non est praesentium. In tertia

2 de facili] faciliter M_2 2–3 aliquam[2]] *om.* L_2M_2 3 eam] *om.* L_2M_2 | aliquam[2]] *om.* L_2M_2 4 sed[1]] et tunc L_2 et M_2 | recipit[1]] reciperit M_1 5 enim] etiam L_2M_2 | recipiunt] impressionem *add.* L_2M_2 6–7 acquirere] impressionem *add.* L_2 inquirere impressionem M_2 7 qui] quod L_2 quia M_2 8 quia] qui M_2 8–9 recipiunt] et *add.* L_2M_2 9–10 iterum] tunc L_2 12 quidem] igitur et cetera L_2M_2 13 suam intentionem] propositum suum L_2M_2 14 determinatur] determinat L_2M_2 | memoria] memorari L_2M_2 15 parte] *om.* M_2 | reminiscentia] reminisci L_2M_2 18 sit] est L_2M_2 | scire quae] primo cognoscere qualia L_2M_2

12 primum quidem] Cf. Aristoteles, *De memoria et reminiscentia*, 1, 449b 9 (AL xiv.2, ed. Leonina, 103a, 7). 15–19 in[2] … memorabilia] Cf. Aristoteles, *De memoria et reminiscentia*, 1, 449b 9–10 (AL xiv.2, ed. Leonina, 103a, 7–8). 20–21 in … futurorum] Cf. Aristoteles, *De memoria et reminiscentia*, 1, 449b 10–12 (AL xiv.2, ed. Leonina, 103a, 9–12). 21 in[1] … praesentium] Cf. Aristoteles, *De memoria et reminiscentia*, 1, 449b 13–14 (AL xiv.2, ed. Leonina, 103a, 13–15). 21–284.1 in[2] … praeteritorum] Cf. Aristoteles, *De memoria et reminiscentia*, 1, 449b 15 (AL xiv.2, ed. Leonina, 103a, 16).

parte declaratur quod memoria est praeteritorum. In quarta parte concluditur L_2 185rb quod solum animalia quae percipiunt tempus | memorantur.

Quod memoria non sit futurorum probat, quia respectu futurorum est opinio et spes: opinio quantum ad partem apprehensivam et spes quantum ad appetitivam. Unde respectu futurorum est spes, et ideo est quaedam scientia sperativa de futuris quam aliqui dicunt esse divinativam. Ex hoc M_1 63vb arguitur sic: | respectu futurorum sunt opinio et spes solum, sed memoria nec est opinio nec spes; igitur memoria non est respectu futurorum. Quod memoria non est respectu praesentium probat, quia sensus est praesentium et solum praesentium, sed memoria non est sensus; igitur memoria non est praesentium. Ex istis concluditur quod memoria est praeteritorum, M_2 113ra | quia memoria vel est futurorum, vel praesentium, vel praeteritorum, sed non est futurorum nec praesentium; igitur est praeteritorum. Et quod memoria sit praeteritorum patet, nam, cum aliquis videat aliquid praesentialiter, non dicimus quod memoratur, sed quod sentit. Similiter, cum aliquis intelligit aliquid actualiter, non dicimus quod memoratur, sed quod scit aliquid vel intelligit. Sed, si aliquis viderit aliquid in praeterito et anima dicit se vidisse illud, tunc memoratur. Si autem tunc aliquis intellexerit aliquid in praeterito et anima dicat se intellexisse illud, tunc memoratur. Et ideo memoria est praeteritorum. Ex quo sequitur quod memoria non est sensus nec opinio nec spes, quia sensus est praesentium, spes et opinio futurorum, sed memoria nec est praesentium nec futurorum.

---

2 percipiunt tempus] sentiunt M_2 3 probat ... respectu] probatur sic nam ratio L_2M_2 5 ad] partem *add.* M_2 | est[1]] sibi M_2 6 scientia] *om.* M_2 | divinativam] divinatio L_2M_2 | ex] et M_1 7 arguitur] arguo M_1 | sic] ex *add.* M_1 | solum] *om.* M_2 8 nec[1]] non L_2M_2 9 est[1]] sit M_2 | probat] probatur L_2 14 videat] videt L_2M_2 15–17 sentit ... vel] *om.* M_1 17 intelligit] aliquid *add.* L_2M_2 18 dicit] dicat L_2M_2 | autem tunc] autem L_2 *om.* M_2 19 in] de L_2 | dicat] dicit M_2 21 praesentium] et *add.* L_2M_2

1–2 in ... memorantur] Cf. Aristoteles, *De memoria et reminiscentia*, 1, 449b 28–30 (AL xiv. 2, ed. Leonina, 103b, 12–14). 3–6 quod ... divinativam] Cf. Aristoteles, *De memoria et reminiscentia*, 1, 449b 10–12 (AL xiv.2, ed. Leonina, 103a, 9–12). 9–11 quod ... praesentium] Cf. Aristoteles, *De memoria et reminiscentia*, 1, 449b 13–14 (AL xiv.2, ed. Leonina, 103a, 13–15). 14–17 et ... intelligit] Cf. Aristoteles, *De memoria et reminiscentia*, 1, 449b 15–18 (AL xiv.2, ed. Leonina, 103a, 16–103b, 3). 17–20 sed[2] ... praeteritorum] Cf. Aristoteles, *De memoria et reminiscentia*, 1, 449b 18–23 (AL xiv.2, ed. Leonina, 103b, 3–6). 20–23 ex ... futurorum] Cf. Aristoteles, *De memoria et reminiscentia*, 1, 449b 24–28 (AL xiv.2, ed. Leonina, 103b, 7–12).

⟨3⟩ *Quare quaecumque*

Hic concludit Aristoteles quod solum illa animalia quae sentiunt tempus memorantur, quia ad hoc quod cognoscatur praeteritum inquantum praeteritum oportet quod percipiatur tempus medium inter illud praeteritum et tempus praesens. Ideo solum illa animalia quae percipiunt tempus memorantur. Intelligendum est quod, quamvis memoria sit praeteritorum, non tamen quaelibet cognitio praeteriti est recordatio, quia scio mundum fuisse creatum et me fuisse natum, non tamen recordor. Sed ad hoc quod sit recordatio alicuius praeteriti oportet quod recordans habuit aliquem actum, quando illud praeteritum fuit praesens, cuiusmodo actus memoriae recordatur. Unde recordatio est cognitio inquantum circa ipsum pro tunc habuit recordans aliquem actum. Et, quia tempore nativitatis meae non habui aliquem actum cuius nunc recordor, ideo non recordor me fuisse natum nec mundum fuisse creatum, quia pro tunc non habui aliquem actum.

Ex quo sequuntur quattuor | corollaria. Primum est quod recordans post O 119ra
tempus habuit actum. Secundum est quod percipit illud tempus, quia aliter percipiens illum actum et non tempus interceptum non recordaretur. Si enim aliquis percipiat aliquem actum quem habuit in praeterito et non percipiat tempus medium, non recordatur. Non enim recordatur praeteriti inquantum praeteritum nisi percipiendo distantiam temporis. Tertium est quod ad actum memorandi requiritur quod sit aliqua species manens illius de quo recordatur. Quartum est quod memoria est respectu duplicis obiecti: proximi (et illud est actus praeteritus ipsius recordantis) et respectu obiecti remoti (et illud est obiectum illius actus). Verbi gratia: recordor modo quod vidi te heri; ista recordatio est respectu duplicis obiecti, quia actus videndi quem habui heri circa te est obiectum proximum illius recordationis, et

2 tempus] *om.* L_2M_2 4 percipiatur] percipatur (!) L_2 percipitur M_2 5 praesens] et *add.* L_2M_2 5–6 quae … memorantur] memorantur quae percipiunt tempus L_2M_2 7 scio] sic M_1 | fuisse] esse L_2M_2 8 natum] recordare *add.* M_1 9 habuit] habuerit M_2 10 cuiusmodo … memoriae] cuius actus modo M_1 cuius actus memoriae M_2 11 recordatio] in recordatione M_2 | circa] *om.* M_2 | pro] illo *add.* M_2 13 ideo] nunc *add.* L_2M_1 15 quo] hoc L_2M_2 | sequuntur] sequitur L_2M_2 | est] *om.* L_2M_2 15–16 post … actum] habuit actum post tempus L_2M_2O 17 recordaretur] recordatur L_2M_1O 18 percipiat] percipit M_2 19 percipiat] percipit M_2 20 nisi] non M_1O | temporis] *om.* M_1O 22 respectu] *om.* O | obiecti] scilicet *add.* O 23 recordantis] recordationis M_2O 24 illud] idem M_2 25 te] *om.* M_2 26 te] *om.* M_2 | illius] *om.* M_2

1 quare quaecumque] Cf. ARISTOTELES, *De memoria et reminiscentia*, 1, 449b 28–29 (AL XIV. 2, ed. Leonina, 103b, 12–14).

L_2 185va tu qui es obiectum illius actus | es obiectum remotum illius recordationis. Intelligendum est quod, cum memoria habeat duplex obiectum, scilicet proximum et remotum, obiectum proximum memoriae semper debet esse praeteritum, quia obiectum proximum est actus praeteritus illius recordantis, sed obiectum remotum potest esse indifferenter praesens, praeteritum et futurum. Unde illa propositio: 'memoria est solum praeteritorum' est sic intelligenda quod memoria solum est praeteritorum tamquam respectu obiecti proximi, potest tamen esse praesentium vel futurorum tamquam
M_1 64ra respectu obiecti remoti. |

⟨4⟩ *Quoniam autem de phantasia*

Istud capitulum continet tres partes principales. In prima parte ostendit Phi-
M_2 113rb losophus ad quam partem animae pertinet memoria. In secunda docet | quae est causa memorandi. In tertia parte, per quid memoria conservatur.

Primo igitur ostendit quod dictum est de phantasia in libro *De anima*. Dictum enim est in libro *De anima* quod phantasia est motus a sensu secundum actum; et sine phantasmate non contingit intelligere. Sed, quia phantasma est similitudo rei singularis et intellectus est universalium, possit alicui

1 obiectum^2] subiectum L_2 | remotum] rememoratum M_2 2 est] *om.* O | habeat] habet M_1 | scilicet] *om.* M_1 id est O 4 obiectum proximum] huiusmodi actus O 4–5 recordantis] recordationis M_1O communis *add.* O 7 est] respectu *add.* M_2 8–9 potest … remoti] *om.* O 8 tamen] *om.* M_1 | vel] et L_2 9 remoti] et cetera *add.* M_2 10 autem] quando O 11 tres] quattuor M_2O | prima parte] primo O 13 quae … parte] *om.* L_2 (*hom.*) | parte] docet *add.* M_2 *om.* O | quid] quae L_2M_2 | memoria] media M_2 13–14 conservatur] conservetur L_2M_2O 15 ostendit] dicit L_2M_2 | de^1] in O 15–16 dictum … anima] *om.* M_1 (*hom.*) 16 enim] *om.* O | in … anima] ibi O | motus] factus et hoc *add.* M_1 factus *add.* O 16–17 secundum … et] et quod L_2M_2 17 et] quod *add.* O 18 est universalium] universalis O | possit] potest L_2M_2 posset O

10 quoniam … phantasia] Cf. Aristoteles, *De memoria et reminiscentia*, 2, 449b 30 (AL xiv.2, ed. Leonina, 107a, 1). 11–12 in … memoria] Cf. Aristoteles, *De memoria et reminiscentia*, 2, 449b 30–450a 6 (AL xiv.2, ed. Leonina, 107a, 1–12). 12–13 in … memorandi] Cf. Aristoteles, *De memoria et reminiscentia*, 2, 450a 7–25 (AL xiv.2, ed. Leonina, 107a, 13–107b, 18). 13–14 in … conservatur] Cf. Aristoteles, *De memoria et reminiscentia*, 3, 450a 25–451a 12 (AL xiv.2, ed. Leonina, 112a, 1–112b, 28). 15 primo … anima] Cf. Aristoteles, *De memoria et reminiscentia*, 2, 449b 30–31 (AL xiv.2, ed. Leonina, 107a, 1–3). 15–17 dictum^2 … intelligere] Cf. Aristoteles, *De anima*, iii, 3, 428b 3–429a 2 (AL xii.2, ed. Leonina, 197b, 4–5).

videri quod intellectus posset intelligere sine phantasmate. Ideo Philosophus demonstrat per exemplum quod non contingit intelligere sine phantasmate, quamvis intellectus sit universalium et phantasma sit similitudo rei singularis. Et est illud exemplum: sicut geometer volens ostendere aliquam passionem de triangulo describit triangulum certae quantitatis, non quia de illo singulari triangulo vult aliquid demonstrare, sed ut in isto singulari triangulo consideret naturam trianguli in communi, sic volenti intelligere aliquod universale occurrit phantasma alicuius individui illius universalis, sicut volenti intelligere hominem occurrit phantasma hominis bicubiti vel tricubiti, tamen intelligit hominem inquantum homo, non inquantum bicubitus vel tricubitus. Unde breviter: sicut geometer in triangulo singulari quem describit considerat et describit naturam trianguli in communi de quo vult ostendere passionem, sic anima in intelligendo convertit se ad phantasma, ut in phantasmate consideret naturam universalis quod vult intelligere.

Intelligendum est quod ad hoc quod anima intelligat oportet quod convertat se ad phantasma, ut in illo consideret naturam universalis quod debet intelligi. Per aliam tamen virtutem cognoscit illud cuius phantasma est similitudo et per aliam cognoscit universale, quia universale cognoscit per intellectum et illud cuius phantasma est similitudo cognoscit per sensum vel per virtutem phantasticam. Unde ad hoc quod anima intelligat universale oportet quod divertat se ad phantasma et intelligat universale secundum virtutem phantasticam, scilicet phantasticari phantasma illius universalis. Nec est aliud intellectum convertere se ad phantasma quam intellectum

1 posset] potest L_2M_2 1–2 philosophus] primo M_1 2 demonstrat] declarat M_1 | contingit] *om.* L_2 3 sit^2] *om.* M_2 4 illud] idem L_2 *om.* O 5 de] subiecto ut de *add.* M_1O 6 illo] *om.* O | in] de L_2M_2 7 sic] sicut M_1 8 aliquod] aliquid L_2 8–9 alicuius … phantasma] *om.* L_2 (*hom.*) | universalis] ut *add.* M_1 10 intelligit hominem] *om.* M_1 intelligit O | inquantum^2] quantum O 11 bicubitus] bicubitum O | tricubitus] tricubitum O 11–12 singulari] potest signare L_2M_2 12 et describit] *om.* L_2M_2 13 in] *om.* L_2M_2 14 ut] unde M_1 | consideret] consideraret M_2 16 est] *om.* M_1M_2O | intelligat] intelligit M_2 17 consideret] conservet M_2 18 illud] phantasma vel rem M_1O 19 cognoscit^2] contingit M_2 20 et illud] nec illius O | cognoscit] contingit M_2 cognitio sit O | vel] ut M_2O 21–23 unde … phantasticam] *om.* M_1 (*hom.*) 21 intelligat] intelligit M_2 22 divertat … et] *om.* L_2M_2 | secundum] per O 23 scilicet … universalis] phantasticari phantasma alius singulare M_2 24 aliud] dicere *add.* O | intellectum] vel animam *add.* O

1–7 ideo … communi] Cf. Aristoteles, *De memoria et reminiscentia*, 2, 450a 1–5 (AL xiv.2, ed. Leonina, 107a, 4–9). 11–15 unde … intelligere] Cf. Aristoteles, *De memoria et reminiscentia*, 2, 450a 5–7 (AL xiv.2, ed. Leonina, 107a, 9–12).

intelligere universale et secundum virtutem phantasticam phantasticari aliquod singulare illius universalis. Verumtamen non oportet concedere quod intellectus convertat se ad phantasma, nec hoc dicit Philosophus, sed dicit quod non contingit intelligere sine phantasmate. Et ad hoc quod intellectus intelligat necesse est quod phantasia phantasticatur, et illud est solum singulare, quia ad hoc quod anima per intellectum cognoscat universale oportet ipsam per virtutem phantasticam phantasticari phantasma alicuius singularis. Si tamen debeat concedi quod oportet intellectum convertere se ad phantasma ad hoc quod intelligat, oportet | L_2 185vb hoc intelligere sicut prius dictum est, quia intellectum convertere se ad phantasma nihil aliud est quam phantasticam phantasticare alicuius singularis phantasma cuius universale intellectus intelligit.

Intelligendum quod ponendo intellectum materialem esse substantiam separatam a nobis secundum esse et unam numero omnibus hominibus oportet intelligere quod intellectus materialis secundum se consideratus potest intelligere sine phantasmate substantias immateriales, sed secundum quod copulatur nobiscum non intelligit aliquid sine phantasmate, quia nos nihil intelligimus sine phantasmate.

⟨5⟩ *Magnitudinem* | M_2 113va *autem*

Haec est secunda pars | O 119rb huius capituli in qua Philosophus inquirit ad quam partem animae pertinet memoria. Et probat quod ad partem sensitivam, et hoc sic: eadem pars animae quae cognoscit magnitudinem et motum cognoscit tempus, sed pars sensitiva cognoscit magnitudinem et motum, quia

---

1 secundum] *om.* M_2 1–2 aliquod] alius M_2 2 concedere] *om.* M_1O 3 convertat] convertit L_2M_2 5 necesse est] oportet O | quod ... phantasticatur] phantasmata speculare L_2M_2 | phantasia] phantasma O 5–6 solum singulare] unum L_2M_2 solum O 6 anima] *om.* M_1O 7 phantasticari] et speculare *add.* L_2M_2 8 oportet] per *add.* M_1 9–10 ad[2] ... phantasma] *om.* O (*hom.*) 9 prius] *om.* L_2 10 quia] quod L_2M_2 | nihil ... est[2]] non est aliquod aliud L_2M_2 11 phantasticam] phantasiam M_2 13 intelligendum] intelligendo O 14 a] corpore et a *add.* M_1O | secundum] secunda L_2 | numero] in *add.* M_2O 15 oportet intelligere] debet dici L_2M_2 debet intelligi O 16 substantias immateriales] sola immaterialia M_1 | sed] licet L_2M_2O 17 copulatur] copulantur M_2 19 magnitudinem] imaginationem M_2 21 probat] dicit L_2M_2 22 sic] sequitur L_2 quia *add.* M_2 | animae] *om.* M_1

---

19 magnitudinem autem] Cf. ARISTOTELES, *De memoria et reminiscentia*, 2, 450a 9 (AL XIV.2, ed. Leonina, 107a, 16). 22–23 eadem ... tempus] Cf. ARISTOTELES, *De memoria et reminiscentia*, 2, 450a 9–10 (AL XIV.2, ed. Leonina, 107a, 16–17).

magnitudo et motus sunt sensibilia communia; igitur pars sensitiva cognoscit tempus. | Sed memoria est illius partis quae cognoscit tempus, quia illa M_1 64rb virtus quae cognoscit tempus cognoscit prius et posterius in motu, et illud quod cognoscit partem priorem motus ut partem praeteritam est memoria, quia memoria est praeteritorum; ergo memoria cognoscit tempus. Et per consequens memoria pertinet ad partem sensitivam.

Intelligendum est quod aliquid percipi a sensu est dupliciter: vel per propriam immutationem sensus a sensibili, et sic percipiuntur sensibilia communia et sensibilia propria a sensu communi et sensu proprio; alio modo cognoscitur aliquid ex motu secundario qui relinquitur ex praevia immutatione (qui quidem motus remanet aliquando in absentia sensibilium), et ille motus pertinet ad phantasiam. Et isto secundo modo percipitur tempus a sensu. Non enim percipitur tempus a sensu per propriam immutationem, quia tempus nec est sensibile proprium nec est sensibile commune, nec percipitur tempus ab aliquo sensu exteriori, sed per aliquam immutationem factam in sensu exteriori percipitur tempus a sensu interiori.

Adhuc quod memoria pertinet ad sensum declarat Philosophus: nam cuius est phantasma eius est memoria, nam memoria est intelligibilium recordatio quae non fit sine phantasmate, sed phantasma pertinet ad sensum, nam phantasma est passio sensus communis; igitur memoria pertinet ad sensum. Ex his concludit Philosophus quod memoria est ipsius sensus per se et ipsius intellectus per accidens, nam memoria est per se sensibilium, quibus debetur phantasma per se, et per accidens intelligibilium, quibus debetur phantasma per accidens.

---

1 magnitudo ... motus] ista O | sensibilia] essentialia L_2 | communia] *om.* O | igitur] eadem *add.* O | sensitiva] *om.* O 2 sed] licet L_2M_2 2–3 illius ... posterius] *om.* L_2M_2 (*hom.*) 4 motus] in motu O | ut] videlicet M_1 7 est[1]] *om.* L_2M_2O 8 sensibili] sensibilibus L_2 | percipiuntur] percipiantur L_2 percipitur M_2 9 communi ... proprio] proprio et a sensu communi M_2 10 ex[1]] quodam L_2O quod M_2 | secundario] contrario M_1 | qui] quae L_2M_2 quia M_1 | praevia] prima L_2M_2 11 qui ... motus] quae quidem M_1 | aliquando] quandoque L_2M_2 12 phantasiam] phantasma O | isto] ideo M_1 illo M_2 13 non ... sensu[2]] *om.* L_2M_1 (*hom.*) 14 est[2]] *om.* L_2M_2 | est sensibile[2]] *om.* O 14–15 percipitur] percipatur L_2 15 ab] *om.* O | aliquam] *om.* L_2M_2 16 in] a M_1O | percipitur] percipatur L_2 | a] in L_2 17 pertinet] pertineat L_2M_2 | declarat] probat O | philosophus] *om.* O 18 phantasma] phantasia M_1M_2O | memoria[1]] ut patet per philosophum *add.* O | est[3]] *om.* L_2M_2 19 recordatio quae] de qua minus videtur L_2M_2 | sed] licet L_2M_2 | phantasma pertinet] phantasmata pertinent L_2 20 nam phantasma] quia O | communis] *om.* M_1O 22 et] *om.* M_1 22–23 sensibilium ... et] phantasmatum et est M_1 23–24 se ... per] *om.* M_2 (*hom.*)

17–24 adhuc ... accidens] Cf. ARISTOTELES, *De memoria et reminiscentia*, 2, 450a 10–14 (AL XIV.2, ed. Leonina, 107a, 17–107b, 3).

⟨6⟩ *Unde et alterius*

In illa parte declarat Philosophus per duo signa quod memoria est ipsius intellectus per accidens et sensus per se. Primum signum est: memoria inest animalibus aliis ab homine; si tamen memoria per se pertineret ad intellectum, non inesset animalibus carentibus intellectu nec inesset memoria alicui mortali nisi homini, quod non est verum. Aliud signum est: memoria non inest omnibus animalibus, sed solum animalibus percipientibus tempus, igitur ad illam virtutem quae percipit tempus | L_2 186ra pertinet memoria, sed pars sensitiva percipit tempus, sicut prius probatum est, nam pars sensitiva percipit motum et magnitudinem et per consequens tempus; igitur ad partem sensitivam pertinet memoria per se. Unde, quia solum animalia percipientia tempus habent memoriam, hoc est signum quod memoria pertinet ad partem sensitivam. Deinde concludit Philosophus ex praedictis ad quam partem animae pertinet memoria. Et vult quod memoria pertinet ad eandem partem ad quam pertinet phantasia et ita quod memoria pertinet ad sensum.

⟨7⟩ *Dubitabit autem utique*

Haec est tertia pars huius capituli in qua Philosophus ostendit quae est causa memorandi. Et primo proponit unam dubitationem quae est ista: cum

---

1 alterius] alteratio L_2 in alteris M_2 2 philosophus] quod *add.* L_2 4 pertineret] pertinet L_2M_2O 5 inesset^1] esset O | animalibus] *om.* O 6 mortali] animali O | non] *om.* L_2M_2 | est^2] illud *add.* L_2M_2 7 inest] est in M_2 | percipientibus] participantibus L_2 8 ad] *om.* M_1 9 tempus] quia percipitur motus et cetera *add.* O | prius ... est] probatum est prius L_2M_2 prius dictum est O 9–10 nam ... tempus] igitur et cetera O 11 memoria ... se] et cetera O 11–12 percipientia] quae percipiunt O 13 partem sensitivam] sensum M_1O | praedictis] praeteritis M_2 14 animae ... memoria^1] et cetera O | memoria pertinet] *coni. codd. om.* 15 ad^1] eam O | pertinet^1] est O 17 dubitabit] dubitabitur L_2

---

1 unde ... alterius] Cf. Aristoteles, *De memoria et reminiscentia*, 2, 450a 15 (AL xiv.2, ed. Leonina, 107b, 4). 3–6 primum ... verum] Cf. Aristoteles, *De memoria et reminiscentia*, 2, 450a 15–17 (AL xiv.2, ed. Leonina, 107b, 4–8). 6–13 aliud ... sensitivam] Cf. Aristoteles, *De memoria et reminiscentia*, 2, 450a 18–22 (AL xiv.2, ed. Leonina, 107b, 9–13). 13–16 deinde ... sensum] Cf. Aristoteles, *De memoria et reminiscentia*, 2, 450a 22–25 (AL xiv.2, ed. Leonina, 107b, 14–18). 17 dubitabit ... utique] Cf. Aristoteles, *De memoria et reminiscentia*, 3, 450a 25 (AL xiv.2, ed. Leonina, 112a, 1). 18–291.3 haec ... praesentis] Cf. Aristoteles, *De memoria et reminiscentia*, 3, 450a 25–27 (AL xiv.2, ed. Leonina, 112a, 1–3).

in memorando illa species quae afficit animam sit actu praesens et obiectum cuius anima memoratur | [M_2 113vb] est absens, propter quid memoratur rei quae est absens et non speciei praesentis? Circa istam dubitationem sic procedit: primo movet dubitationem, secundo declarat quoddam suppositum in dubitatione, tertio resumit dubitationem et arguit ad utramque partem.

In dubitatione supponit quod aliqua talis species sit praesentialiter in anima et quod hoc oportet esse per aliquam passionem factam circa sensum in anima; et in parte corporis animati remanet species sensibilis absente re, sicut figurantes cum anulo imprimunt figuram in cera quae remanet sigillo vel anulo ablato. Et quod oporteat talem speciem remanere in anima declarat Philosophus per signa, nam illi qui sunt in magno motu, sicut infremi vel ebrii vel irrati, non sunt | [M_1 64va] bonae memoriae. Similiter, homines in tempore augmenti et decrementi non sunt bonae memoriae et hoc propter motum in eis, quia motus impedit manentiam impressionum, ut patet, si sigillum imprimatur in aqua fluente: propter motum aquae statim perit figura. Quia igitur motus impedit manentiam impressionum et illi qui sunt in motu non sunt bonae memoriae, signum est quod ad memoriam requiritur quod aliqua species vel impressio maneat in anima. Unde dicit Philosophus quod

---

1 afficit] efficit L_2 | animam] ut *add.* M_1 2 anima] actu L_2M_2 | est absens] est praesens M_1 non est praesens O 5 tertio … dubitationem] *om.* M_1 7 dubitatione] suppositione L_2 | quod] sic *add.* M_2 si est *add.* O | sit] *om.* O 8 et] *om.* O | et … hoc] sed hic M_1 quod hic O | per] *om.* M_2 | circa] esse per M_2 9 remanet] quae remanet L_2 quae remaneat M_2 remaneat O | species sensibilis] sensibile L_2M_2 | re] *om.* L_2M_2 specie M_1 10 figurantes] figuli L_2M_2 | cera] terra L_2M_2 | quae remanet] *om.* M_2 11 ablato] remoto L_2M_2 absente O | oporteat] oportebit L_2M_2 oportet O | speciem remanere] manere L_2 12 in] *om.* O | infremi] infirmi L_2M_2O 12–13 vel … vel] febri et O 13 irrati] nati L_2O | bonae memoriae] bene memorati L_2 14 augmenti] angusti M_2 | bonae memoriae] bene memorati L_2 15 impressionum] impressionis L_2M_2 16 imprimatur] imprimeretur L_2M_2 | aqua fluente] aquam fluentem L_2M_2 | perit] periret L_2M_2O | figura] impressa *add.* O 17 impressionum et] impressionis et L_2M_2 et cetera O 18 est] eo *add.* M_1

---

4 primo … dubitationem] Cf. ARISTOTELES, *De memoria et reminiscentia*, 3, 450a 25–27 (AL XIV.2, ed. Leonina, 112a, 1–3). 4–5 secundo … dubitatione] Cf. ARISTOTELES, *De memoria et reminiscentia*, 3, 450a 27–450b 11 (AL XIV.2, ed. Leonina, 112a, 4–21). 5–6 tertio … partem] Cf. ARISTOTELES, *De memoria et reminiscentia*, 3, 450b 11–451a 12 (AL XIV.2, ed. Leonina, 112a, 22–112b, 28). 7–11 in[1] … ablato] Cf. ARISTOTELES, *De memoria et reminiscentia*, 3, 450a 27–32 (AL XIV.2, ed. Leonina, 112a, 4–9). 9–11 et … ablato] Cf. ALBERTUS MAGNUS, *In De memoria et reminiscentia*, cap. 4 (ed. Donati, 120a, 4–120b, 15). 11–292.1 et … immemores[1]] Cf. ARISTOTELES, *De memoria et reminiscentia*, 3, 450a 32–450b 2 (AL XIV.2, ed. Leonina, 112a, 10–13). 13–15 similiter … impressionum] Cf. ALBERTUS MAGNUS, *In De memoria et reminiscentia*, cap. 4 (ed. Donati, 120b, 24–121a, 2).

iuvenes propter motum augmenti sunt immemores. Senes etiam sunt imme- O 119[va] mores, quia propter frigiditatem et duritiem | non retinent bene impressionem, sicut nec antiqua aedificia nec antiqui parietes indurati recipiunt impressionem. Similiter, nec illi qui sunt velocis ingenii nec illi qui sunt tardi ingenii sunt bonae memoriae, quia ad memoriam requiritur receptio specierum et retentio specierum, sed veloces non bene retinent, et tardi bene retinent, sed non bene recipiunt; et ideo nec veloces nec tardi sunt bonae memoriae. Tardi tamen, cum impressionem acciperint, bene eam retinent, ideo sunt melius memores quam veloces.

Deinde Philosophus movet quaestionem et arguit ad utramque partem. Et dicit quod, cum memoria sit quaedam passio praesens, sicut pictura quaedam, dubium est, utrum aliquis memoratur illam passionem quae praesent- L_2 186[rb] ialiter | est in memoria aut rem sensibilem a qua facta est illa passio. Et probat primo quod non memoratur illam passionem praesentem, quia, si sic, memoria non esset praeteritorum sed praesentium, quod est contra prius determinata.

Deinde probat per tres rationes quod memoria est illius passionis praesentis et non rei absentis. Prima ratio est: homo sentit istam passionem praesentem, sed inconveniens videtur quod sensus sit de uno et memoria de alio, nam memoria pertinet ad primum sensitivum, sicut dictum est. Cum M_2 114[ra] igitur sensus sit passionis praesentis, sequitur et cetera. Secunda ratio est | ista: passio est praesens memoriae et res a qua facta est passio est absens, nunc memoria magis potest cognoscere illud quod est sibi praesens quam illud quod est absens; igitur videtur quod memoria sit illius speciei prae-

1 augmenti] et cetera et senes propter motum aequaliter *add.* O 1–2 senes ... immemores] *om.* M_1 (*hom.*) 2 quia] *om.* M_2 3 nec antiqui] ut antiquae L_2M_2 4 velocis] veloces L_2 | nec[2]] *om.* O 4–5 nec[2] ... ingenii] *om.* M_1 (*hom.*) 5 quia] et O 6 specierum] *om.* O 8 tardi] *om.* L_2 | acciperint] retinent L_2M_2 percipiunt O 9 sunt] facit M_1 | melius memores] memoriores M_2 | quam] sunt *add.* O 10 philosophus ... quaestionem] resumit philosophus conclusionem L_2M_2 resumit philosophus quaestionem O 13 rem ... passio] non O 14 probat primo] probo M_1 18 ratio] *om.* L_2M_2 19 praesentem] praesentialiter M_2 20 sensitivum] sensum L_2M_1 | est] prius L_2 prius *add.* M_2 21 sit] tempus illius *add.* M_2 | et cetera] quod memoria sit illius passionis praesentis L_2M_2 quod sic et memoria O 24 memoria ... illius] est O | illius] illud M_1

1–4 senes ... impressionem] Cf. ARISTOTELES, *De memoria et reminiscentia*, 3, 450b 5–7 (AL XIV.2, ed. Leonina, 112a, 15–17). 2–4 quia ... impressionem] Cf. ALBERTUS MAGNUS, *In De memoria et reminiscentia*, cap. 4 (ed. Donati, 121a, 2–16). 4–9 similiter ... veloces] Cf. ARISTOTELES, *De memoria et reminiscentia*, 3, 450b 7–11 (AL XIV.2, ed. Leonina, 112a, 18–21). | Cf. ALBERTUS MAGNUS, *In De memoria et reminiscentia*, cap. 4 (ed. Donati, 121a, 24–34). 10–13 deinde ... passio] Cf. ARISTOTELES, *De memoria et reminiscentia*, 3, 450b 11–19 (AL XIV.2, ed. Leonina, 112a, 22–35).

sentis et non rei absentis. Unde memoria, cum est in actu, speculatur hanc passionem, et memoria magis est illius quod speculatur a memoria quam illius quod non speculatur; igitur memoria est illius speciei praesentis et non rei absentis. Tertia ratio est illa: sensus exterior est conformis sensui interiori, modo sensus interior non recipit nisi a sensu exteriori; si igitur sensus interior cognosceret rem absentem, sensus exterior cognosceret rem absentem.

⟨8⟩ *Aut est sicut contingit*

In illa parte solvit Philosophus istam dubitationem. Et, quia illa dubitatio fuit inducta, ut sciretur quae est causa memoriae, ideo Philosophus primo assignat causam memoriae et vult quod species illa manens in virtute memorativa est causa memoriae. Sed illa species potest dupliciter considerari: vel secundum esse et absolute vel secundum quod est imago alterius. Si primo modo, sic est principium actus phantasticandi et intelligendi. Si secundo modo, sic est principium memorandi. Exemplum huius ponit Philosophus de animali picto in tabula, nam alia est consideratio in se sive secundum quod est animal depictum et alia est consideratio eius inquantum imago animalis veri. Sic illa similitudo in virtute memorativa habet duplicem considerationem, nam alia est consideratio secundum esse et alia secundum quod est imago alterius, nam primo modo est principium actus phantasticandi vel intelligendi, secundo modo est principium ducens in memoriam

---

1–4 unde … absentis] *om.* M_1O (*hom.*) 1 speculatur] speculantur L_2 *om.* M_1O 2 speculatur] speculantur L_2 4 tertia … illa] *om.* L_2M_2 | illa] *om.* O 5 modo] nam L_2M_2 quia O 6–7 rem absentem] eandem O 8 contingit] et cetera *add.* M_2 9 istam] *om.* O | illa^2] *om.* L_2 | dubitatio] *om.* O 10–12 ideo … memoriae] *om.* M_1 (*hom.*) 12 memoriae] in esse L_2 | considerari] quia potest considerari dupliciter *add.* L_2M_2 | vel] ut M_1 13–14 si … modo] *om.* L_2 14 sic] *om.* M_2 | actus] *om.* M_1O | si] vel O 14–15 secundo modo] consideretur ut est imago alterius L_2M_2 15 principium] actus *add.* L_2M_2 16 picto] depicto L_2M_2 17 est^2 … eius] *om.* O | eius] in se *add.* L_2M_2 18 animalis] *om.* O | sic] et L_2M_2 19 esse] se M_1 20 modo] *om.* L_2M_2 21 intelligendi] sed *add.* L_2M_2 | principium] *om.* L_2 | ducens] inducens O

---

8 aut … contingit] Cf. Aristoteles, *De memoria et reminiscentia*, 3, 450b 20 (AL xiv.2, ed. Leonina, 112a, 35). 15–18 exemplum … veri] Cf. Aristoteles, *De memoria et reminiscentia*, 3, 450b 20–25 (AL xiv.2, ed. Leonina, 112a, 35–112b, 6). 18–294.1 sic … similitudo] Cf. Aristoteles, *De memoria et reminiscentia*, 3, 450b 25–27 (AL xiv.2, ed. Leonina, 112b, 6–8).

illius rei cuius est similitudo. Ideo, quando anima convertit se ad phantasma, | [M_1 64vb] prout est quaedam species reservata in parte sensitiva, tunc est actus imaginationis vel intellectus considerantis circa rem universalem in illa specie, sed, si convertatur ad illud, inquantum est imago illius quod videmus vel intelligimus, sic est principium memorandi. Et quod illud sit verum quod tunc memoramur, quando attendimus ad phantasma secundum quod est imago eius quod prius sentimus vel intelligimus, declarat Philosophus per quaedam signa.

Circa actum memoriae tripliciter se habent homines. Aliquando enim, quamvis in nobis fiant phantasmata et motus (quae relinquuntur ex prima immutatione sensus a sensibili), tamen nescimus, quando accidit hos motus esse in nobis, secundum quod hoc prius | [L_2 186va] sentimus aliquid, et ideo dubitamus, utrum memoramus vel non. Aliquando enim homo cognoscit quod prius audivit vel vidit aliquid cuius phantasma nunc occurrit sibi, et hoc proprie est memorari, et hoc quando considerans speculatur phantasma secundum quod est imago alterius. | [M_2 114rb] Aliquando autem aliqui crediderunt se memorari et non memorantur, quia aestimant phantasmata quae de novo occurunt esse aliquorum prius factorum; et hoc accidit, cum illud quod est imago alterius rei cognoscitur, etsi esset imago illius rei.

1–2 phantasma] phantasiam M_1 2 reservata] conservata M_1 3 imaginationis] imaginis L_2O | intellectus] actus O 4 convertatur] convertitur L_2M_2 convertat O | illud] idem L_2 | illius] illud L_2 alterius M_1 6 quod[1]] quia M_1 | memoramur] memoramus L_2M_2 memoratur O 7 intelligimus] intelliximus M_1 8 signa] nam *add.* L_2M_2O 10 quamvis] quando L_2M_2 | quae] prima *add.* L_2O 11 accidit] accidat M_2 11–12 motus ... in] memoriae inesse L_2 12 esse in] inesse M_2 | secundum ... hoc] per hoc quod M_1 | ideo] non M_1 13 memoramus] movemur M_1 movetur O | enim] *om.* O 14 audivit] audit L_2 | nunc] non L_2M_2O | occurrit] occurat L_2 15 quando] non L_2M_2 16 aliqui] alii L_2 | aliqui crediderunt] credunt O 17 memorantur] memoratur O 17–18 phantasmata ... occurunt] phantasma quod de novo occurit M_1 phantasma quae de novo occurit O 18 esse] eorum vel *add.* M_1 | quod] non *add.* L_2M_2 19 alterius] alicuius L_2M_2 | cognoscitur] cognoscit L_2 | etsi] ac si L_2M_2

1–5 ideo ... memorandi] Cf. ARISTOTELES, *De memoria et reminiscentia*, 3, 450b 27–29 (AL XIV.2, ed. Leonina, 112b, 8–11). 5–8 et ... signa] Cf. ARISTOTELES, *De memoria et reminiscentia*, 3, 450b 29–451a 2 (AL XIV.2, ed. Leonina, 112b, 11–16). 9–13 aliquando ... non] Cf. ARISTOTELES, *De memoria et reminiscentia*, 3, 451a 2–5 (AL XIV.2, ed. Leonina, 112b, 17–20). 13–16 aliquando ... alterius] Cf. ARISTOTELES, *De memoria et reminiscentia*, 3, 451a 5–8 (AL XIV.2, ed. Leonina, 112b, 20–24). 16–19 aliquando ... rei[2]] Cf. ARISTOTELES, *De memoria et reminiscentia*, 3, 451a 8–12 (AL XIV.2, ed. Leonina, 112b, 24–28).

⟨9⟩ *Meditationes autem*

Haec est tertia pars huius capituli in qua Philosophus docet per quid memoria conservetur. Et vult quod meditationes eorum quae sentimus aut intelligimus conservant memoriam. Meditari non est aliud quam considerare aliquid sicut imaginem prius apprehensi et non secundum se. Deinde Philosophus recapitulat, ut patet in littera.

⟨10⟩ *De* | *reminisci autem* et cetera O 119[vb]

Haec est secunda pars huius libri in qua Philosophus determinat de reminiscentia et de ipso reminisci quod est actus eius. Et primo supponit tamquam vera omnia quae possunt accipi per rationes disputativas. In determinando de reminiscentia primo declarat quid non est reminiscentia, secundo declarat quid est reminiscentia. Dicit igitur quod reminiscentia nec est resumptio memoriae, ita quod reminisci sit idem quod memorari, nec prima acceptio alicuius per sensum vel per intellectum. Unde qui de novo cognoscit aliquid per sensum vel per intellectum non reminiscitur, quia reminiscentia praesupponit memoriam praecedentem, sed nulla memoria praecessit, ubi aliquis cognoscit aliquid totaliter de novo. Unde memoria non consistit in prima acceptione notitiae nec in primo facto esse notitiae. Non consi-

---

2 tertia] secunda O 3 conservetur] conservatur L_2 4 memoriam] memoria M_2 5–6 philosophus ... littera] recapitulat L_2 philosophus recitat ut patet in littera M_1 recapitulat et patet in littera M_2 7 et cetera] *om.* L_2M_2O 8 haec ... secunda] hic incipit secunda L_2M_2 haec est tertia M_1 9 de] *om.* O 10 quae] vere *add.* L_2M_2O | accipi] attribui M_1O | in determinando] sic considerando L_2M_2 11 quid] quod L_2 13 nec] *om.* M_1 14 alicuius] illius O 14–15 unde ... intellectum] *om.* O (*hom.*) 16 praecessit] praecedit M_2 18 prima] praevia M_1 | acceptione] acceptatione M_2 | notitiae[1]] memoriae M_1

---

1 meditationes autem] Cf. Aristoteles, *De memoria et reminiscentia*, 3, 451a 12 (AL xiv.2, ed. Leonina, 112b, 29). 2–5 haec ... se] Cf. Aristoteles, *De memoria et reminiscentia*, 3, 451a 12–14 (AL xiv.2, ed. Leonina, 112b, 29–32). 5–6 deinde ... littera] Cf. Aristoteles, *De memoria et reminiscentia*, 3, 451a 14–17 (AL xiv.2, ed. Leonina, 112b, 33–36). 7 de ... autem] Cf. Aristoteles, *De memoria et reminiscentia*, 4, 451a 18 (AL xiv.2, ed. Leonina, 117a, 1). 9–10 et[2] ... disputativas] Cf. Aristoteles, *De memoria et reminiscentia*, 4, 451a 18–20 (AL xiv.2, ed. Leonina, 117a, 1–3). 10–11 in ... reminiscentia[2]] Cf. Aristoteles, *De memoria et reminiscentia*, 4, 451a 20–21 (AL xiv.2, ed. Leonina, 117a, 4–5). 11–12 secundo ... reminiscentia[1]] Cf. Aristoteles, *De memoria et reminiscentia*, 4, 451a 25–451b 10 (AL xiv.2, ed. Leonina, 117a, 12–117b, 16). 12–14 dicit ... intellectum] Cf. Aristoteles, *De memoria et reminiscentia*, 4, 451a 20–25 (AL xiv.2, ed. Leonina, 117a, 4–11). 14–17 unde ... novo] Cf. Aristoteles, *De memoria et reminiscentia*, 4, 451a 21–22 (AL xiv.2, ed. Leonina, 117a, 6–8).

stit in prima acceptione notitiae, quia, quando est memoria, tunc est notitia in facto esse, sed in prima acceptione notitiae non est notitia in facto esse; igitur memoria non est in prima acceptione notitiae. Nec consistit memoria in primo facto esse notitiae, quia memoria non memoratur nunc ea quae patitur nunc, quia memoria est praeteritorum, sed, quia in ultimo instanti in quo primo facta est cognitio, tunc patitur memoria, igitur tunc non memoratur; unde non contingit memorari, nisi interveniat tempus. Et ideo memoria non memoratur nunc ea quae patitur nunc, tum quia patitur, tum quia est praeteritorum.

⟨11⟩ *Amplius manifestum est*

Hic ostendit quod reminiscentia non est resumptio memoriae, quia contingit iterum memorari et non reminisci, quia aliquis memoratur ea quae prius novit quorum non fuit oblitus, sed reminiscentia non est nisi respectu oblit-
M_1 65ra orum, | quia per reminiscentiam acquiritur aliquid oblitum per aliquid retentum in memoria; et ideo reminisci non est iterum memorari, quia contingit non reminiscentem memorari. Similiter, sentiens de novo aliquid aut addiscens non reminiscitur, sed solum tunc reminiscitur, cum acquirit scientiam alicuius obliti cuius prius habuit scientiam, cuius habitum aliquando diximus esse memoriam. Unde reminiscentia sequitur memoriam. Unde inquisitio rationis est via ad aliquid cognoscendum, et tamen ex aliquo cognito procedit illa reminiscentia quae est inquisitio alicuius elapsi
L_2 186vb M_2 114va a memoria, | et sic ex aliquo memorato | procedit. Deinde declarat Philoso-

1 acceptione] acceptatione M_2 2 acceptione] acceptatione M_2 | in^{3}] *om.* M_1 4 esse] *om.* M_1 memoriae vel O | nunc] nec $L_2M_1M_2$ 5 sed] *om.* M_1O 6 tunc^{1}] primo *add.* L_2M_2O 7 unde] quia L_2M_2 8 nunc^{1}] nec L_2M_2 | nunc^{1} ... nunc^{2}] *om.* M_1 | ea] nunc *add.* O | nunc^{2}] multum L_2 | tum^{1}] *om.* L_2 | patitur^{2} ... quia^{2}] *om.* O (*hom.*) 10 est] *om.* L_2M_2O 11 resumptio] receptio L_2M_2 13–14 oblitorum] obliti L_2M_2O 14 acquiritur] requiritur M_2O 16 non ... memorari] memorari non reminiscentem M_2 | sentiens] sensus M_1 17 aut] *om.* M_1 | tunc] *om.* M_1 | cum] quando O | acquirit] acquirat M_2 18 obliti] *om.* M_2 | scientiam^{2}] *om.* L_2M_1 19 diximus] dicimus O | esse] *om.* M_1 | sequitur memoriam] sit memoria M_1 20 inquisitio] sicut acquisitio $L_2M_1M_2$ 21 quae] *om.* M_1O 22 sic] *coni. codd.* tamen | memorato] cognito M_2 | deinde] unde M_1

10 amplius ... est] Cf. Aristoteles, *De memoria et reminiscentia*, 4, 451a 31 (AL xiv.2, ed. Leonina, 117b, 4). 11–16 hic ... memorari] Cf. Aristoteles, *De memoria et reminiscentia*, 4, 451a 31–451b 2 (AL xiv.2, ed. Leonina, 117b, 4–6). 16–19 similiter ... memoriam^{2}] Cf. Aristoteles, *De memoria et reminiscentia*, 4, 451b 2–5 (AL xiv.2, ed. Leonina, 117b, 7–11). 22–297.3 deinde ... reminiscitur] Cf. Aristoteles, *De memoria et reminiscentia*, 4, 451b 6–10 (AL xiv.2, ed. Leonina, 117b, 12–16).

phus quod non quaelibet resumptio notitiae est reminiscentia, quia contingit resumere notitiam per doctrinam et per inventionem, sed nec inveniens oblitum nec de novo addiscens oblitum reminiscitur.

Intelligendum quod aliquis potest recuperare notitiam alicuius cuius notitiam amisit tripliciter: aut per inventionem aut per doctrinam aut per reminiscentiam. Et differunt ista, quia ille qui reminiscitur procedit ad cognitionem obliti per aliquid retentum in memoria. Sed ille qui de novo aliquid addiscit non procedit ad cognitionem obliti per aliquod retentum in memoria sed per aliquid traditum a docente. Sed ille qui de novo invenit oblitum nec in memoria sua habet aliquid ex quo potest procedere ad illud quod quaerit nec a doctore extrinseco acquirit aliquid per quod potest procedere ad illud quod inquirit, sed per se acquirit sibi aliquid notum ex quo potest procedere ad cognitionem obliti. Intelligendum tamen quod nec reminiscens nec iterum addiscens nec inveniens oblitum recuperat eandem notitiam numero quam amisit, sed quilibet istorum acquirit notitiam de eodem oblito de quo prius habuit notitiam, non tamen acquirit eandem notitiam quam prius habuit sed aliam in numero.

⟨12⟩ *Contingit autem*

Istud capitulum continet duas partes. In prima parte Philosophus manifestat causam reminiscendi et in secunda parte manifestat modum reminiscendi. Causa reminiscentiae est ordo motuum qui relinquitur in anima; unde reminisci contingit per hoc quod unus motus natus est occurrere nobis post alium. Et hoc potest esse dupliciter, quia aliquando secundus motus consequitur post primum ex necessitate, sicut ad apprehensionem hominis

2 resumere notitiam] notitiam esse M_1 | per[2]] *om.* O 4 intelligendum] est *add.* M_2 | aliquis] aliquid L_2 7 aliquid] aliquod M_2 7–9 de ... sed[1]] per doctrinam procedit L_2M_1 8 aliquid] *om.* M_2 | aliquod] aliquid O 11–12 quaerit ... quod] *om.* M_1 (*hom.*) 11 doctore] docente O 12 inquirit sed] quaerit si M_2 | aliquid notum] modum M_2 15 numero ... notitiam[2]] *om.* M_1 (*hom.*) 17 in] *om.* L_2M_2 18 contingit] contingunt L_2M_2 20 parte manifestat] *om.* O 21 qui] quae L_2M_2 | relinquitur] relinquuntur O 23 hoc] *om.* O

18 contingit autem] Cf. Aristoteles, *De memoria et reminiscentia*, 5, 451b 10 (AL XIV.2, ed. Leonina, 120a, 1). 19–20 in ... reminiscendi[1]] Cf. Aristoteles, *De memoria et reminiscentia*, 5, 451b 10–16 (AL XIV.2, ed. Leonina, 120a, 1–8). 20–21 et ... reminiscendi] Cf. Aristoteles, *De memoria et reminiscentia*, 5, 451b 16–452a 3 (AL XIV.2, ed. Leonina, 120a, 9–120b, 17). 21–23 causa ... alium] Cf. Aristoteles, *De memoria et reminiscentia*, 5, 451b 10–15 (AL XIV.2, ed. Leonina, 120a, 1–5).

sequitur apprehensio animalis ex necessitate. Et sic, quando anima movetur primo motu, necesse est quod moveatur secundo motu. Alio modo secundus [O 120[ra]] motus sequitur primum | motum non ex necessitate sed ex consuetudine, ut si aliquis consuetus est cognoscere unum post aliud vel defert unum post aliud. Et tunc motus secundus sequitur post primum non semper sed ut in pluribus, sicut effectus naturalis ut in pluribus sequitur ex suis causis. Dicta autem consuetudo non aequaliter firmatur in omnibus hominibus, quia quidam semel magis firmant in se consuetudinem quam alii, si multotiens cogitent; et hoc potest esse multis de causis: aut propter naturam quae est melior receptiva et retentiva impressionis aut propter maiorem attentionem vel profundiorem cogitationem.

⟨13⟩ *Cum igitur reminiscitur*

Haec est secunda pars huius capituli in qua Philosophus manifestat modum reminiscendi. Ista pars habet duas partes, quia primo docet in generali quis est modus reminiscendi; in secunda parte docet quale est illud principium a quo reminiscens debet incipere in reminiscendo. Modus reminiscendi est [M_1 65[rb]] procedere ab aliquo priori secundum aliquem motum pri|orem, quousque deveniamus in motum posteriorem. Unde, sicut ille qui per demonstratio- [M_2 114[vb]] nem inquirit aliquid procedit ex aliquo priori quod est | notum ex quo venatur posterius quod est ignotum, sic reminiscens in reminiscendo ex aliquo noto quod est retentum in memoria venatur aliquid elapsum a memoria.

1 apprehensio] *om.* O | quando] antequam M_1 | movetur] moveatur M_1 movetur ex O 2 moveatur] movetur M_2 moveat O 3 motum] *om.* L_2M_2 4 defert] dicit L_2 diceret M_2 differe O 5 et] *om.* O | ut] *om.* M_1 8 quidam] quaedam L_2M_2 | consuetudinem] consuetudine M_1 | si] sed M_2 9 cogitent] cogitet L_2 cogitassent M_2 | hoc] *om.* O 11 cogitationem] cognitionem L_2M_2 13 secunda] tertia O | manifestat] narrat O 14 quis] quid M_2 15 modus] motus L_2 16 a ... reminiscens] reminiscentis M_1 | in] *om.* O 17 secundum] per M_2 19 ex[1]] ab L_2M_2 20 in] *om.* M_2 21 noto] moto M_2 | aliquid] *om.* O | elapsum] elapso M_2 lapsum O | memoria[2]] quod est *add.* L_2M_2

7–11 dicta ... cogitationem] Cf. ARISTOTELES, *De memoria et reminiscentia*, 5, 451b 15–16 (AL XIV.2, ed. Leonina, 120a, 5–8). 12 cum ... reminiscitur] Cf. ARISTOTELES, *De memoria et reminiscentia*, 5, 451b 16 (AL XIV.2, ed. Leonina, 120a, 9). 14–15 primo ... reminiscendi] Cf. ARISTOTELES, *De memoria et reminiscentia*, 5, 451b 16–18 (AL XIV.2, ed. Leonina, 120a, 10–12). 15–16 in ... reminiscendo] Cf. ARISTOTELES, *De memoria et reminiscentia*, 5, 451b 18–20 (AL XIV.2, ed. Leonina, 120a, 12–14). 16–18 modus ... posteriorem] Cf. ARISTOTELES, *De memoria et reminiscentia*, 5, 451b 16–18 (AL XIV.2, ed. Leonina, 120a, 10–12).

Illud a quo reminiscens suam inquisitionem incipit quandoque est | L_2 187[ra] tempus notum et quandoque est res nota. A tempore noto procedimus aliquando procedendo a tempore posteriori ad tempus prius et aliquando e converso. Verbi gratia: si nesciam quid feci die quarto et sciam quid feci heri, tunc procedo sic: 'talia feci heri', et tunc inquiro: 'quid feci die praecedenti?', et occurit mihi quod talia, et per hoc devenio ad cognoscendum quid feci die quarto. Et similiter: si nesciam, ubi fui quarto die, et sciam, ubi fui die octavo, ad inquirendum, ubi fui die quarto, procedo sic: 'die octavo fui tali loco et die septimo tali loco et die sexto tali …', et sic procedo, quousque scio et cognosco, ubi fui die quarto.

Aliquando autem reminiscens incipit inquisitionem suam a re nota cuius memoratur a qua procedit ad aliam; et hoc triplici ratione. Quandoque ratione similitudinis, sicut si aliquis memoratur de Socrate et per hoc occurrat sibi Plato qui est similis ei in sapientia. Quandoque ratione contrarietatis, ut si aliquis memoratur de Hectore et per hoc occurrit sibi Achilles qui fuit ei contrarius. Aliquando ratione propinquitatis, ut si aliquis memoratur de patre et per hoc occurrat sibi filius.

Istorum motuum quidam sunt idem (ut motus similium) et quidam simul (ut motus contrariorum, quia cognito uno contrariorum cognoscitur et reliquum) et aliquando quidam motus habent partem aliorum motuum (ut contingit in quibusdam propinquis).

Intelligendum est ulterius quod quandoque ex motu priori pervenitur ad motum posteriorem ab his qui quaerunt invenire motum posteriorem perditum; et hoc proprie est reminisci—quando scilicet aliquis ex intentione

1 illud] autem *add.* O | inquisitionem] impressionem L_2M_2 | incipit] *om.* O | quandoque] quando L_2M_2 2 et] *om.* O | quandoque] quando L_2M_2 4 quarto] quarta M_1 5 procedo] procedendo M_1M_2 | sic] *om.* L_2 | inquiro] quaero L_2M_2O | feci[2]] in *add.* L_2M_2 6 occurit] occurrat L_2 | ad] in O | cognoscendum] cognitionem M_2O 7 quarto[1]] quarta M_1 | et similiter] et cetera similiter L_2 sed M_1O | quarto[2]] nono $L_2M_1M_2$ 8 inquirendum] diei *add.* O | procedo] procedam M_1 procedendo M_2 | fui[2]] in *add.* L_2M_2O 9 septimo] in *add.* L_2M_2O | loco[2]] *om.* L_2M_2O | sexto] in *add.* L_2M_2O | procedo] procedendo $L_2M_1M_2$ 10 scio … cognosco] scio L_2 sciam M_2O | die] *om.* M_2 in die O 13 sicut] sic M_1 | aliquis] *om.* M_1 13–14 occurrat] | occurrat sibi] occurret L_2 sibi occurrit M_2 occurrit sibi O 14 sibi] achilles vel *add.* O 14–15 plato … sibi] *om.* M_1 (*hom.*) 14 quandoque] quando O | contrarietatis] qualitatis L_2O 15 hoc] quod *add.* L_2 | fuit] sit L_2M_2 16 si] *om.* L_2 17 hoc] quod *add.* M_2 | occurrat] occurret L_2 occurrit M_2O | sibi] *om.* L_2 18 motus] *om.* O | quidam[2]] sunt *add.* O 19 cognoscitur] cognoscit O | et] *om.* O 20 quidam] quaedam L_2 23 posteriorem[1]] posterioris L_2 24 proprie] prope L_2

11–17 aliquando … filius] Cf. ARISTOTELES, *De memoria et reminiscentia*, 5, 451b 18–20 (AL XIV.2, ed. Leonina, 120a, 12–14).

inquirit notitiam rei oblitae. Alii autem qui quaerunt praeter intentionem suam sic procedentes ex motu priori in posteriorem deveniunt in notitiam rei oblitae, sed hoc non est proprie reminisci sed abusive et cetera.

⟨14⟩ *Nihil autem oportet intendere*

Ibi solvit Philosophus unam dubitationem quae est ista: quare multotiens memoramur ea quae sunt procul, ut ea quae in tempore multum remoto contingunt, et non memoramur ea quae sunt prope? Istam dubitationem solvit Philosophus: nam quandoque motus illorum quae sunt procul magis sunt per consuetudinem firmati quam motus illorum quae sunt prope, nam propter longam consuetudinem proceditur ab uno motu in alium et faciliter post unum motum occurrit alius. Et ideo facilius memoramur ea quae sunt procul quam ea quae sunt prope.

Deinde manifestat Philosophus per duo signa quod ex priori motu propter consuetudinem devenitur in motum posteriorem, et ideo reminiscentia fit ex hoc quod ex priori motu devenitur in motum posteriorem. Primum M_2 115[ra] signum est: nam citissimae et optimae fiunt reminiscentiae, | quando aliquis incipit inquisitionem a principio totius negotii, nam secundum ordinem quem res habent inter se secundum illum ordinem movent animam. Unde, si aliquis vult quaerere versum alicuius psalmi, debet incipere a principio totius psalmi vel, si aliquis velit inquirere litteram aliquam alphabeti, debet incipere a principio, ut ab hac littera A.

---

1 alii] aliqui O | alii ... quaerunt] aliquando aliqui non L_2 | quaerunt] non *add.* M_2 2 suam] *om.* L_2M_2 | ex] a O | in[1]] ad O | deveniunt] devenit M_2 3 et cetera] *om.* M_2 5 ibi] hic L_2M_2O 6 memoramur] memoratur L_2 | multum] multo O 7 et] sed O | memoramur] memoratur L_2 *om.* O | sunt] est M_2 | dubitationem] *om.* O 8 quae] qui L_2M_2 9 sunt[1]] *om.* O | quae] qui L_2M_2 10 proceditur] procedit M_1O | alium et] aliam L_2M_2 11 memoramur] memoratur L_2 14 devenitur] deveniatur L_2 | devenitur ... posteriorem] et cetera O | ideo] ista M_2O 15 ex[1]] per M_2 | motum] *om.* O 16 reminiscentiae] reminiscentia L_2 17 inquisitionem] suam *add.* L_2M_2 18 unde] nam M_1O 19 quaerere] aliquem *add.* L_2M_2 | a] in O 20–21 vel ... a[2]] *om.* M_1O

---

4 nihil ... intendere] Cf. Aristoteles, *De memoria et reminiscentia*, 5, 451b 25 (AL xiv.2, ed. Leonina, 120b, 4). 5–7 ibi ... prope] Cf. Aristoteles, *De memoria et reminiscentia*, 5, 451b 20–25 (AL xiv.2, ed. Leonina, 120a, 14–120b, 3). 7–12 istam ... prope] Cf. Aristoteles, *De memoria et reminiscentia*, 5, 451b 25–31 (AL xiv.2, ed. Leonina, 120b, 4–11). 15–18 primum ... animam] Cf. Aristoteles, *De memoria et reminiscentia*, 5, 451b 31–452a 2 (AL xiv.2, ed. Leonina, 120b, 12–14).

Secundum signum est, quia illa quae sunt bene ordinata | sunt magis L_2 187rb reminiscibilia, | cuiusmodi sunt mathematica. In mathematicis enim illud O 120rb quod est conclusio in demonstratione priori est | principium in demonstra- M_1 65va tione posteriori et illud quod est conclusio in illa demonstratione est principium in illa demonstratione sequente, et sic deinceps. Et sic propter illum ordinem mathematica sunt bene reminiscibilia, sed illa quae non sunt bene ordinata sunt de difficili reminiscibilia.

Ex praedictis possumus elicere quattuor documenta ad bene memorandum et reminiscendum. Primum est quod ille qui vult bene memorari vel reminisci studeat ea quae vult retinere in aliquem ordinem ducere. Secundum est, ut profunde et intente mentem apponat. Tertium est, ut memoratur ea secundum ordinem. Quartum est, ut incipiat ea reminisci a principio.

⟨15⟩ *Et in hoc differt reminisci*

Hic ostendit Philosophus quomodo reminisci differt ab iterum addiscere et quomodo reminisci differt ab iterum invenire. Reminisci differt ab iterum addiscere, quia ille qui reminiscitur recuperat notitiam quam amisit sub ratione memoriae in ordine ad illud quod prius fuit cognitum. Sed iterate addiscens recuperat eam absolute, non quasi alicuius cogniti prius. Unde ad hoc quod aliquis reminiscatur oportet quod utatur specie quae conservatur in memoria ad reminiscendum ea quorum est oblitus, ut, cum aliquis memoratur quod aliquid fuit sibi dictum et nescit quis dixit, per hoc quod

---

1 secundum] tertium L_2 | quia] quod L_2M_2O 2 mathematicis] mathematica O | illud] *om.* M_1O 3 priori] anteriori (?) O 4–5 posteriori ... demonstratione] *om.* M_1 (*hom.*) 5 illa] *om.* M_2 | sequente] de consequente L_2 8–9 memorandum et] *om.* M_1 9 quod] ut O | bene] *om.* M_1O 10 ducere] deducere L_2M_2 11 profunde ... intente] profundum et intentum L_2 | intente] eis *add.* L_2M_2O | tertium] secundum M_2 11–12 memoratur] medietetur L_2M_2 12 est] *om.* O | ea^2] *om.* M_2O 14 differt] dicitur O 15–16 addiscere ... iterum^1] *om.* M_2 (*hom.*) 15–17 et ... addiscere] *om.* M_1 (*hom.*) 16 differt^1] *om.* O 18 iterate] iterato M_1M_2 20 ad] et L_2 | reminiscatur] reminiscitur L_2M_2O 21 ea quorum] illius cuius L_2 cuius M_2 22 fuit] sit M_1 22–302.1 et ... dictum] *om.* M_1 (*hom.*)

1–5 secundum ... deinceps] Cf. ARISTOTELES, *De memoria et reminiscentia*, 5, 452a 2–4 (AL XIV.2, ed. Leonina, 120b, 15–17). 14 et ... reminisci] Cf. ARISTOTELES, *De memoria et reminiscentia*, 6, 452a 4 (AL XIV.2, ed. Leonina, 123a, 1). 15–19 hic ... prius] Cf. ARISTOTELES, *De memoria et reminiscentia*, 6, 452a 4–8 (AL XIV.2, ed. Leonina, 123a, 1–6).

memoratur quod aliquid fuit ei dictum inquirit reminiscendo quis ei dixit. Sed, quando non pervenitur ad notitiam amissam per aliquid conservatum in memoria, sed per illud quod sibi traditur a doctore, tunc non reminiscitur, sed iterum addiscit.

Similiter, reminisci et iterum invenire differunt, quia multotiens aliquis non potest reminisci cuius est oblitus, quia non manent motus in eo ex quibus possit devenire in illud quod quaerit memorari. Et, si quaerat cognitionem alicuius rei et perveniat ad motum ad quem consequitur vera cognitio rei, tunc dicitur de novo invenire. Unde breviter: ille vere reminiscitur qui devenit in notitiam rei oblitae ex motibus praecedentibus, sed ille qui devenit in notitiam rei oblitae ex novis motibus quos acquirit: ille invenit, sed non reminiscitur.

⟨16⟩ *Oportet acceptum*

In illa parte declarat quod oportet reminiscentem incipere a principio. Et primo declarat hoc per signum et secundo assignat causam huius. Signum huius est quod homines aliquando utuntur loco in quo aliqua fuerunt dicta vel facta quasi principio ad reminiscendum. Unde in reminiscendo incipiunt aliquando a locis, et locus est principium eorum quae fiunt et dicuntur in loco. Unde Tullius in *Rhetorica* sua docet ad faciliter reminiscendum M_2 115[rb] imaginari quaedam loca ordinata | quibus locis phantasmata eorum quae volumus memorari distribuamus secundum ordinem. Causa quare oportet reminiscentem incipere a principio est, quia homines deveniunt de uno

1 inquirit] inquit M_1O 5 similiter] sed iterum O | quia] quoniam L_2M_2 6 reminisci] eius *add.* L_2M_2 6–7 manent … possit] manet motus in eo in quo possit M_1 manent motus in eo ex quibus potest M_2 9 dicitur] debet L_2M_2 | unde breviter] unde M_1 videtur quod O | vere] *om.* L_2M_2O 10 notitiam] cognitionem L_2 notitia O 10–11 motibus … ex] *om.* O (*hom.*) 11 notitiam] notitia M_1 | motibus] praecedentibus *add.* L_2M_1 | ille] illo M_1 | sed] et L_2M_2 14 illa] secunda L_2 | declarat] philosophus *add.* L_2M_2 15 hoc] *om.* O 16 huius] huiusmodi L_2M_2 | fuerunt] fecerunt M_1 17 in] *om.* L_2 18 et dicuntur] dicitur L_2 | dicuntur] dicunt L_2 dicitur M_2 19 ad] et L_2 20 loca] loco M_2 21 distribuamus] describamus L_2 describamus memorati M_2 22 reminiscentem] in reminiscendo *add.* L_2M_2 | est] *om.* M_1 | homines] de facili *add.* L_2M_2 | de] ex L_2M_2

13 oportet acceptum] Cf. ARISTOTELES, *De memoria et reminiscentia*, 6, 452a 12 (AL XIV.2, ed. Leonina, 123a, 11). 15–19 signum² … loco] Cf. ARISTOTELES, *De memoria et reminiscentia*, 6, 452a 12–13 (AL XIV.2, ed. Leonina, 123a, 12). 19–21 unde … ordinem] Cf. MARCUS TULLIUS CICERO, *De inventione*, I, cap. 30 (ed. Friedrich, 147, 29–37).

in cognitionem alterius similitudine, relatione vel contrarietate et cetera. Et incipiendo a principio in plura possumus devenire quam incipiendo a medio.

Qualiter autem deveniemus de uno in cognitionem alterius docet Philosophus in exemplo: si cogitemus de lacte, de|venimus in album propter L_2 187va albedinem lactis, et de albo in aerem propter claritatem diaphani quae causat albedinem, et ab aere in humidum, quia aer est humidus, et ab humido in reminiscentiam temporis autumnalis propter contrarietatem, quia tempus autumnale est siccum, vel in tempus vernale in quo dominatur qualitas aeris.

⟨17⟩ *Videtur autem universale*

In ista parte declarat Philosophus quale debet esse principium a quo reminiscens in reminiscendo debet | incipere. Et dicit quod debet esse princi- M_1 65vb pium universale et medium per quod devenitur ad omnia memorabilia consequentia, non intelligendo per universale illud quod praedicatur de pluribus, sed intelligendo per universale illud a quo aliquis consuevit ad diversa moveri, sicut, si post lac consuevit moveri ad albedinem et ab albedine ad quaedam alia, tunc lac est principium universale ad omnes istos motus. Et oportet ad hoc principium concurrere, si quis voluerit cuiuscumque aliorum reminisci, quia, si non reminiscitur per alia posteriora reminiscens, venerit

---

1 similitudine ... contrarietate] similitudinis vel contrarietatis L_2 rei similitudinis vel contrarietatis M_2 ratione similitudinis vel contrarietatis O | relatione] ratione M_1 2 a] in M_1 | quam] primo (?) M_1 4 deveniemus] *om.* L_2 devenimus M_2 | alterius] devenimus *add.* L_2 5 exemplo] ut *add.* L_2M_2O | cogitemus] cogitamus L_2M_2 | devenimus] devenimus M_1 | album] albedinem M_2 6 albo] albedine M_2 9 dominatur qualitas] dominantur qualitates L_2M_2 11 autem] tale *add.* M_2 12–13 reminiscens] reminiscentes M_2 13 in] *om.* M_2 13–14 principium] *om.* O 14 devenitur] deveniatur L_2M_2 | omnia] *om.* L_2M_2 14–15 consequentia] communia L_2M_2O 16 intelligendo ... universale] *om.* O | per] pro L_2 | consuevit] consueverit M_1 17 consuevit] aliquis *add.* L_2M_2 consueverat O | et ab] ab L_2 de M_2 18–19 quaedam ... ad] *om.* M_2 (*hom.*) 18 alia] animalia M_1 19 hoc] *om.* M_2 | concurrere] occurrere L_2M_2 | voluerit] voluit M_2 | aliorum] *om.* L_2M_2 20 reminiscens] cum *add.* L_2M_2O

4–10 qualiter ... aeris] Cf. ARISTOTELES, *De memoria et reminiscentia*, 6, 452a 13–16 (AL XIV.2, ed. Leonina, 123a, 13–16). 11 videtur ... universale] Cf. ARISTOTELES, *De memoria et reminiscentia*, 6, 452a 17 (AL XIV.2, ed. Leonina, 123a, 17). 12–304.3 ista ... littera] Cf. ARISTOTELES, *De memoria et reminiscentia*, 6, 452a 17–24 (AL XIV.2, ed. Leonina, 123a, 17–123b, 4).

ad universale principium aut, si tunc non reminiscitur aliunde, non poterit reminisci. Et ponit exemplum de diversis cognitis per diversas litteras; et patet in littera.

⟨18⟩ *Eius autem quod ab eodem* et cetera

O 120va In ista parte assignat | causam defectus quem reminiscentes in reminiscendo patiantur. Et est haec tertia pars secundae partis huius capituli. Reminiscentes sive intendentes reminisci dupliciter patiuntur defectum, quia aut omnino non reminiscuntur aut corrupte reminiscuntur. Causa quare omnino non reminiscuntur est: quia quandoque homines ab eodem principio moventur ad diversa et quandoque pluries ad unum quam ad aliud, et ideo facilius reminiscuntur eius in quod saepius assueti sunt moveri, sed, si moventur ad reliquum, moventur ad minus consuetum, et ideo de difficili reminiscuntur. Et quandoque omnino non reminiscitur illius in quod sunt minus assueti moveri. Et quia, ut dicit Philosophus, consuetudo est altera natura, quia, sicut in natura rerum consequenter se habentium est quidam ordo, ita quod illud fit post illud et illud post illud et cetera, sic propter consuetudinem est ordo motuum consequenter se habentium, ita quod, sicut naturaliter hoc fit post hoc (ut acetum post vinum), ita propter consuetudinem movetur aliquis determinate ab uno in aliud. Ista proposi-

1 poterit] tunc *add.* O 2 de] ex M_2 | et^{2}] ut M_2O 4 autem] *om.* O | quod] quidem L_2M_2 | et cetera] *om.* L_2M_2O 5 assignat] philosophus *add.* L_2M_2 | causam] causas L_2M_2 6 patiantur] patitur L_2O patiuntur M_2 | est haec] haec pars potest poni *add.* L_2M_2 hic ponitur O 7 intendentes] intelligentes L_2M_2 | patiuntur] patitur L_2 8 quia aut] *inv.* L_2M_2 | reminiscuntur^{1}] reminiscitur L_2O | reminiscuntur^{2}] reminiscitur L_2O | causa] cum O 9 reminiscuntur] reminiscitur L_2O | eodem] eo $L_2M_1M_2$ 10 principio] similiter O 11 in] ad O 12 sed] sicut M_1O | si] *om.* M_2 | moventur ad^{1}] movetur ad M_1 movetur in L_2O | moventur^{2}] movetur L_2O moveretur M_1 14 sunt … assueti] minus consueti sunt O | assueti] consueti L_2M_2 | moveri] memorari L_2 | et] *om.* M_2O | quia] *om.* L_2 15 altera] in *add.* L_2M_2 | quia] ut *add.* M_1 16 quidam] quaedam M_2 | illud^{1}] hoc M_2 | et cetera] et *add.* L_2 nec O 17 propter] per L_2M_2O 18 sicut] *om.* L_2 | acetum … vinum] acceptum prius unum L_2 acetum prius unum M_2 acceptum post unum O

4 eius … eodem] Cf. ARISTOTELES, *De memoria et reminiscentia*, 6, 452a 24 (AL XIV.2, ed. Leonina, 123b, 5). 7–14 reminiscentes … moveri] Cf. ARISTOTELES, *De memoria et reminiscentia*, 6, 452a 24–28 (AL XIV.2, ed. Leonina, 123b, 5–9). 14–15 consuetudo … natura^{1}] Cf. ARISTOTELES, *De memoria et reminiscentia*, 6, 452a 28 (AL XIV.2, ed. Leonina, 123b, 9).

tio: 'consuetudo est altera natura' glossatur aliter sic: consuetudo est altera natura, id est consuetudo alterat naturam. Si aliquis ex natura sua habeat inclinationem ad unum, scilicet ad vitium | vel ad virtutem, potest in tantum M_2 115[va] assuesci ad contrarium quod tantam inclinationem vel maiorem habebit ad ipsum, quantam prius habuit ad suum oppositum; et ita consuetudo alterat naturam.

Causa quare reminiscentes corrupte reminiscuntur est: quia, sicut in his quae sunt secundum naturam contingit aliquid quod est extra naturam (ut monstra), sic magis contingit aliquid inordinatum in his quae fiunt secundum consuetudinem, quia illa quae sunt secundum naturam sunt magis firmata quam illa quae sunt | secundum consuetudinem. Unde in his quae sunt L_2 187[vb] secundum consuetudinem contingit male reminisci, ut, cum aliquid retrahatur a consueto cursu ad inconsuetum, sicut qui memoratur alicuius dicti, si ab aliquo distrahatur, perdet quod dicere vellet vel corrupte dicet et cetera.

⟨19⟩ *Maxime autem*

Istud capitulum continet tres partes. In prima parte docet quid maxime oportet cognoscere in reminiscendo, in secunda parte ponit differentiam inter memoriam et reminiscentiam, et in tertia parte declarat ad quam part-

1 altera[1]] in *add.* L_2M_2 | altera[2]] in *add.* L_2M_2 2 consuetudo] *om.* L_2M_2O | naturam] nam *add.* L_2M_2O | ex] in M_2 4 ad[1]] in O 5 quantam] quam M_1 7 causa] causam L_2M_2 | reminiscentes ... reminiscuntur] reminiscens corrupto reminiscente L_2 reminiscens corrupte reminiscitur M_1O 8 ut] vel M_1 9 monstra sic] *loc. vac.* O | aliquid] ad M_1 | inordinatum] inordinate M_2 | fiunt] sunt O 10 sunt[1]] fiunt O 11 sunt[1]] fiunt M_1O | unde] primum M_1O | sunt[2]] fiunt O 12–13 retrahatur] retrahitur L_2M_2 14 aliquo] illo L_2 | dicere] diferre O | et cetera] *om.* L_2M_2O 15 autem] et cetera *add.* M_2 17 parte] docet et *add.* L_2

1 consuetudo[1] ... natura] Cf. Aristoteles, *De memoria et reminiscentia*, 6, 452a 28 (AL xiv.2, ed. Leonina, 123b, 9). 7–14 causa ... cetera] Cf. Aristoteles, *De memoria et reminiscentia*, 6, 452a 30–452b 6 (AL xiv.2, ed. Leonina, 123b, 14–21). 15 maxime autem] Cf. Aristoteles, *De memoria et reminiscentia*, 7, 452b 7 (AL xiv.2, ed. Leonina, 127a, 1). 16–17 in ... reminiscendo] Cf. Aristoteles, *De memoria et reminiscentia*, 7, 452b 7–453a 4 (AL xiv.2, ed. Leonina, 127a, 1–130a, 1). 17–18 in[2] ... reminiscentiam] Cf. Aristoteles, *De memoria et reminiscentia*, 8, 453a 4–14 (AL xiv.2, ed. Leonina, 130a, 1–14). 18–306.2 et[2] ... sensitivam] Cf. Aristoteles, *De memoria et reminiscentia*, 8, 453a 14–453b 11 (AL xiv.2, ed. Leonina, 130a, 14–130b, 21).

em animae pertinet reminiscentia et probat quod reminiscentia pertinet ad partem sensitivam. Dicit igitur primo quod in reminiscendo maxime oportet cognoscere tempus praeteritum. Tempus autem praeteritum cognoscitur a reminiscente quandoque a certa mensura (ut cum aliquis cognoscit se hoc sensisse ante tres dies vel tali die vel tali), aliquando autem cognoscitur tempus praeteritum indeterminate (ut si quis recordatur se hoc sensisse non cognoscendo quo die hoc sensit).

Quod autem anima cognoscat mensuram temporis ostendit Philosophus M_1 66ra dicens quod aliquid est in anima quod iudicat maiorem et minorem | temporis mensuram; et hoc rationabile est esse circa tempus, sicut est circa magnitudines corporales quas cognoscit anima. Intelligit enim anima magna et procul: 'magna' dicit quantum ad magnitudinem corporum visorum, et dicit 'procul' quantum ad quantitatem distantiae localis. Huiusmodi autem magnitudines cognoscit anima non extendendo intelligentiam, ita scilicet quod anima cognoscat magnitudinem contingendo, sicut dicunt aliqui quod visus videt per hoc quod radius visualis pertransit totam distantiam usque ad rem visam.

Quod autem magnitudines non cognoscuntur ab anima per contactum intelligentiae patet, quia sic vel non posset anima cognoscere nisi magnitudines vel non posset cognoscere aliquam magnitudinem nisi magnitudinem praesentem, quod falsum est.

---

1 pertinet[1]] pertineat L_2M_2O 1–4 reminiscentia[2] ... a[2]] reminiscentia quandoque est M_1 quandoque reminiscentia a O 4 a certa] *om.* L_2 | ut] unde M_1 5 hoc] *om.* L_2 | tali[1] ... tali[2]] tale vel tale M_2 6 recordatur] recordetur L_2 | se] aliquando *add.* L_2M_2 | hoc] aliquando haec O | sensisse] ut *add.* L_2M_2 8 cognoscat] cognoscit M_2 10 est[2]] et L_2M_2 11 enim] *om.* M_1 14 extendendo] in *add.* L_2M_2 | intelligentiam] intellectum M_1 15 ita] respectu M_1 | cognoscat] cognoscit M_2 | contingendo] continendo eam L_2M_2O 15–16 dicunt aliqui] aliqui dixerunt L_2M_2 16 radius ... pertransit] radii visuaes pertranseunt O 18 cognoscuntur] cognoscitur L_2 19 quia] quod M_1 | vel] *om.* L_2M_2O | posset] possit L_2 | anima] intelligere vel *add.* L_2M_2 20 posset] possit L_2 | cognoscere] intelligere M_1

2–3 dicit ... praeteritum[1]] Cf. ARISTOTELES, *De memoria et reminiscentia*, 7, 452b 7–8 (AL XIV.2, ed. Leonina, 127a, 1–2). 8–17 quod ... visam] Cf. ARISTOTELES, *De memoria et reminiscentia*, 7, 452b 8–13 (AL XIV.2, ed. Leonina, 127a, 3–10).

⟨20⟩ *Quomodo vere differt*

Hic determinat quandam quaestionem circa praemissa quae est illa: cum anima per similitudinem quam habet cognoscat magnitudinem, in quo differt illud quo cognoscit maiorem magnitudinem et minorem? Istud solvit Philosophus dicens quod tam magnitudinem maiorem quam minorem cognoscit anima per formam similem, ita quod magnitudo maior et etiam magnitudo minor cognoscitur per suam propriam speciem. Et, sicut magnitudo maior et minor differunt, ita species qua cognoscitur magnitudo maior et species qua cognoscitur magnitudo minor differunt. | M$_2$ 115vb

Quod magnitudo maior et magnitudo minor cognoscuntur per formas substantiales declarat Philosophus. Et consistit declaratio in hoc: quae est proportio magnitudinis ad magnitudinem, eadem est proportio speciei magnitudinis ad speciem magnitudinis alterius; | igitur permutatim: quae O 120vb est proportio unius magnitudinis ad suam speciem, eadem est proportio alterius magnitudinis ad suam speciem. Sicut | igitur una magnitudo L$_2$ 188ra maior cognoscitur per speciem suam, ita magnitudo minor cognoscitur per speciem suam. Istam declarationem ponit Philosophus in littera, ut patet.

---

2 determinat] declarat L$_2$M$_2$O | quaestionem] conclusionem L$_2$M$_2$O 3 cognoscat] cognoscit M$_2$O 4 illud] in *add.* M$_1$ 5 dicens] *om.* M$_2$ | quod] consistit sicut in hoc quod *add.* M$_2$ | quam] quod O 6 etiam] *om.* L$_2$M$_2$ 6–7 etiam magnitudo] *om.* O 7–8 cognoscitur ... minor] *om.* L$_2$ (*hom.*) 8 qua] per quam magnitudo L$_2$M$_2$ 8–9 cognoscitur ... cognoscitur] cognoscitur magnitudo maior et magnitudo minor cognoscitur et per quam cognoscitur species L$_2$ 8 magnitudo] *om.* O 9 species ... cognoscitur] species per quam cognoscitur M$_2$ | magnitudo] *om.* O 10 cognoscuntur] cognoscitur L$_2$ 11 quae] quod M$_1$ 13 magnitudinis[1]] *om.* L$_2$M$_2$ | quae] *om.* M$_2$ 16 per] secundum O 17 declarationem] quaestionem O | ut] et L$_2$M$_2$

---

1 quomodo ... differt] Cf. Aristoteles, *De memoria et reminiscentia*, 7, 452b 13 (AL xiv.2, ed. Leonina, 127a, 11–12). 2–4 hic ... minorem] Cf. Aristoteles, *De memoria et reminiscentia*, 7, 452b 13–19 (AL xiv.2, ed. Leonina, 127a, 13–127b, 2). 4–9 istud ... differunt] Cf. Aristoteles, *De memoria et reminiscentia*, 7, 452b 19–24 (AL xiv.2, ed. Leonina, 127b, 2–9). 10–18 quod ... patet] Cf. Aristoteles, *De memoria et reminiscentia*, 7, 452b 19–24 (AL xiv.2, ed. Leonina, 127b, 2–9).

⟨21⟩ *Cum igitur fieri*

Hic manifestat Philosophus propositum suum, scilicet quod oportet animam cognoscere tempus praeteritum, dicens quod, quando in anima occurunt motus rei memorandae et temporis, tunc est actus memoriae. Si autem alicui occurrat res praeterita et non tempus praeteritum vel e converso, non memoratur. Et, si credat se memorari, mentitur: nihil prohibet enim mentiri et videri memorari non memorantem. Unde breviter: nullus memoratur, nisi simul sibi occurrat tempus praeteritum et res praeterita. Tempus enim praeteritum quandoque cognoscitur sub mensura certa et quandoque sub mensura incerta, sicut dictum est prius.

⟨22⟩ *Quod quidem igitur*

Haec est secunda pars huius capituli in qua Philosophus ostendit differentiam inter memoriam et reminiscentiam. Et ponit tres differentias. Primo differunt memoria et reminiscentia per hoc quod non iidem homines sunt bene memorativi et bene reminiscibiles, sicut dictum est in principio libri. Secundo differunt ex parte temporis, quia enim reminiscentia est via ad memoriam, ideo reminiscentia tempore praecedit memoriam. Tertio differunt, quod memoria inest aliis animalibus ab homine (inest enim memoria omni animali perfecto), sed reminiscentia solum inest homini, nam remi-

---

1 fieri] rei L_2M_2O 2 suum] *om.* L_2M_2 | quod] *om.* L_2 4 occurrunt] simul occurrit L_2M_2 | memorandae] memorando L_2 | temporis] tempus L_2M_2 | tunc] praeteritum L_2M_2 5 alicui] aliae L_2 *om.* M_2 | occurrat] occurrit M_2O 6 memoratur] movetur L_2 7 et] *om.* O | videri] videre L_2O 8 simul] *om.* M_1O | tempus] tam M_1 11 quod] quae M_1O | igitur] haec et *add.* O 13 primo] enim *add.* M_2 14 memoria ... reminiscentia] *om.* O 14–15 non ... reminiscibiles] homines non bene memorativi sunt et bene rememorativi sunt L_2 iidem homines sunt bene memorativi et non bene reminiscibies M_1 iidem homines non sunt bene memorativi et bene rememorativi M_2 15 reminiscibiles] rememorativi sunt L_2 | principio] huius *add.* M_2 17 ideo ... memoriam^2] *om.* M_1 (*hom.*) | reminiscentia tempore] *om.* O 18 homine] hominibus L_2

---

1 cum ... fieri] Cf. ARISTOTELES, *De memoria et reminiscentia*, 7, 452b 23 (AL XIV.2, ed. Leonina, 127b, 8). 2–4 hic ... memoriae] Cf. ARISTOTELES, *De memoria et reminiscentia*, 7, 452b 23–24 (AL XIV.2, ed. Leonina, 127b, 8–9). 4–7 si ... memorantem] Cf. ARISTOTELES, *De memoria et reminiscentia*, 7, 452b 24–26 (AL XIV.2, ed. Leonina, 127b, 9–11). 11 quod ... igitur] Cf. ARISTOTELES, *De memoria et reminiscentia*, 8, 453a 4 (AL XIV.2, ed. Leonina, 130a, 1). 12–309.3 haec ... hominibus] Cf. ARISTOTELES, *De memoria et reminiscentia*, 8, 453a 4–9 (AL XIV.2, ed. Leonina, 130a, 1–6).

nisci est discurrere et inquirere ignotum per aliquid notum | M_1 66rb et inest solum his quibus deliberatio inest, et, quia solus homo deliberat et discernit, ideo reminiscentia solum inest hominibus.

⟨23⟩ *Quod autem corporea*

Haec est tertia pars in qua Philosophus determinat qualis passio est reminiscentia et declarat quod est passio corporea, et ita reminiscentia pertinet ad partem sensitivam. Et hoc declarat primo per tale signum: aliquando aliqui nituntur reminisci et non possunt devenire ad cognoscendum illud cuius notitiam quaerunt, et postea, cum vellent desistere a tali reminiscendo et a tali inquisitione, non possunt desistere, cum vellent. Et hoc est signum quod reminiscentia est virtus corporea, quia operationes virtutum intellectualium sunt in potestate nostra, sed operationes virtutum corporalium non sunt in potestate nostra. Haec autem perturbatio contingit melancholicis qui maxime moventur a phantasmatibus, quia propter terrestrem materiam impressiones phantasmatum magis firmantur in eis. Illa enim perturbatio maxime accidit illis in quibus abundat humiditas circa loca, ubi sunt organa sensuum, quia humiditas mota non facile quiescit, quousque occurrat illud quod quaeritur. Intelligendum est quod melancholicis qui sunt siccae naturae accidit haec perturbatio | M_2 116ra propter violentam impressionem, sed accidit humidis propter facilem commotionem.

---

1 discurrere] discernere O 1–2 inest … his] in his est solum L_2M_2 2 discernit] distruit L_2 3 reminiscentia … hominibus] reminiscentia solis hominibus inest L_2M_2 solum homini inest reminiscentia O 4 corporea] corpora O 5 pars] huius libri *add.* L_2M_2 6 declarat] dicit O 7 et] *om.* O 8 non] *om.* L_2 9 tali] *om.* L_2M_2 10 cum vellent] *om.* O 12 intellectualium] intelligibilium M_1M_2 13 sunt … nostra] *om.* O 15 impressiones] impressionis L_2M_2 16 illa … illis] *om.* O (*hom.*) | maxime … illis] est maxime in eis M_1 17 mota] *om.* M_1 18 quaeritur] unde *add.* L_2M_2 | est] etiam M_1O 20 violentam] modicam M_1 | humidis] humidum L_2

---

4 quod … corporea] Cf. Aristoteles, *De memoria et reminiscentia*, 8, 453a 14 (AL xiv.2, ed. Leonina, 130a, 12). 5–7 haec … sensitivam] Cf. Aristoteles, *De memoria et reminiscentia*, 8, 453a 14–19 (AL xiv.2, ed. Leonina, 130a, 12–17). 7–10 et … vellent] Cf. Aristoteles, *De memoria et reminiscentia*, 8, 453a 20–23 (AL xiv.2, ed. Leonina, 130a, 18–21).

⟨24⟩ *Unde et irae et timores*

L_2 188rb Hic manifestat Philosophus illud quod dixit per duo similia. Primum | est: quando aliquis movetur ira vel timore, si velit in contrarium movere retrahendo se ab ira vel timore, adhuc non sedatur huiusmodi passio, et hoc, quia commotio organi corporalis non statim quietatur. Unde, sicut homo non potest desistere ab ira vel timore, quando vult, eo quod ira et timor sunt passiones corporales, ita non potest desistere a reminiscentia, quando vult, eo quod reminiscentia est passio corporalis.

Aliud simile est: aliqui cum magna intentione recitant iocosa vel cantant, et quando ipsi vellent desistere, adhuc praeter intentionem eorum accidit quod cantent vel aliquid proferant propter hoc quod motus pristinae imaginis adhuc manet in organo corporali.

Adhuc quod reminiscentia sit passio corporalis declarat hic Philosophus per hoc quod reminiscentia propter aliquam dispositionem corporalem impeditur. Et ponit Philosophus duas dispositiones corporales impedientes reminiscentiam quarum una est: qui habent maiora membra superiora quam membra inferiora (cuiusmodi sunt membra nanorum)—illi qui sic sunt dispositi sunt peius memorativi quam illi qui habent dispositionem contrariam. Et hoc est, quia organum sensus quod est in superiori parte aggravatur multitudine materiae, nec possunt motus sensibilium in eis diu permanere nec etiam possunt de facili procedere in reminiscendo, quia non possunt regulare motum materiae.

---

2 similia] signa M_1O 3 si] qui M_1 4 sedatur] cedatur L_2 | huiusmodi] huius M_2O 9 recitant] recitat M_1 10 intentionem] necessitatem M_1 | eorum] corporis L_2 *om.* O 11 cantent] cantant L_2M_2O | proferant] proferent M_1 11–12 imaginis] imaginationis M_2 13 hic] *om.* M_2O 14 per] propter O | quod] *om.* O 15 impeditur] *om.* L_2M_2 | philosophus] *om.* O 16 maiora ... superiora] membra superiora maiora L_2M_2 maiora superiora O 17 sunt ... nanorum] sunt membra humorum M_1 est dispositio nanorum qui habent curtas tibias et superiorem corporis partem proportionaliter maxime L_2M_2 17–18 illi ... dispositi] *om.* O 18 peius] *om.* L_2 | illi] *om.* O 20 materiae] memoriae L_2 | sensibilium] sensuum M_1O 22 regulare] reminiscere L_2M_1 | materiae] memoriae L_2M_2O

---

1 unde ... timores] Cf. ARISTOTELES, *De memoria et reminiscentia*, 8, 453a 26 (AL XIV.2, ed. Leonina, 130b, 3). 2–8 primum ... corporalis] Cf. ARISTOTELES, *De memoria et reminiscentia*, 8, 453a 26–28 (AL XIV.2, ed. Leonina, 130b, 4–6). 9–12 aliud ... corporali] Cf. ARISTOTELES, *De memoria et reminiscentia*, 8, 453a 28–31 (AL XIV.2, ed. Leonina, 130b, 7–10). 15–19 et ... contrariam] Cf. ARISTOTELES, *De memoria et reminiscentia*, 8, 453a 31–453b 4 (AL XIV.2, ed. Leonina, 130b, 11–15).

Secunda dispositio impediens reminiscentiam est in pueris et in senibus. Pueri enim et senes propter motum in eis non sunt bonae memoriae. Pueri enim non sunt bene memores propter motum augmenti nec senes propter motum decrementi.

Deinde recapitulat Philosophus dicens quod de memoria et memorari, quae sit natura ipsorum, et ad quam partem animae pertineant, et de reminisci et reminiscentia, et quomodo sint, et propter quas causas dictum est.

⟨II Averrois epitome super *De memoria et reminiscentia*⟩

Notanda sunt dicta Commentatoris super istum tractatum et, ut distincte videatur | et memoranter teneatur intentio Commentatoris, dividatur tract- M_1 66va atus suus primo in tres partes principales. In prima parte determinat de rememoratione et inquisitione per rememorationem: quid utrumque sit et quomodo differunt, et quomodo virtus rememorativa differt ab aliis virtutibus animae. In secunda parte docet quomodo homo memoratur illius quod prius sensit et oblitus est. In tertia parte declarat causam quare rememorans delectatur et tristatur aliquando et etiam causam quare quidam homines sunt bonae memoriae et quidam non. Prima pars habet quinque partes. In prima parte | docet Commentator quid est rememoratio et quid investig- M_2 116rb

1 impediens] impedientis L_2 | reminiscentiam] et cetera O 2 enim] *om.* O | bonae] bene O | bonae memoriae] bene memorabiles L_2M_2 2–322.5 memoriae ... reminiscentia] *textus deficit* O 3 enim] *om.* L_2M_2 4 decrementi] et *add.* L_2M_2 5 philosophus] quia L_2 6 pertineant] pertineat L_2M_1 | de] *om.* M_1 11 videatur] videtur L_2M_2 | memoranter] memoratur L_2 | teneatur] retinetur L_2M_2 13 rememorationem] reminiscentem L_2 14 rememorativa] memorativa L_2M_2 15 homo] *om.* M_1 | illius] illud M_2 16 tertia] ista M_1 | rememorans] rememoratio M_1 18 bonae memoriae] bene memorativi L_2 | habet] continet L_2M_2 19–312.1 investigatur] investigat M_1

1–4 secunda ... decrementi] Cf. ARISTOTELES, *De memoria et reminiscentia*, 8, 453b 5–8 (AL XIV.2, ed. Leonina, 130b, 16–19). | Cf. ALBERTUS MAGNUS, *In De memoria et reminiscentia*, cap. 4 (ed. Donati, 121a, 19–24). 5–8 deinde ... est] Cf. ARISTOTELES, *De memoria et reminiscentia*, 8, 453b 8–11 (AL XIV.2, ed. Leonina, 130b, 19–22). 12–15 in² ... animae] Cf. AVERROES CORDUBENSIS, *In De memoria et reminiscentia* (ed. Shields, 47, 2–60, 5). 15–16 in ... est] Cf. AVERROES CORDUBENSIS, *In De memoria et reminiscentia* (ed. Shields, 60, 5–67, 15). 16–18 in ... non] Cf. AVERROES CORDUBENSIS, *In De memoria et reminiscentia* (ed. Shields, 67, 15–72, 62). 18–312.1 in ... rememorationem] Cf. AVERROES CORDUBENSIS, *In De memoria et reminiscentia* (ed. Shields, 47, 2–48, 19).

atur per rememorationem. In secunda parte docet qualiter ista differunt. In tertia parte docet ad quam partem animae pertinet virtus memorativa. In L_2 188va quarta parte | docet quomodo haec virtus differt a virtute imaginativa. In quinta parte docet quem ordinem haec virtus habet ad alias virtutes animae et quomodo dependet ab aliis virtutibus animae.

In prima parte dicit quod rememoratio est reversio in praesenti intentionis comprehensae in praeterito. Et dicit quod *rememoratio non est nisi illius quod praesciebatur in praeterito. Investigatio autem per rememorationem est inquisitio illius intentionis per voluntatem et facere eam praesentem post absentiam*. Et, quia solus homo inquirit et discernit, ideo dicit Commentator quod *investigatio per rememorationem est propria homini. Memoratio autem inest omnibus animalibus imaginantibus. Aestimatur enim quod multa genera animalium non imaginantur, sicut vermes et habentia conchas.*

⟨1⟩ *Rememoratio autem*

Haec est secunda pars huius primae partis in qua ponitur differentia inter rememorationem et conservationem. Et dicit Commentator quod *rememoratio differt a conservatione, quia conservatio est illius quod semper fuit in anima postquam fuit apprehensum. Rememoratio autem est eius quod fuit oblitum. Et ideo rememoratio est conservatio abscisa; conservatio autem est*

---

3 differt] *om.* M_1 7 nisi] *coni. codd. om.* 8 autem] *om.* M_1 9–11 est ... rememorationem] *iter.* M_2 9 praesentem] repraesentare L_2M_2 12 inest] in M_1 | aestimatur] *om.* O 13 animalium] animalia M_1 | vermes] *om.* M_2 | habentia conchas] conchae M_1 15 primae] secundae M_1 17 fuit] fit L_2M_2 18 apprehensum] comprehensum M_2 | est] *om.* L_2M_2 | fuit[2]] fiat L_2 fit M_2

---

1 in[1] ... differunt] Cf. Averroes Cordubensis, *In De memoria et reminiscentia* (ed. Shields, 48, 19–49, 30). 1–2 in[2] ... memorativa] Cf. Averroes Cordubensis, *In De memoria et reminiscentia* (ed. Shields, 49, 31–50, 40). 2–3 in ... imaginativa] Cf. Averroes Cordubensis, *In De memoria et reminiscentia* (ed. Shields, 50, 40–57, 43). 3–5 in ... animae] Cf. Averroes Cordubensis, *In De memoria et reminiscentia* (ed. Shields, 57, 43–60, 5). 6–8 rememoratio ... praeterito] Cf. Averroes Cordubensis, *In De memoria et reminiscentia* (ed. Shields, 47, 9–48, 11). 8–10 investigatio ... absentiam] Averroes Cordubensis, *In De memoria et reminiscentia* (ed. Shields, 48, 13–15). 10–11 et[2] ... homini] Cf. Averroes Cordubensis, *In De memoria et reminiscentia* (ed. Shields, 48, 15–16). 11–13 memoratio ... conchas] Cf. Averroes Cordubensis, *In De memoria et reminiscentia* (ed. Shields, 48, 16–19). 14 rememoratio autem] Averroes Cordubensis, *In De memoria et reminiscentia* (ed. Shields, 48, 19). 16–18 et[2] ... apprehensum] Cf. Averroes Cordubensis, *In De memoria et reminiscentia* (ed. Shields, 48, 19–21). 18–313.1 rememoratio ... continua] Cf. Averroes Cordubensis, *In De memoria et reminiscentia* (ed. Shields, 48, 21–49, 23).

memoratio continua. Intelligendum quod per rememorationem intelligit Commentator reminiscentiam et per conservationem memoriam. Et, quia eadem virtus est illius quod fiat in anima postquam fuit comprehensum et illius quod fuit oblitum, ideo dicit Commentator quod illa virtus per quam anima rememorat et conservat *est una in subiecto et duae secundum modum. Rememoratio igitur est cognitio eius quod fuit cognitum secundum quod fuit cognitum postquam cognitio fuit abscisa. Investigare per rememorationem est acquisitio cognitionis et laborare et facere cogitativam laborantem in repraesentatione illius cognitionis. Et illa actio est virtus quae est memorativa.*

⟨2⟩ *Consideremus igitur*

Haec est tertia pars huius primae partis in qua Commentator declarat ad quam partem animae pertinet virtus memorativa. Et declarat quod pertinet ad partem sensitivam. Et hoc declarat per hoc quod memoria est solum rerum particularium, quia memoria non est illius, nisi cuius est sensus et imaginatio; ideo et cetera. Dicit igitur quod *manifestum est quod est de virtutibus comprehendentibus res particulares individuas.* Et hoc declarat dicens: *rememoratio enim alicuius non fit nisi post sensum et imaginationem eius quod fuit sensatum et imaginatum. Universalis enim natura quantitatis quam intellectus comprehendit non comprehenditur a virtute memorativa. Non enim comprehendit nisi quantitatem determina|tam quam prius sensit et imaginabatur.* M_1 66vb

---

1 continua] tentiva (!) M_1 | intelligendum] est *add.* L_2 2 et^{1}] *om.* L_2 3 fiat] facit M_1 fit L_2M_2 4 quod^{1}] postquam *add.* M_1 7 cognitio] eius *add.* L_2M_2 8 laborare ... facere] *coni. codd.* laboris et fert L_2M_2 laboris et similiter M_1 8–9 repraesentatione] reprehensione M_2 9 virtus] virtutis L_2M_2 10 consideremus] consideramus L_2M_2 16 particulares] et *add.* L_2M_2 17 imaginationem] et *add.* M_1 18 universalis] vel L_2M_2 | quantitatis] *om.* M_1 19 intellectus] *om.* M_1 | memorativa] rememorativa L_2M_2 20 sensit] praesentit L_2M_2 20–21 imaginabatur] imaginatur M_1

2–5 et^{2} ... modum] Cf. AVERROES CORDUBENSIS, *In De memoria et reminiscentia* (ed. Shields, 49, 23–24). 6–9 rememoratio ... memorativa] Cf. AVERROES CORDUBENSIS, *In De memoria et reminiscentia* (ed. Shields, 49, 24–30). 10 consideremus igitur] AVERROES CORDUBENSIS, *In De memoria et reminiscentia* (ed. Shields, 49, 31). 11–12 haec ... memorativa] Cf. AVERROES CORDUBENSIS, *In De memoria et reminiscentia* (ed. Shields, 49, 31–32). 12–13 et ... sensitivam] Cf. AVERROES CORDUBENSIS, *In De memoria et reminiscentia* (ed. Shields, 49, 32–50, 35). 13–21 et^{2} ... imaginabatur] Cf. AVERROES CORDUBENSIS, *In De memoria et reminiscentia* (ed. Shields, 50, 36–40).

⟨3⟩ *Et cum verum est*

L_2 188vb M_2 116va Haec est quarta pars primae partis principalis in qua Commentator declarat | in quo virtus memorativa differt a virtute | imaginativa. Virtus enim memorativa et virtus imaginativa communicant in actione, et ideo oportet scire quomodo differunt. Virtus memorativa et imaginativa per hoc differunt quod actiones illarum differunt, nam actio virtutis memorativae est facere imaginem esse praesentem et actio virtutis imaginativae est comprehendere intentionem imaginis. Et nos quandoque habemus unam istarum et non aliam. Quandoque enim comprehendimus intentionem formae imaginalis cum forma imaginali et quandoque comprehendimus absque ea, eo quod spoliavimus intentionem formae.

Verba Commentatoris sunt ista: *dicamus igitur quod manifestum est quod, licet omnis rememoratio et investigatio per rememorationem non sit nisi propter imaginationem, tamen intentio rememorationis est alia ab intentione imaginationis, quia actio illarum virtutum est diversa. Actio enim virtutis memoriae est facere praesentare post eius absentiam intentionem rei imaginatae et iudicare ipsam esse illam intentionem rei imaginatae quam ante sensit et imaginabatur. Sunt igitur quattuor: imago et illius imaginis intentio et facere illam intentionem esse praesentem et iudicare illam esse intentionem illius imaginis quae prius sentiebatur. Facere igitur imaginem esse praesentem necesse est, ut sit alterius virtutis a virtute quae comprehendit intentionem. Et illa virtus invenitur duobus modis: si comprehensio eius fuerit continua, dicetur conservans; si divisa, rememorativa. Iudicare autem quod illa intentio est illius imag-*

3 imaginativa] imaginationis L_2 4 actione] actionem L_2 5 imaginativa] et *add.* L_2 6 illarum] virtutum *add.* L_2M_2 | memorativae] imaginativae M_1 7 imaginativae] rememorativae M_1 8 imaginis] imaginationis M_2 10 cum] sine M_2 | cum … imaginali] *om.* M_1 | absque ea] formam absque L_2M_2 11 spoliavimus] comprehendimus M_1 12 manifestum] maximum L_2 12–13 quod licet] quodlibet L_2 13 et] est M_1 | sit] erit M_1 16 praesentare] repraesentare M_1 17 illam] *om.* L_2 | intentionem] illius *add.* L_2 | ante] autem L_2 18 imago] imaginatio M_2 | imaginis] imaginationis M_2 19 imaginis] imaginationis M_2 20 igitur] ibi L_2 | imaginem] imaginationem M_2 22 duobus] tribus L_2M_2 22–23 conservans] memoria M_1 23 divisa] dicetur *add.* L_2 diversa dicetur M_2 | est] sit M_2

1 et … est] Cf. AVERROES CORDUBENSIS, *In De memoria et reminiscentia* (ed. Shields, 50, 40). 2–3 haec … imaginativa] Cf. AVERROES CORDUBENSIS, *In De memoria et reminiscentia* (ed. Shields, 50, 40–51, 44). 3–4 virtus^2 … actione] Cf. AVERROES CORDUBENSIS, *In De memoria et reminiscentia* (ed. Shields, 51, 44–45). 12–316.17 dicamus … compositionem] Cf. AVERROES CORDUBENSIS, *In De memoria et reminiscentia* (ed. Shields, 51, 45–57, 43).

inati est in homine intellectu, quia iudicat in eo secundum affirmationem et negationem. Et in animalibus rememorativis est simile intellectui. Ista enim virtus est in homine per cognitionem, et ideo investigat per rememorationem. In aliis autem est natura, et ideo rememorant animalia, sed non investigant per rememorationem. Et illa virtus in animalibus non habet nomen, et est illa quam Avicenna vocat aestimationem. Et per illam virtutem fugit animal naturaliter nociva, licet numquam sensit ipsa. Sunt igitur tres actiones virtutum quarum duae sunt fixae per duas res simplices ex quibus componitur forma composita ex eis quarum una est imago rei, secunda, intentio imaginis rei, tertia autem virtus componit has duas intentiones ad invicem. In formis autem imaginabilibus est aliquid quasi subiectum et figura et aliquid quasi forma et est intentio illius figurae. Individuum enim extra animam, quia est compositum, accidit ei, ut sit in anima secundum hoc, et quod receptio duarum partium ex quibus componitur sit duarum virtutum diversarum, et quod compositio earum sit tertiae virtutis.

Declaratum est igitur ex hoc sermone hic esse tres virtutes: virtutem scilicet quae facit repraesentare imaginem rei, et virtutem quae facit | repraesentare M_2 116vb *intentionem imaginis | illius rei, et virtutem quae componit istam intentionem* L_2 189ra *cum sua imagine. Et ideo investigatio per rememorationem completur per istas tres virtutes, quando utraque repraesentat suum proprium.*

Et Aristoteles declarat quod illa virtus rememorativa est alia ab imaginativa et quod sunt duo per definitionem et unum secundum subiectum | per M_1 67ra *hoc quod quandoque comprehendimus intentionem formae imaginabilis sine forma imaginabili et quandoque comprehendimus formam absque eo quod*

1 in eo] inesse L_2 | secundum] quod M_1 2 et] *om.* M_1 | intellectui] *coni. codd.* in actionem L_2 actioni M_1M_2 4 natura] materia M_1 | animalia] alia *add.* M_1 | investigant] illi *add.* M_1 5 non] *om.* M_1 | nomen] *coni. codd.* natura L_2 naturam M_1M_2 6 animal] *om.* M_1 7 sensit] senserit M_2 | igitur] ibi L_2 8–9 duae ... quarum] *om.* M_1 (*hom.*) 9 imago] imaginatio M_1 | rei^1] et *add.* L_2M_2 | imaginis] imaginationis M_2 11 imaginabilibus] imaginibus L_2 | et^1] est *add.* M_1 | quasi^2] *om.* L_2 prima M_1 12 animam] naturam M_1 13 secundum] et per M_1 | et quod] *coni.* quod est $L_2M_1M_2$ 15 tertiae virtutis] tres virtutes L_2M_2 17 repraesentare^1] praesentare L_2M_2 | virtutem] virtutis L_2 | repraesentare^2] praesentare L_2M_2 18 imaginis] imaginationis M_2 19 imagine] imaginatione M_2 | rememorationem] reminiscentiam M_2 20 tres] *om.* L_2 enim M_1 | utraque] earum *add.* L_2M_2 | repraesentat] praesentare L_2 praesentaret M_2 | proprium] propositum L_2M_2 21 rememorativa] memorativa L_2M_2 23 comprehendimus] apprehendimus M_1 23–316.1 formae ... formae] *om.* M_1 24 quandoque] quando L_2

5–7 et^1 ... ipsa] Cf. AVICENNA, *Liber de anima*, pars I, cap. 5 (ed. van Riet, 89, 48–53). | Cf. AVICENNA, *Liber de anima*, pars IV, cap. 3 (ed. van Riet, 38, 49–39, 59).

spoliamus intentionem formae. Et ideo possumus retinere multa universalia et non possumus imaginari ea. Et iam diximus quod virtus conservationis et rememorationis est idem in subiecto et non secundum modum. Quod igitur virtus imaginativa comprehendit de subiecto est illud quod pictor describit in pariete. Et illud quod comprehendit virtus rememorativa est intentio illius picturae; et ideo quod existit in memorativa est magis spirituale quam quod existit in virtute imaginativa. Et, quia actio illarum virtutum in formis sensibilibus est altera duarum actionum, aut est compositio aut divisio. Quando enim reduxerit formam quam iam sentit, tunc facit compositionem. Et hoc est, sicut diximus, quando utraque virtus fecerit praesentare utramque intentionem simplicem sibi propriam et posuerit eam tertia virtus. Divisio autem est in definitione rei sensibilis, dum fuerit sensibilis, et hoc quando sentiens primo senserit rem extra animam, deinde imaginatus fuerit imaginans, deinde distinxerit intentionem illius formae a subiecto suo descripto cuius est intentio, deinde recipit conservans illud quod distinguens distinguit. Si igitur amiserit ipsum, tunc reductio eius erit secundum compositionem.

⟨4⟩ *Quia illa virtus*

Haec est quinta pars primae partis in qua Commentator ponit ordinem inter istas virtutes et in quibus instrumentis istae virtutes habent esse. Et dicit: *et, quia illa virtus est diversarum actionum, ideo habet diversa loca in capite.*

1 spoliamus] spoliavimus M_2 | possumus] possunt L_2 | retinere] recipere M_1 2 imaginari] imaginare L_2 4 est] *om.* M_1 | illud] idem L_2M_2 idem *add.* M_1 5 rememorativa] magis *add.* L_2M_2 6 ideo] *om.* L_2M_2 | memorativa] rememorativa L_2M_2 7 existit] *om.* L_2M_2 8 est[2]] *om.* L_2M_1 9–10 compositionem] compositum L_2 10 hoc est] erit M_1 | est] *om.* L_2 | fecerit] poterit M_1 11 simplicem] simpliciter L_2 12 virtus] *om.* L_2M_2 | divisio] est *add.* M_2 | autem] *coni. codd.* aut $L_2M_1M_2$ | definitione] divisione M_1 | dum ... sensibilis[2]] *om.* M_1 13 sentiens] sensus M_1 | animam] *om.* M_1 14 imaginans] imaginationes M_2 | distinxerit] distingueret L_2M_2 | illius] *om.* M_1 | subiecto] *om.* L_2M_2 15 distinguens] *om.* L_2 16 distinguit] distinxit L_2M_2 | igitur] ibi L_2 | amiserit] amisit M_2 | erit] sit M_2 16–17 compositionem] et *add.* L_2M_2 18 illa] *om.* L_2 21 et] quod M_1 | diversa] diversarum L_2

18 quia ... virtus] Averroes Cordubensis, *In De memoria et reminiscentia* (ed. Shields, 57, 43–44). 21 quia ... capite] Cf. Averroes Cordubensis, *In De memoria et reminiscentia* (ed. Shields, 57, 43–45).

Et concluditur: *et, quia sentiens sentit primo, imaginatur imaginans, deinde distinguit distinguens, deinde recipit conservans, necesse est, ut imaginans sit in horizonte anteriori cerebri, deinde cogitans in medio, deinde rememorans et conservans in parte posteriori cerebri. Et hoc est notum sensui: cum enim complexio anterioris cerebri laeditur, statim laeditur imaginatio illius hominis et remanet cogitatio et rememoratio secundum suum modum. Et, cum medium fuerit laesum, laeditur cogitatio; et cum posterius, laeditur memoria. Et ideo sunt quinque ordines, quorum primus est magni corticis, et est forma sensibilis extra animam. Secundum est esse illius formae in sensu communi, et est primus ordinum spiritualium. Tertio est esse eius in virtute imaginativa, et est magis spiritualis. Quartus est in virtute distinctiva. Quintus est esse eius in virtute rememorativa, et est magis spiritualis. Recipit enim medullam qua distinguit tres virtutes a cortice. Declaratum est igitur cuius est ista virtus, et quam substantiam habet, et quod est alia ab imaginativa et distinctiva, et quod eius actio non completur | nisi per communicationem | distinguentis et informatis* L_2 189rb M_2 117ra *aut in compositione aut divisione. Et declaratum est quod conservatio est continuatio intentionis sensibilis in hac virtute sine abscisione, et quod oblivio est amissio eius, et quod rememoratio est reductio eius post oblivionem, et quod investigatio rememorationis est acquisitio eius, et quod est proprium homini.*

⟨5⟩ *Et ideo considerandum est*

Haec est secunda pars principalis huius libelli in qua Commentator docet quomodo homo rememorat illius quod sensit et oblitus est. Et dicit quod

1 et concluditur] *om.* M_2 | et^{2} ... sentiens] quando sensus M_1 2 distinguit distinguens] describit describens M_1 | deinde] quod *add.* L_2 | conservans] sentiens L_2M_2 4 enim] *om.* M_1 5 statim] *om.* M_1 6 medium] *om.* L_2 7 cum] *om.* M_1 8 primus] primum L_2M_2 | est^{2}] cuius M_2 9 animam] scilicet *add.* L_2M_2 | secundum ... esse] *coni.* secundum quod L_2M_2 sensus enim M_1 | formae] est *add.* M_1 | et] et cetera L_2M_2 11 quartus] quarto L_2M_2 | quintus] quinto L_2M_2 | esse eius] *om.* M_1 12 qua] eius quod L_2M_2 14 quam substantiam] quem sensum M_1 15 distinguentis] definientis L_2M_2 17 et] *om.* M_2 19 quod^{2}] illud *add.* L_2M_2 21 est] hic *add.* L_2M_2 23 sensit] sentit L_2M_2

1–20 et^{2} ... homini] Cf. AVERROES CORDUBENSIS, *In De memoria et reminiscentia* (ed. Shields, 57, 46–60, 5). 21 et ... est] Cf. AVERROES CORDUBENSIS, *In De memoria et reminiscentia* (ed. Shields, 60, 5).

hoc erit per facere praesentari intentionem illius rei. Et, cum virtus memora- M_1 67[rb] *tiva | fecerit istam praesentari, imaginativa faciet praesentari formam illius rei, et distinguens componet intentionem quam distinxit et divisit, quoniam ex intentionibus in quas forma dividitur componitur, intentio igitur formae praesentatur a memorativa, et distinctio praesentatur ab imaginativa, et compositio intentionis cum distinctione fit a distinctiva; et per congregationem illarum trium praesentatur res oblita apud investigationem rememorationis.*

Deinde docet Commentator propter quid aliquando difficile est homini memorari illud quod sensit et oblitus est dicens: *si igitur hoc fuerit difficile, tunc contingit propter debilitatem alicuius istarum virtutum propter quam debilitantur aliae. Et illa laesio quae accidit quibusdam virtutum per quasdam accidit in maiori parte superiori per inferiorem, verbi gratia: quia imaginativa laeditur per laesionem sensus, et non e converso. Et memorativa laeditur per laesionem distinctivae, et distinctiva imaginativae, et non e converso. Illud enim quod est magis spirituale laeditur per laesionem minus spiritualis, et non e converso. Et non accidit apud congregationem istarum virtutum praesentatio rei quae iam sentitur, sed est oblita; sed etiam in quibusdam hominibus praesentantur apud congregationem earum formae rerum sensibilium quas numquam sensit, sed solum translatae fuerunt dispositiones earum, sicut narravit Aristoteles de quodam antiquo qui ita informabat res translatas ad ipsum per auditum quas numquam vidit. Et, cum illae formae experiuntur,*

---

1 erit per] est M_1 | praesentari] praesentare L_2M_2 2 praesentari[1]] *coni.* vel *add.* $L_2M_1M_2$ | imaginativa] imaginans L_2M_2 | faciet] fecerit M_1 | praesentari[2]] praesentare L_2M_2 4 forma] formam M_2 | componitur] componeretur M_1 | igitur] illius L_2 5 a memorativa] memorative M_1 | distinctio] descriptio eius L_2M_2 | praesentatur[2] ... imaginativa] praesentat ad imaginativam M_1 6 distinctione] dispositione L_2M_2 7 praesentatur] praesentabitur M_1 7–8 rememorationis] rememorationum M_1 9 quid] quod L_2 10 memorari] rememorari M_2 | sensit] sentit M_2 11 tunc] hoc *add.* L_2M_2 12 debilitantur] delebitur L_2 debilitatur M_1 | aliae] *om.* M_1 | per] et L_2 13 superiori] superiorum L_2 superioris M_2 | inferiorem] inferiorum L_2 | quia] quod L_2 14–15 et[1] ... converso] *om.* L_2 (*hom.*) 14 memorativa] rememorativa M_2 15 distinctiva] per laesionem *add.* M_2 16 laesionem] eius et quod est *add.* L_2M_2 | spiritualis] spirituale L_2M_2 17 congregationem] cognitionem M_2 18 sed[1]] et L_2M_2 19 praesentantur] praesentis M_2 20 fuerunt] *coni.* fuerint M_1 simul L_2M_2 | dispositiones] disponens L_2 21 narravit] narrat M_1M_2 | translatas ad] transmutatas apud M_1 22 experiuntur] *om.* M_1 exprimuntur M_2

1–8 hoc ... rememorationis] Cf. Averroes Cordubensis, *In De memoria et reminiscentia* (ed. Shields, 60, 5–61, 16). 10–320.10 si ... eo] Cf. Averroes Cordubensis, *In De memoria et reminiscentia* (ed. Shields, 61, 12–66, 12).

inveniuntur secundum illam dispositionem. Et secundum hunc modum potest imaginari elephantem qui numquam ipsum vidit. Et hoc accidit homini propter adunationem istarum trium virtutum. Et adunatio illarum fit per animam rationalem et per oboedientiam illarum ad ipsam, quemadmodum separatio earum est per animam bestialem. Et earum adunatio est difficilis homini; et quies animae bestialis est in separatione earum. Et illa adunatio non accidit nisi cogitantibus in solitariis, quando abscindunt a se occupantia sensus. Tunc enim revertitur sensus communis ad adunandum istas tres virtutes. Et ideo quandoque adunantur illae tres virtutes in somno et videntur mirabilia mundi; et etiam in dispositionibus similibus somno. Et accidit, sicut dicit Aristoteles, quod illae tres virtutes | M_2 117rb *non indigent adunare se ad invicem in iuvamento ad praesentandum illud quod debet praesentari, sed unaquaeque earum facit praesentari suum proprium sine adiutorio sui operis. Et quandoque non* | L_2 189va *accidit hoc nisi per adiutorium. Et differentia inter motum animae et partes rei et facere istam praesentari secundum conservationem est quod motus eius super partes rerum memoratarum est abscisus et secundum translationem de rebus extraneis ad partes rerum memorandarum: quod enim rememoratur rememoratur per suum simile. Et in conservatione non indigetur hoc. Motus autem aequalis super partes rei praesentandae est conservatio; motus rememorationis super partes rei memorandae non est aequalis, quia est motus a simili rei ad rem. Et ideo conservatio nobilior est rememoratione. Motus enim aequalis continuus nobilior est absciso. Virtus igitur conservativa universaliter praesentat intentiones partium rei conservandae secundum continuationem; et tunc componit eas ad invicem distinguens, et describit eas ad invicem* | M_1 67va *imaginans. Virtus autem memorativa praesentat*

---

1 inveniuntur] inveniebantur L_2M_2 | illam] *forsitan rectius* veram | dispositionem] disputationem M_2 4 rationalem] rationalis L_2 | ipsam] *coni. codd.* invicem $L_2M_1M_2$ 7 in] ut M_1 | occupantia] occupativa L_2M_2 8 enim] *coni. codd.* non $L_2M_1M_2$ | adunandum] imaginandum L_2M_1 9 quandoque] quando L_2M_2 | adunantur] adunatur M_2 10 etiam] ideo L_2 non M_2 11 tres] *om.* L_2M_2 | adunare] uniare L_2 unare M_1 12 iuvamento] iuvando L_2 | debet praesentari] debent praesentare L_2 debet praesentare M_2 | sed] si M_1 13 praesentari] praesentare L_2M_1 | suum] unum L_2M_2 | proprium] propositum M_2 14 hoc] *om.* M_1 15 rei] rerum M_1 | praesentari] praesentare L_2 16 abscisus] aptius M_1M_2 16–17 translationem] transmutationem M_1 17 quod] quando M_1 | enim] nisi L_2 18 rememoratur[2]] *om.* M_1 | in] *om.* L_2 18–19 indigetur] indiget ad partes rerum memorandarum quod rememoratur rememoratur per suum simile et conservatione non indigetur *add.* M_2 19 autem] *coni. codd.* aut $L_2M_1M_2$ | est] *coni. codd.* et $L_2M_1M_2$ 21 a] *om.* L_2 21–22 conservatio … aequalis] *om.* L_2 21 nobilior] *coni. codd.* notior M_1M_2 *om.* L_2 22 continuus] continens M_1 | nobilior] *coni. codd.* notior $L_2M_1M_2$ 23 conservandae] conservatae L_2M_2 24 et[1]] ideo *add.* M_1 | componit] proponit L_2 | eas] eos L_2M_2 25 describit … ad] distinguit ab M_1 | imaginans] imagines M_1M_2

partes rei per motum abscisum non continuum. Et intentiones universales non rememorantur nisi secundum imaginationes coniunctas cum eis. Et ideo oblivio accidit eis, sicut accidit in intentionibus particularibus. Et rememoratio est formae facilis reductionis; investigatio rememorativa est formarum difficilis reductionis. Formae autem facilis reductionis sunt illae quae sunt apud virtutem imaginativam et sensum communem multae corporeitatis et modicae spiritualitatis. Formae difficilis reductionis sunt multae spiritualitatis et modicae corporeitatis. Formae enim multae corporeitatis memorantur, dum sensus communis distinguit spiritualitatem earum a corporeitate. Et sic eis accidit, ut illa forma figatur in eo. Et quomodo igitur fit rememoratio et investigatio rememorationis et in quibus differt a conservatione declaratum est et cetera.

⟨6⟩ *Remanet igitur*

Haec est tertia pars huius libelli in qua Commentator determinat de duobus generibus rememorationum *quorum unum est quare reminiscens delectatur et contristatur, licet delectabile et contristabile non sunt in actu. Secundum autem est quare quidam homines sunt bonae rememorationis et quidam non, et quidam bonae conservationis et quidam non.*

Causam primi assignat dicens quod *rememorans delectatur per rememorationem eorum quae non sunt in actu, quia illa quae induxerunt eum ad rememorandum sunt in actu praesentia et sunt necessario similia rebus rememorandis. Quia igitur simile rei est comprehensum in actu ab eo, accidit rememoranti delectatio et tristitia apud illud quod accidit ei, si illa res esset in actu, et habet quasi spem, ut illa exeat in actum, quasi esset apud*

---

2 rememorantur] rememoratur L_2M_2 | imaginationes] imaginationem L_2 3 in] *om.* M_1 4 reductionis] productionis L_2M_2 | investigatio] investigando M_1 5 difficilis] reductio *add.* L_2M_2 | illae] *om.* M_1 6 virtutem] virtutes L_2 10 accidit] *om.* L_2 | ut] sicut *add.* M_1 | figatur] *coni. codd.* figuratur $L_2M_1M_2$ 11 rememorationis] rememoratio L_2 rememorativa M_2 13 igitur] et cetera *add.* M_2 14 duobus] tribus L_2 15 rememorationum] rememorationis L_2 rememorationem M_2 | quorum] et M_1 | unum] *om.* L_2 16 contristabile] tristabile L_2 17 bonae rememorationis] liberae memoriae M_1 bonae memoriae M_2 18 bonae] liberae M_1 20 eum] sive L_2 21 in] *om.* L_2 22 est] *coni. codd. om.* | comprehensum] comprehendit L_2 24 spem] speciem M_1

---

13 remanet igitur] Averroes Cordubensis, *In De memoria et reminiscentia* (ed. Shields, 67, 15). 15–18 quorum ... non] Cf. Averroes Cordubensis, *In De memoria et reminiscentia* (ed. Shields, 67, 15–68, 19). 19–321.7 rememorans ... actu] Cf. Averroes Cordubensis, *In De memoria et reminiscentia* (ed. Shields, 68, 19–69, 34).

animam possibile, quoniam, quando simile rei fuerit, tunc erit res quasi possibilis, ut sit. Quando anima fuerit rememorans aliquid per aliquod simile | [M_2 117va] *illi rei, statim percipit quod illud simile est de genere illius quod erat in potentia et quod erat possibile, ut exeat in actum, sicut est possibile* | [L_2 189vb] *quod exivit in actum hoc simile per quod fuit excitatus super illam rem. Et tunc accidit rememoranti de delectatione et tristitia quod accideret ei, si esset in actu.*

Causam autem quare quidam homines sunt bonae memoriae et quidam non assignat Commentator dicens quod *bonae rememorationis homo est tardi motus in anima cuius figantur sensibilia quae transierunt per illa, et ille cuius est complexio posterioris cerebri retinens formam consistentem in ipso, et est ille cuius hac parte magis dominatur siccitas quam humiditas. Siccitas enim nata est recipere de difficili et, cum recipit eam, tunc innata est diu retinere illam; e converso est de humido. Et ideo illi qui sunt talis dispositionis sunt bonae rememorationis, qui autem habent locum dominatum humiditate non rememorantur, quia formae non figuntur in humido, sed recipiuntur cito, quia humidum de facili recipit formam. Et ideo cerebrum multae siccitatis est paucae conservationis et multae rememorationis, et multae humiditatis est conservationis velocis et oblivionis multae et difficilis rememorationis. Et qui habent mediam complexionem habent bonam conservationem et rememorationem. Et ideo bonitas memoriae attribuitur pueris et oblivio pueris et senibus: pueris propter humiditatem naturalem et senibus propter humiditatem accidentalem. Et quidam senes sunt bonae me|moriae,* [M_1 67vb] *quando illa complexio accidentalis non fuerit dominans in eis. Complexio naturalis senis est siccitas. Et ideo senex invenitur rememorans et non conservans; et pueri e converso.*

---

1 res quasi] quod M_1 2 fuerit] fuit L_2 | aliquod] aliud L_2 2–3 simile illi] assimile illius M_1 5 simile] similem M_2 6 accidit] accidunt L_2 | de delectatione] delectatio M_2 | quod] quia L_2 8 memoriae] rememorationis L_2M_2 | et] *om.* M_1 9–10 homo … cuius] *coni. codd.* cuiusmodi sunt tardi motus in cuius anima L_2 cuiusmodi sunt tardi motus in quorum animabus M_1 cuiusmodi sunt tardi motus in cuius anima M_2 10 figantur] signantur M_2 | quae] qui M_1M_2 | et] etiam *add.* M_1 11 retinens] *coni. codd. om.* | consistentem] consistere M_1M_2 12 est] etiam M_1 | ille] in *add.* L_2 13 enim nata] innata L_2M_2 | nata] natum M_1 | recipit] recepit M_1 | est²] eam *add.* L_2 14 illam] *om.* L_2 eam M_2 16 rememorantur] rememoratur M_2 | figuntur] figurantur M_1M_2 | recipiuntur] recipiunt M_2 17 multae siccitatis] multum siccum M_1 | est] et L_2M_1 18 paucae] multae M_1M_2 | conservationis … multae¹] *om.* L_2 19 velocis] *coni. codd. om.* L_2 paucioris M_1 paucae M_2 | et³] *om.* M_1M_2 20 mediam] memoriam L_2 23 accidentalem] accidentales M_2 24–25 non … invenitur] *om.* M_1M_2 25 non] *om.* M_1M_2 | et pueri] pueris M_1M_2

9–322.4 bonae … eas] Cf. Averroes Cordubensis, *In De memoria et reminiscentia* (ed. Shields, 69, 35–72, 62).

Iuvenes enim habent utrumque. Et homo rememorat multotiens, quando sensit in pueritia bona rememoratione, quia in pueritia multum amat formas et miratur in eis; quapropter figatur in aspectu earum et propter hoc de difficili amittit eas.

Explicit expositio Magistri Walteri Burley *De memoria et reminiscentia.*

3 figatur] figuratur M_1M_2 | aspectu] affectum L_2M_1 | difficili] facili L_2 5 explicit … reminiscentia] et in hoc terminatur iste libellus et cetera explicit libellus de memoria et reminiscentia L_2 explicit expositio super libro de memoria et reminiscentia secundum magistrum walterum burley M_2

Commentarium in *De motu animalium* Aristotelis

ed. M. Mansfeld V 239rb

L_1 144rb

L_2 30rb

⟨1⟩ *De motu autem eo qui est animalium* et cetera | M_1 177va

E 78rb

Secundum Philosophum tertio *Physicorum* volentem considerare de natura necesse est considerare de motu. Et ratio huius propositionis est: nam | O 115rb natura definitur per motum. Est enim natura principium motus in eo in quo est per se et non secundum accidens. Sed, quando aliquid definitur per aliud, volentem considerare de illo quod definitur oportet considerare de illo per quod definitur. Et ideo, cum natura definitur per motum, ad perfectam cognitionem naturae oportet considerare de motu.

Motus autem reperitur in tribus praedicamentis tantum, secundum Philosophum quinto *Physicorum*, scilicet: in qualitate et quantitate et ubi. Motus ad quantitatem dicitur augmentatio vel diminutio. Motus ad qualitatem dicitur alteratio. Motus ad ubi dicitur loci mutatio. De alteratione

---

1 de ... cetera] *om.* E | et cetera] *om.* M_1 3 ratio] *om.* L_1L_2 4 natura[1]] *om.* O 5 secundum] *om.* O | aliquid definitur] *inv.* E 6 illo[1]] primo L_1 per *add.* L_2 6–7 oportet ... definitur[1]] *om.* O (*hom.*) 7 ideo] *om.* L_1 | definitur[2]] definiatur $EL_1L_2M_1$ 8 motu] et *add.* M_1 9 in] de M_1 | praedicamentis] generibus $EL_1L_2M_1$ 11 vel] et EL_1L_2

---

1 de ... animalium] Cf. Aristoteles, *De motu animalium*, 1, 698a 1 (AL xvii.2.3, ed. De Leemans, 45, 2–4). 2–3 secundum ... motu] Cf. Aristoteles, *Physica*, iii, 1, 200b 12–15 (AL vii.3, ed. Brams, 101, 1–4). 2–8 secundum ... motu] Cf. Petrus de Alvernia, *Sententia super de motibus animalium*, ms Vat. Lat. 2181, f. 1ra: "Sicut innuit Philosophus in tertio *Physicorum* volentem considerare de natura necessarium est considerare de motu. Et ratio huius est: nam natura per motum definitur. Est enim natura principium motus in eo in quo est per se et non secundum accidens. Quando autem aliquid definitur per aliud, volentem considerare de illo quod definitur oportet considerare de illo per quod definitur. Quare manifestum est quod ad perfectam cognitionem naturae oportet considerare de motu." 9–10 motus ... ubi] Cf. Aristoteles, *Physica*, v, 1, 225b 7–10 (AL vii.3, ed. Brams, 234, 1–5). 9–12 motus ... mutatio] Cf. Petrus de Alvernia, *Sententia super de motibus animalium*, ms Vat. Lat. 2181, f. 1ra: "Motus autem proprie dicitur tripliciter: enim est quidam localis, quidam alterationis et quidam diminutionis et augmenti." 12–324.2 de ... generatione] Cf. Aristoteles, *De generatione et corruptione*, i, 2, 315a 27–34 (AL ix.2, ed. Judycka, 9, 7–14).

 | DOI:10.1163/9789004704299_007

et augmentatione secundum suam rationem communem determinatur in libro *De generatione*. De alteratione et augmentatione secundum rationem suam specialem quae est nutritio determinatur in libro *De nutrimento et nutribili* qui nondum pervenit ad nos. De motu autem locali secundum quod absolute consideratur determinatur libro *Caeli et mundi*. Ibi enim determinatur de motu locali, ut reperitur universaliter in superioribus et inferioribus, et specialiter in quarto libro determinatur de motu locali per naturam gravis et levis. De motu autem locali qui fit per appetitum et cognitionem determinatur in libro *De motu animalium* qui est praesentis considerationis. In isto enim libro determinatur de motu progressivo animalium.

Intelligendum tamen quod motus animalis consideratur tripliciter: uno modo in se et absolute, alio modo quantum ad differentias motus, tertio modo quantum ad organa mediantibus quibus motus exercetur. Si consideratur de motu primo modo, sic de eo consideratur hic et in tertio *De anima*

---

1 rationem] speciem L_1L_2OV | in] *om.* M_1 4 pervenit] venit E 5 consideratur] concipitur M_1 | caeli ... mundi] de caelo E | ibi] ubi M_1 7 specialiter] determinatur *add.* M_1 | determinatur] *om.* M_1 | locali] *om.* M_1 8 locali] *om.* M_1 9 qui] *om.* O | est praesentis] erit E 10 progressivo] processivo E 14 ad] *om.* E | exercetur] extenditur L_1L_2OV 14–15 consideratur] consideretur M_1 15 de motu] motus E$L_1L_2M_1$ | de^{2} ... consideratur] determinatur de eo E | consideratur] determinatur $L_1L_2M_1$

2–4 de^{2} ... nos] Iste liber non ab Aristotele sed ab Alberto Magno scriptus est. Cf. ALBERTUS MAGNUS, *De nutrimento et nutrito* (ed. Borgnet, IX, 323–341). 4–8 de ... levis] Cf. ARISTOTELES, *De caelo*, II, 4, 287a 32–287b 5 (AL VIII.2., ed. Bossier, ALDatabase). 8–10 de ... considerationis] Cf. ARISTOTELES, *De motu animalium*, 1–11, 698a 1–704b 1 (AL XVII.2.3, ed. De Leemans, 45, 2–68, 378). 12–325.8 intelligendum ... animalium] Cf. PETRUS DE ALVERNIA, *Sententia super de motibus animalium*, MS Vat. Lat. 2181, ff. 1rb–1va: "Et est considerandum quod motus potest tripliciter considerari: uno modo potest considerari in se et absolute, alio modo potest considerari quantum ad differentias motus, tertio modo quantum ad organa. Si consideretur motus primo modo, sic consideratur de ipso hic et tertio *De anima* sed differenter, quia libro *De anima* consideratur de motu ex parte a se declaranda quomodo anima est principium motus principaliter, et parum determinatur ibi de ipso quantum ad corpus. Hic autem determinatur de ipso ex parte corporis principaliter declarando quod oportet in omni motu animalis aliquam partem quiescere et alia huiusmodi, et parum determinatur de ipso quantum ad animam. Si consideretur | motus quantum ad suas differentias secundum proprias rationes ipsarum, sic determinatum est de motu libro *De generatione animalium*. Si vero consideretur quantum ad organa et partes quibus exercetur, sic determinatum est de ipso libro *De progressu animalium*." 14–325.2 si ... animae] Cf. ARISTOTELES, *De anima*, III, 3, 427a 26–427b 1 (AL XII.2, ed. Leonina, 187a, 14–18).

sed differenter, quia in libro *De anima* determinatur de motu quantum ad principia quae originem habent ex parte animae, in hoc autem libro determinatur de motu quantum ad principia quae originem habent ex parte corporis et parum determinatur de ipso quantum ad animam. Si consideratur motus quantum ad suas differentias secundum proprias rationes ipsarum, sic determinatur de motu locali libro *De generatione animalium*. Si vero consideratur quantum ad organa et partes quibus exercetur motus, sic determinatur de ipso in libro *De progressu animalium*. Sed in | hoc libro determinatur de motu animalis quantum ad causas et principia eius. Unde hic determinatur de motu facto per appetitum ex parte corporis et animae, et principaliter ex parte corporis. Unde subiectum huius libri est motus appetitivus animalium vel etiam animal secundum quod est mobile motu appetitivo. V 239va

Iste liber dividitur in duas partes. In prima parte recolligit omnia quae determinantur in aliis libris de motu animalium simul cum hoc dans intentionem suam respectu dictorum. In secunda parte prosequitur intentionem.

---

1 in ... anima] ibi E 2 habent] sumunt EM_1 2–3 animae ... parte] *om.* L_1L_2OV (*hom.*) | in ... originem] *om.* E 4 consideratur] consideretur M_1 6 determinatur] determinatum est M_1 | libro] *om.* O 6–7 consideratur] consideretur M_1 8 de ... libro[1]] *om.* L_1 9 animalis] *om.* E | eius] *om.* O | hic] *om.* M_1 10 facto] perfecto OV 12 animalium ... etiam] *om.* M_1 | etiam] *om.* L_1L_2 | animal] animalis $L_1L_2M_1$OV 12–13 appetitivo] et *add.* M_1 14 dividitur] dicitur E | recolligit] determinat recolligendo E 14–15 quae determinantur] dicta E 15 dans] dat L_1 16 dictorum] dicendorum EM_1 dictarum O

2–4 in ... animam] Cf. ARISTOTELES, *De motu animalium*, 1–11, 698a 1–704b 1 (AL XVII.2.3, ed. De Leemans, 45, 2–68, 378). 4–6 si ... animalium] Cf. ARISTOTELES, *De generatione animalium*, I–V, 1–8, 715a 1–789b 25 (AL XVII.2.5, ed. De Leemans, 3, 4–179, 13). 6–8 si ... animalium] Cf. ARISTOTELES, *De progressu animalium*, 1–19, 704a 4–714b 22 (AL XVII.2.2, ed. De Leemans, ALDatabase). 6–9 si ... eius] Cf. PETRUS DE ALVERNIA, *Sententia super de motibus animalium*, MS Vat. Lat. 2181, f. 1rb: "Si consideretur motus ratione materiae vel quantum ad partes per quas exercetur motus, determinatum est de ipso libro *De progressu animalium*. Consideretur in se vel ratione formae, sicut consideratur de ipso in isto libro." 8–9 sed ... eius] Cf. ARISTOTELES, *De motu animalium*, 1, 698a 1–4 (AL XVII.2.3, ed. De Leemans, 45, 2–5). 11–13 unde ... appetitivo] Cf. PETRUS DE ALVERNIA, *Sententia super de motibus animalium*, MS Vat. Lat. 2181, f. 1rb: "Unde consideratur hic de motu absolute et de principiis motus ⟨qui⟩ procedit ex istis. Nec refertur ad propositum, sive dicamus motum absolute esse subiectum hic sive animal secundum quod movetur isto motu." 14–16 iste ... intentionem] Cf. PETRUS DE ALVERNIA, *Sententia super de motibus animalium*, MS Vat. Lat. 2181, f. 1rb: "Dividitur autem iste libellus in duas partes. In prima dat intentionem suam. In secunda prosequitur, ibi: *Quod quidem ergo principium*. Adhuc prima in duas: in prima recolligit quaedam determinata in aliis, in secunda dat intentionem suam."

Dicit igitur primo quod de quocumque motu appetitivo qui debetur cuicumque speciei animalis in particulari et non in universali solum et de differentiis animalium et motuum et de causis passionum et accidentium eis consideratum est in aliis, scilicet in libro *De generatione animalium*. Sed O 115va hic est considerandum de universalibus | causis motus animalium quocumque motu moveantur. Quaedam enim animalia moventur motu volationis et secundum alios motus et quaedam receptionis, et de istis motibus est hic determinandum secundum quod sunt motus appetitivi. Adhuc in aliis, scilicet in octavo *Physicorum*, ubi inquisitum est, utrum sit aliquis motus L_1 144va sempiternus, et, | si sic, quis sit, dictum est ibi quod illud quod movet se

---

1 qui] quae M_1 | debetur] debitur O 3–4 accidentium eis] accidentium E accidente M_1 actionum eis L_1L_2O 5 universalibus] naturalibus O 6 moventur] movetur OV 7 et[1] ... motus] *om.* E | quaedam] motu *add.* EM_1 | receptionis] repentionis (!) $L_1L_2M_1$ | et[3]] et secundum alios motus *add.* M_1 | est] *om.* O 8 appetitivi] appetiti E 9 est] *om.* OV 10 quis] quid O | ibi] *om.* M_1

1–6 dicit ... moveantur] Cf. ARISTOTELES, *De motu animalium*, 1, 698a 1–4 (AL XVII.2.3, ed. De Leemans, 45, 2–5). | Cf. PETRUS DE ALVERNIA, *Sententia super de motibus animalium*, MS Vat. Lat. 2181, f. 1rb: "Dicit quod de motu appetitivo sive voluntario qui debetur ipsis animalibus non in universali secundum quod motus voluntarius est absolute et consequitur omne animal secundum se, sed in particulari secundum quod consequitur unumquodque genus animalis, puta volatile aut gressibile aut reptibile, adhuc autem de differentiis generum animalium et motuum et de causis passionum et accidentium eis per se considerationem fecimus in aliis, puta libro *De generatione animalium*, nisi consideratur de generatione ipsorum et natura et accidentibus et passionibus, et per consequens de motu secundum quod competit unicuique naturae ipsorum." 4–7 sed ... receptionis] Cf. PETRUS DE ALVERNIA, *Sententia super de motibus animalium*, MS Vat. Lat. 2181, f. 1rb: "Et dicit quod universaliter nunc dicendum est de universalibus causis motus animalium quocumque motu moveantur. Quaedam enim animalia moventur motu volationis, quaedam motu receptionis et secundum alios motus." 6–8 quaedam ... appetitivi] Cf. ARISTOTELES, *De motu animalium*, 1, 698a 4–8 (AL XVII.2.3, ed. De Leemans, 45, 6–9). 7–8 et[3] ... appetitivi] Cf. PETRUS DE ALVERNIA, *Sententia super de motibus animalium*, MS Vat. Lat. 2181, f. 1rb: "Sed dicendum est de causis istorum secundum quod sunt motus quidam appetitivi simpliciter." 8–327.1 adhuc ... motuum] Cf. ARISTOTELES, *Physica*, VIII, 5, 257a 26–30 (AL VII.3, ed. Brams, 395, 50–53). | Cf. ARISTOTELES, *De motu animalium*, 1, 698a 13–15 (AL XVII.2.3, ed. De Leemans, 45, 8–11). 8–327.5 adhuc ... immobile] Cf. PETRUS DE ALVERNIA, *Sententia super de motibus animalium*, MS Vat. Lat. 2181, f. 1va: "Dicit quod in aliis, puta in octavo *Physicorum*, ubi inquisitum est, utrum sit motus aliquis sempiternus vel non, et, si est sempiternus, quis est motus ille, dictum est quod illud quod movet se ipsum est principium aliorum motuum. Et causa huius est, quia primum in unoquoque genere causa est omnium aliorum. Motum autem ex se primum est, quia quod est per se prius est eo per aliud, ideo causa est aliorum. Et dictum est quod moti ex se principium movens quod est primum movens oportet omnino esse immobile."

ipsum est principium aliorum motuum. Et causa huius est: quia primum in aliquo genere est causa omnium aliorum, motum autem ex se est primum, quia quod est per se prius est eo quod est per aliud, et ideo est causa aliorum. Et dictum est ibi quod moti ex se primum movens debet esse omnino immobile. | Sed, quia hoc dictum est in universali, et cognitio in universali M_1 177vb est imperfecta, ideo oportet ulterius sermones universales applicare ad particularia. Unde illa quae dicta sunt in universali in octavo *Physicorum* in hoc libello applicantur ad particularia.

Postea probat Philosophus | quod ad hoc quod animal moveatur oportet L_2 30va esse aliquod quiescens; et sunt in hoc capitulo duae conclusiones. Una est quod ad hoc quod animal movetur oportet aliquam partem eius quiescere. Secunda conclusio est quod ad hoc quod animal vel etiam caelum moveatur requiritur aliquod extra quiescens.

---

1 primum] primo E 2 omnium] omni EO 3 quia] illud *add.* M_1 | est[2]] *om.* O 4 moti] motum M_1 | primum] primo M_1 5 hoc] *om.* EM_1 | et] quod M_1 8 libello] libro E | applicantur] applicanda sunt L_1L_2 9 animal moveatur] aliquid movetur animal E 10 conclusiones] quaestiones O | est] *om.* M_1 11 quod[1]] *om.* L_1 | quod[2]] aliquod *add.* E | movetur] moveatur $L_1L_2M_1$ 11–12 movetur … animal] *om.* O (*hom.*) 12 quod[2]] aliquod *add.* L_1L_2 | vel … moveatur] movetur vel caelum E etiam caelum moveatur L_1 vel caelum moveatur M_1 vel etiam movetur O vel etiam moveatur V 13 aliquod] aliquid M_1

5–8 sed … particularia] Cf. Petrus de Alvernia, *Sententia super de motibus animalium*, MS Vat. Lat. 2181, f. 1va: "Et dicit quod illud quod dictum est est insufficiens, quia dictum est in universali et non solum oportet dicere in universali, sed oportet applicare universalia ad singularia et sensibilia. Ad perfectam enim rei cognitionem non sufficit cognitio in universali, quia talis cognitio est imperfecta et in potentia, sed oportet applicare ad sensibilia et propter hoc ubi oportet adoptare universalia ad particularia. Quaerimus prius sermones universales et aptamus eos ad particularia." 7 illa … physicorum] Cf. Aristoteles, *Physica*, VIII, 5, 257a 26–257b 2 (AL VII.3, ed. Brams, 395, 50–400, 2). 9–10 postea … quiescens] Cf. Aristoteles, *De motu animalium*, 1, 698a 19–20 (AL XVII.2.3, ed. De Leemans, 46, 15). 9–13 postea … quiescens] Cf. Petrus de Alvernia, *Sententia super de motibus animalium*, MS Vat. Lat. 2181, f. 1va: "Ostendit quod, si aliqua pars animalis moveatur, quod oportet aliquam partem quiescere. In secunda ostendit quod, si animal moveatur, oportet extra ipsum esse aliquod quiescens fixum et stans."

Prima conclusio probatur per hoc quod iuncturae insunt animalibus. Propter hoc enim iuncturae sunt necessariae animali, ut una parte quiescente possit alia moveri. Si enim non essent iuncturae, non posset | [V 239vb] una pars moveri, nisi quaelibet pars moveretur. Unde ratio potest sic formari: natura nihil facit frustra nec deficit in necessariis, nunc animalibus naturaliter insunt iuncturae, et iuncturae non sunt necessariae animali, nisi quia una parte quiescente possit alia moveri, vel nisi ut circa iuncturas poterit una pars moveri reliqua quiescente; igitur necessarium | [E 78va] est quod una parte animalis mota reliqua quiescat, aliter iuncturae frustra inessent animali.

Dicit Philosophus quod partes animalis sunt iuncturae et utuntur iuncturis sicut centro. Et pars tota in qua est iunctura aliquo modo est una et aliquo modo plures, quia secundum quod una pars movetur et reliqua quiescit, sic illa pars cuius una pars movetur et reliqua quiescit est aliquo modo plures.

---

1 conclusio] quaestio O 2 una] alia OV 3 possit] posset $EL_1L_2M_1$ | moveri] movere L_1M_1 | enim] *om.* O 4 pars^{1}] animalis *add.* EL_1L_2 | moveri] animalis movere M_1 | nisi] cum hoc quod non M_1 | pars^{2}] *om.* L_1 | pars moveretur] movetur E | potest ... formari] sic formatur M_1 | formari] formare O 5–6 naturaliter] *om.* M_1 7 possit] poterit EM_1 posset L_1L_2 | alia] reliqua $EL_1L_2M_1$ | moveri] movere M_1 | nisi] non M_1 8 pars] *om.* O | moveri] movere M_1 | reliqua] alia O | est] ut M_1 9 parte] pars E 11 dicit] etiam *add.* EL_2M_1 | philosophus] *om.* L_1 | animalis] in quibus *add.* EM_1 | sunt] insunt L_2 | et] *om.* EM_1 13 modo] est *add.* E *om.* M_1 14 pars^{2}] *om.* L_1L_2O | et] *om.* E | est] taliter (?) E

1–3 prima ... moveri] Cf. ARISTOTELES, *De motu animalium*, 1, 698a 20–23 (AL XVII.2.3, ed. De Leemans, 46, 16–17). 1–14 prima ... plures] Cf. PETRUS DE ALVERNIA, *Sententia super de motibus animalium*, MS Vat. Lat. 2181, ff. 1va–1vb: "Dicit igitur Philosophus quod, si aliqua pars | animalis moveatur, oportet aliquam aliam quiescere, et ideo iuncturae insunt animalibus. Et causa huius est: quia movens et motum non possunt esse continua, oportet autem quod sint approximata. Si igitur una pars moveat aliam partem, non debent esse continua, sed debent esse approximata colligationem habentia, igitur manifestum est quod necessariae sunt iuncturae. Partes enim illae utuntur iuncturis sicut centro, et tota illa pars in qua est iunctura est una ⟨et⟩ aliquo modo plures, sicut brachium. Si consideretur secundum se non secundum quod movetur una pars, sic unum est. Si vero consideretur secundum quod una pars movetur et alia quiescit, sic est duo." 11–14 dicit ... plures] Cf. ARISTOTELES, *De motu animalium*, 1, 698a 23–25 (AL XVII.2.3, ed. De Leemans, 46, 18–19).

Unde sic est de parte habente iuncturam, sicut est de diametro circuli cuius diametri una pars movetur et alia quiescit—medietates illius partis animalis in qua est iunctura assimilantur medietatibus diametri et iunctura centro. Sed non est omnino simile, quia centrum est omnino indivisibile et iunctura est divisibilis. Item, non est verum quod semidiameter movetur, quia diameter est res mathematica, sed mathematica sunt abstracta a motu et a materia; sed partes animalis quae ad iuncturam copulantur sunt mobiles et mota una parte quiescit alia, ut moto | brachio quiescit cubitus, et moto O 115vb toto membro quiescit humerus, et mota tibia quiescit genu.

Intelligendum quod mota una parte animalis non oportet aliam partem simpliciter quiescere, quia in motu saltationis movetur quaelibet pars animalis. Sed haec propositio: 'mota una parte quiescit alia' debet sic intelligi quod, si una pars moveatur, oportet illam partem quae est primum movens vel simpliciter quiescere vel quiescere ab illo motu quo movet aliam par-

---

1 est[2]] *om.* M_1 2 pars] medietas EM_1 | alia] reliqua M_1 3 qua] quo E 4 est omnino[1]] sic M_1 | omnino[2]] sicut M_1 5 est[1]] *om.* L_1 | movetur] moveatur L_1 6 sed mathematica] *om.* L_1 10 intelligendum] est *add.* EM_1 | partem] *om.* E 12 debet] habet E dicit O 13 moveatur] movetur E | oportet] *om.* L_1 13–14 quae ... vel[1]] *om.* E 13 primum] primo M_1 14 vel quiescere] *om.* O | quiescere[2]] *om.* E secundum quid vel saltem *add.* M_1 14–330.1 quo ... motu] vel O | movet ... partem] aliqua pars movetur E

1–3 unde ... centro] Cf. ARISTOTELES, *De motu animalium*, 1, 698a 26–29 (AL XVII.2.3, ed. De Leemans, 46, 20–22). 1–7 unde ... materia] Cf. PETRUS DE ALVERNIA, *Sentententia super de motibus animalium*, MS Vat. Lat. 2181, f. 1vb: "Deinde, cum dicit: *Sed hic quidam*, removet dubium. Comparavit enim iuncturam centro et partes diametri partibus animalis quarum una movetur circa iuncturam et alia quiescit. Crederet aliquis forte quod omnino esset simile in diametro ex proposito. Hoc removet et dicet quod non, quia centrum simpliciter est indivisibile, iunctura autem quae ei proportionatur non. Item, non est verum quod, si diameter moveatur, quia diameter est res mathematica, sed mathematica sunt abstracta a motu et materia et non moventur secundum quod huiusmodi." 4–8 sed ... alia] Cf. ARISTOTELES, *De motu animalium*, 1, 698a 29–35 (AL XVII.2.3, ed. De Leemans, 46, 23–26). 7–9 partes ... genu] Cf. PETRUS DE ALVERNIA, *Sententia super de motibus animalium*, MS Vat. Lat. 2181, f. 1vb: "Partis (partis] partes *ms.*) autem animalis quae ad iuncturam copulantur et iunctura aliquando est unum, aliquando pura secundum potentiam, et quando autem una pars quiescit et alia movetur, tunc iunctura est plures, et iunctura principium primum motus est immobile, scilicet inquantum enim est principium motus, quiescit alia parte inferiori mota, sicut verbi gratia brachio moto quiescet iunctura sive cubitus, moto membro toto quiescit humerus, similiter tibia mota quiescit genu." 8–9 ut ... genu] Cf. ARISTOTELES, *De motu animalium*, 1, 698a 36–37 (AL XVII.2.3, ed. De Leemans, 46, 27–29). 12–330.2 sed ... partem] Cf. PETRUS DE ALVERNIA, *Sententia super de motibus animalium*, MS Vat. Lat. 2181, f. 1vb: "Considerandum est autem quod, cum dicimus quod una parte mota oportet quod alia quiescat, verum est vel simpliciter vel ab illo motu quo alia movetur aut, si moveatur illo motu, oportet quod quiescat ab illa velocitate qua movetur alia pars."

tem vel, si moveatur illo motu, oportet quod quiescat ab illa velocitate qua movet aliam partem. Unde motus animalis componitur ex motu pulsus et ex motu tractus, nam cor quod est primum movens in animali movet alias partes pellendo eas, et ita aliae partes a corde moventur motu pulsus, et illae partes motae motu pulsus trahunt secum cor, et ita cor movetur motu tract- V 240ra us, sed non movetur motu | pulsus. Et ita quiescit a motu quo movet, quia non movetur motu quo movet.

Secunda conclusio est quod ad hoc quod animal moveat se et etiam ad hoc quod caelum moveatur requiritur quod sit aliquid quiescens extra. Et L_1 144vb hoc probatur sic: quia movere est aliter se habere nunc quam prius, sed | ad hoc quod sit aliquid quod se habeat aliter nunc quam prius oportet quod sit aliquid respectu cuius se habeat aliter; et illud erit quiescens. Ista ratio est communis tam caelo quam animali quod, quia illud quod movetur aliter se habet, oportet quod sit aliquid quiescens ad hoc quod caelum moveatur M_1 178ra et etiam ad hoc quod animal moveatur. | De motu tamen animalis est alia ratio, quia animal movet trahendo et pellendo, sed tam ad motum pulsus

---

1 moveatur] movetur EOV | qua] quia L_1L_2 2–3 ex … primum] *om.* L_1 (*hom.*) 3 cor] illud E 4 ita] *om.* L_1L_2 | aliae] aliquo O | a corde] *om.* E | moventur] *om.* OV 5 ita] *om.* L_1L_2 5–7 tractus … motu] *om.* M_1 (*hom.*) 7 movetur] a *add.* L_1L_2 8 conclusio] quaestio O | est] ista *add.* $EL_1L_2M_1$ 9 moveatur] movetur E | aliquid] aliquod $EL_1L_2M_1$ 10–11 se … quod[1]] *om.* O 11 sit … quod[2]] aliquod E aliquid M_1 | prius] *om.* OV | oportet] ergo E 12 aliquid] *om.* O | erit] est E | quiescens] et *add.* M_1 13 quod quia] quia ad hoc quod M_1 14 habet] habeat E | quod[1] … aliquid] aliquod esse M_1 | moveatur] moveretur E 15 moveatur] movetur EM_1 16 movet] movetur E

2–3 unde … tractus] Cf. PETRUS DE ALVERNIA, *Sententia super de motibus animalium*, MS Vat. Lat. 2181, f. 1vb: "Item patet quod motus processivus est compositus ex motu pulsus et tractus." 8–9 secunda … extra] Cf. PETRUS DE ALVERNIA, *Sententia super de motibus animalium*, MS Vat. Lat. 2181, f. 2ra: "Primo dat quod ad hoc quod animal moveatur non sufficit quies alicuius partis animalis, sed oportet extra animal esse aliquod quiescens et immobile." | ad[1] … extra] Cf. ARISTOTELES, *De motu animalium*, 2, 698b 8–9 (AL XVII.2.3, ed. De Leemans, 47, 33–34). 9–331.3 et … trahitur] Cf. PETRUS DE ALVERNIA, *Sententia super de motibus animalium*, MS Vat. Lat. 2181, f. 2ra: "Si aliquid moveatur, oportet quod sit aliquid circa quod movetur, respectu cuius se habeat ⟨aliter⟩ nunc et prius. Illud autem est quiescens ⟨quod⟩ vel non movetur eadem specie motus aut non tanta velocitate. Et, si illud quidem moveatur, aut erit processus in infinitum aut erit devenire ad aliquid quod omnino immobile est. Ista ratio communis est animali et caelo, sed alia propria est animali. Animal enim movetur impellendo et trahendo. In impellendo impellit a se ad (ad] et *ms.*) aliud ergo extra se requirit aliquid ad quod appulsum pellat. In motu autem tractu⟨s⟩ fit motus ab alio in ipsum, quare oportet aliquid aliud esse fixum." 12–13 ista … animali] Cf. ARISTOTELES, *De motu animalium*, 2, 698b 9–11 (AL XVII.2.3, ed. De Leemans, 47, 35–36). 13–15 quod[1] … moveatur] Cf. ARISTOTELES, *De motu animalium*, 2, 698b 12–15 (AL XVII.2.3, ed. De Leemans, 47, 37–39).

quam ad motum tractus requiritur aliquid quiescens extra—in motu pulsus requiritur aliquid extra ad quod pulsum pellitur et in motu tractus requiritur aliquid extra a quo tractum trahitur.

Qualiter motus dependat ab immobili declarat Philosophus per exemplum de muribus ambulantibus in terra vel in arena. Si enim arena non quiesceret, sed cederet, non procederent. Intelligendum circa istam rationem quod ex quo motus localis est recessus ab | uno termino et accessus ad alium L_2 30[vb] terminum oportet quod illud a quo mobile recedit vel simpliciter quiescat vel quod non moveatur tanta velocitate quanta movetur mobile recedens. Si enim vellem recedere a pariete et paries insequeretur me movendo tanta velocitate quanta ego moveor, sic numquam recederem a pariete. Ideo ad hoc quod aliquid moveatur localiter oportet quod illud a quo mobile recedit vel quiescat simpliciter vel quod quiescat ab illa velocitate qua mobile movetur. Si quiescat, habetur propositum. Si movetur et non tanta velocitate, oportet quod recedat ab aliquo, et quaerendum est de illo a quo recedit, sicut prius. Cum igitur non sit procedere in infinitum in moventibus et motis, | ad O 116[ra] hoc quod mobile movetur motu locali requiritur aliquid extrinsecum simpliciter quiescens.

---

1 quiescens extra] *inv.* EM_1 | pulsus] et *add.* L_1OV et etiam *add.* L_2 2 pulsum] appulsum EL_2 | pellitur] pellatur M_1 | in motu] ad motum E | tractus] *om.* M_1 3 extra] *om.* L_1L_2OV | trahitur] trahatur M_1 4 dependat] descendit L_1L_2 descendat OV 5 in[1] … vel] *om.* E 6 non] numquam EM_1 nunc L_1L_2 7 quod] *om.* EL_1 8 recedit] recedat L_1L_2 9 moveatur] movetur E | recedens] *om.* OV 10 pariete] parte OV | me] *om.* M_1 11 recederem] recedere M_1 recederet O 12 moveatur] movetur E moveretur L_2 13 quod] *om.* L_1L_2 14 si[1]] enim E simpliciter *add.* L_1L_2 | si[2]] non sed *add.* M_1 | movetur] moveatur L_1L_2 15 recedit] recepit O 16 sit] erat E 17 movetur] moveatur $L_1L_2M_1$ | aliquid] aliquod E

4–6 qualiter … procederent] Cf. Aristoteles, *De motu animalium*, 2, 698b 15–18 (AL XVII. 2.3, ed. De Leemans, 47, 40–42). | Cf. Petrus de Alvernia, *Sententia super de motibus animalium*, MS Vat. Lat. 2181, f. 2[ra]: "Dicit quod, si, cum animal movetur, non sit aliquid quiescens et fixum, sed illud ad quod appellitur cedat, sicut mures, cum ambulare volunt vel in terra vel in arena, si terra vel arena non quiesceret, sed cederet, numquam procederent nec irent."

Et quod illud quiescens extra non sit animal nec pars animalis, et universaliter quod pars illius quod movetur non movetur, probat Philosophus per hoc quod aliter non posset solvi illa quaestio de qua solet dubitari. Et est haec quaestio: quare, cum aliquis est extra navem, si cum baculo attingat [V 240rb] navem et repellat, potest de | facili movere ipsam, sed, si esset in navi et nitatur cum baculo pellere vel movere navem, non movebit ipsam? Vel etiam ventus qui dicitur Tirus vel Boreas (qui sunt venti septentrionales) flarent ad aliam partem navis, ut ad velum illius vel ad aliam partem navis secundum modum secundum quem depingunt pictores, quantumcumque cum magno [E 78vb] impetu emittantur, | impossibile est movere navem, et quae est causa huius?

Solutio huius quaestionis est quod oportet motus affigi alicui quiescenti, sed ille qui est in navi non affigitur nisi navi; et ideo, si pelleret navem, oport-

---

1 non] nec M_1 1–2 universaliter] breviter M_1 2 quod[1]] non sit *add.* EM_1 non sit *superscr.* L_2 | non movetur] *om.* E$L_1L_2M_1$ 3 per hoc] *om.* L_2 | posset] possit E | qua] *om.* L_1 | dubitari] dubitare M_1 4–5 attingat] aliquid L_1 ad *add.* L_2M_1V 5 repellat] pellat M_1 | si] cum M_1 6 nitatur] iutura (!) L_1 vitatur O | movebit] moveret M_1 | etiam] si *add.* M_1 7 tirus] trinus E | venti septentrionales] veloces E ventus intentionales L_1 ventus septentrionales L_2 veti septentrionales V 7–8 ad … navis[1]] ab alia parte M_1 8 aliam[1]] aliquam E | ut] *om.* EM_1OV | vel] et E | ad[2]] aliquam *add.* L_1L_2 9 cum] *om.* M_1 10 est[2]] *om.* $L_1L_2M_1$OV 11 affigi] affingens M_1 12 non affigitur] ad cui L_1 aliter L_2 | non … navi[2]] *om.* O (*hom.*) | nisi] in *add.* EV exeunti in *add.* L_1 existenti in *add.* L_2 12–333.1 navem oporteret] oportet EM_1

1–10 et[1] … huius] Cf. Petrus de Alvernia, *Sententia super de motibus animalium*, MS Vat. Lat. 2181, f. 2ra: "Probat hoc et dicit quod testimonium huius quod dictum est ⟨est⟩ solutio quaestionis de qua solet dubitari. Solet enim dubitari, quare, cum aliquis est extra navem, si cum baculo attingat ad navem vel ad malum et impellat, potest de facili movere ipsam, si autem esset in navi et cum baculo appodiaret se ad puppim vel ad aliquam partem navis, non movebit ipsam nec iterum, si ventus qui dicitur Cyraus vel Boreas qui sunt venti septentrionales flarent ex aliqua parte navis ad velum ipsius vel aliquam eius partem secundum modum secundum quem depingunt pictores. ⟨impossibile est movere navem⟩" 2–10 probat … huius] Cf. Aristoteles, *De motu animalium*, 2, 698b 22–29 (AL XVII.2.3, ed. De Leemans, 48, 45–50). 11–333.8 solutio … eo] Cf. Aristoteles, *De motu animalium*, 2, 698b 29–699a 12 (AL XVII.2.3, ed. De Leemans, 48, 51–59). | Cf. Petrus de Alvernia, *Sententia super de motibus animalium*, MS Vat. Lat. 2181, f. 2rb: "Deinde oportet quod ista pars vel ipsum totum sive illud cuius est pars appelletur ad aliquid extrinsecum firmatum sive fixum et immobile. Ille autem qui est in navi et vult navem impellere, cum ipse appodietur et firmetur ad ipsam, rationabiliter non movebit eam, quia oportet illud ad quod appellitur esse quiescens. Si enim moveret eam appulsus ad eam, sequeretur quod moveretur et quiesceret. Quiesceret quidem, quia movens eam innititur ei, moveretur autem ex hypothesi; quare moveretur et quiesceret, sed hoc est impossibile. Quare existens in navi appodiatus ad eam non movebit eam. Cum autem est extra et affigitur ipsae terrae, movet eam. Sed terra nulla pars navis est. Quare manifestum est quod illud fixum et immobile quod requiritur ad hoc quod animal moveatur nec est animal quod movetur nec aliqua pars ipsius sed omnino divisum ab eo."

eret navem quiescere, eo quod affigitur navi, sed, si pelleret navem, navis moveretur, et ita simul quiesceret et moveretur, quod est impossibile. Sed ille qui est extra navem affigitur et renititur alicui quiescenti extra, et ideo potest movere navem. Ex hoc patet quod ad hoc quod aliquid moveatur requiritur quiescens extra, aliter non posset illa quaestio dissolvi. Adhuc qui pellit aliquid movet illud a se, ita quod facit illud recedere ab eo, sed ille qui est in navi non potest movere navem, nisi ipsemet moveretur in navi, et sic non faceret navem recedere ab eo.

Intelligendum est circa praedicta quod, etsi caelum ad hoc quod moveatur re|quirat L_1 145ra aliquod immobile extra, puta terram, respectu cuius partes caeli aliter et aliter se habent, tamen fixio caeli non est ex fixione terrae, sed magis e converso. In quiescente enim est duo considerare, scilicet esse eius in loco in quo quiescit et immobilitatem eius in loco illo. Nunc esse terrae in medio non est causa fixionis caeli. Probo: nam per eandem naturam est terra in medio et movetur ad medium, nunc terra movetur ad medium per gravitatem suam; et ideo est in medio per gravitatem suam, quod igitur est causa gravitatis, est causa esse terrae in medio, sed caelum est causa gravitatis terrae (caelum enim est causa ut unum principium motus omnium passionum et actionum in corporibus inferioribus, | M_1 178rb per Philosophum in *De caelo et mundo*); et ideo caelum est causa esse terrae in medio. Item, immobilitas terrae in medio non est causa immobilitatis caeli, quia terra est in | V 240va medio et movetur ad medium, non quia est medium terrae, sed quia medium mundi (quod est medium simpliciter); et ideo, | O 116rb si medium mundi non mutat locum suum, neque terra mutat locum suum, sed medium mundi non mutat locum, quia caelum non egreditur locum suum. Et ideo immobilitas caeli a loco suo est causa immobilitatis terrae, et immobilitas caeli et eius fixio

2 moveretur[1]] movetur E | quod] et O 3 est] *om.* OV | renititur] immovetur E remittitur L_1M_1OV 4 navem] et *add.* E | moveatur] movetur EM_1 5 quaestio] ergo M_1 | dissolvi] solvi E 7 ipsemet] ipsum L_1 | in navi] et navam (!) O 8 recedere] procedere E 9 est] *coni. codd. om.* | quod[1]] *om.* L_1L_2OV 9–10 moveatur] movetur E 10 immobile] mobile $L_1L_2M_1OV$ | extra] ex L_1 11 habent] haberent L_1L_2 | est] *om.* OV 12 est] oportet E | scilicet] *om.* M_1 13 et] vel M_1 16 et … suam] *om.* L_1 (*hom.*) 19 actionum] accidentium E 20 et mundo] *om.* EM_1 | mundo] quod L_1 21 terrae] dicitur O | in[1]] ex L_1M_1V *ex* ex *corr.* L_2 22 est] *om.* EM_1 | medium terrae] medium caeli L_1L_2 mundi OV | quia[2]] est *add.* L_1L_2 25 locum[1]] suum *add.* M_1 | egreditur] ingreditur L_1L_2OV 26 immobilitas] immobilitatis O | fixio] fluxio L_1

18–20 caelum … mundo] Cf. ARISTOTELES, *De caelo*, II, 2, 285a 20–23 (AL VIII.2, ed. Bossier, ALDatabase).

est a primo principio a quo habet esse. Et, sicut omnis motus reducitur in motum caeli, sic omnis immobilitas reducitur ad immobilitatem caeli; et non obstante quod caelum sit primum mobile in loco, est tamen primum immobile extra locum et cetera.

⟨2⟩ *Dubitabit autem aliquis*

L_2 31ra In hoc capitulo moventur duae | dubitationes: una circa motum caeli et alia circa motum inanimatorum. Prima est: cum caelum movetur a motore immobili, utrum motor caeli sit immobile corporeum vel non sit corporeum? Et, si sit corporeum, est quaestio ultra: utrum ille motor immobilis sit aliqua pars caeli? Istam dubitationem solvit Philosophus quoad primam partem primo dicens quod, si illud immobile sit corporeum, non est ali-

1 sicut] sic OV | motus] mobilitas M_1 | in] ad O 3 obstante] absolute M_1 4 immobile] mobile M_1 | et cetera] *om.* EM_1 5 autem] utique E | aliquis] utique et cetera M_1 7 est] dubitatio M_1 | movetur] moveatur L_1L_2 8 sit[1]] sed O 8–9 non … corporeum] incorporeum E 9 immobilis] cum movetur E 11 immobile] mobile L_1

5 dubitabit … aliquis] Cf. Aristoteles, *De motu animalium*, 3, 699a 12 (AL xvii.2.3, ed. De Leemans, 49, 61). 6–7 in … inanimatorum] Cf. Petrus de Alvernia, *Sententia super de motibus animalium*, ms Vat. Lat. 2181, f. 2rb: “In parte ista circa praecedentia movet quasdam dubitationes, et dividitur in partes tres. Primo enim movet dubitationem circa caelum et motum eius, secundo (secundo] secunda *ms.*) circa motum inanimatorum, […] tertio movet dubitationem circa motus animatorum alios a motu locali.” 7–9 prima … corporeum[1]] Cf. Aristoteles, *De motu animalium*, 3, 699a 12–14 (AL xvii.2.3, ed. De Leemans, 49, 61–62). 7–10 prima … caeli] Cf. Petrus de Alvernia, *Sententia super de motibus animalium*, ms Vat. Lat. 2181, f. 2rb: “Dicit quod occasione eorum quae dicta sunt dubitabit aliquis: cum tota natura caelestis moveatur ab aliquo, utrum motor ille sit aliquid immobile corporeum vel non? Et dato quod sit aliquid immobile corporeum dubitabit secundo: utrum sit aliqua pars ipsius caeli vel ulla?” 9–10 et … caeli] Cf. Aristoteles, *De motu animalium*, 3, 699a 14–17 (AL xvii.2.3, ed. De Leemans, 49, 63–65). 10–335.1 istam … caeli] Cf. Petrus de Alvernia, *Sententia super de motibus animalium*, ms Vat. Lat. 2181, f. 2rb: “Dissolvit dubitationem et primo ostendit quod dato quod caelum moveatur ab aliquo corporeo immobili quod illud non potest esse pars ipsius caeli. Et hoc est dissolvere secundum partem quaestionis. Secundo (secundo] secundum *ms.*) dissolvit primam partem principalem quaestionis, scilicet: utrum moveatur ab aliquo immobili corporeo?”

qua pars caeli, quia, si sic, vel oportet caelum quiescere vel fieret distractio et discontinuatio in caelo. Si enim aliqua pars caeli moveatur, et illud immobile quod ponitur esse pars caeli non movetur, oporteret caelum esse discontinuum, nam corpus motum non continuatur cum corpore quiescente, quia mota una parte continui movetur et quaelibet. Et ideo, si illud immobile sit corporeum, non est aliqua pars caeli. Unde quidam dicunt—et convenienter—quod sphaerae secundum locum circulariter motae nulla particula manet immota, sed oportet quod totum moveatur vel quod totum quiescat.

Postea removet Philosophus duos errores antiquorum. Quidam enim dixerunt caelum moveri ab immobili corporeo, scilicet a polis. Sed illud improbat Philosophus tripliciter. Primo sic: poli sunt indivisibiles non ha-

---

1 oportet] oporteret M_1 1–2 distractio] destructio M_1 distinctio OV 2 et^1] vel $EL_1L_2M_1$ | moveatur] movetur E 3 esse^1] *om.* EM_1 | caeli] eius M_1 | oporteret] oportet M_1 4 discontinuum] discontinuatum E | continuatur] communicatur M_1 5 continui] *om.* M_1 6 immobile] mobile L_1 | est aliqua] erit $EL_1L_2M_1$ 8 immota] *om.* EOV | sed] si O | oportet] vel *add.* M_1 | quod^2] *om.* E 10 enim] *om.* L_1L_2OV 12 philosophus] *om.* M_1

1–9 quia … quiescat] Cf. PETRUS DE ALVERNIA, *Sententia super de motibus animalium*, MS Vat. Lat. 2181, ff. 2rb–2va: "Similiter, si dicamus quod caelum statim movetur ab aliquo immobili corporeo, necesse est quod illud nulla pars caeli sit. Et ratio huius est: quoniam, si illud immobile fixum esset aliqua pars ipsius, oporteret aliquam partem caeli quiescere reliquis partibus motis, ut est manifestum ex se; hoc autem accidente fieret distractio in partibus caeli, quod est impossibile. Et hoc est quod quidam dicunt et convenienter quod sphaerae secundum locum circulariter motae nulla particula manet. Aut enim totam necesse est manere aut totam moveri secundum | quamlibet partem eius aut partem moveri et partem quiescere, quod est impossibile, quia tunc caelum divideretur, quod est impossibile." 5–9 et^2 … quiescat] Cf. ARISTOTELES, *De motu animalium*, 3, 699a 17–20 (AL XVII.2.3, ed. De Leemans, 49, 66–67). 10–336.2 postea … corporeo] Cf. ARISTOTELES, *De motu animalium*, 3, 699a 20–21 (AL XVII.2.3, ed. De Leemans, 49, 68–69). 10–336.7 postea … polis] Cf. PETRUS DE ALVERNIA, *Sententia super de motibus animalium*, MS Vat. Lat. 2181, f. 2va: "Deinde, cum dicit: *sed quod polos* removet errores circa hoc. Et dividitur in duas secundum quod removet duos errores […]. Circa primum considerandum est quod quidam dixerunt quod caelum movetur ab immobili corporeo et illud dixerunt esse polos caeli, quia soli poli videntur esse immobiles. Dicit igitur quod illud quod quidam dixerunt volentes solvere praedictam dubitationem non est convenienter dictum. Dixerunt enim quod duo poli ipsius caeli virtutem habent, ut super ipsos firmetur motor caeli in movendo ipsum, sed hoc est impossibile quod poli caeli nullam habent magnitudinem, sed sunt extrema magnitudinis […]. Adhuc illud cui affigitur motor caeli in movendo oportet esse aliquam substantiam, quia prius est caelo et motore caeli, sicut firmans illa in movendo. Poli autem non sunt substantia sed accidentia, puta extrema caeli. Praeterea, impossibile est unum motum esse a duobus motoribus per se non ordinatis, poli autem duo sunt, sicut ipsi dicunt, ergo impossibile est motum caeli esse a duobus polis."

bentes aliquam magnitudinem, igitur caelum non movetur a polis sicut ab aliquo corporeo. Secundo sic: illud cui affigitur motor caeli in movendo oportet esse aliquam substantiam, quia est prius caelo et motore caeli sicut firmans illa in movendo, sed poli non sunt substantiae sed termini quantitatis; igitur et cetera. Tertio: impossibile est unum motum esse a duobus motoribus non ordinatis, sed duo sunt poli; | V 240vb igitur motus caeli non est a polis.

Alius error fuit quod oportet aliquid esse ita se habens ad motum caeli, sicut terra se habet ad motum animalium et ad ea quae moventur | L_1 145rb in terra, ita quod, sicut animal in movendo indiget aliquo quiescente cui affigatur, sic motor caeli indiget aliquo quiescente cui innitatur et firmetur, et illud quiescens est terra. | O 116va Unde posuerunt Atlantem esse quendam magnum hominem habentem caput in caelo et pedes in terra, et dextrum in oriente et sinistrum in occidente, et ipsum sic sustinere caelum et movere caelum a dextro in sinistrum. Sed illud est derisorium, si intelligatur secundum quod verba praetendunt. Meliorem tamen intellectum forte habuerunt intelligendo per Atlantem axem caeli qui transit a polo in polum et centrum mundi

---

5 unum] eundem L_1L_2 6 sunt poli] poli non sunt ordinati M_1 | motus ... est] impossibile est quod motus caeli sit L_1L_2 8 esse] *om.* L_1 10 indiget] indigeat E 11 caeli] in movendo *add.* EM_1 | indiget] *om.* O | firmetur] firmatur M_1 13 caput] *iter.* V 14 caelum^2] ipsum sic E 14–15 caelum^2 ... dextro] ipsum ad dextrum M_1 15 in] et L_1 | intelligatur] intelligitur M_1 | secundum quod] sicut E 16 habuerunt] haberent L_1L_2 in *add.* M_1 17 atlantem] athletam M_1 | et] per EM_1

2–7 secundo ... polis] Cf. ARISTOTELES, *De motu animalium*, 3, 699a 22–23 (AL XVII.2.3, ed. De Leemans, 49, 70). 6 sed ... poli] Cf. ARISTOTELES, *De motu animalium*, 3, 699a 23–24 (AL XVII.2.3, ed. De Leemans, 49, 71). 8–12 alius ... terra] Cf. ARISTOTELES, *De motu animalium*, 3, 699a 24–26 (AL XVII.2.3, ed. De Leemans, 49, 72–73). 8–337.2 alius ... terram] Cf. PETRUS DE ALVERNIA, *Sententia super de motibus animalium*, MS Vat. Lat. 2181, f. 2va: "Dicit quod alii dixerunt quod oportet aliquid esse quod ita se habeat ad motum caeli, sicut terra se habeat ad animalia et ad ea quae moventur in ipsa terra. Hoc autem dixerunt esse terram, ita quod caelum movetur firmatum ad ipsam ex hoc. Ex his dubitando dixerunt figurari per fabulam de Atlante. Finxerunt enim quidam Atlantem esse magnum hominem caput habentem in caelo et pedes in terra, dextrum in oriente, sinistrum in occidente, et ipsum sic sustinere caelum et movere ipsum a dextro in sinistrum. Istud autem, si intelligatur secundum quod littera sonat, falsum est et derisibile. [...] Dixerunt enim quod per Atlantem voluerunt intelligere axem caeli qui transit a polo in polum per centrum mundi quod centrum fixum est fixione terrae, et voluerunt quod motor caeli in movendo figatur super huiusmodi axem qui firmatur ad teram. Et hoc secundum rationem accidit quod terra per quam transit secundum se est immobilis, et ita voluerunt quod motor caeli in movendo firmatur (firmatur] firmare *ms.*) ad terram." 12–337.2 unde ... terram] Cf. ARISTOTELES, *De motu animalium*, 3, 699a 26–31 (AL XVII.2.3, ed. De Leemans, 49, 74–77).

et quod centrum fixum est fixione terrae et voluerunt quod motor caeli in movendo figatur super huiusmodi axem qui firmatur ad terram. Istam opinionem improbat Philosophus dupliciter. Primo sic: | [E 79ra] si motor caeli firmetur ad terram in movendo caelum (secundum quod isti dicunt) et terra non est aliqua pars caeli, sequitur quod illud fixum quod exigitur ad motum caeli non sit aliqua pars caeli, quod est contra opinionem illorum. Secundo improbatur aliter. Intelligendum primo quod oportet virtutem moventis in movendo et quiescentis | [M_1 178va] in quiescendo proportionari secundum aliquam determinatam proportionem. Oportet enim movens habere aliquam determinatam virtutem secundum quam movet mobile, et oportet quiescens cui movens innititur habere determinatam virtutem secundum quam movens potest figere. Et, si movens et quiescens et universaliter agentia contraria

---

1 quod[1]] *om.* O | centrum ... quod] *om.* EL_1L_2OV (*hom.*) | in] et O 2 huiusmodi] huius OV 3 dupliciter] et *add.* L_1L_2 4 terram] terra L_1L_2 5 sequitur] sequeretur E 6 caeli[1]] *om.* M_1 7 intelligendum] sumendo E intelligendo L_1 9 movens] motus L_1L_2O 9–10 determinatam] *om.* O 11 movens[1]] motus L_1L_2O | determinatam] *om.* M_1 11–12 movens[2] ... figere] potest figere movens EM_1 potest figere motus L_1L_2 12 si ... universaliter] quiescens et si L_1L_2 quiescens et inter OV | agentia] accidentia M_1

2–6 istam ... illorum] Cf. Petrus de Alvernia, *Sentential super de motibus animalium*, ms Vat. Lat. 2181, f. 2va: “Dicit quod, si motor caeli firmatur ad terram in movendo caelum, secundum quod isti dicunt, et terra non est aliqua pars totius caeli quod movetur, sequetur quod fixum exigitum ad motum caeli non sit aliqua pars eius. Hoc autem, et si verum est, tamen contra eorum opinionem est.” 3–6 primo ... illorum] Cf. Aristoteles, *De motu animalium*, 3, 699a 32 (AL xvii.2.3, ed. De Leemans, 50, 78). 6–9 secundo ... proportionem] Cf. Aristoteles, *De motu animalium*, 3, 699a 33 (AL xvii.2.3, ed. De Leemans, 50, 79). 6–338.2 secundo ... agat] Cf. Petrus de Alvernia, *Sententia super de motibus animalium*, ms Vat. Lat. 2181, ff. 2va–2vb: “Considerandum est quod adaequatio uno modo attenditur secundum aequalitatem quantitatis secundum quod aequalitas est unitas secundum quantitatem, alio modo attenditur proportionem quandam secundum quod dicimus quod virtus agentis adaequatur virtuti patien|tis, quando hoc natum est agere in illud et illud pati a primo. Et sic accipiens adaequationem dicit quod, quantumcumque aliquod movens movet aliquid innixum alicui fixo, in movendo oportet adaequari, id est proportionari, virtutem moventis in movendo et quiescentis in quiescendo secundum aliquam determinatam proportionem. Movens enim in movendo habet determinatum quendam vigorem seu virtutem secundum quam movet mobile et illud cui innititur. Similiter, habet quandam determinatam virtutem in quiescendo secundum quam quiescens potest figere movens. Et est determinata quaedam proportio virtutum moventium contra invicem et quiescentium [...]. Si autem movens innixum quiescenti et mobile et universaliter agentia contraria fuerunt omnino aequata secundum suas virtutes quas agunt et patiuntur, impossibile est quod unum in alterum agat.” 9–12 oportet ... figere] Cf. Aristoteles, *De motu animalium*, 3, 699a 34–37 (AL xvii.2.3, ed. De Leemans, 50, 80–82). 12–338.3 et[1] ... invicem] Cf. Aristoteles, *De motu animalium*, 3, 699a 37–699b 1 (AL xvii.2.3, ed. De Leemans, 50, 83).

sint adaequata secundum suas virtutes secundum quas agunt et patiuntur, impossibile est quod unum in alterum agat. Dicit enim Philosophus: 'aequales quidem', id est virtutes aequales, 'impassibiles ad invicem'. Ad hoc igitur quod movens in movendo firmetur ad aliquod quiescens oportet quod quiescens sit maioris virtutis in quiescendo quam est movens in movendo. Ex hoc formatur ratio sic: si motor caeli affigatur terrae, oporteret quod terra in quiescendo esset maioris virtutis vel aequalis sicut est caelum in movendo vel sicut est motor caeli, sed hoc est impossibile; igitur et cetera.

Postea movet Philosophus aliam dubitationem quae habet ortum ex dicto
V 241ra immediate prius posito. Et est | haec dubitatio: si motor caeli sit maioris virtutis in movendo quam terra quiescendo, igitur amovebit terram a medio, sed hoc est impossibile, quia sic caelum corrumperetur, quod est impossi-

1 sint] sicut L_1 | secundum[1]] ad M_1 1–2 patiuntur] faciunt M_1 2 in] et L_1O | alterum] reliquum E 3 aequales[1]] aequale OV | aequales[2]] et *add.* M_1 4 movens] motus L_1L_2O 5 maioris virtutis] in maiori virtute M_1 | movens] motus L_1L_2O 6 ex hoc] adhuc M_1 | formatur] fortitur L_1 firmatur M_1 | oporteret] oportet EM_1 10 philosophus] caelum OV | aliam] unam L_1L_2 | ortum] locum L_1 *corr. ex* locum L_2 cetum (!) OV 11 posito] *om.* EM_1OV | sit] si L_1L_2 13 est[1]] *om.* O

3–6 ad[2] ... movendo] Cf. Petrus de Alvernia, *Sententia super de motibus animalium*, ms Vat. Lat. 2181, f. 2[vb]: "Quandoque ergo movens movet aliquod mobile per hoc quod innixum est alicui quiescenti, quiescens illud erit maioris virtutis in quiescendo quam motor caeli in movendo." 3–12 ad[2] ... medio] Cf. Aristoteles, *De motu animalium*, 3, 699b 1–5 (AL xvii.2.3, ed. De Leemans, 50, 84–87). 6–9 si ... cetera] Cf. Petrus de Alvernia, *Sententia super de motibus animalium*, ms Vat. Lat. 2181, f. 2[vb]: "Si igitur terra sit illud cui firmatur (*sc.* motor caeli) in movendo, ipsam oportebit esse maioris virtutis in quiescendo quam sit caelum et motor eius in movendo; hoc autem est impossibile." 10–12 postea ... medio] Cf. Petrus de Alvernia, *Sententia super de motibus animalium*, ms Vat. Lat. 2181, f. 2[vb]: "Si enim sit (*sc.* motor caeli) maioris virtutis in movendo terram quam terra in quiescendo, impellet eam ex loco suo, quoniam, sicut huiusmodi movens pellit caelum in movendo ipsum, sic pellet terram et secundum virtutem eius, et ita quod, sicut pellens pellit, sic quod pellitur pellitur." | Cf. *Ibidem*, ff. 2[vb]–3[ra]: "Dicit quod ex praecedentibus potest accidere dubitatio quaedam circa motum caeli et partium eius, puta sphaerarum. Quam dubitationem, sicut convenientem vel consequentem ad ea quae dicta sunt prius, potest aliquis considerare quod, si motor caeli firmatus ad terram in movendo excederet terram in quiescendo, ut suppositum est, manifestum est quod movebit ipsam a medio, sicut, si terra ad quam firmatur nauta in movendo esset maioris virtutis in quiescendo quam nauta in movendo, moveretur terra, sicut est in proposito: si motor caeli firmatus ad terram esset maioris virtutis | in movendo quam terra in quiescendo, moveret terram." 10–339.1 postea ... impossibile] Cf. Aristoteles, *De motu animalium*, 4, 699b 12–15 (AL xvii.2.3, ed. De Leemans, 51, 94–96).

bile. Probo quod hoc sequatur, quia, si motor caeli moveret terram a medio, tunc | faceret maiorem motum quam quo caelum natum est moveri, quia L_2 31rb motus quo moveretur terra et caelum esset maior quam motus quo movetur caelum, et sic dissolveretur proportio inter motorem caeli et caelum, et per consequens corrumperetur caelum. Nec valet dicere quod motor caeli firmatus ad terram potest ipsam movere ex medio, numquam tamen ipsam movebit, et ideo non sequitur quod caelum corrumpitur. Contra: posito possibili in esse non sequitur impossibile. Si igitur sit possibile quod motor moveat terram a medio, ponatur in esse, et tunc sequitur quod caelum corrumpitur, quod est | impossibile; et sic ex possibili sequitur impossi- O 116vb bile.

Istam dubitationem solvet in capitulo sequenti. Hic potest dubitari. Videtur enim quod motor caeli non sit maioris virtutis in movendo quam terra

---

1 sequatur] sequitur EL_2O | moveret] moveat M_1 2 moveri] movere M_1 3 moveretur] movetur E moventur $L_1L_2M_1$ | et] vel M_1 4 caeli] *om.* M_1 5 corrumperetur] corrumpetur L_1 corrumpitur OV | caelum] et *add.* M_1 6 ex] a L_1L_2 | numquam tamen] cum numquam E 7 ideo] *om.* M_1 | non] *om.* E | corrumpitur] corrumperetur E corrumpatur $L_1L_2M_1$ 8 sequitur] accidit EM_1 aliquod *add.* L_1L_2 | motor] caeli *add.* L_1L_2 9 moveat] amoveat M_1 10 corrumpitur] corrumpetur M_1 12 solvet] solvit EL_1O solvit philosophus M_1 | sequenti] et *add.* M_1 | dubitari] dubitare M_1

1–5 probo ... caelum] Cf. PETRUS DE ALVERNIA, *Sententia super de motibus animalium*, MS Vat. Lat. 2181, f. 3ra: "Si tamen motor caeli firmatus ad terram moveat terram ex medio, sequetur quod ipsum corrumpetur. Et huius ratio est: quoniam, si motor caeli movet terram ex medio, continget maiorem motum esse aliquem quam sit natum caelum moveri. Caelum enim natum est moveri quiescente terra. Motus autem quo movetur terra, ignis et caelum maior est illo; quare motor caeli natus est facere maiorem motum quam caelum natum sit moveri. Hoc autem accidente dissolvetur proportio motus ad mobile determinanda, quia motus et mobile corrumpentur, quia motor caeli, sicut est causa caeli, ita et esse. Si igitur motor caeli movendo sit maioris virtutis, ut suppositum est, quam terra in quiescendo, dissolvetur caelum et motus caeli." 5–7 nec ... corrumpitur] Cf. PETRUS DE ALVERNIA, *Sententia super de motibus animalium*, MS Vat. Lat. 2181, f. 3ra: "Posset aliquis dicere quod motor caeli firmatus ad terram potest ipsam movere ex medio, numquam tamen movebit ipsam, et ideo non sequitur quod caelum numquam corrumpatur." 7–8 contra ... impossibile] Cf. ARISTOTELES, *De motu animalium*, 4, 699b 29–31 (AL XVII.2.3, ed. De Leemans, 51, 109–110). 7–12 contra ... dubitari] Cf. PETRUS DE ALVERNIA, *Sententia super de motibus animalium*, MS Vat. Lat. 2181, f. 3ra: "Nihil prohibet ipsa corrupta esse, si non est impossibile ipsa corrumpi. Non est autem impossibile, si oppositum, scilicet ipsa esse non esse, est necessarium, et iterum possibili posito in esse quod sequitur non est impossibile. Sed de hac dubitatione: utrum caelum et motus quandoque corrumpantur aut non, alias consideratum est." 7–8 posito ... impossibile] Cf. ARISTOTELES, *Analytica priora*, I, 13, 32a 18–20 (AL III.1, ed. Minio-Paluello et De Brouwer, 26, 13–15). 12–340.3 istam ... cetera] Cf. ARISTOTELES, *De motu animalium*, 4, 699b 15–16 (AL XVII.2.3, ed. De Leemans, 51, 97).

L_1 145[va] in quiescendo, quia virtus terrae in quiescendo | est infinita (quia terra quiescit per tempus infinitum in medio), et virtute infinita non est aliqua virtus maior; igitur et cetera. Dicendum est secundum quod dicit Commentator in fine libelli sui in *De substantia orbis*. Dicit enim quod generatio et corruptio et omnis motus est ab aliqua virtute quae est habitus. Quies autem quae est privatio motus fit per solam carentiam causarum motus et non per virtutem aliquam quae est habitus. Et ideo omne quod caret causis motus necesse est habere quietem quae est privatio motus. Unde dicit quod, licet in corpore finito non posset esse virtus infinita quae est habitus, nihil tamen prohibet esse in eo quietem infinitam, eo quod quies est privatio. Et declarat hoc per dictum Aristotelis secundo *Caeli et mundi* qui dicit quod, cum stellae carent causis motus quas habent corpora caelestia, de necessitate habent quietem infinitam, et tamen sunt corpora finita. Similiter dicit de terra quod habet quietem infinitam quae est privatio motus, eo quod caret in infinitum causa agente motum. Et dicit quod Aristoteles dixit quod quies terrae est fortior virtute movente caelum. Et idem dicit Commentator secundo *Caeli et mundi*. Sed hoc non sic debet intelligi quod virtus terrae sit maior
V 241[rb] virtute movente caelum, quia illud per quod terra quiescit | non est virtus positiva sed privatio causarum motus, sed dicitur esse maior virtute movente caelum, quia virtus movens caelum non potest movere terram a medio.

1–2 quia[2] … et] nam terra quiescit in medio per tempus infinitum sed EM_1 2 aliqua] alia E 3 est] *om.* L_1L_2OV 4 libelli … in[2]] *om.* E | in[2]] *om.* L_1 5 est[1]] *om.* L_1 6 quae] qui L_1 | privatio] carentia M_1 7 est] *om.* L_1 8 unde] et ideo M_1 ut O | quod] *om.* L_1 9 in] a L_1 | infinita] finita L_1L_2 10 esse] *om.* OV 11 caeli … mundi] de caelo et mundo $L_1L_2M_1$ | qui] et L_1L_2 13 finita] infinita M_1 | similiter] et sic L_1L_2 14 eo] ita E | in] *om.* L_1 14–15 in infinitum] infinita M_1 15 aristoteles] vel *add.* L_1 16 idem dicit] illud dicit L_1 idem OV 17 caeli … mundi] de caelo E 19 dicitur] *om.* L_1

3–16 commentator … caelum] Cf. Averroes Cordubensis, *De substantia orbis*, cap. 5 (ed. Iuntina II, 11A–C): "Et ad hoc dicendum est quod generatio et corruptio, et omnis motus est a virtute, quae est habitus: et omne, quod caret causis motus, necesse est habere quietem, quae est eius privatio. Et non est impossibile existere in corpore finito, quod caret motu, quietem infinitam, licet corpus sit finitum, quies enim est privatio, et privatio non est potentia. Unde dicit Aristoteles quod, cum stellae carent causis motus, quas habent corpora coelestia, de necessitate habent quietem infinitam, quae est privatio motus. Et similiter dicit quod terra debet habere quietem infinitam, quae est privatio motus, quia caret agente motum in ea infinitum. Et ideo dicit quod quies, quae est in ea, contingit necessario ut fit fortior virtute coeli, qua movetur." 10–13 et … finita] Cf. Aristoteles, *De caelo*, II, 8, 290b 7–12 (AL VIII.2., ed. Bossier, ALDatabase). 15–16 et … caelum] Cf. Aristoteles, *De motu animalium*, 3, 699b 1–5 (AL XVII.2.3, ed. De Leemans, 50, 84–87). 16–17 et … mundi] Cf. Averroes Cordubensis, *In De caelo*, II, cap. 96 (ed. Iuntina II, 162C–F).

Unde similiter: etsi terra quiescat per tempus infinitum, ex hoc non sequitur quod habet virtutem infinitam, quia ad quietem infinitam sufficit privatio causarum motus per tempus infinitum.

⟨3⟩ *Utrum autem oportet aliquid* et cetera

In hoc capitulo solvuntur quaedam dubitationes prius motae et moventur aliae | dubitationes et etiam solvuntur. Una dubitatio prius mota fuit: utrum M$_1$ 178vb
extra illud quod movetur oportet intelligi aliquod quiescens ad quod appulsum movetur, et hoc quantum ad animata? Et alia dubitatio fuit: utrum in primo moto quod est caelum oportet esse aliquod tale quiescens corporeum ad quod motor eius firmetur in motu eius? Et illam dubitationem solvit primo quae est: an caelum movetur ab aliquo motore firmato ad aliquod

---

1 similiter] breviter EL$_2$M$_1$ | quiescat] quiescit M$_1$ 2 habet] habeat M$_1$ 5 moventur] etiam *add.* M$_1$ 6 prius ... fuit] fuit prius mota M$_1$ | fuit] *om.* L$_1$L$_2$ 7 intelligi] intelligere L$_1$L$_2$ esse EM$_1$ 8 movetur] moveatur M$_1$ | utrum] id est quare *add.* M$_1$ 9 aliquod] *om.* M$_1$ | quiescens] movens L$_1$L$_2$OV 10 firmetur] fluetur L$_2$

---

4 utrum ... aliquid] Aristoteles, *De motu animalium*, 4, 699b 32 (AL xvii.2.3, ed. De Leemans, 52, 111). 5–10 in ... eius[2]] Cf. Petrus de Alvernia, *Sententia super de motibus animalium*, ms Vat. Lat. 2181, f. 3ra: "Primo repetens dubitationem ulterius dicit quod resumendo prius quaesitum quaerimus: utrum extra illud quod movetur debet esse aliquod quiescens ad quod appulsum moveatur, et hoc quantum ad animata quae sunt hic, et: utrum etiam in primo moto quod est caelum oporteat esse aliquid tale quiescens corporeum ad quod motor eius firmetur in motu eius? Et hoc est quod dicit quantum ad primam partem dubitationis." 8–342.2 et[2] ... assignat] Cf. Aristoteles, *De motu animalium*, 4, 699b 32–35 (AL xvii.2.3, ed. De Leemans, 52, 111–114). 10–342.15 et ... immobilis] Cf. Petrus de Alvernia, *Sententia super de motibus animalium*, ms Vat. Lat. 2181, ff. 3ra–3rb: "Dicit: cum quaeritur, utrum caelum moveatur ab aliquo movente firmato (firmato] quod *add. ms.*) ad aliquid eorum quae sunt intra, quod forte inconveniens videtur, et est quod caelum moveatur ab aliquo firmato ad aliquid corporeum eorum quae sunt intra. Primo quidem, quia omne corporeum quod est intra caelum | continetur sub caelo et dependet ex eo; si ergo motor caeli dependet ex aliquo quod sit intra caelum, dependebit ex suo mobili, quod est impossibile. Quare manifestum est quod impossibile est quod motor in movendo caelum dependeat ex aliquo corpore intra caelum. Deinde, quia omnis motor qui movet firmatus ad aliquid aliud habet aliquid prius eo in movendo [...], motore autem caeli nihil est prius, ergo non firmatur ad aliquod aliud in movendo, et cum his motor caeli est immobilis. Et ideo convenienter videtur dictum secundum istam existimationem quod dictum est ab Homero dicente quod, si omnes dii et deae, hoc est omnes virtutes maiores et minores, laborent apprehendere Iovem, hoc est primum motorem (motorem] est *add. ms.*), non poterunt ipsum movere a caelo ad terram. Et intendit, secundum quod videtur, quod, quantumcumque multiplicentur virtutes aliorum, non poterunt ipsum movere. Et causam subiungit: quia illud quod omnino est immobile a nullo contingerit moveri."

eorum quae sunt intra? Et dicit quod hoc forte est inconveniens, rationem tamen huius non assignat. Ratio tamen potest esse ista: nam omne corporeum quod E 79rb | est intra caelum dependet a caelo et caelum non dependet ab aliquo illorum, si tamen caelum moveretur ab aliquo motore firmato ad corporeum intra caelum, motor O 117ra | caeli dependeret ab isto, et sic haberet aliquid prius eo; sed hoc est impossibile, quia primum movens est omnino immobile, et ideo a nullo potest moveri nec ab aliquo dependet. Et ideo dicit Philosophus quod illud videtur convenienter dictum sic aestimantibus, quia dictum est ab Homero: *Si omnes dii et deae laborarent apprehendere Iovem supremum omnium, non possent ipsum movere a caelo ad terram, quia quod est omnino immobile a nullo potest moveri*; per deos intelligit maiores virtutes et per deas virtutes minores, et per $L_2\ 31^{va}$ | Iovem primum motorem. Unde, si omnes virtutes maiores et minores multiplicentur, non possunt amovere $L_1\ 145^{vb}$ | primum motorem, quia ipse est omnino immobilis.

Postea solvit aliam dubitationem quae fuit: si autem motor caeli in movendo sit maioris virtutis quam terra in quiescendo, amovebit terram a medio, et sic caelum corrumperetur. Istud solvit dicens quod caelum est incorruptibile, quia procedit immediate a motore immobili. Nec valet ratio

---

2 non] *om.* L_1L_2 | potest] *om.* OV 4 moveretur] movetur E 6 sed] oportet O 7 ideo] omnino *add.* M_1 8 illud] quod *add.* L_2 | convenienter] inconveniens E inconvenienter L_1 9 aestimantibus] existimantibus E | si] sed EL_1 | omnes] omnis O | laborarent] laborent M_1 10 omnium] omni EO | possent] possunt M_1 | movere] *om.* L_1L_2 amovere M_1 11 potest] contingit EM_1 12 intelligit] intelligens L_1OV 13–14 unde ... motorem] *om.* O (*hom.*) 13 multiplicentur] multiplicatur V 14 possunt] potest E 16–18 postea ... corrumperetur] *om.* L_1L_2OV 16 fuit] quod *add.* E | autem] *om.* E 18 caelum^1] terra E

8–11 et^2 ... moveri] Cf. Aristoteles, *De motu animalium*, 4, 699b 35–700a 4 (AL XVII.2.3, ed. De Leemans, 52, 115–119). 16–343.2 postea ... medio] Cf. Aristoteles, *De motu animalium*, 4, 700a 4–6 (AL XVII.2.3, ed. De Leemans, 52, 120–121). | Cf. Petrus de Alvernia, *Sententia super de motibus animalium*, MS Vat. Lat. 2181, f. 3rb: "Deinde, cum dicit: *unde solvitur*, solutionem concludit cuiusdam quaestionis prius motae incidentaliter, scilicet in illa parte: *ea autem*. Et dicit quod ex his quae dicta sunt manifestum est quod non oportet dicere quod caelum corrumpatur propter rationem praedictam, quia illud quod immediate procedit a principio omnino immobili non potest corrumpi, sed caelum procedit (procedit] ex *add. ms.*) immediate a principio immobili; quare caelum non potest corrumpi. Nec oportet quod dicamus ipsum corrumpi per rationem quae dicebatur. Arguebatur ita: si motor caeli sit maioris virtutis in movendo, movebit terram, sed, si terra moveatur, caleum non movebitur, et ita corrumpetur. Dicendum quod non oportet, si motor caeli sit maioris virtutis in movendo quam terra in quiescendo, quod propter hoc moveat ipsam. Bene enim esset haec: si motor caeli affigeretur ipsi terrae in movendo, sed non est ita, ut probatum est."

facta, quia caeli motor non affigitur terrae in movendo, sed, si firmaretur ad terram, amoveret terram a medio.

Postea dissolvit aliam dubitationem quantum ad aliam et dicit quod non solum hoc est necessarium | in animalibus, scilicet quod, si moveantur, quod V 241va sit aliquod fixum, immo in animali quod movetur oportet unam partem quiescere. Si enim una pars movetur, oportet aliam quiescere cui appellitur ut ad manens.

Postea movet dubitationem circa motus inanimatorum, et est: utrum ad hoc quod inanimata moveantur indigeant aliquo fixo quod est pars eorum et aliquo fixo extrinseco quod non est pars eorum? Istam dubitationem solvit dicens quod inanimata non indigent aliquo fixo ad hoc quod moveantur, et hoc quia non habent in se principium sui motus, sed moventur ab alio. Intelligendum est quod inanimata sunt continua, et mota una parte continui movetur quaelibet, aliter fieret discontinuatio in partibus. Et ideo in motu

---

1 motor] caeli *add.* V | affigitur] *om.* EM_1 | terrae] caeli *add.* EO 2 terram[1]] motor caeli *add.* M_1 3 quod] illud *add.* M_1 4 solum hoc] *om.* M_1 | necessarium] solum *add.* M_1 | scilicet] quod quantum ad animalia scilicet *add.* M_1 5 fixum] extra *add.* EM_1 | oportet] *om.* M_1 6 movetur] moveatur $L_1L_2M_1$ | appellitur] appellatur EL_1M_1 7 ad] aliquid M_1 | manens] *om.* O 8 et] *om.* L_1 9 inanimata moveantur] moventur inanimata E 10 extrinseco] extrinsece $L_1L_2M_1$V 11 indigent] indiget V 12 moventur] movetur OV 13 est] *om.* $L_1L_2M_1$OV | sunt] sit L_1 14 movetur] et *add.* EM_1 et *superscr.* L_2 | ideo] *om.* M_1

3–7 postea ... manens] Cf. ARISTOTELES, *De motu animalium*, 4, 700a 6–11 (AL XVII.2.3, ed. De Leemans, 52, 122–126). | Cf. PETRUS DE ALVERNIA, *Sententia super de motibus animalium*, MS Vat. Lat. 2181, f. 3rb: "Deinde, cum dicit: *in animalibus autem*, dissolvit dubitationem praedictam quantum ad animalia. Et dicit quod istud non solum necessarium est in animalibus, scilicet quod, si moveantur, quod sit aliquod affixum extra, immo oportet in animali †autem movetur† unam partem quiescere. [...] Necesse enim est, si aliqua partium moveatur, alteram quiescere cui alia appellitur ut ad manens, sicut ostensum est prius." 8–10 postea ... eorum] Cf. PETRUS DE ALVERNIA, *Sententia super de motibus animalium*, MS Vat. Lat. 2181, f. 3rb: "Deinde, cum dicit: *deinde animatis autem*, movet dubitationem circa motus inanimatorum, [...] scilicet: utrum inanimata in motu suo indigeant aliquo fixo quod sit pars eorum et aliquo extrinseco quod non sit pars eorum." 8–12 postea ... alio] Cf. ARISTOTELES, *De motu animalium*, 4, 700a 11–17 (AL XVII.2.3, ed. De Leemans, 52, 127–132). 10–344.1 istam ... movetur] Cf. PETRUS DE ALVERNIA, *Sententia super de motibus animalium*, MS Vat. Lat. 2181, ff. 3rb–3va: "Deinde, cum dicit: *aut impossibile*, solvit dubitationem et dicit quod impossibile est quod inanimata, sicut ignis aut terra, habeant in se aliquid quiescens, quia non habent in se principium sui motus. [...] Inanimata tota sunt continua et eiusdem naturae in toto et parte, nec est aliqua pars continua alii. In continuis autem impossibile est unam partem moveri alia non mota, nisi solvatur continuitas. Et ideo inanimata non habent | in se ipsis aliquid quiescens (quiescens] est *add. ms.*), quia habent in se principium activum sui motus."

inanimatorum non est sic quod una pars quiescit et alia movetur. Sed ratio quare sic est in animatis est ista: quia ibi una pars movet aliam et pars quae primo movet non movetur illo motu quo movet, sed in inanimatis non est sic. Non enim una pars inanimati movet aliam, quia ex quo partes sunt eiusdem naturae et ad invicem continuae non est maior ratio quare una movet aliam quam e converso.

Postea movet aliam dubitationem: utrum in aliis motibus a motu locali requiratur aliquod fixum et stans, ut videlicet in augmentatione et alteratione? De generatione est alia ratio, quia nihil potest generare se, quia illud quod generat est existens, sed illud quod est in generari est non existens, et propter hoc, si aliquid generaret se, illud esset existens et non existens. M_1 179ra Tamen, ut Philosophus dicit, si generatio | esset primus motus, esset causa omnium aliorum, sed non est primus motus simpliciter, cum, sicut motus localis est primus motus in toto universo, sic generatio est primus motus in O 117rb animali, et, si caelum esset generatum, generatio | esset primus motus simpliciter.

---

1 inanimatorum] animatorum M_1 | quod] quia M_1 | quiescit] movetur $EL_1L_2M_1$ | movetur] quiescit $EL_1L_2M_1$ 2 sic] non *add.* L_1 | quia] *om.* O | ibi] ubi E | aliam] movetur ab alia E 3 movet^{1}] movetur E | movetur] ab *add.* L_1L_2 | inanimatis] animatis L_1 4 inanimati] inanimata E | quo] *om.* L_1 5 naturae] nec V | naturae et] nec O | ad] *om.* E | est] esset E 8 videlicet] valet E 10 existens^{1}] ens E 11 se] *om.* OV | esset] *om.* E 13 omnium] omni E | cum] tamen E 14 est^{2}] esset L_1 *corr. ex* esset L_2 | primus motus^{2}] prius E 15 motus] *om.* M_1

7–9 postea … ratio] Cf. ARISTOTELES, *De motu animalium*, 5, 700a 26–29 (AL XVII.2.3, ed. De Leemans, 52, 141–143). 7–16 postea … simpliciter] Cf. PETRUS DE ALVERNIA, *Sententia super de motibus animalium*, MS Vat. Lat. 2181, f. 3va: "Deinde, cum dicit: *utrum autem in movente*, movet dubitationem de aliis motibus a motu locali in animatis, […] sicut in motu alterationis et augmentationis. De generatione vero et corruptione quae sunt (sunt] sit *ms.*) principio intrinseco, altera ratio est: quia secundum generationem quae est a principio intrinseco acquiritur esse, et ideo non potest esse quod tali motu aliquis se ipsum moveat, cuius ratio est: quia oportet omne movens esse in actu, secundum hoc enim movet et agit unumquodque secundum quod est in actu. Sed quod generatur †aut causa generatur† non est in actu secundum quod huiusmodi, sed tantum invenitur in termino generationis, et ideo non potest esse quod motu generationis aliquid moveat se ipsum. Si autem generatio sit primus motus, erit causa aliorum, quia primum in unoquoque genere est causa aliorum. Similiter esset in universo: si esset primus motus in caelo, esset causa motus localis, non est autem, quia generatio est finis motus alterationis, motus alterationis praesupponit motum localem; et ideo generatio non potest esse primus motus in caelo, cum, sicut motus localis est primus in universo, ita generatio in animali." 12–13 tamen … aliorum] Cf. ARISTOTELES, *De motu animalium*, 5, 700a 29–31 (AL XVII.2.3, ed. De Leemans, 52, 144).

Istam dubitationem quantum ad augmentationem et alterationem solvit Philosophus sub condicione dicens quod, si animalia habeant in se principium suae augmentationis, oportet quod habeant in se principium alterationis. Et huius ratio est: quia augmentatio fit aliquo adveniente quod convertitur in naturam rei, et illud est | in principio contrarium, et ideo ad hoc quod fiat simile requiritur alteratio. Et ideo, si animal habeat in se principium augmentationis, habet in se principium alterationis. Et, si hoc, tunc requiritur aliquod fixum et stans in alteratione | et augmentatione. Et verum est quod animal habet in se principium suae augmentationis, scilicet animam vegetativam vel potentiam augmentativam, et illa est immobilis illo motu quo movet, quia non est augmentabilis. Et sic augmentatio indiget aliquo quiescente, similiter et alteratio. Si enim una pars alteret aliam, pars alterans debet esse inalterabilis illa alteratione qua alterat et cetera.

V 241vb E 79va

3 habeant] habent E | principium] suae *add.* L$_1$L$_2$M$_1$ 4 huius] huiusmodi E | fit] sit E | quod] *om.* E 5 naturam] uni L$_1$ | est] *om.* O | principio] est *add.* OV 7 augmentationis ... principium^2] *om.* M$_1$OV (*hom.*) | habet] oportet quod habeat EL$_2$ 10 potentiam] formam M$_1$ | augmentativam] amutativam O 11 quo] quod E | augmentabilis] amutabilis O 12 aliquo] alimento M$_1$ | et alteratio] in alteratione O | pars] animalis *add.* EL$_1$L$_2$M$_1$ 13 pars] partem E | alterans] alterabilis O | inalterabilis] inalterabile E alterabilis L$_1$ 13–14 et cetera] *om.* EL$_1$L$_2$M$_1$

1–4 istam ... alterationis] Cf. ARISTOTELES, *De motu animalium*, 5, 700a 31–36 (AL XVII. 2.3, ed. De Leemans, 52, 145–148). 1–14 istam ... cetera] Cf. PETRUS DE ALVERNIA, *Sententia super de motibus animalium*, MS Vat. Lat. 2181, ff. 3va–3vb: "Deinde, cum dicit: *quare et augmentationis*, solvit quaestionem et primo solvit quantum ad augmentationem et alterationem, secundo quantum ad generationem. [...] Solvit autem sub condicione quantum ad augmentationem et alterationem. Et dicit quod, si animalia habent in se principium suae augmentationis, habent in se principium suae alterationis. Et huius ratio est: quia augmentum fit aliquo (aliquo] ad *add. ms.*) adveniente quod convertitur in subiectum membrum quod dicitur nutrimentum. | Nutrimentum autem in principio ⟨est⟩ contrarium, et ideo oportet ipsum digere (digere] dirigi *ms*). Hoc autem fit per alterationem. Alteratio autem non fit nisi aliqua virtute inexistente; ergo, si habent in se principium suae augmentationis, oportet quod habeant in se principium suae alterationis; ergo, si animalia a se augmentantur et a se alterantur, primae tamen augmentationes et alterationes fiunt ab aliis causis et ab aliquo principio. [...] Illud autem principium quiescens est, ideo in motu alterationis et augmentationis est aliquod fixum et stans quod vel est virtus animae quae alterat et augmentat inalterata et inaugmentata, saltem illa alteratione quae alterat per se, vel, si quidem una pars alteratur a se ipsa, primo fixum illud erit altera pars in qua erit virtus alterandi, quae tamen non alteratur illa alteratione vel secundum illum gradum."

⟨4⟩ *Quoniam autem inanimata omnia moventur*

In hoc capitulo determinat Philosophus de principiis principalibus motus animalis. Dictum est enim quod inanimata moventur ab aliquo et motum ab aliquo reducitur | [L_1 146ra] ad aliquod motum ex se, et motum ex se reducitur ulterius ad movens immobile. Caelum et animalia sunt illa quae movent ex se, sed de motu caeli et movente caelum dictum est in aliis, et nunc est considerandum de motu animalis: quid scilicet est ibi movens (et hoc quia animalia sunt causa motus aliorum entium excepto motu totius, scilicet primo motu). Dicit igitur Philosophus quod moventia animal sunt intellectus, | [L_2 31vb] phantasia, sensus, appetitus, voluntas, ira, concupiscentia et electio, sed omnia ista reducuntur ad duo, scilicet ad intellectum et appetitum, quia movens aut movet per modum apprehendentis (seu iudicantis) aut per modum inclinantis—primo modo movet intellectus et secundo modo movet appetitus. Et, quia intellectus, sensus et phantasia movent per

---

1 omnia] non EOV | omnia moventur] et cetera E | moventur] movent O 2 hoc] isto M_1 *om.* O 3 moventur] movetur OV | aliquo] alio V 4 aliquo] alio M_1V | aliquod] *om.* E | reducitur[2]] *om.* E 5 movens] motus O | movent] moventur E 6 ex] *om.* L_1OV 7 quid] et quod E | movens] motus O 8 animalia] animalis O 9 animal] aut EL_1O | sunt] etiam L_2 11 omnia] tamen E | ista] *om.* M_1 12 movens] motus O | seu] se L_1 12–13 iudicantis] indicant L_1 13 modum] motum O | et] *om.* EL_1L_2 14 movet] *om.* E

---

1 quoniam … moventur] ARISTOTELES, *De motu animalium*, 6, 700b 6 (AL XVII.2.3, ed. De Leemans, 54, 154). 2–9 in … motu] Cf. ARISTOTELES, *De motu animalium*, 6, 700b 6–11 (AL XVII.2.3, ed. De Leemans, 54, 154–158). | Cf. PETRUS DE ALVERNIA, *Sententia super de motibus animalium*, MS Vat. Lat. 2181, f. 3vb: "Postquam Philosophus declaravit quod in animali quod movetur oportet esse aliquod quiescens intra et extra ad quod appulsum movetur, in parte ista determinat de principiis et modo motus qui fit in animalibus. […] Dicit quod, cum ita sit quod inanimata moveantur ab alio et motum ex se reducitur ad aliquod aliud movens immobile, motum autem ex se est caelum et animata, quomodo caelum quod est primum motum et semper motum secundum ipsum movetur et quomodo primum movens movet caelum, dictum est alibi. […] Nunc vero relinquitur considerare, quomodo anima movet corpus et quid est principium motus quo movetur animal." 9–13 dicit … inclinantis] Cf. ARISTOTELES, *De motu animalium*, 6, 700b 17–20 (AL XVII.2.3, ed. De Leemans, 55, 164–166). 9–347.6 dicit … intellectui] Cf. PETRUS DE ALVERNIA, *Sententia super de motibus animalium*, MS Vat. Lat. 2181, f. 4ra: "Dicit quod ea quae movent animal sunt ista: intellectus, phantasia, sensus, appetitus, voluntas, ira, concupiscentia et electio, tamen omnia ista reducuntur ad duo moventia, scilicet: intellectum et appetitum. Sunt enim quaedam quae movent per modum iudicantis, sicut intellectus, sensus, phantasia […]. Sunt autem alia quae movent per modum inclinantis seu principalis moventis, sicut voluntas et ira et concupiscentia et electio. Omnia enim ista sunt quidam appetitus. Appetitus autem est quaedam inclinatio. Et electio est quidam appetitus, non quicumque sed eius quod prius habitum est per deliberationem, et hoc est quod intentit per hoc quod dicit quod *electio communis est appetitui et intellectui.*"

modum iudicantis, ideo illa reducuntur ad intellectum. Et, quia ira, concupiscentia, voluntas et electio movent per modum inclinantis, ideo ista reducuntur ad appetitum. Quodlibet enim istorum est quidam appetitus. Electio enim est quidam appetitus non cuiuslibet, sed eius quod prius habitum est per deliberationem, et ideo dicit Philosophus quod electio est communis appetitui et intellectui.

Adhuc dicit Philosophus quod est aliud movens immobile, scilicet: appetibile et intelligibile. Sed non omne intelligibile est principium motus, sed intelligibile quod est finis operabilium vel operationum; et illud debet esse bonum. Sed non oportet quod semper sit bonum secundum veritatem, sed oportet | quod appareat esse bonum. Et huius ratio est: quia non movet nisi V 242ra secundum quod apprehenditur sub ratione boni, | nunc illud quod non est O 117va bonum potest apprehendi sub ratione boni.

1 intellectum] quodlibet enim istorum est quidam appetitus *add.* E | ira] *om.* E 4 est[1]] *om.* L_2 9 intelligibile] est principium motus sed intelligibile *add.* L_1 10 sed ... bonum[2]] *om.* O (*hom.*) | quod semper] *inv.* EM_1 | semper] quod *add.* V | veritatem] virtutem O | sed[2]] vel O 11 oportet] *om.* L_1L_2 12 nunc] nam M_1

3–6 electio ... intellectui] Cf. ARISTOTELES, *De motu animalium*, 6, 700b 22–23 (AL XVII.2.3, ed. De Leemans, 55, 168–169). 7–9 adhuc ... operationum] Cf. ARISTOTELES, *De motu animalium*, 6, 700b 23–25 (AL XVII.2.3, ed. De Leemans, 55, 170–171). 7–13 adhuc ... boni] Cf. PETRUS DE ALVERNIA, *Sententia super de motibus animalium*, MS Vat. Lat. 2181, ff. 4ra–4rb: "Deinde, cum dicit *quare movens primum*, determinat de primo movente immobili. Et dicit: ita dictum est quod intellectus et appetitus sunt moventia animal. Ista autem moventur ab appetibili et intelligibili quae non moventur ab illo. [...] Et quia intelligibile quod movet est finis operabilium, propter hoc rationem boni habet et debet esse aliquod bonum. Tamen non omne bonum movet, quia non omne bonum universale sed particulare bonum. [...] Istud ponendum est quod bonum | quod movet potest esse bonum apparens. Et ratio huius est: quia bonum non (non] vero *ms.*) movet, nisi secundum quod apprehensum secundum quod huiusmodi apparens et huiusmodi appetitus fertur in illud quod apprehensum est sub ratione boni. Et, quia illud quod secundum veritatem non est bonum potest apprehendi sub ratione boni et per consequens apparere bonum, bonum apparens bonum potest movere." 9–10 et ... bonum[1]] Cf. ARISTOTELES, *De motu animalium*, 6, 700b 25–27 (AL XVII.2.3, ed. De Leemans, 55, 172–173). 10–13 sed[1] ... boni] Cf. ARISTOTELES, *De motu animalium*, 6, 700b 27–29 (AL XVII.2.3, ed. De Leemans, 56, 174–175).

Postea infert Philosophus tria corollaria. Primum est quod, quia appetibile movet, ideo prima corpora semper moventur et semper uniformiter moventur, nam appetibile movet in ratione amati et desiderati, et appetibile propter quod prima corpora moventur semper uniformiter se habet et semper est eodem modo appetibile. Movens etiam prima corpora uniformiter se habet, scilicet illud quod movet caelum effective et movetur ab illo appetibili. Nunc, quando movens et motum se habent uniformiter secundum se et utrumque se habet uniformiter ad reliquum, erit motus eodem modo, et propter hoc caelum semper movetur uniformiter; ideo et cetera. Secundum corollarium est quod primum movens, scilicet appetibile, non movetur nec ultimum motum movet. Tertium corollarium est quod in animalibus motus localis est posterior, et hoc via | (M_1 178rb) generationis. Et ratio est: quia animal non movetur localiter, nisi prius facta alteratione in partibus

---

3 moventur] movetur EOV 4 moventur] movetur OV 5 movens] motus O | etiam] et M_1 6 scilicet] sed L_1L_2 | illud] ad id E | effective] efficiens M_1 7 se habent] *iter.* V 7–8 secundum ... uniformiter] *om.* O (*hom.*) 8 ad reliquum] *om.* M_1 | reliquum] rectum L_1L_2 9 semper] *om.* M_1 10 movens] motus L_1O 12 et hoc] in hac M_1

1–9 postea ... cetera] Cf. ARISTOTELES, *De motu animalium*, 6, 700b 29–35 (AL XVII.2.3, ed. De Leemans, 56, 176–180). | Cf. PETRUS DE ALVERNIA, *Sententia super de motibus animalium*, MS Vat. Lat. 2181, f. 4rb: "Primo igitur infert primum dicens quod, quia bonum quod est finis operabilium apparens movet in actu, manifestum est quod prima mota ex se, scilicet: divina corpora quae semper moventur a semper movente, unumquodque ipsorum secundum intentionem Philosophi et uniformiter in ratione amati et intellecti contingit semper similiter et uniformiter moveri. [...] Et ideo caelum semper movetur uniformiter, motus autem animalium quae sunt hic habet terminum. Si enim motor et mobile similiter se habeant et in se et ad invicem, semper necesse est mobile semper et uniformiter moveri." 10–11 secundum ... movet] Cf. ARISTOTELES, *De motu animalium*, 6, 700b 35–701a 2 (AL XVII.2.3, ed. De Leemans, 56, 181–183). 10–349.7 secundum ... perfectionem] Cf. PETRUS DE ALVERNIA, *Sententia super de motibus animalium*, MS Vat. Lat. 2181, f. 4rb: "Concludit secundum corollarium et dicit quod manifestum est quod primum movens animal, scilicet appetibile, non movetur, sed est immobile. Appetitus vero sive appetitivum movet, scilicet animal, et movetur ab appetibili. Sed ultimum motum non necesse est movere aliud. Deinde, cum dicit: *manifestum autem*, concludit tertium corollarium et dicit quod manifestum est ex his quae dicta sunt quod in animalibus motus localis posterior est omnibus motibus quae fiunt in eis. (Dico: posterior via generationis). Et istud manifestum est quod movetur et procedit animal per appetitum vel per electionem facta aliqua alteratione in partibus corporis vel per sensum vel per phantasiam. Cum enim sensus alteratur, provenit alteratio usque ad phantasiam. Phantasia autem alterata movetur intellectus et sentitur appetitus vel voluntas, quo existente alteratur aliqua pars corporis quae primo movetur, et tunc movetur animal. Et sic manifestum est quod motus localis est finis alterationis; quare manifestum est quod motus localis est ultimus via generationis omnium motuum qui fiunt in animali, prior tamen secundum substantiam et perfectionem." 11–349.1 tertium ... phantasiam] Cf. ARISTOTELES, *De motu animalium*, 6, 701a 3–6 (AL XVII.2.3, ed. De Leemans, 56, 184–186).

corporis vel per sensum vel per phantasiam. Cum enim sensus alteratur, provenit alteratio usque ad phantasiam. Phantasia autem alterata movetur intellectus, et similiter appetitus vel voluntas. Et tunc alteratur aliqua pars corporis quae primo movetur, et tunc movetur animal. Et sic manifestum quod motus localis est finis alterationis, et ideo est ultimus via generationis omnium motuum qui fiunt in animali, licet sit prior secundum substantiam et perfectionem.

Postea declarat Philosophus qualiter motus procedit ab istis principiis. Sunt enim duo principia motus, ut dictum est, scilicet intellectus et appetitus. Et ideo Philosophus primo docet qualiter intellectus practicus movet et secundo | [E 79vb] qualiter appetitus movet. Primo tamen comparat intellectum practicum et speculativum ad invicem secundum convenientiam et differentiam. | [L_1 146rb] Conveniunt enim in hoc quod intellectus practicus aliquando operatur et aliquando non, sicut intellectus speculativus intelligit aliquando et aliquando non. Sed differunt fine, quia finis intellectus speculativi est cognitio seu consideratio, nam, cum intellectus speculativus accipit duas propositiones et eas ordinat secundum debitum modum et figuram, statim

---

3 vel] et E | alteratur] alteratio L_1 | aliqua] alia L_1L_2V 4 manifestum] est *add.* EL_1L_2 motum O 5 via generationis] viationis (!) L_1 6 omnium] omni E | animali] animalibus E 8 procedit] provenit EM_1 9 sunt enim] scilicet in EM_1OV | est] *om.* M_1OV 10 primo] *om.* O 13 enim] *om.* E | in] *del.* O 16 seu] se enim L_1 17 et[1]] vel M_1 | secundum] ad M_1

8–15 postea ... non] Cf. Aristoteles, *De motu animalium*, 7, 701a 7–9 (AL xvii.2.3, ed. De Leemans, 56, 187–189). 8–350.2 postea ... operatio] Cf. Petrus de Alvernia, *Sententia super de motibus animalium*, ms Vat. Lat. 2181, ff. 4rb–4va: "Postquam Philosophus determinavit de principiis et causis principalibus motus animalium, ostendit qualiter motus procedat ex aliis principiis et dividitur in duas. Duo enim sunt principia motus animalium: unum est intellectus et aliud est appetitus. Post⟨ea⟩ ostendit qualiter intellectus practicus movet, secundo qualiter appetitus. In prima decarat modum secundum quem movet intellectus practicus per habitudinem. | Primo comparat intellectum speculativum, et dividitur in duas. Primo comparat intellectum practicum ad speculativum secundum convenientiam, secundo secundum differentiam. [...] Dicit quod, quia ita est quod intellectus practicus aliquando operatur sicut speculativus et aliquando non, aliquando vero intelligit et aliquando non, operationes (operationes] operatio *ms.*) intellectus practici et speculativi videntur esse similes. [...] In prima dicit quod, quamvis sit convenientia inter intellectum practicum et speculativum quantum ad dicta, tamen differentia est, quia intellectus speculativi finis est consideratio sive cognitio, cum intellectus speculativus accipit duas propositiones et eas ordinat secundum debitum modum et figuram, statim intulit conclusionem. Et cognitio conclusionis (conclusionis] cognitionis *ms.*) finis est ratiocinationis. Sed finis intellectus practici est operatio." 15–350.1 sed ... ratiocinationis] Cf. Aristoteles, *De motu animalium*, 7, 701a 10–11 (AL xvii.2.3, ed. De Leemans, 57, 190).

V 242rb infert | conclusionem, et cognitio conclusionis est finis ratiocinationis. Sed finis intellectus practici est operatio. Unde Philosophus dicit: 'Hic autem', id est intellectus practicus, 'ex duabus propositionibus conclusio fit operatio', per quod vult intelligere quod finis intellectus practici est operatio. Nec debet intelligi secundum quod littera praetendit, scilicet quod aliqua operatio sit conclusio in syllogismo practico, quia conclusio est una propositio, et sic non est operatio, sed finis ad quem ordinatur syllogismus practicus est operatio, et hoc loquendo de fine ultimo, nam finis intellectus proximus
L_2 32ra est speculatio alicuius operabilis. Unde ista propositio: 'conclusio est | operatio' debet sic intelligi quod operatio est illud ad quod tamquam ad finem ultimum ordinatur conclusio. Habita enim speculatione illius conclusionis
O 117vb quae ex syllogismo | practico infertur homo statim ordinat se ad operationem.

Qualiter autem intellectus procedit ad operationem manifestat in exemplis. Aliquando enim intellectus practicus utitur duabus propositionibus et quandoque supponit unam tamquam manifestam et ex alia expressa infert operationem. Adhuc, sicut intellectus speculativus ad investigandum aliquam conclusionem quandoque utitur uno syllogismo et quandoque du-

---

1 sed] *om.* M_1 2 hic] hi O 3 propositionibus] conclusionem infert *add.* E 5–6 debet … sit] *om.* L_1 5 aliqua] conclusio sit *add.* E alia OV 6 sit] est L_2 8 intellectus] et *add.* EM_1OV 9–10 est operatio] *om.* O 10 sic] *om.* EM_1 11 speculatione] conclusione L_1L_2OV 12 infertur] fertur M_1 14 autem] *om.* M_1 | intellectus] practicus *add.* EM_1 | procedit] *om.* O | manifestat] quia *add.* E philosophus *add.* M_1 15 aliquando] an L_2 | aliquando … intellectus] an enim intellectus ad operationem L_1 16 expressa] praemissa L_1L_2 impressa M_1 17 investigandum] investigandam M_1 18 uno] *om.* M_1

1–4 sed … operatio[2]] Cf. ARISTOTELES, *De motu animalium*, 7, 701a 12–15 (AL XVII.2.3, ed. De Leemans, 57, 191–194). 2–9 unde … operabilis] Cf. PETRUS DE ALVERNIA, *Sententia super de motibus animalium*, MS Vat. Lat. 2181, f. 4vb: "Et est intelligendum quod in syllogismo practico conclusio immediata non est operatio, quia ratiocinatio motus quidam rationis, oportet autem esse motum eiusdem speciei cum termino ad quem, sed ratiocinatio practica non est de genere operationum; et ideo finis illius non debet esse operatio sed cognitio alicuius operabilis. Quod etiam per aliud patet, quia operatio non fit nisi propter appetitum eius quod debet fieri, appetitus autem alicuius non fit nisi propter cognitionem illius operabilis; quare immediata conclusio est cognitio non operatio." 14–351.2 qualiter … duobus] Cf. PETRUS DE ALVERNIA, *Sententia super de motibus animalium*, MS Vat. Lat. 2181, f. 4va: "Ostendit qualiter intellectus practicus aliquando utitur duabus propositionibus, secundo ostendit qualiter supponit unam quandoque sicut manifestam inferens operationem ex alia sola expressa. […] Considerandum quod, sicut in speculativis intellectus speculativus devenit in conclusionem per unum syllogismum, aliquando per duos, ita practicus intellectus aliquando venit in conclusionem suam per unum syllogismum, aliquando per duos."

obus, sic intellectus practicus ad hoc quod fiat operatio quandoque utitur uno syllogismo, quandoque duobus. Exemplum primi: cum intellexerit quod omni homini inest ambulare et quod ipse est homo, statim ambulat; similiter, si intelligat quod bonum est faciendum et quod domus est bonum, statim facit domum. Exemplum secundi: intellectus enim practicus aliquando non potest venire ad operationem per unum syllogismum, et tunc facit duos syllogismos. Verbi gratia: tegimento indigeo, et vestimentum est tegimentum; igitur vestimento indigeo; et tunc procedit ulterius: quo indigeo est faciendum, vestimento indigeo; igitur et cetera, et tunc sequitur operatio. Et sic procedit ab eo quod primo intendit usque ad illud ex quo incepit operatio, ita quod illud quod est ultimo investigatum est primo operatum, et illud quod est primo investigatum est ultimo operatum, ita quod in practicis illud quod est primum in intentione est ultimum in executione.

1–2 sic … duobus] *om.* EL_1L_2OV (*hom.*) 2 intellexerit] intellexit E 3 omni] si M_1 | inest] est L_1 | inest ambulare] est ambulandum EM_1 | ambulare] ambulari L_2O 4 si] *om.* O | bonum[1]] dicendum E 5 aliquando] quando E 6 unum] unam L_1 7 syllogismos] *om.* L_1L_2 | verbi gratia] *om.* O | est] *om.* O 8 quo] *om.* O 10 ex] a L_1L_2 | incepit] incipit $L_1L_2M_1$ intelligi O 11 ultimo] ultimum EL_1OV | investigatum] investigato M_1 11–12 primo … est[2]] *om.* O (*hom.*) 12 investigatum] investigato M_1 13 primum] primo L_1L_2

2–11 exemplum … operatio] Cf. Petrus de Alvernia, *Sententia super de motibus animalium*, ms Vat. Lat. 2181, f. 4[va]: "Practicus utitur duabus propositionibus, sicut cum intellexit quod omni homini est ambulandum, et ipse est homo, statim ambulat. Et istud accidit, si non aliquid impediat vel extra ipsum aut in ipso, ut, si intelligat quod faciendum est sibi bonum, et domus est bonum, statim facit domum. Deinde, cum dicit: *tegimento indigeo*, ostendit qualiter intellectus practicus venit in conclusionem per duos syllogismos. Et dicit quod aliquando (aliquando] quod dicit *add. ms.*) contingit quod intellectus practicus non potest venire ad operationem per unum syllogismum sed per duos, et tunc facit duos syllogismos, verbi gratia: 'tegimento indigeo, vestimentum est tegimentum; ergo vestimento indigeo'; tunc ulterius arguit: 'quo indigeo, faciendum est, vestimento indigeo', concludit: vestimentum faciendum, et sequitur operatio. Et procedit ab eo quod primo intendit usque ad illud ex quo incipit operatio." 3–5 similiter … domum] Cf. Aristoteles, *De motu animalium*, 7, 701a 17 (AL xvii.2.3, ed. De Leemans, 57, 196). 7–9 tegimento … operatio] Cf. Aristoteles, *De motu animalium*, 7, 701a 18–20 (AL xvii.2.3, ed. De Leemans, 57, 197–199). 9–10 et[3] … intendit] Cf. Aristoteles, *De motu animalium*, 7, 701a 21 (AL xvii.2.3, ed. De Leemans, 57, 200).

Postea Philosophus docet a quo sumitur ratio propositionum practicarum et a quo determinatur. Et dicit | [V 242va] quod propositiones de syllogismo practico debent determinari per bonum et per possibile. Cum enim per ratiocinationem deventum sit ad aliquid, nisi illud sit bonum, cessat intellectus. Similiter, si sit bonum ad quod sit deventum, non tamen possibile acquiri, non procedit ulterius, sed cessat. Unde breviter: illa duo, scilicet bonum et possibile, sunt duo principia determinantia intellectum practicum ad operationem. Ad hoc enim quod intellectus practicus procedat ad operationem oportet quod finis pro quo fit operatio sit bonus vel saltem quod appareat esse bonus, et posito quod appareat esse bonus et non possibile sit acquirere illum vel appareat esse impossibile, non procedit operatio ulterius.

Postea declarat Philosophus qualiter intellectus practicus aliquando supponit unam propositionem tamquam | [M_1 179va] manifestam et aliam solum exprimit, ut, si intelligat quod omni homini est bonum ambulare, statim concludit quod bonum est Socrati ambulare, et circa hanc quod | [L_1 146va] ipse sit homo non

---

1 postea] tunc E | sumitur] sumetur M_1 2 de] in EL_2M_1 4 deventum sit] deveniet sic M_1 5 sit^2] est $L_1L_2M_1$ 6 breviter] *om.* L_1 | breviter ... scilicet] *om.* OV 7 possibile] acquiri *add.* L_1L_2 8 ad^1 ... operationem^2] *om.* E (*hom.*) 9 quod^2] *om.* E 10 posito ... et^2] *om.* O (*hom.*) | et non] nisi EM_1 | non] *corr. in* nisi L_2 11 acquirere] acquiri E | illum] istum E finem *add.* EL_2M_1 | esse] *om.* L_1L_2 | impossibile] *coni. codd.* possibile 11–12 ulterius] ultra M_1 13 postea] tunc E 14 aliam] alia O 15 ut] vel L_1L_2 16 socrati] sibi EM_1 scilicet L_2 | hanc] hunc O

1–3 postea ... possibile] Cf. Aristoteles, *De motu animalium*, 7, 701a 21 (AL xvii.2.3, ed. De Leemans, 57, 202). 1–12 postea ... ulterius] Cf. Petrus de Alvernia, *Sententia super de motibus animalium*, ms Vat. Lat. 2181, f. 4vb: "Deinde, cum dicit: *propositiones autem factivae*, ostendit a quo sumitur ratio propositionum practicarum et a quo determinatur. Et dicit quod propositiones in syllogismo practico debent determinari per (per] pro *ms.*) bonum et possibile: sicut in syllogismo speculativo propositiones terminantur per rationem entis, sic in practico per bonum et possibile. Et ista duo oportet considerare in omnibus propositionibus. Cum enim per ratiocinationem deventum est ad aliquid, nisi illud sit bonum, cessat intellectus. Si autem fuerit bonum, non tamen sibi possibile, cessat. Et ideo, si debeat sequi operatio, oportet ista duo ibi considerare, et quod sit bonum et quod possibile." 13–353.1 postea ... manifestam] Cf. Aristoteles, *De motu animalium*, 7, 701a 25–28 (AL xvii.2.3, ed. De Leemans, 58, 203–205). | Cf. Petrus de Alvernia, *Sententia super de motibus animalium*, ms Vat. Lat. 2181, f. 4vb: "Deinde, cum dicit: *quemadmodum*, ostendit qualiter supponit unam propositionem sicut manifestam et alteram solam exprimit. [...] Intellectus practicus unam exprimit vel considerat actualiter et aliam, quia manifesta est, dimittit, sicut, si intelligat quod ambulare sit bonum homini, circa hanc quod ipse sit homo non immoratur, quia manifestum est, sed statim concludit conclusionem."

moratur, sed hanc supponit tamquam manifestam. Et, quia sic est, in practicis multotiens accidit error in syllogismo et in speculabilibus. Unde, quicumque operantur non deliberantes, cito operantur, ut, si concupiscentia dicat quod sit potandum et sensus et intellectus dicant hoc esse potitivum, quamvis non secundum certitudinem deliberet, statim bibit. Et sic animalia multotiens faciunt impetum ad operationem, et sic accidit | error multotiens. O 118ra

Postea declarat qualiter | appetitus movet et quae est causa proxima. Et dicit quod ultima causa, id est proxima, ipsius motus est appetitus, quia ratio non movet, nisi secundum quod determinatur per appetitum, et adhuc non quiscumque appetitus movet sed appetitus existens in actu. Et appetitus fit in actu per sensum aut per phantasiam et cetera. E 80ra

---

1 moratur] immoratur EL_2 | sed] quia EM_1 | est] ideo *add.* EL_2M_1 2 in syllogismo] sicut E sic M_1 3 operantur^{2}] operamur M_1 4 sit potandum] potandum est $EL_1L_2M_1$ | et^{2}] *om.* E vel M_1 | dicant] dicat EM_1 | potitivum] potabile EM_1 potius L_1 potius potabile L_2 5 quamvis] quam L_1L_2 8 et^{1}] *om.* V 11 in … appetitus^{3}] *om.* O | fit] sit O

1–3 et … operantur^{2}] Cf. Aristoteles, *De motu animalium*, 7, 701a 28–30 (AL XVII.2.3, ed. De Leemans, 58, 206–209). 1–7 et … multotiens] Cf. Petrus de Alvernia, *Sententia super de motibus animalium*, MS Vat. Lat. 2181, f. 4vb: "Quia in syllogismo practico non accipitur una propositio, sed supponitur, multotiens sit error. […] Unde, quandocumque operamur non deliberantes, cito operamur. Cum enim devenit homo vel per sensum vel per intellectum vel phantasiam ad aliquid quod operandum est, propter illud, gratia cuius fiunt alia, in quod fertur appetitus, statim operatur, ut, si concupiscentia dicat quod potandum est, si sensus vel intellectus dicat hoc esse potibile, quamvis non secundum certitudinem deliberet, statim bibit. Sic ergo animalia faciunt impetus ad motum et operationem." 3–5 ut … bibit] Cf. Aristoteles, *De motu animalium*, 7, 701a 32–33 (AL XVII.2.3, ed. De Leemans, 58, 210–211). 5–12 et … cetera] Cf. Aristoteles, *De motu animalium*, 7, 701a 34–36 (AL XVII.2.3, ed. De Leemans, 58, 212–214). 8–12 postea … cetera] Cf. Petrus de Alvernia, *Sententia super de motibus animalium*, MS Vat. Lat. 2181, f. 4vb: "Deinde, cum dicit: *ultima quidem causa*, ostendit qualiter movet appetitus qui est causa proxima. Et dicit quod ultima causa, id est proxima, ipsius motus est appetitus, quia ratio non movet, nisi secundum quod determinata est per appetitum, […] et non ⟨sit⟩ quicumque appetitus sed existens in actu. […] Fit autem appetitus in actu vel per sensum vel per phantasiam vel intellectum."

⟨5⟩ *Quemadmodum autem automata* et cetera

In isto capitulo determinat Philosophus de principiis organicis motus animalis quae sunt partes animalis. Inter partes animalis moti est devenire ad unam partem quae movetur a primo movente principali et movet alias partes; et ideo Philosophus in hoc capitulo docet qualiter pars organica movetur a primo movente principali. Et, quia artificialia sunt nobis magis nota quam naturalia, ideo Philosophus declarat qualiter pars organica mov-

---

1 automata] authonomata (!) E | automata … cetera] automa L_1 | et cetera] *om.* EL_2 3 animalis inter] *om.* O 5 et] *om.* E 6 magis] *om.* E

---

1 quemadmodum … automata] Cf. Aristoteles, *De motu animalium*, 7, 701a 39 (AL xvii.2.3, ed. De Leemans, 58, 217). 2–6 in … principali] Cf. Petrus de Alvernia, *Sententia super de motibus animalium*, ms Vat. Lat. 2181, ff. 4vb–5ra: "Postquam Philosophus determinavit de principiis et causis principalibus, determinat de principiis et causis | motus organicis quae sunt partes animalis. Inter autem istas est devenire ad unam quae primo movetur a primo movente principali et movet (movet] quae *add. ms.*) alias. […] Determinat qualiter movetur pars organica prima a movente principali, secundo ostendit quae est illa pars quae primo mota est et ubi et qualiter movet alias." 6–355.15 et … animalis] Cf. Aristoteles, *De motu animalium*, 7, 701a 39–701b 3 (AL xvii.2.3, ed. De Leemans, 58, 217–221). 6–355.21 et … currus] Cf. Petrus de Alvernia, *Sententia super de motibus animalium*, ms Vat. Lat. 2181, f. 5ra: "Et, quia artificialia sunt posteriora naturalibus, et posteriora naturalibus et posteriora natura sunt nobis magis nota et prius quam alia, declarat intentum suum per simile in artificialibus. […] Considerandum est quod artificialium quaedam habent principium sui motus immanifestum nobis, sicut automata, id est quae videntur ex se mota esse; alia habent principium sui motus manifestum magis, sicut currus. His visis dicit Philosophus quod, sicut automata, id est ea artificialia quae videntur in se habere principium sui motus (automata dicuntur enim quasi per se ipsa mota), sicut horologium modico motu movetur solutis strebulis, id est vinculis, a primo movente et una strebula aliam pellente et trahente invicem per virtutem eiusdem, et, sicut currus ab eo qui incidet equo movetur, puta ab auriga, quod per hoc quod movet equum et equus trahit lignum ad quod est ligatus, lignum autem ligatum est ad axem currus, axe autem tracto per equum moveretur medioli secundum oculum et per consequens rotae maiores quae sunt in extremitatibus colligatae ad mediolos per radios, sicut in cylindris, id est in horologiis, mota minori rota movetur maior—ita quod in tali motu est considerare (considerare] consideratum *ms.*) illum qui incidet super equum, sicut principalis motor, et equum, et lignum ad quod ligatus est, et cordas cum quibus ligatus est et axem et mediolas (mediolas] mediolis *ms.*), et rotas (est autem mediolus parva rota quae est sicut centrum)—sic est de motu animalis. Movetur enim animal (animal] facta *add. ms.*) ex intensione et retractione nervorum. Sunt enim in animali partes proportionales eis currus, quia ad modum currus est in animali aliquid quod proportionatur ei qui incidet, scilicet anima, et est quod proportionatur equo qui trahit, qui movet et movetur, et haec est pars prima organica quae movetur et habet virtutem movendi alias partes. Ligno ad quod ligatur equus proportionantur ossa, strebulis autem quibus ligatur equus proportionantur nervi. Sicut enim extensis cordis sive vinculis et retractis movetur currus, ita extensis nervis et retractis movetur animal et quiescit."

etur a primo | movente principaliter per simile in artificialibus. Sunt enim L_2 32rb quaedam artificialia quae videntur in se habere principium sui motus, et talia dicuntur automata, sicut horologium et currus. Horologium in aliquo motu | movetur solutis strebulis et vinculis et una strebula pellente aliam et V 242vb movente per virtutem primi moventis. Et currus movetur ab eo qui incidet equo, puta ab auriga, ex hoc quod ipse movet equum, et equus trahit lignum ad quod est ligatus, et lignum est ligatum ad axem, et axe tracto moventur medioli secundum circulum, et per consequens rotae maiores quae sunt in extremibus colligatae ad mediolos per radios, sicut in cylindris, id est horologiis, mota minore rota movetur et maior. Et sic in motu currus est considerare ad illum qui sedet super equum qui est principalis motor et ad equum et ad lignum ad quod equus est ligatus et ad cordas quibus est ligatus et ad axem et ad mediolos et ad rotas. Est autem mediolus parva rota quae est sicut centrum. Et, sicut est in motu currus, sic est in motu animalis, nam in animali sunt partes proportionales his quae requiruntur ad motum. Currus enim est aliquid proportionale ei qui incidit, scilicet anima, et est aliquid quod proportionatur equo qui movet et movetur, scilicet prima pars organica quae immediate movetur a primo movente. Ligno autem quo ligatur equus proportionantur ossa. Cordis quibus ligatur equus proportionantur nervi, quoniam extensis nervis movetur animal, sicut extensis cordis quibus ligatur equus movetur currus.

1 principaliter] principali EM_1 2 in se] *om.* OV 3 sicut] scilicet E | in aliquo] moto EM_1 4 movetur] *om.* L_1L_2OV | et[1]] id est EM_1 5 moventis] motus L_1 motis L_2O | incidet] incidit L_1 6 ex] per M_1 | hoc] *om.* E 7 tracto] tractae M_1 7–8 moventur] movetur EOV 9 colligatae] alligatae M_1 colligati OV | cylindris] chibundis (!) L_2V 10 minore] minori M_1 | rota] tota OV | maior] rota M_1 11 ad[2]] *om.* O 12 cordas] cum *add.* EL_1L_2 cordes M_1 13 axem] axes L_1L_2 14 sicut[1]] ad M_1 | in[2]] *om.* M_1 15 quae] *om.* O 16 enim est] non E est enim M_1 | incidit] incidet L_2M_1 18 pars] per O | movente] et *add.* M_1 ligno *add.* O | autem quo] ad quod M_1 | quo] quod E 19 proportionantur[1]] proportionatur EL_1L_2V proportionaliter O 19–20 proportionantur[1]] proportionatur L_1L_2OV 20 animal] *om.* L_1L_2

15–21 nam … currus] Cf. ARISTOTELES, *De motu animalium*, 7, 701b 3–5 (AL XVII.2.3, ed. De Leemans, 59, 222–223).

Et sic patet qualiter animal movetur per simile in artificialibus. Differentia tamen est inter motum illorum quae moventur per artem et motum animal- O 118rb is, quia illa quae moventur per artem non moventur per | alterationem, sed motus animalis fit per alterationem partium animalis, nam eadem pars fit L_1 146vb maior et minor, et | permutatur eius figura per extensionem et retractionem—ad extensionem movetur per caliditatem, ad retractionem per frigiditatem. Causam alterationis ad caliditatem et frigiditatem assignat Philoso- M_1 179vb phus | dicens quod principia alterantia ad caliditatem et frigiditatem sunt sensus et phantasia et intellectus in actu. Et illud declarat Philosophus per rationem et per experimentum. Per rationem sic: sensus fit in actu per hoc quod recipit speciem sensibilem, sed species sensibilis habet consimilem virtutem qualem habet sensibile; et ideo, sicut calidum potest alterare ad

1 sic] ergo E 2 moventur] movetur EV 3 moventur^1] movetur OV | moventur^2] moventur OV 5 minor et] *om.* OV | et^3] vel M_1 5–6 retractionem] retractorum L_2 6 ad^1 … caliditatem] per caliditatem movetur ad extensionem L_1L_2 | extensionem] extentionem O | caliditatem] et *add.* EM_1 6–7 ad^2 … frigiditatem] per frigiditatem ad retractionem L_1L_2 8 alterantia] corpus *add.* L_2M_1 | ad] et O | et] *om.* L_1 | sunt] est E 9 philosophus] *om.* M_1 11 recipit] *om.* O 12 habet] ipsum *add.* $EL_1L_2M_1$ 12–357.1 et … sensibile] *om.* M_1 (*hom.*)

1–7 et … frigiditatem] Cf. PETRUS DE ALVERNIA, *Sententia super de motibus animalium*, MS Vat. Lat. 2181, f. 5rb: "Deinde, cum dicit: *in automatis*, assignat differentiam inter motum istorum qui moventur per artem et motum animalis; ex quo apparet modus motus organice moti primo a movente principali. […] Dicit quod, quamvis motus animalis proportionetur motui currus et eorum artificialium quae videntur in se habere principium sui motus, sicut horologium, tamen differunt, quia automata et currus non moventur per alterationem. Et dato quod minor rota, sicut mediolus, fieret maior, non tamen esset hoc per alterationem. […] Non sic est autem de motu animalis, immo in animali sit eadem pars maior et minor et permutatur eius figura facta extensione vel retractione, in partibus autem sit ista retractio et extensio partibus alteratis diversimode per calorem et spiritum." | differentia … frigiditatem] Cf. ARISTOTELES, *De motu animalium*, 7, 701b 5–10 (AL XVII.2.3, ed. De Leemans, 59, 224–227). 7–9 causam … actu] Cf. ARISTOTELES, *De motu animalium*, 7, 701b 10–14 (AL XVII.2.3, ed. De Leemans, 59, 228–230). | Cf. PETRUS DE ALVERNIA, *Sententia super de motibus animalium*, MS Vat. Lat. 2181, f. 5rb: "Primo ostendit quod sensus, phantasia et intellectus alterant corpus ad caliditatem et frigiditatem. Secundo, quia species existens in sensu vel phantasia universali vel intellectu videtur habere modicam virtutem in alterando, declarat qualiter modico motu facto fit alteratio in partibus remotis. […] Dicit quod principia alterantia corpus ad caliditatem et frigiditatem sunt sensus, phantasia et intellectus in actu." 9–357.3 et^3 … illa] Cf. PETRUS DE ALVERNIA, *Sententia super de motibus animalium*, MS Vat. Lat. 2181, f. 5rb: "Sensus in actu est principium, quia sensus in actu statim est alteratio. Fit enim sensus in actu a sensibili in actu. Unde sensus in actu non est aliud quam motus sensibilis secundum actum in sensum. Et ita manifestum est quod sensus in actu retinet virtutem sensibilium. Si igitur sensibile immutans sensum fuerit calidum vel frigidum, virtute est. Sensus habet virtutem alterandi corpus ad illa, similiter intelligentia habet virtutem alterandi corpus, quia habet rerum virtutem."

caliditatem, ita et species calidi. Et ideo, si sensibile immutans sensum fuerit calidum vel frigidum, sensus habens speciem illius sensibilis habet virtutem alterandi corpus ad illa. Et eadem est ratio de phantasia et intellectu, quia sunt tales virtutes quales res sensibiles extra sunt in actu. Unde, quando aliqua sunt ordinata | essentialiter, ita quod unum agit in virtute alterius, V 243ra secundum retinet virtutem primi, sicut patet in semine quod est virtus hominis.

Istud idem patet per experimentum, scilicet quod species calidi vel frigidi, delectabilis vel contristabilis, talis existit qualis unaquaeque rerum, nam propter hoc est quod dicit Philosophus quod ad solam apprehensionem alicuius timibilis tremunt homines, | dato quod nihil videant de timi- E 80rb bili, sed quod solum intelligant. Cum enim aliquis intelligat aliquod timiibile, statim fit revocatio caloris et spiritus ad interiora, et partes exteriores remanent frigidae, et propter hoc tremunt et timent. Et Avicenna dicit quod aliquando ex sola imaginatione convenientis vel disconvenientis curatur vel infirmatur homo. | Dicit etiam sexto *Naturalium* quod, si L$_2$ 32va aliquis incederit super trabem sursum positam, ex imaginatione magna

1 et^1] quod L$_1$ | sensum] sive *add.* M$_1$ 2 illius] alicuius M$_1$ 3 quia] qui M$_1$ 4 virtutes] et *add.* O 6 secundum ... primi] *om.* L$_1$ | retinet virtutem] retentionem virtutis OV | semine quod] sole M$_1$ | quod] *om.* E 8 idem] *om.* E | per experimentum] ex experimento M$_1$ 9 vel] et L$_1$ | contristabilis] tristabilis EL$_1$L$_2$ 10 quod^1] ut M$_1$ 11 alicuius] *om.* OV | tremunt] timent M$_1$ | homines] et timent *add.* EL$_1$L$_2$ et tremunt *add.* M$_1$ | de] in OV vinculi *add.* L$_2$ 11–12 timibili] vinculi L$_1$L$_2$V vincibile O 12 intelligat] intelligit M$_1$ 12–13 timibile] vincibile OV *corr. in* timibile L$_2$ timibile EM$_1$ 13 caloris] calorum O 15 aliquando] *om.* L$_1$L$_2$ 16 curatur] tristatur E | dicit] *om.* L$_1$ 17 aliquis] aliquid EM$_1$ | incederit] inciderit M$_1$

3–7 et^1 ... hominis] Cf. PETRUS DE ALVERNIA, *Sententia super de motibus animalium*, MS Vat. Lat. 2181, f. 5rb: "Et ratio huius est, quia phantasia in actu talis est virtute quales res sensibiles extra sunt in virtute in actu, quia in phantasia fit aliquid simile sensui. Similiter intellectus fit aliqualiter similis rebus, ita quod hoc videtur esse verum universaliter quod, quando aliqua sunt ordinata essentialiter, ita quod unum agit in virtute alterius, secundum retinet virtutem primi, sicut videmus in mixtis. [...] Similiter, virtus hominis remanet in semine." 8–14 istud ... timent] Cf. PETRUS DE ALVERNIA, *Sententia super de motibus animalium*, MS Vat. Lat. 2181, f. 5rb: "Et propter hoc dicit Philosophus quod species calidi aut frigidi delectabilis et tristabilis talis existit qualis unaquaeque rerum. Et propter hoc contingit quod ad solam apprehensionem alicuius aestimabilis statim tremunt homines et timent, dato quod nihil videant de timibili, sed quod intelligant. Cum enim aliquis percipit aliquod timibile, statim fit revocatio caloris et spiritus ad interiora et remanent partes interiores infrigidatae, et ideo tremunt et timent." 8–12 species ... intelligant] Cf. ARISTOTELES, *De motu animalium*, 7, 701b 14–16 (AL XVII.2.3, ed. De Leemans, 59, 231–232). 14–358.4 et^3 ... corporis] Cf. AVICENNA, *Liber de anima*, pars IV, cap. 4 (ed. van Riet, 64, 20–30).

casus statim et subito cadit. Si tamen ille idem incederet super eandem trabem positam super terram, non caderet, quia non imaginaretur casum. Et sic sensus vel phantasia in actu habet virtutem alterandi partes corporis. Et istis partibus sic alteratis fiunt maiores vel minores, ut dicit Philosophus.

Postea dicit Philosophus quod modica alteratione facta in principio fit maior diversitas in aliis partibus, ut gubernaculo navis transmutato secundum positionem fit magna transmutatio navis et partium navis, quia gubernaculum habet rationem principii. Similiter, modica alteratione facta in corde vel circa cor ad caliditatem vel frigiditatem fit magna et multa diversitas in partibus exterioribus. Si enim cor alteretur ad frigiditatem, removetur calor et spiritus ab exterioribus ad interiora et remanent partes exteriores O 118va frigidae, et tunc fit pallor, et quandoque tremor et timor. | Si autem cor alteretur ad caliditatem, tunc mittuntur calor et spiritus ad exteriora, et fit rubor.

---

1 ille idem] ibidem E | incederet] *om.* E incederit M_1 | eandem] eadem tabulam vel L_1 tabulam vel *add.* L_2 2 positam] incederet E | imaginaretur] imaginatur E 3 sic] patet quod *add.* EM_1 quod *add.* L_1L_2 4 minores] in corpore *add.* L_2 7 partibus] *om.* L_1OV | transmutato] supposito L_1 transposito M_1 8 transmutatio] transpositio EL_2M_1 11 alteretur] alteraretur M_1 13 fit] *om.* L_1OV 14 alteretur] alteretur O | mittuntur] mittetur E mittitur L_1L_2O | et^2] tunc *add.* M_1

4–5 et ... philosophus] Cf. ARISTOTELES, *De motu animalium*, 7, 701b 16–19 (AL XVII.2.3, ed. De Leemans, 59, 233–60, 234). 6–9 postea ... principii] Cf. ARISTOTELES, *De motu animalium*, 7, 701b 19–22 (AL XVII.2.3, ed. De Leemans, 60, 235–237). | Cf. PETRUS DE ALVERNIA, *Sententia super de motibus animalium*, MS Vat. Lat. 2181, f. 5rb: "Deinde, cum dicit: *quod autem modica*, declarat qualiter modica facta alteratione in principio fit magna diversitas in partibus. Et dicit quod modica facta mutatione in principio magna fit diversitas in consequentibus partibus. Et istud manifestum est ad sensum. Videmus enim quod gubernaculo navis modice translato secundum positionem magna fit transpositio navis vel ad dextram partem vel sinistram. Et causa huius est: quia gubernaculum se habet in rationem principii." 9–15 similiter ... rubor] Cf. ARISTOTELES, *De motu animalium*, 7, 701b 23–26 (AL XVII.2.3, ed. De Leemans, 60, 238–242). | Cf. PETRUS DE ALVERNIA, *Sententia super de motibus animalium*, MS Vat. Lat. 2181, ff. 5rb–5va: "Cor autem principium est in animali, ergo modica facta alteratione in corde | vel circa cor ad caliditatem vel frigiditatem magna et multa fiet diversitas in partibus exterioribus, quia partes exteriores vel alterantur ad ruborem vel pallorem vel tremorem vel timorem vel ad contraria istorum. Si enim fiat alteratio circa cor ad frigiditatem, revocatur calor et spiritus ab exterioribus ad interiora et remanent partes exteriores in frigiditate, et tunc fit pallor et quandoque tremor vel timor. Si autem fiat alteratio ad caliditatem, mittuntur spiritus et calor ad exteriora, et fit rubor."

Adhuc ponit Philosophus aliam rationem ad probandum quod sensus et phantasia et intellectus habent virtutem alterandi corpus ad caliditatem et frigiditatem, et hoc sic: primum principium motus est appetibile et fugibile quae oportet meditari antequam moveatur animal. Et meditationi eorum sequitur caliditas vel frigiditas, nam omnia delectabilia et tristabilia fere sunt cum caliditate | L_1 147ra et frigiditate. Et hoc patet: ex passionibus audaciae enim et timoris concupiscentia et cetera delectabilia et tristibilia sunt cum caliditate et frigiditate; igitur et cetera. | V 243rb

Postea dicit Philosophus quod idem faciunt spes et memoria, quia memoria habet speciem eius quod prius fuit apprehensum, et ideo mediante illa specie potest alterari. Et spes est expectatio futuri boni quod non est nisi

2 et[2]] vel E 4 quae] quare E | moveatur] movetur E | animal] vel O | eorum] *om.* L_1 5 sequitur] simpliciter *exp.* E | fere] *om.* L_1 6 audaciae] audientium E | enim] *om.* L_1L_2 6–7 enim ... timoris] et timores E 7 timoris] timores M_1 timorum O | et[1]] advenientia similiter M_1 | et cetera] ad venera sicut corpora E | cetera] talia *add.* L_1L_2O | cum] *om.* O 9 dicit] ponit L_1L_2 | quod ... faciunt] *iter.* V | spes] species EOV 10 mediante] mediestate L_1 11 alterari] corpus *add.* EL_2 alterare corpus M_1 | quod] et O

1–4 adhuc ... animal] Cf. Aristoteles, *De motu animalium*, 8, 701b 33–34 (AL xvii.2.3, ed. De Leemans, 60, 238–242). 1–8 adhuc ... cetera] Cf. Petrus de Alvernia, *Sententia super de motibus animalium*, ms Vat. Lat. 2181, f. 5[va]: "Ponit secundam rationem ad probandum quod phantasia et sensus et intellectus habeant virtutem alterandi corpus. […] Dicit quod principium in operabilibus est appetibile et fugibile, ita quod duo sunt principia motus: appetibile et fugibile. Appetibile inclinat in ipsum, fugibile inclinat ad fugam; quae necesse est meditari, antequam moveantur. Meditationi vero et phantasiae ipsorum necessario sequitur caliditas et frigiditas. Illud enim quod est appetibile est delectabile, quod vero fugibile tristabile. […] Quod autem ad apprehensionem delectabilis et tristibilis sequatur caliditas vel frigiditas manifestum est quod delectabilia et tristibilia fere sunt cum caliditate et frigiditate. […] Quod autem delectabilia et tristibilia sint cum frigiditate et caliditate patet ex passionibus. Audaciae enim et timores et concupiscentia ad venerea, similiter cetera delectabilia et tristibilia sunt cum caliditate vel frigiditate." 4–8 et ... cetera] Cf. Aristoteles, *De motu animalium*, 8, 701b 34–702a 5 (AL xvii.2.3, ed. De Leemans, 60, 244–251). 9–360.2 postea ... caliditate] Cf. Aristoteles, *De motu animalium*, 8, 702a 6–7 (AL xvii.2.3, ed. De Leemans, 61, 252). | Cf. Petrus de Alvernia, *Sententia super de motibus animalium*, ms Vat. Lat. 2181, f. 5[va]: "Deinde, cum dicit: *memoriae autem*, ostendit quod idem faciunt spes et memoria. […] Quod autem memoria habeat virtutem alterandi corpus manifestum est. Memoria enim est iterata acceptio alicuius sub ratione prius comprehensi, propter quod memoria habet virtutem eius quod prius fuit apprehensum, quia habet spem illius. Sed spes calidi virtutem habet calidi et alterandi corpus, quare habet virtutem alterandi corpus. Similiter, spes habet virtutem alterandi corpus, quia spes est expectatio futuri magni boni, et hoc non est nisi cum apprehensione illius, et ideo est cum delectatione, delectatio autem est cum caliditate."

cum apprehensione illius, et ideo est cum delectatione, et delectatio est cum caliditate. Et ideo, quia partes animalis sic alterantur, ideo quaedam extenduntur et quaedam contrahuntur, et sic permutantur. Et istis concurrentibus movetur animal, quia actio et passio approximantur ad invicem in dispositione in qua unum est natum agere in reliquum. M_1 180ra Si non | sit aliquod impedimentum, necessario sequitur actio. Et ideo, cum aliquis intelligit quod est ambulandum, consequente voluntate, si non sit impedimentum, statim ambulat.

⟨6⟩ *Primum autem movens*

In isto capitulo declarat Philosophus in qua parte corporis existit primum movens principale. Oportet enim quod sit in aliqua parte corporis, quia

---

1 delectatione] dulcedine E   2 caliditate] calore E   2–3 extenduntur] extendunt O   3 permutantur] permutatur O   4 actio ... passio] activum et passivum M_1 | approximantur] approximatae E   5 in[1]] *om.* L_1L_2 | in qua] *om.* M_1 | si] enim *add.* L_1L_2 6 aliquis] aliquid L_1L_2OV | intelligit] intelligat E   8 ambulat] et cetera *add.* L_1 9 movens] motus EO et cetera *add.* M_1 10 existit] existens E exit L_1 11 movens] motus O

2–8 et ... ambulat] Cf. ARISTOTELES, *De motu animalium*, 8, 702a 8–12 (AL XVII.2.3, ed. De Leemans, 61, 256–61). | et ... ambulat] Cf. PETRUS DE ALVERNIA, *Sententia super de motibus animalium*, MS Vat. Lat. 2181, f. 5vb: "Partes quaedam corporis alteratione facta extenduntur, quaedam contrahuntur [...]. Et dicit quod praesente activo et passivo necessario fit actio et passio. Accidit quod, cum aliquis intelligit, quia ambulandum est, consequente voluntate statim, ut est dicere, ambulat, si non sit impedimentum, et dicit 'ut est dicere', quia non statim movetur semper, quia contingit aliquid deficere vel ex parte animae vel ex parte organorum."   9 primum ... movens] ARISTOTELES, *De motu animalium*, 8, 702a 16 (AL XVII.2.3, ed. De Leemans, 62, 266).   10–361.4 in[1] ... alterius] Cf. ARISTOTELES, *De motu animalium*, 8, 702a 16–18 (AL XVII.2.3, ed. De Leemans, 62, 266–267).   10–361.7 in ... duobus] Cf. PETRUS DE ALVERNIA, *Sententia super de motibus animalium*, MS Vat. Lat. 2181, ff. 5vb–6ra: "Postquam Philosophus declaravit qualiter primum movens organice movetur a principali movente (movente] movetur *ms.*), in parte ista ostendit in qua parte existens primum movens principale movet primum organice motum. [...] Dicit quod primum movens animal, puta virtus seu potentia animae ⟨quae⟩ immediate movet movens organice corporeum, necesse est esse in aliqua parte corporis, quia est virtus in corpore, et similiter cum moto primo corporeo, quia movens et motum proximum oportet esse simul. [...] Et, quia magis videtur virtus motiva in iunctura esse, primo declarat quomodo ipsa iunctura se habet ad motum. [...] Dicit quod superius dictum est: iunctura est principium huius et terminus alterius partis, et ideo natura utitur in iunctura aliquando ut uno, | aliquando vero ut duobus. Quando enim (enim] ei *ms.*) tota pars movetur in qua est iunctura vel quiescit, tunc natura utitur ea ut uno. Cum autem una pars quiescit, alia movetur, tunc utitur ipsa ut duobus."

movens proximum est simul cum moto. Et, quia virtus motiva videtur esse in iunctura, ideo Philosophus declarat qualiter iunctura se habet ad motum. Et dicit quod superius dictum est quod iunctura est principium unius partis et terminus alterius, et ideo natura utitur iunctura aliquando ut uno et aliquando ut duobus. Quando enim aliqua pars movetur in qua est iunctura vel quiescit, tunc natura utitur iunctura ut uno, sed, quando una pars movetur et alia quiescit, tunc natura utitur ea ut duobus.

Postea ostendit qualis est pars in qua est principium movens. Et quasi inferens ex praedictis dicit quod extremum brachii non movet, quia extremum | brachii non est principium alterationis sicut iunctura sed solum terminus. E 80va Sed primam partem in qua est principium motus oportet esse unam subiecto et plures secundum operationem, quia oportet idem esse principium motus et quietis, et sic est duo operatione. Postea probat quod talis pars non est in iunctura, ita quod principium motus non est in | iunctura, O 118vb quia contingit aliquod inanimatorum sic se habere ad manum, sicut manus

1 movens] motus O | proximum] propinquum L_1L_2 | motiva] mota L_1L_2 2 declarat] dicit L_1L_2 4 et^3] *om.* EM_1 4–5 et aliquando] aut L_1L_2 5 ut] *om.* O | aliqua] tota M_1 6–7 movetur ... natura] quiescit et (et *om.* M_1) alia movetur tunc EM_1 7 ea] eo OV 8 principium] primum EL_1L_2 | movens] motus M_1O 9 dicit] dicens L_1L_2 9–10 movet ... non] *om.* L_1L_2 (*hom.*) | extremum brachii] *om.* M_1 10 alterationis] alterius EM_1 11 sed] si E quia M_1 14 in^1] *om.* L_2 | in^2] *om.* L_1L_2 15 contingit] *om.* E | inanimatorum] contingit *add.* E

4–7 et^2 ... duobus] Cf. ARISTOTELES, *De motu animalium*, 8, 702a 18–22 (AL XVII.2.3, ed. De Leemans, 62, 268–271). 8–13 postea ... operatione] Cf. ARISTOTELES, *De motu animalium*, 8, 702a 22–27 (AL XVII.2.3, ed. De Leemans, 62, 272–276). | Cf. PETRUS DE ALVERNIA, *Sententia super de motibus animalium*, MS Vat. Lat. 2181, f. 6ra: "Deinde, cum dicit: *movetur quidem*, ostendit qualis est pars in qua est primum movens. Et quasi inferens ex praedictis dicit quod extremum brachii non movet, sed movetur, quia extremum brachii non est principium alterius sicut iunctura, sed est terminus, et ideo non movet, sed iunctura quae in cubito est, aliquid est quod movet (aliquid quod movet] *iter. ms.*) et aliquid movetur. Et consimiliter est in toto animali ad quod movetur. Et oportet quod sit aliquid quiescens quid est unum potentia seu virtute, operatione autem duo, quia illud unum in se est principium motus et quietis ⟨et⟩ sic duo operatione." 13–362.2 postea ... manum] Cf. ARISTOTELES, *De motu animalium*, 8, 702a 28–34 (AL XVII.2.3, ed. De Leemans, 62, 277–279). | Cf. PETRUS DE ALVERNIA, *Sententia super de motibus animalium*, MS Vat. Lat. 2181, f. 6ra: "Deinde, cum dicit: *quorum autem contingit*, ostendit quod talis pars non est in iunctura nec in aliqua extrema. [...] Dicit quod contingit aliquid inanimatorum sic se habere ad manum, sicut manus ad iuncturam manus, ut, si manus moveat baculum. Sicut enim manus movet baculum, sic virtus ⟨in⟩ iunctura manus movet manum."

se habet ad iuncturam, ut, si manus moveat baculum, sicut tunc manus
movet baculum, sic virtus in iunctura movet manum. Arguitur tunc sic: sicut
L_2 32vb baculus se habet ad manum, sic manus se habet ad cubi|tum, quia con-
V 243va iungitur ei sicut baculus manui, sed manifestum est quod virtus movens | baculum non est in aliqua extremitate baculi nec in coniunctione manus ad baculum; igitur nec similiter virtus movens manum primo erit in aliqua extremitate manus ut in iunctura proxima sed in aliquo superiori. Sed, quia aliquis posset dicere quod, quia manus est pars adunata cubito et baculus non manui, ideo non est simile, Philosophus removet hoc et dicit quod nihil differt quantum ad propositum sive sit adunatum sive non, nam, sicut baculus potest separari a manu et tamen manus moveri, sic brachium potest separari ab alia parte et illa pars postea moveri.

---

1 iuncturam] iunctura L_2 | baculum] brachium E | sicut tunc] *inv.* $EL_1L_2M_1$ 2 in] *om.* L_2 | sicut] *om.* O 3 ad^{1}] *om.* O 3–4 coniungitur] iungitur M_1 6 similiter] *om.* E | movens] motus O | manum primo] *inv.* $EL_1L_2M_1$ 7 ut] nec EM_1 | in^{1}] *om.* L_2 | sed^{1}] *om.* M_1 | in^{2}] *om.* L_1 | sed^{2}] et $EL_1L_2M_1$ 9 manui] et *add.* L_1L_2 | et dicit] dicens E 10 differt] dicit E | adunatum] adunata M_1 11 manus] postea *add.* L_1L_2 12 alia] aliqua E

2–7 arguitur … superiori] Cf. ARISTOTELES, *De motu animalium*, 8, 702a 34–702b 4 (AL XVII.2.3, ed. De Leemans, 62, 280–283). | Cf. PETRUS DE ALVERNIA, *Sententia super de motibus animalium*, MS Vat. Lat. 2181, f. 6ra: "Dicit quod, sicut baculus se habet ad manum, sic et manus ad cubitum, quia, sicut baculus principium habet et finem ad manum, ita (ita] nec *ms.*) manus similiter ad carpon et cubitum, et, sicut baculus movetur a virtute existente in manu, ita manus movetur a virtute existente in carpon et cubito. Sed manifestum est quod virtus baculum movens non est in aliqua extremitate baculi nec in coniunctione manus ac baculum sed magis in manu; quare nec similiter virtus movens primo manum erit in aliqua extremitate manus nec in iunctura proxima sed in aliquo superiori." 7–12 sed … moveri] Cf. ARISTOTELES, *De motu animalium*, 8, 702b 4–10 (AL XVII.2.3, ed. De Leemans, 62, 284–63, 288). | Cf. PETRUS DE ALVERNIA, *Sententia super de motibus animalium*, MS Vat. Lat. 2181, f. 6ra: "Aliquis enim posset dicere quod non est simile, quia manus est pars adnata ipsi carpon, sed baculus non est adnatus manui. Hoc removens Aristoteles dicit quod quantum ad propositum illa quae sunt adnata non differunt ab his quae non sunt adnata. Baculus enim est sicut pars auferabilis, manus autem est pars non auferabilis, sed iuncta carpon et, sicut carpon continuatur universaliter manui motae, sic manus quandam contiguitatem habet ad baculum motum in actu."

Postea declarat in qua parte corporis est principium movens et probat quod est in medio dextrae et sinistrae et in medio superioris et inferioris. Et hoc probat dupliciter. | Primo sic: quando aliqua moventur consimili motu vel motibus contrariis, oportet principium motus illorum esse in aliquo priori ad ipsa, sed possibile est dextrum et sinistrum moveri motu consimili vel etiam motibus contrariis; igitur motor est in aliquo priori ad ipsa et non nisi in medio. Et per idem probatur quod est in medio inferioris et superioris. Intelligendum quod movens proximum debet esse simul cum moto, illud igitur quod movet dextrum et sinistrum vel partem superiorem et inferiorem debet esse coniunctum cum utroque, sed non potest esse coniunctum cum utroque, nisi sit in medio. Secundo probatur quod primum movens debet esse in medio, quia, ubi est primum sensitivum, ibi est primum movens, sed primum sensitivum est in medio, scilicet in corde, ut declaratur libro *De somno et vigilia*; igitur et cetera. L_1 146rb

1 declarat] philosophus *add.* EL_1L_2 | corporis] *om.* L_1L_2 | principium] primum M_1 | movens] motus O 2 in medio[1]] *om.* OV | dextrae et] dextri et sinistri et est M_1 | et[2]] etiam *add.* EL_1L_2 3 moventur] movetur OV 5 moveri] *om.* E 6 etiam] in M_1O | motibus] moventibus O | et] hoc *add.* EM_1 | non] est *add.* E 7 per] pro L_1 | est] *om.* E 8 intelligendum] est *add.* E | movens] motus O 9 vel] per E 12 est[2]] *om.* M_1

1–7 postea ... medio[1]] Cf. Aristoteles, *De motu animalium*, 9, 702b 12–16 (AL xvii.2.3, ed. De Leemans, 63, 291–294). 1–13 postea ... medio] Cf. Petrus de Alvernia, *Sententia super de motibus animalium*, MS Vat. Lat. 2181, f. 6rb: "Deinde, cum dicit: *quoniam autem similiter*, declarat in qua parte existit, et primo ostendit quod principium movens est in medio superioris et inferioris, anterioris et posterioris. [...] Intendit quod, quando aliqua duo simul moventur vel simili motu vel contrariis, oportet principium motus illorum esse in aliquo priori ad illa duo, quia movens est prius moto et diversum ab eo. Contingit autem dextrum et sinistrum similiter moveri motibus contrariis et hoc simul, non ita quod sinistrum moveatur et dextrum quiescat nec dextrum moveatur et sinstrum quiescat, sed simul moventur, ergo necesse est principium movens esse in aliquo priori. Hoc autem est medium dextri et sinistri. [...] Ostendit quod primum principium motus sit in medio superioris et inferioris. [...] Oportet quod movens sit coniunctum moto. Movens autem unum est, et istud non posset esse coniunctum superiori et inferiori, nisi esset in medio; quare manifestum est quod principium movens in animali est in medio superioris et inferioris et dextri et sinistri. [...] Rationabiliter accidit quod primum movens sit in medio, quia sensitivum principium est in medio." 7–13 et[1] ... medio] Cf. Aristoteles, *De motu animalium*, 9, 702b 23–25 (AL xvii.2.3, ed. De Leemans, 63, 298–300). 13–14 in[1] ... vigilia] Cf. Aristoteles, *De somno et vigilia*, 2, 456a 5–7 (AL xv.2.1, ed. Drossaart Lulofs, 5b, 40–6b, 1).

Postea dicit Philosophus quod illa pars media est divisibilis et est una subiecto et plures operatione, quia contingit partes eius simul moveri et contingit unam partem moveri reliqua quiescente. Postea dicit quod virtus movens non consistit in tota illa parte media sed in contactu illarum part-
M$_1$ 180rb ium. Et illud | sequitur ex praedictis, quia, si una pars possit moveri reliqua quiescente et utraque posset simul moveri, oportet movens esse simul cum moto, sic quod virtus movens est in medio, quia aliter non potest coniungi utrique. Unde dicit Philosophus quod illae partes copulantur ad invicem,
E 80vb sicut duo contra invicem | dorsa tenentes moventur secundum crura quasi per virtutem existentem in contactu.

---

1 philosophus] *om.* E | quod] pars movens non consistit *add.* E 2 operatione] *coni. codd.* ratione 3 partem] per se E | moveri] illius movere L$_1$L$_2$ | reliqua] alia L$_1$L$_2$M$_1$ 4 movens] motus O 4–5 partium] ideo *add.* M$_1$ 5 et] *om.* L$_1$L$_2$ | pars] istius *add.* M$_1$ | possit] posset EL$_1$L$_2$ | moveri] movere L$_1$L$_2$ | reliqua] altera L$_1$L$_2$ 6 posset] potest M$_1$ | moveri] et *add.* EL$_1$L$_2$ movere et M$_1$ | movens] motus O 7 sic] sequitur M$_1$ | movens] motus O 8 unde] ut *add.* M$_1$ | dicit ... quod] ut philosophus dicit E | quod] *om.* M$_1$ 9 contra ... tenentes] contraria ad invicem tenentia L$_1$L$_2$ | moventur] movetur E | cuta (!) L$_1$ | quasi] *om.* E 10 existentem] in medio *add.* E existentis M$_1$

1–3 postea ... quiescente] Cf. ARISTOTELES, *De motu animalium*, 9, 702b 16–22 (AL XVII.2.3, ed. De Leemans, 63, 295–297). | Cf. PETRUS DE ALVERNIA, *Sententia super de motibus animalium*, MS Vat. Lat. 2181, f. 6rb: "Deinde, cum dicit: *medium autem*, ostendit quod illa pars media in qua est primum principium movens est divisibilis et quod non in toto, sed in medio eius est. Et dicit quod pars illa media in qua est primum principium movens est una subiecto, plures autem operatione. Et hoc manifestum est. Contingit enim membra, id est partes ipsius, simul moveri et contingit alteram partem moveri altera quiescente." 3–10 postea ... contactu] Cf. PETRUS DE ALVERNIA, *Sententia super de motibus animalium*, MS Vat. Lat. 2181, f. 6va: "Deinde, cum dicit: *sed adhuc contingit*, ostendit quod virtus movens non consistit in tota illa parte, sed est in contactu ipsarum. [...] Sicut duo contra invicem (invicem] indicem *ms.*) dorsa tenentes moventur secundum crura quasi per virtutem existentem in contactu ipsarum, videntur esse principium movens." 5–6 et ... moveri] Cf. ARISTOTELES, *De motu animalium*, 8, 702a 18–22 (AL XVII.2.3, ed. De Leemans, 62, 268–271). 6–10 oportet ... contactu] Cf. ARISTOTELES, *De motu animalium*, 9, 702b 35–703a 1 (AL XVII.2.3, ed. De Leemans, 64, 310–311).

⟨7⟩ *Secundum rationem quidem* | O *finis textus*

Hic declarat de eo quod movet sicut instrumentum. Oportet enim quod sit aliqua pars quae movetur et non movet, ut extrema pars manus, et | oportet V 243vb quod sit aliquid quod primo moveat sicut instrumentum. Illud quod primo movet sicut instrumentum est spiritus, et hoc probatur dupliciter. Primo sic: primum movens organice in animali debet habere virtutem per quam potest aliquid movere et impellere de facili et virtutem per quam possit moveri, sed spiritus habet has virtutes, quia est subtilissimum corporum mixtorum; ideo de facili propellitur et citissime fertur quasi per omnia potens penetrare, sicut patet de vento qui dicitur quidam spiritus. Unde omnia animalia a prima sui generatione habent spiritum complantatum et proportionatum eis, et huiusmodi spiritus est primum movens.

---

1 quidem] et cetera *add.* M_1 2–371.11 hic … animalium] *om.* O (*deficit textus*) 2 declarat] philosophus *add.* L_1 determinat philosophus L_2 3 extrema] extra M_1 6 organice] *om.* L_1L_2 | in animali] nullam E 6–7 potest … quam] *om.* V (*hom.*) 7 et^2 … moveri] *om.* E (*hom.*) | et^2] *om.* M_1 8 mixtorum] et *add.* L_2 9 propellitur] pellitur L_1L_2 10 patet] *om.* E 12 huiusmodi] huius E | movens] instrumentale *add.* EM_1

---

1 secundum … quidem] Aristoteles, *De motu animalium*, 10, 703a 4 (AL xvii.2.3, ed. De Leemans, 64, 315). 2–4 hic … instrumentum] Cf. Aristoteles, *De motu animalium*, 10, 703a 4–9 (AL xvii.2.3, ed. De Leemans, 64, 315–319). 2–12 hic … movens] Cf. Petrus de Alvernia, *Sententia super de motibus animalium*, ms Vat. Lat. 2181, ff. 6va–6vb: "Postquam Philosophus determinavit de movente principali in animalibus, in ista parte determinat de eo quod movet sicut instrumentum. […] Et talem partem necesse est esse in corpore, sicut est extrema pars manus quae movetur ab alia parte et non habet virtutem movendi aliquam partem corporis aliam per se. Deinde, cum dicit: *movens autem*, declarat quid est movens organice quod quidem est corporeum et intendit declarare quod huiusmodi movens organice sit spiritus. […] Dicit quod movens primum organice in animalibus debet habere potentiam per quam possit ab alio mo|veri et impelli et virtutem per quam possit aliud movere et impellere de facili. Sed manifestum est quod omnia animalia a prima sui generatione habent spiritum complantatum et proportionatum eis qui habet potentiam per quam de facili potest moveri et habet virtutem per quam potest movere aliud et impellere. Hoc autem convenit spiritui, quia subtilissimum est corporum mixtorum, subtilissimum autem de facili propelletur et citissime fertur, quasi per omnia potens penetrare, et ideo vehementissime impellit et movet. Et istud manifestum est ad sensum. Ventus enim qui spiritus quidam dicitur de facili impellitur ab alio et virtutem habet impellendi alia." 4–5 illud … spiritus] Cf. Aristoteles, *De motu animalium*, 10, 703a 9–10 (AL xvii.2.3, ed. De Leemans, 64, 320). 6–10 primum … penetrare] Cf. Aristoteles, *De motu animalium*, 10, 703a 10–13 (AL xvii.2.3, ed. De Leemans, 64, 321–323).

Postea declarat in quo primo invenitur spiritus et dicit quod in corde vel iuxta cor, quia spiritus est movens motum, et accipit principium movendi a principali movente, et ideo oportet quod coniungatur cum principali movente, et principale movens est in corde; igitur et cetera. Utrum tamen sit idem spiritus semper vel alius et alius non est praesentis speculationis considerare.

Secunda ratio quod primum movens organice sit spiritus: quia movens organice debet esse tale quod possit moveri a movente principali et quod habeat virtutem movendi alia de facili et sine violentia. Motus autem quo

---

1 quo] *om.* L_1 | primo] spiritus M_1 | spiritus] *om.* M_1 2 accipit] concipit E | principium] virtutem $EL_1L_2M_1$ 3–4 ideo … movente] *om.* E (*hom.*) 5 semper] *om.* EM_1 5–6 speculationis considerare] considerationis E 7 secunda ratio] secundo arguo E 8 possit] posset M_1 9 et] *om.* L_1L_2

1–4 postea … cetera] Cf. Petrus de Alvernia, *Sententia super de motibus animalium*, ms Vat. Lat. 2181, f. 6vb: "Deinde, cum dicit: *hoc autem ad principium*, declarat in quo primo invenitur spiritus. Et dicit quod spiritus qui movet in animalibus organice videtur se habere ad principale movens, scilicet appetitum, sicut signum movens in iunctura se habet ad movens immobile. […] Nunc est ita quod principale movens est in corde vel proportionali. Et ratio huius est: quia ibi debet esse principale movens, ubi terminantur alterationes et immutationes omnium sensuum, hoc autem est cor vel proportionale cordi (cordi] *om. ms.*); quare movens principale in corde erit vel proportionali; ergo spiritus primo debet esse in corde. Cuius ratio est: quia primo movens et primo motum debent esse proxima et simul, si ergo principale movens est in corde et primo motum, scilicet spiritus, manifestum est quod debet esse in corde in habentibus cor vel proportionali cordi in animalibus non habentibus cor." 1–6 postea … considerare] Cf. Aristoteles, *De motu animalium*, 10, 703a 14–17 (AL xvii.2.3, ed. De Leemans, 64, 324–326). 4–6 utrum … considerare] Cf. Petrus de Alvernia, *Sententia super de motibus animalium*, ms Vat. Lat. 2181, f. 6vb: "Deinde, cum dicit: *utrum igitur*, excusat se a dissolutione cuiusdam quaestionis. Dictum enim quod spiritus est ⟨movens⟩ organice. Quaereret aliquis: utrum iste spiritus unus et idem maneat in tota vita?" 7–367.10 secunda … compositione] Cf. Aristoteles, *De motu animalium*, 10, 703a 17–24 (AL xvii.2.3, ed. De Leemans, 64, 327–331). | Cf. Petrus de Alvernia, *Sententia super de motibus animalium*, ms Vat. Lat. 2181, f. 7ra: "Deinde, cum dicit: *videtur autem bene*, ponit secundam rationem ad probandum quod spiritus est movens organice. […] Dicit quod movens organice in animalibus naturaliter debet esse tale, ut bene possit moveri a movente principali et quod habeat virtutem movendi alia de facili et sine violentia. Motus autem quo moventur animalia motu processivo est motus pulsus et tractus. In motu autem pulsus oportet quod movens impellat a se ad aliud, in motu tractus oportet quod ab alio trahat ad se vel ad alium. Quare manifestum est quod in utroque motu oportet quod movens organice sit coniunctum moventi principali et mobili non moventi. Hoc autem non potest esse nisi movens organice possit augeri et minui. Quare manifestum est quod movens organice in animalibus debet esse quod possit augeri et minui—augeri per rarefactionem, diminui per ingrossationem. Tale autem est spiritus. Spiritus autem potest contrahi et iterum impelli et trahi et augeri sine violentia propter eandem causam, quia habet gravitatem et levitatem secundum quod comparatur ad diversa."

moventur animalia motu progressivo est motus pulsus et tractus. In motu autem pulsus oportet quod movens impellat a se ad aliud, in motu tractus oportet quod ab alio trahat. Quare manifestum est quod in utroque motu oportet movens organice esse coniunctum moto principali immobili, sed hoc non potest esse, nisi illud movens posset augeri et diminui per condensationem et rarefactionem, quia non potest coniungi cum immobili et pellere, nisi rarefiat, nec contrahere, nisi condensetur. Sed spiritus est huiusmodi, potest enim faciliter et sine violentia condensari et similiter rarefieri, nam habet gravitatem et levitatem secundum quod comparatur ad diversa et habet ista non alteratione sed compositione.

---

1 animalia] aliquo E 2 movens] motus E 3 alio] eo E | quare] qualiter $L_1L_2M_1$ 4 oportet] quod *add.* EM_1 | esse] sit EM_1 | moto] moti M_1 5 illud] *om.* M_1 | diminui] minui EM_1 6–371.11 et² … animalium] *om.* L_2 (*deficit textus*) 7 condensetur] condensaretur L_1 7–8 huiusmodi] huius L_1 8 et similiter] sicut E | similiter] *om.* L_1 10 compositione] et cetera *add.* M_1 comparatione V

L_1 147va ⟨8⟩ *Existimans* | *autem*

Hic comparat Philosophus motum animalis qui fit ab anima motibus eorum quae fiunt in civitate ab eo qui est principalis in civitate. Unde comparat animal civitati et motus animalis motibus eorum qui fiunt in civitate. Sicut enim in civitate bene constituta partes civitatis habent ordinem ad invicem et ad aliquod unum, sic animal est compositum ex partibus habentibus ordinem ad invicem. Et, sicut in civitate omnes partes recipiunt virtutem operandi et modum ab aliquo uno et bonum suum ordinant in bonum illius, V 244ra sic in animali omnes partes | virtutem et modum operandi accipiunt ab aliquo uno et bonum suum ordinant in bonum illius. Sicut autem videmus in civitate quod, quando ordo politiae semel habitae stabilitus est per legem vel consuetudinem, non oportet quod in operatione cuiuslibet civis sit princeps civitatis praesens secundum substantiam, sed quod quilibet faciat ea quae

---

1 existimans] existimandum EL_1M_1 | autem] et cetera *add.* M_1 2 motum] *om.* L_1 | fit] potest L_1 4 qui] quae L_1 | fiunt] sunt L_1M_1 5 constituta] considerata V | civitatis] animalis V | habent] quendam *add.* M_1 8 modum] motum M_1 9 operandi] *om.* L_1 10 sicut] secundo M_1 | autem] sicut *add.* M_1 11 est] *om.* L_1 13 civitatis] sic *add.* E | quod] *om.* L_1M_1 | quod quilibet] quodlibet E | faciat] facit L_1M_1

---

1 existimans autem] Cf. ARISTOTELES, *De motu animalium*, 10, 703a 29–30 (AL XVII.2.3, ed. De Leemans, 64, 336–337). 2–369.5 hic … anima] Cf. ARISTOTELES, *De motu animalium*, 10, 703a 29–703b 3 (AL XVII.2.3, ed. De Leemans, 64, 336–345). | Cf. PETRUS DE ALVERNIA, *Sententia super de motibus animalium*, MS Vat. Lat. 2181, ff. 7ra–7rb: "Postquam Philosophus determinavit de principiis et modo motus qui fit in animalibus, in ista parte comparat motus qui fiunt in animali ab anima motibus eorum qui fiunt in civitate a monarcha, comparans animal civitati et motus animalis motibus eorum qui sunt in civitate et animam quae est causa motuum in animalibus ad monarcham civitatis qui causa est | motuum qui sunt in ipsa. […] Dicit quod existimandum est quod animal quod movetur motu processivo se habet sicut civitas bene constituta et legibus ordinata. Sicut enim civitas composita ex partibus habentibus ordinem ad invicem et ad aliquod unum, sic animal compositum est ex partibus habentibus ordinem ad invicem et ad quodlibet unum. Et, sicut in civitate omnes partes recipiunt virtutem operandi et modum ab aliquo uno et bonum suum ordinant in bonum illius, sic est in animali: omnes partes virtutem et modum operandi accipiunt ab aliquo uno et bonum suum ordinant in bonum illius. Sic autem videmus in civitate quod, quando ordo politiae semel bene stabilitus est per legem vel consuetudinem, non oportet quod in operatione cuiuslibet civis sit semper praesens monarcha secundum substantiam, sed quilibet facit quae ad ipsum pertinent et secundum quod ordinatum est, et unum fit post aliud propter consuetudinem. Similiter in animalibus contingit. Cum enim animal constitutum est secundum omnes suas partes, tunc quaelibet pars naturaliter operatur secundum quod nata est operari, nec necesse est animam esse praesentem cuilibet parti corporis, sed praesens est uni parti, aliae autem natae sunt vivere, eo quod coniunctae sunt vel adnatae illi parti in qua est anima."

Postea solvit unam quaestionem. Contingit enim aliquando quod aliquibus apprehendentibus aliquando sit motus in uno et non in alio et aliquando contingit quod sit motus in utroque. Posset igitur aliquis quaerere: quae est causa huius? Philosophus dicit quod ad hoc quod sit motus requiritur dispositio illius quod debet moveri. Et, quia aliqui diversimode disponuntur, ideo contingit quod motus fiat in uno et | non in alio, quia etiam idem V 244rb homo potest diversimode disponi in diversis temporibus. Propter hoc contingit quod fiat motus in eo in uno tempore et non in alio. Postea recapitulat, ut patet. | L_1 147vb

Explicit sententia Magistri Walteri Burle super librum Aristotelis qui intitulatur *De motu animalium*.

---

1 quod] in *add.* E 2 apprehendentibus] apprehensibilibus L_1V | aliquando^1] sit quod idem E eadem M_1 | aliquando sit] eadem fit L_1 3 sit] fit L_1 | motus] *om.* M_1 4 sit] fiat EL_1M_1 5–6 disponuntur] et *add.* M_1 6 etiam] cum E 7 hoc] hic L_1 8 in^1] *om.* L_1 | in^2] *om.* E 9 ut] et E 10–11 sententia ... animalium] in hoc finitur liber explicit liber de motu animalium w burley L_1 et patet finis explicit summa libri E expositio m walteri burley super libro de motu animalium M_1

1–3 postea ... utroque] Cf. Petrus de Alvernia, *Sententia super de motibus animalium*, ms Vat. Lat. 2181, f. 7vb: "Deinde, cum dicit: *quod autem quandoque eadem*, solvit quaestionem quandam quae posset fieri. Contingit enim aliquando quod eadem apprehendentibus fit motus et contingit quandoque quod non. Sicut enim aliquando aliquis praesente delectabili vel tristabili movetur, aliquando ille idem praesente illo delectabili vel tristabili non movetur, aliquando praesente delectabili minus movetur, alius non." 1–8 postea ... alio] Cf. Aristoteles, *De motu animalium*, 11, 703b 39–704a 2 (AL xvii.2.3, ed. De Leemans, 64, 373–375). 3–8 posset ... alio] Cf. Petrus de Alvernia, *Sententia super de motibus animalium*, ms Vat. Lat. 2181, f. 7vb: "Et posset aliquis quaerere: propter quam causam hoc est? Et solvit dicens quod causa propter quam eadem intelligentibus quandoque fit motus, aliquando non, est, quia ad motum non solum requiritur appetitus, sed quod requiritur (requiritur] movetur *ms.*) et dispositio eius quod movetur, et ideo secundum diversitatem eius quod movetur sequitur diversitas motus. [...] Contingit autem quod unus aliquando dispositus est ad motum et alter non, et tunc praesente eodem delectabili unus movebitur, alter non. Iterum contingit quod unus et idem aliquando disponitur ad motum, aliquando non, et ideo praesente eodem delectabili aliquando movetur, aliquando non." 8–9 postea ... patet] Cf. Aristoteles, *De motu animalium*, 11, 704a 3–6 (AL xvii.2.3, ed. De Leemans, 64, 376–377).

Bibliography

Sources

Albertus Magnus, *De anima*, in: *Alberti Magni opera omnia*, vol. v, ed. A. Borgnet, Paris 1890.

Albertus Magnus, *De animalibus libri xxvi nach der Coelner Urschrift*, vol. ii, ed. H. Stadler, Münster 1920.

Albertus Magnus, *De memoria et reminiscentia*, in: *Alberti Magni opera omnia*, vol. ix, ed. A. Borgnet, Paris 1890.

Albertus Magnus, *De morte et vita*, in: *Alberti Magni opera omnia*, vol. ix, ed. A. Borgnet, Paris 1890.

Albertus Magnus, *De nutrimento et nutrito. De sensu et sensato cuius secundus liber est De memoria et reminiscentia*, ed. S. Donati, Münster 2017.

Albertus Magnus, *De somno et vigilia*, in: *Alberti Magni opera omnia*, vol. ix, ed. A. Borgnet, Paris 1890.

Albertus Magnus, *De spiritu et respiratione*, in: *Alberti Magni opera omnia*, vol. ix, ed. A. Borgnet, Paris 1890.

Albertus Magnus, *De vegetabilibus libri vii*, ed. E. Meyer, C. Jensen, Berlin 1867.

Albertus Magnus, *Politica*, in: *Alberti Magni opera omnia*, vol. viii, ed. A. Borgnet, Paris 1890.

Alexander of Aphrodisias, *In libro Aristotelis 'De sensibus et sensibilibus' primus liber*, ed. Ch. Thurot, in: *Notices et extraits des Bibliothèque nationale et autres bibliothèques*, vol. xxv, Paris 1875.

Aristoteles, *Analytica priora. Translatio Boethii*, ed. L. Minio-Paluello (Aristoteles Latinus, iii.1, clt.brepolis.net).

Aristoteles, *Analytica posteriora. Translatio Guillelmi de Moerbeka*, ed. L. Minio-Paluello, B.G. Dod (Aristoteles Latinus, iv.4, clt.brepolis.net).

Aristoteles, *Categoriae. Translatio Guillelmi de Moerbeka*, ed. L. Minio-Paluello (Aristoteles Latinus, i.3, clt.brepolis.net).

Aristoteles, *De anima. Translatio Guillelmi de Moerbeka*, ed. Commisio Leonina (Aristoteles Latinus, xii.2, clt.brepolis.net).

Aristoteles, *De anima. Translatio Iacobi Venetici*, ed. J. Decorte, rev. J. Brams (Aristoteles Latinus, xii.1, clt.brepolis.net).

Aristoteles, *De caelo. Translatio Guillelmi de Moerbeka*, ed. F. Bossier (Aristoteles Latinus, viii.2, clt.brepolis.net).

Aristoteles, *De divinatione per somnium. Translatio Guillelmi de Moerbeka*, ed. H.J. Drossaart Lulofs (Aristoteles Latinus, xv.2.3, clt.brepolis.net).

Aristoteles, *De generatione animalium. Translatio Guillelmi de Moerbeka*, ed. H.J. Drossaart Lulofs (Aristoteles Latinus, xvii.2.5, clt.brepolis.net).

Aristoteles, *De generatione et corruptione. Translatio Guillelmi de Moerbeka*, ed. J. Judycka (Aristoteles Latinus, IX.2, clt.brepolis.net).

Aristoteles, *De historia animalium: libri IX. Translatio Guillelmi de Moerbeka*, ed. F. Bossier, P. Beullens (Aristoteles Latinus, XVII.2.1, clt.brepolis.net).

Aristoteles, *De insomniis. Translatio Guillelmi de Moerbeka*, ed. H.J. Drossaart Lulofs (Aristoteles Latinus, XV.2.2, clt.brepolis.net).

Aristoteles, *De insomniis. Translatio vetus*, ed. H.J. Drossaart Lulofs, (Aristoteles Latinus, XV.2.1, clt.brepolis.net).

Aristoteles, *De iuventute et senectute, De morte et vita, De respiratione. Translatio Iacobi Venetici*, ed. K. Hulstaert, rev. J. Brams (Aristoteles Latinus, XVI.1.2, clt.brepolis.net).

Aristoteles, *De longitudine et brevitate vitae. Translatio Guillelmi de Moerbeka*, ed. P. De Leemans (Aristoteles Latinus, XVI.2.1, clt.brepolis.net).

Aristoteles, *De memoria et reminiscentia. Translatio Guillelmi de Moerbeka*, ed. R.-A. Gauthier (Aristoteles Latinus, XIV.2, clt.brepolis.net).

Aristoteles, *De motu animalium. Translatio Guillelmi de Moerbeka*, ed. P. De Leemans (Aristoteles Latinus, XVII.2.3, clt.brepolis.net).

Aristoteles, *De sensu et sensato. Translatio Guillelmi de Moerbeka*, ed. R.-A. Gauthier (Aristoteles Latinus, XIII.2, clt.brepolis.net).

Aristoteles, *De somno et vigilia. Translatio Anonymi saec. XII translationis recensio* (Aristoteles Latinus, XV.1.1, clt.brepolis.net).

Aristoteles, *De somno et vigilia. Translatio Guillelmi de Moerbeka*, ed. H.J. Drossaart Lulofs (Aristoteles Latinus, XV.2.1, clt.brepolis.net).

Aristoteles, *Ethica Nicomachea. Translatio Roberti Grosseteste*, ed. R.-A. Gauthier (Aristoteles Latinus, XXVI.2.2, clt.brepolis.net).

Aristoteles, *Metaphysica: libri I–X, XII–XIII.2. Translatio Guillelmi de Moerbeka*, ed. G. Vuillemin-Diem (Aristoteles Latinus, XXV.3.1, clt.brepolis.net).

Aristoteles, *Metaphysica: libri I–X, XII–XIV. Translatio media*, ed. G. Vuillemin-Diem (Aristoteles Latinus, XXV.2, clt.brepolis.net).

Aristoteles, *Meteorologica. Translatio Guillelmi de Moerbeka*, ed. G. Vuillemin-Diem (Aristoteles Latinus, X.2, clt.brepolis.net).

Aristoteles, *Physica. Translatio Iacobi Venetici*, ed. F. Bossier, J. Brams (Aristoteles Latinus, VII.1, Database, clt.brepolis.net).

Aristoteles, *Physica. Translatio Guillelmi de Moerbeka*, ed. Commisio Leonina (Aristoteles Latinus, VII.3, clt.brepolis.net).

Aristoteles, *Problemata*, in: *Aristoteles Latine interpretibus variis*, ed. Academia Regia Borussica, Berlin 1831.

Averroes, *Aristotelis 'De anima' libri tres, cum Averrois commentariis et antiqua translatione suae integritati restituta*, ed. Juntina, in: *Averrois Cordubensis Opera Omnia*, vol. XI, Venetia 1562.

Averroes, *Aristotelis 'De coelo,' 'De generatione et corruptione,' 'Meteorologicorum,' 'De plantis' cum Averrois Cordvbensis variis in eosdem commentariis*, ed. Juntina, in: *Averrois Cordubensis Opera Omnia*, vol. v, Venetia 1562.

Averroes, *Commentarium in 'Metaphysicam,'* ed. Juntina, in: *Aristotelis opera cum Averrois Commentariis*, Venetia 1562 (repr. Frankfurt am M. 1962).

Averroes, *'Colliget' libri VII, 'Cantica' item Avicennae cum eiusdem Averrois commentariis*, ed. Juntina, Venetia 1552 (repr. Frankfurt am M. 1962).

Averroes, *Commentarium magnum in Aristotelis 'De anima' libros*, ed. F.S. Crawford, in: *Corpus commentariorum Averrois in Aristotelem: Versiones Latinae*, vol. VI.1, Cambridge (MA) 1953.

Averroes, *Commentarium medium in Aristotelis 'De generatione et corruptione' libros*, ed. F.H. Fobes, S. Kurland, Cambridge (MA) 1956.

Averroes, *Compendia librorum qui 'Parva naturalia' vocantur*, ed. A.L. Shields, in: H.A. Wolfson, D. Baneth, F.H. Fobes (eds), *Corpus commentariorum Averrois in Aristotelem*, vol. VII, Cambridge (MA) 1949.

Averroes, *'Sermo de Substantia Orbis,' 'Destructio destructionum Philosophiae Algazelis,' 'De Animae beatitudine seu epistola de Intellectu,'* ed. Juntina, in: *Averrois Cordubensis Opera Omnia*, vol. IX, Venetia 1562.

Avicenna, *Canon Medicinae*, ed. Juntina, Venetia 1595.

Avicenna, *Liber de anima seu Sextus de naturalibus I–II–III*, ed. S. Van Riet, Louvain–Leiden 1972.

Avicenna, *Liber de anima seu Sextus de naturalibus IV–V*, ed. S. Van Riet, Louvain–Leiden 1968.

Costa ben Luca, *De differentia spiritus et animae*, ed. C.S. Barach, Innsbruck 1878.

[Johannes de Fonte], *Les auctoritates Aristotelis*, ed. J. Hamesse, Louvain–Paris 1974.

Johannes Duns Scotus, *Quaestiones super secundum et tertium De anima*, eds. C. Bazán et al., St. Bonaventure, New York 2006.

Marcus Tullius Cicero, *De inventione*, in: *M. Tulli Ciceronis Opera Rhetorica*, ed. G. Friedrich, vol. I, Leipzig 1890.

Petrus de Alvernia, *Sententia super de motibus animalium*, Città del Vaticano, Biblioteca Apostolica Vaticana, Vat. lat. 2181, ff. 1ra–7vb.

Petrus de Alvernia, *Quaestiones in librum 'De sensu et sensato,'* ed. K. White, in: K. White, *Two Studies Related to St. Thomas Aquinas' Commentary on Aristotle's 'De sensu et Sensato,' together with an Edition of Peter of Auvergne's 'Quaestiones super Parva Naturalia'* (URL: https://www.ruor.uottawa.ca/handle/10393/5519).

Petrus Hispanus, *Translatio vetus Libri 'De longitudine et brevitate vitae'* (*vocatus 'De morte et vita' in corpore vetustiori*) *cum expositione Petri Hispani*, ed. P.M. Alonso, in: *Pedro Hispano Obras Filosoficas*, vol. III, Madrid 1952, 402–490.

Petrus de Ybernia, *Expositio et quaestiones in 'De longitudine et brevitate vitae,'* ed. M. Dunne, in: M. Dunne, *Magistri Petri de Ybernia Expositio et Quaestiones in Aris-*

totelis Librum 'De Longitudine et Brevitate vitae' (ex cod. Vat. lat. 825, ff. 92r–102r), Louvain–Paris 1993, 66–155.

Plato, *'Timaeus.' A Calcidio translatus commentarioque instructus*, ed. J.H. Waszink, London–Leiden 1962.

Simon de Faversham, *Quaestiones super librum 'De somno et vigilia' Aristotelis*, ed. S. Ebbesen, in: S. Ebbesen, "Simon of Faversham. Quaestiones super librum *De somno et vigilia*: An Edition," *Cahiers d'Institut du Moyen-Âge Grec et Latin* 82 (2013), 90–145.

Thomas de Aquino, *Sententia libri 'De sensu et sensato' cuius secundus tractatus est 'De memoria et reminiscentia,'* ed. Commissio Leonina, in: *Sancti Thomae de Aquino Opera omnia iussu Leonis XIII P.M. edita*, vol. XLV.2, Roma–Paris 1985.

Secondary Literature

Bloch, D., "Peter of Auvergne on Memory. An Edition of the Quaestiones super *De memoria et reminiscentia*," *Cahiers de l'Institut du Moyen-Âge Grec et Latin* 78 (2008), 51–110.

Bond, E.A. (ed.), *Catalogue of Additions to the Manuscripts in the British Museum in the Years 1848–1853*, London 1868.

Brumberg-Chaumont, J., Poirel, D., *Adam of Bockenfield and His Circle on Aristotle's* De Memoria et Reminiscentia, Oxford 2022

Burnett, C., "The Introduction of Aristotle's Natural Philosophy in Great Britain: A Preliminary Survey of the Manuscript Evidence," in: J. Marenbon (ed.), *Aristotle in Britain during the Middle Ages*, Turnhout 1996, 21–50.

Callus, D.A., "Introduction of Aristotelian Learning to Oxford," in: *Proceedings of the British Academy*, vol. XXIX, London 1943, 3–55.

Christensen, M.S., "Simon of Faversham. Quaestiones super *De motu animalium*. A Partial Edition and Doctrinal Study," *Cahiers de l'Institut du Moyen-Âge Grec et Latin* 84 (2015), 93–128.

Coxe, H.O. (ed.), *Catalogus codicum mms. qui in collegiis aulisque Oxoniensibus hodie adservantur*, Oxford 1752.

De Leemans, P., "*Parva naturalia*, Commentaries on Aristotle," in: H. Lagerlund (ed.), *Encyclopedia of Medieval Philosophy*, Dordrecht 2011, 917–922.

De Leemans, P., "Peter of Auvergne on Aristotle's *De motu animalium* and the ms Oxford, Merton College 275," *Archives d'histoire doctrinale et littéraire du Moyen Âge* 71 (2004), 129–202.

De Leemans, P., "Medieval Latin Commentaries on Aristotle's *De motu animalium*: A Contribution to the *Corpus commentariorum medii aevi in Aristotelem Latinorum*," *Recherches de théologie et philosophie médiévales* 67.2 (2000), 272–360.

Donati, S., "*Physica I, 1*: l'interpretazione dei commentatori inglesi nella Translatio vetus e la loro recezione del commento di Averroè," *Medioevo* 21 (1995), 75–225.

Donati, S., "Il commento alla *Fisica* di Adamo di Bocfeld e un commento anonimo della sua scuola," *Documenti e studi sulla tradizione filosofica medievale* 9 (1998), 111–178.

Dunne, M., "Thirteenth and Fourteenth-Century Commentaries on the *De Longitudine et Brevitate Vitae*," *Early Science and Medicine* 8.4 (2003), 320–336.

Ebbesen, S., "Anonymus Orielensis 33 on *De memoria*. An Edition," *Cahiers de l'Institut du Moyen-Âge Grec et Latin* 85 (2015), 128–161.

Ebbesen, S., "Anonymus Parisini 16160 on Memory. An Edition," *Cahiers de l'Institut du Moyen-Âge Grec et Latin* 85 (2018), 162–217.

Ebbesen, S., "Anonymus Vaticani 3061 and Anonymus Vaticani 2170 on Aristotle's *Parva Naturalia*. An Edition of Selected Questions," *Cahiers de l'Institut du Moyen-Âge Grec et Latin* 86 (2017), 217–312.

Ebbesen, S., "Geoffrey of Aspall Quaestiones super librum *De somno et vigilia*. An Edition," *Cahiers de l'Institut du Moyen-Âge Grec et Latin* 83 (2014), 257–341.

Ebbesen, S., "James of Douai on Dreaming," *Cahiers de l'Institut du Moyen-Âge Grec et Latin* 84 (2015), 22–92.

Ebbesen, S., "Radulphus Brito on Memory and Dreams," *Cahiers de l'Institut du Moyen-Âge Grec et Latin* 85 (2016), 11–86.

Ebbesen, S., "Simon of Faversham. Quaestiones super librum *De somno et vigilia*. An Edition," *Cahiers de l'Institut du Moyen-Âge Grec et Latin* 82 (2013), 90–145.

Ebbesen, S., Thomsen Thörnqvist, Ch., Decaix, V. (eds), "Questions on *De sensu et sensato*, *De memoria* and *De somno et vigilia*. A Catalogue," *Bulletin de philosophie médiévale* 57 (2015), 59–115.

Etchemendy, M., Wood R., "*Speculum animae*: Richard Rufus on Perception and Cognition," *Franciscan Studies* 69/1 (2012), 53–115.

French, R., "Teaching Aristotle in the Medieval English Universities: *De plantis* and the physical *Glossa ordinaria*," *Physis. Rivista internazionale di storia della scienza* 34.1–2 (1997), 225–296.

French, R., *Adam of Buckfield and the Early Universities*, Ph.D. dissertation, University of London (Queen Mary and Westfield College) 1998.

Galle, G., "The Dating and Earliest Reception of the Translatio vetus of Aristotle's *De sensu*," *Medioevo* 33 (2008), 1–90.

Galle, G., "Edition and Discussion of the Oxford Gloss on *De sensu* 1," *Archives d'histoire doctrinale et littéraire du Moyen Âge* 75 (2008), 197–281.

Gensler, M., *Kłopotliwa zmiana, czyli Waltera Burleya zmagania ze zmiennością rzeczy*, Łódź 2007.

Gensler, M., "Walter Burley," in: H. Lagerlund (ed.), *Encyclopedia of Medieval Philosophy*, Dordrecht 2011 (URL: https://doi.org/10.1007/978--1--4020--9729--4_519).

Gensler, M., Podkoński, R., "O edycji komentarzy Waltera Burleya do *Parva naturalia*," *Przegląd Tomistyczny* 22 (2016), 89–106.

Gensler, M., "Relacja między zabobonami a wiedzą naukową w komentarzach Waltera Burleya do *Parva naturalia* Arystotelesa," *Przegląd Tomistyczny* 23 (2017), 183–196.

Gensler, M., Mansfeld, M., "The Physiology of Divination in Walter Burley," *Przegląd Tomistyczny* 24 (2019), 429–443.

Gensler, M., Mansfeld, M., "A Young Master and His Library: Walter Burley's Sources for Commenting the 'Parva naturalia'," in: *Die Bibliothek—The Library—La Bibliothèque. Denkräume and Wissensordnungen*, ed. A. Speer, L. Reuke, Berlin/Boston 2020, 238–249

Gensler, M. "The Concept of 'Spiritus' in Walter Burley's *Parva Naturalia* Commentaries," in: R. Hofmeister Pich, A.C. Storck, A.S. Colleton (eds.), *Homo-Natura-Mundus: Human Beings and Their Relationships*, Turnhout 2020, 805–816.

Gensler, M., "Walter Burley on Voluntary and Involuntary Motion in Man," *Przegląd Tomistyczny* 28 (2022), 193–207.

Gensler, M., Mansfeld, M., *The Mechanism for Sustaining Life in Walter Burley's Parva naturalia Commentaries, in: A Question of Life and Death. Living and Dying in Medieval Philosophy*, ed. J.-M. Counet, Turnhout 2022, 129–143.

Gensler, M., Mansfeld, M., Michałowska, M., "The Development of Aristotelian Psychology and Physiology in Medieval Europe Between 1200 and 1420: Introduction," in: M. Gensler, M. Mansfeld, M. Michałowska (eds.), *The Embodied Soul. Aristotelian Psychology and Physiology in Medieval Europe between 1200 and 1420*, Cham 2022, 1–15

Hanna, R. (ed.), *A Descriptive Catalogue of the Western Medieval Manuscripts of St John's College Oxford*, Oxford 2002.

Hanna, R. (ed.), *A Descriptive Catalogue of the Western Medieval Manuscripts of Magdalen College, Oxford* (unpublished).

Hamesse, J., Szyller, S. (ed.), *Repertorium initiorum manuscriptorum latinorum medii aevi*, vol. 1: A–C, Louvain-la-Neuve 2007.

Hamesse, J., Szyller, S. (ed.), *Repertorium initiorum manuscriptorum latinorum medii aevi*, vol. 2: D–O, Louvain-la-Neuve 2009.

Kitchel, M.J., "Walter Burley's Doctrine of the Soul: Another View," *Mediaeval Studies* 39 (1977), 387–401.

Lehmann, P. (ed.), *Mittelalterliche Bibliothekskataloge Deutschlands und der Schweiz*, vol. II, München 1928.

Lohr, C.H., *Latin Aristotle Commenaries 1.1. Medieval Authors A–L*, Firenze 2013.

Lohr, C.H., "Medieval Latin Aristotle Commentaries Authors G–I," *Traditio* 24 (1968), 149–246.

Maier, A. (ed.), *Codices Vaticani Latini. Codices 2118–2192*, Città del Vaticano 1961.

Mansfeld, M., "Descriptio codicis 24, qui in Bibliotheca Cathedrali Pamplonensis asservatur," *Studia Antyczne i Mediewistyczne* 16.51 (2018), 97–114.

Mansfeld, M., "The Middle Color: A History of a Problem in Thirteenth Century Oxford Commentaries on De sensu et sensato," *Analiza i Egzystencja* 54 (2021), 127–154.

Mansfeld, M., Gensler, M., "Walter Burley on the "Spiritus" in the *Parva naturalia* Commentaries," *Przegląd Tomistyczny* 28 (2022), 177–192.

Mansfeld, M., "Anonymous Oxonian Dubitationes on Aristotle's *De sensu et sensato* (Prague, Metropolitan Chapter, Ms. M. 80, ff. 131vb–132vb)," *Argument* 12/2 (2022), 329–348.

Mansfeld, M., "The World of Senses. On the Process of Cognition in Walter Burley," in: M. Gensler, M. Mansfeld, M. Michałowska (eds.), *The Embodied Soul. Aristotelian Psychology and Physiology in Medieval Europe between 1200 and 1420*, Cham 2022, 229–251.

Mohan, G.E., "Incipits of logical writings in Latin (XIII-XVth. cent.)," *Franciscan Studies* 12 (1952), 349–489.

Omont, H., "Recherches sur la bibliothèque de l'église cathédrale de Beauvais," *Mémoires de l'Institut national de France* 40 (1916), 1–93.

Scott, F., Shapiro, H. (eds), "Walter Burley's Commentary on Aristotle's *De motu animalium*," *Traditio* 25 (1969), 171–190.

Thomsen-Thörnqvist, Ch. (ed.), "Walter Burley's *Expositio* on Aristotle's Treatises on Sleep and Dreaming. An Edition," *Cahiers de L'Institut du Moyen-Âge Grec et Latin* 83 (2014), 379–515.

Thomson, R.M., *Catalogue of Medieval Manuscripts of Latin Commentaries on Aristotle in British Libraries*, vol. 1: Oxford, Turnhout 2011.

Vittorini, M., "Life and Works," in: A.D. Conti (ed.), *A Companion to Walter Burley*, Leiden–Boston 2013, 17–48.

Watson, A.G. (ed.), *A Descriptive Catalogue of the Medieval Manuscripts of All Souls College Oxford*, Oxford 1997.

Weijers, O., *Le travail intellectuel à la Faculté des arts de Paris: textes et maîtres* (*ca. 1200–1500*). 1: *Répertoire des noms commençant par A–B*, Turnhout 1994.

Weisheipl, J.A., "Repertorium Mertonense," *Mediaeval Studies* 31 (1969), 174–224.

White, K., Macierowski, E.M., "Translator's Introduction," in: St. Thomas Aquinas, *Commentaries on Aristotle's 'On Sense and What Is Sensed' and 'On Memory and Recollection' Translated with Introductions and Notes by K. White, E.W. Macierowski*, Washington 2005, 3–13.

Wood, R., "Introduction," in: Richard Rufus of Cornwall, *In Physicam Aristotelis*, ed. R. Wood, Oxford–New York 2003, I–XIX.

Index Locorum

Index Rerum

www.ingramcontent.com/pod-product-compliance
Lightning Source LLC
Chambersburg PA
CBHW071335230926
51849CB00002B/401
9789004449008